面向 21 世纪课程教材

高等教育规划教材

# 化工单元过程及设备课程设计

## 第 三 版

王　瑶　张晓冬　主编
匡国柱　史启才　审定

化学工业出版社

·北京·

本教材作为化工单元过程工程实践训练课程教材，从体系上将各高校普遍设立的化工原理课程设计和化工设备机械基础课程设计结合起来，作为一门综合性、基础性的工程训练课。

全书详细介绍了典型化工单元过程的工艺设计、包括精馏过程、吸收过程、干燥过程。同时考虑到在化工过程中，列管式换热器应用的广泛性，本书也较为详细地介绍了列管换热器的工艺设计。在这些章节中，突出强调单元过程工艺设计中方案设计的综合性，而不仅限于某一设备的工艺计算，目的是引导学生用系统工程学的观点全面分析设计过程中涉及的诸多因素对全系统过程的影响，强调系统的综合性和协调性。在单元设备设计方面，考虑到篇幅和工艺类学生的教学基本要求，选取了典型的列管换热器机械设计和塔设备的机械设计作为本课程教学的基本内容。教材中所选择的设计实例多来自于作者的实际工程实践的设计题目，具有真实的工程应用背景。

本书可作为高等学校化工及相关专业的本科生教材，也可供化工及相关专业工程技术人员作为工艺设计的参考书。

**图书在版编目（CIP）数据**

化工单元过程及设备课程设计/王瑶，张晓冬主编．—3 版．
北京：化学工业出版社，2013.8（2024.8重印）
面向 21 世纪课程教材
高等教育规划教材
ISBN 978-7-122-17798-8

Ⅰ.①化⋯　Ⅱ.①王⋯②张⋯　Ⅲ.①化工单元操作-
课程设计-高等学校-教材②化工设备-课程设计-高等学
校-教材　Ⅳ.①TQ02②TQ05

中国版本图书馆 CIP 数据核字（2013）第 143399 号

责任编辑：何　丽　徐雅妮　　　　　　　　装帧设计：张　辉
责任校对：宋　夏

出版发行：化学工业出版社（北京市东城区青年湖南街 13 号　邮政编码 100011）
印　　装：北京天宇星印刷厂
787mm×1092mm　1/16　印张 22¼　字数 578 千字　2024 年 8 月北京第 3 版第 8 次印刷

购书咨询：010-64518888　　　　　　　　　售后服务：010-64518899
网　　址：http://www.cip.com.cn
凡购买本书，如有缺损质量问题，本社销售中心负责调换。

定　　价：59.00 元　　　　　　　　　　　　版权所有　违者必究

# 前　言

本书是在《化工单元过程及设备课程设计》（第二版）的基础上，根据教学实践过程中教师和学生使用该书的意见反馈，在保持教材原有风格的基础上，对部分内容进行了删减或修订。修订工作由大连理工大学化工原理教研室和化机基础教研室组织完成。

修订后的本书包括化工设计技术文件编制，化工生产中常用的传热、精馏、吸收、干燥过程的工艺设计及换热器和塔器的机械设计。本次修订删减了与课程设计相关性不强的内容，使教材更加精炼，并且采用了最新设计标准。本书注重理论联系实际，强调化工生产中典型工艺过程的设计和常用设备的机械设计。大部分设计示例取自于工程实际，且工艺设计与设备设计相互衔接，体现了课程设计的完整性和系统性，有利于培养学生的工程设计能力。

本书可作为高等学校化工类本科化工单元及设备课程设计教材或参考书，亦可供化工设计及生产管理技术人员参考。

参加本书修订的人员及分工如下：

第一章　绪论　　　　　　　　　　匡国柱　王　瑶
第二章　化工设计技术文件编制　　王　瑶　史启才　张晓冬
第三章　列管式换热器工艺设计　　匡国柱　王　瑶
第四章　列管式换热器机械设计　　史启才　张晓冬
第五章　精馏过程工艺设计　　　　樊希山　王　瑶
第六章　吸收过程工艺设计　　　　匡国柱　王　瑶
第七章　干燥过程工艺设计　　　　王宝和
第八章　塔设备的机械设计　　　　张晓冬

由于编者水平有限，书中不足之处恳请读者提出宝贵意见，在此深表谢意。

编　者
2013 年 4 月　于大连

# 第 一 版 序

　　《化工类专业人才培养方案及教学内容体系改革的研究与实践》为教育部（原国家教委）《高等教育面向 21 世纪教学内容和课程体系改革计划》的 03-31 项目，于 1996 年 6 月立项进行。本项目牵头单位为天津大学，主持单位为华东理工大学、浙江大学、北京化工大学，参加单位为大连理工大学、四川大学、华南理工大学。

　　项目组以邓小平同志提出的"教育要面向现代化，面向世界，面向未来"为指针，认真学习国家关于教育工作的各项方针、政策，在广泛调查研究的基础上，分析了国内外化工高等教育的现状、存在问题和未来发展。四年多来项目组共召开了由 7 校化工学院、系领导亲自参加的 10 次全体会议进行交流，形成了一个化工专业教育改革的总体方案，主要包括：

　　——制定《高等教育面向 21 世纪"化学工程与工艺"专业人才培养方案》；
　　——组织编写高等教育面向 21 世纪化工专业课与选修课系列教材；
　　——建设化工专业实验、设计、实习样板基地；
　　——开发与使用现代化教学手段。

　　《高等教育面向 21 世纪"化学工程与工艺"专业人才培养方案》从转变传统教育思想出发，拓宽专业范围，包括了过去的各类化工专业，以培养学生的素质、知识与能力为目标，重组课程体系，在加强基础理论与实践环节的同时，增加人文社科课和选修课的比例，适当削减专业课分量，并强调采取启发性教学与使用现代化教学手段，因而可以较大幅度地减少授课时数，以增加学生自学与自由探讨的时间，这就有利于逐步树立学生勇于思考与走向创新的精神。项目组所在各校对培养方案进行了初步试行与教学试点，结果表明是可行的，并收到了良好效果。

　　化学工程与工艺专业教育改革总体方案的另一主要内容是组织编写高等教育面向 21 世纪课程教材。高质量的教材是培养高素质人才的重要基础。项目组要求教材作者以教改精神为指导，力求新教材从认识规律出发，阐述本门课程的基本理论与应用及其现代进展，并采用现代化教学手段，做到新体系、厚基础、重实践、易自学、引思考。每门教材采取自由申请及择优选定的原则。项目组拟定了比较严格的项目申请书，包括对本门课程目前国内外教材的评述、拟编写教材的特点、配套的现代化教学手段（例如提供教师在课堂上使用的多媒体教学软件，附于教材的辅助学生自学用的光盘等）、教材编写大纲以及交稿日期。申请书在项目组各校评审，经项目组会议择优选取立项，并适时对样章在各校同行中进行评议。全书编写完成后，经专家审定是否符合高等教育面向 21 世纪课程教材的要求。项目组、教学指导委员会、出版社签署意见后，报教育部审批批准方可正式出版。

　　项目组按此程序组织编写了一套化学工程与工艺专业高等教育面向 21 世纪课程教材，共计 25 种，将陆续推荐出版，其中包括专业课教材、选修课教材、实验课教材、设计课教材以及计算机仿真实验与仿真实习教材等。本教材就是其中的一种。

　　按教育部要求，本套教材在内容和体系上体现创新精神、注重拓宽基础、强调能力培养，力求适应高等教育面向 21 世纪人才培养的需要，但由于受到我们目前对教学改革的研究深度和认识水平所限，仍然会有不妥之处，尚请广大读者予以指正。

化学工程与工艺专业的教学改革是一项长期的任务，本项目的全部工作仅仅是一个开端。作为项目组的总负责人，我衷心地对多年来给予本项目大力支持的各校和为本项目贡献力量的人们表示最诚挚的敬意！

中国科学院院士、天津大学教授

余国琮

2000 年 4 月于天津

# 第一版前言

本书根据大连理工大学化工原理及化机基础教研室多年教学实践经验，并结合近几年实际工程技术改造成果，在原化工原理课程设计和化机基础课程设计教材建设的基础上由大连理工大学化工原理教研室及化机基础教研室组织编写。

在该书的编写过程中，编者吸收了近几年的教学改革经验，将原来的化工原理课程设计与化机基础课程设计结合起来，改变了以往化工原理课程设计与化机基础课程设计这两个相关的课程设计紧紧依附于各自的理论课程而相互独立，不能形成有机整体的局面，形成了使化工单元过程的工艺设计与设备设计相互衔接，互相呼应，以突出培养学生工程实践能力为目标的较为系统的化学工程基础设计实践训练课程。

在选材上，本着"加强基础、拓宽专业、培养实践能力"的基本思想，同时体现出课程的优化整合。在处理方法上注重理论与实践的密切结合，注重基本工程能力的培养，注重对学生独立工作能力的培养。全书包括化工设计技术文件编制，化工生产中常用的精馏、吸收、萃取、干燥过程的工艺设计，列管换热器的工艺设计以及列管换热器和塔设备的机械结构设计。

本书的设计示例多来源于教研室实际工程改造的技术实例，这对培养学生的工程观点以及解决实际问题的能力将是十分有益的。本书作为高等学校化工类本科化工单元过程及设备课程设计教材或参考书，亦可供化工工程设计以及生产管理技术人员参考。

参加本书编写的人员及分工如下：

| | | |
|---|---|---|
| 第一章 | 绪论 | 匡国柱 |
| 第二章 | 工程技术文件编制 | 王 瑶　史启才 |
| 第三章 | 列管换热器工艺设计 | 王世广　匡国柱 |
| 第四章 | 列管换热器机械设计 | 史启才 |
| 第五章 | 精馏过程工艺设计 | 樊希山　王 瑶 |
| 第六章 | 吸收过程工艺设计 | 匡国柱 |
| 第七章 | 液-液萃取过程工艺设计 | 王 瑶 |
| 第八章 | 干燥过程工艺设计 | 王宝和 |
| 第九章 | 塔设备的机械设计 | 张晓冬 |

本书作为面向21世纪教材，由齐鸣斋教授审阅，并提出了许多宝贵意见，在此向齐鸣斋教授表示诚挚的谢意。

在此也向曾为本教材建设做出贡献的郑轩荣、李景鹤二位教授以及其他为本教材做出贡献的老师表示感谢。

由于编者水平有限，书中不足之处恳请读者提出批评意见，在此深表谢意。

编　者
2001 年 9 月

# 第二版前言

为适应 21 世纪教学内容和课程体系的更新与发展，我们对《化工单元过程及设备课程设计》第一版教材进行了修订。本次修订根据教学实践过程中教师和学生的反馈意见，在保持第一版教材原有风格的基础上，对部分内容进行了删减或修订。修订工作由大连理工大学化工原理教研室及化机基础教研室完成。

本书包括工程技术文件编制，化工生产中常用的精馏、吸收、萃取、干燥过程以及常用换热器的工艺设计，同时考虑到课程设计的综合性，本书也包括了列管换热器以及塔设备的机械结构设计。本书注重理论联系实际，引用了部分实际工程改造的技术实例，以培养学生的工程观点以及解决实际问题的能力。本书作为高等学校化工类本科化工单元过程及设备课程设计教材或参考书，亦可供化工工程设计以及生产管理技术人员参考。

参加本书修订的人员及分工如下：

| | | | |
|---|---|---|---|
| 第一章 | 绪论 | 匡国柱 | 樊希山 |
| 第二章 | 工程技术文件编制 | 王 瑶 | 史启才 |
| 第三章 | 列管换热器工艺设计 | 匡国柱 | |
| 第四章 | 列管换热器机械设计 | 史启才 | |
| 第五章 | 精馏过程工艺设计 | 樊希山 | 王 瑶 |
| 第六章 | 吸收过程工艺设计 | 匡国柱 | |
| 第七章 | 液-液萃取过程工艺设计 | 王 瑶 | |
| 第八章 | 干燥过程工艺设计 | 王宝和 | |
| 第九章 | 塔设备的机械设计 | 张晓冬 | |

由于编者水平有限，书中不足之处恳请读者提出宝贵意见，在此深表谢意。

编　者
2007 年 9 月

# 目　录

# 第一章 绪 论

## 一、化工过程设计简介

### (一) 化学工程项目建设的基本过程

化学工程项目建设过程就是将化学工业范畴内的某一设想，实现为一个序列化的、能够达到预期目的的、可安全稳定生产的工业生产装置。化学工程项目建设过程大致可以分为四个阶段。第一阶段是项目可行性研究阶段，这一阶段一般由行政或技术主管部门主持对工程项目进行全面评价，包括对政治、经济、技术、资源、环境、水文地质、气象等做出综合评价，论证其可行性。第二阶段是工程设计阶段，这一阶段是在项目通过可行性论证，工程主管部门下达设计任务后，由设计部门负责，进行工程设计。第三阶段是项目的施工阶段，主要由施工部门负责进行项目的工程建设。第四阶段是装置开车、考核及验收。

在以上各阶段中，过程及其装置设计是核心环节，并贯穿于项目过程的始终，因此，先进的设计思想以及科学的设计方法是工程设计人员必须掌握的基本技能。

化工过程及装置设计是一项十分复杂的工作，涉及诸如政治、经济、技术、法规等方面，因而是一项政策性很强的工作。同时又涉及多专业、多学科的交叉、综合和相互协调，是一种集体性的劳动，强调过程的综合性和系统性，应用系统工程的观点和方法进行工程的整体设计。

作为化工专业的设计人员，在化学工程的建设项目中主要承担化工过程及装置设计，并为其他相关专业提供设计条件和要求。其工作过程可以分为两个阶段，即初步设计阶段和详细设计阶段。初步设计的主要任务是根据工程项目的具体情况，做出工程设计的主要技术方案，供工程主管部门进行项目审查，并为详细设计提供设计依据。详细设计的主要任务是设计和编制项目施工、生产以及管理所需要的一切技术文件。

### (二) 单元过程及设备设计

任何化工过程和装置都是由不同的单元过程设备以一定的序列组合而成，因而，各单元过程及设备设计是整个化工过程和装置设计的核心和基础，并贯穿于设计过程的始终，从这个意义上说，作为化工类及其相关专业的本科生乃至研究生能够熟练地掌握常用单元过程及设备的设计过程和方法，无疑是十分重要的。

1. 单元过程及设备设计的基本原则

工程设计是一项政策性很强的工作，因而要求工程设计人员必须严格遵守国家有关方针政策和法律规定以及有关行业规范，特别是国家的工业经济法规、环境保护法规和安全法规。此外，由于设计本身是一个多目标优化问题，对于同一个问题，常会有多种解决方案，设计者常常要在相互矛盾的因素中进行判断和选择，做出科学合理的决策。为此一般应遵守如下一些基本原则。

(1) 技术的先进性和可靠性 工程设计工作，既是创造性劳动，也是特别需要严谨科学工作态度的工作。既然是一种创造性劳动，就需要设计人员具有较强的创新意识和创新精神，具有丰富的技术知识和实践经验，掌握先进的设计工具和手段，尽量采用当前的先进技术，提高生产装置的技术水平，使其具有较强的市场竞争能力。另一方面，应该实事求是，结合实际，对所采用的新技术，要进行充分论证，以保证设计的可靠性、科学性。

（2）过程的经济性 一般情况下，设计生产装置总是以较少的投资获取最大的经济利润为目标，要求其经济技术指标具有竞争力。因此，在各种方案的分析对比过程中，其经济技术指标评价往往是最重要的决策因素之一。

（3）过程的安全性 化工生产的一个基本特点，就是在生产过程中，常会使用或产生大量的易燃、易爆或有毒物质。因此，在设计过程中要充分考虑到各生产环节可能出现的各种危险，并选择能够采取有效措施以防止发生危险的设计方案，以确保人员的健康和人身安全。

（4）清洁生产 一般说来，作为化工生产过程，不可避免地要产生废弃物，这些废弃物品，有可能对环境造成严重污染。国家对各种污染物都制订了严格的排放标准，如果产生的污染物超过了规定的排放标准，则必须对其进行处理使其达标后，方可排放。这样，必然增加工程的投资和装置生产的操作费用。因而，作为工程设计者，应该建立清洁生产的概念，要尽量采用能够利用废弃物，减少废弃物排放，甚至能达到废弃物"零排放"的方案。

（5）过程的可操作性和可控制性 能够进行稳定可靠地操作，从而满足正常的生产需要是对化工装置的基本要求，此外，还应能够适应生产负荷以及操作参数在一定范围内的波动，所以系统的可操作性和可控制性是化工装置设计中，应该考虑的重要问题。

2. 单元设备设计的内容和过程

单元过程及设备设计的内容主要包括单元过程的方案和流程设计、操作参数的选择、单元设备工艺设计或选型、过程设备的机械结构设计、编制设计技术文件。

单元过程和设备设计的基本过程如下。

（1）过程的方案设计 过程的方案设计就是选择合适的生产方法和确定原则流程。在方案的选择过程中，应充分体现前述的基本原则，以系统工程的观点和方法，从众多的可用方案中，筛选出最理想的原则工艺流程。单元过程的方案设计虽然是比较原则的工作，但却是最重要的基础设计工作，其将对整个单元过程及设备设计起决定性的影响。该项设计应以系统整体优化的思想，从过程的全系统出发，将各个单元过程视为整个过程的子系统，进行过程合成，使全系统达到结构优化。在这样的思想指导下，选择单元过程的实施方案和原则流程。因而，在一般情况下，单元过程方案和流程设计，较强地受整个过程结构优化的约束，甚至由全过程的结构决定。

（2）工艺流程设计 工艺流程设计的主要任务是依据单元过程的生产目的，确定单元设备的组合方式。工艺流程设计应在满足生产要求的前提下，充分利用过程的能量集成技术，提高过程的能量利用率，最大限度地降低过程的能量消耗，降低生产成本，提高产品的市场竞争能力。另外，应结合工艺过程设计出合适的控制方案，使系统能够安全稳定生产。

（3）单元过程模拟计算 单元过程模拟计算的主要任务是依据给定的单元过程工艺流程，进行必要的过程计算，包括进行过程的物料平衡和热量平衡计算，确定过程的操作参数和单元设备的操作参数，为单元设备的工艺设计提供设计依据。进行该项工作，常涉及单元过程参数的选择，应对单元过程进行分析使单元过程达到参数优化，同时也应进行主要单元设备的工艺设计和选型，在此基础上，进行单元过程的综合评价，不断地进行优化，直至达到优化目标，实现单元过程的参数优化。

（4）单元设备的工艺设计 单元设备的工艺设计就是从满足过程工艺要求的需要出发，通过对单元设备进行工艺计算，确定单元设备的工艺尺寸，为进行单元设备的详细设计（施工图设计）或选型提供依据。此项工作也应同过程的模拟计算结合起来，同样存在参数优化的问题，需要进行多方案对比才能选择出较为理想的方案。

（5）绘制单元过程流程图　一般情况下，化工装置的工艺流程图是按单元过程顺序安排的，单元过程的工艺流程图是作为全装置流程的一部分出现在全装置流程图中，因而，绘制单元过程工艺流程图是绘制全装置流程图的基础。

（6）工艺设计的技术文件　单元过程的工艺设计技术文件主要包括单元过程流程图，工艺流程说明，工艺设计计算说明书，单元设备的工艺计算说明书及单元设备的工艺条件图。

（7）详细设计　按照工艺设计的要求，进行工程建设所需的全部施工图设计，编制出所有的技术文件。单元过程设备的机械结构设计的工作内容主要集中在工程设计的详细设计阶段，其设计任务是在单元设备的工艺设计完成之后，依据设备的工艺要求，进行设备的施工图设计。

## 二、课程设计的基本要求

课程设计是学习化工设计基础知识，培养学生化工设计能力的重要教学环节，通过这一实践教学环节的训练，使学生掌握化工单元过程及设备设计的基本程序和方法，熟悉查阅和正确使用技术资料，能够在独立分析和解决实际问题的能力方面有较大提高，增强工程观念和实践能力。为此，学生应在进行本课程设计的实践过程中，以实事求是的科学态度，严谨、认真的工作作风完成以下内容。

（1）设计方案简介　根据任务书提供的条件和要求，进行生产实际调研或查阅有关技术资料，在此基础上，通过分析研究，选定适宜的流程方案和设备类型，确定原则的工艺流程。同时，对选定的流程方案和设备类型进行简要的论述。

（2）主要设备的工艺设计计算　依据有关资料进行工艺设计计算，即进行物料衡算、热量衡算、工艺参数的优化及选择、设备的结构尺寸设计和工艺尺寸的设计计算。

（3）主要设备的结构设计与机械设计　按照详细设计的要求，进行主要设备的结构设计及设备强度计算。

（4）典型辅助设备的选型　对典型辅助设备的主要工艺尺寸进行计算，并选定设备的规格型号。

（5）带控制点的工艺流程图　将设计的工艺流程方案用带控制点的工艺流程图表示出来，绘出流程所需全部设备，标出物流方向及主要控制点。

（6）主要设备的工艺条件图　绘制主要设备的工艺条件图，图面包括设备的主要工艺尺寸、技术特性表和接管表。

（7）主要设备的总装配图　按照国标或行业标准，绘制主要设备的总装配图，按现在形势的发展和实际工作的要求，应该采用CAD技术绘制图纸。

（8）编写设计说明书　作为整个设计工作的书面总结，在以上设计工作完成后，应以简练、准确的文字，整洁、清晰的图纸及表格编写出设计说明书。说明书的内容应包括：封面、目录、设计任务书、概述与设计方案简介、设计条件及主要物性参数表、工艺设计计算、机械设计计算、辅助设备的计算及选型、设计结果一览表、设计评述、工艺流程图、设备工艺条件图与总装配图、参考资料和主要符号说明。

## 三、混合物的物性数据估算

化工设计计算中物性数据的来源主要有三个途径：一是实验测定，二是从有关手册和文献专著中查取，三是利用经验公式估算。对于纯组分的物性数据，可相对容易地从相关手册和文献专著中获得。但对混合物的物性数据，若无实测值，查取困难，更多的是采用经验的方法进行估算。

**1. 混合物的密度**

对于液体混合物，若各组分在混合前后其体积不变，则混合物的平均密度为

$$\frac{1}{\rho_m} = \frac{w_A}{\rho_A} + \frac{w_B}{\rho_B} + \cdots + \frac{w_n}{\rho_n} \tag{1-1}$$

式中，$\rho_m$ 为液体混合物的平均密度，kg/m³；$w_A$、$w_B$、…、$w_n$ 为混合物中各组分的质量分数；$\rho_A$、$\rho_B$、…、$\rho_n$ 为混合物中各纯组分的密度，kg/m³。

式(1-1)适合理想溶液的平均密度计算。

对于气体混合物，若各组分在混合前后其压强与温度不变，则混合物的平均密度为

$$\rho_m = \rho_A x_A + \rho_B x_B + \cdots + \rho_n x_n \tag{1-2}$$

式中，$\rho_m$ 为气体混合物的平均密度，kg/m³；$x_A$、$x_B$、…、$x_n$ 为气体混合物中各组分的摩尔分数；$\rho_A$、$\rho_B$、…、$\rho_n$ 为混合物中各纯组分的密度，kg/m³。

当气体的压强不太高，温度不太低时，混合气体的密度也可按理想气体状态方程计算，即

$$\rho_m = \frac{pM_m}{RT} \tag{1-3}$$

$$M_m = M_A x_A + M_B x_B + \cdots + M_n x_n$$

式中，$p$ 为气体的绝对压强，kPa；$T$ 为气体的热力学温度，K；$R$ 为摩尔气体常数，其值为 8.315J/(mol·K)；$M_m$ 为气体混合物的平均摩尔质量；$M_A$、$M_B$、…、$M_n$ 分别为气体混合物中各组分的摩尔质量；$x_A$、$x_B$、…、$x_n$ 分别为气体混合物中各组分的摩尔分数。

对于高压低温时的实际气体密度，需采用气体压缩系数予以修正，其密度计算公式为

$$\rho = \rho^\ominus \frac{p}{p^\ominus} \times \frac{T^\ominus}{T} \times \frac{Z^\ominus}{Z} \tag{1-4}$$

式中，$\rho$ 为工作状态下干气体的密度，kg/m³；$\rho^\ominus$ 为标准状态下（293.15K，101.32kPa），干气体的密度，kg/m³；$p$ 为工作状态下气体的绝对压力，kPa；$p^\ominus$ 为标准状态下气体的绝对压力，101.32kPa；$T$ 为工作状态下气体的热力学温度，K；$T^\ominus$ 为标准状态下气体的热力学温度，293.15K；$Z$ 为工作状态下气体的压缩系数；$Z^\ominus$ 为标准状态下气体的压缩系数。

**2. 混合物的黏度**

对于分子不缔合的混合液，可用下式计算其黏度

$$\lg\eta_m = \sum x_i \lg\eta_i \tag{1-5}$$

式中，$\eta_m$ 为混合液的黏度，Pa·s；$x_i$ 为液体混合物中第 $i$ 种组分的摩尔分数；$\eta_i$ 为与液体混合物同温度下第 $i$ 种组分的黏度，Pa·s。

对于非电解质、非缔合型液体，且两组分的分子量之差和黏度之差不大（$\Delta\eta < 15$mPa·s）的液体，还可按式(1-6)计算。

$$\eta_m^{\frac{1}{3}} = \sum (x_i \eta_i^{\frac{1}{3}}) \tag{1-6}$$

式中各符号的意义同上。

对于常压下气体混合物的黏度，可用式(1-7)计算

$$\eta_m = \frac{\sum y_i \eta_i M_i^{\frac{1}{2}}}{\sum y_i M_i^{\frac{1}{2}}} \tag{1-7}$$

式中，$\eta_m$ 为混合气的黏度，Pa·s；$y_i$ 为气体混合物中第 $i$ 种组分的摩尔分数；$\eta_i$ 为与气体混合物同温度下第 $i$ 种组分的黏度，Pa·s；$M_i$ 为气体混合物中第 $i$ 种组分的摩尔质

量，g/mol。

式(1-7) 对含氢气较高的混合气体不适用，误差高达 10%。

3. 混合物的表面张力

当系统压力小于或等于大气压时，液体混合物的表面张力可由式(1-8) 求得。

$$\sigma_m = \sum x_i \sigma_i \tag{1-8}$$

式中，$\sigma_m$ 为混合液的表面张力，mN/m；$x_i$ 为混合物中第 $i$ 种组分的摩尔分数；$\sigma_i$ 为第 $i$ 种组分的表面张力，mN/m。

对非水溶液混合物，也可按式(1-9) 估算。

$$\sigma_m^{\frac{1}{4}} = \sum [P_i] (\rho_{mL} x_i - \rho_{mG} y_i) \tag{1-9}$$

式中，$\sigma_m$ 为混合液的表面张力，mN/m；$P_i$ 为组分 $i$ 的等张比容，mN·cm³/mol·m；$x_i$、$y_i$ 为液相、气相中第 $i$ 种组分的摩尔分数；$\rho_{mL}$、$\rho_{mG}$ 为混合物液相、气相的摩尔密度，mol/cm³。

式(1-9) 对非极性混合物的误差一般为 5%～10%，对极性混合物为 5%～15%。

4. 混合物的比热容

液体混合物的比热容可用式(1-10) 计算

$$C'_{pm} = \sum w_i C'_{pi} \tag{1-10}$$

式中，$C'_{pm}$、$C'_{pi}$ 分别为 1kg 液体混合物及组分 $i$ 的比热容，kJ/(kg·℃)，$w_i$ 为组分 $i$ 的质量分数。

式(1-10) 的使用适用于下列情形之一：①各组分不互溶；②相似的非极性液体混合物（如碳氢化合物、液体金属）；③非电解质水溶液（有机水溶液）；④有机溶液。但不适用于混合热较大的互溶混合液。

对于理想气体混合物（或真实气体混合物）的比热容可用式(1-11) 估算。

$$C_{pm}^° = \sum y_i C_{pi}^° \tag{1-11}$$

式中，$C_{pm}^°$、$C_{pi}^°$ 分别为 1kmol 理想气体混合物及理想气体组分 $i$ 的比热容，kJ/(kg·℃)。$y_i$ 为理想气体混合物中组分 $i$ 的摩尔分数。

对于真实气体混合物（压力较高时）比热容的估算，首先求取混合气体在同样温度下处于理想气体状态时的比热容 $C_{pm}^°$，再根据混合气体的假设临界温度 $T'_c (=\sum y_i T_{ci})$ 和假设临界压力 $p'_c (=\sum y_i p_{ci})$，求取混合气体的假设对比温度 $T'_r$ 和假设对比压力 $p'_r$，最后在对比状态图上查出 $(C_{pm} - C_{pm}^°)$ 值，从而求出 $C_{pm}$。

5. 混合物的相变热

混合物的相变热可以按摩尔分数加权平均，也可按质量分数加权平均。

$$r_m = \sum x_i r_i \qquad r'_m = \sum w_i r'_i \tag{1-12}$$

式中，$r_m$、$r'_m$ 为 1mol 和 1kg 混合物的相变热，kJ/mol、kJ/kg；$r_i$、$r'_i$ 为组分 $i$ 的摩尔相变热和质量相变热，kJ/mol、kJ/kg；$x_i$、$w_i$ 为组分 $i$ 的摩尔分数和质量分数。

6. 混合物的热导率

有机液体混合物的热导率

$$\lambda_m = \sum w_i \lambda_i \tag{1-13}$$

有机液体水溶液的热导率

$$\lambda_m = 0.9 \sum w_i \lambda_i \tag{1-14}$$

式中，$w_i$ 为混合液中组分 $i$ 的质量分数；$\lambda_m$、$\lambda_i$ 分别为混合液和其中组分 $i$ 的热导率，W/(m·℃)。

对于常压下一般气体混合物，其混合物热导率可用式(1-15) 计算

$$\lambda_m = \frac{\sum y_i \lambda_i (M_i)^{\frac{1}{3}}}{\sum y_i (M_i)^{\frac{1}{3}}} \tag{1-15}$$

式中，$\lambda_m$，$\lambda_i$ 分别为常压及系统温度下气体混合物和其中组分 $i$ 的热导率，W/(m·℃)；$y_i$ 为混合气体中组分 $i$ 的摩尔分数；$M_i$ 为混合气体中组分 $i$ 的摩尔质量，kg/kmol。

对于高压气体混合物热导率的计算，常常需将高压纯组分关系式与相应的混合规则相结合后按特定关系式计算，具体方法可参考有关文献。

以上给出的混合物物性估算方法非常有限，实际上物性数据估算的方法很多，在使用时应注意计算公式的适用条件。有时，为获得比较准确的物性数据，常常需要用不同的经验公式对同一物性进行计算和比对，然后确定。对于混合物物性数据的估算，目前也有化工物性数据库及物性推算包或化工模拟软件可以使用。

## 四、化工流程模拟软件简介

化工流程模拟软件是 20 世纪 50 年代末期随着计算机在化工中的应用而逐步发展起来的。目前，应用广泛的化工流程模拟软件有 Aspen Plus、PRO/Ⅱ、ChemCAD、Hysys 和 Design Ⅱ等。这些软件各具特色，侧重于不同的应用领域。下面简要介绍 Aspen Plus、PRO/Ⅱ和 ChemCAD 软件。

1. Aspen Plus

Aspen Plus 是基于稳态化工模拟，进行过程优化、灵敏度分析和经济评价的大型化工流程模拟软件。软件经过多年来不断地改进、扩充和提高，已先后推出了十多个版本，成为公认的标准大型流程模拟软件，应用案例数以百万计。

Aspen Plus 自身拥有两个通用的数据库 Aspen CD（Aspen Tech 公司自己开发的数据库）和 DIPPR（美国化工协会物性数据设计院的数据库），还有多个专用的数据库。这些专用的数据库结合一些专用的状态方程和专用的单元操作模块，使得 Aspen Plus 软件可应用于固体加工、电解质等特殊的领域，拓宽了软件的适用范围。Aspen Plus 拥有 50 多种单元操作模块，通过这些模块和模型的组合，可以模拟用户所需要的流程。除此之外，Aspen Plus 还提供了多种模型分析工具，如灵敏度分析和工况分析模块。利用灵敏度分析模块，用户可以设置某一变量作为灵敏度分析变量，通过改变此变量的值模拟操作结果的变化情况。采用工况分析模块，用户可以对同一流程的几种操作工况进行运行分析。除数据库和单元模块外，Aspen Plus 还包括数据输入、解算策略和结果输出。

Aspen Plus 可以用于多种化工过程的模拟，其主要功能包括对工艺过程进行严格的质量和能量平衡计算；预测物流的流率、组成以及性质；预测操作条件、设备尺寸，减少装置的设计时间并进行装置各种设计方案的比较等。

2. PRO/Ⅱ

PRO/Ⅱ是通用性的化工稳态流程模拟软件，从油气分离到反应精馏，PRO/Ⅱ提供了最全面的、最有效、最易于使用的解决方案。PRO/Ⅱ拥有完善的物性数据库、强大的热力学物性计算系统，以及 40 多种单元操作模块。它可以用于流程的稳态模拟、物性计算、设备设计、费用估算/经济评价、环保评测以及其他计算。现已可以模拟整个生产厂从包括管道、阀门到复杂的反应与分离过程在内的几乎所有装置和流程，广泛用于油气加工、炼油、化学、化工、聚合物、精细化工/制药等行业。

(1) 物性数据库　PRO/Ⅱ拥有强大的纯组分库，其组分数超过 2000 余种。所有可能形

成气液相行为的组分均有充分的数据和信息，能用于平衡常数和密度等性质的计算。大多数组分都有内置的传递性质关联式，大多模拟都只需要库中的数据即可完成计算，而无需另外的纯组分数据。PRO/Ⅱ程序用工业标准的方法处理石油组分，通过分子量、沸点或密度中的至少两个量预估其他需要的组分性质数据。

（2）热力学模型　PRO/Ⅱ提供了一系列工业标准的方法计算物系的热力学性质，如平衡常数、焓值、熵值、密度、气相和固相在液相中的溶解度以及气体逸度等。

（3）单元操作　PRO/Ⅱ单元操作包括闪蒸、阀、压缩机、膨胀机、管道、泵、混合器、分离器、蒸馏塔、换热器、管壳式换热器（包括整合的 HTRI 模型）、加热炉、空冷器、冷箱模型、反应器、固体处理单元等。

3. ChemCAD

ChemCAD 是由 Chemstations 公司推出的一款极具应用和推广价值的软件，它主要用于化工生产方面的工艺开发、优化设计和技术改造。由于 ChemCAD 内置的专家系统数据库集成了多个方面且非常详尽的数据，使得 ChemCAD 可以应用于化工生产的诸多领域，而且随着 Chemstations 公司的深入开发，ChemCAD 的应用领域还将不断拓展。

ChemCAD 内置了功能强大的标准物性数据库，它以 AIChE 的 DIPPR 数据库为基础，加上电解质共约 2000 余种纯物质，并允许用户添加多达 2000 个组分到数据库中，可以定义烃类虚拟组分，用于炼油计算，也可以通过中立文件嵌入物性数据。从 5.3 版开始还提供了200 余种原油的评价数据库，是工程技术人员用来对连续操作单元进行物料平衡和能量平衡核算的有力工具。ChemCAD 可以在计算机上建立与现场装置吻合的数据模型，并通过运算模拟装置的稳态和动态运行，为工艺开发、工程设计以及优化操作提供理论指导。

化工模拟软件的应用一般包括以下步骤：绘制流程图，定义组分，选择热动力学计算方法，定义进料物流，运行模拟器，结果查看与输出等。

## 五、计算机绘图软件简介

随着计算机图形技术的发展，计算机辅助绘图已经取代了传统的图版。目前最为广泛使用的制图软件是 AutoCAD。该图形软件是美国 Autodesk 公司于 1982 年推出的微机图形系统，版本几经更新，目前最新版本为 AutoCAD2011。该软件具有较强的图形编辑功能和良好的用户界面，采用了多种形式的菜单和其他先进的交互技术，帮助用户迅速、方便使用软件。

AutoCAD 最基本的功能就是绘制图形，它提供了许多绘图工具和绘图命令，用这些工具和命令可以绘制直线、构造线、多段线、圆、矩形、多边形、椭圆等基本图形。可以将平面图形通过拉伸、设置标高和厚度将其转化为三维图形。此外，还可以绘制出各种平面图形和复杂的三维图形。尺寸标注是绘图过程中不可缺少的步骤，AutoCAD 的"标注"菜单包含了一套完整的尺寸标注和编辑命令，用这些命令可以在各个方向上为各类对象创建标注，也可以方便地创建符合制图国家标准和行业标准的标注。在 AutoCAD 中，运用几何图形、光源和材质，通过渲染使模型具有更加逼真的效果。图形绘制好后，利用 AutoCAD 的布局功能，用户可以很方便地配置多种打印输出样式。

# 第二章　化工设计技术文件编制

设计工作完成后，一般需用工程语言将设计结果编制成工程技术文件，即以图纸、表格及必要的文字说明的形式将设计人员对工程设计的全部构思表达出来。这些图纸、表格和说明书的形成就是工程技术文件的编制。

工程技术文件的具体内容包括文字说明书、附表和图纸。其中，文字说明书内容包括工艺流程简述、装置概况、设计依据、工艺设计计算及结果、设备工艺计算及选择、生产控制指标等。附表包括设备一览表、管道一览表等。而图纸则包括带控制点工艺流程图、设备布置图、管道布置图及非定型设备装配图等。本章主要介绍化工设计图样的编制。

化工设计图样可分为两种类型，化工工艺图与化工机器和化工设备图。前者由化工工艺人员根据设计任务，拟定出工艺方案，然后绘制完成；后者则由设备专业人员根据工艺人员提供的设计条件设计完成。

化工工艺图是反映工艺内容为主的图纸，主要包括化工工艺流程图（包括方框流程图、工艺物料流程图、带控制点的工艺流程图），设备布置图，管路布置图（常配有管段图、管架图、管件图）。

化工机器和化工设备图纸包括化工设备总图、装配图、部件图、零件图、管口方位图、表格图及预焊接件图。作为施工设计文件的还有工程图、通用图和标准图。

## 第一节　化工工艺流程图

工艺流程图是一种示意性的图样，它以形象的图形、符号、代号表示出化工设备、管路附件和仪表自控等，用于表达生产过程中物料的流动顺序和生产操作程序，是化工工艺人员进行工艺设计的主要内容，也是进行工艺安装和指导生产的重要技术文件。不论在初步设计还是在施工图设计阶段，工艺流程图都是非常重要的组成部分。

工艺流程图在不同的设计阶段提供的图样是不同的。

1. 可行性研究阶段

一般需提供全厂（车间、总装置）方框流程图和方案流程图。其中，方框流程图是以方框表示工艺步骤或操作单元，以主要的物流将各方框连接。图中，要注明方框序号、名称和主要操作条件以及各种公用工程。该图主要用于工艺及原料路线的方案比较、选择、确定，不编入设计文件。方案流程图又称为流程示意图、流程简图或工艺流程草（简）图，是方框流程图的一种变体或深入，示意性地表达整个工厂或车间生产流程的图样，主要用于工艺方案的论证和进行初步设计的基本依据，也不列入设计文件。

2. 初步设计阶段

一般包括工艺物料流程图、带控制点的工艺流程图、公用工程系统平衡图。工艺物料流程图是在全厂（车间、总装置）方框物料流程图的基础上，分别表达各车间（工段）内部工艺物料流程的图样，在工艺路线、生产能力等已定，完成物料衡算和热量衡算时绘制的，它以图形与表格相结合的形式来反映衡算的结果，主要用来进行工艺设备选型计算、工艺指标确定、管径核算以及作为确定主要原料、辅助材料、项目环境影响评价等的主要依据（见图2-1）；带控制点的工艺流程图是以物料流程图为依据，在管道和设备上画出配置的有关阀门、管件、自控仪表等有关符号的较为详细的一种工艺流程图。在初步设计阶段提供的带控

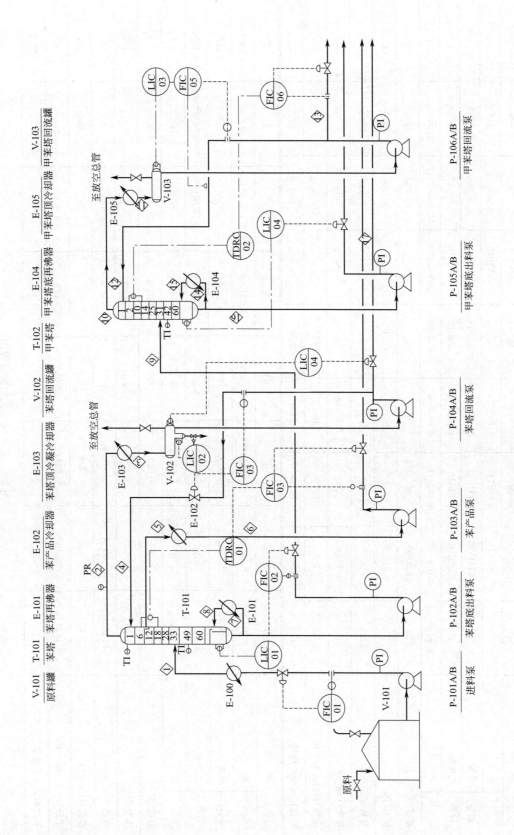

| 流 股 号 | | ① | ② | ③ | ④ | ⑤ | ⑥ | ⑦ | ⑧ | ⑨ |
|---|---|---|---|---|---|---|---|---|---|---|
| 质量分数 | 苯 | 0.7108 | 0.966141 | 0.996141 | 0.998073 | 0.998073 | 0.998073 | 0.006281 | 0.006703 | 0.003155 |
| | 甲苯 | 0.2879 | 6.136E-05 | 6.14E-05 | 0.009943 | 0.000948 | 0.000948 | 0.992600 | 0.99230 | 0.9948 |
| | 二甲苯 | 0.0006 | 6.200E-13 | 6.2E-13 | 1.38E-10 | 1.38E-10 | 1.38E-10 | 0.001178 | 0.0009882 | 0.002078 |
| | 水 | 0.0007 | 0.033797 | 0.003371 | 0.000979 | 0.000979 | 0.000979 | 4.4698E-14 | 4.97E-14 | 8.31E-15 |
| 温度/℃ | | 125 | 84.9304 | 60 | 60 | 88.7 | 40 | 128.68 | 129.2 | 129.19 |
| 压力/Pa | | 5 | 1.31379 | 1.3 | 1.313 | 1.34 | 1.3 | 1.686 | 1.7 | 1.7 |
| 流量/(kg/h) | | 8461 | 15501 | 15501 | 15500 | 6017 | 6017 | 76517 | 76517 | 2443 |
| 密度/(kg/m³) | | 689 | 3.1354 | 736 | 737.298 | 735 | 782 | 676 | 4.811 | 676 |
| 比热容/[J/(kg·K)] | | 2060 | 1331 | 1870 | 1880.2 | 1870 | 1642 | 2085 | 1560 | 2087 |
| 平均相对分子质量 | | 81.5 | 70.2 | 77.2 | 75.4327 | 77.8 | 77.8 | 92 | 92.1 | 92.1 |

| 流 股 号 | | ⑩ | ⑪ | ⑫ | ⑬ | ⑭ | ⑮ | ⑯ | ⑰ |
|---|---|---|---|---|---|---|---|---|---|
| 质量分数 | 苯 | 0.0031625 | 0.0031625 | 0.00143485 | 0.0031625 | 4.22E-09 | 4.22E-09 | 1.22E-09 | 0.996141 |
| | 甲苯 | 0.996835 | 0.996835 | 0.998559 | 0.996835 | 0.26566 | 0.26566 | 0.15507 | 6.14E-05 |
| | 二甲苯 | 2.9E-06 | 2.9E-06 | 6.32E-06 | 2.9E-06 | 0.73434 | 0.73434 | 0.84492 | 6.2E-13 |
| | 水 | 7.3876E-15 | 7.3876E-15 | 1.02E-15 | 7.3876E-15 | 1.649E-28 | 1.679E-28 | 1.76E-29 | 0.003371 |
| 温度/℃ | | 119.4 | 60 | 60 | 60 | 145.3 | 149.67 | 149.67 | 86.82 |
| 压力/Pa | | 1.31 | 1.3 | 1.31 | 1.3 | 1.59 | 1.6 | 1.6 | 1.3 |
| 流量/(kg/h) | | 7432.8 | 7432 | 4997.6 | 2437 | 35023 | 35023 | 6 | 1 |
| 密度/(kg/m³) | | 3.77 | 686 | 686 | 686 | 653 | 4.78 | 648 | 736 |
| 比热容/[J/(kg·K)] | | 1521 | 2040.7 | 2042 | 2040.7 | 2172 | 1669 | 2193 | 1870 |
| 平均相对分子质量 | | 92.1 | 92.1 | 92.1 | 92.1 | 102 | 102 | 103.7 | 77.2 |

图 2-1 某车间工艺物料流程图

制点的工艺流程图的要求较施工图阶段的内容要少一些，如辅助管线、一般阀门可以不画出。它是初步设计设备选型、管道材料估算、仪表选型估算的依据。公用工程系统平衡图是表示公用工程系统（如蒸汽、冷凝液、循环水等）在项目某一工序中使用情况的图样。该阶段提供的图样列入初步设计阶段的设计文件中。

3. 施工图设计阶段  包括带控制点的工艺流程图、辅助管道系统图和蒸汽伴管系统图。带控制点的工艺流程图也称工艺管道及仪表流程图（PID），是化工设计中最重要的图纸之一。该图要求画出全部设备、全部工艺物料管线和辅助管线以及全部的阀门、管件等，还要详细标注所有的测量、调节和控制器的安装位置和功能代号。它系统地反映了某个过程中所有设备、物料之间的各种联系，是设备布置和管道布置设计的依据，也是施工安装，生产操作、检修等的重要参考图。辅助管道系统图是反映系统中除工艺管道以外的循环水、新鲜水、冷冻盐水、加热蒸汽及冷凝液、置换系统用气、仪表用压缩空气等辅助物料与工艺设备之间关系的管道流程图。蒸汽伴管系统图则是单指对具有特殊要求的设备、管道、仪表等进行蒸汽加热保护的蒸汽管道流程图。该阶段提供的图样列入施工图设计阶段的设计文件中。

鉴于课程设计的深度和时间所限，课程设计所提供工艺部分图纸仅为初步设计阶段的带控制点的工艺流程图和主要设备的设备条件图。

# 一、物料流程图（原则流程图）

## （一）物料流程图的内容

工艺物料流程图（Process Flow Diagram，简称 PFD）是一种以图形与表格相结合的形式反映设计计算结果的图样。用于表达工艺过程中的关键设备或主要设备，或一些关键节点的流量、组成和流股参数（如温度、压力等）。一般包括如下内容。

（1）图形  设备的示意图和物料流程线。

（2）标注  设备的位号、名称及特性数据等。

（3）物料平衡表  物料代号、物料名称、组分、流量、压力、温度、状态及来源去向等。

（4）标题栏  包括图名、图号、设计阶段等。

## （二）工艺物料流程图的绘制

工艺物料流程图图样采用展开图形式，一般以车间为单位进行。按工艺流程顺序，自左至右依次画出一系列设备的图形，并配以物料流程线和必要的标注与说明。在保证图样清晰的原则下，图形不一定按比例绘制。图 2-1 为某车间的工艺物料流程图。

1. 设备表示法

（1）图形  设备示意图用细实线画出设备简略外形和内部特征（如塔的填充物、塔板、搅拌器和加热管等）。由于此时尚未进行设备设计，故设备的外形不必精确，常采用标准规定的设备图形符号表示。工艺流程图中装备、机器图例参见表 2-1。

**表 2-1  工艺流程图中装备、机器图例**（HG/T 20519.31—1992）

| 类　别 | 代号 | 图　　例 | | |
|---|---|---|---|---|
| 塔 | T | 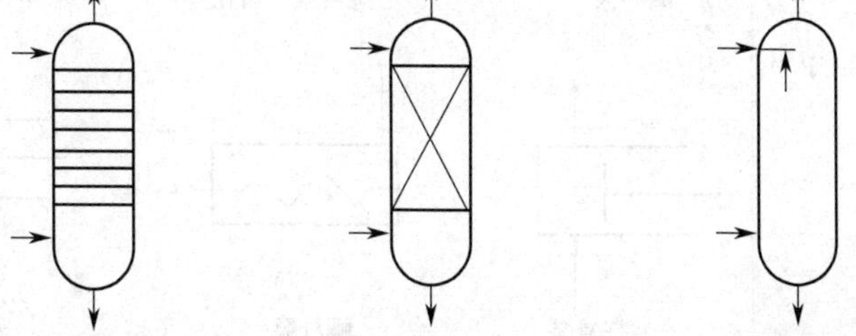 板式塔 | 填料塔 | 喷洒塔 |

| 类 别 | 代号 | 图 例 |
|-------|------|-------|
| 反<br>应<br>器 | R | 固定床反应器　　　　列管式反应器　　　　流化床反应器 |
| 换<br>热<br>器 | E | 换热器(简图)　　固定管板式列管换热器　　U形管式换热器<br><br>浮头式列管换热器　　　套管式换热器　　　　釜式换热器 |
| 工<br>业<br>炉 | F | 圆筒炉　　　　　　　圆筒炉　　　　　　　箱式炉 |
| 泵 | P | 离心泵　　　旋转泵、齿轮泵　　水环式真空泵　　　旋涡泵<br><br>往复泵　　　　　螺杆泵　　　　　隔膜泵　　　　　喷射泵 |

续表

| 类　别 | 代号 | 图　　例 |
|---|---|---|
| 容　器 | V | 球罐　　锥顶罐　　圆顶锥底容器　　卧式容器<br><br>丝网除沫分离器　　旋风分离器　　干式气柜　　湿式气柜 |
| 压缩机 | C | 鼓风机　　卧式　　立式　　往复式压缩机<br>旋转式压缩机<br><br>离心式压缩机　　二段往复式压缩机(L形)　　四段往复式压缩机 |
| 称量机械 | W | 带式定量给料秤　　地上衡 |
| 其他机械 | M | 压滤机　　转鼓式(转盘式)过滤机　　无孔壳体离心机　　有孔壳体离心机 |
| 动力机 | M E S D | 电动机　　内燃机、燃气机<br>汽轮机　　其他动力机　　离心式膨胀机、透平机　　活塞式膨胀机 |

（2）标注

① 标注的内容　设备在图上应标注位号和名称,设备位号在整个系统内不得重复,且在所有工艺图上设备位号均需一致。位号组成如图2-2所示。

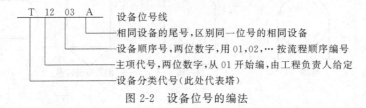

图 2-2　设备位号的编法

其中,设备分类代号见表2-2。

**表 2-2　设备分类代号**

| 设 备 类 别 | 代　号 | 设 备 类 别 | 代　号 |
|---|---|---|---|
| 塔 | T | 火炬、烟囱 | S |
| 泵 | P | 容器（槽、罐） | V |
| 压缩机、风机 | C | 起重运输设备 | L |
| 换热器 | E | 计量设备 | W |
| 反应器 | R | 其他机械 | M |
| 工业炉 | F | 其他设备 | X |

② 标注的方法　设备位号应在两个地方进行标注,一是在图的上方或下方,标注的位号排列要整齐,尽可能地排在相应设备的正上方或正下方,并在设备位号线下方用中文标注设备的名称;二是在设备内或其近旁,此处仅注位号,不注名称。但对于流程简单,设备较少的流程图,也可直接从设备上用细实线引出,标注设备位号。

2. 物料流程表示法

（1）图线　一般用粗实线画出工艺物料的流程,流向在流程线上以箭头表示,并在流程线的起始和终了位置注明物料的名称、来源和去向。

（2）标注

① 标注内容　物料经过设备产生变化时,需以表格形式标注物料变化前后各组分的名称、流量、百分比等,并标出总和数,具体项目多少可按实际需要而定。此外,还要注出物料经过时温度和压力的变化情况。

② 标注方法　在流程的起始部分和物料产生变化的设备后,要表示的工艺数据填写在内有表格的长方框内,从流程线上用指引线引出,指引线及表格线皆用细实线绘制。若物料组分复杂,变化又较多,在图形部分列表有困难时,可在流程图的下方,自左至右按流程顺序逐一列表表示,并编制序号,物料的序号可填写在用细实线绘制的菱形框内。同时在相应的流程线上标注其序号,以便对照,如图2-1所示。物料序号在流程线上的标注可在流程线的正中,也可以紧靠流程线或用细实线引出。温度和压力的标注可在流程线旁直接注出。辅助物料和公用工程物料连接管只绘出与设备相连接的一小段管,以箭头表示流向,并注明物料名称或用介质代号表示,常用物料代号参见表2-5。

## 二、带控制点的工艺流程图

### （一）带控制点的工艺流程图的内容

（1）图形　将生产过程中各设备的简单形状按工艺流程顺序展开在同一平面上,再配以连接的主辅管线及管件、阀门、仪表控制点的符号。

（2）标注 注写设备位号及名称、管段编号、控制点代号、必要的尺寸、数据等。

（3）图例 代号、符号及其他标注的说明，有时还有设备位号的索引等。

（4）标题栏 注写图名、图号、设计阶段等。

**（二）带控制点的工艺流程图的绘制**

**1. 比例与图幅**

绘制流程图的比例一般采用1∶100或1∶200。如设备过大或过小时，可单独适当缩小或放大。实际上，在保证图样清晰的条件下，图形可不一定严格按比例画，因此，在标题栏中的"比例"一栏，不予注明。

流程图图样采用展开图形式。图形多呈长条形，因而图幅可采用标准幅面，一般采用A1或A2横幅，根据流程的复杂程度，也可采用标准幅面加长或其他规格。加长后的长度以方便阅读为宜。原则上一个主项绘一张图样，若流程复杂，可按工艺过程分段分别进行绘制，但应使用同一图号。

**2. 图线与字体**

工艺流程图中，工艺物料管道用粗实线，辅助物料管道用中粗线，其他用细实线。图线宽度见表2-3。线与线间要有充分的间隔，平行线之间的最小间隔不得小于1.5mm，最好为10mm。在同一张图上，同一类的线条要一致。图纸和表格中的所有文字写成长仿宋体。设备名称、备注栏、详图的题首字推荐使用7号和5号字体，具体设计内容的文字标注、说明、注释等推荐使用5号和3.5号字体。文字、字母和数字的大小在同类标注中应相同。

**表 2-3 工艺流程图中图线宽度的规定**

| 类 别 | 图线宽度/mm | | |
|---|---|---|---|
| | 0.9～1.2 | 0.5～0.7 | 0.15～0.3 |
| 带控制点工艺流程图 工艺物料流程图 | 主物料管道 | 辅助物料管道 | 其他 |
| 辅助物料管道系统图 | 辅助物料管道总管 | 支管 | 其他 |
| 设备布置图 设备管口方位图 | 设备轮廓 | 设备支架 设备基础 | 其他 |
| 主要设备条件图 | 设备轮廓 | | 其他 |

**3. 设备的表示方法**

**（1）设备的画法**

① 图形 化工设备在流程图上一般按比例用细实线绘制，画出能够显示形状特征的主要轮廓。对于外形过大或过小的设备，可以适当缩小或放大。常用设备的图形画法已标准化，参见表2-1。对于表中未列出的设备图形应按其实际外形和内部结构特征绘制，但在同一设计中，同类设备的外形应一致。

② 相对位置 设备的高低和楼面高低的相对位置，一般也按比例绘制。如装于地平面上的设备应在同一水平线上，低于地平面的设备应画在地平线以下，对于有物料从上自流而下并与其他设备的位置有密切关系时，设备间的相对高度要尽可能地符合实际安装情况。对于有位差要求的设备还要注明其限定尺寸。设备间的横向距离应保持适当，保证图面布置匀称，图样清晰，便于标注。同时，设备的横向顺序应与主要物料管线一致，勿使管线形成过量往返。

③ 工艺流程图中一般应绘出全部的工艺设备及附件，当流程中包含两套或两套以上相同系统（设备）时，可以只绘出一套，剩余的用细双点划线绘出矩形框表示，框内需注明设

备的位号、名称，并要绘制出与其相连的一段支管。

（2）设备的标注　标注内容与方式同工艺物料流程图。

4. 管道的表示方法

（1）管道的画法　流程图中一般应画出所有工艺物料管道和辅助物料管道及仪表控制线。有关的各种常用管道规定画法见表 2-4。物料流向一般在流程线上画出箭头表示。工艺物料管道均用粗实线画出，辅助管道、公用工程系统管道用中实线绘出与设备（或工艺管道）相连接的一小段，并在此管段标注物料代号及该辅助管道或公用工程系统管道所在流程图的图号。对各流程图间衔接的管道，应在始（或末）端注明其连续图的图号（写在 30mm×6mm 的矩形框内）及所来自（或去）的设备位号或管段号（写在矩形框的上方）。仪表控制线用细实线或细虚线绘制。

表 2-4　工艺流程图中管道、管件及阀门的图例（HG/T 20519.32—1992）

| 名　称 | 图　例 | 备　注 | 名　称 | 图　例 | 备　注 |
|---|---|---|---|---|---|
| 工艺物料管道 | | 粗实线 | 旋塞阀 | | |
| 辅助物料管道 | | 中实线 | 隔膜阀 | | |
| 引线、装备、管件、阀门、仪表等图例 | | 细实线 | 角式截止阀 | | |
| 原有管道 | | 管线宽度与其相接的新管线宽度相同 | 角式节流阀 | | |
| | | | 角式节流阀 | | |
| 可拆短管 | | | 三通截止阀 | | |
| 伴热（冷）管道 | | | 三通球阀 | | |
| 电伴热管道 | | | | | |
| 翅片管 | | | 三通旋塞阀 | | |
| 柔性管 | | | | | |
| 夹套管 | | | 四通截止阀 | | |
| 管道隔热层 | | | | | |
| 管道交叉（不相连） | | | 四通球阀 | | |
| 管道相连 | | | 四通旋塞阀 | | |
| 流向箭头 | | | 疏水阀 | | |
| 坡　度 | $V$=0.3% | | 直流截止阀 | | |
| 闸　阀 | | | 底　阀 | | |
| 截止阀 | | | 减压阀 | | |
| 节流阀 | | | | | |
| 球　阀 | | | 蝶　阀 | | |

续表

| 名 称 | 图 例 | 备 注 | 名 称 | 图 例 | 备 注 |
|---|---|---|---|---|---|
| 升降式止回阀 | | | 管帽 | | |
| 喷射器 | | | 旋起式止回阀 | | |
| 文氏管 | | | 同心异径管 | | |
| Y形过滤器 | | | 偏心异径管 | 底平　顶平 | |
| 锥形过滤器 | | 方框 5mm×5mm | 圆形盲板 | 正常开启　正常关闭 | |
| T形过滤器 | | 方框 5mm×5mm | | | |
| 罐式（篮式）过滤器 | | 方框 5mm×5mm | 8字形盲板 | 正常关闭　正常开启 | |
| 膨胀节 | | | | | |
| 喷淋管（布液管） | | | 放空帽（管） | 帽　管 | |
| 焊接连接 | | 仅用于表示装备管口与管道为焊接连接 | 漏斗 | 敞口　封闭 | |
| 螺纹管帽 | | | | C.S.O | 未经批准，不得关闭（加锁或铅封） |
| 法兰连接 | | | | | |
| 软管接头 | | | | C.S.C | 未经批准，不得开启（加锁或铅封） |
| 管端盲板 | | | | | |
| 管端法兰（盖） | | | | | |

　　绘制管线时，为使图面美观，管线应横平竖直，不用斜线。图上管道拐弯处，一般画成直角而不是圆弧形。所有管线不可横穿设备，同时，应尽量避免交叉。不能避免时，采用一线断开画法。采用这种画法时，一般规定"细让粗"，当同类物料管道交叉时尽量统一做法，即全部横让竖或竖让横，断开处约为线宽的 5 倍。管线的伴热管全部用粗虚线绘出，夹套管可在两端只画出一段。

　　（2）管道的标注

　　① 标注内容　管道标注内容包括管道号、管径和管道等级三部分。其中前两部分为一组，其间用一短横线隔开。管道等级为另一组，组间留适当空隙。其标注内容见图 2-3。

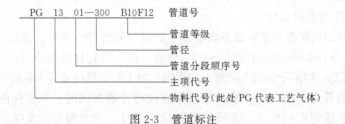

图 2-3　管道标注

**管道代号**：包括物料代号、主项代号、管道分段顺序号。常用物料代号见表 2-5。对于物料在表中无规定的，可采用英文代号补充，但不得与规定代号相同。主项代号用两位数字 01，02，…表示，应与设备位号的主项代号一致。管道分段顺序号按生产流向依次编号，采用两位数字 01，02，…表示。管道号编号的原则为，一个设备管口到另一个设备管口间的管道编一个号，连接管道（设备管口到另一管道间或两个管道间）也编一个号。若同一主项内物料类别相同时，则管道分段顺序号以流向先后为序编写。

表 2-5  常用物料代号

| 物 料 名 称 | 代号 | 物 料 名 称 | 代号 | 物 料 名 称 | 代号 | 物 料 名 称 | 代号 |
|---|---|---|---|---|---|---|---|
| 工艺空气 | PA | 高压蒸汽 | HS | 锅炉给水 | BW | 仪表空气 | IA |
| 工艺气体 | PG | 高压过热蒸汽 | HUS | 循环冷却水上水 | CWS | 排液、排水 | DR |
| 气液两相工艺物料 | PGL | 低压蒸汽 | LS | 循环冷却水回水 | CWR | 冷冻剂 | R |
| 气固两相工艺物料 | PGS | 低压过热蒸汽 | LUS | 脱盐水 | DNW | 放空气 | VT |
| 工艺液体 | PL | 中压蒸汽 | MS | 饮用水 | DW | 真空排放气 | VE |
| 液固两相工艺物料 | PLS | 中压过热蒸汽 | MUS | 原水、新鲜水 | RW | 润滑油 | LO |
| 工艺固体 | PS | 蒸汽冷凝水 | SC | 软  水 | SW | 原料油 | RO |
| 工艺水 | PW | 伴热蒸汽 | TS | 生产废水 | WW | 燃料油 | FO |
| 空  气 | AR | 燃料气 | FG | 热水上水 | HWS | 密封油 | SO |
| 压缩空气 | CA | 天然气 | NG | 热水回水 | HWR |  |  |

**管径**：一律标注公称直径。公制管以 mm 为单位，只注数字，不注单位名称，英制管径以英寸为单位，需标注英寸的符号如 $4''$。在管道等级与材料选用表尚未实施前，如不标注管道等级，应在管径后注出管道壁厚，如 PG0801—50×2.5，其中 50 为外径，2.5 为壁厚。

**管道等级**：管道等级号由管道公称压力等级代号、顺序号、管道材质代号组成。其中管道公称压力等级代号用大写英文字母表示，A～K（I、J 除外）用于 ANSI 标准压力等级代号，L～Z（O、X 除外）用于国内标准压力等级代号。顺序号用阿拉伯数字表示，从 1 开始。管道材质代号也用大写英文字母表示，如 HG 20519.38—92 规定的常用材料代号为：A 表示铸铁，B 表示碳钢，C 表示普通低合金钢，D 表示合金钢，E 表示不锈钢，F 表示有色金属，G 表示非金属。管道按温度、压力、介质腐蚀等情况，预先设计各种不同管材规格，作出等级规定。在管道等级与材料选用表尚未实施前可暂不标注。

② 标注方法  一般情况下，横向管道标注在管道上方，竖向管道标注在管道左侧。对于同一管段号只是管径不同时，可以只标注管径，如图 2-4（a）所示。同一管段号而管道等级不同时，应表示出等级的分界线，并标注管道等级，如图 2-4（b）所示。在管道等级与材料选用表未实施前，图 2-4（b）可暂按图 2-4（c）标注。异径管标注大端公称直径乘小端公称直径。如图 2-4（d）所示。

5. 阀门与管件的表示方法

（1）图形  在相应位置用细实线画出管道上的阀门和管件的符号，并标注其规格代号。工艺流程图中管道、管件及阀门的图例见表 2-4。管件中的一般连接件如法兰、三通、弯头及管接头等，若无特殊需要，均不予画出。竖管上的阀门在图上的高低位置应大致符合实际高度。

（2）标注  当管道上的阀门、管件的公称直径与管道相同时，可不标注。若公称直径与管道不同时，应标注它们的尺寸，必要时还应标注型号、分类编号或文字。

**6. 仪表控制点的表示方法**

工艺生产流程中的仪表及控制点以细实线在相应的管道或设备上用符号画出。符号包括图形符号和字母代号，二者结合起来表示仪表、设备、元件、管线的名称及工业仪表所处理的被测变量和功能。

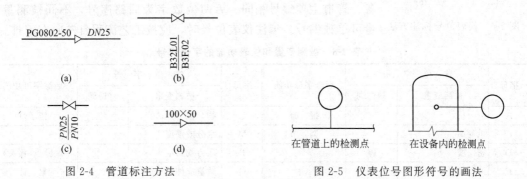

图 2-4　管道标注方法　　　　　　　图 2-5　仪表位号图形符号的画法

（1）仪表位号

① 图形符号　检测、控制等仪表在图上用细实线圆圈（直径约 10mm）表示，并用细实线引到设备或工艺管道的测量点上，如图 2-5 所示。必要时，检测仪表或检出元件也可以用象形或图形符号表示。常用流量检测仪表和检出元件的图形符号见表 2-6。仪表安装位置的图形符号见表 2-7。

表 2-6　流量检测仪表和检出元件的图形符号

| 序号 | 名称 | 图形符号 | 备注 | 序号 | 名称 | 图形符号 | 备注 |
|---|---|---|---|---|---|---|---|
| 1 | 孔板 | | | 4 | 转子流量计 | | 圆圈内应标注仪表位号 |
| 2 | 文丘里管及喷嘴 | | | 5 | 其他嵌在管道中的检测仪表 | | 圆圈内应标注仪表位号 |
| 3 | 无孔板取压接头 | | | 6 | 热电偶 | | |

表 2-7　仪表安装位置的图形符号

| 序号 | 安装位置 | 图形符号 | 备注 | 序号 | 安装位置 | 图形符号 | 备注 |
|---|---|---|---|---|---|---|---|
| 1 | 就地安装仪表 | | | 3 | 就地仪表盘面安装仪表 | | |
| 2 | 集中仪表盘面安装仪表 | | 嵌在管道中 | 4 | 集中仪表盘后安装仪表 | | |
| | | | | 5 | 就地安装仪表盘后安装仪表 | | |

② 标注　在仪表图形符号上半圆内，标注被测变量、仪表功能字母代号，下半圆内注写数字编号，如图 2-6 所示。

字母代号：字母代号表示被测变量和仪表功能，第一位字母表示被测变量，后继字母表

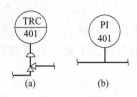

图 2-6  仪表位号标注方法

示仪表的功能，被测变量和仪表功能字母代号见表 2-8。一台仪表或一个圆内，同时出现下列后继字母时，应按 I、R、C、T、Q、S、A 的顺序排列，如同时存在 I、R 时，只注 R。

数字编号：数字编号前两位为主项（或工段）序号，应与设备、管道主项编号相同。后两位数字为回路序号，不同被测量变量可单独编号。编注仪表位号时，应按工艺流程自左向右编排。

**表 2-8  被测变量和仪表功能的字母代号**

| 字母 | 首 位 字 母 | | 后继字母功能 | 字母 | 首 位 字 母 | | 后继字母功能 |
|---|---|---|---|---|---|---|---|
| | 被测变量 | 修饰词 | | | 被测变量 | 修饰词 | |
| A | 分 析 | | 报 警 | L | 物 位 | | 指示灯 |
| C | 电导率 | | 调 节 | M | 水分或湿度 | | |
| D | 密 度 | 差 | | P | 压力或真空 | | 试验点（接头） |
| F | 流 量 | 比 | | Q | 数量或件数 | | 累 计 |
| G | 长 度 | | 玻 璃 | R | 放射性 | 累 计 | 记 录 |
| H | 手动（人工接触） | | | S | 速度或频率 | 安 全 | 开关或联锁 |
| I | 电 流 | | 指 示 | T | 温 度 | | 传 送 |

图 2-6(a) 为集中仪表盘面安装仪表，其中第一位字母代号 "T" 为被测变量（温度），后继字母 "RC" 为仪表功能代号（记录、调节）；图 2-6(b) 为就地安装仪表，仪表功能为压力指示，编号为 401。分析用取样点，用字母 "AP" 和取样点编号组成，如用 (AP/1301) 表示。

(2) 控制执行器  在工艺流程图上的调节与控制系统，一般由检测仪表、调节阀、执行器和信号线组成。常见的控制执行器有气动执行、电动执行、活塞执行和电磁执行。执行器的图形符号由调节机构（控制阀）和执行机构的图形符号组合而成。如对执行机构无要求，可省略不画。常用的调节机构——调节阀阀体的图形符号见表 2-4。常用执行机构图形符号见表 2-9。二者的组合形式示例，如图 2-7 所示。

**表 2-9  常用执行机构图形符号**

| 序号 | 形 式 | 图形符号 | 备注 | 序号 | 形 式 | 图形符号 | 备注 |
|---|---|---|---|---|---|---|---|
| 1 | 通用的执行机构 | ○ | 不区别执行机构形式 | 6 | 电磁执行机构 | S | |
| 2 | 带弹簧的气动薄膜执行机构 | | | 7 | 执行机构与手轮组合（顶部或侧边安装） | | |
| 3 | 带弹簧的气动薄膜执行机构 | | | 8 | 带能源转换的阀门定位器的气动薄膜执行机构 | | |
| 4 | 电动执行机构 | Ⓜ | | 9 | 带人工复位装置的执行机构 | S R | |
| 5 | 活塞执行机构 | | | 10 | 带气动阀门定位器的气动薄膜执行机构 | | |

因为课程设计所要求绘制的是初步设计阶段的带控制点工艺流程图，其表述内容比施工图设计阶段的要简单些，只对主要和关键设备进行稍详细的设计，对自控仪表方面要求也比较低，画出过程的主要控制点即可。

气开式气动薄膜调节阀

气闭式气动薄膜调节阀

图 2-7　执行机构和阀组合图形符号示例

7. 图例与标题栏

（1）图例　图纸绘制及标注完毕，应在图纸右上方把图中所涉及的管道、管件、阀门、物料、仪表符号等图例绘制出来，以表明图中的文字、符号、数字等的含义。若流程复杂，图样分成数张绘制时，应将以上内容单独编制成首页图，各分项工艺流程图不再表示这些图例。

（2）标题栏　标题栏也称图签，应放在图的右下角，按一定格式填写设计项目、设计阶段、图号以及设计单位名称和设计者名字等。

# 第二节　设备工艺条件图（设备设计条件单）

一个完整的化工设计，除了化工工艺设计外，还需要非工艺专业的相应配合。非工艺专业人员是根据化工工艺人员提供的设计条件进行设计的，如化工设备图的绘制，是由设备专业人员进行设计完成的。其设计依据就是工艺人员提供的"设备工艺条件图"，该图提出了该设备的全部工艺要求，一般包含下列内容。

（1）设备简图　用单线条绘成的简图表示工艺设计所要求的设备结构形式、尺寸、所需管口及其初步方位等。

（2）技术特性指标　列表给出工艺要求提出的设备操作压力、温度、介质名称、容积、材质以及传热面积等各项要求。

（3）管口表　列表注明各管口的符号、用途、公称尺寸和连接面形式等项。

设备的工艺条件图格式，目前尚无统一规定。各专业各部门按各自规定绘制。

# 第三节　设备设计常用标准、技术文件及技术要求

## 一、化工设备设计常用标准和规范

化工设备中的压力容器、压力管道以及零部件的设计、制造、检验都要依据相应的标准和规范进行，以保证其安全性和可靠性。标准和规范按性质分为"技术法规"和"技术标准"。

1. 技术法规

由政府部门颁布的、具有强制性的、对压力容器设计、制造、检验等各个环节进行控制和监督的法律性（文件）规定。

具有代表性的法规有：《特种设备安全监察条例》是由国务院颁发的法规文件，条例对特种设备的生产、使用、检验检测、监督检查、法律责任等作出规定。《固定式压力容器安全技术监察规程》（TSG R0004—2009）是由国家质量监督检验检疫总局颁布的法规文件，属于基本安全法，是压力容器安全技术监督和管理的依据。

2. 技术标准

由国家、社会团体、企业制定的，由国家认可的标准化管理机构批准的，对压力容器设

计、制造、检验与验收等过程提出规范和质量要求的技术性文件。

按照适用范围、制定、修改和发布权限，中国标准分为国家标准、行业标准、地方标准和企业标准。

GB 150《压力容器》是压力容器设计、制造、检验与验收的综合性国家基础标准，是组织生产的基本依据，具有国家的强制性作用。压力容器及零部件常用技术标准见表 2-10。

**表 2-10　压力容器常用标准**

| 项　　目 | | 标　　准 |
|---|---|---|
| 压力容器 | | GB 150—2011《压力容器》 |
| | | GB 151—1999《管壳式换热器》 |
| | | JB/T 4710—2005《钢制塔式容器》 |
| | | GB 12337—1998《钢制球形储罐》 |
| | | JB/T 4731—2005《钢制卧式容器》 |
| | | JB/T 4732—1995《钢制压力容器——分析设计标准》 |
| 压力容器零部件 | 筒体 | GB/T 9019—2001《压力容器公称直径》 |
| | 封头 | GB/T 25198—2010《压力容器封头》 |
| | 设备法兰 | JB/T 4700～4704—2000《压力容器法兰》 |
| | 管法兰 | HG/T 20592～20635—2009《钢制管法兰、垫片、紧固件》 |
| | 容器支座 | JB/T 4712.1～4712.4—2007《容器支座》 |
| | 人孔 | HG/T 21515～21530—2005《人孔》 |

## 二、国外主要规范简介

目前，在世界上影响较广泛的权威规范主要有：美国的 ASME 规范、德国的 AD 规范、英国的 PD 5500，以及日本的 JIS 标准。中国的国家标准大量地参阅和吸收了上述标准中的先进部分。随着中国对外贸易的发展以及压力容器产品在国际市场上竞争的需要，从事这一技术的工程技术人员，熟悉国外有关标准是完全必要的。

### （一）美国 ASME 规范

ASME 锅炉及压力容器规范是由美国机械工程师学会制定的，具有国家标准的权威性。ASME 规范规模庞大，内容极其完善，它本身就构成了一个完整的标准体系，而且是当前世界上最为庞大完善的封闭型标准体系。也就是说基本上不必借助其他标准，仅依靠 ASME 规范本身即可完成化工设备选材、设计、制造、检验、试验、安装及运行等全部工作环节。现在 ASME 规范共有 14 卷总计 29 册，另外还有两册规范案例。其中与压力容器密切相关的有如下部分：

第Ⅱ卷　材料技术条件

第Ⅲ卷　核动力装置设备

第Ⅴ卷　无损检验

第Ⅷ卷　压力容器（第 1 册）

　　　　压力容器（第 2 册，另一规程）

第Ⅸ卷　焊接及钎焊评定

### （二）英国 PD 5500 规范

英国的压力容器规范 PD 5500《非直接受火压力容器》，是由英国标准学会（BSI）负责制定的。它由两部规范合并而成：一部是相当于 ASME 第Ⅷ卷第 1 册的 BS 1500 一般用途的熔融焊压力容器标准，另一部是近似于联邦德国 AD 规范的 BS 1515 化工及石油工业中应用的熔融焊压力容器规范。

### （三）日本 JIS 标准

日本的 JIS 压力容器标准体系是以美国 ASME 第Ⅷ卷为基础，JIS B 8243《压力容器的构造》和 JIS B 8250《压力容器的构造（特定标准）》是最早制定的标准，1993 年被 JIS B 8270《压力容器的构造（基础标准）》所取代。经过整合后，现行的最新标准是 JIS B 8265《压力容器的构造（一般事项）》和 JIS B 8266《压力容器的构造（特定标准）》。

### （四）德国 AD 规范

德国的 AD 规范在技术上独树一帜，颇具特色。它只对材料的屈服强度取安全系数，且数值较小，因此设备的壳壁较薄、重量轻；允许采用强度级别较高的钢材；在制造方面，AD 规范没有 ASME 详尽，这样可使制造企业具有较大的灵活性，易于发挥各企业的技术特长和创新。

## 三、化工设备设计技术文件

化工设备设计技术文件是设备技术档案的重要组成部分，编制设计文件是设计工作的一项主要内容，必须正确编制、配备齐全并妥善保管。设计文件是设备制造、安装、使用、检修以及更换零部件过程中的重要技术依据。

不同形式的化工设备，其设计文件的种类、组成、编制方法可以各有不同，一般的，设计文件可以按照设计阶段、文件内容、文件使用目的进行分类说明。

### （一）按照设计阶段分类

按照化工设备的不同设计阶段，可分为初步设计文件和施工图设计文件两类。

1. 初步设计文件

简单的化工设备不一定要编制初步设计文件，一般来说，只有工艺流程中的主要设备才需要编制初步设计文件。

初步设计文件一般包括设备总图或装配图，对于复杂的主要设备还可包括主要零部件图、技术条件、计算书和说明书等。

2. 施工图设计文件

为满足施工要求而编制的设计文件称为施工图设计文件。一般由工程图、通用图及标准图三大部分组成。

（1）工程图　根据设备的难易程度，可包括总图、装配图两类由设计者自行设计的图样，以及计算书、说明书等各类由设计者自行编制的技术文件。设计者要对这些文件的所有内容的正确性承担全部技术责任。

当选用其他部门的各种工程图时，选用人员应对原设计的正确性和选用的正确性承担全部技术责任。

（2）通用图　是指结构成熟并通过生产实践考验，经设计主管部门批准重复使用的工程图或者是指已经系列化后的设备、部件及零件的设计文件。当选用的是由本设计主管部门批准的通用图时，选用者仅对选用的正确性负责，而不必对设计本身的正确性承担技术责任。但如选用其他部门的通用图时，选用者还应对设计的正确性负技术责任。

（3）标准图　经国家有关主管部门批准的标准化或系列化的设备、零部件的设计文件称为标准图。选用各类标准图时，选用者仅对选用的正确性负责。

### （二）按照文件的内容分类

按照内容，设计文件可分为图样和技术文件两大部分。

1. 图样

按照图样表示的内容，图样又分为总图、装配图、部件图、零件图、表格图、特殊工具图、预焊件图及管口方位图等。

① 总图是表示设备的主要结构和尺寸、技术特性、技术要求等资料的图样。当装配图能体现总图所应表示的内容，而又不影响装配图的清晰时，一般可不绘制总图。

② 装配图表示设备的结构和尺寸，各零部件之间的装配关系、技术特性、技术要求等资料。对于不绘制总图的设备，装配图必须包括总图所应表示的内容。

③ 部件图是可拆或不可拆部件的结构尺寸、所属零部件之间的配合关系，技术特性和技术要求等资料的图样。出具部件图可简化装配图的复杂程度。

④ 零件图是表示零件结构、尺寸以及加工、热处理与检验要求等资料的图样。

⑤ 表格图是在图纸上以表格方式表示的多种同类零件、部件或设备（结构相同，仅尺寸不同）的结构、尺寸以及加工、热处理与检验要求等资料的综合图表。

⑥ 特殊工具图是表示设备安装、维修时使用的特殊工具的图样。

⑦ 预焊件图是为了设备保温或设置操作平台等需要，表示需在制造厂预先焊制的零部件的图样。该图一般根据安装工艺的需要确定。

⑧ 管口方位图是只表示设备的管口方位以及管口与支座、地脚螺栓等相对位置的图样。编制管口方位图是为了提供设计文件再次选用的可能性，装配图上不定管口方位，而由工艺设计人员根据工程配管的实际需要另行编绘。该图样中管口的代表符号、大小、数量等均应与装配图上管口表中所表示的相一致。

对无再次选用可能，且管口方位在绘制施工图时已能确定的设备，不必另绘管口方位图。此时应在装配图的技术要求中注明"管口方位按本图"。

2. 技术文件

技术文件按其内容可分为图纸目录、技术条件、计算书和说明书四种。

① 表示每台设备（包括通用部件或标准部件）的全套设计文件的清单，称为图纸目录。

② 技术条件是对于设备的材料、制造和装配、检验和试验、表面处理以及油漆、包装、润滑、保管、运输等的特殊要求。

③ 计算书是指设备或零部件的计算文件。计算书一般包括如下内容：计算所需的图形结构尺寸、计算公式、计算公式中符号的意义及选取的数值、计算结果值及最终选用值等。

④ 说明书是关于设备的结构原理，技术特性、制造、安装、运输、使用、维护、检修及其他必须说明的技术文件。内容包括：设备性能介绍，设备结构原理的说明，设备安装和试车要求，设备使用、调整和操作的说明，设备维护和修理注意事项的说明及其他需要说明的问题。

上面介绍的化工设备设计文件的种类、作用、内容要求，对于具体的一台设备，应编制多少种设计文件，应视该设备的具体情况而定。

## 四、化工设备图面技术要求

化工设备各类施工图是设备制造、检验、运输、安装和维护的主要技术依据，各项有关内容必须清楚、全面、准确。因此，作为化工设备的施工图，除了在图纸幅面，图样在图纸上的布置，图样上的文字、符号及代号，图样比例以及尺寸标准、明细表及标题栏的格式要求、绘图方法等方面，均应符合最新机械制图的国家标准外，还应在施工图上写明图面技术要求、技术特性及管口表。

### （一）图面技术要求的一般内容

图面上技术要求是注明在图样中不能（或没有）表示出来的要求，是施工图的一个重要内容，在设备总图、装配图、部件图和零件图上均应分别注明各自的图面技术要求。

图面技术要求可用表格形式，也可用条文形式表示。当图面技术要求的内容过多，图纸上写不下时，可以单独编写。单独编写的技术要求称为技术条件。技术条件一般也应在图纸目录中予以编号。

压力容器技术要求的一般内容如下。

（1）制造、验收应遵循的通用技术条件  通用技术条件是为了使各制造厂对化工设备的制造、试验和验收有一个统一的要求，而把其中主要的共性问题加以归纳，制定出行业标准，构成对化工设备产品的最低质量要求。目前普遍采用的是 GB 150《压力容器》和 TSG R0004《固定式压力容器安全技术监察规程》作为设备制造和验收的通用技术条件。对于一些压力容器产品（如换热器、球形贮罐、塔设备等）也可在施工图上注明本设备各自按照相应技术条件（专用产品标准）进行制造和验收，如对换热器可注明"本设备按 GB 151《管壳式换热器》进行制造试验和验收"；对塔器可注明"本设备按 JB/T 4710《钢制塔式容器》进行制造试验和验收"；对板式塔塔板按 JB/T 1205《塔盘技术条件》进行制造和验收。本书中仅列出相关的标准代号，而未注明施行的版本，实际填写时应加写标准的最新版本号（即标准的颁布年份）。

（2）焊接要求  不同材质、不同结构、不同制造方法及不同用途的设备，所选用的焊接材料（焊条、焊丝和焊剂）、焊接结构形式和尺寸、焊接方法等要求往往是不同的，这些都要在图面的技术要求中注明。焊接结构形式在设计中是以图样和技术要求相结合的形式完成的。一般对常压、低压设备在装配图的剖视图中采用涂黑表示焊缝剖面，如图 2-8 所示。对它的标注，只需在技术要求中统一说明采用的焊接方法以及接头形式要求即可。对设备中某些焊缝的结构要求和尺寸未能包括在统一说明中，或者有特殊需要必须单独说明时，可在需表达的焊缝处，注出焊缝代号或接头文字代号，如图 2-9 所示。内容包括基本符号、辅助符号、焊缝尺寸符号和引出线，具体规定可参阅 GB 324《焊缝符号表示法》。对中压、

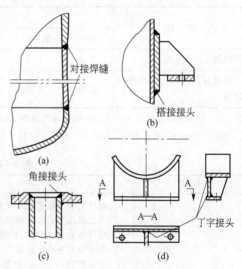

图 2-8  装配图中焊缝的表示

高压设备的重要焊缝或是特殊的非标准型焊缝，则要求在图面上用局部放大图详细表示出焊缝的结构和有关尺寸，如图 2-10 所示。焊接结构通用技术条件可依据 GB 985.1《气焊、焊条电弧焊、气体保护焊和高能束焊的推荐坡口》，GB 985.2《埋弧焊的推荐坡口》，压力容器焊缝可参照 GB 150.3 附录 D《焊接接头结构》设计。

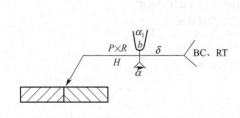

图 2-9  标注焊缝的指引线

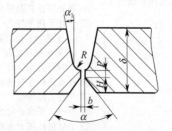

图 2-10  焊缝结构的局部放大表示

（3）热处理要求  对于一些厚壁容器和需特殊加工的设备，常需在焊前预热及焊后热处理，

在技术要求中需要相应注明热处理要求及工艺，有时热处理要求也包含在焊接要求之内。

（4）无损检测要求  设备焊缝无损检测要求，根据容器的设计压力、壁厚、材料特性、介质性质和容器类别而定。在技术要求栏中应明确选用的无损检测方法、检测的焊缝长度、合格的级别三个内容。检测方法包括射线探伤（RT）、超声波探伤（UT）、磁粉探伤（MT）、渗透探伤（PT）、涡流探伤（ET）和声发射（AE）等。对化工设备的检验以前四种方法为主，其中射线和超声波探伤用于对接焊缝和角接焊缝焊接缺陷的检查，以发现焊缝内部存在的裂纹、未熔合、未焊透、气孔、夹渣等缺陷，超声波探伤更容易发现焊缝中的微小裂纹。磁粉探伤用来检查金属表面或近表面存在的裂纹、折叠、夹层、夹渣等缺陷，常在有磁性的合金钢、高强钢时采用。渗透探伤只能用来检查金属表面的缺陷，与磁粉探伤相比，不能查出金属近表面缺陷，但可适用于任何有磁、无磁材料。探伤的合格级别见表2-11。检测的焊缝长度要求参见表2-12。在提出上述要求时可参照 GB 150《压力容器》，JB/T 4730《承压设备无损检测》来确定。

**表 2-11  无损探伤合格标准**（JB/T 4730）

| 探　伤 | 方　法　及　标　准 | | | |
|---|---|---|---|---|
| | 射线 | 超声波 | 着　色 | 磁　粉 |
| 焊缝100％探伤 | Ⅱ级 | Ⅰ级 | 不允许任何裂纹和分层存在Ⅰ级 | 不得有任何裂纹，成排气孔，并符合 JB 3965 中Ⅱ级的线性和圆形缺陷显示 |
| 焊缝局部探伤，管板拼接焊缝 | Ⅲ级 | Ⅱ级 | | |

注：1. $\sigma_b \geq 540$MPa，$\delta > 200$mm 钢制压力容器，对接焊缝除射线探伤外，应增加局部超声波探伤。

2. $\delta > 38$mm，选用射线（超声波）探伤，还应进行局部超声波（射线）探伤，其中包括 T 形连接部位。

**表 2-12  容器探伤要求**

| 探伤要求 | 种　类 |
|---|---|
| A 类 和 B 类 焊缝100％射线或超声波探伤 | ① 毒性为极度危害或高度危害介质的容器<br>② 第二类压力容器中易燃介质的反应和储存压力容器<br>③ 设计压力≥0.6MPa 的管壳式余热锅炉，设计压力≥5.0MPa 的容器<br>④ 不开设检查孔的容器<br>⑤ 公称直径≥250mm 接管的对接焊缝<br>⑥ 用户要求全部探伤的焊缝<br>⑦ 钛制压力容器<br>⑧ 第三类容器<br>⑨ 钢材厚度＞30mm 的碳素钢、Q345R<br>⑩ 钢材厚度＞25mm 的 15MnVR、15MnV、20MnMo 和奥氏体不锈钢<br>⑪ 材料标准抗拉强度 $\sigma_b$＞540MPa 的钢材<br>⑫ 钢材厚度＞16mm 的 12CrMo、15CrMoR 和 15CrMo；其他任意厚度的 Cr-Mo 低合金钢<br>⑬ 温度＜-40℃；温度＜-20℃，且厚度＞25mm 或设计压力≥1.6MPa 钢制容器<br>⑭ 如必须在容器焊缝上开孔，则被开孔中心两侧各不少于 1.5 倍开孔直径范围内的焊缝<br>⑮ 符合下列条件之一的铝、铜、镍、钛及其合金制压力容器<br>　　a. 介质为易燃或毒性，为极度、高度、中度危害的<br>　　b. 采用气压试验的<br>　　c. 设计压力≥ 1.6MPa 的<br>⑯ 嵌入式接管与简体或封头对接连接的 A 类焊缝<br>⑰ 管板拼接焊缝<br>⑱ 进行气压试验的容器<br>⑲ 多层包扎压力容器内简的 A 类焊缝<br>⑳ 热套压力容器各单层圆简的 A 类焊缝<br>㉑ 设计选用焊缝系数为 1 的<br>㉒ 凡被补强圈、支座、垫板内件等所覆盖的焊缝 |

续表

| 探伤要求 | 种 类 |
|---|---|
| A类和B类焊缝50%射线或超声波探伤 | 温度-20℃≥t≥-40℃，且厚度≤25mm的铁素体钢制容器 |
| A类和B类焊缝20%射线或超声波探伤 | 第一、二类容器中除上述需100%和50%探伤外的容器 |
| 磁粉或着色探伤 | ① $\sigma_b$>540MPa的钢制容器上的C类和D类焊缝<br>② 钢材厚度>16mm的12CrMo和15CrMo钢制容器；其他Cr-Mo低合金钢制容器的任意厚度容器上的C类和D类焊缝<br>③ 堆焊表面<br>④ 复合钢板的复合层焊缝<br>⑤ $\sigma_b$>540MPa的材料和Cr-Mo低合金钢材料经火焰切割的坡口表面，以及该容器的缺陷修磨或补焊处的表面、卡具和拉筋等拆除处的焊痕表面<br>⑥ 对接焊缝100%探伤的低温容器，其接管与壳体相连接的角焊缝，壳体与法兰连接的角焊缝，补强圈与壳体连接的角焊缝，壳体与裙座连接的搭接焊缝，以及容器壳体的T字焊缝<br>⑦ 现场组装焊接的容器壳体、封头和高强钢材料的焊接容器，耐压试验后，应作20%的表面探伤，若发现裂纹，则应对所有焊缝作表面探伤 |

（5）压力试验要求 压力试验是对产品进行全面质量考察的一种方式，在图面技术要求中注明所需进行的压力试验的种类（水压或气压）以及试验压力（表压）。有的设备在液压试验合格后，尚需进行致密性试验（气密试验），此时也应注明试验种类和压力。对常压容器也可进行煤油渗漏或氨渗透试验。

（6）管口及支座（支耳）方位 当管口与支座方位和施工图中的俯（侧）视图一致时，可在技术要求中注明"管口方位与支座方位按本图"。当另有管口方位图时，可注明"管口方位及支座方位见管口方位图，图号××-××"。

（7）对油漆、保温、运输、包装等其他需要说明的要求。

**（二）几种典型设备图面技术要求的实例**

对某些具体设备的特殊要求，大多初接触设计的人员会感到难以下手。原化工部设备设计技术中心站组织编写的《化工设备技术图样要求》已推荐使用多年，较为科学、详细、具体地反映出对图样的技术要求，内容可参见附录一。

**（三）技术特性表**

在设备总图或兼作总图的装配图上，需绘制设备的制造检验主要数据表（包括特性及主要参数），该表位于图纸的右侧上方。

对一般的化工设备产品，其技术特性需填写设计压力（不加说明指表压，若为绝对压力应注明"绝压"）、设计温度（专用设备还应填写工作压力、试验压力、工作温度），对不同类型的设备，填写不同的内容，如对储运容器，应填写全容积；对换热器按管程和壳程分别填写上述内容外，还应填写换热面积；对专用设备还应填写物料的名称等。若选用制造检验主要数据表的形式，除包括上述技术特性数据外，表中尚包括主要图面技术要求内容，若技术要求内容较多或在数据表内交代不清楚时，在技术要求栏中提出并详细说明。装配图上图样布置见图2-11。表2-13～表2-15为部分设备的制造检验主要数据表参考格式。

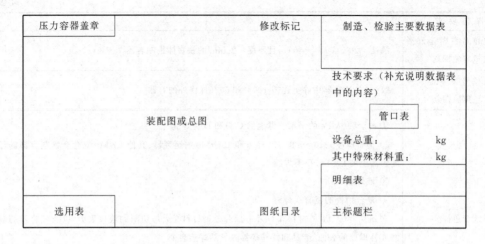

图 2-11  装配图图样布置

**（四）管口表**

在设备总图或兼作总图的装配图中应绘制管口表，管口表在图中的位置见图 2-11。

管口表中应填写管口符号、管口公称直径、管口公称压力、连接面形式及用途等项内容。

管口符号以小写英文字母 a、b、c……顺序由表栏自上而下填写。当管口规格、连接标准、用途完全相同时，可合并填写如 $a_{1-3}$。

表 2-13  受压容器制造检验主要数据

| 制造检验主要数据 | | | | | |
|---|---|---|---|---|---|
| 制造所遵循的规范及检验数据 | | | | 设 计 参 数 | |
| 《压力容器》GB 150—2011，并接受《固定式压力容器安全技术监察规程》TSG R0004—2009 的监督 | | | | 容器类别 | |
| | | | | 工作压力/MPa（真空度 kPa） | |
| | | | | 设计压力/MPa（真空度 kPa） | |
| | | | | 工作温度/℃ | |
| | | | | 设计温度/℃ | |
| | | | | 物料名称 | |
| | | | | 腐蚀裕度/mm | |
| | | | | 焊缝系数（筒体/封头） | |
| | | | | 主要受压元件材料 | |
| 压力试验 | 液压试验压力/MPa | | | 全容积/m³ | |
| 致密性试验 | 致密性试验压力/MPa | | | 充装系数 | |
| 焊缝探伤要求 | A、B 类 | 探伤标准 | JB/T 4730 | 安全阀启跳压力/MPa | |
| | | 探伤长度 | ___% | 保温层材料 | |
| | | 合格 级别 | ___级 | 保温层厚度/mm | |
| | C、D 类 | 探伤标准 | | 吊装重量/kg | |
| 热处理要求 | | | | 充满水后总重量/kg | |

注：表中竖线和边框线用粗实线绘制，其余均为细线。

**表 2-14 列管换热器制造检验主要数据**

| 制造检验主要数据 | | | | | | |
|---|---|---|---|---|---|---|
| 制造所遵循的规范及检验数据 | | | | 设 计 参 数 | | |
| 《管壳式换热器》GB 151—1999，《压力容器》GB 150—2011，并接受《固定式压力容器安全技术监察规程》TSG R0004—2009 的监督 | | | | 容器类别 | | |
| | | | | | 壳程 | 管程 |
| | | | | 工作压力/MPa | | |
| | | | | 设计压力/MPa | | |
| | | | | 工作温度/℃ | | |
| | | | | 设计温度/℃ | | |
| | | | | 物料名称 | | |
| | | | | 腐蚀裕度/mm | | |
| | | | | 焊缝系数(筒体/封头) | | |
| | | | | 主要受压元件材料 | | |
| | | | | 管子与管板连接 | | |
| | | 壳程 | 管程 | 传热面积/m² | | |
| 压力试验 | 液压试验压力/MPa | | | 保温层材料 | | |
| 致密性试验 | 致密性试验压力/MPa | | | 保温层厚度/mm | | |
| 焊缝探伤要求 | A、B类 | 探伤标准 | JB/T 4730 | 吊装重量/kg | | |
| | | 探伤长度 | ____% | 充满水后总重量/kg | | |
| | | 合格级别 | ____级 | | | |
| | C、D类 | 探伤标准 | | | | |
| 热处理要求 | | | | | | |

15　15　20　45　40　22.5　22.5

180

**表 2-15 容器(或立式容器)制造检验主要数据**

| 制造检验主要数据 | | | | | | |
|---|---|---|---|---|---|---|
| 制造所遵循的规范及检验数据 | | | | 设 计 参 数 | | |
| 《压力容器》GB 150—2011,并接受《固定式压力容器安全技术监察规程》TSG R0004—2009 的监督 | | | | 容器类别 | | |
| | | | | | 设备内 | 夹套或管程 | 壳程 |
| | | | | 工作压力/MPa | | | |
| | | | | 设计压力/MPa | | | |
| | | | | 工作温度/℃ | | | |
| | | | | 设计温度/℃ | | | |
| | | | | 物料名称 | | | |
| | | | | 腐蚀裕度/mm | | | |
| | | | | 焊缝系数(筒体/封头) | | | |
| | | | | 主要受压元件材料 | | | |
| | | | | 塔板数(填料总高/m) | | | |
| | | 设备内 | 夹套或管内 | 传热面积/m² | | | |
| 压力试验 | 液压试验压力/MPa | | | 设计基本风压/Pa | | | |
| 致密性试验 | 致密性试验压力/MPa | | | 抗震设防裂度 | | | |
| 焊缝探伤要求 | A、B类 | 探伤标准 | JB/T 4730 | 安全阀启跳压力/MPa | | | |
| | | 探伤长度 | __%　　__% | 管子与管板连接 | | | |
| | | 合格级别 | __级　　__级 | 保温层材料 | | | |
| | C、D类 | 探伤标准 | | 保温层厚度/mm | | | |

| 制造检验主要数据 | | | | | | | |
|---|---|---|---|---|---|---|---|
| 制造所遵循的规范及检验数据 | | | | 设 计 参 数 | | | |
| 热处理要求 | | | | 吊装重量/kg | | | |
| | | | | 充满水后总重量/kg | | | |
| 15 | 15 | 20 | 45 | 40 | 15 | 15 | 15 |

180

管口公称尺寸按公称直径填写，无公称直径时按实际内径填写，矩形孔填"长×宽"，椭圆孔填"长轴×短轴"。表 2-16 为管口表参考格式。

**表 2-16　管口表**

| 符号 | 公称尺寸 | 连接尺寸、标准 | 连接面形式 | 用途或名称 |
|---|---|---|---|---|
|  |  |  |  |  |
|  |  |  |  |  |
|  |  |  |  |  |
| 10 | 20 | 50 | 15 | 25 |

120

# 第四节　设备施工图的绘制

## 一、化工设备图的基本内容

一般来说一台化工设备的装配图应包括下列内容。

(1) 视图　根据设备复杂程度，采用一组视图，从不同的方向表示清楚设备的主要结构形状和零部件之间的装配关系。视图画法及规范按机械制图国家标准要求绘制。相关现行标准是：GB/T 4457.4—2002《机械制图 图样画法 图线》，GB/T 4458.1—2002《机械制图 图样画法 视图》，GB/T 4458.2—2003《机械制图 装配图中零、部件序号及其编排方法》。

(2) 尺寸　图上应注写必要的尺寸，作为设备制造、装配、安装检验的依据。注写尺寸时，要保证数据的绝对正确。标注的位置、方向要按规定来处理，如尺寸线应尽量安排在视图的右侧和下方，数字在尺寸线的左侧和上方。不允许注封闭尺寸，参考尺寸和外形尺寸例外。尺寸标注的基准面一般从设计要求的结构基准面开始，并应考虑所注尺寸便于检查。现行标准是 GB/T 4458.4—2003《机械制图 尺寸注法》。

(3) 零部件编号及明细表　将视图上组成该设备的所有零部件依次用数字编号，并按编号顺序在明细栏（在主标题栏上方）中从下向上逐一填写每一个编号的零部件的名称、规格、材料、数量、重量及有关图号或标准号等内容。

(4) 管口符号及管口表　设备上所有管口均需用英文小写字母依次在主视图和管口方位图上对应注明符号，并在管口表中从上向下逐一填写每一个管口的尺寸、连接尺寸及标准、连接面形式、用途或名称等内容。

(5) 技术特性表　用表格形式表达设备的制造检验主要数据，见第三节内容。

（6）技术要求 用文字形式说明图样中不能表示出来的要求，见附录一。

（7）标题栏 位于图样右下角用以填写设备名称，主要规格、制图比例、设计单位、设计阶段、图样编号以及设计、制图、校审等有关责任人签字等项内容。

## 二、化工设备的结构及视图的表达特点

化工设备种类很多，但大多都具有这样一些共同特点：

① 壳体多以回转形体为主加两封头组成；

② 设备的总体尺寸与某些局部结构的尺寸相差悬殊；

③ 设备上有较多的开孔和接管分布在轴向和周向不同位置上；

④ 零部件之间大多采用焊接结构；

⑤ 广泛采用标准化、通用化、系列化的零部件。

由上述结构的基本特点，形成了化工设备在图示方面的一些特殊表达方法。

### 1. 基本视图的配置

由于化工设备的基本形体以回转形体居多，因此在结构不十分复杂的情况下采用两个基本视图来表达设备的主体。立式设备通常采用主、俯两个基本视图。卧式设备通常采用主、左两个基本视图。主视图一般采用全剖视。如有对称面，可以中心线为界，画成半剖。

对于狭长形体的设备，当主、俯（或主、左）视图难于在幅面内按投影关系配置时，允许将俯（左）视图配制在图样的其他空白处，但必须注明"俯（左）视图"或"×-向"等字样。

当设备所需的视图较多时，允许将部分视图分画在数张图面上，但主要视图及装配图所应包括的设备的明细栏、管口表、技术特性表、技术要求、标题栏等内容，均应安排在第一张图上，同时在每张图纸的附注中说明视图间的相互关系。如在第一张图上写明：左视图、A 向视图见图××-×××（图号），而在左视图、A 向视图所在的图纸上写明：主视图见××-××图纸等字样。

### 2. 多次旋转的表达方法

化工设备的壳体四周分布着各种管口和零部件，为了在主视图上能够表达出它们的形状和结构，以及沿壳体轴向的安装位置尺寸，需要采用多次旋转的表达方法，将分布在不同圆周方位上的各个管口或零部件在主视图上画出。方法是将各接管（包括支座）绕设备中心线旋转≤90°，移至主视图的两侧来表示，如图 2-12 中 a、b、d、e 接管。有时为防止接管旋转后在主视图上重叠允许旋转大于 90°，如图 2-12 中 f 管。也有时无论向哪个方向旋转均在主视图上重叠，若管口相同，可以表达清楚时，可在主视图上重叠，如图2-12中 c、d 管口。若管口不同，又表达不清时，可在主视图外另作视图表达清楚，但这时应标注视图符号，如图 2-12 中 j 管口，以 B—B 剖视的形式拿到主视图外来表达。在化工设备图中采用多次旋转的表达方法时，允许不做任何标注，但在读图时，必须注意这些管口和

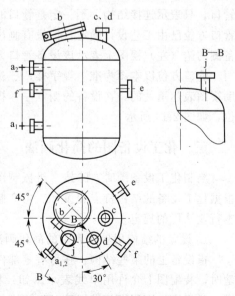

图 2-12 视图中旋转表达方法

零部件结构的周向方位，周向方位以管口方位图为准。

3. 局部结构表达方法

由于化工设备总体与某些零部件的尺寸大小相差悬殊，按总体尺寸选定的绘图比例，往往无法将某些局部形状表达清楚。为了解决这个矛盾，在化工设备图上较多地采用局部放大图的表达方法，以补充表达某些局部结构详情。这种图常称为节点图，它的画法和要求与机械制图中局部放大图的画法和要求基本相同。图 2-13 所示为塔设备裙座基础环上螺栓座的局部表达。

4. 夸大的表达方法

当一些零部件，即使采用了局部放大，仍表达不清楚，或无法采用局部放大时，可以采用不按比例的夸大的表达方法。例如设备的壁厚、垫片、挡板、折流板、换热管等，允许不按比例适当地夸大画出它们的厚度，剖面线符号可以用涂色方法代替。在表示直径小于 2mm 的孔以及较小的斜度和锥度时，也可将其不按比例而夸大画出。注意这种夸大要适度，以看清楚为限，不可过分地夸大到不合实际的程度。

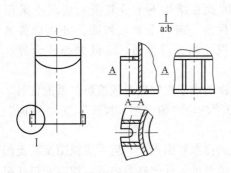

图 2-13 局部放大图表达方法

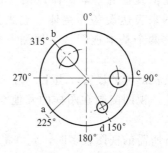

图 2-14 管口方位图的简化表达方法

5. 管口方位的表达方法

管口方位图绘制分三种情况：一是管口方位图已由工艺设计师单独画出，在设备图上只需注明"管口及支座方位见管口文件图，图号××-××"等字样。此时在设备图中画出的管口，只表示连接结构，不一定是管口的真实方位，也就不能注写方位（角度）尺寸；二是管口方位已由工艺设计确定，但没有画出管口方位图，只提出管口方位条件图，此时可在设备图的俯（左）视图上表示该设备管口方位，并注出方位尺寸，还要在"技术说明"栏内注明"管口方位以本图为准"等字样；三是管口和零部件结构形状已在主视图上或通过其他辅助视图表达清楚的，在设备的俯（左）视图中可以用中心线和符号简化表示管口等结构的方位，如图 2-14 所示。

## 三、化工设备图的简化画法

绘制化工设备图时，除按《机械制图》国标中规定的画法和前面提到的表达特点外，还根据化工设备的结构特点和设计、生产制造的要求，有关部门对设备图的简化画法作了一些本行业认可的规定。

1. 设备的结构用单线表示的简化画法

指设备上的某些结构，在另有零部件图，或另用剖视、剖面，局部放大图等方式表达清楚时，装配图上允许用单线表示。如：槽、罐设备的壳体、带法兰的接管、补强圈、筛板塔、浮阀塔、泡罩塔的塔板等，列管换热器中的折流板挡板、换热管等，在图面线条不是很少的情况下允许画成单线。

**2. 按比例画特性的外轮廓图**

有标准图、通用图、复用图或外购零部件在装配图中只需按比例画出表示它们的特性的外形轮廓即可。例如电动机、填料箱、人孔、搅拌桨叶等，如图 2-15 所示。

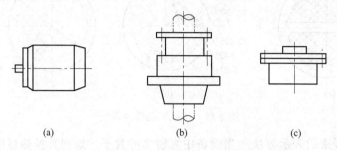

(a)　　　　　　　(b)　　　　　　　(c)

图 2-15　电动机、填料箱、人孔的简化画法

**3. 管法兰的简化画法**

在装配图中法兰的画法不必分清法兰类型和密封面形式等，可简化为图 2-16(a)、(b)所示的形式。至于密封面形式、焊接形式、法兰形式均在管口表中标出，法兰本身各部分尺寸可由标准查出。对于特殊形式法兰（如带薄衬层的管法兰），需用局部剖视图来表示，其衬层断面可不加剖面符号，如图 2-16(c)所示。设备上对外连接管口法兰，一般不配对画出，特殊情况下需配对画出时，用双点划线画出。

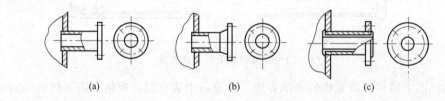

(a)　　　　　　　(b)　　　　　　　(c)

图 2-16　管法兰的简化画法

**4. 重复结构的简化画法**

（1）装配图中螺栓孔及法兰连接螺栓等的画法　螺栓孔在图形上用中心线表示，可省略圆孔的投影，如图 2-17 所示。

装配图中法兰连接的螺栓、螺母、垫片都可不画出，其中符号"×"和"＋"均用粗实线画出。

装配图上同一种规格螺栓孔或螺栓连接，在数量较多且分布均匀时，在俯视图中可根据情况只画出几个符号，但至少画两个，以表示孔的方位（指跨中或对中）。

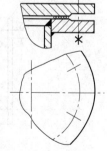

图 2-17　法兰连接
的简化画法

（2）多孔板孔眼的画法　当孔按一定规则排列时，如换热器的管板、折流板或塔板上的孔眼，如图 2-18(a)所示，按三角形排列时，细实线的交点为孔眼的中心，最外边孔眼中心用粗实线连接，表示孔眼的分布范围，为表达清楚也可以画出几个孔眼，在其上注上孔径、孔数量和孔间距。孔眼的倒角和开槽、排列方式、间距、加工要求应用局部放大图表示。图中"＋"为粗实线，表示管板上定距杆螺孔的位置，在一台换热器的两块管板中，只有一块需钻螺孔，该螺孔与周围孔眼的相对位置、排列方式、螺孔深度、大小及加工要求等也应用局部放大图表示。管板上的孔眼，按同心圆排列时，其画法可简化为图 2-18

（b）所示。对孔数要求不严的多孔板，不必画出孔眼及孔眼圆心连线，但必须用局部放大图表示孔眼的尺寸、排列方法及间距，如图 2-18（c）所示。

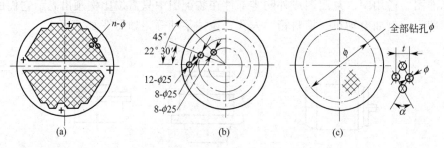

图 2-18　多孔板孔眼的画法

（3）管束和板束的表示方法　当设备中有密集的管子，如列管换热器中的换热管，在装配图中可视图面表达情况只画出完整的一根或几根，其余的管子均用中心线表示，如图 2-19（a）所示。如果设备中某部分结构由密集的、相同结构的板状零件所组成（板式换热器中的换热板片），用局部放大图或零件图将其表达清楚后，在装配图上可用交叉细实线简化画出，如图 2-19（b）所示。

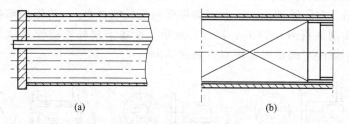

图 2-19　管束和板束的表达方法

（4）剖视图中填料、填充物的表示方法　当设备中装有同一规格、同一材料和同一堆放方法的填充物时（如瓷环、木格条、玻璃棉，以及其他填料塔所用填料）可用交叉的细实线以及有关的尺寸和文字简化表达，如图 2-20（a）、（b）所示。若装有不同规格不同填放方法的填充物，必须分层表示，如图 2-20（c）所示。对填料箱填料（金属填料或非金属填料）的画法，如图 2-21 所示。

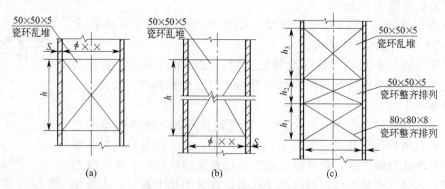

图 2-20　装有填充物的表达方法

5.液面计的简化画法

装配带有两个接管的液面计（如玻璃管、双面板式、磁性液面计等）的简化画法如图 2-22（a）所示，符号"＋"用粗实线画出。带有两组或两组以上液面计时，按图 2-22（b）所示，在俯视图上要正确标出液面计的安装方位。

图 2-21 填料箱填料的画法

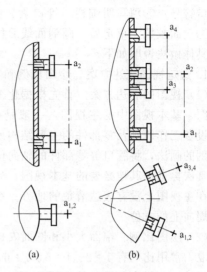

图 2-22 液面计的表达

6. 设备涂层、衬里的简化画法

一般分为厚、薄涂层和厚、薄衬里四种情况。

**薄涂层**（指搪瓷、涂漆、喷镀金属及喷涂塑料等）属于金属表面处理性质，在图样中不编件号，仅在涂层表面侧面用与表面平行的粗点划线表示，并标注涂层的内容，其他详细要求可写入技术要求中，如图 2-23(a) 所示。

**薄衬里**指在金属表面贴衬橡胶、石棉板、聚氯乙烯薄膜、铅板、其他金属板等的表面处理，一般衬板厚 1～2mm，其表示方法是在装配图的剖视图中用细实线画出，如图 2-23(b) 所示。如果衬有两层或两层以上相同或不同材料的薄衬里时，仍可按一根细实线表示，不画剖面符号。

**厚涂层**指在金属表面涂各种胶泥，混凝土等，在装配图的剖视图中如图 2-23(c) 所示。涂层必须编号，而且要注明材料的厚度，在技术要求栏中还要指出施工要求，必须用放大图详细表示其结构尺寸，包括增强结合力所需的铁丝网或挂钉等的结构尺寸。

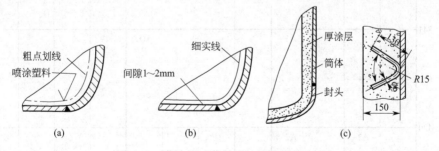

图 2-23 薄涂层、薄衬里、厚涂层的表达

**厚衬层**指衬耐火砖、耐酸板、辉绿岩板、塑料板等壳体内部处理，可按有关规定表达。

## 四、化工设备图的绘制

绘制化工设备图的方法步骤和绘制机械装配图大致相似，但因化工设备图的内容和要求有特殊之处，故也有相应的差别，化工设备图绘制方法和步骤大致如下：①选定视图表达方案、绘图比例和图面安排；②绘制视图底稿；③标注尺寸和焊缝代号；④编排零、部件件号和管口符号；⑤填写明细栏、管口表、制造检验主要数据表；⑥编写图面技术要求、标题栏；⑦全面校核、审定后，画剖面线后描重；⑧编制零部件图。

具体做法说明如下。

1. 选定视图表达方案、绘图比例和图面安排

（1）视图的表达方案  首先根据化工设备的特点，选定视图的表达方案，主要是选定基本视图。基本视图中的主视图，一般是按设备的工作位置，以最能表达各零部件间装配关系、设备工作原理及零部件的主要结构形状的视图为主视图。主视图常用全剖视，并用多次旋转剖的画法，将管口等零部件的轴向位置及装配关系表达出来。

其次再选用其他必要的基本视图，如立式设备再选俯视图，卧式设备再选用左视图，以补充在主视图上没有表达清楚的地方。在俯（左）视图上，一定要表达清楚管口及零部件在设备周向上的方位。

（2）绘图比例、幅面大小和图面安排  绘图比例按 GB/T 14690《技术制图比例》的规定选取，常用比例有 1:2、1:5、1:6、1:10、1:15、1:30 等几种。基本视图的比例在标题栏的比例栏中标注。辅助视图的比例与基本视图比例不同时，必须注明视图采用的比例，标注的格式是在视图名称的下方，中间用细实线隔开，如 $\dfrac{A-A}{2:1}$，$\dfrac{I}{1:5}$。局部放大图的比例是放大图形与实际机件相应要素线性尺寸之比，而不是原图形之比。若图形未按此比例绘制，可在标注比例的地方写上"不按比例"字样。

化工设备的图幅，按 GB/T 1689《技术制图图纸幅面和格式》规定，必要时可沿长边加长。对于 A0、A2、A4 幅面的加长量应按 A0 幅面长边的 1/8 的倍数增加；对于 A1、A3 幅面的加长量应按 A0 幅面短边的 1/4 倍数增加，见图 2-24 中的细实线部分。A0 及 A1 幅面也允许同时加长两边，见图 2-24 中的虚线部分。

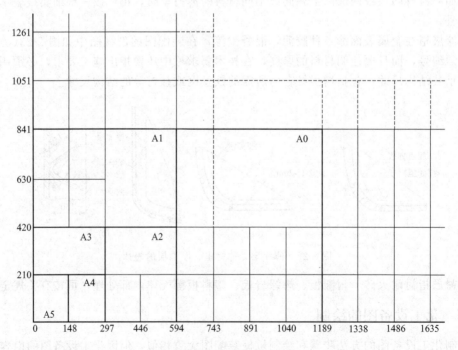

图 2-24  图幅

2. 视图的绘制

（1）布置视图　绘制视图前，先在图面上布置好各视图位置。根据设备最大外形尺寸及绘图比例，确定各视图尺寸范围，定出各视图主要轴线（中心线）和绘图基准线的位置。还要考虑标注尺寸、件号所需位置，局部放大图、剖视图的位置，标题栏、管口表、技术要求的位置等。

（2）绘制视图　绘制的步骤一般按照先画主视图，后画左（俯）视图；先画主体，后画附件；先画外件、后画内件；先定位置，后画形状的原则进行。有时当某些零部件在主视图上的投影取决于它在左（俯）视上的位置时，主（左）俯视图要同时绘制。在初步完成基本视图的绘制后，再绘制局部放大图等辅助视图和焊缝符号等。

（3）视图的初步校核　在完成视图的底稿后先由绘制者仔细校核，一旦发现某些结构、装配关系等未表达清楚要立即修改或补充视图，决不能迁就错误。这时的视图，尚未标注尺寸，未排件号、管口号，未编写明细表、技术特性、技术要求，同时线条也未描重，剖面线也可暂不画。

设计者要对所设计的内容有很清晰、完整的构思，对视图所要表达的内容做到心中有数后，才能够及时发现问题，并予以改正。

3. 标注尺寸和焊缝代号

设备尺寸标注应满足设备制造、检验、安装的要求，绝不能认为花了大量精力，完成了视图的绘制，尺寸只是一个简单的收尾。恰恰相反，尺寸标注能够真正反映出一个设计者对设备结构、设备制造安装技术的清楚程度和设计水平。

（1）化工设备上四种尺寸类型

① 特性尺寸　表示设备主要性能、规格的尺寸，如反映设备容积大小的内径和筒高。

② 装配尺寸　表示各零部件间装配关系和相对位置的尺寸，如管口伸出长度，各零部件方位尺寸等。

③ 安装尺寸　设备整体与外部发生关系的尺寸，用来表达设备安装在基础上或其他构件上所需的尺寸。如卧式支座上地脚螺栓孔的中心距及孔径尺寸，立式容器裙座上螺栓孔的中心圆直径及孔径尺寸。

④ 外形尺寸　也叫总体尺寸，用以表达设备所占空间的长、宽、高尺寸。

对于不另行绘制零件图的零件，需在装配图上注出该零件的主要规格尺寸，如接管的管径与壁厚、搅拌桨尺寸、换热器定距管尺寸等。

（2）化工设备上常用尺寸基准　尺寸基准确定原则：既要保证设备在制造和安装时达到设计要求，又要便于测量和检验，因此要求设计者在设计时（即标注尺寸时）尽可能地将设计基准、定位基准、测量基准统一。在设备图上常选用的尺寸基准为：

① 设备筒体和封头的中心线；

② 设备筒体和封头连接的环焊缝；

③ 法兰的密封面；

④ 设备支座的底平面。

如图 2-25（a）所示，卧式容器的横向定位尺寸是以筒体与封头连接的环焊缝为基准（基准Ⅰ），高度方向以中心线（基准Ⅱ）及支座底面（基准Ⅲ）为基准来定位；图 2-25（b）为立式容器尺寸基准的选用情况。

（3）典型结构尺寸标注方法

① 筒体的尺寸　由钢板卷制的筒体一般标注内径、壁厚和长度（高度）。用管材作筒体，则标外径，如图 2-26 所示。

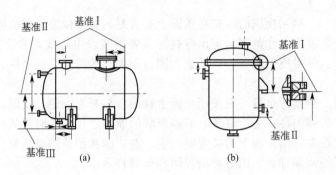

图 2-25　设备常用尺寸基准

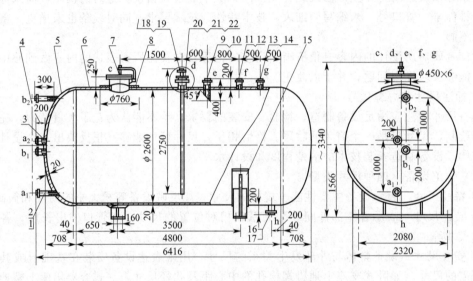

图 2-26　设备尺寸标注示例

1,3—液面计接管；2,10,12,14,16,18,20,21—法兰；4—玻璃管液面计；5—封头；6—罐体；
7—人孔；8—补强圈；9—进料接管；11—安全阀接管；13—放空管接管；
15—鞍座；17—排污接管；19—压料管；22—出料接管

② 封头的尺寸　标注壁厚和封头高度（包括直边高度）。

③ 管口尺寸　标注管口的直径和壁厚。若管口的接管为无缝钢管则需标注外径与壁厚，若接管为钢板卷焊管时（如人孔接管），则标公称直径 $DN$（或内径）和壁厚，如图 2-26 所示。

管口在设备上的伸出长度要标注管法兰密封面到接管中心线与相接壳体外表面交点间的距离，如图 2-26 所示。如果设备上所有的管口伸出长度相等时，可注出一个接管高度，其余可不必在图上注出，在附注中加以说明即可。若有不相等者则应分别注出，或将数量少的、不同的在图中注出，数量多的、相同的注出一个，其余相等者可在附注中说明。

④ 对设备中的填充物的尺寸标注　一般只标出总体尺寸（简体内径和堆放高度）和堆放方法及填充物规格尺寸，如图 2-20 所示。

⑤ 尺寸的标注顺序　按特性尺寸、装配尺寸、安装尺寸、必要的形状尺寸、总体尺寸的顺序标注，对每一种尺寸要先分清它有几个尺寸后再标注，才能使应该标注的尺寸不多不少。

（4）焊缝代号的标注 焊缝代号的标注参照本章第三节。

4．编排零、部件件号和管口符号

（1）零、部件编号原则

① 所有部件、零件（包括表格图中的各零件、薄衬层、厚衬层、厚涂层）和外购件，不论有图或无图均需编独立的件号，不得省略。

② 设备中结构、形状、材料和尺寸完全相同的零部件，不论数量多少，装配位置不同均编成同一件号，且只标注一次。

③ 装配图中的直属零件与部件中的零件相同，或不同部件中有相同的零件时，应将其分别编不同的件号。

④ 一个图样中的对称零件应编不同件号。

⑤ 对于可替换的零、部件（如变速皮带轮等）应编同一件号，但须在件号下标注角标，以示区别，如 $15_a$、$15_b$、$15_c$ 等。

（2）零、部件编号方法

① 在一个设备内将直接组成设备的部件、直属零件和外购件以 1、2、3…顺序表示，字体大小应稍大于尺寸数字，件号应尽量编排在主视图上，并由主视图的左下方开始，按件号顺序顺时针整齐地沿垂直方向或水平方向排列，如图 2-26 所示。件号可布满，但应尽量编排在尺寸线的外侧，外形尺寸线的内侧。若有遗漏或增添的件号应在外圈编排补足，见图 2-26 中的件号 18～22 的标注。

② 一组紧固件（如螺栓、螺母、垫片……）以及装配关系清楚的一组零件，允许在一个引出线上同时引出若干件号，但若在放大图上应将其件号分开标注。

③ 组成一个部件的零件或二级部件的件号，在部件图中编号时由两部分组成，中间用细线隔开如：

16-2——部件中零件号
└——在总装图上的部件号

（3）管口符号的编排原则和方法

① 管口符号一律用小写字母（a、b、c…）编写。

② 规格、用途及连接面形式不同的管口，均应单独编写管口符号；用途、规格及连接面形式完全相同的管口，则应编同一符号，但应在符号的右下角加注数字角标以区别如 $a_1$、$a_2$、$b_1$、$b_2$ 等，见图 2-26 中 a、b 接管。

③ 管口符号一律注写在各视图中管口的投影近旁。管口符号的编写顺序，从主视图的左下方开始，按顺时针方向依次编写。在其他视图上的管口符号则应根据主视图中对应的符号进行填写。

5．其他内容的编写

在装配图中还有制造检验技术特性表、管口表、明细表、技术要求、总标题栏等，已分别在本章前面几节作了介绍。

# 参 考 文 献

[1] 华东化工学院机械制图教研组编．化工制图．北京：高等教育出版社，1980.

[2] 中央广播电视大学化工（含轻工）类毕业设计指导编写组．化工（含轻工）类毕业设计指导书．北京：中央广播电视大学出版社，1986.

[3] 李延胥主编．化工制图．北京：中国石化出版社，1992.

[4] 詹长福编．化工设备机械基础课程设计指导书．北京：机械工业出版社，1992.

[5] 机械工程学会焊接学会编. 焊接手册. 第 3 卷. 焊接结构. 北京：机械工业出版社，1992.

[6] 机械工程学会焊接学会编. 焊接手册. 第 1 卷. 焊接方法及设备. 北京：机械工业出版社，1992.

[7] 杜礼辰等编. 工程焊接手册. 北京：原子能出版社，1980.

[8] 刘积文主编. 石油化工设备与制造概论. 哈尔滨：哈尔滨船舶工程学院出版社，1989.

[9] TCED 41002—2012《化工设备技术图样要求》. 全国化工设备设计技术中心站. 2012.

[10] HG/T 20519.1—2009 化工工艺设计施工图内容和深度统一.

[11] GB/T 14689—2008 技术制图图纸幅面和格式.

[12] GB 150—2011 压力容器.

# 第三章　列管式换热器工艺设计

## 第一节　概　述

### 一、换热器分类

换热器是化学、石油化学及石油炼制工业中以及其他一些行业中广泛使用的热量交换设备,它不仅可以单独作为加热器、冷却器等使用,而且是一些化工单元操作的重要附属设备,通常在化工厂的建设中换热器投资比例为 11％,在炼油厂中高达 40％。

工业生产中换热的目的和要求各不相同,换热设备的类型也多种多样。按冷热物流的接触方式,换热设备可分为直接接触式、蓄热式和间壁式三类。虽然直接接触式和蓄热式换热设备具有结构简单、制造容易等特点,但由于在换热过程中,高温流体和低温流体相互混合或部分混合,使其在应用上受到限制。因此工业上所用换热设备以间壁式换热器居多。间壁式换热器从结构上大致可分为管式换热器和板式换热器。管式换热器包括蛇管、套管和列管式换热器。板式换热器主要包括板式、螺旋板式、伞板式和板壳式换热器。一般来说,板式换热器单位体积的传热面积较大（250～1500m²/m³）,材料耗量低（15kg/m³）,传热系数大,热损失小。但承压能力较差,处理量较小,且制造加工较复杂,成本较高。而管式换热器虽然在传热性能和设备的紧凑性上不及板式换热器,但具有结构简单,加工制造容易,结构坚固,性能可靠,适应面广等突出优点,广泛应用于化工生产中,特别是列管式换热器应用最为广泛,而且设计资料和数据较为完善,技术上比较成熟。

列管式换热器在化工生产中主要作为加热（冷却）器、蒸发器、再沸器及冷凝器使用。在这些不同的传热过程中,有些为无相变化传热,有些是有相变化传热,具有不同的传热机理,遵循不同的流体力学和传热规律,在设计方法上存在一些差别。本章仅对作为加热（冷却）器、再沸器和冷凝器使用的列管式换热器的工艺设计方法进行介绍。

### 二、列管式换热器设计简介

目前我国列管式换热器的设计、制造、检验与验收按中华人民共和国国家标准《钢制管壳式换热器》（GB 151）（即列管式）执行。

（1）列管式换热器型号及参数规定

列管式换热器型号的表示方法如下:

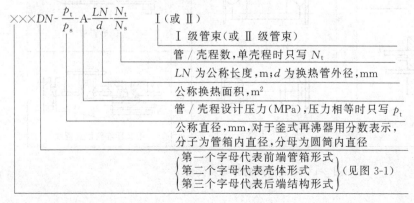

$$\times\times\times DN-\frac{p_\mathrm{t}}{p_\mathrm{s}}-A-\frac{LN}{d}\cdot\frac{N_\mathrm{t}}{N_\mathrm{s}}\ \mathrm{I}\ (或\ \mathrm{II})$$

- I 级管束（或 II 级管束）
- 管／壳程数,单壳程时只写 $N_\mathrm{t}$
- $LN$ 为公称长度,m;$d$ 为换热管外径,mm
- 公称换热面积,m²
- 管／壳程设计压力(MPa),压力相等时只写 $p_\mathrm{t}$
- 公称直径,mm,对于釜式再沸器用分数表示,分子为管箱内直径,分母为圆筒内直径
- { 第一个字母代表前端管箱形式
- 第二个字母代表壳体形式　（见图 3-1）
- 第三个字母代表后端结构形式 }

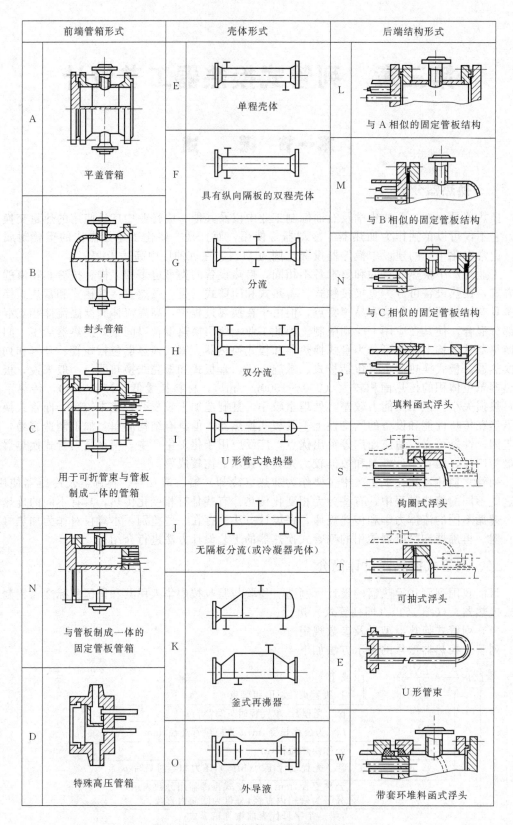

图 3-1  主要部件的分类及代号

例如，浮头式换热器，平盖管箱，公称直径 500mm，管程和壳程设计压力均为 1.6MPa，公称换热面积 54m²，使用较高级冷拔传热管，外径为 25mm，管长 6m，4 管程单壳程换热器，其型号可表示为：

$$A \quad E \quad S \quad 500\text{-}1.6\text{-}54\text{-}\frac{6}{25}\text{-}4I$$

按 GB 151—1999 标准，上述换热器参数规定如下：

① 公称直径　卷制圆筒，以圆筒内径作为换热器公称直径，mm；钢管制圆筒，以钢管外径作为换热器的公称直径，mm。

② 换热器传热面积　计算传热面积，是以传热管外径为基准，扣除伸入管板内的换热管长度后，计算所得到的管束外表面积的总和，m²；公称传热面积，指经圆整后的计算传热面积。

③ 换热器的公称长度　传热管为直管时，取直管长度为公称长度；传热管为 U 形管时，取 U 形管的直管段长度为公称长度。

④ 换热器组合部分及传热管　该标准将列管式换热器的主要组合部件分为前端管箱、壳体和后端结构（包括管束）三部分，主要部件的分类及代号见图 3-1。在该标准中将换热器分为Ⅰ、Ⅱ两级，Ⅰ级换热器采用较高级冷拔传热管，适用于无相变传热和易产生振动的场合。Ⅱ级换热器采用普通级冷拔传热管，适用于再沸、冷凝和无振动的一般场合。

（2）列管式换热器的工艺设计内容与基本要求

设计内容包括：①根据生产任务和有关要求确定设计方案；②初步确定换热器结构和尺寸；③核算换热器的传热能力及流体阻力；④确定换热器的工艺结构。

列管式换热器设计的基本要求是能够满足工艺及操作条件的要求。在工艺条件下长期运转，安全可靠，不泄漏，维修清洗方便，传热效率尽量高，流动阻力尽量小，并且满足工艺布置的安装尺寸。

# 第二节　无相变列管式换热器工艺设计

## 一、设计方案

设计方案确定的原则是要保证达到工艺要求的热流量，操作安全可靠，结构简单，可维护性好，尽可能节省操作费用和设备投资，具体包括如下几项。

### （一）选择换热器类型

列管式换热器的种类很多，按其温差补偿的结构可分为固定管板式、浮头式、U 形管式、填料函式和釜式换热器。

#### 1. 固定管板式

如图 3-2 所示，固定管板式换热器是用焊接的方式将连接管束的管板固定在壳体两端。它的主要特点是制造方便，结构紧凑，造价较低。但由于管板和壳体间的结构原因，使得管外侧不能进行机械清洗。另外当管壁与壳壁温差较大时，会产生很大的热应力，严重时会毁坏换热器。

固定管板式换热器适用于壳程流体清洁，不易结垢，或者管外侧污垢能用化学处理方法除掉的场合。同时要求壳体壁温与管子壁温之差不能太大，一般情况下，该温差不得大于 50℃。若超过此值，应加温度补偿装置，通常是在壳体上加膨胀节。但这种温度补偿结构只能用在管壁温与壳体壁温之差低于 60～70℃ 及壳程压力不高的场合。当壳程流体表压超过

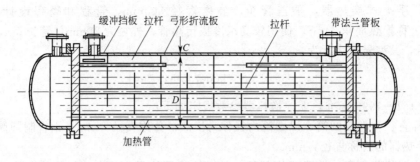

图 3-2　固定管板式换热器

0.7MPa 时，由于膨胀节的材料较厚，难以伸缩而失去对热变形的补偿作用，此时不宜采用这种结构。

2. 浮头式换热器

如图 3-3 所示，浮头式换热器是用法兰把管束一端的管板固定到壳体上，另一端管板可以在壳体内自由伸缩，并在该端管板上加一顶盖后称为"浮头"。

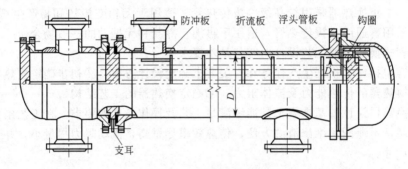

图 3-3　浮头式换热器

这类换热器的主要特点是管束可以从壳体中抽出，便于清洗管间和管内。管束可以在壳体内自由伸缩，不会产生热应力。但这种换热器结构较为复杂，造价高，制造安装要求高。

浮头式换热器的应用范围广，能在较高的压力下工作，适用于壳体壁与管壁温差较大或壳程流体易结垢的场合。

3. U 形管式换热器

如图 3-4 所示，这类换热器的管束是由弯成 U 形的传热管组成。其特点是管束可以自由伸缩，不会产生温差应力，结构简单，造价比浮头式低，管外容易清洗。但管板上排列的管子较少。另外由于管束中心一带存在间隙，且各排管子回弯处曲率不同，长度不同，故壳程流体分布不够均匀，影响传热效果。

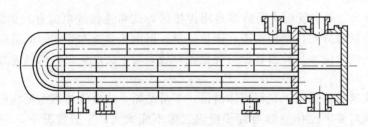

图 3-4　U 形管式换热器

U 形管式换热器适用于壳程流体易结垢，或壳体壁温与管壁温之差较大的场合，但要求管程流体应较为清洁，不易结垢。

### （二）流程安排

在列管式换热器设计中，冷、热流体的流程需进行合理安排，一般应考虑以下原则。

① 易结垢流体应走易于清洗的一侧。对于固定管板式、浮头式换热器，一般应使易结垢流体走管程，而对于 U 形管换热器，易结垢流体应走壳程。

② 有时在设计上需要提高流体的速度，以提高其表面传热系数，在这种情况下，应将需要提高流速的流体放在管程。这是因为管程流通截面积一般较小，且易于采用多管程结构以提高流速。

③ 具有腐蚀性的流体应走管程，这样可以节约耐腐蚀材料用量，降低换热器成本。

④ 压力高的流体应走管程。这是因为管子直径小，承压能力强，能够避免采用耐高压的壳体和密封结构。

⑤ 有饱和蒸汽冷凝的换热器，应使饱和蒸汽走壳程，便于排出冷凝液。

⑥ 黏度大的流体应走壳程，因为壳程内的流体在折流板的作用下，流通截面和方向都不断变化，在较低的雷诺数下就可达湍流状态。

实际设计中上述要求常常不能同时满足，应考虑其中的主要问题，首先满足其中较为重要的要求。

### （三）加热剂或冷却剂的选择

一般情况下，用作加热剂或冷却剂的流体是由实际情况决定的，但有些时候则需要设计者自行选择。在选用加热剂或冷却剂时，除首先应满足工艺要求达到的加热或冷却温度外，还应考虑其来源方便，价格低廉，使用安全。在化工生产中，水、空气是常用的冷却剂，如需冷却到较低温度，则需采取低温介质，如冷冻盐水、氨、氟利昂等。饱和水蒸气是常用的加热剂，此外，还有热导油、烟道气等。

### （四）流体出口温度的确定

工艺流体的进、出口温度是由工艺条件规定的。加热剂或冷却剂的进口温度也是确定的，但其出口温度有时可由设计者选定。该温度直接影响加热剂或冷却剂的用量以及换热器的大小，因而这个温度的确定有一个经济上的优化问题。例如以水为冷却剂时，由于工艺流体的进出口温度及流量都是确定的，所以若冷却水出口温度较高，其用量就可以减少，从而降低了操作费用，但此时由于平均传热温差下降，使得设备较大，增加了设备投资。适宜的出口温度应使操作费和设备费之和最小。另外，还应考虑到温度对污垢的影响，比如未经处理的河水作冷却剂时，其出口温度一般不得超过 50℃，否则积垢明显增多，会大大增加传热阻力。

### （五）换热器材质的选择

换热器材质的选择应根据其操作压力、操作温度、换热流体的腐蚀性能以及材料的制造工艺性能等来选取。此外还要考虑材料的经济合理性，一般换热器常用的材料有碳钢和不锈钢。

## 二、工艺结构设计

### （一）估算传热面积

1. 换热器的热流量

换热器的热流量是指在确定的物流进口温度下，使其达到规定的出口温度，冷流体和热流体之间所交换的热量，或是通过冷、热流体的间壁所传递的热量。

在热损失可以忽略不计的条件下，对于无相变的物流，换热器的热流量由式(3-1)确定。

$$\Phi = q_m c_p \Delta t$$

(3-1)

式中，$\Phi$ 为热流量，W；$q_m$ 为工艺流体的质量流量，kg/s；$c_p$ 为工艺流体的定压比热容，kJ/(kg·K)；$\Delta t$ 为工艺流体的温度变化，K。

对于有相变化的单组分饱和蒸汽冷凝过程，则依冷凝量和冷凝蒸汽的相变热按式(3-2)确定。

$$\Phi = Dr \qquad\qquad (3-2)$$

式中，$D$ 为蒸汽冷凝质量流量，kg/s；$r$ 为饱和蒸汽的相变热，kJ/kg。

当换热器壳体保温后仍与环境温度相差较大时，则其热（冷）损失不可忽略，在计算热流量时，应计入热（冷）损失量，以保证换热器设计的可靠性，使之满足生产的要求。

2. 加热剂或冷却剂用量

加热剂或冷却剂的用量取决于工艺流体所需的热量及加热剂或冷却剂的进、出口温度，此外还和设备的热损失有关。对于工艺流体被加热的情况，加热剂所放出的热量等于工艺流体所吸收的热量与损失的热量之和，即

$$\Phi_h = \Phi_c + \Phi_l \qquad\qquad (3-3)$$

式中，$\Phi_h$ 为加热剂放出的热流量，W；$\Phi_c$ 为工艺流体所吸收的热流量，W；$\Phi_l$ 为损失的热流量，W。

若以饱和水蒸气作为加热介质，则水蒸气的用量可用式(3-4)确定。

$$D = \frac{\Phi_h}{r_w} \qquad\qquad (3-4)$$

式中，$D$ 为水蒸气质量流量，kg/s；$r_w$ 为水蒸气相变热，kJ/kg。

若以其他无相变流体作为加热剂，则其用量可用式(3-5a)计算。

$$q_{m,h} = \frac{\Phi_h}{c_{p,h}\Delta t_h} \qquad\qquad (3-5a)$$

式中，$q_{m,h}$ 为加热剂质量流量，kg/s；$c_{p,h}$ 为加热剂定压比热容，kJ/(kg·K)；$\Delta t_h$ 为加热剂的进出口温度变化，K。

对于工艺流体被冷却的情况，工艺流体所放出的热量等于冷却剂所吸收的热量与热损失之和。在实际设计中，为可靠起见，常可忽略热损失，用式(3-5b)计算冷却剂用量。

$$q_{m,c} = \frac{\Phi_h}{c_{p,c}\Delta t_c} \qquad\qquad (3-5b)$$

式中，$\Phi_h$ 为工艺流体放出的热量，W；$q_{m,c}$ 为冷却剂质量流量，kg/s；$c_{p,c}$ 为冷却剂定压比热容，kJ/(kg·K)；$\Delta t_c$ 为冷却剂进出口温度的变化，K。

关于换热设备热损失的计算可参考有关文献，一般可近似取换热器热流量的 3%～5%。在实际设计中，有时加热剂或冷却剂的用量由工艺条件所规定，此种情况下，其出口温度可由式(3-5a)或式(3-5b)得出。

3. 平均传热温差

平均传热温差是换热器的传热推动力，其值不但和流体的进出口温度有关，而且还与换热器内两种流体的相对流向有关。对于列管式换热器，常见的相对流向有三种：并流、逆流和折流，如图 3-5 所示。

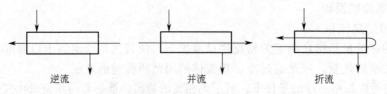

图 3-5 换热器内流体相对流向

对于并流和逆流，平均传热温差均可用换热器两端流体温度的对数平均温差表示，即

$$\Delta t_{\mathrm{m}} = \frac{\Delta t_1 - \Delta t_2}{\ln \dfrac{\Delta t_1}{\Delta t_2}} \qquad (3\text{-}6)$$

式中，$\Delta t_{\mathrm{m}}$ 为逆流或并流的平均传热温差，K；$\Delta t_1$，$\Delta t_2$ 可按图 3-6 所示进行计算。

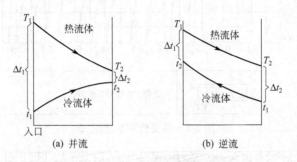

图 3-6　平均温差计算

折流情况下的平均传热温差可先按纯逆流情况计算，然后加以校正，即

$$\Delta t_{\mathrm{m}} = \varepsilon_{\Delta t} \Delta t_{\mathrm{m逆}} \qquad (3\text{-}7)$$

式中，$\varepsilon_{\Delta t}$ 为温差校正系数，量纲为1。该值的大小与热、冷流体的进、出口温度有关，也与换热器的壳程数及管程数有关，可由图 3-7～图 3-10 查取。图中

$$R = \frac{\text{热流体的温降}}{\text{冷流体的温升}} = \frac{T_1 - T_2}{t_2 - t_1} \qquad (3\text{-}8\mathrm{a})$$

$$P = \frac{\text{冷流体的温升}}{\text{两流体最初温差}} = \frac{t_2 - t_1}{T_1 - t_1} \qquad (3\text{-}8\mathrm{b})$$

式中，$T_1$、$T_2$ 为热流体进、出口温度，℃；$t_1$、$t_2$ 为冷流体进、出口温度，℃。

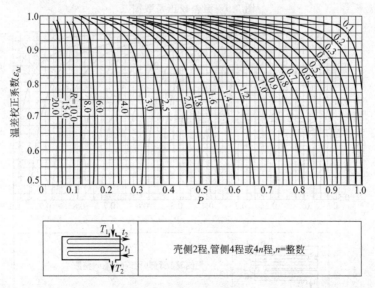

图 3-7　温差校正系数图一

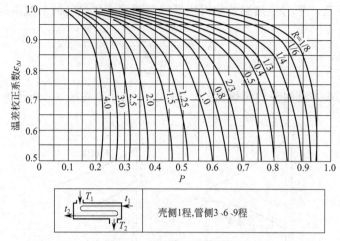

图 3-8　温差校正系数图二

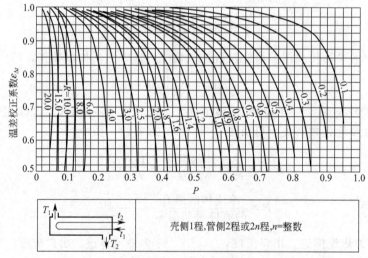

图 3-9　温差校正系数图三

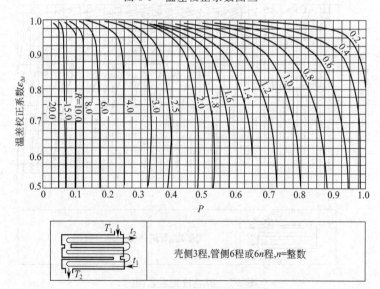

图 3-10　温差校正系数图四

　　由于在相同的流体进出口温度下，逆流流型具有较大的传热温差，所以在工程上，若无特殊需要，均采用逆流。

　　4. 估算传热面积

　　在估算传热面积时，可根据冷、热流体的具体情况，参考换热器传热系数的大致范围（见表 3-1）假设一总传热系数 $K$，利用传热速率方程估算传热面积。

$$A_p = \frac{\Phi}{K \Delta t_m} \tag{3-9}$$

式中，$A_p$ 为估算的传热面积，$m^2$；$K$ 为假设的总传热系数，$W/(m^2 \cdot K)$；$\Delta t_m$ 为平均传热温差，K。

表 3-1　总传热系数 $K$ 值大致范围

| 管内（管程） | 管间（壳程） | 传热系数 $K$ 值 | |
| --- | --- | --- | --- |
| | | $/[W/(m^2 \cdot K)]$ | $/[kcal/(m \cdot h \cdot ℃)]$ |
| 水（0.9~1.5m/s） | 净水（0.3~0.6m/s） | 582~698 | 500~600 |
| 水 | 水（流速较高时） | 814~1163 | 700~1000 |
| 冷水 | 轻有机物 $\mu < 0.5 \times 10^{-3} Pa \cdot s$ | 467~814 | 350~700 |
| 冷水 | 中有机物 $\mu = (0.5~1) \times 10^{-3} Pa \cdot s$ | 290~698 | 250~600 |
| 冷水 | 重有机物 $\mu > 1 \times 10^{-3} Pa \cdot s$ | 116~467 | 100~350 |
| 盐水 | 轻有机物 $\mu < 0.5 \times 10^{-3} Pa \cdot s$ | 233~582 | 200~500 |
| 有机溶剂 | 有机溶剂 0.3~0.55m/s | 198~233 | 170~200 |
| 轻有机物 $\mu < 0.5 \times 10^{-3} Pa \cdot s$ | 轻有机物 $\mu < 0.5 \times 10^{-3} Pa \cdot s$ | 233~465 | 200~400 |
| 中有机物 $\mu = (0.5~1) \times 10^{-3} Pa \cdot s$ | 中有机物 $\mu = (0.5~1) \times 10^{-3} Pa \cdot s$ | 116~349 | 100~300 |
| 重有机物 $\mu > 1 \times 10^{-3} Pa \cdot s$ | 重有机物 $\mu > 1 \times 10^{-3} Pa \cdot s$ | 58~233 | 50~200 |
| 水（1m/s） | 水蒸气（有压力）冷凝 | 2326~4652 | 2000~4000 |
| 水 | 水蒸气（常压或负压）冷凝 | 1745~3489 | 1500~3000 |
| 水溶液 $\mu < 2.0 \times 10^{-3} Pa \cdot s$ | 水蒸气冷凝 | 1163~4071 | 1000~3500 |
| 水溶液 $\mu > 2.0 \times 10^{-3} Pa \cdot s$ | 水蒸气冷凝 | 582~2908 | 500~2500 |
| 有机物 $\mu < 0.5 \times 10^{-3} Pa \cdot s$ | 水蒸气冷凝 | 582~1193 | 500~1000 |
| 有机物 $\mu = (0.5~1) \times 10^{-3} Pa \cdot s$ | 水蒸气冷凝 | 291~582 | 250~500 |
| 有机物 $\mu > 1 \times 10^{-3} Pa \cdot s$ | 水蒸气冷凝 | 116~349 | 100~300 |
| 水 | 有机物蒸气及水蒸气冷凝 | 582~1163 | 500~1000 |
| 水 | 重有机物蒸气（常压）冷凝 | 116~349 | 100~300 |
| 水 | 重有机物蒸气（负压）冷凝 | 58~174 | 50~150 |
| 水 | 饱和有机溶剂蒸气（常压）冷凝 | 582~1163 | 500~1000<br>150~300 |
| 水 | 含饱和水蒸气和氯气（20~50℃） | 174~349 | 水蒸气含量<br>越低K越小 |
| 水 | $SO_2$（冷凝） | 814~1163 | 700~1000 |
| 水 | $NH_3$（冷凝） | 698~930 | 600~800 |
| 水 | 氟利昂（冷凝） | 756 | 650 |

## （二）选择管径及管内流速

　　由于换热管管长及管程数均与管径及管内流速有关，故应首先确定管径及管内流速。目前国内常用的换热管规格见表 3-2。

表 3-2　常用换热管的规格

| 材　料 | 钢管标准 | 外径×厚度 /(mm×mm) | Ⅰ级换热器 | | Ⅱ级换热器 | |
|---|---|---|---|---|---|---|
| | | | 外径偏差 /mm | 壁厚偏差 | 外径偏差 /mm | 壁厚偏差 |
| 碳钢 | GB 8163 | 10×1.5 | ±0.15 | +12% −10% | ±0.20 | +15% −10% |
| | | 14×2 19×2 25×2 25×2.5 | ±0.20 | | ±0.40 | |
| | | 32×3 38×3 45×3 | ±0.30 | | ±0.45 | |
| | | 57×3.5 | ±0.8% | ±10% | ±1% | +12%, −10% |
| 不锈钢 | GB 2270 | 10×1.5 | ±0.15 | +12% −10% | ±0.20 | ±15% |
| | | 14×2 19×2 25×2 | ±0.20 | | ±0.40 | |
| | | 32×2 38×2.5 45×2.5 | ±0.30 | | ±0.45 | |
| | | 57×3.5 | ±0.8% | | ±1% | |

　　小管径的管子可以承受更大的压力，而且对于同样的传热面积来说可减小壳体直径，或对于相同的壳径，可排列较多的管子，即单位体积的传热面积更大，单位传热面积的金属耗量更少。但管径小，机械清洗困难，如果管程走的是易结垢的流体，则应采用较大直径的管子。设计时可根据具体情况选用适宜的管径。

　　管内流速的大小对表面传热系数及压力降的影响较大，所以选择时要全面分析比较。一般要求所选择的流速应使流体处于稳定的湍流状态，即雷诺数大于 10000。只有在流体黏度过大时，为避免压降过大，才不得不采用层流流动。特别是对于传热热阻较大的流体或易结垢的流体应选取较大流速，以利于增加表面传热系数，降低结垢程度和结垢速度。另外还要考虑在所选的流速下，换热器应有适当的管长和管程数，并保证不会由于流体的动力冲击导致管子强烈振动而损坏换热器。列管式换热器中常见的流体流速范围见表 3-3、表 3-4，可在设计中参考，对于易燃，易爆流体，应使流速控制在允许安全流速以下。部分易燃易爆流体允许的安全流速见表 3-5。

表 3-3　列管式换热器中不同黏度液体的最大流速 $u_{max}$

| 液体黏度/Pa·s | 最大流速/(m/s) | 液体黏度/Pa·s | 最大流速/(m/s) |
|---|---|---|---|
| >1.5 | 0.6 | 0.001~0.035 | 1.8 |
| 0.50~1.0 | 0.75 | <0.001 | 2.4 |
| 0.10~0.50 | 1.1 | 烃类 | 3 |
| 0.035~0.10 | 1.5 | | |

表 3-4 列管式换热器的常用流速

| 流 体 类 型 | 管内流速/(m/s) | 管间流速/(m/s) |
|---|---|---|
| 一般液体 | 0.5～3 | 0.2～1.5 |
| 海水、河水等易结垢的液体 | >1 | >0.5 |
| 气体 | 5～30 | 3～15 |

表 3-5 列管式换热器中易燃、易爆液体允许的安全流速

| 液 体 名 称 | 安 全 流 速/(m/s) |
|---|---|
| 乙醚、二硫化碳、苯 | <1 |
| 甲醇、乙醇、汽油 | <2～3 |
| 丙醇 | <10 |
| 氢气 | ≤8 |

### (三) 选取管长、确定管程数和总管数

选定了管径和管内流速后，可依式(3-10)确定换热器的单程传热管数。

$$n=\frac{q_V}{\frac{\pi}{4}d_i^2 u} \tag{3-10}$$

式中，$n$ 为单程传热管数目；$q_V$ 为管程流体的体积流量，$m^3/s$；$d_i$ 为传热管内径，m；$u$ 为管内流体流速，m/s。

依式(3-11)可求得按单程换热器计算所得的传热管长度。

$$L=\frac{A_p}{n\pi d_0} \tag{3-11}$$

式中，$L$ 为按单程计算的传热管长度，m；$d_0$ 为管子外径，m。

如果按单程计算的传热管太长，则应采用多管程，此时应按实际情况选择每程管子的长度。国标（GB 151）推荐的传热管长度为 1.0m，1.5m，2.0m，2.5m，3.0m，4.5m，6.0m，7.5m，9.0m，12.0m。在选取管长时应注意合理利用材料，还要使换热器具有适宜的长径比。列管式换热器的长径比可在 4～25 范围内，一般情况下为 6～10，竖直放置的换热器，长径比为 4～6。

确定了每程传热管长度之后，即可求得管程数

$$N=\frac{L}{l} \tag{3-12}$$

式中，$L$ 为按单程换热器计算的传热管长度，m；$l$ 为选取的每程传热管长度，m；$N$ 为管程数（必须取整数）。

换热器的总传热管数为 $N_T=Nn$，换热器的实际传热面积为

$$A=\pi d_0 l N_T \tag{3-13}$$

式中，$N_T$ 为换热器的总传热管数；$A$ 为换热器的实际传热面积。

### (四) 确定壳程数

换热器设计时，一般要求温差校正系数 $\varepsilon_{\Delta t}$ 的值不得低于 0.8，若低于此值，当换热器的操作条件略有变化时，$\varepsilon_{\Delta t}$ 的变化较大，使得操作极不稳定。$\varepsilon_{\Delta t}$ 小于 0.8 的原因在于多管程换热器内出现温度逼近现象。在这种情况下，应考虑采用多壳程结构的换热器或多台换热

器串联来解决，所需的壳程数或串联换热器的台数可按下述方法确定。

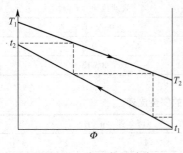

图 3-11　壳程数的确定

首先，在坐标纸上作 $\Phi$-$T$ 和 $\Phi$-$t$ 线，若两流体的热容量流率不变，则 $\Phi$-$T$ 和 $\Phi$-$t$ 线都是直线，如图 3-11 所示。然后从冷流体出口温度 $t_2$ 开始作水平线与 $\Phi$-$T$ 线相交，在交点处向下作垂直线与 $\Phi$-$t$ 线相交，重复以上步骤，直至垂线与 $\Phi$-$t$ 线交点的温度等于或低于冷流体的进口温度，此时图中水平线的数目即为所需的壳程数或串联换热器的台数。图 3-11 中所示的情况，应使用三壳程换热器，或采用三台换热器串联使用。

**（五）传热管排列**

传热管在管板上的排列有三种基本形式，即正三角形、正四边形和同心圆排列，如图 3-12 所示。

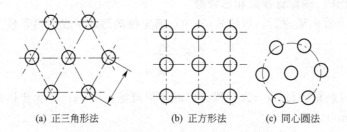

(a) 正三角形法　　(b) 正方形法　　(c) 同心圆法

图 3-12　管子排列方式

正三角形排列在相同的管板面积上可排较多的传热管，且管外表面的表面传热系数较大，但管外机械清洗较为困难，而且管外流体的流动阻力也较大。正方形排列在同样的管板面积上可配置的传热管最少，但管外易于进行机械清洗，所以当传热管外壁需要机械清洗时，常采用这种排列方法。同心圆排列方式的优点在于靠近壳体的地方管子分布较为均匀，在壳体直径很小的换热器中可排的传热管数比正三角形排列还多。

由图 3-12 可以看出，采用正三角形排列时，传热管排列是一个正六边形，排在正六边形内的传热管数为

$$N_{\mathrm{T}}=3a(a+1)+1 \tag{3-14}$$

若设 $b$ 为正六边形对角线上传热管数目，则 $b$ 为

$$b=2a+1 \tag{3-15}$$

式中，$N_{\mathrm{T}}$ 为排列的传热管数目；$a$ 为正六边形的个数；$b$ 为正六边形对角线上传热管数。

采用正三角形排列，当传热管总数超过 127 根，即正六边形的个数 $a>6$ 时，最外层六边形和壳体间的弓形部分空间较大，也应配置传热管。不同 $a$ 值时，可排的传热管数目见表 3-6。

对于多管程换热器，常采用组合排列方法。各程内采用正三角形排列，为了便于安装隔板，而在各程之间采用矩形排列方法，见图 3-13。

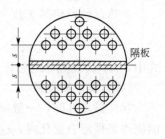

图 3-13　组合排列法

表 3-6 排管数目

| 正六角形的数目 a | 六角形对角线上的管数 b | 六角形内的管数 | 正 三 角 形 排 列 | | | | |
|---|---|---|---|---|---|---|---|
| | | | 每个弓形部分的管数 | | | | |
| | | | 第一列 | 第二列 | 第三列 | 弓形部分的管数 | 管子总数 |
| 1 | 3 | 7 | | | | | 7 |
| 2 | 5 | 19 | | | | | 19 |
| 3 | 7 | 37 | | | | | 37 |
| 4 | 9 | 61 | | | | | 61 |
| 5 | 11 | 91 | | | | | 91 |
| 6 | 13 | 127 | | | | | 127 |
| 7 | 15 | 169 | 3 | | | 18 | 187 |
| 8 | 17 | 217 | 4 | | | 24 | 241 |
| 9 | 19 | 271 | 5 | | | 30 | 301 |
| 10 | 21 | 331 | 6 | | | 36 | 367 |
| 11 | 23 | 397 | 7 | | | 42 | 439 |
| 12 | 25 | 469 | 8 | | | 48 | 517 |
| 13 | 27 | 547 | 9 | 2 | | 66 | 613 |
| 14 | 29 | 631 | 10 | 5 | | 90 | 721 |
| 15 | 31 | 721 | 11 | 6 | | 102 | 823 |
| 16 | 33 | 817 | 12 | 7 | | 114 | 931 |
| 17 | 35 | 919 | 13 | 8 | | 126 | 1045 |
| 18 | 37 | 1027 | 14 | 9 | | 138 | 1165 |
| 19 | 39 | 1141 | 15 | 12 | | 162 | 1303 |
| 20 | 41 | 1261 | 16 | 13 | 4 | 198 | 1459 |
| 21 | 43 | 1387 | 17 | 14 | 7 | 228 | 1616 |
| 22 | 45 | 1519 | 18 | 15 | 8 | 246 | 1765 |
| 23 | 47 | 1657 | 19 | 16 | 9 | 264 | 1921 |

## （六）管心距

管板上两传热管中心距离称为管心距。管心距的大小取决于传热管和管板的连接方式、管板强度和清洗管外表面时所需的空间。

传热管和管板的连接方法有胀接和焊接两种，当采用胀接法时，过小的管心距，常会造成管板变形。而采用焊接法时，管心距过小，也很难保证焊接质量，因此管心距应有一定的数值范围。一般情况下，胀接时，取管心距 $t=(1.3\sim1.5)d_0$；焊接时，取 $t=1.25d_0$（$d_0$ 为传热管外径）。对于直径较小的传热管，管心距最小不能小于 $(d_0+6)$mm，且 $t/d_0$ 值应稍大些。

多管程结构中，隔板中心到离其最近一排管中心的距离可用式(3-16)计算。

$$s=\frac{t}{2}+6 \text{（mm）} \tag{3-16}$$

于是可求各程相邻传热管的管心距为 $2s$（见图 3-13），表 3-7 列出了常用传热管布置的管心距。

表 3-7  常用管心距

| 管外径/mm | 管心距/mm | 各程相邻管的管心距/mm | 管外径/mm | 管心距/mm | 各程相邻管的管心距/mm |
|---|---|---|---|---|---|
| 19 | 25 | 38 | 32 | 40 | 52 |
| 25 | 32 | 44 | 38 | 48 | 60 |

### (七) 管束的分程方法

如采用多管程,则需要在管箱中安装分程隔板。分程时,应使各程传热管数目大致相等,隔板形式要简单,密封长度要短。为使制造、维修和操作方便,一般采用偶数管程,常用的有 2、4、6 程,多者可达到 16 程。管束分程常采用平行或 T 形方式,其前后管箱中隔板形式和介质的流通顺序见图 3-14。

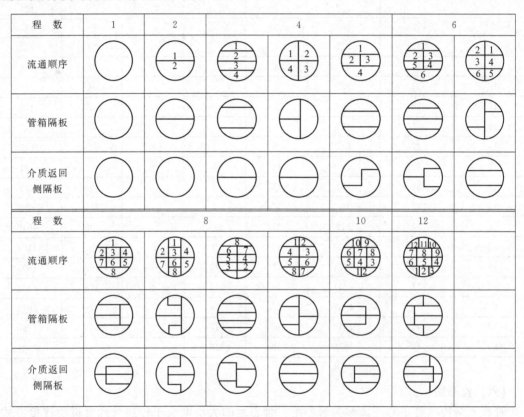

图 3-14  隔板形式和介质的流通顺序

### (八) 壳体内径

换热器壳体内径取决于传热管数、管心距和传热管的排列方式。对于单管程换热器,壳体内径由式(3-17)确定。

$$D=t(b-1)+(2\sim3)d_0 \tag{3-17}$$

式中,$t$ 为管心距,mm;$d_0$ 为传热管外径,mm。$b$ 的取值与管子的排列方式有关。对于正三角形排列 $b$ 值可按式(3-15)或式(3-18)计算。

$$b=1.1\sqrt{N_T} \tag{3-18}$$

对于正方形排列

$$b=1.19\sqrt{N_T} \tag{3-19}$$

多管程换热器壳体的内径还和管程数有关,可用式(3-20)近似估算。

$$D = 1.05t\sqrt{N_{\mathrm{T}}/\eta} \tag{3-20}$$

式中，$N_{\mathrm{T}}$ 为排列的管子数目；$\eta$ 为管板利用率。正三角形排列，2 管程，$\eta = 0.7 \sim 0.85$；4 管程以上，$\eta = 0.6 \sim 0.8$；正四边形排列，2 管程 $\eta = 0.55 \sim 0.7$，4 管程以上 $\eta = 0.45 \sim 0.65$。估算出壳体内径后，需圆整到标准尺寸。当壳体公称直径大于 400mm 时，换热器的公称直径以 400mm 为基数，以 100mm 为晋级档，必要时也可采用 50mm 为晋级档，用钢板卷焊制作。直径小于 400mm 的壳体通常用无缝钢管制成。

需要指出，确定壳体内径的可靠方法是按比例在管板上画出隔板位置，并进行排管，从而确定壳体内径。

**（九）壳程折流板**

在列管式换热器的壳程管束中，一般设置横向折流挡板，用于引导壳程流体横向流过管束，增加壳程流体流速，提高湍动程度，以增强传热。同时兼有支撑传热管、防止管束振动和管子弯曲的作用。其型式有弓形（也称圆缺形）、环盘形和孔流形等。弓形折流板结构简单，性能优良，在实际中最为常用。弓形折流板切去的圆缺高度一般是壳体内径的 10% ～ 40%，常用值为 20% ～ 25%。

水平放置换热器弓形折流板的圆缺面可以水平或垂直装配，如图 3-15 和图 3-16 所示。水平装配，可造成流体的强烈扰动，传热效果好，一般无相变传热均采用这种装配方式。垂直装配主要用于水平放置冷凝器、水平放置再沸器或流体中带有固体颗粒的情况。这种装配方式有利于冷凝器中的不凝气和冷凝液的排放。

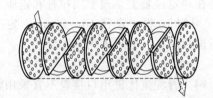

图 3-15　弓形折流板（水平圆缺）

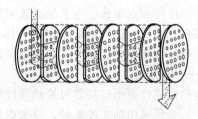

图 3-16　弓形折流板（垂直圆缺）

折流板间距的大小对壳程的流动影响很大，间距太大，不能保证流体垂直流过管束，使得管外表面传热系数下降。间距太小，不便于制造和检修，阻力损失亦较大。一般取折流板间距为壳体内径的 0.2 ～ 1.0 倍。推荐折流板间距应不小于壳体内径的 20% 或 50mm（取两者中的较大值）。由于折流板有支撑传热管的作用，故其最大间距不得大于传热管最大无支撑跨距（见表 3-8）。我国系列标准中采用的挡板间距为：固定管板式有 100mm、150mm、200mm、300mm、450mm、600mm 和 700mm；浮头式有 100mm、150mm、200mm、250mm、300mm、350mm、450mm（或 480mm）、600mm。

具有横向折流板的换热器不需另设支承板，但当工艺上无安装折流板要求时，则应考虑设置一定数量的支承板，以防止因传热管过长而变形或发生振动。一般支承板为弓形，其圆形缺口高度一般是壳体内径的 40% ～ 45%。支承板的最大间距与管子直径和管壁温度有关，不得大于传热管的最大无支撑跨距（见表 3-8）。

表 3-8　最大无支撑跨距

| 换热管外径 $d_0$/mm | 10 | 14 | 19 | 25 | 32 | 38 | 45 | 57 |
|---|---|---|---|---|---|---|---|---|
| 最大无支撑跨距/mm | 800 | 1100 | 1500 | 1900 | 2200 | 2500 | 2800 | 3200 |

对于多壳程换热器，不但需要设置横向折流挡板，而且还需要设置纵向折流隔板将换热器分为多壳程结构。设置纵向折流隔板的目的不仅在于提高壳程流体的流速，而且是为了实

现多壳程结构，减小多管程结构造成的温差损失。

**（十）其他主要附件**

（1）旁路挡板　如图 3-17 所示，如果壳体和管束之间的环隙过大，流体会通过该环隙短路，为防止这种情况发生，可设置旁路挡板。另外，在换热器分程部位，往往间隙也比较大，为防止短路发生可在适当部位安装挡板。

（2）防冲挡板　如图 3-18 所示，为防止壳程进口处流体直接冲击传热管，产生冲蚀，常在壳程物料进口处设置防冲挡板。一般当壳程介质为气体或蒸汽时，应设置防冲挡板。对于液体物料，则以其密度和入口管内流速平方的乘积 $\rho u^2$ 来确定是否设置防冲挡板。非腐蚀性和非磨蚀性物料当 $\rho u^2 > 2230 \text{kg}/(\text{m} \cdot \text{s}^2)$ 时，应设置防冲挡板。一般液体，当 $\rho u^2 > 740 \text{kg}/(\text{m} \cdot \text{s}^2)$ 时，则需设置防冲挡板。防冲挡板还有使流体均匀分布的作用。

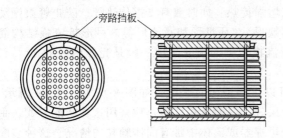

图 3-17　旁路挡板　　　　　　　　图 3-18　防冲挡板

（3）拉杆和定距管　为了使折流板能牢固地保持在一定位置上，通常用拉杆和定距管将其连接在一起。拉杆的数量取决于壳体的直径，从 4 根到 10 根，直径 10～12mm。定距管直径一般与换热管直径相同，有时也可以将拉杆和折流板焊在一起，不用定距管。

**（十一）接管**

换热器流体进出口接管对换热器性能也有一定影响。管程流体进出口接管不宜采用轴向接管。如必须采用轴向接管时，应考虑设置管程防冲挡板，以防流体分布不良或对管端的侵蚀。当壳程流体为加热蒸汽或高速流体时，常将壳程接管在入口处加以扩大，即将接管做成喇叭形，以起到缓冲的作用；或在流体进口处设置壳程防冲挡板。接管直径取决于流体的流量和适宜的流速，同时还应考虑结构的协调性及强度要求。

## 三、换热器核算

换热器的核算内容包括换热器的热流量、传热管壁温和流体阻力。

**（一）热流量核算**

热流量核算目的在于验证所设计的换热器能否达到所规定的热流量，并留有一定的传热面积裕度。列管式换热器传热面积以传热管外表面积为准，与之对应的总传热系数 $K_C$ 为

$$K_C = \frac{1}{\dfrac{d_0}{h_i d_i} + \dfrac{R_i d_0}{d_i} + \dfrac{R_w d_0}{d_m} + R_0 + \dfrac{1}{h_0}} \tag{3-21}$$

式中，$K_C$ 为计算总传热系数，$\text{W}/(\text{m}^2 \cdot \text{K})$；$h_0$ 为壳程表面传热系数，$\text{W}/(\text{m}^2 \cdot \text{K})$；$R_0$ 为壳程污垢热阻，$\text{m}^2 \cdot \text{K}/\text{W}$；$R_w$ 为管壁热阻，$\text{m}^2 \cdot \text{K}/\text{W}$；$R_i$ 为管程污垢热阻，$\text{m}^2 \cdot \text{K}/\text{W}$；$d_0$ 为传热管外径，m；$d_i$ 为传热管内径，m；$d_m$ 为传热管平均直径，m；$h_i$ 为管程表面传热系数，$\text{W}/(\text{m}^2 \cdot \text{K})$。

壳程和管程的表面传热系数与传热机理有关，各种传热条件下的表面传热系数的求法可参见

有关文献。这里仅对常见的无相变化传热及壳程为饱和蒸汽冷凝的表面传热系数的计算作简单介绍。

1. 壳程表面传热系数

(1) 壳程流体无相变传热  对于装有弓形折流板的列管式换热器，壳程表面传热系数的计算法有贝尔（Bell）法、克恩（Ken）法及多诺霍（Donohue）法。其中贝尔法精度较高，但计算过程很麻烦。目前设计人员较为常用的是克恩法和多诺霍法，其中克恩法最为简单便利。

克恩提出下式作为采用弓形折流板时壳程表面传热系数的计算式

$$h_0 = 0.36 \frac{\lambda}{d_e} Re_0^{0.55} Pr^{1/3} (\eta/\eta_w)^{0.14} \tag{3-22}$$

式中，$\lambda$ 为壳程流体的热导率，$W/(m \cdot K)$；$d_e$ 为当量直径，$m$；$Re_0$ 为管外流动雷诺数；$Pr$ 为普朗特数，取定性温度下的值；$\eta$ 为流体在定性温度下的黏度，$Pa \cdot s$；$\eta_w$ 为流体在壁温下的黏度，$Pa \cdot s$。

当量直径 $d_e$ 与管子的排列方式有关，分别用下列各式计算。

正方形排列时

$$d_e = \frac{4\left(t^2 - \frac{\pi}{4} d_0^2\right)}{\pi d_0} \tag{3-23a}$$

三角形排列时

$$d_e = \frac{4\left(\frac{\sqrt{3}}{2} t^2 - \frac{\pi}{4} d_0^2\right)}{\pi d_0} \tag{3-23b}$$

式中，$t$ 为管间距，$m$；$d_0$ 为传热管外径，$m$。

雷诺数

$$Re_0 = \frac{d_e u_0 \rho}{\eta}, \quad u_0 = \frac{q_{V0}}{S_0} \tag{3-24}$$

$$S_0 = BD\left(1 - \frac{d_0}{t}\right) \tag{3-25}$$

式中，$q_{V0}$ 为壳程流体的体积流量，$m^3/s$；$S_0$ 为壳程流体流通面积，$m^2$；$B$ 为折流板间距，$m$；$d_0$ 为传热管外径，$m$；$t$ 为传热管间距，$m$。

式（3-22）适用条件是 $Re_0 = 2 \times 10^3 \sim 10^6$，弓形折流板圆缺高度为直径的 25%。若折流板割去的圆缺高度为其他值时，可用图 3-19 求出传热因子 $j_H$，并用式（3-26）求表面传热系数。

$$h_0 = j_H \frac{\lambda}{d_e} Pr^{1/3} \left(\frac{\eta}{\eta_w}\right)^{0.14} \tag{3-26}$$

(2) 壳程为饱和蒸汽冷凝  工业上冷凝器多采用水平管束和垂直管束，且管表面液膜多为层流。在该种情况下实测的表面传热系数多大于努塞尔理论公式的计算值。德沃尔（Devore）基于努塞尔的理论公式和实测值，提出层流时的冷凝表面传热系数计算式如下。

水平管束冷凝

$$h^* = h_0 \left(\frac{\eta^2}{\rho^2 g \lambda^3}\right)^{1/3} = 1.51 Re^{-\frac{1}{3}} \tag{3-27}$$

式中，$h^*$ 为无量纲冷凝表面传热系数；$h_0$ 为冷凝表面传热系数，$W/(m^2 \cdot K)$。

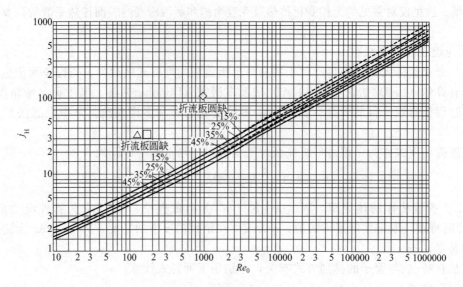

图 3-19　壳程表面传热因子

$$Re = \frac{4M}{\eta}, \quad M = \frac{q_m}{ln_s} \tag{3-28}$$

式中，$q_m$ 为冷凝液的质量流量，kg/s；$l$ 为传热管长度，m；$n_s$ 为当量管数。

当量管数 $n_s$ 与传热管排列方式及总管数有关，可用式(3-29)求得。

$$n_s = \begin{cases} 1.370N_T^{0.518} & \text{正方形错列} \\ 1.288N_T^{0.480} & \text{正方形直列} \\ 1.022N_T^{0.519} & \text{三角形直列} \\ 2.08N_T^{0.495} & \text{三角形错列} \end{cases} \tag{3-29}$$

式中，$N_T$ 为冷凝器的传热管总根数。

垂直管束冷凝

$$h^* = h_0 \left( \frac{\eta^2}{\rho^2 g \lambda^3} \right)^{1/3} = 1.88Re^{-1/3} \tag{3-30}$$

其中

$$Re = \frac{4M}{\eta} \tag{3-31a}$$

$$M = \frac{q_m}{\pi d_0 N_T} \tag{3-31b}$$

式(3-27)和式(3-30)仅适用于液膜沿管壁呈层流流动，即要求 $\frac{4M}{\eta} \leqslant 2100$。

**2. 管程表面传热系数**

若管程为流体无相变传热，则在通常情况下可用式(3-32)计算其表面传热系数。

$$h_i = 0.023 \frac{\lambda_i}{d_i} Re^{0.8} Pr^n \tag{3-32}$$

$$n = \begin{cases} 0.4 & \text{当流体被加热时} \\ 0.3 & \text{当流体被冷却时} \end{cases} \tag{3-33}$$

式(3-32)的适用条件：

低黏度流体（$\eta < 2 \times 10^{-3} \mathrm{Pa \cdot s}$）；　　　　管长管径之比 $l/d > 50$；

雷诺数 $Re > 10000$；　　　　　　　　　定性温度可取流体进出口温度的算术平均值；

普朗特数 $Pr$ 为 $0.6 \sim 160$；　　　　　特征尺寸取传热管内径 $d_i$。

其他情况下的圆管内表面传热系数的计算方法可参考有关文献。

**3. 污垢热阻和管壁热阻**

（1）污垢热阻　由于污垢层的厚度及热导率不宜估计，通常根据经验确定污垢热阻。选择污垢热阻时，应特别慎重，尤其对易结垢的物料更是如此。因为在这种情况下，污垢热阻往往在传热热阻中占有较大的比例，其值对传热系数的影响很大。常见物料的污垢热阻见表3-9和表3-10，可供设计时选用。

**表 3-9　各种水污垢热阻的大致数值范围**

| 流　　体 | | 污　垢　热　阻 | |
|---|---|---|---|
| | | /(m² · K/kW) | /(m² · h · K/kcal) |
| 水 | 蒸馏水 | 0.09 | 0.000105 |
| | 海水 | 0.09 | 0.000105 |
| | 清净的河水 | 0.21 | 0.000244 |
| | 未处理的凉水塔用水 | 0.58 | 0.000675 |
| | 已处理的凉水塔用水 | 0.26 | 0.000302 |
| | 已处理的锅炉用水 | 0.26 | 0.000302 |
| | 硬水、井水 | 0.58 | 0.000675 |

**表 3-10　常见物料的污垢热阻大致数值范围**

| 流　　体 | 污　垢　热　阻 | |
|---|---|---|
| | /(m² · K/kW) | /(m² · h · K/kcal) |
| 水蒸气优质——不含油 | 0.052 | 0.0000605 |
| 水蒸气劣质——不含油 | 0.09 | 0.000105 |
| 处理过的盐水 | 0.264 | 0.00030 |
| 有机物 | 0.176 | 0.000205 |
| 燃烧油 | 1.056 | 0.00123 |
| 焦油 | 1.76 | 0.00205 |
| 空气 | 0.26～0.53 | 0.000302～0.000617 |
| 溶剂蒸气 | 0.14 | 0.000163 |

（2）管壁热阻　管壁热阻取决于传热管壁厚和材料，其计算式为

$$R_w = \frac{b}{\lambda_w} \tag{3-34}$$

式中，$b$ 为传热管壁厚，m；$\lambda_w$ 为管壁热导率，$\mathrm{W/(m \cdot K)}$。

常用金属材料的热导率见表3-11。

**表 3-11　常用金属材料的热导率/[W/(m · K)]**

| 金属材料 | 温　度/℃ | | | | |
|---|---|---|---|---|---|
| | 0 | 100 | 200 | 300 | 400 |
| 铝 | 227.95 | 227.95 | 227.95 | 227.95 | 227.95 |
| 铜 | 383.79 | 379.14 | 372.16 | 367.51 | 362.86 |
| 铅 | 35.12 | 33.38 | 31.40 | 29.77 | — |
| 镍 | 93.04 | 82.57 | 73.27 | 63.97 | 59.31 |
| 银 | 414.03 | 409.38 | 373.32 | 361.69 | 359.37 |
| 碳钢 | 52.34 | 48.85 | 44.19 | 41.87 | 34.89 |
| 不锈钢 | 16.28 | 17.45 | 17.45 | 18.49 | — |

### 4. 换热器面积裕度

在规定热流量下，计算了传热系数 $K_C$ 和平均传热温差 $\Delta t_m$ 后，则与 $K_C$ 对应的计算传热面积为

$$A_C = \frac{\Phi}{K_C \Delta t_m} \tag{3-35}$$

则换热器的面积裕度为

$$H = \frac{A - A_C}{A_C} \times 100\% \tag{3-36}$$

式中，$H$ 为换热器面积裕度；$A$ 为实际传热面积，$m^2$；$A_C$ 为计算传热面积，$m^2$。

为保证换热器操作的可靠性，一般应使换热器的面积裕度大于 $15\% \sim 20\%$。满足此要求，则所设计的换热器较为合适，否则应予以调整或重新设计，直到满足要求为止。

### （二）传热管和壳体壁温核算

有些情况下，表面传热系数与壁温有关。此时，计算表面传热系数需先假设壁温，求得表面传热系数后，再核算壁温。另外，计算热应力，检验所选换热器的形式是否合适、是否需要加设温度补偿装置等均需核算壁温。

（1）传热管壁温　对于稳定的传热过程，若忽略热损失和污垢热阻，则有

$$\Phi = h_h A_h (T_m - T_w) = h_c A_c (t_w - t_m) \tag{3-37}$$

式中，$\Phi$ 为换热器热流量，$W$；$T_m$ 为热流体的平均温度，$^\circ\!C$；$T_w$ 为热流体侧的管壁温度，$^\circ\!C$；$t_m$ 为冷流体的平均温度，$^\circ\!C$；$t_w$ 为冷流体侧的管壁温度，$^\circ\!C$；$h_h$ 为热流体侧的表面传热系数，$W/(m^2 \cdot K)$；$h_c$ 为冷流体侧的表面传热系数，$W/(m^2 \cdot K)$；$A_h$ 为热流体侧的传热面积，$m^2$；$A_c$ 为冷流体侧的传热面积，$m^2$。

因此有

$$T_w = T_m - \frac{\Phi}{h_h A_h} \tag{3-38}$$

$$t_w = t_m + \frac{\Phi}{h_c A_c} \tag{3-39}$$

若考虑污垢热阻的影响，则有

$$T_w = T_m - \frac{\Phi}{A_h}\left(\frac{1}{h_h} + R_h\right) \tag{3-40a}$$

$$t_w = t_m + \frac{\Phi}{A_c}\left(\frac{1}{h_c} + R_c\right) \tag{3-40b}$$

式中，$R_h$，$R_c$ 分别为热流体和冷流体的污垢热阻，$m^2 \cdot K/W$。

传热管管壁平均温度可取为

$$t = \frac{t_w + T_w}{2} \tag{3-41}$$

当管壁热阻小，可忽略不计，也可依式（3-42）计算管壁温度

$$t_w = \frac{T_m\left(\frac{1}{h_c} + R_c\right) + t_m\left(\frac{1}{h_h} + R_h\right)}{\frac{1}{h_c} + R_c + \frac{1}{h_h} + R_h} \tag{3-42}$$

液体平均温度（过渡流及湍流）为

$$T_m = 0.4T_1 + 0.6T_2 \tag{3-43}$$

$$t_m = 0.4t_2 + 0.6t_1 \tag{3-44}$$

液体（层流）及气体的平均温度为

$$T_{\mathrm{m}}=\frac{1}{2}(T_1+T_2) \tag{3-45}$$

$$t_{\mathrm{m}}=\frac{1}{2}(t_1+t_2) \tag{3-46}$$

式中，$T_1$ 为热流体进口温度，℃；$T_2$ 为热流体出口温度，℃；$t_1$ 为冷流体进口温度，℃；$t_2$ 为冷流体出口温度，℃。

（2）壳体壁温　壳体壁温的计算方法与传热管壁温的计算方法类似。但当壳体外部有良好的保温，或壳程流体接近环境温度，则壳体壁温可近似取壳程流体的平均温度。

**（三）流体阻力核算**

流体流经换热器，其阻力应在工艺允许的数值范围内。如果流动阻力过大，则应修正设计。允许的流体阻力与换热器的操作压力有关，操作压力大，允许流体阻力可相应大些。一般列管式换热器合理的压力降范围如表 3-12 所示。

换热器内流体阻力的大小与多种因素有关，如流体有无相变化、换热器结构形式、流速的大小等，而且壳程和管程的流体阻力计算方法有很大不同。计算中应根据实际情况选用相应的公式。对于流体无相变化的换热器，可用下述方法计算流体阻力。

表 3-12　列管式换热器合理压力降范围

| 操作压力/Pa（绝压） | 合理压力降/Pa |
| --- | --- |
| $0\sim1\times10^5$ | $0.1p$ |
| $1\times10^5\sim1.7\times10^5$ | $0.5p$ |
| $1.7\times10^5\sim11\times10^5$ | $0.35\times10^5$ |
| $11\times10^5\sim31\times10^5$ | $0.35\times10^5\sim1.8\times10^5$ |
| $31\times10^5\sim81\times10^5$（表压） | $0.7\times10^5\sim2.5\times10^5$ |

（1）管程阻力　管程总阻力等于各程直管摩擦阻力、单程回弯阻力和进、出口阻力之和，其中进、出口阻力常可忽略不计，因此有

$$\Delta p_{\mathrm{t}}=(\Delta p_{\mathrm{i}}+\Delta p_{\mathrm{r}})N_{\mathrm{s}}N_{\mathrm{p}}F_{\mathrm{s}} \tag{3-47}$$

式中，$\Delta p_{\mathrm{i}}$ 为单程直管阻力；$\Delta p_{\mathrm{r}}$ 为单程回弯阻力；$N_{\mathrm{s}}$ 为壳程数；$N_{\mathrm{p}}$ 为管程数；$\Delta p_{\mathrm{t}}$ 为管程总阻力；$F_{\mathrm{s}}$ 为管程结构校正系数，量纲为 1，可近似取 1.5。

其中，直管阻力和回弯阻力可分别计算如下

$$\Delta p_{\mathrm{i}}=\lambda_{\mathrm{i}}\frac{l}{d_{\mathrm{i}}}\times\frac{\rho u^2}{2} \tag{3-48}$$

$$\Delta p_{\mathrm{r}}=\xi\frac{\rho u^2}{2} \tag{3-49}$$

式中，$\lambda_{\mathrm{i}}$ 为摩擦系数；$l$ 为传热管长度，m；$d_{\mathrm{i}}$ 为传热管内径，m；$u$ 为管内流速，m/s；$\rho$ 为流体密度，kg/m³；$\xi$ 为局部阻力系数，一般情况下取 3。

（2）壳程阻力　壳程装有弓形折流板时，计算流体阻力的方法有 Bell 法、Kern 法和 Esso 法等。其中，Bell 法计算值与实际数据显示出很好的一致性，但该法计算比较麻烦，而且对换热器的结构尺寸要求比较详细。工程计算中常用的方法是 Esso 法，其计算方法如下：

$$\Delta p_{\mathrm{s}}=(\Delta p_0+\Delta p_{\mathrm{i}})F_{\mathrm{s}}N_{\mathrm{s}} \tag{3-50}$$

式中，$\Delta p_{\mathrm{s}}$ 为壳程总阻力，Pa；$\Delta p_0$ 为流体流过管束的阻力，Pa；$\Delta p_{\mathrm{i}}$ 为流体流过折流板缺口的阻力，Pa；$F_{\mathrm{s}}$ 为壳程结构校正系数，量纲为 1，$F_{\mathrm{s}}=\begin{cases}1.15 & \text{（对液体）}\\1.0 & \text{（对气体）}\end{cases}$；$N_{\mathrm{s}}$ 为壳程数。

其中

$$\Delta p_0=Ff_0N_{\mathrm{TC}}(N_{\mathrm{B}}+1)\frac{\rho u_0^2}{2} \tag{3-51}$$

$$\Delta p_{\mathrm{i}}=N_{\mathrm{B}}\left(3.5-\frac{2B}{D}\right)\frac{\rho u_0^2}{2} \tag{3-52}$$

$$N_{TC} = \begin{cases} 1.1N_T^{0.5}（正三角形排列） \\ 1.19N_T^{0.5}（正方形排列） \end{cases} \quad (3-53)$$

式中，$N_T$ 为每一壳程的管子总数；$N_B$ 为折流板数目；$B$ 为折流板间距，m；$D$ 为换热器壳体内径，m；$u_0$ 为壳程流体流过管束的最小流速［按壳程最大流通截面积 $S_0 = B(D-N_{TC}d_0)$ 计算的流速］，m/s；$f_0$ 为壳程流体摩擦因子；$F$ 为管子排列形式对阻力的影响，$F = \begin{cases} 0.4（正方形斜转 45°） \\ 0.5（正三角形） \end{cases}$。

$$f_0 = 5.0Re_0^{-0.228}（Re_0 > 500） \quad (3-54)$$

## 四、换热器控制方案

换热器在化工生产中使用的目的不同，被控变量也不完全相同。多数情况下，换热器以温度控制为目标。

**1. 调节换热介质流量**

通过调节换热介质流量来控制介质出口温度是一种常见的控制方案，换热介质有无相变均可使用。对于换热器两侧流体均无相变时，一股物料（流股 2）出口温度的调节可以通过控制换热器中另一股物料（流股 1）的流量来实现，如图 3-20(a) 所示，但流股 1 的流量必须是可以改变的。若流股 1 也为工艺流体，其流量需保持恒定，则可采用图 3-20(b) 所示的控制方案，即采用三通控制阀来改变进入换热器的流体流量与旁路流量的比例，来改变进入换热器的流体流量，同时保证流体总流量不变。

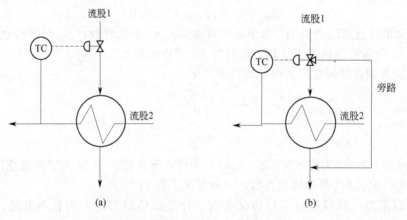

(a)　　　　　　　　　　　　　(b)

图 3-20　流体无相变时温度控制方案

对于在换热过程中发生相变的流股，如流股 1 为加热蒸汽，在换热过程中发生相变，放出热量加热工艺介质。若被加热介质出口温度为控制变量，则可通过控制蒸汽流量来控制被加热介质的出口温度，如图 3-21(a) 所示。当阀前蒸汽压力有波动时，可对蒸汽总管加设压力定值控制，或采用温度与蒸汽量串级控制，通过加设压力定值控制较为方便。或流股 1 为冷却剂，在换热过程中气化带走热量，如图 3-21(b) 所示，可通过改变冷却剂的进入量来控制介质的出口温度。

**2. 调节换热面积**

调节换热面积方法是通过改变传热面积来控制介质出口温度，适用于蒸汽冷凝换热器。如图 3-22 所示，调节阀安装在凝液管路上，通过改变调节阀的开度，调节换热器内凝液量，从而调节有效冷凝传热面积来控制介质出口温度。这种控制方法滞后较大，控制精度较差，

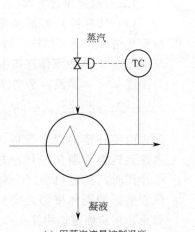

(a) 用蒸汽流量控制温度

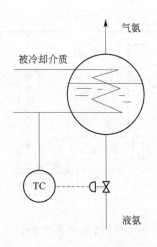

(b) 用冷却剂流量控制温度

图 3-21　流股有相变时温度控制方案

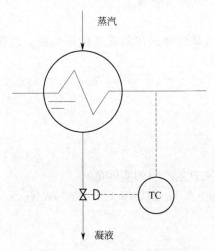

图 3-22　调节换热面积控制温度

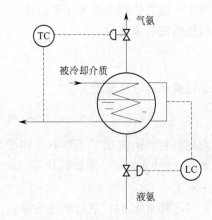

图 3-23　用气化压力控制温度

而且还要设备有较大的传热面积裕量。其优点是传热量变化缓和，可以防止局部过热，适用于热敏性物料。

　　3. 调节气化压力

　　对于在换热过程中发生相变的冷却剂，如液氨，由于氨的气化温度与压力有关，其控制方案如图 3-23 所示，可将控制阀装在气氨出口管道上。通过调节阀控制气化压力，从而调节气化温度，达到控制工艺介质出口温度的目的。这种控制方案要求冷却器要耐压。

# 五、设计示例

## （一）设计任务和设计条件

　　某生产过程的流程如图 3-24 所示。出反应器的混合气体经与进料物流换热后，用循环冷却水将其从 110℃进一步冷却至 60℃之后，进入吸收塔吸收其中的可溶组分。已知混合气体的流量为 227801kg/h，压力为 6.9MPa，循环冷却水的压力为 0.4MPa，循环水入口温度 29℃，出口温度为 39℃，试设计一台列管式换热器，完成该生产任务。

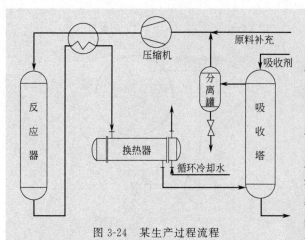

图 3-24 某生产过程流程

**（二）确定设计方案**

（1）选择换热器的类型 两流体温度变化情况：热流体进口温度 110℃，出口温度 60℃；冷流体进口温度 29℃，出口温度 39℃，两流体平均温差 $T_m - t_m = \dfrac{110+60}{2} - \dfrac{29+39}{2} = 85 - 34 = 51℃$，可选用带温度补偿的固定管板式换热器。但考虑到该换热器用循环冷却水冷却，冬季操作时，其进口温度会降低，换热器的管壁温和壳体壁温之差较大，为安全起见，初步确定选用浮头式换热器。

（2）流程安排 从两物流的操作压力看，应使混合气体走管程，循环冷却水走壳程。但由于循环冷却水较易结垢，若其流速太低，将会加快污垢增长速度，使换热器的传热能力下降，所以从总体考虑，应使循环水走管程，混合气体走壳程。

**（三）确定物性数据**

对于一般气体和水等低黏度流体，其定性温度可取流体进出口温度的平均值。故壳程混合气体的定性温度为

$$T = \frac{110+60}{2} = 85 \ ℃$$

管程流体的定性温度为

$$t = \frac{39+29}{2} = 34 \ ℃$$

壳程混合气体在 85℃下的有关物性数据如下（来自生产中的实际值）：

密度 $\rho_o = 90 kg/m^3$；定压比热容 $c_{po} = 3.297 kJ/(kg \cdot ℃)$；热导率 $\lambda_o = 0.0279 W/(m \cdot ℃)$；黏度 $\eta_o = 1.5 \times 10^{-5} Pa \cdot s$。

循环冷却水在 34℃下的物性数据：

密度 $\rho_i = 994.3 kg/m^3$；定压比热容 $c_{pi} = 4.174 kJ/(kg \cdot K)$；热导率 $\lambda_i = 0.624 W/(m \cdot K)$；黏度 $\eta_i = 0.742 \times 10^{-3} Pa \cdot s$。

**（四）估算传热面积**

（1）热流量 依据式(3-1)有

$$\Phi = q_{mo}c_{po}\Delta t_o = 227801 \times 3.297 \times (110-60) = 3.76 \times 10^7 kJ/h = 10431 \ kW$$

（2）平均传热温差 先按纯逆流计算，依式(3-6)得

$$\Delta t_m = \frac{\Delta t_1 - \Delta t_2}{\ln \dfrac{\Delta t_1}{\Delta t_2}} = \frac{(110-39)-(60-29)}{\ln \dfrac{110-39}{60-29}} = 48.3 \ K$$

（3）传热面积 由于壳程气体的压力较高，故可选取较大的 $K$ 值。假设 $K = 313 W/(m^2 \cdot K)$ 则估算的传热面积为

$$A_p = \frac{\Phi}{K \Delta t_m} = \frac{10431 \times 10^3}{313 \times 48.3} = 690 \ m^2$$

（4）冷却水用量 忽略热损失，依式(3-5b)得

$$q_{m,c} = \frac{\Phi}{c_{pi}\Delta t_i} = \frac{10431 \times 10^3}{4.174 \times 10^3 \times (39-29)} = 249.9 \text{ kg/s} = 899655 \text{ kg/h}$$

**（五）工艺结构尺寸**

（1）管径和管内流速　选用 $\phi 25 \times 2.5$ 较高级冷拔传热管（碳钢），取管内流速 $u_i = 1.3 \text{m/s}$。

（2）管程数和传热管数　依式（3-10）确定单程传热管数

$$n_s = \frac{q_V}{\frac{\pi}{4}d_i^2 u} = \frac{249.9/994.3}{0.785 \times 0.02^2 \times 1.3} = 615.7 \approx 616 \text{ 根}$$

按单程管计算，所需的传热管长度为

$$L = \frac{A_p}{\pi d_0 n_s} = \frac{690}{3.14 \times 0.025 \times 616} = 14.3 \text{ m}$$

按单管程设计，传热管过长，宜采用多管程结构。根据本设计实际情况，采用非标设计，现取传热管长 $l = 7\text{m}$，则该换热器的管程数为

$$N_p = \frac{L}{l} = \frac{14.3}{7} \approx 2 \text{（管程）}$$

传热管总根数　　　　　$N_T = 616 \times 2 = 1232$ （根）

（3）平均传热温差校正及壳程数　平均传热温差校正系数按式（3-8a）和式（3-8b）有

$$R = \frac{110-60}{39-29} = 5$$

$$P = \frac{39-29}{110-29} = 0.124$$

按单壳程，双管程结构，查图 3-9 得

$$\varepsilon_{\Delta t} = 0.96$$

则实际平均传热温差

$$\Delta t_m = \varepsilon_{\Delta t} \Delta t_{m\text{塑}} = 0.96 \times 48.3 = 46.4 \text{ ℃}$$

由于平均传热温差校正系数大于 0.8，同时壳程流体流量较大，故取单壳程合适。

（4）传热管排列和分程方法　采用组合排列法，即每程内按正三角形排列，隔板两侧采用正方形排列，见图 3-13。

取管心距 $t = 1.25d_0$，则

$$t = 1.25 \times 25 = 31.25 \approx 32 \text{ mm}$$

隔板中心到离其最近一排管中心距离按式（3-16）计算。

$$s = \frac{t}{2} + 6 = \frac{32}{2} + 6 = 22 \text{ mm}$$

分程隔板两侧相邻管排之间的管心距为 44mm。

每程各有传热管 616 根，其前后管箱中隔板设置和介质的流通顺序按图 3-14 选取。

（5）壳体内径　采用多管程结构，壳体内径按式（3-20）估算。取管板利用率 $\eta = 0.7$，则壳体内径为

$$D = 1.05t\sqrt{N_T/\eta} = 1.05 \times 32\sqrt{1232/0.7} = 1409 \text{ mm}$$

按卷制壳体的进级挡，可取 $D = 1450\text{mm}$。

（6）折流板　采用弓形折流板，取弓形折流板圆缺高度为壳体内径的 25%，则切去的圆缺高度为

$$h = 0.25 \times 1450 = 362.5 \text{ (mm)}，取 h = 360\text{mm}。$$

取折流板间距 $B=0.3D$,则

$$B=0.3 \times 1450 = 435 \text{ (mm)},取 B 为 450mm。}$$

折流板数 $N_B$

$$N_B = \frac{传热管长}{折流板间距} - 1 = \frac{7000}{450} - 1 = 14.5 \approx 14 \text{ (块)}$$

折流板圆缺面水平装配,见图 3-15。

(7) 其他附件  根据表 4-7 和表 4-8,取拉杆直径为 16mm,拉杆数量 8 根。

壳程入口处,设置防冲挡板,如图 3-18 所示。

(8) 接管  壳程流体进出口接管:取接管内气体流速为 $u_1=10\text{m/s}$,则接管内径为

$$D_1 = \sqrt{\frac{4q_V}{\pi u_1}} = \sqrt{\frac{4 \times 227801/(3600 \times 90)}{3.14 \times 10}} = 0.299 \text{ (m)}$$

可取标准管径为 $\phi 377 \times 20\text{mm}$。

管程流体进、出口接管:取接管内液体流速 $u_2=2.5\text{m/s}$,则接管内径为

$$D_2 = \sqrt{\frac{4 \times 899655/(3600 \times 994.3)}{3.14 \times 2.5}} = 0.357 \text{ (m)}$$

可取标准管径为 $\phi 377 \times 9\text{mm}$。

**(六) 换热器核算**

**1. 热流量核算**

(1) 壳程表面传热系数  采用弓形折流板,壳程表面传热系数用式(3-22)计算

$$h_0 = 0.36 \frac{\lambda}{d_e} Re_0^{0.55} Pr_0^{1/3} \left(\frac{\eta}{\eta_w}\right)^{0.14}$$

传热管三角形排列,则其当量直径依式(3-23b)得

$$d_e = \frac{4\left(\frac{\sqrt{3}}{2} \times 0.032^2 - 0.785 \times 0.025^2\right)}{3.14 \times 0.025} = 0.020 \text{ (m)}$$

壳程流通截面积,依式(3-25)得

$$S_0 = BD\left(1 - \frac{d_0}{t}\right) = 0.45 \times 1.45 \left(1 - \frac{0.025}{0.032}\right) = 0.1427 \text{ (m}^2)$$

壳程流体最小流速及其雷诺数分别为

$$u_0 = \frac{227801/(3600 \times 90)}{0.1427} = 4.9 \text{ (m/s)}$$

雷诺数

$$Re_0 = \frac{0.02 \times 4.9 \times 90}{1.5 \times 10^{-5}} = 588000$$

普朗特数

$$Pr_0 = \frac{3.297 \times 10^3 \times 1.5 \times 10^{-5}}{0.0279} = 1.773$$

黏度校正项 $\left(\frac{\eta}{\eta_w}\right)^{0.14} \approx 1$。壳程表面传热系数

$$h_0 = 0.36 \times \frac{0.0279}{0.02} \times 588000^{0.55} \times 1.773^{1/3} = 905.4 \text{ [W/(m}^2 \cdot \text{K)]}$$

(2) 管内表面传热系数  按式(3-32)和式(3-33)计算管内表面传热系数,有

$$h_i = 0.023 \frac{\lambda_i}{d_i} Re^{0.8} Pr^{0.4}$$

管程流体流通截面积

$$S_i = 0.785 \times 0.02^2 \times \frac{1232}{2} = 0.1934 \ (\text{m}^2)$$

管程流体最小流速

$$u_i = \frac{899655/(3600 \times 994.3)}{0.1934} = 1.299 \ (\text{m/s})$$

雷诺数
$$Re = \frac{0.02 \times 1.299 \times 994.3}{0.742 \times 10^{-3}} = 34814$$

普朗特数

$$Pr = \frac{4.174 \times 10^3 \times 0.742 \times 10^{-3}}{0.624} = 4.96$$

$$h_i = 0.023 \times \frac{0.624}{0.02} \times 34814^{0.8} \times 4.96^{0.4} = 5854 \ [\text{W/(m}^2 \cdot \text{K)}]$$

（3）污垢热阻和管壁热阻　取管外侧污垢热阻 $R_0 = 0.0004\text{m}^2 \cdot \text{K/W}$；管内侧污垢热阻 $R_i = 0.0006\text{m}^2 \cdot \text{K/W}$。

依表 3-11，碳钢在该条件下的热导率为 $50\text{W/(m} \cdot \text{K)}$。按式（3-34）计算管壁热阻

$$R_w = \frac{0.0025}{50} = 0.00005 \ (\text{m}^2 \cdot \text{K/W})$$

（4）总传热系数 $K_C$　依式（3-21）有

$$K_C = 1/\left(\frac{1}{905.4} + 0.0004 + 0.00005 \times \frac{25}{22.5} + 0.0006 \times \frac{25}{20} + \frac{1}{5854} \times \frac{25}{20}\right)$$
$$= 396 \ [\text{W/(m}^2 \cdot \text{K)}]$$

（5）传热面积裕度　依式（3-35）计算传热面积 $A_C$ 为

$$A_C = \frac{\Phi_1}{K_C \Delta t_m} = \frac{10431 \times 10^3}{396 \times 46.4} = 568 \ (\text{m}^2)$$

换热器的实际传热面积 $A$
$$A = \pi d_0 l N_T = 3.14 \times 0.025 \times 7 \times 1232 = 677 \ (\text{m}^2)$$

按式（3-36）计算换热器的面积裕度为

$$H = \frac{A - A_C}{A_C} \times 100\% = \frac{677 - 568}{568} \times 100\% = 19.2\%$$

传热面积裕度合适，该换热器能够满足设计要求。

2. 壁温核算

因管壁很薄，且管壁热阻很小，故管壁温度可按式（3-42）计算。由于该换热器用循环水冷却，冬季操作时，循环水的进口温度将会降低。为确保安全操作，取循环冷却水进口温度为15℃，出口温度为39℃计算传热管壁温。在操作初期，污垢热阻较小，壳体和传热管间壁温差较大。计算中，按最不利的操作条件考虑，因此，取两侧污垢热阻为零计算传热管壁温。于是，按式（3-42）有

$$t_w = \frac{T_m/h_c + t_m/h_h}{1/h_c + 1/h_h}$$

式中，液体的平均温度 $t_m$ 和气体的平均温度 $T_m$ 分别按式（3-44）和式（3-45）计算

$t_m = 0.4 \times 39 + 0.6 \times 15 = 24.6 \ ℃$；　　　　　$h_c = h_i = 5854\text{W/(m}^2 \cdot \text{K)}$

$T_m = \frac{1}{2}(110 + 60) = 85 \ ℃$；　　　　　$h_h = h_0 = 905.4\text{W/(m}^2 \cdot \text{K)}$

则传热管平均壁温为

$$t=\frac{85/5854+24.6/905.4}{\dfrac{1}{5854}+\dfrac{1}{905.4}}=32.6\ (\text{℃})$$

壳体壁温，可近似取为壳程流体的平均温度，即 $T=85$℃。

壳体壁温和传热管壁温之差 $\Delta t=85-32.6=52.4$（℃）

因此，选用浮头式换热器较为适宜。

3. 换热器内流体的流动阻力核算

（1）管程流体阻力　依式（3-47）～式（3-49）可得

$$\Delta p_t=(\Delta p_i+\Delta p_r)N_sN_pF_s$$

式中，$N_s=1$，$N_p=2$，$F_s=1.5$，$\Delta p_i=\lambda_i\dfrac{l}{d_i}\times\dfrac{\rho u^2}{2}$。

取传热管粗糙度为 0.2，则传热管相对粗糙度 $\dfrac{0.2}{20}=0.1$，由 $Re=34184$，查莫狄图得 $\lambda_i=0.04$，流速 $u=1.299$m/s，$\rho=994.3$kg/m³，所以

$$\Delta p_i=0.04\times\frac{7}{0.02}\times\frac{994.3\times1.299^2}{2}=11744.5\ \text{Pa}$$

$$\Delta p_r=\xi\frac{\rho u^2}{2}=3\times\frac{994.3\times1.299^2}{2}=2517\ \text{Pa}$$

$$\Delta p_t=(11744.5+2517)\times2\times1.5\approx42785\ (\text{Pa})$$

管程流体阻力在允许范围之内。

（2）壳程阻力　按式（3-50）～式（3-54）计算。

$$\Delta p_s=(\Delta p_0+\Delta p_i)F_sN_s$$

式中 $N_s=1$，$F_s=1$，

流体流经管束的阻力

$$\Delta p_0=Ff_0N_{TC}\ (N_B+1)\ \frac{\rho u_0^2}{2}$$

正三角形排列，$F=0.5$，$f_0=5\times588000^{-0.228}=0.2419$，$N_{TC}=1.1N_T^{0.5}=1.1\times1232^{0.5}=38.6$，$N_B=14$，$u_0=4.9$m/s，则 $\Delta p_0=0.5\times0.2419\times38.6\times(14+1)\times\dfrac{90\times4.9^2}{2}\approx75664$ Pa

流体流过折流板缺口的阻力 $\Delta p_i=N_B\left(3.5-\dfrac{2B}{D}\right)\dfrac{\rho u_0^2}{2}$，其中 $B=0.45$m，$D=1.45$m，

则 $\Delta p_i=14\times\left(3.5-\dfrac{2\times0.45}{1.45}\right)\times\dfrac{90\times4.9^2}{2}=43553$（Pa）

总阻力　　　　$\Delta p_s=75664+43553=1.19\times10^5$（Pa）

由于该换热器壳程流体的操作压力较高，所以壳程流体的阻力也比较适宜。

（3）换热器主要结构尺寸和计算结果　见表 3-13。

表 3-13　换热器主要结构尺寸和计算结果

| 参　数 | 管　程 | 壳　程 |
|---|---|---|
| 流率/(kg/h) | 899655 | 227801 |
| 进/出温度/℃ | 29/39 | 110/60 |
| 压力/MPa | 0.4 | 6.9 |

续表

| 参　　数 | 管　程 | | 壳　程 |
|---|---|---|---|
| 定性温度/℃ | 34 | | 85 |
| 密度/(kg/m³) | 994.3 | | 90 |
| 定压比热容/[kJ/(kg·K)] | 4.174 | | 3.297 |
| 黏度/Pa·s | $0.742 \times 10^{-3}$ | | $1.5 \times 10^{-5}$ |
| 热导率/[W/(m·K)] | 0.624 | | 0.0279 |
| 普朗特数 | 4.96 | | 1.773 |
| 形　式 | 浮头式 | 台　数 | 1 |
| 壳体内径/mm | 1450 | 壳程数 | 1 |
| 管径/mm | $\phi 25 \times 2.5$ | 管心距/mm | 32 |
| 管长/mm | 7000 | 管子排列 | △ |
| 管数目/根 | 1232 | 折流板数/个 | 14 |
| 传热面积/m² | 677 | 折流板间距/mm | 450 |
| 管程数 | 2 | 材　质 | 碳　钢 |
| 主要计算结果 | 管　程 | | 壳　程 |
| 流速/(m/s) | 1.299 | | 4.9 |
| 表面传热系数/[W/(m²·K)] | 5854 | | 905.4 |
| 污垢热阻/(m²·K/W) | 0.0006 | | 0.0004 |
| 阻力/MPa | 0.043 | | 0.119 |
| 热流量/kW | 10431 | | |
| 传热温差/K | 46.4 | | |
| 传热系数/[W/(m²·K)] | 396 | | |
| 裕度/% | 19.2 | | |

## （七）换热器主要结构尺寸

换热器主要结构尺寸如图 3-25 所示。

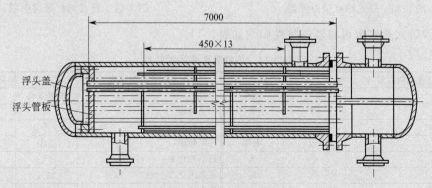

图 3-25　换热器结构尺寸

# 第三节　再沸器工艺设计

## 一、再沸器类型及其选用

再沸器是精馏装置的重要附属设备，其作用是使塔底釜液部分气化后再返回塔内，从而实现精馏塔内气液两相间的热量及质量传递。

### （一）再沸器型式

再沸器的型式较多，其主要有下列几种。

#### 1. 热虹吸再沸器

热虹吸再沸器是利用塔底釜液和再沸器传热管内气液混合物的密度差形成循环推动力，使得塔底釜液在塔底和再沸器之间循环，这种类型的再沸器称为热虹吸再沸器。热虹吸再沸器通常不提供气液分离的空间和缓冲区，这些均由塔釜提供。

（1）立式热虹吸再沸器　如图 3-26 所示，采用立式热虹吸再沸器时，釜液在再沸器管程内流动，且为单管程。这种再沸器具有传热系数高，结构紧凑，安装方便，釜液在加热段的停留时间短，不易结垢，调节方便，占地面积小，设备及运行费用低等显著优点。但由于结构上的原因，壳程不能采用机械方法清洗，因此壳程不适宜用于高黏度或较脏的加热介质。同时由于是立式安装，因而增加了塔的裙座高度。

（2）卧式热虹吸再沸器　如图 3-27 所示，卧式热虹吸再沸器的釜液气化是在再沸器的壳程内，因此可以采用多管程。卧式热虹吸再沸器的传热系数和釜液在加热段的停留时间均为中等，维护和清理方便，适用于传热面积大的情况，对塔釜液面高度和流体在各部位的压降要求不高，可适于真空操作，出塔釜液缓冲容积大，故流动稳定。缺点是占地面积大。

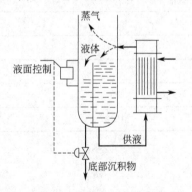

图 3-26　立式热虹吸再沸器

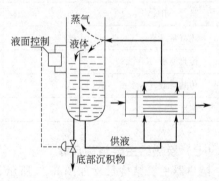

图 3-27　卧式热虹吸再沸器

立式及卧式热虹吸再沸器的特性归纳如表 3-14。

表 3-14　热虹吸再沸器的特性

| 选择时考虑的因素 | 立式热虹吸 | 卧式热虹吸 | 选择时考虑的因素 | 立式热虹吸 | 卧式热虹吸 |
|---|---|---|---|---|---|
| 釜液 | 管程 | 壳程 | 台数 | 最多 3 台 | 根据需要 |
| 传热系数 | 高 | 中偏高 | 裙座高度 | 高 | 低 |
| 釜液停留时间 | 适中 | 中等 | 平衡级 | 小于 1 | 小于 1 |
| 投资费 | 低 | 中等 | 污垢热阻 | 适中 | 适中 |
| 占地面积 | 小 | 大 | 最小汽化率 | 3% | 15% |
| 管路费 | 低 | 高 | 正常汽化率上限 | 25% | 25% |
| 单台传热面积 | 小于 800m² | 大于 800m² | 最大汽化率 | 35% | 35% |

2. 强制循环式再沸器

如图 3-28 所示，强制循环式再沸器是依靠输入机械功进行流体循环，适用于高黏度液体及热敏性物料、固体悬浮液以及长显热段和低蒸发比的高阻力系统。和热虹吸再沸器类似，强制循环再沸器也可分为立式和卧式，采用立式时，被蒸发的液体在管程内流动，且为单管程。采用卧式时，被蒸发的液体在壳程，可以采用多管程。

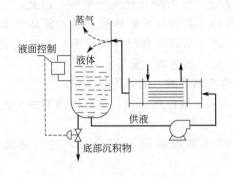
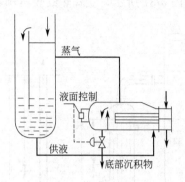

图 3-28　强制循环式再沸器　　　　　　图 3-29　釜式再沸器

3. 釜式再沸器

如图 3-29 所示，釜式再沸器是由一个带有气、液分离空间的壳体和一个可抽出的管束组成，管束末端有溢流堰，以保证管束能有效地浸没在液体中。溢流堰外侧空间作为出料液体的缓冲区。再沸器内液体的装填系数，对于不易起泡沫的物系为 80%，对于易起泡沫的物系则不超过 65%。釜式再沸器的优点是对流体力学参数不敏感，可靠性高，可在高真空下操作，维护与清理方便。缺点是传热系数小，壳体容积大，占地面积大，造价高，塔釜液在再沸器内停留时间长，易结垢。

4. 内置式再沸器

如图 3-30 所示，内置式再沸器是将再沸器的管束直接置于塔釜内，其结构简单，造价比釜式再沸器低。缺点是由于塔釜空间容积有限，传热面积不能太大，传热效果不够理想。

**（二）再沸器选用**

图 3-30　内置式再沸器

工程上对再沸器的基本要求是操作稳定、调节方便、结构简单、加工制造容易、安装检修方便、使用周期长、运转安全可靠，同时也应考虑其占地面积和安装空间高度要合适。一般说来，同时满足上述各项要求是困难的，故在设计上应全面地进行分析、综合考虑。

一般情况下，在满足工艺要求的前提下，应首先考虑选用立式热虹吸再沸器，但在下列情况下不宜选用。

① 当精馏塔在较低液位下排出釜液，或在控制方案中对塔釜液面不作严格控制时，这时应采用釜式再沸器。

② 在高真空下操作或者结垢严重时，立式热虹吸再沸器不太可靠，这时应采用釜式再沸器。

③ 在没有足够的空间高度来安装立式热虹吸再沸器时，可采用卧式热虹吸再沸器或釜式再沸器。

强制循环再沸器，由于其需增加循环泵，故一般不采用。只有当塔釜液黏度较高，或受热分解时，才采用强制循环再沸器。

## 二、立式热虹吸再沸器工艺设计

### （一）设计方法和步骤

如图 3-31 所示，立式热虹吸再沸器釜液循环流量受压力降及热流量影响，因此，立式

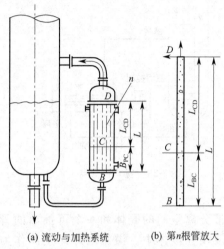

(a) 流动与加热系统　　(b) 第 $n$ 根管放大

图 3-31　再沸器管程的加热方式

热虹吸再沸器工艺设计需将传热计算和流体力学计算相结合，并以出口气含率（气化率）为试差变量进行试差计算，其基本步骤是：

① 初选传热系数，估算传热面积；

② 依据估算的传热面积，进行再沸器的工艺结构设计；

③ 假设再沸器的出口气含率，进行热流量核算；

④ 计算釜液循环过程的推动力和流动阻力，核算出口气含率。

### （二）工艺设计

1. 估算再沸器面积

（1）再沸器的热流量　再沸器的热流量以管程液体蒸发所需的热流量并考虑热损失进行计算，若可以忽略热损失，则按式（3-55）计算

$$\Phi = q_{mb}\gamma_b \tag{3-55}$$

式中，$\gamma_b$ 为釜液的气化相变热，kJ/kg；$q_{mb}$ 为釜液的气化量，kg/s。

（2）计算传热温度差 $\Delta t_m$　若壳程介质为纯组分蒸气冷凝，且冷凝温度为 $T$，管程中釜液的泡点为 $t_b$，则 $\Delta t_m$ 为

$$\Delta t_m = T - t_b \tag{3-56a}$$

若壳程为混合蒸气冷凝，且混合蒸气露点为 $T_d$、泡点为 $T_b$，管程釜液的泡点为 $t_b$，则 $\Delta t_m$ 为

$$\Delta t_m = \frac{(T_d - t_b) - (T_b - t_b)}{\ln \dfrac{T_d - t_b}{T_b - t_b}} \tag{3-56b}$$

（3）估算传热面积　依据壳程及管程中介质的种类，选取某一 $K$ 值，作为假定传热系数，按式（3-9）估算传热面积 $A_p$。表 3-15 中列出了常见再沸器所用介质的传热系数。

表 3-15　传热系数 $K$ 值大致范围

| 壳程 | 管程 | $K/[W/(m^2 \cdot K)]$ | 备注 | 壳程 | 管程 | $K/[W/(m^2 \cdot K)]$ | 备注 |
|------|------|------|------|------|------|------|------|
| 水蒸气 | 液体 | 1390 | 垂直式短管 | 水蒸气 | 有机溶液 | 570～1140 | |
| 水蒸气 | 液体 | 1160 | 水平管式 | 水蒸气 | 轻油 | 450～1020 | |
| 水蒸气 | 水 | 2260～5700 | 垂直管式 | 水蒸气 | 重油（减压下） | 140～430 | |

2. 工艺结构设计

根据选定的单程传热管长度 $L$ 及传热管规格，按式(3-57)计算总传热管数 $N_T$ 为

$$N_T = \frac{A_p}{\pi d_0 L} \tag{3-57}$$

若管板上传热管按正三角形排列时，则排管构成正六边形的个数 $a$、最大正六边形内对角线上管子数目 $b$ 和再沸器壳体内径 $D$ 可分别按式(3-14)、式(3-15) 和式(3-17) 计算。

再沸器的接管尺寸可参考表 3-16 选取。

**表 3-16 再沸器接管直径 $D$/mm**

| 壳径 | | 400 | 600 | 800 | 1000 | 1200 | 1400 | 1600 | 1800 |
|---|---|---|---|---|---|---|---|---|---|
| 最大接管直径 | 壳程 | 100 | 100 | 125 | 150 | 200 | 250 | 300 | 300 |
| | 管程 | 200 | 250 | 350 | 400 | 450 | 450 | 500 | 500 |

3. 热流量核算

立式热虹吸再沸器传热管内流体被加热方式如图 3-31(b) 所示，由于塔釜内液体静压力的作用，当釜液流入管内 $B$ 点时，流体的温度必定低于其压力所对应的泡点，当流体沿管向上流动并被加热至泡点（对应于点 $C$）之前时，管内液体是单相对流传热，管内流体在 $L_{BC}$ 段中所获得的热量仅使釜液升温，故 $L_{BC}$ 段称为显热段。流体在 $L_{CD}$ 段将沸腾而部分蒸发成为气、液混合物，故 $L_{CD}$ 段称为蒸发段，在此段中流体呈气、液两相混合流动。

若塔釜内液面高度低于再沸器上部管板下缘，则不能提供足够大的釜液循环所需的推动力 $\Delta P_D$。故一般要求塔釜内液面高度与再沸器上部管板处于同一水平高度上，如图 3-31 (a) 所示。这样确定塔釜内液面高度可使显热段较短而传热系数 $K_C$ 较高。设计计算中还要适当选取管程的进、出口管内径 $D_i$、$D_o$，以保证循环阻力不致过大。

如上所述，立式热虹吸再沸器的热流量核算，应分别计算显热段和蒸发段各自的传热系数，然后取其平均值（按管长平均）作为其总传热系数。

（1）显热段传热系数 $K_{CL}$　显热段传热系数的计算方法与无相变换热器的计算方法相同，但为求取传热管内的流体流量，需先假设传热管的出口气含率，然后在流体循环量核算时核算该值。

① 釜液循环量　若传热管出口气含率为 $x_e$，则釜液循环量为

$$q_{mt} = \frac{q_{mb}}{x_e} \tag{3-58}$$

式中，$q_{mb}$ 为釜液气化质量流量，kg/s；$q_{mt}$ 为釜液循环质量流量，kg/s。

对于水气化，出口气含率一般取 $2\% \sim 5\%$，对于有机溶剂一般为 $10\% \sim 20\%$。

② 显热段管内表面传热系数　传热管内釜液的质量流速 $G$ 为

$$G = \frac{q_{mt}}{S_i} \qquad S_i = \frac{\pi}{4} d_i^2 N_T \tag{3-59}$$

式中，$S_i$ 为管内流通截面积，m²；$d_i$ 为传热管内径，m；$N_T$ 为传热管数。

管内雷诺数 $Re$ 及普朗特数 $Pr$ 分别为

$$Re = \frac{d_i G}{\eta_i}, \quad Pr = \frac{c_{pi} \eta_i}{\lambda_i} \tag{3-60}$$

式中，$\eta_i$ 为管内液体黏度，Pa·s；$c_{pi}$ 为管内液体定压比容热，kJ/(kg·K)；$\lambda_i$ 为管内液体

热导率，W/(m·K)。

若 $Re>10^4$，$0.6<Pr<160$，显热段管长与管内径之比 $L_{BC}/d_i>50$ 时，可采用式 (3-32) 计算显热段传热管内表面传热系数。

③ 壳程蒸气冷凝表面传热系数　壳程蒸气冷凝的质量流量 $q_{m0}$ 可用式 (3-61) 计算。

$$q_{m0}=\frac{\Phi}{r_0} \tag{3-61}$$

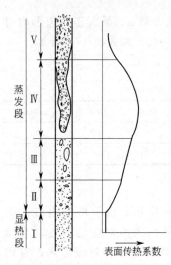

图 3-32　管内沸腾传热的流动流型及其表面传热系数

Ⅰ——单相对流传热；
Ⅱ——两相对流和饱和泡核沸腾传热；
Ⅲ——块状流沸腾传热；
Ⅳ——环状流沸腾传热；
Ⅴ——雾状流沸腾传热

式中，$q_{m0}$ 为蒸气冷凝液的质量流量，kg/s；$\Phi$ 为冷凝热流量，W；$r_0$ 为蒸气相变热，kJ/kg。

求得 $q_{m0}$ 后，用式 (3-31) 和式 (3-30) 计算壳程冷凝表面传热系数。显热段传热系数 $K_{CL}$ 可用式 (3-21) 计算。

(2) 蒸发段传热系数 $K_{CE}$　如图 3-32 所示，流体在管内不同位置时，其传热过程具有不同的机理和特性，从下至上依次为单相对流传热、两相对流和饱和泡核沸腾传热、块状流沸腾传热、环状流沸腾传热以及雾状流沸腾传热。从块状流到环状流的过渡区一般都不稳定，据有关资料介绍，当气含率 $x_e$ 达到 50% 以上时，基本上成为稳定的环状流。当气含率 $x_e$ 进一步增加到一定程度，就进入雾状流区，在该区域内，壁面上液体全部气化，这时，不仅表面传热系数下降，而且壁温剧增，易于结垢或使物料变质。

在再沸器的设计中，为了使其稳定操作，应将气含率 $x_e$ 控制在 25% 以内。此时，沸腾传热的流动流型是处在饱和泡核沸腾和两相对流传热的流动流型（图 3-32 区域Ⅱ）中。所以，目前一般采用双机理模型（two-mechanism approach）计算管内沸腾表面传热系数。所谓双机理模型就是同时考虑两相对流传热机理和饱和泡核沸腾传热机理，可采用以下经验关联式计算管内沸腾表面传热系数。

$$h_{iE}=h_{tp}+ah_{nb} \tag{3-62}$$

式中，$h_{iE}$ 为管内沸腾表面传热系数，W/(m²·K)；$h_{tp}$ 为两相对流表面传热系数，W/(m²·K)；$h_{nb}$ 为泡核沸腾表面传热系数，W/(m²·K)；$a$ 为泡核沸腾修正因数，无量纲。

① 两相对流表面传热系数 $h_{tp}$　按式 (3-63) 计算。

$$h_{tp}=F_{tp}h_i \tag{3-63}$$

式中，$F_{tp}$ 称为对流沸腾因子，是马蒂内利（Martinelli）参数 $X_{tt}$ 的函数。

$$F_{tp}=f(1/X_{tt}) \tag{3-64}$$

$$X_{tt}=[(1-x)/x]^{0.9}(\rho_v/\rho_b)^{0.5}(\eta_b/\eta_v)^{0.1} \tag{3-65}$$

若令 $\varphi=(\rho_v/\rho_b)^{0.5}(\eta_b/\eta_v)^{0.1}$，则

$$1/X_{tt}=[x/(1-x)]^{0.9}/\varphi \tag{3-66}$$

式中，$x$ 为蒸气的质量分数；$\rho_v$、$\rho_b$ 分别为沸腾侧气相与液相的密度，kg/m³；$\eta_v$、$\eta_b$ 分别为沸腾侧气相与液相的黏度，Pa·s。

对流沸腾因子的具体公式列于表 3-17 中，可见，不同研究者所得结果有所不同。

**表 3-17　对流沸腾因子**

| 研　究　者 | 两相流系统 | 公　式 |
|---|---|---|
| 登格勒(Dengler)及亚当斯(Addams) | 2.54cm×6.1m 垂直蒸汽加热管(水) | $F_{tp}=3.5(1/X_{tt})^{0.5}$ |
| 格里厄(Guerrieri)及塔尔蒂(Talty) | 1.96cm×1.83m 垂直管(有机液体) | $F_{tp}=3.4(1/X_{tt})^{0.45}$ |
| 贝内特(Bennett)及普乔尔(Pujol) | 垂直环隙(水) | $F_{tp}=0.564(1/X_{tt})^{0.74}$ |
| 斯坦宁(Stenning) | 垂直管 | $F_{tp}=4.0(1/X_{tt})^{0.37}$ |

在再沸器的设计中采用了登格勒（Dengler）及亚当斯（Addams）关联式来计算 $F_{tp}$。

$$F_{tp}=3.5(1/X_{tt})^{0.5} \tag{3-67}$$

由于蒸发段的气含率是不断变化的，因此，设计上一般取出口气含率的 40% 作为平均气含率，即令 $x=0.4x_e$，用式（3-66）求得 $1/X_{tt}$，再用式（3-67）求得 $F_{tp}$ 值。

$h_i$ 是以液体单独存在为基础而求得的管内表面传热系数，可用式（3-68）计算。

$$h_i=0.023(\lambda_b/d_i)[Re(1-x)]^{0.8}Pr^{0.4} \tag{3-68}$$

② 泡核沸腾表面传热系数 $h_{nb}$ 已发表的计算泡核沸腾表面传热系数的公式颇多，在两相流沸腾传热中，许多研究者推荐应用麦克内利（Mcnelly）公式

$$h_{nb}=0.225\times\frac{\lambda_b}{d_i}\times Pr^{0.69}\times\left(\frac{\Phi d_i}{A_p r_b \eta_b}\right)^{0.69}\left(\frac{\rho_b}{\rho_v}-1\right)^{0.33}\left(\frac{pd_i}{\sigma}\right)^{0.31} \tag{3-69}$$

式中，$d_i$ 为传热管内径，m；$r_b$ 为釜液气化相变热，kJ/kg；$p$ 为塔底操作压力（绝压），Pa；$\sigma$ 为釜液表面张力，N/m。

③ 泡核沸腾修正因数 $a$ 该值也与气含率有关，一般按式（3-70）取平均值。

$$a=\frac{a_E+a'}{2} \tag{3-70}$$

式中，$a_E$ 为传热管口处泡核沸腾修正系数，无量纲；$a'$ 为对应于气含率等于出口气含率40%处的泡核沸腾修正系数。这两个修正系数都与管内流体的质量流速 $G_h[kg/(m^2 \cdot h)]$ 及 $\frac{1}{X_{tt}}$（相关参数）有关。

$$G_h=3600G \tag{3-71}$$

式中，$G$ 为传热管内釜液的质量流速，kg/(m$^2$ · s)；$G_h$ 为传热管内釜液的质量流速，kg/(m$^2$ · h)。

当 $x$ 等于传热管出口处的气含率 $x_e$，可用式（3-66）求得 $1/X_{tt}$ 值，而后用式（3-71）求得 $G_h$ 值，利用图 3-33 求得 $a_E$。当 $x=0.4x_e$ 时，用上述同样方法，求得 $a'$。

求得蒸发段管内表面传热系数 $h_{iE}$ 后，结合管外表面传热系数，用式（3-21）计算蒸发段传热系数 $K_{CE}$。

（3）显热段和蒸发段的长度 显热段长度 $L_{BC}$ 与传热管总长 $L$ 的比值

$$\frac{L_{BC}}{L}=\frac{(\Delta t/\Delta p)_s}{\left(\dfrac{\Delta t}{\Delta p}\right)_s+\dfrac{\pi d_i N_T K_L \Delta t_m}{c_{pi}\rho_b q_{mt}}} \tag{3-72}$$

式中，$(\Delta t/\Delta p)_s$ 为沸腾物系的蒸气压曲线的斜率，常用物质的蒸气压曲线的斜率可由表 3-18 查取或根据饱和蒸气压与温度的关系来计算。

（4）平均传热系数 $K_C$

$$K_C=\frac{K_{CL}L_{BC}+K_{CE}L_{CD}}{L} \tag{3-73}$$

（5）面积裕度 求得平均传热系数后，利用式（3-35）计算需要的传热面积，然后利用

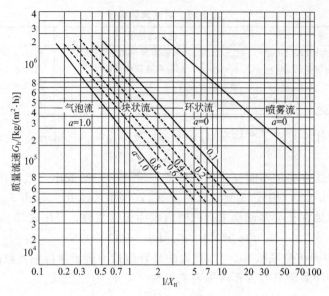

图 3-33 垂直管内流型图（Fair）

表 3-18 常用物质蒸气压曲线的斜率

| 温度/℃ | $(\Delta t/\Delta p)_s/(\mathrm{K\cdot m^2/kg})$ | | | | | |
|---|---|---|---|---|---|---|
| | 丁 烷 | 戊 烷 | 己 烷 | 庚 烷 | 辛 烷 | 苯 |
| 70 | $5.37\times10^{-4}$ | $1.247\times10^{-3}$ | $3.085\times10^{-3}$ | $6.89\times10^{-3}$ | $1.548\times10^{-2}$ | $3.99\times10^{-3}$ |
| 80 | $4.59\times10^{-4}$ | $1.022\times10^{-3}$ | $2.35\times10^{-3}$ | $5.17\times10^{-3}$ | $1.136\times10^{-2}$ | $3.09\times10^{-3}$ |
| 90 | $4.01\times10^{-4}$ | $8.49\times10^{-4}$ | $1.955\times10^{-3}$ | $4.02\times10^{-3}$ | $8.48\times10^{-3}$ | $2.45\times10^{-3}$ |
| 100 | $3.5\times10^{-4}$ | $7.075\times10^{-4}$ | $1.578\times10^{-3}$ | $3.14\times10^{-3}$ | $6.6\times10^{-3}$ | $1.936\times10^{-3}$ |
| 110 | $3.21\times10^{-4}$ | $6.9\times10^{-4}$ | $1.3\times10^{-3}$ | $2.565\times10^{-3}$ | $5.05\times10^{-3}$ | $1.583\times10^{-3}$ |
| 120 | $2.785\times10^{-4}$ | $5.175\times10^{-4}$ | $1.053\times10^{-3}$ | $2.085\times10^{-3}$ | $4.01\times10^{-3}$ | $1.317\times10^{-3}$ |
| 130 | $2.535\times10^{-4}$ | $4.5\times10^{-4}$ | $9.14\times10^{-4}$ | $1.86\times10^{-3}$ | $3.23\times10^{-3}$ | $1.103\times10^{-3}$ |
| 140 | $2.29\times10^{-4}$ | $3.97\times10^{-4}$ | $7.81\times10^{-4}$ | $1.43\times10^{-3}$ | $2.64\times10^{-3}$ | $9.425\times10^{-4}$ |
| 150 | $2.105\times10^{-4}$ | $3.51\times10^{-4}$ | $6.66\times10^{-4}$ | $1.22\times10^{-3}$ | $2.17\times10^{-3}$ | $8.12\times10^{-4}$ |
| 160 | $1.93\times10^{-4}$ | $3.14\times10^{-4}$ | $5.78\times10^{-4}$ | $1.047\times10^{-3}$ | $1.825\times10^{-3}$ | $7.45\times10^{-4}$ |
| 170 | $1.79\times10^{-4}$ | $2.81\times10^{-4}$ | $5.025\times10^{-4}$ | $9.1\times10^{-4}$ | $1.545\times10^{-3}$ | $6.21\times10^{-4}$ |
| 180 | $1.667\times10^{-4}$ | $2.52\times10^{-4}$ | $4.44\times10^{-4}$ | $7.87\times10^{-4}$ | $1.31\times10^{-3}$ | $5.525\times10^{-4}$ |
| 190 | $1.553\times10^{-4}$ | $2.305\times10^{-4}$ | $3.83\times10^{-4}$ | $6.99\times10^{-4}$ | $1.128\times10^{-3}$ | $5.01\times10^{-4}$ |
| 200 | $1.48\times10^{-4}$ | $2.09\times10^{-4}$ | $3.5\times10^{-4}$ | $6.22\times10^{-4}$ | $1\times10^{-3}$ | $4.43\times10^{-4}$ |

| 温度/℃ | $(\Delta t/\Delta p)_s/(\mathrm{K\cdot m^2/kg})$ | | | | | |
|---|---|---|---|---|---|---|
| | 甲 苯 | 间、对二甲苯 | 邻二甲苯 | 乙 苯 | 异丙苯 | 水 |
| 70 | $9.775\times10^{-3}$ | $2.43\times10^{-2}$ | $2.91\times10^{-2}$ | $2.2\times10^{-2}$ | $3.69\times10^{-2}$ | $7.29\times10^{-3}$ |
| 80 | $7.67\times10^{-3}$ | $1.915\times10^{-2}$ | $2.09\times10^{-2}$ | $1.572\times10^{-2}$ | $2.63\times10^{-2}$ | $5.22\times10^{-3}$ |
| 90 | $5.68\times10^{-3}$ | $1.422\times10^{-2}$ | $1.528\times10^{-2}$ | $1.156\times10^{-2}$ | $1.878\times10^{-2}$ | $3.73\times10^{-3}$ |
| 100 | $4.36\times10^{-3}$ | $1.075\times10^{-2}$ | $1.145\times10^{-2}$ | $8.86\times10^{-3}$ | $1.367\times10^{-2}$ | $2.75\times10^{-3}$ |
| 110 | $3.445\times10^{-3}$ | $8.21\times10^{-3}$ | $8.78\times10^{-3}$ | $6.83\times10^{-3}$ | $1.035\times10^{-2}$ | $2.055\times10^{-3}$ |
| 120 | $2.752\times10^{-3}$ | $6.425\times10^{-3}$ | $6.78\times10^{-3}$ | $5.26\times10^{-3}$ | $7.785\times10^{-3}$ | $1.585\times10^{-3}$ |
| 130 | $2.21\times10^{-3}$ | $5\times10^{-3}$ | $5.33\times10^{-3}$ | $4.2\times10^{-3}$ | $6.09\times10^{-3}$ | $1.265\times10^{-3}$ |
| 140 | $1.84\times10^{-3}$ | $4\times10^{-3}$ | $4.29\times10^{-3}$ | $3.39\times10^{-3}$ | $4.79\times10^{-3}$ | $9.66\times10^{-4}$ |
| 150 | $1.508\times10^{-3}$ | $3.235\times10^{-3}$ | $3.53\times10^{-3}$ | $2.755\times10^{-3}$ | $3.83\times10^{-3}$ | $7.77\times10^{-4}$ |
| 160 | $1.26\times10^{-3}$ | $2.65\times10^{-3}$ | $2.38\times10^{-3}$ | $2.265\times10^{-3}$ | $3.07\times10^{-3}$ | $5.52\times10^{-4}$ |
| 170 | $1.072\times10^{-3}$ | $2.175\times10^{-3}$ | $2.39\times10^{-3}$ | $1.906\times10^{-3}$ | $2.505\times10^{-3}$ | $4.37\times10^{-4}$ |
| 180 | $9.07\times10^{-4}$ | $1.785\times10^{-3}$ | $2.05\times10^{-3}$ | $1.6\times10^{-3}$ | $2.055\times10^{-2}$ | $3.61\times10^{-4}$ |
| 190 | $7.78\times10^{-4}$ | $1.492\times10^{-3}$ | $1.687\times10^{-3}$ | $1.365\times10^{-3}$ | $1.738\times10^{-3}$ | $3.07\times10^{-4}$ |
| 200 | $6.79\times10^{-4}$ | $1.26\times10^{-3}$ | $1.467\times10^{-3}$ | $1.164\times10^{-3}$ | $1.462\times10^{-2}$ | |

式(3-36)计算面积裕度。由于再沸器的热流量变化相对较大（因精馏塔常需要调节回流比），故再沸器的裕度应大些为宜，一般可在30%左右。若所得裕度过小，则要从假定 $K$ 值开始，重复以上各有关计算步骤，直至满足上述条件为止。

　　4. 循环流量校核

　　由于在传热计算中，再沸器内的釜液循环量是在假设的出口气含率下得出的，因而釜液循环量是否正确，需要核算。核算的方法是在给出的出口气含率下，计算再沸器内的流体流动循环推动力及其流动阻力，应使循环推动力等于或略大于流动阻力，则表明假设的出口气含率正确，否则应调整出口气含率，重新进行计算。

　　(1) 循环推动力　如图 3-31 所示釜液循环推动力 $\Delta p_D$ 是由于釜液在管内从 $C$ 点开始气化形成两相混合物，其密度小于塔釜液体的密度，由此而产生密度差，形成了循环推动力。因此，$\Delta p_D$ 为

$$\Delta p_D = [L_{CD}(\rho_b - \bar{\rho}_{tp}) - l\rho_{tp}]g \tag{3-74}$$

式中，$\Delta p_D$ 为循环推动力，Pa；$L_{CD}$ 为蒸发段高度，m；$\rho_b$ 为釜液密度，$kg/m^3$；$\bar{\rho}_{tp}$ 为蒸发段的两相流的平均密度，$kg/m^3$；$\rho_{tp}$ 为管程出口的两相流密度，$kg/m^3$；$l$ 为再沸器上部管板至接管入塔口间的垂直高度，m。

　　其中的 $l$ 值可参照表 3-19，结合再沸器公称直径进行选取。

表 3-19　$l$ 的参考值

| 再沸器公称直径/mm | 400 | 600 | 800 | 1000 | 1200 | 1400 | 1600 | 1800 |
|---|---|---|---|---|---|---|---|---|
| $l$/m | 0.8 | 0.90 | 1.02 | 1.12 | 1.24 | 1.26 | 1.46 | 1.58 |

　　其他各参数按以下方法处理。

$$\bar{\rho}_{tp} = \rho_v(1 - R_L) + \rho_b R_L \tag{3-75}$$

式中，$R_L$ 为两相流的液相分率，其值为

$$R_L = \frac{X_{tt}}{(X_{tt}^2 + 21X_{tt} + 1)^{0.5}} \tag{3-76}$$

　　蒸发段的两相流平均密度以出口气含率的1/3计算，即取 $x = x_e/3$，由式(3-65)求得的 $X_{tt}$ 代入式(3-76)，从而求得 $R_L$，再应用式(3-75)可求得 $\bar{\rho}_{tp}$；管程出口的两相流密度取 $x = x_e$，按上述同样的步骤可求得 $\rho_{tp}$。

　　(2) 循环阻力　如图 3-31 所示，再沸器中液体循环阻力 $\Delta p_f$（Pa）包括管程进口管阻力 $\Delta p_1$、传热管显热段阻力 $\Delta p_2$、传热管蒸发段阻力 $\Delta p_3$、因动量变化引起的阻力 $\Delta p_4$ 和管程出口管阻力 $\Delta p_5$，即

$$\Delta p_f = \Delta p_1 + \Delta p_2 + \Delta p_3 + \Delta p_4 + \Delta p_5 \tag{3-77}$$

　　① 管程进口管阻力 $\Delta p_1$　管程进口管阻力按下式计算。

$$\Delta p_1 = \lambda_i \frac{L_i}{D_i} \times \frac{G^2}{2\rho_b} \tag{3-78}$$

$$\lambda_i = 0.01227 + \frac{0.7543}{Re_i^{0.38}} \tag{3-79}$$

$$L_i = \frac{(D_i/0.0254)^2}{0.3426(D_i/0.0254 - 0.1914)} \tag{3-80}$$

$$G = \frac{q_{mt}}{\frac{\pi}{4}D_i^2} \tag{3-81}$$

$$Re_i = \frac{D_i G}{\eta_b} \tag{3-82}$$

式中，$\lambda_i$ 为摩擦系数；$L_i$ 为进口管长度与局部阻力当量长度之和，m；$D_i$ 为进口管内径，m；$G$ 为釜液在进口管内的质量流速，kg/(m² · s)。

② 传热管显热段阻力 $\Delta p_2$  传热管显热段阻力 $\Delta p_2$ 可按直管阻力计算

$$\Delta p_2 = \lambda \frac{L_{BC}}{d_i} \times \frac{G^2}{2\rho_b} \tag{3-83}$$

$$\lambda = 0.01227 + \frac{0.7543}{Re^{0.38}} \tag{3-84}$$

$$G = q_{mt} \Big/ \left( \frac{\pi}{4} d_i^2 N_T \right) \tag{3-85}$$

$$Re = \frac{d_i G}{\eta_b} \tag{3-86}$$

式中，$\lambda$ 为摩擦系数；$L_{BC}$ 为显热段长度，m；$d_i$ 为传热管内径，m；$G$ 为釜液在传热管内的质量流速，kg/(m² · s)。

③ 传热管蒸发段阻力 $\Delta p_3$  该段为两相流，故其流动阻力计算按两相流考虑。计算方法是分别计算该段的气、液两相流动阻力，然后按一定方式相加，求得阻力。

气相流动阻力 $\Delta p_{v3}$ 为

$$\Delta p_{v3} = \lambda_v \frac{L_{CD}}{d_i} \times \frac{G_v^2}{2\rho_v} \tag{3-87}$$

$$\lambda_v = 0.01227 + \frac{0.7543}{Re_v^{0.38}} \tag{3-88}$$

$$G_v = xG \tag{3-89}$$

$$Re_v = \frac{d_i G_v}{\eta_v} \tag{3-90}$$

式中，$\lambda_v$ 为气相摩擦系数；$L_{CD}$ 为蒸发段长度，m；$G_v$ 为气相质量流速，kg/(m² · s)；$Re_v$ 为气相流动雷诺数；$x$ 为该段的平均气含率，可取 $x = 2x_e/3$ 进行计算；$G$ 为釜液在传热管内的质量流速，单位为 kg/(m² · s)，其值可按式(3-85) 计算。

液相流动阻力 $\Delta p_{L3}$ 为

$$\Delta p_{L3} = \lambda_L \frac{L_{CD}}{d_i} \times \frac{G_L^2}{2\rho_b} \tag{3-91}$$

$$\lambda_L = 0.01227 + \frac{0.7543}{Re_L^{0.38}} \tag{3-92}$$

$$G_L = G - G_v \tag{3-93}$$

$$Re_L = \frac{d_i G_L}{\eta_b} \tag{3-94}$$

式中，$\lambda_L$ 为液相摩擦系数；$G_L$ 为管程出口管液相质量流速，kg/(m² · s)；$Re_L$ 为液相流动雷诺数。

两相流动阻力 $\Delta p_3$ 为

$$\Delta p_3 = (\Delta p_{v3}^{1/4} + \Delta p_{L3}^{1/4})^4 \tag{3-95}$$

④ 管程内因动量变化引起的阻力 $\Delta p_4$  由于在传热管内沿蒸发段气含率渐增，两相流动加速，故管程内因动量变化所引起的阻力 $\Delta p_4$ 为

$$\Delta p_4 = G^2 \xi / \rho_b \tag{3-96}$$

式中，$G$ 为管程内流体的质量流速，$kg/(m^2 \cdot s)$；$\xi$ 为动量变化引起的阻力系数，其值可按式(3-97) 计算。

$$\xi = \frac{(1-x_e)^2}{R_L} + \frac{\rho_b}{\rho_v}\left(\frac{x_e^2}{1-R_L}\right) - 1 \tag{3-97}$$

⑤ 管程出口管阻力 $\Delta p_5$　该段也为两相流，故其流动阻力计算方法与传热管蒸发段阻力 $\Delta p_3$ 的计算方法相同。但需注意，计算中所用管长取再沸器管程出口管长度与局部阻力当量长度之和，管径取出口管内径，气含率取传热管出口气含率。

根据以上计算，若循环推动力 $\Delta p_D$ 与循环阻力 $\Delta p_f$ 的比值在 $1.001 \sim 1.05$，则表明所假设的传热管出口气含率 $x_e$ 合适，否则，重新假设传热系数 $K$ 及气含率 $x_e$，重复上述的全部计算过程，直到满足传热及流体力学要求为止。

## 三、釜式再沸器工艺设计

釜式再沸器是大容积沸腾传热的一种典型设备。大容积沸腾传热可分为三个阶段，即自然对流、核状沸腾及膜状沸腾阶段。其核状沸腾与膜状沸腾的转折点称为临界点。临界点所对应的传热温差称为临界温度差 $(\Delta t)_c$，这时的热流密度具有最大值，称为临界热流量 $(\Phi/A)_c$。釜式再沸器一般应保持在核状沸腾区内操作，因此，设计的热流密度必须小于临界热流量。

影响大容积饱和沸腾传热的因素很多，其中除釜液的黏度、热导率、密度等本身的物理性质之外，加热表面的清洁度和粗糙度也有很大影响。清洁表面的传热系数较高，表面污垢的存在将使表面传热系数迅速降低；粗糙表面的传热系数高于光滑表面的传热系数，这是因为表面愈粗糙，汽化核心愈多。操作压力也影响沸腾传热，压力愈大，传热系数也愈大，这是因为压力增加后，汽化核心数目增多，虽然气泡平均生长速度有所降低，但没有汽化核心数目增加的作用大，故传热系数还是趋向增加。

### (一) 工艺结构

釜式再沸器的工艺设计步骤与无相变换热器的设计步骤基本相同，即先假设一传热系数，估算传热面积，进行工艺结构设计，然后进行热流量核算。

选取适宜的传热系数，计算对数平均传热温差，依据热流量按式(3-9) 估算传热面积。取适宜传热管规格、管心距 $t$、排列方式、管长 $l$ 后，即可按式(3-98) 计算总传热管数 $N_T$。

$$N_T = \frac{A_p}{\pi d_0 l} \tag{3-98}$$

需注意，对 $U$ 形管来说，$l$ 是指传热管直管段长度，$N_T$ 为总传热管数。

若管板上传热管按正三角形排列，则管束直径 $D_b$ 为

$$D_b = t(b-1) \tag{3-99}$$

式中，$D_b$ 为管束直径，mm；$t$ 为管心距，mm；$b$ 为最大正六边形对角线上管子数目，其值可用式(3-18) 求得。

管束和壳体的布置如图 3-34 所示。壳体直径是由管束直径和堰上空间蒸气的水平流速决定的。为了防止过多的雾沫夹带和过高的压降，规定堰上空间允许蒸气的最大水平流速 $u_{max}$ 为

$$u_{max} = \left(\frac{116}{\rho_v}\right)^{0.5} \tag{3-100}$$

式中，$u_{max}$ 为堰上空间允许蒸气的最大水平流速，

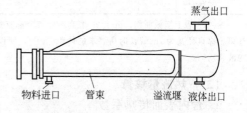

图 3-34　釜式再沸器管束和壳体结构

m/s；$\rho_v$ 为蒸气密度，$kg/m^3$。

由 $u_{max}$ 值可计算出堰上空间允许的最小流通面积 $(A_堰)_{min}$ 为

$$(A_堰)_{min} = \frac{q_V}{u_{max}} \qquad (3\text{-}101)$$

式中，$(A_堰)_{min}$ 为堰上空间允许的最小流通截面积，$m^2$；$q_V$ 为气化体积流量，$m^3/s$。

由管束直径 $D_b$ 和 $(A_堰)_{min}$ 从表 3-20 中可查出壳体直径 $D_0$。表(3-20) 中给出了不同壳体尺寸下每米管长的缓冲区的标准缓冲能力（$m^3/m$）。标准缓冲能力等于每一米管长的缓冲时间与出料体积流量之积，所谓缓冲时间是指按出料体积流量，抽空再沸器缓冲区内液体所需的时间。若再沸器的出料直接去贮罐，则需要 1min 的缓冲时间；若其出料是作为另一塔的进料，则要求有 5min 的缓冲时间。

表 3-20　釜式再沸器参数　[堰上面积($m^2$)/缓冲能力（$m^3/m$)]

| 管束直径/mm | 壳 径/mm | | | | | | | | | | | |
|---|---|---|---|---|---|---|---|---|---|---|---|---|
| | 800 | 950 | 1100 | 1250 | 1400 | 1550 | 1700 | 1850 | 2000 | 2150 | 2300 | 2450 |
| 300 | 0.23 / 1.17 | 1.41 / 0.19 | 1.61 / 0.21 | 0.86 / 0.23 | 1.15 / 0.24 | 0.48 / 0.26 | 2.25 / 0.29 | | | | | |
| 380 | 0.18 / 0.23 | 0.33 / 0.26 | 0.54 / 0.29 | 0.78 / 0.31 | 1.06 / 0.33 | 1.37 / 0.35 | 1.74 / 0.38 | 2.13 / 0.39 | 2.56 / 0.41 | | | |
| 460 | 0.12 / 0.29 | 0.27 / 0.33 | 0.46 / 0.36 | 0.69 / 0.40 | 0.96 / 0.43 | 1.27 / 0.46 | 1.61 / 0.49 | 2.01 / 0.51 | 2.43 / 0.54 | 2.90 / 0.56 | | |
| 510 | 0.09 / 0.32 | 0.22 / 0.37 | 0.40 / 0.42 | 0.62 / 0.46 | 0.89 / 0.50 | 1.20 / 0.53 | 1.54 / 0.56 | 1.92 / 0.59 | 2.34 / 0.62 | 2.80 / 0.65 | 3.30 / 0.68 | |
| 560 | | 0.18 / 0.42 | 0.34 / 0.47 | 0.57 / 0.52 | 0.82 / 0.57 | 1.11 / 0.61 | 1.46 / 0.64 | 1.83 / 0.68 | 2.25 / 0.71 | 2.70 / 0.75 | 3.20 / 0.78 | 3.73 / 0.80 |
| 610 | | 0.13 / 0.46 | 0.30 / 0.53 | 0.50 / 0.58 | 0.75 / 0.63 | 1.04 / 0.68 | 1.37 / 0.73 | 1.75 / 0.76 | 2.16 / 0.80 | 2.60 / 0.84 | 3.09 / 0.88 | 3.61 / 0.91 |
| 660 | | 0.09 / 0.51 | 0.24 / 0.58 | 0.44 / 0.64 | 0.68 / 0.70 | 0.97 / 0.76 | 1.29 / 0.81 | 1.65 / 0.85 | 2.06 / 0.90 | 2.50 / 0.94 | 2.98 / 0.98 | 3.50 / 1.02 |
| 710 | | | 0.20 / 0.63 | 0.38 / 0.71 | 0.61 / 0.77 | 0.89 / 0.83 | 1.21 / 0.89 | 1.56 / 0.94 | 1.96 / 0.99 | 2.40 / 1.04 | 2.87 / 1.09 | 3.39 / 1.13 |
| 760 | | | 0.15 / 0.68 | 0.33 / 0.77 | 0.55 / 0.84 | 0.81 / 0.91 | 1.12 / 0.97 | 1.47 / 1.03 | 1.86 / 1.09 | 2.30 / 1.15 | 2.77 / 1.20 | 3.27 / 1.24 |
| 810 | | | 0.10 / 0.73 | 0.29 / 0.83 | 0.47 / 0.91 | 0.73 / 0.99 | 1.03 / 1.06 | 1.37 / 1.13 | 1.77 / 1.19 | 2.18 / 1.25 | 2.65 / 1.31 | 3.16 / 1.36 |
| 860 | | | | 0.21 / 0.88 | 0.41 / 0.98 | 0.66 / 1.06 | 0.95 / 1.15 | 1.28 / 1.22 | 1.66 / 1.29 | 2.08 / 1.35 | 2.54 / 1.42 | 3.04 / 1.48 |
| 910 | | | | 0.16 / 0.94 | 0.34 / 1.05 | 0.59 / 1.14 | 0.86 / 1.23 | 1.19 / 1.31 | 1.56 / 1.39 | 1.97 / 1.46 | 2.42 / 1.53 | 2.92 / 1.60 |
| 960 | | | | 0.11 / 0.99 | 0.29 / 1.11 | 0.51 / 1.22 | 0.78 / 1.31 | 1.10 / 1.40 | 1.46 / 1.49 | 1.87 / 1.57 | 2.30 / 1.65 | 2.80 / 1.72 |
| 1020 | | | | | 0.22 / 1.17 | 0.44 / 1.29 | 0.70 / 1.40 | 1.01 / 1.50 | 1.36 / 1.59 | 1.76 / 1.68 | 2.19 / 1.76 | 2.67 / 1.84 |
| 1170 | | | | | | 0.24 / 1.50 | 0.46 / 1.64 | 0.74 / 1.77 | 1.06 / 1.89 | 1.43 / 2.00 | 1.85 / 2.11 | 2.29 / 2.21 |
| 1220 | | | | | | 0.18 / 1.56 | 0.39 / 1.72 | 0.65 / 1.86 | 0.97 / 1.99 | 1.33 / 2.11 | 1.73 / 2.22 | 2.17 / 2.33 |

注：1. 堰上横截面积，$m^2$。2. 堰高＝管束公称直径＋65mm。3. 不考虑堰上液头。4. 缓冲能力为当液体高度等于管束公称直径及为 1m 管长时所要求的体积（$m^3$），所以单位为 $m^3/m$ 管长。5. 其中不包括液头所需的体积（为满足泵送的液头）。

## （二）热流量核算

### 1. 管内表面传热系数

釜式再沸器的传热管内若为蒸气冷凝传热，气速对冷凝液所产生的剪切力有减薄液膜的作用，因而能促进传热。Akers 充分考虑了这一影响因素，提出了下列计算方法。

当 $Re>5\times10^4$ 时

$$h_i=0.0265\frac{\lambda_i}{d_i}Re^{0.8}Pr^{1/3} \tag{3-102}$$

当 $1000<Re<5\times10^4$ 时

$$h_i=5.03\frac{\lambda_i}{d_i}Re^{1/3}Pr^{1/3} \tag{3-103}$$

式中

$$Re=\frac{d_iG_e}{\eta_i} \tag{3-104}$$

$$Pr=\frac{c_{pi}\eta_i}{\lambda_i} \tag{3-105}$$

$$G_e=\overline{G_l}+\overline{G_v}\left(\frac{\rho_l}{\rho_v}\right)^{0.5} \tag{3-106}$$

$$\overline{G_l}=\frac{G_{l1}+G_{l2}}{2} \tag{3-107}$$

$$\overline{G_v}=\frac{G_{v1}+G_{v2}}{2} \tag{3-108}$$

式中，$G_e$ 为当量质量流速，kg/(m²·s)；$\overline{G_l}$、$\overline{G_v}$ 分别为凝液和气体平均质量流速，kg/(m²·s)；下标 l、v 分别表示凝液和气体；下标 1、2 分别表示进口和出口；$\eta_i$ 为膜温下凝液黏度，Pa·s；$\lambda_i$ 为膜温下凝液热导率，W/(m·K)；$c_{pi}$ 为膜温下凝液定压比热容，kJ/(kg·K)；$\rho_l$ 为膜温下凝液密度，kg/m³；$\rho_v$ 为定性温度下气相密度，kg/m³；$d_i$ 为传热管内径，m。

**2. 管外沸腾表面传热系数**

如前所述管外沸腾表面传热系数与沸腾状态有关，因而应先确定沸腾状态。

（1）沸腾状态　液体沸腾状态由沸腾侧传热温差与临界传热温差决定，当 $\Delta t<(\Delta t)_c$，为核状沸腾，否则为膜状沸腾。

① 沸腾侧传热温差　沸腾侧传热温差取决于传热热阻的分布情况，计算如下。

管内传热热阻、污垢热阻与管壁热阻以及管外污垢热阻之和 $\frac{1}{K'}$ 为

$$\frac{1}{K'}=\frac{d_0}{h_id_i}+\frac{R_id_0}{d_i}+\frac{R_wd_0}{d_m}+R_0 \tag{3-109}$$

式中，$\frac{1}{K'}$ 为以管外表面为基准的部分热阻之和，m²·K/W；$R_i$、$R_0$、$R_w$ 分别为管内、外污垢热阻和管壁热阻，m²·K/W；$d_0$、$d_m$ 分别为传热管外径和平均直径，m。

与 $\frac{1}{K'}$ 相应的传热温度差 $\Delta t'_m$ 为

$$\Delta t'_m=\frac{\Phi}{K'A} \tag{3-110}$$

所以沸腾侧传热温度差 $\Delta t$ 为

$$\Delta t=\Delta t_m-\Delta t'_m \tag{3-111}$$

② 临界传热温差　临界传热温差取决于对比压力 $p_r$，对比压力按(3-112)式计算。

$$p_r=\frac{p}{p_c} \tag{3-112}$$

式中，$p_r$ 为对比压力；$p$ 为系统绝压，Pa；$p_c$ 为临界压力，Pa。

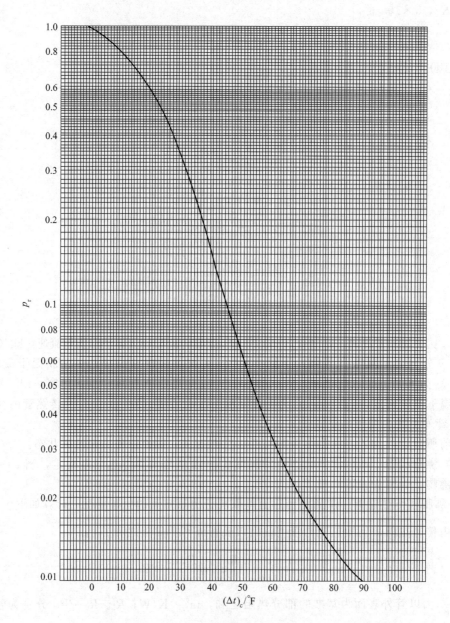

图 3-35　釜式再沸器临界传热温差

$$t/℃ = \frac{5}{9}(t/℉ - 32)$$

由 $p_r$ 值查图 3-35 可求得临界传热温差 $(\Delta t)_c$。实际设计时，应使 $\Delta t$ 小于$(\Delta t)_c$，以保证沸腾处于核状沸腾状态。

（2）表面传热系数

① 管外核状沸腾表面传热系数　管外核状沸腾表面传热系数用莫斯廷斯基（Mostinski）式计算，即

$$h_0 = 0.0953 p_c^{0.69} \left(\frac{\Phi}{A_p}\right)^{0.7} (1.8 p_r^{0.17} + 4 p_r^{1.2} + 10 p_r^{10}) \tag{3-113}$$

式中，$h_0$ 为核状沸腾表面传热系数，$kcal/(m^2 \cdot h \cdot K)$；$\dfrac{\Phi}{A_p}$ 为热流密度，$kcal/(m^2 \cdot K)$。

② 管外膜状沸腾表面传热系数　若管外处于膜状沸腾状态，则表面传热系数为

$$h_0 = 77 \times [r_b \lambda_v^3 \rho_v (\rho_l - \rho_v)/(d_0 \eta_v \Delta t)] \tag{3-114}$$

式中，$h_0$ 为管外膜状沸腾表面传热系数，$kcal/(m^2 \cdot h \cdot K)$[$1kcal/(m^2 \cdot h \cdot K)=$
$1.163W/(m^2 \cdot K)$]；$r_b$ 为相变热，$kcal/kg$（$1kcal/kg=4.187kJ/kg$）；$\lambda_v$ 为蒸气热导率，
$kcal/(m \cdot h \cdot K)$[$1kcal/(m \cdot h \cdot K)=1.163W/(m \cdot K)$]；$\rho_v$ 为蒸气密度，$kg/m^3$；$\rho_l$ 为液
相密度，$kg/m^3$；$d_0$ 为传热管外径，$m$；$\eta_v$ 为蒸气黏度，$cP$（厘泊）（$1cP=10^{-3}Pa \cdot s$）；
$\Delta t$ 为沸腾传热温差，$K$。

3. 面积裕度核算

求得总传热系数后，利用式(3-35)计算需要的传热面积，然后利用式(3-36)计算面积
裕度。一般面积裕度可取 30% 左右。若所得裕度过小，则要从假定 $K$ 值开始，重复以上各
有关计算步骤，直至满足上述条件为止。

4. 核算热流密度

热流密度与热通量参数有关，热通量参数 $\phi$（热流密度参数）可按式(3-115)计算。

$$\phi = \frac{A}{144D_b l} \tag{3-115}$$

式中，$\phi$ 为热通量参数，$ft^2/in^2$（$=144m^2/m^2$）；$A$ 为实际传热面积，$m^2$；$D_b$ 为管束直径，
$m$；$l$ 为管长，$m$。

根据热通量参数 $\phi$ 值，可由图 3-36 查出临界热流密度 $(\Phi/A)_c$ 之值。若 $\Phi/A<(\Phi/$

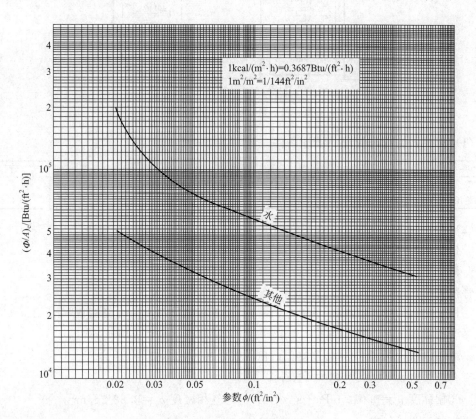

图 3-36　临界热流密度参数

A)$_c$，则所设计的再沸器是适宜的，否则需调整有关参数，重新计算。釜式再沸器上部管束的传热表面被下部管束产生的蒸气所覆盖，由于膜状沸腾表面传热系数明显低于核状沸腾表面传热系数，故应计算出上、下部管束沸腾表面传热系数的平均值。但为了计算简便，可应用式(3-114)只计算膜状沸腾表面传热系数作为其平均值。

## 四、设计示例

### (一) 立式热虹吸再沸器设计示例

#### 1. 设计任务与设计条件

设计一台如图3-37所示工艺流程中塔Ⅱ所需的再沸器，以塔Ⅰ顶蒸气作为加热热源，加热塔Ⅱ釜液使其沸腾。已知塔Ⅰ顶的蒸气组成为乙醇0.12，水0.88，均为摩尔分数，塔Ⅱ釜液可视为纯水。

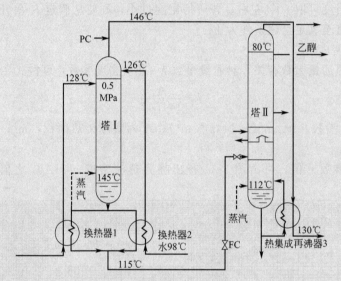

图 3-37　某装置工艺流程示意图

（1）再沸器壳程与管程的设计条件

| 项　　目 | 壳程 | 管程 | 项　　目 | 壳程 | 管程 |
|---|---|---|---|---|---|
| 温度/℃ | 146～130 | 112 | 冷凝量/(kg/h) | 13635 | — |
| 压力(绝压)/MPa | 0.5 | 0.16 | 蒸发量/(kg/h) | — | 10442.3 |

（2）物性数据　壳程凝液在定性温度138℃下的物性数据：

相变热 $r_0 = 1704kJ/kg$ 　　　　　　热导率 $\lambda_0 = 0.535W/(m \cdot K)$

黏度 $\eta_0 = 0.2mPa \cdot s$ 　　　　　　密度 $\rho_0 = 859kg/m^3$

管程流体在112℃下的物性数据：

相变热 $r_i = 2225kJ/kg$ 　　　　　　液相热导率 $\lambda_i = 0.6862W/(m \cdot K)$

液相黏度 $\eta_i = 0.25mPa \cdot s$ 　　　　液相密度 $\rho_i = 950kg/m^3$

液相定压比热容 $c_{pi} = 4.2289kJ/(kg \cdot K)$

表面张力 $\sigma_i = 5.602 \times 10^{-2} N/m$

气相黏度 $\eta_v = 0.012 mPa \cdot s$ 　　　　气相密度 $\rho_v = 0.88 kg/m^3$

蒸气压曲线斜率 $(\Delta t/\Delta p)_s = 1.961 \times 10^{-3} m^2 \cdot K/kg$

2. 估算设备尺寸

用式(3-55)计算热流量 $\Phi$ 为

$$\Phi = 13635 \times 1704 \times 1000/3600 = 6.4539 \times 10^6 \text{ W}$$

用式(3-56b)计算传热温差 $\Delta t_m$ 为

$$\Delta t_m = \frac{(146-112)-(130-112)}{\ln \frac{(146-112)}{(130-112)}} = 25.16 \text{ K}$$

假设传热系数 $K = 605 \text{W}/(\text{m}^2 \cdot \text{K})$，则可用式(3-9)估算传热面积 $A_p$ 为

$$A_p = \frac{6.4539 \times 10^6}{605 \times 25.16} = 424 \text{ m}^2$$

拟用传热管规格为 $\phi 25 \times 2$，管长 $L = 3000\text{mm}$，则可用式(3-57)计算总传热管数 $N_T$

$$N_T = \frac{424}{\pi \times 0.025 \times 3} = 1800$$

若将传热管按正三角形排列，则可用式(3-14)、式(3-15)和式(3-17)计算壳径 $D$ 为

$$D = 32 \times (49-1) + 3 \times 25 \approx 1600 \text{ mm}$$

取管程进口管直径 $D_i = 250\text{mm}$，出口管直径 $D_0 = 600\text{mm}$。

3. 传热系数校核

(1) 显热段传热系数 $K_{CL}$　设传热管出口处气含率 $x_e = 0.024$，则用式(3-58)计算循环流量 $q_{mt}$ 为

$$q_{mt} = \frac{10442.3}{3600 \times 0.024} = 120.86 \text{ kg/s}$$

① 显热段管内表面传热系数　用式(3-59)计算传热管内质量流速 $G$ 为

$$G = \frac{120.86}{\frac{\pi}{4} \times 0.021^2 \times 1800} = 193.9 \text{ kg/(m}^2 \cdot \text{s)}$$

雷诺数 $Re$ 为

$$Re = \frac{0.021 \times 193.9}{0.25 \times 10^{-3}} = 16288 (>10^4)$$

普朗特数 $Pr$ 为

$$Pr = \frac{4.2289 \times 10^3 \times 0.25 \times 10^{-3}}{0.6862} = 1.541$$

用式(3-32)计算显热段传热管内表面传热系数 $h_i$ 为

$$h_i = 0.023 \times \frac{0.6862}{0.021} \times 16288^{0.8} \times 1.541^{0.4} = 2092 \text{ W}/(\text{m}^2 \cdot \text{K})$$

② 计算管外冷凝表面传热系数　用式(3-61)计算蒸汽冷凝的质量流量 $q_{m_0}$ 为

$$q_{m_0} = 6.4539 \times 10^6 / (1704 \times 10^3) = 3.7875 \text{ kg/s}$$

用式(3-31b)计算传热管外单位润湿周边上凝液的质量流量 $M$ 为

$$M = 3.7875/(\pi \times 0.025 \times 1800) = 0.02679 \text{ kg/(m} \cdot \text{s)}$$

用式(3-31a)计算冷凝液膜的 $Re_0$ 为

$$Re_0 = 4 \times 0.02679/(0.2 \times 10^{-3}) = 535.82 \text{ (}<2100)$$

用式(3-30)计算管外冷凝表面传热系数 $h_0$ 为

$$h_0 = 0.75 \times 1.88 \times \left[ \frac{859^2 \times 9.81 \times 0.535^3}{(0.2 \times 10^{-3})^2} \right]^{1/3} \times 535.82^{-1/3}$$

$$= 5253 \text{ W}/(\text{m}^2 \cdot \text{K})$$

式中，0.75 为校正系数，是对双组分冷凝按单组分计算的校正。

③ 污垢热阻及管壁热阻  沸腾侧 $R_i=4.299\times10^{-4}\,m^2\cdot K/W$，冷凝侧 $R_0=1.72\times10^{-4}\,m^2\cdot K/W$，管壁热阻 $R_w=4.299\times10^{-5}\,m^2\cdot K/W$。

用式(3-21)计算显热段传热系数 $K_{CL}$ 为

$$K_{CL}=1\Big/\Big(\frac{25}{2092\times21}+\frac{4.299\times10^{-4}\times25}{21}+\frac{4.299\times10^{-5}\times25}{23}+1.72\times10^{-4}+\frac{1}{5253}\Big)$$
$$=671.2\ W/(m^2\cdot K)$$

(2) 蒸发段传热系数 $K_{CE}$  用式(3-71)计算传热管内釜液的质量流量 $G_h$ 为
$$G_h=3600\times193.9=6.98\times10^5\,kg/(m^2\cdot h)$$

当 $x_e=0.024$ 时，用式(3-65)计算 Martinelli 参数 $X_{tt}$ 为
$$X_{tt}=[(1-0.024)/0.024]^{0.9}(0.88/950)^{0.5}(0.25/0.012)^{0.1}$$
$$=1.158$$
$$1/X_{tt}=1/1.158=0.864$$

由 $G_h=6.98\times10^5\,kg/(m^2\cdot h)$ 及 $1/X_{tt}=0.864$，查图 3-33 得 $a_E=0.4$。当 $x=0.4x_e=0.4\times0.024=0.0096$ 时
$$1/X_{tt}=[0.0096/(1-0.0096)]^{0.9}(950/0.88)^{0.5}(0.012/0.25)^{0.1}=0.374$$

由 $G_h=6.98\times10^5\,kg/(m^2\cdot h)$ 及 $1/X_{tt}=0.374$，查图 3-33 得 $a'=1.0$。

用式(3-70)计算泡核沸腾修正因数 $a$ 为
$$a=(0.4+1.0)/2=0.7$$

用式(3-69)计算泡核沸腾表面传热系数 $h_{nb}$ 为
$$h_{nb}=0.225\times\frac{0.6862}{0.021}\times1.541^{0.69}\times\Big(\frac{6.4539\times10^6\times0.021}{424\times2225\times10^3\times0.25\times10^{-3}}\Big)^{0.69}\times$$
$$\Big(\frac{950}{0.88}-1\Big)^{0.33}\times\Big(\frac{1.6\times10^5\times0.021}{5.602\times10^{-2}}\Big)^{0.31}=2051\ W/(m^2\cdot K)$$

用式(3-68)计算以液体单独存在为基准的对流表面传热系数 $h_i$
$$h_i=0.023\times\frac{0.6862}{0.021}\times[16288\times(1-0.0096)]^{0.8}\times1.541^{0.4}=2076\ W/(m^2\cdot K)$$

用式(3-67)计算对流沸腾因子 $F_{tp}$ 为
$$F_{tp}=3.5\times(0.374)^{0.5}=2.14$$ 用式(3-63)计算两相对流表面传热系数 $h_{tp}$
$$h_{tp}=2.14\times2076=4442.64\ W/(m^2\cdot K)$$

用式(3-62)计算沸腾传热膜系数为
$$h_{iE}=4442.64+0.7\times2051=5878\ W/(m^2\cdot K)$$

用式(3-21)计算蒸发段传热系数 $K_{CE}$ 为
$$K_{CE}=1\Big/\Big(\frac{25}{5878\times21}+\frac{4.299\times10^{-4}\times25}{21}+\frac{4.299\times10^{-5}\times25}{23}+1.72\times10^{-4}+\frac{1}{5253}\Big)$$
$$=890\ W/(m^2\cdot K)$$

(3) 显热段和蒸发段长度  用式(3-72)计算显热段的长度 $L_{BC}$ 与传热管总长 $L$ 的比值为
$$\frac{L_{BC}}{L}=1.961\times10^{-3}\Big/\Big[1.961\times10^{-3}+\Big(\frac{\pi\times0.021\times1800\times671.2\times25.16}{4228.9\times950\times120.86}\Big)\Big]$$
$$=0.322$$

$$L_{BC}=3\times0.322=0.97\text{ m} \qquad\qquad L_{CD}=3-0.97=2.03\text{ m}$$

（4）平均传热系数　用式（3-73）计算平均传热系数 $K_C$ 为

$$K_C=\frac{671.2\times0.97+890\times2.03}{3}=819\text{ W/(m}^2\cdot\text{K)}$$

需要传热面积为

$$A_C=\Phi/(K_C\times\Delta t_m)=6.4539\times10^6/(819\times25.16)$$
$$=313.2\text{ m}^2$$

（5）面积裕度　实际传热面积

$$A=3.14\times0.025\times3\times1800=423.9\text{ m}^2$$
$$H=(A-A_C)/A_C=(423.9-313.2)/313.2=35.3\%$$

该再沸器的传热面积合适。

**4. 循环流量校核**

（1）循环推动力　当 $x=x_e/3=0.024/3=0.008$ 时，用式（3-65）计算 Martinelli 参数 $X_{tt}$ 为

$$X_{tt}=[(1-0.008)/0.008]^{0.9}(0.88/950)^{0.5}(0.25/0.012)^{0.1}$$
$$=3.157$$

用式（3-76）计算两相流的液相分率 $R_L$ 为

$$R_L=\frac{3.157}{(3.157^2+21\times3.157+1)^{0.5}}=0.359$$

用式（3-75）计算 $x=0.024/3=0.008$ 处的两相流平均密度 $\bar\rho_{tp}$ 为

$$\bar\rho_{tp}=0.88\times(1-0.359)+950\times0.359$$
$$=341.6\text{ kg/m}^3$$

当 $x=x_e=0.024$ 时，用式（3-65）计算 Martinelli 参数 $X_{tt}$ 为

$$X_{tt}=[(1-0.024)/0.024]^{0.9}(0.88/950)^{0.5}(0.25/0.012)^{0.1}$$
$$=1.158$$

用式（3-76）计算两相流的液相分率 $R_L$ 为

$$R_L=\frac{1.158}{(1.158^2+21\times1.158+1)^{0.5}}=0.224$$

用式（3-75）计算 $x=x_e=0.024$ 处的两相流平均密度 $\rho_{tp}$ 为

$$\rho_{tp}=0.88\times(1-0.224)+950\times0.224=213.7\text{ kg/m}^3$$

式（3-74）中的 $l$ 值，参照表 3-19 并根据焊接需要取为 1.4m，于是可用式（3-74）计算循环推动力 $\Delta p_D$。

$$\Delta p_D=[2.03\times(950-341.6)-1.4\times213.7]\times9.81$$
$$=9181\text{ Pa}$$

（2）循环阻力

① 管程进口管阻力 $\Delta p_1$ 的计算　用式（3-81）计算釜液在管程进口管内的质量流速 $G$ 为

$$G=\frac{120.86}{\dfrac{\pi}{4}\times0.25^2}=2462\text{ kg/(m}^2\cdot\text{s)}$$

用式（3-82）计算釜液在进口管内的流动雷诺数 $Re_i$ 为

$$Re_i=0.25\times2462/(0.25\times10^{-3})=2462000$$

用式(3-80) 计算进口管长度与局部阻力当量长度 $L_i$ 为

$$L_i = \frac{(0.25/0.0254)^2}{0.3426 \times (0.25/0.0254 - 0.1914)} = 29.3 \text{ m}$$

用式(3-79) 计算进口管内流体流动的摩擦系数 $\lambda_i$ 为

$$\lambda_i = 0.01227 + 0.7543/(2462000)^{0.38} = 0.0151$$

用式(3-78) 计算管程进口管阻力 $\Delta p_1$ 为

$$\Delta p_1 = 0.0151 \times \frac{29.3}{0.25} \times \frac{2462^2}{2 \times 950} = 5646 \text{ Pa}$$

② 传热管显热段阻力  用式(3-85) 计算釜液在传热管内的质量流速 $G$ 为

$$G = 120.86/(0.785398 \times 0.021^2 \times 1800) = 193.9 \text{ kg/(m}^2 \cdot \text{s)}$$

用式(3-86) 计算釜液在传热管内流动时的雷诺数 $Re$ 为

$$Re = 0.021 \times 193.9/(0.25 \times 10^{-3}) = 16287.6$$

用式(3-84) 计算进口管内流体流动的摩擦系数 $\lambda$ 为

$$\lambda = 0.01227 + 0.7543/(16287.6)^{0.38} = 0.0312$$

用式(3-83) 计算传热管显热段阻力 $\Delta p_2$ 为

$$\Delta p_2 = 0.0312 \times \frac{0.97}{0.021} \times \frac{193.9^2}{2 \times 950} = 28.5 \text{ Pa}$$

③ 传热管蒸发段阻力  用式(3-89) 计算气相在传热管内的质量流速 $G_v$ 为

$$G_v = xG = (2x_e/3)G = (2 \times 0.024/3) \times 193.9 = 3.102 \text{ [kg/(m}^2 \cdot \text{s)]}$$

用式(3-90) 计算气相在传热管内的流动雷诺数 $Re_v$ 为

$$Re_v = 0.021 \times 3.102/(0.012 \times 10^{-3}) = 5428.5$$

用式(3-88) 计算传热管内气相流动的摩擦系数 $\lambda_v$

$$\lambda_v = 0.01227 + 0.7543/(5428.5)^{0.38} = 0.041$$

用式(3-87) 计算传热管内气相流动阻力 $\Delta p_{v3}$ 为

$$\Delta p_{v3} = 0.041 \times \frac{2.03}{0.021} \times \frac{3.102^2}{2 \times 0.88} = 21.7 \text{ Pa}$$

液相流动阻力 $\Delta p_{L3}$ 的计算，用式(3-93) 计算液相在传热管内的质量流速 $G_L$ 为

$$G_L = G - G_v = 193.9 - 3.102 = 190.798 \text{ kg/(m}^2 \cdot \text{s)}$$

用式(3-94) 计算液相在传热管内的流动雷诺数 $Re_L$ 为

$$Re_L = 0.021 \times 190.798/(0.25 \times 10^{-3}) = 16027$$

用式(3-92) 计算传热管内液相流动的摩擦系数 $\lambda_L$ 为

$$\lambda_L = 0.01227 + 0.7543/(16027)^{0.38} = 0.0313$$

用式(3-91) 计算传热管内液相流动阻力 $\Delta p_{L3}$ 为

$$\Delta p_{L3} = 0.0313 \times \frac{2.03}{0.021} \times \frac{190.798}{2 \times 950} = 57.97 \text{ Pa}$$

用式(3-95) 计算传热管内两相流动阻力 $\Delta p_3$ 为

$$\Delta p_3 = (21.7^{0.25} + 57.97^{0.25})^4 = 584.82 \text{ Pa}$$

④ 管程内因动量变化引起的阻力  管程内流体的质量流速 $G = 193.9 \text{kg/(m}^2 \cdot \text{s)}$，用式(3-97) 计算蒸发段管内因动量变化引起的阻力系数 $\xi$ 为

$$\xi = \frac{(1 - 0.024)^2}{0.224} + \frac{950}{0.88} \times \left( \frac{0.024^2}{1 - 0.224} \right) - 1 = 4.054$$

用式(3-96)计算蒸发段管程内因动量变化引起的阻力 $\Delta p_4$ 为

$$\Delta p_4 = 193.9^2 \times 4.054/950 = 160.44 \ (\text{Pa})$$

⑤ 管程出口管阻力 用式(3-81)计算管程出口管中气、液相总质量流速 $G$ 为

$$G = 120.86/(0.785398 \times 0.6^2) = 427.5 \ \text{kg}/(\text{m}^2 \cdot \text{s})$$

用式(3-89)计算管程出口管中气相质量流速 $G_v$ 为

$$G_v = x_e G = 0.024 \times 427.5 = 10.26 \ \text{kg}/(\text{m}^2 \cdot \text{s})$$

用式(3-80)计算管程出口管的长度与局部阻力的当量长度之和 $l'$ 为

$$l' = \frac{(0.6/0.0254)^2}{0.3426(0.6/0.0254 - 0.1914)} = 69.5 \ \text{m}$$

用式(3-90)计算管程出口管中气相质量流动雷诺数 $Re_v$ 为

$$Re_v = 0.6 \times 10.26/(0.012 \times 10^{-3}) = 513000$$

用式(3-88)计算管程出口管气相流动的摩擦系数 $\lambda_v$ 为

$$\lambda_v = 0.01227 + 0.7543/(513000)^{0.38} = 0.0174$$

用式(3-87)计算管程出口管气相流动阻力 $\Delta p_{v5}$ 为

$$\Delta p_{v5} = 0.0174 \times (69.5/0.6) \times 10.26^2/(2 \times 0.88)$$
$$= 120.55 \ \text{Pa}$$

用式(3-93)计算管程出口管中液相质量流速 $G_L$ 为

$$G_L = G - G_v = 427.5 - 10.26 = 417.24 \ \text{kg}/(\text{m}^2 \cdot \text{s})$$

用式(3-94)计算管程出口管中液相流动雷诺数 $Re_L$ 为

$$Re_L = 0.6 \times 417.24/(0.25 \times 10^{-3}) = 1001376$$

用式(3-92)计算管程出口管中液相流动的摩擦系数 $\lambda_L$ 为

$$\lambda_L = 0.01227 + 0.7543/(1001376)^{0.38} = 0.0162$$

用式(3-91)计算管程出口液相流动阻力 $\Delta p_{L5}$ 为

$$\Delta p_{L5} = 0.0162 \times \frac{69.5}{0.6} \times \frac{417.24^2}{2 \times 950} = 171.94 \ \text{Pa}$$

用式(3-95)计算管程出口管中两相流动阻力 $\Delta p_5$ 为

$$\Delta p_5 = (120.55^{0.25} + 171.94^{0.25})^4 = 2312.6 \ \text{Pa}$$

用式(3-77)计算循环阻力 $\Delta p_f$ 为

$$\Delta p_f = \Delta p_1 + \Delta p_2 + \Delta p_3 + \Delta p_4 + \Delta p_5$$
$$= 5646 + 28.5 + 584.82 + 160.44 + 2312.6$$
$$= 8732.36 \ \text{Pa}$$

循环推动力 $\Delta p_D$ 与循环阻力 $\Delta p_f$ 的比值为

$$\Delta p_D/\Delta p_f = 9181/8732.36 = 1.05$$

循环推动力 $\Delta p_D$ 略大于循环阻力 $\Delta p_f$，说明所设的出口气含率 $x_e = 0.024$ 合适，因此所设计的再沸器可以满足传热过程对循环流量的要求。

**5. 设计结果汇总**

再沸器的主要结构如图 3-38 所示，详细结构尺寸见表 3-21。

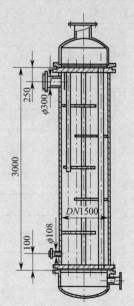

图 3-38 再沸器的主要
结构尺寸示意图

表 3-21　设计结果汇总

| 设　备　名　称 | | 再沸器 | |
|---|---|---|---|
| | | 壳　程 | 管　程 |
| 物料名称 | 进口 | 混合蒸气 | 水 |
| | 出口 | 凝液 | 水和水蒸气 |
| 质量流量/(kg/h) | 进口 | 13635 | |
| | 出口 | 13635 | |
| 操作温度/℃ | 进口 | 146 | 112 |
| | 出口 | 130 | 112 |
| 乙醇摩尔分数 | | 0.12 | |
| 热流量/kW | | $6.4539 \times 10^3$ | $6.4539 \times 10^3$ |
| 操作压力(绝压)/MPa | | 0.5 | 0.16 |
| 定性温度/℃ | | 138 | 112 |
| 液体物性参数 | 定压比热容/[kJ/(kg·K)] | 4.145 | 4.2289 |
| | 热导率/[W/(m·K)] | 0.5350 | 0.6862 |
| | 密度/(kg/m³) | 859 | 950 |
| | 黏度/mPa·s | 0.2 | 0.25 |
| | 表面张力/(N/m) | | $5.602 \times 10^{-2}$ |
| | 气化相变热/(kJ/kg) | | 2225 |
| 气体物性参数 | 定压比热容/[kJ/(kg·K)] | 1.926 | 2.261 |
| | 热导率/[W/(m·K)] | 0.02791 | 0.02442 |
| | 密度/(kg/m³) | 3.1 | 0.88 |
| | 黏度/mPa·s | 0.014 | 0.012 |
| | 相变热/(kJ/kg) | 1704 | |
| 流速/(m/s) | | | 0.233(显热段水) |
| 污垢热阻/(m²·K/W) | | 0.0001720 | 0.0004299 |
| 阻力/MPa | | | |
| 传热温度差/K | | 25.16 | |
| 计算传热系数/[W/(m²·K)] | | 819 | |
| 设备主要尺寸 | 传热面积/m² | 423.9 | |
| | 管子规格/mm | $\phi 25 \times 2$ | |
| | 排列方式 | △ | |
| | 管中心距/mm | 32 | |
| | 管长/mm | 3000 | |
| | 管数 | 1800 | |
| | 程数 | 1 | 1 |
| | 折流板间距/mm | 500 | |
| | 折流板数 | 5 | |
| | 壳体内径/mm | 1600 | |
| | 接管尺寸/mm 进口 | 300 | 250 |
| | 接管尺寸/mm 出口 | 100 | 600 |
| 材料 | | 碳钢 | 碳钢 |
| 面积裕度/% | | 35.3 | |

**(二) 釜式再沸器设计示例**

**1. 设计任务与设计条件**

现设计一台釜式再沸器,以乙二醇和醛类混合蒸气冷凝为热源,加热塔底釜液水使其沸腾。已知混合蒸气质量流量为 13470kg/h,其中全部醛类和部分乙二醇作为惰性气体引出,其质量流量为 383.2kg/h。

**(1) 壳程与管程的设计条件**

| 项 目 | 壳 程 | 管 程 | 项 目 | 壳 程 | 管 程 |
|-------|-------|-------|-------|-------|-------|
| 温度/℃ | 120 | 140~128 | 冷凝量/(kg/h) | 13086.8 | |
| 压力(绝压)/MPa | 0.2 | 0.0133~0.0120 | 蒸发量/(kg/h) | 5641.3 | |

**(2) 物性数据**

① 壳程流体 120℃下物性数据

临界压力 $p_c = 22.1706$MPa; 相变热 $r_b = 2205.2$kJ/kg;

蒸气热导率 $\lambda_v = 0.02442$W/(m·K); 蒸气密度 $\rho_v = 1.119$kg/m³;

蒸气黏度 $\eta_v = 0.0131$mPa·s; 液相密度 $\rho_l = 943.1$kg/m³

② 管程流体 134℃下的物性数据

相变热 $r_i = 950.6$kJ/kg; 凝液密度 $\rho_i = 991.42$kg/m³;

凝液黏度 $\eta_i = 0.7608$mPa·s; 凝液热导率 $\lambda_i = 0.27224$W/(m·K);

凝液定压比热容 $c_{pi} = 2.8954$kJ/(kg·K);

气相密度 $\rho_{iv} = 0.259$kg/m³

**2. 估算设备尺寸**

热流量

$$\Phi = \frac{13086.8 \times 950.6 \times 10^3}{3600} = 3455642 \text{ W}$$

用式(3-56b) 计算 $\Delta t_m$ 为

$$\Delta t_m = \frac{(140-120) - (128-120)}{\ln \frac{140-120}{128-120}} = 13.096 \text{ K}$$

取传热系数 $K = 900$W/(m²·K),用式(3-9) 估算传热面积

$$A_p = \frac{3455642}{900 \times 13.096} = 293.2 \text{ m}^2$$

传热管规格为 $\phi 25 \times 2$、管长 $l = 6000$mm,则用式(3-98) 计算 $N_T$ 为

$$N_T = \frac{293.2}{\pi \times 0.025 \times 6} = 623$$

传热管按正三角形排列,则可用式(3-14)、式(3-15) 和式(3-99) 计算管束直径 $D_b$ 为

$$D_b = 32 \times (29-1) = 896 \text{ mm}$$

用式(3-100) 计算 $u_{max}$ 为

$$u_{max} = \left(\frac{116}{1.119}\right)^{0.5} = 10.2 \text{ m/s}$$

计算壳程水气化体积流量

$$q_V = \frac{\Phi}{1000 \times r_b \times \rho_v} = \frac{3455642}{1000 \times 2205.2 \times 1.119} = 1.4 \text{ m}^3/\text{s}$$

用式(3-101) 计算 $(A_{堰})_{min}$ 为

$$(A_{\text{堰}})_{\min} = \frac{1.4}{10.2} = 0.14 \text{ m}^2$$

$D_b = 896\text{mm}$ 和 $(A_{\text{堰}})_{\min} = 0.14\text{m}^2$，查表 3-20 可得壳体直径为 $D = 1250\text{mm}$

3. 传热系数的校核

(1) 管内表面传热系数　因 $G_{l1} = 0$，故

$$G_{l2} = \frac{13086.8}{3600 \times \frac{\pi}{4} \times 0.021^2 \times 623} = 16.85 \text{ kg/(m}^2 \cdot \text{s)}$$

用式(3-107) 计算 $\bar{G}_l = \dfrac{0 + 16.85}{2} = 8.425 \text{ kg/(m}^2 \cdot \text{s)}$

$$G_{v1} = \frac{13470}{3600 \times \frac{\pi}{4} \times 0.021^2 \times 623} = 17.34 \text{ kg/(m}^2 \cdot \text{s)}$$

$$G_{v2} = \frac{383.2}{3600 \times \frac{\pi}{4} \times 0.021^2 \times 623} = 0.4933 \text{ kg/(m}^2 \cdot \text{s)}$$

用式(3-108) 计算 $\bar{G}_v = \dfrac{17.34 + 0.4933}{2} = 8.917 \text{ kg/(m}^2 \cdot \text{s)}$

用式(3-106) 计算 $G_e = 8.425 + 8.917 \times \left(\dfrac{991.42}{0.259}\right)^{0.5} = 560.1183 \text{ kg/(m}^2 \cdot \text{s)}$

$$Re = \frac{0.021 \times 560.1183}{0.7608 \times 10^{-3}} = 15461$$

$$Pr = \frac{2.8954 \times 10^3 \times 0.7608 \times 10^{-3}}{0.27224} = 8.0915$$

由于 $1000 < Re < 5 \times 10^4$，故用式(3-103) 计算 $h_i$ 为

$$h_i = 5.03 \times \frac{0.27224}{0.021} \times 15461^{1/3} \times 8.0915^{1/3} = 3261.3 \text{ W/(m}^2 \cdot \text{K)}$$

(2) 沸腾状态的确定

取 $R_i = 0.00005 \text{ m}^2 \cdot \text{K/W}$，$R_0 = 0.00015 \text{ m}^2 \cdot \text{K/W}$，$R_w = \dfrac{0.002}{46.52} = 4.299 \times 10^{-5} \text{ m}^2 \cdot \text{K/W}$

用式(3-109) 计算 $\dfrac{1}{K'}$ 为

$$\frac{1}{K'} = \frac{25}{3261.3 \times 21} + \frac{0.00005 \times 25}{21} + \frac{4.299 \times 10^{-5} \times 25}{23} + 0.00015$$

$$= 6.2128 \times 10^{-4} \text{ m}^2 \cdot \text{K/W}$$

用式(1-110) 计算 $\Delta t'_m$ 为

$$\Delta t'_m = \frac{3455642 \times 6.2128 \times 10^{-4}}{293.2} = 7.32 \text{ ℃}$$

用式(3-111) 计算沸腾侧传热温差 $\Delta t$ 为

$$\Delta t = 13.096 - 7.32 = 5.776 \text{ ℃}$$

用式(3-112) 计算对比压力 $p_r$ 为

$$p_r = \frac{0.2}{22.17} = 9.021 \times 10^{-3}$$

查图 3-35 得临界温度差 $(\Delta t)_c$

$$(\Delta t)_c = 90℉ = 32.2℃$$

由于 $\Delta t < (\Delta t)_c$，故为核状沸腾。

（3）管外核状沸腾表面传热系数

$$p_c = 22.1706 \text{MPa} = 226.069 \text{ kgf/cm}^2$$

$$\frac{\Phi}{A_p} = \frac{3455642 \times 3600}{1000 \times 4.187 \times 293.2} = 10133.6 \text{ kcal/(m}^2 \cdot \text{h)}$$

用式（3-113）计算 $h_0$ 为

$$h_0 = 0.0953 \times (226)^{0.69} \times (10133.6)^{0.7} [1.8 \times (9.021 \times 10^{-3})^{0.17} + 4 \times (9.021 \times 10^{-3})^{1.2}]$$
$$= 2102 \text{ kcal/(m}^2 \cdot \text{h} \cdot \text{℃)} = 2445 \text{ W/(m}^2 \cdot \text{K)}$$

（4）传热系数用式（3-21）计算 $K_C$ 为

$$K_C = \cfrac{1}{\cfrac{25}{3261.3 \times 21} + \cfrac{0.00005 \times 25}{21} + \cfrac{4.299 \times 10^{-5} \times 25}{23} + 0.00015 + \cfrac{1}{2445}}$$
$$= 971 \text{ W/(m}^2 \cdot \text{K)}$$

（5）传热面积裕度　用式（3-35）计算 $A_C$

$$A_C = \frac{3455642}{971 \times 13.096} = 271.75 \text{ m}^2$$

用式（3-36）计算传热面积裕度 $H$

$$H = \frac{293.2 - 271.75}{271.75} \times 100\% = 8\%$$

（6）热流密度的核算　用式（3-115）计算热通量参数 $\phi$ 为

$$\phi = \frac{293.2}{144 \times 0.896 \times 6} = 0.379$$

由 $\phi$ 值查图 3-36 得 $(\Phi/A)_c$ 为

$$\left(\frac{\Phi}{A}\right)_c = 3.5 \times 10^4 \text{ Btu/(ft}^2 \cdot \text{h)} = 94928 \text{ kcal/(m}^2 \cdot \text{h)}$$
$$= 110407 \text{ W/m}^2$$

而　　　　　　　$$\frac{\Phi}{A_p} = \frac{3455642}{293.2} = 11786 \text{ W/m}^2$$

由于 $\dfrac{\Phi}{A_p} < \left(\dfrac{\Phi}{A}\right)_c$，故所设计的釜式再沸器是合适的。

# 第四节　冷凝器工艺设计

## 一、概述

冷凝器是将工艺蒸气冷凝为液体的设备，在冷凝过程中将热量传递给冷却剂。列管式冷凝器中所用的换热表面可以是简单的光管、带肋片的扩展表面或经开槽、波纹或其他特殊方式处理过的强化表面。

## 二、冷凝器类型及其选择

### （一）冷凝器类型

列管式冷凝器有卧式与立式两种类型，被冷凝的工艺蒸气可以走壳程，也可以走管程。其中卧式壳程冷凝和立式管程冷凝是最常用的形式。

1. 卧式壳程冷凝器　如图 3-39 所示为一卧式壳程冷凝器。壳程上除设有物流进出口接管外，还设有冷凝液排出口和不凝气排出口。壳程蒸气入口处装有防冲板，以减少蒸气对管束的直接冲击。壳程中的横向弓形折流板或支承板圆缺面可以水平或垂直安装，如图 3-15、图 3-16 所示。对于水平安装的折流板，为了防止流体短路，切去的圆缺高度不宜大于壳体内径的 35%，折流板最小间距为壳体内径的 35%，最大间距不宜大于壳体内径的 2 倍。为了便于排出冷凝液，折流板的下缘开有槽口。这种水平安装方式可以造成流体的强烈扰动，传热效果好。对于垂直安装的折流板，为了便于排出冷凝液，应切去的圆缺高度为壳体内径的 50%。不论弓形折流板的圆缺面是水平还是垂直安装，当被冷凝工艺蒸气中含有不凝气时，折流板间距应随蒸气冷凝而减小，以增强传热效果。当冷凝表面传热系数小时，在管外可以使用低翅管，翅高 1～2mm。若要使冷凝液过冷，可以采用阻液型折流板。卧式壳程冷凝器的优点是压降小，冷却剂走管程便于清洗。缺点是蒸气与凝液产生分离，难于全凝宽沸程范围的混合物。

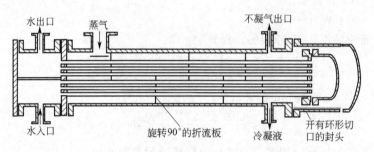

图 3-39 卧式壳程冷凝器

(1) 水平管束外冷凝表面传热系数 工艺蒸气在水平管束外冷凝表面传热系数用式 (3-26) 或式 (3-27) 及式 (3-28) 计算。

(2) 管程表面传热系数 若管程流体无相变传热，则其表面传热系数用式 (3-32)、式 (3-33) 计算。

2. 卧式管程冷凝器 这种冷凝器的管程多是单程或双程。其中传热管长度和直径的大小，以及传热管的排列方式取决于管程和壳程传热的需要。管程采用双程时，冷凝液可以在管程之间引出，这样可以减少液相的覆盖面积也可以减小压降，同时，用减少第二程管数的方法使其保持质量流速不变。在这种冷凝器中，蒸气与冷凝液的接触不好，因此对宽沸程蒸气的完全冷凝是不适宜的。此外，由于冷凝液只是局部地注满管道，因此过冷度较低。

(1) 水平管内冷凝表面传热系数 工艺蒸气在水平管内冷凝表面传热系数用式 (3-102)～式 (3-108) 计算。

(2) 壳程表面传热系数 若壳程流体无相变，则其表面传热系数用式 (3-22) 计算。

3. 立式壳程冷凝器 如图 3-40 所示为一立式壳程冷凝器。壳程设置折流板或支承板，蒸气流过防冲板后自上而下流动，冷凝液由下端排出。冷却水以降膜的形式在管内向下流动，因而冷却水侧要求的压力低。由于水的传热系数大，故耗水量少，但水的分配不易均匀，可在管口安装水分配器，如图 3-40 所示。

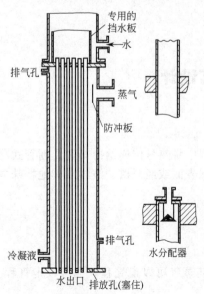

图 3-40 立式壳程冷凝器和水分配器

(1) 垂直管束外冷凝表面传热系数 工艺蒸气在垂

直管束外冷凝表面传热系数用式(3-30)、式(3-31a) 和式(3-31b) 计算。

（2）管程表面传热系数　若管程水无相变传热，且以降膜的形式在管内向下流动，层流时的表面传热系数计算式

$$\frac{h_i}{\lambda_i}\left(\frac{\eta_i^2}{g\rho_i^2}\right)^{1/3} = 0.78\left[\frac{c_{pi}\eta_i}{\lambda_i}\left(\frac{\eta_i^2}{g\rho^2}\right)^{1/3}\frac{1}{L}\right]^{1/3}Re^{1/9} \tag{3-116}$$

式中，$h_i$ 为管程的表面传热系数，$W/(m^2 \cdot K)$；$L$ 为传热管长度，m。

$$Re = \frac{4M}{\eta_i} \qquad M = \frac{q_m}{\pi d_i N_T} \tag{3-117}$$

式中，$q_m$ 为水的流量，kg/s；$d_i$ 为传热管内径，m。

式(3-116) 适用条件：$Re \leqslant Re_c$，$Re_c$ 为临界值，其值为 $2460 Pr^{-0.65}$。

过渡流时的表面传热系数计算式

$$\frac{h_i}{\lambda_i}\left(\frac{\eta_i^2}{g\rho_i^2}\right)^{1/3} = 0.032 Re^{0.2} Pr^{0.34} \tag{3-118}$$

式(3-118) 适用条件：$2100 \geqslant Re > Re_c$。

湍流时的表面传热系数计算式

$$\frac{h_i}{\lambda_i}\left(\frac{\eta_i}{g\rho_i^3}\right)^{1/3} = 5.7 \times 10^{-3} Re^{0.4} Pr^{0.34} \tag{3-119}$$

式(3-119) 适用条件：$Re > 2100$。

**4. 管内向下流动的立式管程冷凝器**

如图 3-41 所示即为一管内蒸气及其冷凝液均向下流动的立式管程冷凝器，是一带有外部封头和分离端盖的管壳式换热器。若壳程不需要清洗或可用化学方法清洗，则可用固定管板式结构。蒸气是通过径向接管注入顶部，在管内向下流动，在管壁上以环状薄膜的形式冷凝，冷凝液在底部排出，为使出口排气中携带的冷凝液量最少，下面的分离端盖可设计成挡板式或漏斗式。冷凝液液位应低于挡板或漏斗。传热管管径多为 19～25mm，在低压时，为减少压降，也有用 50mm 直径的传热管。

（1）管程表面传热系数　垂直管内气液并流向下流动时的冷凝表面传热系数，可以应用 E. F. Carpenter 和 A. P. Colburn 的简化关系式计算。

$$\frac{h_i \eta_i}{\lambda_i \rho_i^{0.5}} = 0.065\left(\frac{c_{pi}\eta_i}{\lambda_i}\right)^{0.5}\tau_0^{0.5} \tag{3-120}$$

$$\tau_0 = f_0\left(\frac{\bar{G}_v^2}{2\rho_v}\right) \tag{3-121}$$

$$\bar{G}_v = \left(\frac{G_1^2 + G_1 G_2 + G_2^2}{3}\right)^{0.5} \tag{3-122}$$

式中，$G_1$、$G_2$ 分别是进、出口处的蒸气质量流速，若蒸气全部被冷凝，则 $G_2 = 0$，而 $\bar{G}_v = 0.58 G_1$。

式(3-120) 适用条件：$Pr = 1～5$，$\tau_0 = 5～150$ 之间。

（2）壳程表面传热系数　若壳程流体无相变传热，则其表面传热系数用式(3-22) 计算。

**5. 向上流动的立式管程冷凝器**

如图 3-42 所示为一管程蒸气和壳程冷却剂均向上流动的立式管程冷凝器。这种冷凝器通常是直接安装在蒸馏塔的顶部，以利于利用冷凝液回流来汽提少量低沸点组分。蒸气经由径向接管注入其底部。冷凝器的传热管长度为 2～3m，其直径多大于 25mm。管束下端延伸到管板外，并切成 60°～75°的倾角，以便于排液。

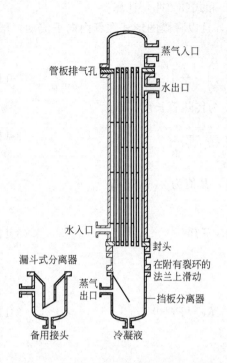

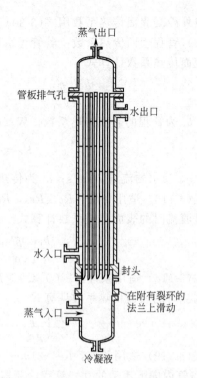

图 3-41 管内向下流动的立式管程冷凝器　　　　　图 3-42 向上流动的立式管程冷凝器

当蒸气向上流动的流速阻碍冷凝液自由回流时，便会产生液泛，将冷凝液从冷凝器顶部吹出。根据 Hewitt 和 Hall-Taylor 的准则，当满足下列条件时，可防止液泛的发生。

$$[u_{v0}^{1/2}\rho_v^{1/4}+u_{l0}^{1/2}\rho_l^{1/4}]<0.6[gd_i(\rho_{l0}-\rho_v)]^{1/4} \tag{3-123}$$

式中，$u_{v0}$、$u_{l0}$ 分别为蒸气和凝液单独在管程流动的折算流速，m/s；$d_i$ 为传热管内径，m。

（1）管程表面传热系数　垂直管内气液两相逆流流动时的冷凝表面传热系数，可应用式（3-124）计算。

$$h_i=0.28\frac{\lambda_i}{d_i}Re_v^{0.6}\left[\frac{d_i\rho_{il}Pr\,r_i'}{\rho_{iv}c_{pi}(t_s-t_w)L}\left(\frac{\eta_{iv}}{\eta_{il}}\right)^2\right]^{1/8} \tag{3-124}$$

管内蒸气流动雷诺数为

$$Re_v=\frac{d_iG_{v0}}{\eta_{iv}} \tag{3-125}$$

式中，$G_{v0}$ 为按进口状态计的蒸气质量流速，kg/(m² · s)。

考虑到冷凝液膜温度由 $t_s$ 降至 $t_w$ 的显热传递，$r_i'$ 可用式（3-126）计算。

$$r_i'=r_i+0.68c_{pi}(t_s-t_w) \tag{3-126}$$

式中，$r_i$ 为相变热，kJ/kg。

式（3-124）适用条件：$Re_v\geqslant2.5\times10^4$，$\dfrac{\eta_{iv}}{\eta_{il}}\geqslant0.1$，$\dfrac{\rho_{iv}}{\rho_{il}}\leqslant10^{-3}$。

（2）壳程表面传热系数　若壳程流体无相变，则表面传热系数用式（3-22）计算。

**（二）冷凝器选型**

冷凝器选型时应考虑的因素如下。

（1）蒸气压力　对于低压蒸气，为减小压降，宜在壳程冷凝；对于高压蒸气，为降低设备投资宜在管程冷凝。

（2）冻结与污垢　若凝液可能冻结，为使堵物影响小些则宜在壳程冷凝；若蒸气含垢或有聚合作用，为便于清洗宜在管程冷凝。

（3）蒸气组分　冷凝多组分蒸气或在汽提时为防止低沸点组分冷凝，宜采用立式管程冷凝器。

## 三、冷凝器的工艺设计

冷凝器的设计步骤与本章第二节所述的换热器设计步骤相同，但需注意，由于冷凝器常用于精馏过程，考虑到精馏塔操作常需要调整回流比，同时还可能兼有调节塔压的作用，因而应适当加大其面积裕度，按经验，面积裕度应在30％左右。

### 主要符号说明

| 符　号 | 意 义 与 单 位 | 符　号 | 意 义 与 单 位 |
|---|---|---|---|
| $A_C$ | 计算传热面积，$m^2$ | $R_w$ | 管壁热阻，$m^2 \cdot K/W$ |
| $A$ | 实际传热面积，$m^2$ | $R_L$ | 两相流的液相分率 |
| $B$ | 折流板间距，m | $S$ | 流通截面积，$m^2$ |
| $c_p$ | 定压比热容，$kJ/(kg \cdot K)$ | $T_b$ | 泡点，℃ |
| $D$ | 壳体内径，m | $T_D$ | 露点，℃ |
| $d_0$ | 传热管外径，m | $t$ | 物流温度，℃ |
| $d_i$ | 传热管内径，m | $t_b$ | 沸点，℃ |
| $d_m$ | 传热管平均直径，m | $\Delta t$ | 传热温差，K |
| $H$ | 换热器面积裕度 | $u$ | 流速，m/s |
| $K$ | 假定传热系数，$W/(m^2 \cdot K)$ | $x_e$ | 管程出口气含率 |
| $K_C$ | 计算传热系数，$W/(m^2 \cdot K)$ | $X_{tt}$ | Martinelli 参数 |
| $K_{CL}$ | 显热段传热系数，$W/(m^2 \cdot K)$ | $h_0$ | 管外表面传热系数，$W/(m^2 \cdot K)$ |
| $K_{CE}$ | 蒸发段传热系数，$W/(m^2 \cdot K)$ | $h_i$ | 管内表面传热系数，$W/(m^2 \cdot K)$ |
| $L$ | 传热管长度，m | $h_{tp}$ | 两相对流表面传热系数，$W/(m^2 \cdot K)$ |
| $L_{BC}$ | 显热段长度，m | $\phi$ | 热流密度参数 |
| $L_{CD}$ | 蒸发段长度，m | $\lambda_i$ | 流体热导率 $W/(m \cdot K)$ |
| $N_T$ | 传热管数目 | $\rho_b$、$\rho_v$ | 分别为液体、气体的密度，$kg/m^3$ |
| $N_p$ | 换热器管程数 | $\rho_{tp}$ | 传热管出口处的两相流密度，$kg/m^3$ |
| $N_s$ | 换热器壳程数 | $\overline{\rho}_{tp}$ | 对应于传热管出口处气含率1/3处的两相流密度，$kg/m^3$ |
| $\Phi$ | 换热器热流量，kW | $\lambda_v$ | 蒸气热导率，$W/(m \cdot K)$ |
| $\Phi_l$ | 换热器热损失，kW | $\eta$ | 液体黏度，$Pa \cdot s$ |
| $R_0$ | 管外污垢热阻，$m^2 \cdot K/W$ | $\sigma$ | 表面张力，N/m |
| $R_i$ | 管内污垢热阻，$m^2 \cdot K/W$ | $\eta$ | 蒸气黏度，$Pa \cdot s$ |
| $q_m$ | 质量流量，kg/s | $f_0$ | 壳程流体摩擦因子 |

## 参 考 文 献

[1] 兰州石油机械研究所. 换热器. 上册. 北京：中国石化出版社，1993.

[2]《化工设备设计全书》编辑委员会. 换热器设计. 上海：上海科学技术出版社，1988.

[3] 尾花英朗著. 热交换器设计手册. 徐中权译. 北京：石油工业出版社，1982.

[4] 国家医药管理局上海医药设计院. 化工工艺设计手册. 北京：化学工业出版社，1987.

[5] 大连理工大学. 化工原理（上册）. 大连：大连理工大学出版社，1993.

[6] 大连理工大学化工机械系. 化工设备设计（2）. 换热器设计，大连：大连理工大学，1989.

[7] 华南工学院化工原理教研组，化工过程及设备设计. 广州：华南工学院出版社，1986.

[8] 中华人民共和国国家标准，GB 151—89 钢制管壳式换热器. 国家技术监督局发布，1989.

[9] Fair J R. What You Need to Design Thermosyphon Reboilers. Pet Ref，1960，39（2）：105.

［10］ Jacobs J K. Reboiler Selection Simplified. Pet Ref，1961，40（7）：189.

［11］ Hughmark G A. Designing Thermosyphon Reboiler. Chem Eng Prog，1961，57（7）：43.

［12］ Fair J R. Vaporizer and Reboiler Design Part I. Chem Eng，1963. 119.

［13］ Kern R，How to Design Piping for Reboiler Systems. Chem Eng，1975：107.

［14］ Sarma N V L S，et al. A Computer DESIGN Method for Vertical Thermosyphon Reboliers. I. E. C. P. D. D.，1973，12：278.

［15］ Frank O，et al. Designing Vertical Thermosypon Reboilers. Process Heat Exchange，Mcgraw-Hill，1979.

［16］ Lee D C，et al. Design Data for Thermosyphon. Reboilers. Chem Eng Prog，1956，52（4）：161.

［17］ Johnson A E. Circulation Rates and Overall Temperature Driving Fo. Rees in a Vertical Thermosyphon Oreboiler，Chem Eng Prog Symp Ser，1956，18，52：37.

［18］ Mokee H R. Thermosyphon Reboilers-a Re View. Ind Eng Chem，1970，62（12）：76.

［19］ 立式热虹吸再沸器计算机设计法（译文）. 石油化工设计，1975（5）：28-40.

［20］ Hughmark G A. Designing Thermosiphon Reboilers. Chem Eng Prog，1969，65（7）.

［21］ Mostinski I L. Teploenergetika，1963，4（66）；English Abst. Brit Chem Eng，1963，8（8）：580.

［22］ E. U. 施林德尔主编. 热交换器设计手册（第三卷），马庆芳等主译. 北京：机械工业出版社，1988.

［23］ 大连理工大学. 化工原理课程设计. 大连：大连理工大学出版社，1994.

［24］ 时钧等主编. 化学工程手册. 上卷. 第2版. 北京：化学工业出版社，1996.

# 第四章　列管式换热器机械设计

在换热器设计中，当完成了其工艺设计计算后，换热器的工艺尺寸即可确定。若能用热交换器标准系列选型，则结构尺寸随之而定，否则尽管在传热计算和流体阻力计算中已部分确定了结构尺寸，仍需进行结构设计，这时的结构设计除应进一步确定那些尚未确定的尺寸以外，还应对那些已确定的尺寸作某些校核和修正。

列管式换热器的机械设计主要有两方面，一方面是工艺结构与机械结构设计，主要是确定有关部件的结构形式，结构尺寸、零件之间的连接等，比如，管板结构尺寸确定；折流板尺寸、间距确定；管板与换热管的连接；管板与壳体、管箱的连接；管箱结构；折流板与分程隔板的固定；法兰与垫片；膨胀节；浮头结构等。另一方面是换热器受力元件的应力计算和强度校核，以保证换热器安全运行，比如封头、管箱、壳体、膨胀节、管板、管子等。

## 第一节　列管式换热器零、部件的工艺结构设计

### 一、分程隔板

在换热器中，不论是管外还是管内的流体，要提高它们的给热系数，通常采用设置隔板增加程数以提高流体流速实现其目的。习惯上将设置在管程的隔板称为分程隔板，设置在壳程的隔板称为纵向隔板。

#### （一）管程分程隔板

管程分程隔板是用来将管内流体分程，"一个管程"意味着流体在管内走一次。分程隔板装置在管箱内，根据程数的不同有不同的组合方法，但都应遵循，尽量使各管程的换热管数大致相等；隔板形状简单，密封长度要短；程与程之间温度差不宜过大，温差不超过28℃为宜。为使制造、维修和操作方便，一般采用偶数管程。前后管箱中隔板形式和介质的流通顺序见图 3-14。

1. 分程隔板结构

分程隔板应采用与封头、管箱短节相同材料，除密封面（为可拆而设置）外，应满焊于管箱上（包括四管程以上浮头式换热器的浮头盖隔板）。在设计时要求管箱隔板的密封面与管箱法兰密封面、管板密封面与分程槽面必须处于同一基面，如图 4-1 所示，其中图（a）、图（b）为一般常用的结构形式；图 4-1（c）、图 4-1（e）是用于换热器的管程与壳程分别采用不锈钢与碳钢时的结构处理方式；图 4-1（d）为具有隔热空间的双层隔板，可以防止两管程流体之间经隔板相互传热。为了保证隔板与管箱法兰的密封面处于同一基准面，在制造上常将管箱法兰加工成半成品（密封面暂不加工），待管箱短节、封头、分程隔板与法兰焊接后经检验合格以后，再进行二次加工，以保证法兰密封面与隔板密封面处于同一基准。在管板上的分程隔板槽深度一般不少于 4mm，槽宽为：碳钢 12mm，不锈钢 11mm，槽的拐角处的倒角 45°，倒角宽度为分程垫片圆角半径 $R$ 加 1～2 mm。

2. 分程隔板厚度及有关尺寸

分程隔板的最小厚度不得小于表 4-1 的数值，当承受脉动流体或隔板两侧压差很大时，隔板的厚度应适当增厚，当厚度大于 10mm 的分程隔板，则按图 4-1（b）所示，在距端部

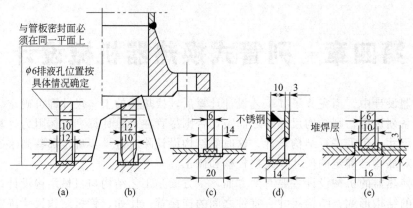

图 4-1  管程隔板形式

15mm 处开始削成楔形，使端部保持 10mm。

表 4-1  分程隔板的最小厚度

| 公称直径 DN/mm | 隔板最小厚度/mm | |
| --- | --- | --- |
| | 碳素钢及低合金钢 | 高合金钢 |
| ≤600 | 8 | 6 |
| >600,≤1200 | 10 | 8 |
| >1200 | 14 | 10 |

当管程介质为易燃、易爆、有毒及腐蚀等情况下，为了停车、检修时排净残留介质，应在处于水平位置的分程隔板上开设直径为 6mm 的排净液孔，如图 4-1(a)、(b) 中所示。

**(二) 纵向隔板**

当壳侧介质流量较小的情况下，在壳程内安装一平行于换热管的纵向隔板，如图4-2 所示。

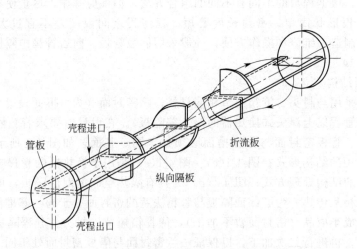

图 4-2  纵向隔板（双壳程）

纵向隔板是一充满壳体内的矩形平板，使得壳程流体形成双壳程，即图 3-1 所示的 F型壳体形式。由于在壳体内加进隔板，使隔板与壳体内壁及隔板与管板面接触部分存在间隙，介质易产生短路，降低换热效率，所以纵向隔板与壳体内壁间的密封要求严密，防止短路的方式如图 4-3 所示。图 4-3(a) 为隔板直接与筒体内壁焊接，但必须考虑到施焊的可能

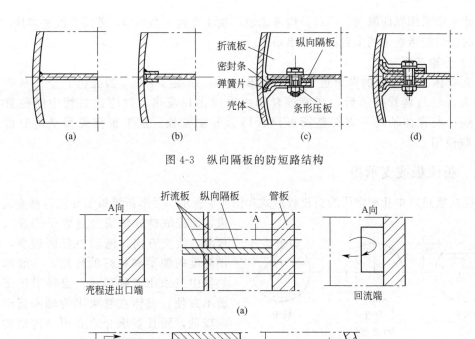

图 4-3 纵向隔板的防短路结构

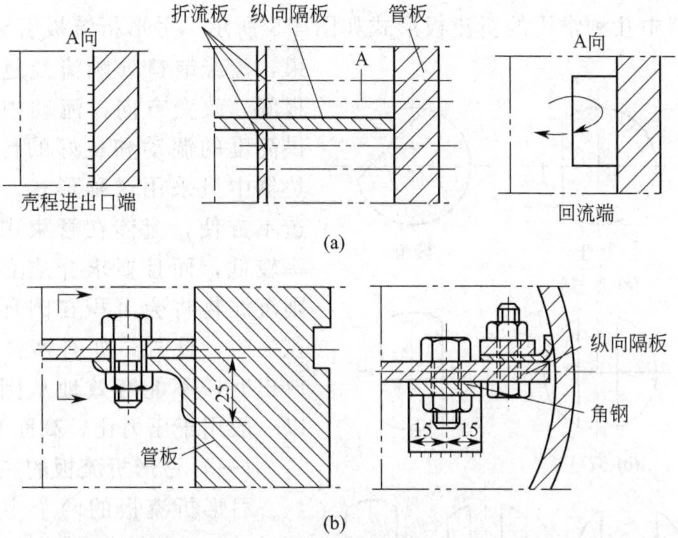

图 4-4 纵向隔板与管板的连接结构

性；图 4-3(b) 形式是纵向隔板插入导向槽中；图 4-3(c)、图 4-3(d) 分别是单、双向条形密封，防止间隙短路，对于需要将管束经常抽出清洗者，采用此结构。对于单向密封结构，此时密封条就安装在壳程压力高的一侧。图 4-4 为纵向隔板与管板的连接形式，其中图 4-4(a) 为隔板与管板焊接，图 4-4(b) 为隔板用螺栓连接再焊于管板的角铁上的可拆结构。

纵向隔板厚度一般为：碳钢和低合金钢 6~8mm；合金钢不小于 3mm。

密封条材料一般采用多层氯丁橡胶，一般为两层，单层尺寸为 50mm×3mm，或采用多层长条形不锈钢皮组成，厚度为 0.1mm，宽度按具体情况而定。

采用纵向隔板结构的折流板，仍与弓形折流板的加工相同，只是将一块弓形折流板沿中间切除隔板厚度变为对称的两块，分别装于隔板的上下，见图 4-2。

壳程分程隔板的形式还有很多种，见图 3-1，除 F 型壳体外，G 型壳体也为双程，它们不同之处在于壳侧流体进出口位置不同。G 型壳体也称分流式壳体，一般用于水平的热虹吸式再沸器时，壳程中的纵向隔板起着防止轻组分的闪蒸与增强混合的作用。H 型与 G 型壳体相似，只是进出口接管和纵向隔板均多一倍，称为双分流壳体。G 型和 H 型均可用于压力降作为主要控制因素的相变换热器中。

在换热器的壳程加隔板提高壳程给热系数，但带来了阻力降的增大，更主要的是制造上难度比较大，因此只有在壳侧给热系数远小于管侧，壳侧流量太小且采用了最小的折流板间距仍不能改善上述状况时，以及壳侧可利用的压降很大，且壳径较大又能容易地焊接纵向隔板时，才考虑采用纵向隔板。一般只能考虑设一块使壳程变为两程，若需要设更多块才能解决问题时，只能考虑采用多台换热器串联了。

### (三) 分割流板

当在壳体上有对称的两个进口及一个出口时，如图 3-1 中 J 型壳体，介质从壳程的两端进入，经与列管换热后，气液混合物由中间出口流出。对应出口管中间位置在壳体上安装一与壳体轴线垂直的整圆形挡板即为分割流板。这个板把壳程平均分成两个壳程并联使用。

## 二、折流板或支承板

管壳式换热器中几种常用的折流板形式如图 4-5 所示。弓形折流板引导流体垂直流过管束，流经缺口处顺流经过管子后进入下一板间，改变方向，流动中死区较少，能提供高度的湍动和良好的传热，一般标准换热器中只采用这种形式。盘环形折流板制造不方便，流体在管束中为轴向流动，效率较低，而且要求介质必须是清洁的，否则沉淀物将会沉积在圆环后面，使传热面积失效，此外，如有惰性气体或溶解气体放出时，不能有效地从圆环上部排出，所以一般用于压力比较高而又清洁的介质。

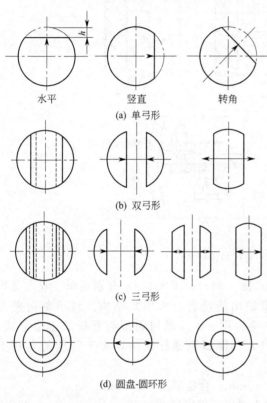

(a) 单弓形　水平　竖直　转角

(b) 双弓形

(c) 三弓形

(d) 圆盘-圆环形

图 4-5　常用折流板形式

### (一) 弓形折流板的主要几何参数

弓形折流板的两个主要几何参数是缺口尺寸 $h$ 和折流板间距 $B$。缺口尺寸 $h$ 用切去的弓形弦高占壳体内直径的百分数来确定。经验证明，缺口弦高 $h$ 值为 20% 最为适宜，在相同的压力降下，能提供最好的传热性能。大于 25% 的缺口容易形成污垢，而采用 40%～45% 的缺口则从未达到过设计的传热性能。

折流板间距 $B$ 的选取最好使壳体直径处的管间流动面积与折流板切口处的有效流动面积近似相等，这样可以减少介质在通过缺口前后由于流通面积的扩大与收缩而引起的局部压力损失。一般情况下，折流板最小间距不小于壳体内径 $D_i$ 的 1/5，最大间距不大于 $D_i$。对于 20% 缺口的弓形折流板，适宜的折流板间距 B 为 $D_i/3$。

在上述原则下确定的尺寸 $h$ 和 B 并不是绝对的，还应考虑制造，安装及实际情况进行圆整和调节，以适于工程上的需要。

(1) 缺口弦高 $h$　按 20%$D_i$（或 25% $D_i$）确定后，还应考虑折流板制造中可能产生的管孔变形而影响换热管的穿入，故应将该尺寸调整到使被切除管孔保留到小于 1/2 孔位，如图 4-6 中，(a)、(b) 不合理，(c) 为合理。

(2) 折流板间距 B　按 B＝(1/5～1)$D_i$ 确定后，从最小 50mm 起按 50mm，100mm，200mm，300mm，450mm，600mm 圆整。

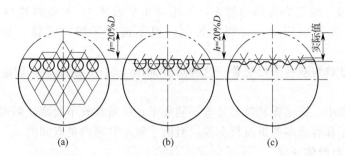

图 4-6　弓形折流板缺口高度的确定

（3）由工艺条件决定管内流体给热系数 $\alpha_i$ 很小而管外 $\alpha_0$ 又很大时，这时就没有必要通过减小间距 $B$ 来提高壳程的给热系数 $\alpha_0$。因为 $B$ 降低一倍，$\alpha_0$ 可增加 44%，壳程阻力降 $\Delta p$ 则增加 4 倍。

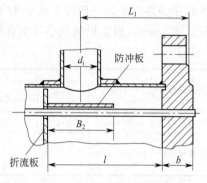

图 4-7　折流板与管板间距

（4）折流板的布置一般应使靠近管板的第一块或最后一块折流板尽可能靠近壳程进、出口接管，而总的管板内侧距离减掉第一块和最后一块折流板与管板的距离后剩余的空间，按以上原则确定的 $B$ 值等距离布置，靠近管板的折流板与管板间的距离如图 4-7 所示，其最小尺寸可按下式计算

$$l=(L_1+B_2/2)-(b-4)+(20\sim100)\,(\text{mm})$$

式中，$L_1$ 为壳程接管位置最小尺寸（见本节五、接管）；$B_2$ 为防冲板长度，无防冲板时，可取 $B_2=d_i$（接管内径）。

**（二）弓形折流板排列方式确定**

卧式换热器设置弓形折流板时，以弓形缺口位置分为以下几种。

（1）水平缺口（缺口上下布置）　水平缺口用得最普遍，如图 4-8（a）、（b）所示，这种排列可造成流体激烈扰动，增大传热系数，一般用于全液相且流体是清洁的，否则沉淀物会在每一块折流板底部集聚使下部传热面积失效。液体中有少量气或汽时，应在上折流板上方开小孔或缺口排气，但在上方开口排气或在下方开口泄液措施会造成流体的旁通泄漏，应尽量避免采用。

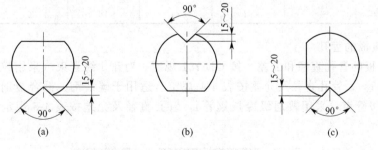

图 4-8　折流板的布置方式

（2）垂直缺口（缺口左右布置）　如图 4-8（c）所示，这种形式一般用于带悬浮物或结垢严重的流体，也宜用于两相流体。最低处应留排液孔。在卧式冷凝器、再沸器、蒸发器和换热器中，壳程中的不凝蒸气和惰性气体沿壳内顶部流动或逸出，避免了蒸气或不凝性气体在壳体上部集聚或停滞。

（3）倾斜缺口　对正方直列的管束，采用与水平面成 45°的倾斜缺口折流板，可使流体横过正方形错列管束流动，有利于传热，但不适宜于脏污流体，如图 4-5（a）右端图示。

（4）双弓形缺口与双弓形板交替　这种形式如图 4-5（b）所示，一般在壳侧容许压降很小时才考虑采用。

在大型换热器中，折流板缺口部分常不装管子，尽管布管不紧凑，但可保证全面的横向流动，且每根管子都有众多的折流板支撑，对防止振动和弯曲是有利的。

### （三）折流板与壳体间隙

折流板与壳体的间隙依据制造安装条件，在保证顺利的装入前提下，越小越好，以减少壳程中旁路损失，一般浮头式和 U 形管式换热器由于经常拆装管束，间隙可允许比固定管板式大 1mm，折流板的最小外圆直径和下偏差见表 4-2。

表 4-2　折流板外直径

| 壳体公称直径 DN/mm | ＜400 | 400～＜500 | 500～＜900 | 900～＜1300 | 1300～＜1700 | 1700～＜2000 | 2000～＜2300 | 2300～≤2600 |
|---|---|---|---|---|---|---|---|---|
| 折流板名义外直径/mm | DN-2.5 | DN-3.5 | DN-4.5 | DN-6 | DN-8 | DN-10 | DN-12 | DN-14 |
| 折流板外径允许偏差/mm | 0 −0.5 | | | 0 −0.8 | | 0 −1.2 | 0 −1.4 | 0 −1.6 |

### （四）折流板厚度

折流板厚度与壳体直径和换热管无支撑跨距有关，其数值不得小于表 4-3 的规定。

表 4-3　折流板的最小厚度

| 壳体公称直径 DN | 换热管无支撑跨距/mm | | | | | |
|---|---|---|---|---|---|---|
| | ≤300 | ＞300～600 | ＞600～900 | ＞900～1200 | ＞1200～1500 | ＞1500 |
| | 最小厚度 | | | | | |
| ＜400 | 3 | 4 | 5 | 8 | 10 | 10 |
| 400～≤700 | 4 | 5 | 6 | 10 | 10 | 12 |
| ＞700～≤900 | 5 | 6 | 8 | 10 | 12 | 16 |
| ＞900～1500 | 6 | 8 | 10 | 12 | 16 | 16 |
| ＞1500～≤2000 | 10 | 12 | 16 | 20 | 20 | 20 |
| ＞2000～≤2600 | 12 | 14 | 18 | 20 | 22 | |

### （五）折流板的管孔

（1）折流板的管孔直径和公差　按 GB 151 规定，对于 I 级管束（采用较高级、高级冷拔钢管做换热管），管孔直径及允差按表 4-4 规定（适用于碳素钢、低合金钢和不锈钢换热管）。对于 II 级管束（采用普通级冷拔钢管），管孔直径及允差按表 4-5 规定（适用于碳素钢、低合金钢）。

表 4-4　I 级管束折流板管孔尺寸及允许偏差

| 换热管外径 d 或无支撑跨距 l/mm | d＞32 或 l≤900 | l＞900 且 d≤32 |
|---|---|---|
| 折流板管孔直径/mm | d+0.7 | d+0.4 |
| 管孔直径允许偏差/mm | +0.30 0 | |

**表 4-5 Ⅱ级管束折流板管孔尺寸及允许偏差**

| 换热管外径 $d$/mm | 14 | 16 | 19 | 25 | 32 | 38 | 45 | 57 |
|---|---|---|---|---|---|---|---|---|
| 折流板管孔直径/mm | 14.6 | 16.6 | 19.6 | 25.8 | 32.8 | 38.8 | 45.8 | 58.0 |
| 管孔直径允许偏差/mm | \multicolumn{3}{...} | | | | | | | |

| 管孔直径允许偏差/mm | $+0.40$ 0 | | | | $+0.45$ 0 | | $+0.50$ 0 | |

（2）管孔中心距　折流板上管孔中心距（包括分程隔板处的管孔中心距）见表 3-7，公差为相邻两孔 ±0.30mm，任意两孔 ±1.00mm。

（3）管孔加工　折流板上管孔加工后两端必须倒角 0.5×45°。

**（六）支持板**

当换热器壳程介质有相变化时，无须设置折流板，当换热管无支撑跨距超过表 4-6 规定时，应设置支持板，用来支撑换热管，以防止换热管产生过大的挠度或诱导振动。支持板的形状和尺寸均按折流板一样来处理。浮头式换热器浮头端须设置加厚环板的支持板。

**表 4-6 换热管的最大无支撑跨距**

| 换热管外径 $d$/mm | | 10 | 12 | 14 | 16 | 19 | 25 | 32 | 38 | 45 | 57 |
|---|---|---|---|---|---|---|---|---|---|---|---|
| 最大无支撑跨距 | 钢管 | — | — | 1100 | 1300 | 1500 | 1850 | 2200 | 2500 | 2750 | 3200 |
| | 有色金属管 | 750 | 850 | 950 | 1100 | 1300 | 1600 | 1900 | 2200 | 2400 | 2800 |

# 三、拉杆、定距管

## （一）拉杆的结构形式

折流板与支持板一般均采用拉杆与定距管等元件与管板固定，其固定形式有以下几种。

（1）拉杆定距管结构　拉杆一端用螺纹拧入管板，每两块折流板的间距用定距管固定，最后一块折流板用两个螺母锁紧固定，如图 4-9（b）所示，是最常用的形式。还可采用最后

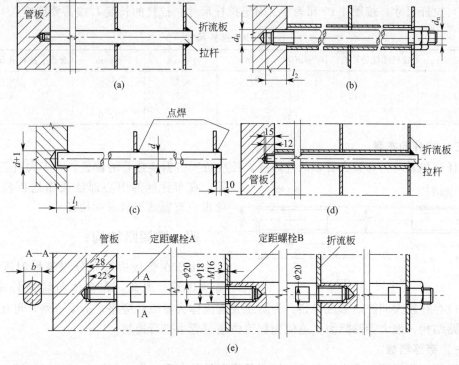

图 4-9 拉杆的结构类型

一块折流板与拉杆焊接，如图 4-9(d) 所示。适用于换热管外径≥19mm 的管束。

（2）拉杆与折流板点焊结构　拉杆一端用螺纹拧入管板［如图 4-9(a) 所示］，或者插入管板并与管板焊接［如图 4-9(c) 所示］，每块折流板与拉杆焊接固定。适用于换热管外径≤14mm 的管束。

（3）定距螺栓拉杆　是靠一节节定距螺栓将折流板夹持而达定距及固定折流板的目的。定距螺栓分 A、B 两种形式，如图 4-9(e) 所示，A 型是与管板连接的定距螺栓，其两端均为螺栓，B 型是两折流板之间采用的，其一端是螺栓，另一端为螺母，该结构安装简单方便，间距正确。换热器直径小于等于 1000mm 时，每台换热器可只用两根拉杆固定。

**（二）拉杆直径、数量和尺寸**

（1）拉杆直径和数量　按表 4-7 和表 4-8 选取。

在保证大于或等于表 4-8 所给定的拉杆总截面积的前提下，拉杆的直径和数量可以变动，但其直径不得小于 10mm，数量不少于 4 根。

表 4-7　拉杆直径

| 换热管外径/mm | $10 \leqslant d \leqslant 14$ | $14 < d < 25$ | $25 \leqslant d \leqslant 57$ |
|---|---|---|---|
| 拉杆直径/mm | 10 | 12 | 16 |

表 4-8　拉杆数量

| 公称直径 DN/mm　　拉杆直径/mm | <400 | ≥400 <700 | ≥700 <900 | ≥900 <1300 | ≥1300 <1500 | ≥1500 <1800 | ≥1800 <2000 | ≥2000 <2300 | ≥2300 <2600 |
|---|---|---|---|---|---|---|---|---|---|
| 10 | 4 | 6 | 10 | 12 | 16 | 18 | 24 | 28 | 32 |
| 12 | 4 | 4 | 8 | 10 | 12 | 14 | 18 | 20 | 24 |
| 16 | 4 | 4 | 6 | 6 | 8 | 10 | 12 | 14 | 16 |

（2）拉杆尺寸　按图 4-10 和表 4-9 确定拉杆尺寸。拉杆的长度 L 按需要确定。

表 4-9　拉杆尺寸

| 拉杆直径 $d$/mm | 拉杆螺纹公称直径 $d_n$/mm | $L_a$/mm | $L_b$/mm | $b$/mm | 管板上拉杆孔深 $L_d$/mm |
|---|---|---|---|---|---|
| 10 | 10 | 13 | ≥40 | 1.5 | 16 |
| 12 | 12 | 15 | ≥50 | 2.0 | 18 |
| 16 | 16 | 20 | ≥60 | 2.0 | 20 |

**（三）拉杆的布置**

拉杆应尽量均匀布置在管束的外边缘。拉杆位置占据换热管的位置，对于大直径换热器，在布管区的中心部位或靠近折流板缺口处也应布置适当数量的拉杆。

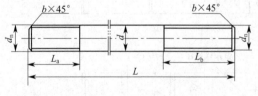

图 4-10　拉杆尺寸

# 四、防短路结构

由于在管板边缘和分程隔板附近不能排满换热管，因此，在壳体与管束外缘之间、分程部位存在较大间隙，形成旁路。为防止壳程流体大量流经旁路，造成短路，可在壳程设置防短路结构，增大旁路阻力，迫使壳程流体通过管束进行换热。

**（一）旁路挡板**

旁路挡板可用钢板或扁钢制成，加工成规则的长条形，厚度可取与折流板相同，长度等于折流板的板间距，对称布置，两端焊在折流板上，如图 4-11 所示。

旁路挡板的数量推荐为：当公称直径 $DN \leqslant 500$mm 时，一对挡板；$500$mm$ < DN < 1000$mm 时，两对挡板；$DN \geqslant 1000$mm 时，不少于三对挡板。

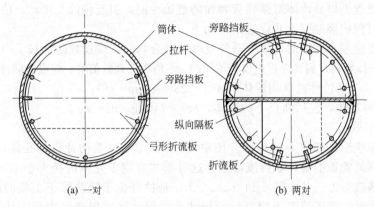

(a) 一对　　　　　　　　(b) 两对

图 4-11　旁路挡板安装位置

### （二）挡管

挡管（也称假管），为两端堵死的管子，设置于分程隔板槽背面两管板之间，挡管一般与换热管的规格相同，可分段与折流板点焊固定，也可用拉杆（带定距管或不带定距管）代替，用来防止分程部位缺管短路。挡管应每隔 3～4 排换热管设置一根，但不应设置在折流板缺口处，如图 4-12 所示。

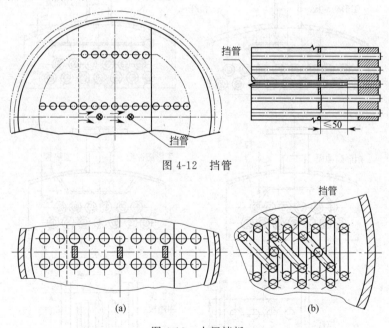

图 4-12　挡管

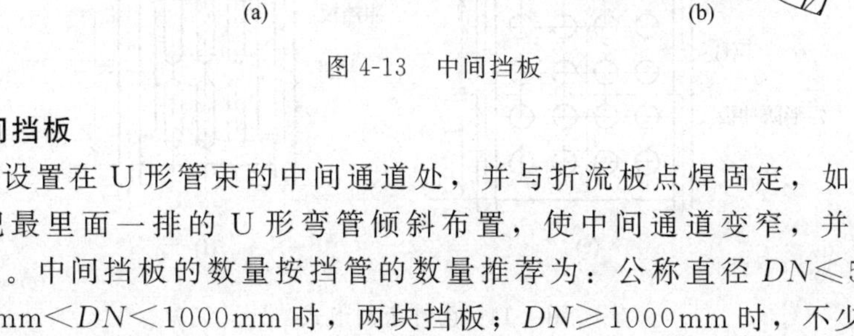

(a)　　　　　　　　　(b)

图 4-13　中间挡板

### （三）中间挡板

中间挡板设置在 U 形管束的中间通道处，并与折流板点焊固定，如图 4-13（a）所示。也可以把最里面一排的 U 形弯管倾斜布置，使中间通道变窄，并加挡管，如图 4-13（b）所示。中间挡板的数量按挡管的数量推荐为：公称直径 $DN \leqslant 500$mm 时，一块挡板；$500$mm$ < DN < 1000$mm 时，两块挡板；$DN \geqslant 1000$mm 时，不少于三块挡板。

## 五、防冲板

### 1. 防冲板的用途及其设置条件

为了防止壳程进口处流体对换热管表面的直接冲刷，引起侵蚀及振动，应在流体入口处装置防冲板，以保护换热管。其设置条件如下。

(1) 对有腐蚀或有磨蚀的气体、蒸气及气液混合物料，应设置防冲板。

(2) 对于液体物料，当其壳程进口管流体的 $\rho v^2$ 值为下列数值时，应设置防冲板或导流筒：

① 非腐蚀、非磨蚀性的单相流体，$\rho v^2 > 2230 \text{kg}/(\text{m} \cdot \text{s}^2)$；

② 其他各种液体，包括沸点下的液体，$\rho v^2 > 740 \text{kg}/(\text{m} \cdot \text{s}^2)$。

### 2. 防冲板形式

常见的防冲板形式如图 4-14 所示，图中(a)、(b)、(c) 为防冲板焊在拉杆或定距管上，也可同时焊在靠近管板的第一块折流板上。这种形式常用于壳体内径大于 700mm 的上、下缺口折流板的换热器上。其中图 4-14 (a)、(b) 是拉杆位于换热管子上侧时的结构，当两拉杆间距离较大时，可采用图 4-14(b) 的形式，以保证防冲板四周中的流体分布均匀及足够的通道面积。图中 4-14(c) 是拉杆位于管子两侧的结构。图 4-14(d) 为防冲板焊在壳体上，这种形式常用于壳体内径大于 325mm 时的折流板左、右缺口和壳体内径小于 600mm 时的折流板上、下缺口的换热器。图 4-14(e)、(f) 为防冲板的开槽、孔形式，但防冲板一般不宜开孔，若由于结构限制使防冲板与壳壁间的流通面积太小需要开孔扩大时，应通过计算

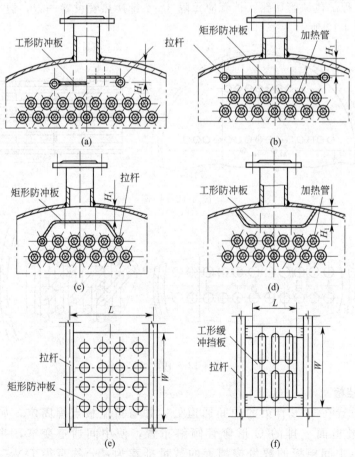

图 4-14　防冲板的形式

确定开孔的数量和孔径大小，且注意不能将所开孔直接对准最上排管子。

3. 防冲板的位置和尺寸

防冲板在壳体内的位置，应使防冲板周边与壳体内壁形成的流通面积（即，接管处壳体内表面与防冲板平面间形成的圆柱形侧面积）为壳程进口接管截面积的 $1\sim1.25$ 倍。当接管管径确定后，即要满足防冲板外表面与壳体内壁的间距 $H_1$ 大于 $1/4$ 接管外径。

防冲板的直径或边长 $W$、$L$［见图 4-14(e)、(f)］应大于接管外径 50mm。

防冲板的最小厚度：当壳程进口接管直径小于 300mm 时，对碳钢和低合金钢取 4.5mm，对不锈钢取 3mm。当壳程进口接管直径大于 300mm 时，对碳钢和低合金钢取 6mm，对不锈钢取 4mm。

## 六、接管

1. 接管的一般要求

① 接管（含内焊缝）应与壳体内表面平齐，焊后要打磨平滑，以免妨碍管束的拆装。

② 接管应尽量沿径向或轴向布置（4 管程的例外），以方便配管与检修。

③ 设计温度高于或等于 300℃时，不得使用平焊法兰，必须采用长颈对焊法兰。

④ 对于不能利用接管（或接口）进行放气和排液的换热器，应在管程和壳程的最高点设置放气口，最低点设置排液口，其最小公称直径为 20mm。

⑤ 操作允许时，一般是在高温、高压或不允许介质泄漏的场合，接管与外部管线的连接亦可采用焊接。

⑥ 必要时可设置温度计、压力表及液面计接口。

2. 接管直径的确定

管径的选择取决于适宜的流速、处理量、结构协调及强度要求，选取时应综合考虑如下因素。

① 使接管内的流速为相应管、壳程流速的 $1.2\sim1.4$ 倍。

② 在考虑压降允许的条件下，使接管内流速为以下值：

管程接管　$\rho v^2 < 3300\text{kg}/(\text{m}\cdot\text{s}^2)$；壳程接管　$\rho v^2 < 2200\text{kg}/(\text{m}\cdot\text{s}^2)$

③ 管、壳程接管内的流速也可参考表 4-10 和表 4-11 选取。

表 4-10　管程接管流速

| 介质 | 水 | | | 空　气 | | 煤气 | 水　蒸　气 | |
|---|---|---|---|---|---|---|---|---|
| | 长距离 | 中距离 | 短距离 | 低压管 | 高压管 | | 饱和汽管 | 过热汽管 |
| 流速/(m/s) | $0.5\sim0.7$ | 约 1.0 | $0.5\sim2.0$ | $10\sim15$ | $20\sim25$ | $2\sim6$ | $12\sim10$ | $40\sim80$ |

表 4-11　壳程接管最大允许流速

| 介　质 | 液　体 | | | | | | 气　体 |
|---|---|---|---|---|---|---|---|
| 黏度/$10^{-3}$Pa·s | <1 | $1\sim35$ | $35\sim100$ | $100\sim500$ | $500\sim1000$ | >1500 | 壳程气体最大允许速度的 $1.2\sim1.4$ 倍 |
| 最大允许流速/(m/s) | 2.5 | 2.0 | 1.5 | 0.75 | 0.7 | 0.6 | |

由以上按合理的速度选取管径后，同时应考虑外形结构的匀称、合理、协调以及强度要求，还应使管径限制在 $d_0 = (1/3\sim1/4)D_i$。

由上述几方面因素定出的管径，有时是矛盾的，工艺上要求直径大流速小，强度上要求直径小，而结构上要求与壳体比例协调。尤其一些特殊情况如：对多管程流体换热，管程接管直径若按 $d_0 = (1/3\sim1/4)D_i$ 确定，则接管内流速可能远低于 $1.2\sim1.4$ 倍的管、壳程流速范围，使管径偏大；相反若是单管程气体按接管内流速等于1.2～1.4倍管、壳程流速确定管径，又远大于$d_0=(1/3\sim1/4)D_i$的范围。这就要求在综合考虑各种因素的基础上，合理定出接管内径，然后按相应钢管标准选定接管公称直径。

3. 接管高度（伸出长度）确定

接管伸出壳体（或管箱壳体）外壁的长度，主要考虑法兰形式，焊接操作条件，螺栓拆装，有无保温及保温层厚度等因素决定。一般最短应符合下式计算值：

$$l \geqslant h + h_1 + \delta + 15 \text{（mm）}$$

式中，$h$为接管法兰厚度，mm；$h_1$为接管法兰的螺母厚度，mm；$\delta$为保温层厚度，mm；$l$为接管安装高度，见图4-15和图4-16。

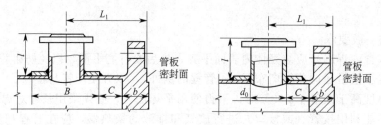

图4-15　壳程接管安装位置

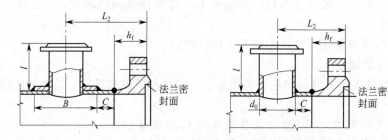

图4-16　管箱接管安装位置

上述估算后应圆整到标准尺寸，常见接管高度为150mm、200mm、250mm、300mm，也可按表4-12及表4-13参考选取。卧式重叠式换热器中间接管伸出长度主要与中间支座高度有关，由设计者根据具体情况确定。

4. 接管安装位置最小尺寸确定

壳程接管安装位置最小尺寸见图4-15，按下式估算：

带补强圈　$L_1 \geqslant B/2 + (b-4) + C$；　无补强圈　$L_1 \geqslant d_0/2 + (b-4) + C$

管箱接管安装位置最小尺寸见图4-16，按下式估算：

带补强圈　$L_2 \geqslant B/2 + h_f + C$；　无补强圈　$L_2 \geqslant d_0/2 + h_f + C$

为考虑焊缝影响，一般取$C \geqslant 3$倍壳体壁厚且不小于50～100mm。有时壳径较大且折流板间距也很大，则$L_1$值还应考虑第一块折流板与管板间的距离，以使流体分布均匀。

5. 接管法兰的要求

① 凹凸或榫槽密封面的法兰，密封面向下的，一般应设计成凸面或榫面，其他朝向的，则设计成凹面或槽面，且在同一设备上成对使用。

② 接管法兰螺栓通孔不应和壳体主轴中心线相重合，应对称地分布在主轴中心线两侧，也就是跨中布置法兰螺栓孔。

表 4-12 PN≤4.0MPa 的接管伸出长度

| DN/mm | δ/mm | | | | | | | DN/mm | δ/mm | | | | | | |
|---|---|---|---|---|---|---|---|---|---|---|---|---|---|---|---|
| | 0~50 | 51~75 | 76~100 | 101~125 | 126~150 | 151~175 | 176~200 | | 0~50 | 51~75 | 76~100 | 101~125 | 126~150 | 151~175 | 176~200 |
| 25 | 150 | 150 | 150 | 200 | 200 | 250 | 250 | 150 | 200 | 200 | 200 | 250 | 250 | 250 | 300 |
| 32 | 150 | 150 | 150 | 200 | 200 | 250 | 250 | 200 | 200 | 200 | 200 | 250 | 250 | 250 | 300 |
| 40 | 150 | 150 | 150 | 200 | 200 | 250 | 250 | 250 | 200 | 200 | 200 | 300 | 250 | 300 | 300 |
| 50 | 150 | 150 | 150 | 200 | 250 | 250 | 250 | 300 | 250 | 250 | 250 | 300 | 250 | 300 | 300 |
| 70 | 150 | 150 | 150 | 200 | 250 | 250 | 250 | 350 | 250 | 250 | 250 | 300 | 250 | 300 | 300 |
| 80 | 150 | 150 | 200 | 250 | 250 | 250 | 300 | 400 | 250 | 250 | 250 | 300 | 300 | 300 | 350 |
| 100 | 150 | 150 | 200 | 250 | 250 | 250 | 300 | 450 | 250 | 250 | 250 | 300 | 300 | 300 | 350 |
| 125 | 200 | 200 | 200 | 200 | 250 | 250 | 300 | 500 | 250 | 250 | 250 | 300 | 300 | 300 | 350 |

表 4-13 PN=6.4MPa 的接管伸出长度

| DN/mm | δ/mm | | | | | | |
|---|---|---|---|---|---|---|---|
| | 0~50 | 51~75 | 76~100 | 101~125 | 126~150 | 151~175 | 176~200 |
| 20 | 150 | 150 | 150 | 200 | 200 | 250 | 250 |
| 25 | 150 | 150 | 150 | 200 | 200 | 250 | 250 |
| 32 | 150 | 150 | 200 | 200 | 250 | 250 | 300 |
| 40 | 150 | 150 | 200 | 200 | 250 | 250 | 300 |
| 50 | 150 | 150 | 200 | 200 | 250 | 250 | 300 |
| 70 | 150 | 150 | 200 | 200 | 250 | 250 | 300 |
| 80 | 150 | 150 | 200 | 200 | 250 | 250 | 300 |
| 100 | 200 | 200 | 200 | 200 | 250 | 250 | 300 |
| 125 | 200 | 200 | 200 | 200 | 250 | 250 | 300 |
| 150 | 200 | 200 | 200 | 250 | 250 | 300 | 300 |
| 200 | 200 | 200 | 200 | 250 | 250 | 300 | 300 |

**6. 排气、排液接管**

为提高传热效率，排除或回收工作残液（气），凡不能借助其他接管排气、排液的换热器，应在其壳程和管程的最高、最低点分别设置排气、排液接管。排气、排液接管的端部必须与壳体或管箱壳体内壁平齐，其结构如图 4-17 和图 4-18 所示。卧式换热器壳程排气、排液口多采用图 4-17(a) 的形式，设置的位置分别在筒体的上部和底部。立式换热设备中，壳程的排气、排液口采用在管板上开设不小于 16mm 的孔，孔端采用螺塞或焊上接管法兰，如图 4-17(b)、(c)所示。采用这种在管板上开孔的结构，适宜用于清洁的介质，否则易堵塞、不易清理。换热器壳程介质为蒸气时，排气、排液口可采用图 4-18(a) 的结构，图 4-18(b) 可用于排气口，图 4-18(c) 可用于排液口。

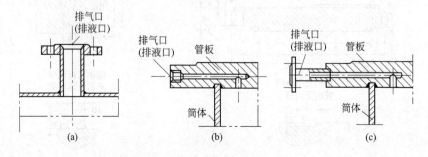

图 4-17 排气、排液口（一）

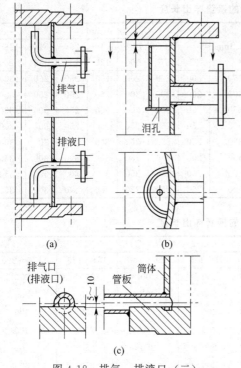

(a)　　　　　　(b)

(c)

图 4-18　排气、排液口（二）

# 七、管板结构尺寸

管板的结构比较复杂，一台列管式换热器无论从设计的复杂程度，制造的成本，还是使用的可靠性来讲都与管板的设计有关。在管板设计中主要是选定合适的结构形式后，进行结构尺寸和强度尺寸确定。

1. 固定管板兼作法兰的尺寸确定

这种形式的管板主要是用在固定管板式换热器上，见图 4-19。其结构尺寸的确定，先按第三章的设计确定壳体内径，再依据设计压力、壳体内径来选择或设计法兰，然后根据法兰的结构尺寸确定管板的最大外径、密封面位置、宽度、螺栓直径、位置、个数等。也可直接查表 4-14 得到有关尺寸，再与对应的标准设备法兰有关尺寸相一致。

布管限定圆直径 $D_L = D_i - 2b_3$，$b_3 = 0.25d$，且不小于 8mm，$d$ 为换热管外径，

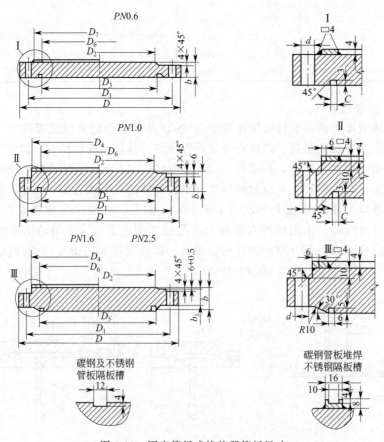

图 4-19　固定管板式换热器管板尺寸

见图 4-20(a)。

**2. 浮头管板外径的确定**

浮头式换热器的浮动端管板外径的确定，一般有两种方式。

① 采用标准内径作为壳体内径时，浮头管板外径 $D_o = D_i - 2b_1$

布管限定圆直径 $$D_L = D_i - 2(b_1 + b_2 + b)$$

式中各符号表示见图 4-20(b)，其中，$b$ 值按表 4-15 选取；$b_1$ 值按表 4-15 选取；$b_2 = b_n + 1.5$；$b_n$ 为垫片宽度，其值按表 4-15 选取；$D_L$ 为布管限定圆直径；$D_o$ 为浮头管板外径；$D_i$ 为壳体内径。

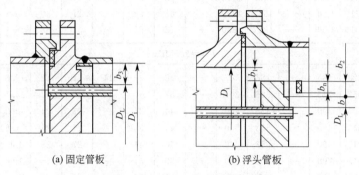

(a) 固定管板　　　　　　　　　(b) 浮头管板

图 4-20　管板布管限定圆尺寸

表 4-14　固定管板式换热器管板尺寸

| 公称直径 DN | 管板尺寸/mm | | | | | | | | | | 螺栓孔数 $n$/个 | 重量/kg | | | |
|---|---|---|---|---|---|---|---|---|---|---|---|---|---|---|---|
| | $D$ | $D_1$ | $D_2$ | $D_3$ | $D_4$ | $D_5 = D_6$ | $D_7$ | $b$ | $b_1$ | $c$ | $d$ | | 单管程 | 二管程 | 四管程 | 再沸器 |
| *PN*=0.6MPa | | | | | | | | | | | | | | | |
| 800 | 930 | 890 | 790 | 798 | — | 800 | 850 | 32 | — | 10 | 23 | 32 | 102 | 103 | 107 | 91.5 |
| 1000 | 1130 | 1090 | 990 | 998 | — | 1000 | 1050 | 36 | — | 12 | 23 | 36 | 133 | 142 | 145 | 139 |
| 1200 | 1330 | 1290 | 1190 | 1198 | — | 1200 | 1250 | 40 | — | 12 | 23 | 44 | — | — | — | 219 |
| 1400 | 1530 | 1490 | 1390 | 1398 | — | 1400 | 1450 | 40 | — | 12 | 23 | 52 | — | — | — | 278 |
| 1600 | 1730 | 1690 | 1590 | 1598 | — | 1600 | 1650 | 44 | — | 12 | 23 | 60 | — | — | — | 388 |
| 1800 | 1960 | 1910 | 1790 | 1798 | — | 1800 | 1850 | 50 | — | 14 | 27 | 64 | — | — | — | 597 |
| *PN*=1.0MPa | | | | | | | | | | | | | | | |
| 400 | 515 | 480 | 390 | 398 | 438 | 400 | — | 30 | — | 10 | 18 | 20 | — | — | — | 31.4 |
| 600 | 730 | 690 | 590 | 598 | 643 | 600 | — | 36 | — | 10 | 23 | 28 | 75 | 77 | 79 | 72.4 |
| 800 | 930 | 890 | 790 | 798 | 843 | 800 | — | 40 | — | 10 | 23 | 36 | 123 | 130 | 136 | 129 |
| 1000 | 1130 | 1090 | 990 | 998 | 1043 | 1000 | — | 44 | — | 12 | 23 | 44 | 200 | 205 | 209 | 193 |
| 1200 | 1360 | 1310 | 1190 | 1198 | 1252 | 1200 | — | 48 | — | 12 | 27 | 44 | — | — | — | 310 |
| 1400 | 1560 | 1510 | 1390 | 1398 | 1452 | 1400 | — | 50 | — | 12 | 27 | 52 | — | — | — | 409 |
| 1600 | 1760 | 1710 | 1590 | 1598 | 1652 | 1600 | — | 56 | — | 14 | 27 | 60 | — | — | — | 526 |
| 1800 | 1960 | 1910 | 1790 | 1798 | 1852 | 1800 | — | 60 | — | 14 | 27 | 68 | — | — | — | 702 |
| *PN*=1.6MPa | | | | | | | | | | | | | | | |
| 400 | 530 | 490 | 390 | — | 443 | 400 | — | 40 | 33 | | 23 | 20 | 42.7 | 43.0 | 45.2 | 43.5 |
| 500 | 630 | 590 | 490 | — | 543 | 500 | — | 40 | 33 | | 23 | 28 | 58.5 | 59.6 | 61.5 | — |
| 600 | 730 | 690 | 590 | — | 643 | 600 | — | 46 | 38 | | 23 | 28 | 98.0 | 100 | 103 | 87.0 |
| 800 | 960 | 915 | 790 | — | 853 | 800 | — | 50 | 42 | | 27 | 36 | 164 | 165 | 173 | — |
| 1000 | 1160 | 1115 | 990 | — | 1053 | 1000 | — | 56 | 47 | | 27 | 44 | 265 | 265 | 267 | — |

| 公称直径 DN | 管板尺寸/mm | | | | | | | | | | | 螺栓孔数 n/个 | 重量/kg | | | |
|---|---|---|---|---|---|---|---|---|---|---|---|---|---|---|---|---|
| | $D$ | $D_1$ | $D_2$ | $D_3$ | $D_4$ | $D_5=D_6$ | $D_7$ | $b$ | $b_1$ | $c$ | $d$ | | 单管程 | 二管程 | 四管程 | 再沸器 |
| $PN^①=1.6$MPa | | | | | | | | | | | | | | | | |
| 800 | 930 | 890 | 790 | — | 843 | 800 | — | 50 | 42 | — | 23 | 36 | — | — | — | 167 |
| 1000 | 1130 | 1090 | 990 | — | 1043 | 1000 | — | 56 | 47 | — | 23 | 44 | — | — | — | 252 |
| 1200 | 1360 | 1310 | 1190 | — | 1252 | 1200 | — | 60 | 51 | — | 27 | 44 | — | — | — | 364 |
| 1400 | 1560 | 1510 | 1390 | — | 1452 | 1400 | — | 65 | 55 | — | 27 | 52 | — | — | — | 486 |
| 1600 | 1760 | 1710 | 1590 | — | 1652 | 1600 | — | 68 | 58 | — | 27 | 60 | — | — | — | 668 |
| 1800 | 1960 | 1910 | 1790 | — | 1852 | 1800 | — | 72 | 61 | — | 27 | 68 | — | — | — | 830 |
| $PN=2.5$MPa | | | | | | | | | | | | | | | | |
| 159 | 270 | 228 | 135 | — | 186 | 147 | — | 28 | — | 11 | 22 | 12 | 12.8 | — | — | — |
| 273 | 400 | 352 | 245 | — | 306 | 257 | — | 32 | — | 14 | 26 | 12 | 25.1 | 26.0 | — | — |
| 400 | 540 | 500 | 390 | — | 453 | 400 | — | 44 | 36 | — | 23 | 24 | 49.0 | 49.5 | 52.0 | — |
| 500 | 660 | 615 | 490 | — | 553 | 500 | — | 44 | 36 | — | 27 | 24 | 71.6 | 72.5 | 74.1 | — |
| 600 | 760 | 715 | 590 | — | 653 | 600 | — | 50 | 41 | — | 27 | 28 | 106 | 107 | 110 | — |
| 800 | 960 | 915 | 790 | — | 853 | 800 | — | 60 | 51 | — | 27 | 40 | 196 | 199 | 208 | — |
| 1000 | 1185 | 1140 | 990 | — | 1053 | 1000 | — | 66 | 56 | — | 30 | 44 | 331 | 338 | 340 | — |

① 此压力下管板连接尺寸是采用 $PN1.0$MPa 的连接尺寸。

注：管板重量是碳钢管板的重量（即衬环重量未列入）。

表 4-15　浮头管板尺寸

| 壳体内经 $D_i$/mm | 管板相关尺寸/mm | | |
|---|---|---|---|
| | $b$ | $b_1$ | $b_n$ |
| ≤700 | — | 3 | ≥10 |
| >700 | — | 5 | ≥13 |
| <1000 | >3 | — | — |
| 1000~2600 | >4 | — | — |
| >2600~4000 | >5 | — | — |

这种方法是通过壳体标准内径求出管板外径 $D_0$，再求出管束最大布管直径 $D_L$。带来的问题是，根据传热面积所确定的管子根数是否能在所求的 $D_L$ 中合理排进去，需反复计算。

② 采用无拘束地确定壳体内径方法，先按工艺计算确定总管数，进行排管，并作出排管图，依排管图确定管束最大外径 $D_L$，由 $D_L$ 再考虑浮头盖密封结构后定出浮头管板直径 $D_0$，再确定壳体内径，最后将内径圆整到标准值 $D_i$。即：

$$D_0=D_L+2b+2(b_n+1.5), \quad D_i=D_0+2b_1$$

3. 固定端管板外径确定

固定端管板主要指浮头式、填料函式、U 形管式换热器和釜式再沸器的前管板，它是由壳体法兰和管箱法兰夹持的管板组成，如图 4-21 所示。其主要结构尺寸是确定最大外径及密封面宽度。一般程序是，先定浮动管板的直径，从而确定壳体内径，再由壳体内径结合操作压力、温度选择相应设备法兰，再由法兰的密封面确定管板密封面宽度及管板最大直径。

4. 管板孔直径和允差　表 4-16 为换热管直径和管板孔直径的允许偏差。

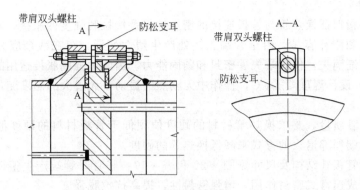

图 4-21　固定端管板

表 4-16　换热管和管板孔直径允许偏差

| | 外径/mm | | 10 | 14 | 19 | 25 | 32 | 38 | 45 | 57 |
|---|---|---|---|---|---|---|---|---|---|---|---|
| 换热管 | 允许偏差/mm | Ⅰ级 | ±0.15 | ±0.20 | | | | ±0.30 | | ±0.45 |
| | | Ⅱ级 | ±0.20 | ±0.40 | | | | ±0.45 | | ±0.57 |
| 管板 | 管孔直径/mm | Ⅰ级 | 10.20 | 14.25 | 19.25 | 25.25 | 32.35 | 38.40 | 45.40 | 57.55 |
| | | Ⅱ级 | 10.30 | 14.40 | 19.40 | 25.40 | 32.50 | 38.50 | 45.50 | 57.70 |
| | 允许偏差/mm | Ⅰ级 | +0.15 / 0 | | | | +0.20 / 0 | | | +0.25 / 0 |
| | | Ⅱ级 | +0.15 / 0 | | +0.20 / 0 | | +0.30 / 0 | | +0.40 / 0 | |

# 第二节　列管式换热器机械结构设计

## 一、换热管与管板的连接

　　管子与管板的连接是列管式换热器制造中最主要的问题之一，它不但耗费大量工时，更重要的是这个部位是换热器的薄弱环节，若处理不当，将造成连接处的泄漏或开裂。造成连接处破坏的原因主要有：

　　(1) 高温下应力松弛而失效　当管子与管板采用胀接连接时，在高温下管子和管板发生蠕变，胀接时在连接处产生的残余应力会逐渐消失，使管端的密封性和紧固力失效。

　　(2) 间隙腐蚀破坏　当管子与管板采用焊接连接时，由于管子和管板孔之间存在间隙，滞存在间隙中的介质易造成"间隙腐蚀"。此外，在高温高压下，焊接应力的存在，会使金属晶格发生变化，易形成"应力腐蚀"。

　　(3) 疲劳破坏　有两种因素引发疲劳破坏，一是机械疲劳，管束在高压气流冲击下产生振动，使接头处产生疲劳；二是由于操作不当，使管板温度产生周期性变化或忽冷忽热，引发疲劳。

　　(4) 过大的温差应力使得管子与管板连接处产生过大的拉脱力，从而导致管子松脱。

　　因此，要正确选择管子与管板的连接形式，保证加工质量，设计合理的结构，以保证管子与管板连接的密封性和抗拉脱强度。

　　换热管与管板的连接方式有强度胀接、强度焊接和胀焊并用等形式。

**1. 强度胀接**

强度胀接是指保证换热管与管板连接的密封性能及抗拉脱强度的胀接。其特点是，结构简单，管子更换和修补容易。由于管端胀接处产生塑性变形，存在残余应力，随着温度升高，残余应力逐渐消失，使管端失去密封和紧固能力。因此，强度胀接适用的范围是，设计压力≤4.0MPa，设计温度≤300℃，操作中无剧烈的振动，无过大的温度变化，无明显的应力腐蚀的情况。

为了提高胀管质量，要求换热管材料的硬度值须低于管板材料的硬度值。有应力腐蚀时，不应采用管端局部退火的方式来降低换热管的硬度。

强度胀接的管板孔结构及尺寸见图 4-22 和表 4-17。胀管时管端产生塑性变形，管壁被挤胀入槽内，形成迷宫式密封作用，增强密封性，提高抗拉脱强度。

强度胀接的最小胀接长度 $l$ 取下述二者的最小值：①管板名义厚度减去 3mm；②50mm。

当换热管与管板采用胀接时，管板的最小厚度 $\delta_{\min}$（不包括腐蚀裕量）见表 4-18。

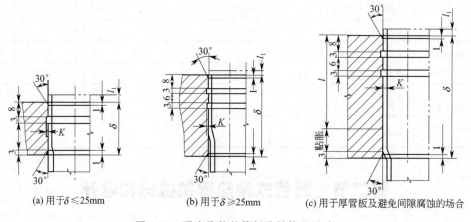

(a) 用于 $\delta \leqslant 25$mm　　(b) 用于 $\delta \geqslant 25$mm　　(c) 用于厚管板及避免间隙腐蚀的场合

图 4-22　强度胀接的管板孔结构及尺寸

**表 4-17　强度胀接结构尺寸**

| 项　目 | 换热管外径 $d$/mm | | | | | | |
| --- | --- | --- | --- | --- | --- | --- | --- |
| | 14 | 19 | 25 | 32 | 38 | 45 | 57 |
| 伸出长度 $l_1$/mm | $3^{+2}$ | | | $4^{+2}$ | | $5^{+2}$ | |
| 槽深 $K$/mm | 不开槽 | 0.5 | | 0.6 | | 0.8 | |

当换热管与管板采用胀接时，管板的最小厚度 $\delta_{\min}$（不包括腐蚀裕量），见表 4-18。

**表 4-18　管板与换热管胀节时管板最小厚度**

| 应用范围 | 换热管外径 $d$/mm | | | | | | | |
| --- | --- | --- | --- | --- | --- | --- | --- | --- |
| | 10 | 14 | 19 | 25 | 32 | 38 | 45 | 57 |
| | $\delta_{\min}$/mm | | | | | | | |
| 用于炼油工业及易燃易爆有毒介质等严格场合 | | 20 | | 25 | 32 | 38 | 45 | 57 |
| 用于无害介质的一般场合 | 10 | 15 | | 20 | 24 | 26 | 32 | 36 |

**2. 强度焊接**

强度焊接是指保证换热管与管板连接的密封性能及抗拉脱强度的焊接。其优点是，焊接结构强度高，抗拉脱力强，在高温高压下能保持连续的紧密性。管板孔加工要求低，不需开槽，管子端部不需退火和磨光，制造加工较简便。缺点是，管子与管板孔之间存在间隙；焊接产生的热应力，易造成"间隙腐蚀"或"应力腐蚀"。

强度焊适用的场合：

① 高温、高压条件下，对碳钢和低合金钢，温度在 300～400℃ 以上，或压力超过 7.0MPa，应优先采用焊接。

② 不论压力大小，温度高低，不锈钢管与管板连接一般均采用焊接结构。

③ 薄管板其厚度小于胀接需要的最小板厚无法胀接时，采用焊接。

④ 要求接头严密不漏的场合，如处理易燃，易爆，有毒性介质时，采用焊接。

⑤ 管间距太小或换热管直径较小，难以胀接时，采用焊接。

⑥ 不适用于有较大振动及有间隙腐蚀的场合。

管子与管板的焊接，其焊缝的剪切断面应不低于管子横截面的 1.25 倍，即：

$$\pi d_o l_2 \geqslant 1.25 \left[ \frac{\pi}{4} (d_o^2 - d_i^2) \right]$$

式中符号见图 4-23。

强度焊的一般结构形式及尺寸见图 4-24 和表 4-19。

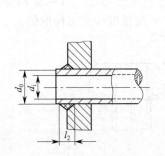

图 4-23 焊缝断面尺寸

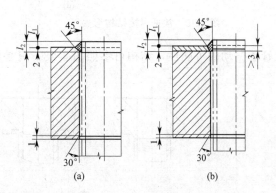

图 4-24 强度焊结构形式

表 4-19 强度焊结构尺寸

| 换热管规格(外径×壁厚)/mm | 10×1.5 | 14×2 | 19×2 | 25×2.5 | 32×3 | 38×3 | 45×3 | 57×3.5 |
|---|---|---|---|---|---|---|---|---|
| 伸出长度 $l_1$/mm | $0.5^{+0.5}$ | $1^{+0.5}$ | | $1.5^{+0.5}$ | | $2.5^{+0.5}$ | | $3^{+0.5}$ |

注：1. 当工艺要求管端伸出长度小于表所列值时，可以适当加大管板焊缝坡口深度，以保证焊脚高 $l_2$ 不小于 1.4 倍管壁厚度。2. 换热管壁厚超标时，$l_1$ 值可适当调整。

几种常见的焊接结构见图 4-25。图 4-25(a) 为常用的结构形式，图 4-25(b) 适用于立式换热器，且要求停车后管板上无滞留残液。这种结构对焊接技术要求高，焊接中要严格控制熔池熔化金属流淌，以防管口被阻塞变小。图 4-25(c) 结构能减少管板焊接应力，适用于管板焊接（氩弧焊）后不允许产生较大变形，常用于管板很厚或不锈钢管和管板的焊接，但由于管板沟槽加工麻烦，采用受到限制。图 4-25(d) 常用于小直径管的焊接形式。

**3. 内孔焊接**

如图 4-26 所示，这种形式的接头焊缝承受拉应力，强度及抗震性能都有很大提高，并且从根本上消除了间隙腐蚀的可能。不过要采用专门的氩弧焊枪，管板加工也较复杂。

**4. 焊胀并用**

在高温、高压，载荷冲击，介质腐蚀、渗透等复杂操作条件下，要求管子与管板连接处

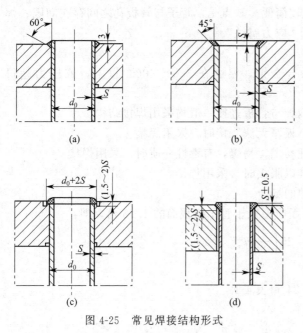

图 4-25 常见焊接结构形式

的密封性和强度要更高，更可靠。在采用胀接或焊接都难以满足要求的情况下，采用胀焊结合的方法，能够达到取长补短的效果。这种连接方式适用于，对密封性能要求较高；承受振动或疲劳载荷；有间隙腐蚀；采用复合管板的场合。胀焊结合的形式：

（1）强度焊＋贴胀 如图 4-27 所示，主要目的是消除管子与管板孔的间隙，防止发生间隙腐蚀。

（2）强度胀＋密封焊 如图 4-28 所示，适用于温度不高，压力较高，或介质对密封要求很高的场合。用强度胀来保证强度，用密封焊来增加密封的可靠性。

（3）强度焊＋强度胀 适用于压力和温度均很高的场合，且消除间隙腐蚀以及管子振动的可能性，结构可参照图 4-28，只是将焊缝尺寸按强度焊的结构取值。

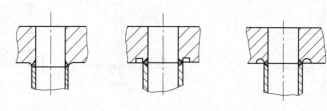

图 4-26 内孔焊接结构

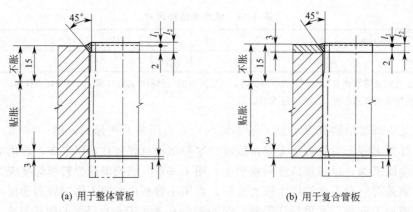

(a) 用于整体管板      (b) 用于复合管板

图 4-27 强度焊＋贴胀结构及尺寸

除上述方法外，对于较厚的管板，在压力、温度都很高，介质腐蚀严重的情况下，可以采用"强度胀＋贴胀＋密封焊"或"强度焊＋强度胀＋贴胀"结构形式，如图 4-29 所示。

胀焊结合中，采用先胀后焊还是先焊后胀，目前没有统一规定，一般取决于各制造厂的加工工艺和设备条件，但保证连接的质量要求是一致的。

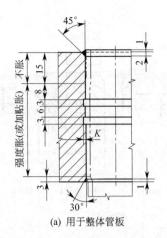 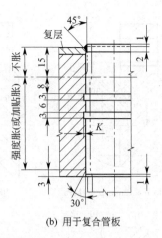

(a) 用于整体管板　　　　　(b) 用于复合管板

图 4-28　强度胀＋密封焊结构及尺寸

## 二、管板与壳体及管箱的连接

管板与壳体的连接分为不可拆连接和可拆连接两种
形式。不可拆连接用于固定管板式换热器，其管板与壳
体用焊接连接。可拆连接用于浮头式、U 形管式和填料
函式换热器的固定端管板，其管板在壳体法兰和管箱法
兰之间夹持固定。

1. 固定管板式换热器管板与壳体及管箱的连接

这类转换器分为两种结构，一种为管板兼作法兰，
另一种为管板不兼作法兰。

（1）管板兼作法兰的连接结构　图 4-30 所示为常见
的兼作法兰的管板与壳体连接结构。不同的结构处理主
要考虑是，焊缝的可焊透性以及焊缝的受力，以适用不

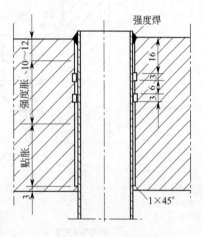

图 4-29　强度焊＋强度胀＋
贴胀结构形式

同的操作条件。图 4-30(a) 管板上开环槽，壳体嵌入槽
内后施焊，壳体对中性好。适用于壳体厚度 $\delta \leqslant 12mm$，壳程压力 $p_s \leqslant 1MPa$，不宜用于易
燃、易爆、易挥发及有毒介质的场合。图 4-30(b)、图 4-30(c) 焊缝坡口形式优于图 4-30(a)
结构，焊透性好，焊缝强度提高，使用压力相应提高，适用于设备直径较大，管板较厚的场
合。图 4-30(d)、图 4-30(e) 管板上带有凸肩，焊接形式由角接变为对接，改善了焊缝的受
力，适用于压力更高的场合。

连接结构中，焊缝根部加垫板可以提高焊缝的焊透性，若壳程介质无间隙腐蚀作用，应
选择带垫板的焊接结构；若壳程介质有间隙腐蚀作用，则应选择不带垫板的结构。管板上的
环形圆角则起到减小焊接应力的作用。

图 4-31 所示为常见的兼作法兰的管板与管箱法兰连接结构。图 4-31(a) 结构为平面密
封形式，适用于管程压力小于 1.6MPa，且对气密性要求不高的场合。图 4-31(b) 为榫槽密
封面形式，适用于气密性要求较高的场合，一般中低压下较少采用，当在较高压力下使用
时，法兰的型式应改用长颈法兰。图 4-31 (c)为最常用的凹凸面密封形式，视压力的高低，
法兰型式可为平焊法兰，更多的为长颈法兰。

（2）管板不兼作法兰的连接结构　管板不兼作法兰的不可拆连接结构如图 4-32 所示，管
板与壳体、管板与管箱的连接均采用焊接，适合于高温、高压，对密封性要求高的换热器。

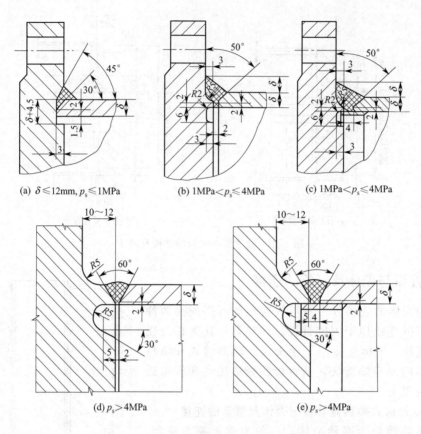

图 4-30　兼作法兰的管板与壳体的连接结构

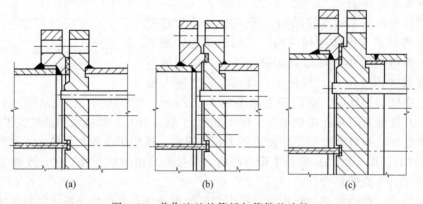

图 4-31　兼作法兰的管板与管箱的连接

2. 浮头式、填料函式、U 形管式换热器和釜式再沸器固定端管板与壳体及管箱的连接

这类换热器的一端管板用壳体法兰和管箱法兰夹持固定，称为固定端管板，为可拆式管板。另一端管板（U 形管式只有一个固定端管板，另一端无管板）可自由伸缩。图 4-33 为固定端管板的连接结构。图 4-33(a) 是采用较多的形式，管板与法兰的密封面为凹凸密封面，螺柱拆卸后管程和壳程都可以拆下清洗。图 4-33(b) 适用于管程需要经常清洗，壳程不用清洗的场合。带凸肩的螺柱结构使得只卸掉管箱侧的螺母，拆卸管箱，而壳程侧仍保持连接，这样壳程介质不必放空，有利于操作。图 4-33(c) 与图 4-33(b) 相似，只是适用于壳程需要经常拆卸，管程仍保持连接的场合。图 4-33(d) 适用于管程与壳程压力相差较大

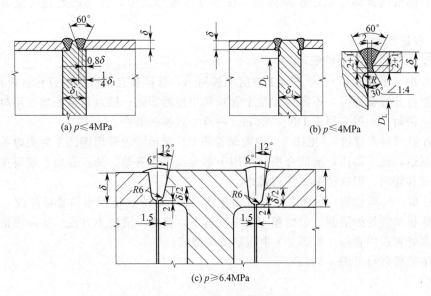

图 4-32 不兼作法兰的管板与壳体及管箱的连接结构

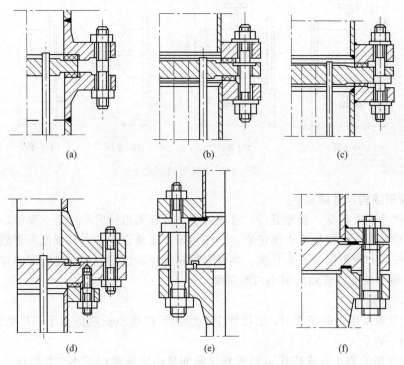

图 4-33 固定端管板的可拆式连接结构

的场合，管板两侧采用不同的法兰密封面形式，以及两组不同形式的紧固螺柱连接。图 4-33(e) 和图 4-33(f) 也适用于管、壳两程压力相差较大而需要不同的密封形式和螺柱连接的场合。

## 三、管箱

管箱是管程流体进出口流道空间，其作用是将进口流体均匀分布到管束的各换热管中，再将换热后的管内流体汇集送出换热器。在多管程换热器中，管箱还起到改变流体流向的作用。

**（一）管箱结构**

管箱结构型式如图 3-1 所示。

（1）A 型（平盖管箱）　见图 3-1 中前端管箱 A，管箱装有平板盖（或称盲板），检查或清洗时只要拆开盲板即可，不需拆卸整个管箱和相连的管路。缺点是盲板加工用材多，并增加一道法兰密封。一般多用于 DN＜900mm 的浮头式换热器中。

（2）B 型（封头管箱）　见图 3-1 中前端管箱 B，管箱端盖采用椭圆形封头焊接，结构简单，便于制造，适于高压，清洁介质，可用于单程或多程管箱。缺点是检查或清洗时必须拆下连接管道和管箱，但这种形式用得最多。

（3）C 型、N 型管箱　见图 3-1 中前端管箱 C、N，特点是管箱与管板焊成一体，可完全避免在管板密封处的泄漏，但管箱不能单独拆下，检修、清洗不方便，实际中很少采用。

（4）多管程返回管箱　见图 3-1 中后端结构型式。

（5）单管程管箱见图 4-34(c)。

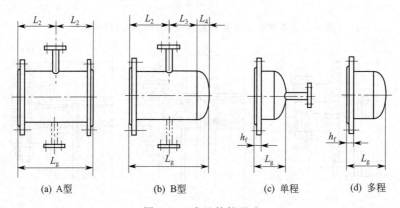

(a) A型　　(b) B型　　(c) 单程　　(d) 多程

图 4-34　常见管箱形式

**（二）管箱结构尺寸确定**

箱结构尺寸主要包括，管箱直径、管箱长度、分程隔板位置尺寸等。其中，管箱直径由壳体圆筒直径确定；管箱长度以保证流体分布均匀，流速合理，以及强度因素限定其最小长度，以制造安装方便限制其最大长度。多管程管箱分程隔板的位置由排管图确定。

1. 管箱最小长度（管箱的最小内侧深度）

（1）确定原则

① 单程管箱采用轴向接管时，沿接管中心线的管箱最小长度应不小于接管内径的 1/3，如图 4-34(c) 所示。

② 多程管箱的最小长度应保证两管程之间的最小流通面积不小于每程换热管流通面积的 1.3 倍；当操作允许时也可等于每程换热管的流通面积，如图 4-34(d) 所示。

③ 管箱上各相邻焊缝间的距离，必须大于或等于 $4\delta$，且应大于或等于 50mm。

（2）计算方法　管箱最小长度的计算，分别按介质流通面积计算和管箱上相邻焊缝间距离计算，取两者中较大值。

A 型管箱，见图 4-34(a)，$L_{g,min}\begin{cases}L'_{g,min}\geqslant\dfrac{\pi d_i^2 N_{cp}}{4E}\\L''_{g,min}\geqslant 2L_2\end{cases}$ 取两者中较大值

式中 $E$ 值按表 4-20 选取。

B 型管箱，见图 4-34(b)，$L_{\mathrm{g,min}}=\begin{cases}L'_{\mathrm{g,min}}\geqslant\dfrac{\pi d_{\mathrm i}^2 N_{\mathrm{cp}}}{4E}+h_1+h_2+\delta_{\mathrm p}\\ L''_{\mathrm{g,min}}\geqslant L_2+L_3+L_4\end{cases}$ 取两者中较大值

单程管箱，见图 4-34(c)，$L_{\mathrm{g,min}}=\begin{cases}L'_{\mathrm{g,min}}\geqslant\dfrac{1}{3}d_2\\ L''_{\mathrm{g,min}}\geqslant h_{\mathrm f}+C+L_4\end{cases}$

比较 $L'_{\mathrm{g,min}}$ 与 $L_4$，若 $L'_{\mathrm{g,min}}<L_4$，管箱不需要加筒体短节，则 $L_{\mathrm{g,min}}$ 按 $L'_{\mathrm{g,min}}$ 取值；否则，$L_{\mathrm{g,min}}$ 按 $L''_{\mathrm{g,min}}$ 取值。

多程返回管箱，见图 4-34(d)，$L_{\mathrm{g,min}}=\begin{cases}L'_{\mathrm{g,min}}\geqslant\dfrac{\pi d_{\mathrm i}^2 N_{\mathrm{cp}}}{4E}+h_1+h_2+\delta_{\mathrm p}\\ L''_{\mathrm{g,min}}\geqslant h_{\mathrm f}+C+L_4\end{cases}$

$L_{\mathrm{g,min}}$ 取值同单程管箱。

表 4-20　$E$ 值

| DN /mm | 管程数 | 换热管外径 $d$/mm | | | | DN /mm | 管程数 | 换热管外径 $d$/mm | | | |
|---|---|---|---|---|---|---|---|---|---|---|---|
| | | $\phi19$ | | $\phi25$ | | | | $\phi19$ | | $\phi25$ | |
| | | 进口 | 返回 | 进口 | 返回 | | | 进口 | 返回 | 进口 | 返回 |
| 400 | II | — | 400 | — | 400 | 1100 | II | — | 1100 | — | 1100 |
| | IV | 400 | 365 | 400 | 373 | | IV | 1100 | 1015 | 1100 | 1016 |
| | | | | | | | VI | 276 | 475 | 265 | 481 |
| 500 | II | — | 500 | — | 500 | 1200 | II | — | 1200 | — | 1200 |
| | IV | 500 | 472 | 500 | 458 | | IV | 1200 | 1105 | 1200 | 1101 |
| | | | | | | | VI | 297 | 520 | 293 | 523 |
| 600 | II | — | 600 | — | 600 | 1300 | II | — | 1300 | — | 1300 |
| | IV | 600 | 563 | 600 | 566 | | IV | 1300 | 1196 | 1300 | 1209 |
| | VI | 146 | 261 | 154 | 256 | | VI | 341 | 553 | 321 | 565 |
| 700 | II | — | 700 | — | 700 | 1400 | II | — | 1400 | — | 1400 |
| | IV | 700 | 654 | 700 | 652 | | IV | 1400 | 1304 | 1400 | 1295 |
| | VI | 167 | 307 | 182 | 298 | | VI | 362 | 598 | 348 | 606 |
| 800 | II | — | 800 | — | 800 | 1500 | II | — | 1500 | — | 1500 |
| | IV | 800 | 744 | 800 | 737 | | IV | 1500 | 1376 | 1500 | 1300 |
| | VI | 189 | 352 | 210 | 340 | | VI | 384 | 644 | 376 | 648 |
| 900 | II | — | 900 | — | 900 | 1600 | II | — | 1600 | — | 1600 |
| | IV | 900 | 835 | 900 | 844 | | IV | 1600 | 1466 | 1600 | 1488 |
| | VI | 232 | 385 | 210 | 397 | | VI | 427 | 676 | 404 | 690 |
| 1000 | II | — | 1000 | — | 1000 | | | | | | |
| | IV | 1000 | 925 | 1000 | 930 | | | | | | |
| | VI | 254 | 430 | 238 | 439 | | | | | | |

注：$E$ 值按隔板中心位置计算。

#### 2. 管箱最大长度

管箱长度，除考虑流通面积，各相邻焊缝间距离外，还应考虑管箱中内件的焊接和清理。因此，对带有分程隔板的多管程管箱，除限制最小长度外，还应限制其最大长度。

根据施焊的方便性，由可焊角度 $\alpha$ 和最小允许焊条长度的施焊空间 $H$，确定管箱最大长度 $L_{\mathrm{g,max}}$。

焊条与管箱或分程隔板的可焊角度 $\alpha$ 的确定参照图 4-35 所示（管箱壳体的横剖面图），

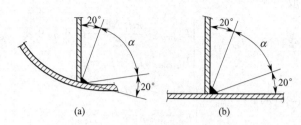

图 4-35  α 角的确定方法

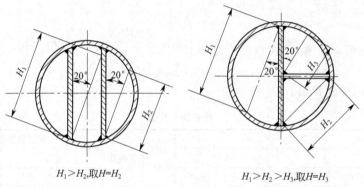

$H_1 > H_2$,取$H = H_2$                    $H_1 > H_2 > H_3$,取$H = H_3$

图 4-36  H 值的确定方法

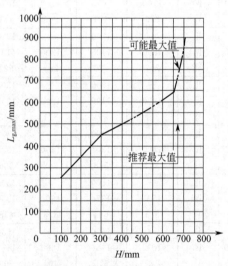

图 4-37  管箱最大长度 $L_{g,max}$

图 4-35(a) 为管箱壳体与分程隔板的焊接,图 4-35(b) 为分程隔板之间的焊接。

最小允许焊条长度施焊空间 H 用作图法确定,参照图 4-36 所示,根据 H 值,由图4-37 查出管箱最大长度 $L_{g,max}$。

3. 管箱长度的确定

管箱实际长度 $L_g$ 一般应满足下列关系:

对 A 型管箱:$L_{g,min} \leqslant L_g \leqslant 2L_{g,max}$。

对 B 型管箱、多程返回管箱、单程管箱:$L_{g,min} \leqslant L_g \leqslant L_{g,max}$。

在设计中,如果管箱的长度不能同时满足对最小长度 $L_{g,min}$ 和最大长度 $L_{g,max}$ 的要求,则应按满足最小长度 $L_{g,min}$ 的要求来确定管箱长度。

4. 符号说明

$C$ ——接管补强圈外边缘(无补强圈时,指接管外壁)至管箱壳体与法兰连接焊缝间的距离(参见图 4-16),mm;

$d_1$ ——接管外径,mm;

$d_2$ ——接管内径,mm;

$d$ ——换热管外径,mm;

$d_i$ ——换热管内径,mm;

$B$ ——接管补强圈外径,mm;

$DN$ ——壳体公称直径,mm;

$E$ ——各相邻管程间分程处介质流通的最小宽度,mm;

$h_1$ ——封头内曲面高度,mm;

$h_2$ ——封头直边高度,mm;

$h_f$ ——法兰厚度(对焊法兰是指法兰的总高),mm;

$H$ ——在管箱壳体的横剖面内，在 $\alpha$ 角范围内测得的焊缝至分程隔板或管箱壁之间的最小有效距离，mm；

$L_2$ ——接管位置尺寸（其值按本书图 4-16 确定），mm；

$L_3$ ——接管中心线至壳体与封头连接焊缝间的距离（参见图 4-34），mm；

$L_4$ ——封头高度，mm；

$L_g$ ——管箱长度，mm；

$L_{g,\min}$ ——管箱最小长度，mm；

$L'_{g,\min}$ ——按流通面积计算所需的管箱最小长度，mm；

$L''_{g,\min}$ ——按相邻焊缝间距离计算所需的管板最小长度，mm；

$L_{g,\max}$ ——管箱最大长度，mm；

$N_{cp}$ ——各程平均管数；

$\delta$ ——管箱壳体厚度，mm；

$\delta_p$ ——封头厚度，mm。

# 第三节 其他部件设计

## 一、膨胀节

膨胀节是装在固定管板式换热器壳体上的挠性构件，依靠其变形对管束与壳体间的热膨胀差进行补偿，以此来消除或减小壳体与管束因温差而引起的温差应力。

**1. 结构形式**

（1）波形膨胀节（U 形膨胀节） 如图 4-38 所示，具有结构紧凑简单、补偿性能好、价格便宜等优点，使用最为普遍。波形膨胀节可制成单层或多层，与单层相比，多层膨胀节的弹性大，补偿能力强，疲劳强度高，使用寿命长。多层膨胀节的层数一般为 2～4 层，每层厚度为 0.5～1.5mm。当要求补偿能力较大时，可采用多波形膨胀节。为了减少膨胀节的磨损、防止振动及降低流体阻力，可在膨胀节内侧沿液体流动方向焊一作导流用的内衬套，如图 4-38(b) 所示。

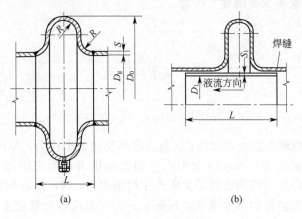

图 4-38 波形膨胀节

（2）平板膨胀节 如图 4-39 所示，结构简单，便于制造，但承压能力低，挠性较差，补偿量小，只适用于直径大、温差小、常压、低压或真空系统的设备上。

（3）Ω 形膨胀节 如图 4-40 所示，可用薄壁管煨制成圆环后，沿内壁剖开而成。Ω 形膨胀节所受的因压力引起的应力几乎与壳体直径无关，而仅取决于管子自身的直径和厚度。但在焊接处产生较大的应力，且焊缝不易焊透，因此，适于小直径筒体或应力较小的场合。

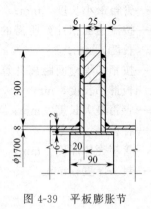

图 4-39 平板膨胀节

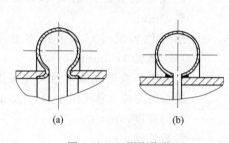

图 4-40 Ω 形膨胀节

（4）夹壳膨胀节　如图 4-41 所示，夹壳和加强环的作用是，提高膨胀节的承压能力，防止波壳侧面过量变形，限制波壳在受压时弯曲，是一种耐压能力高、补偿能力大的"高压膨胀节"。

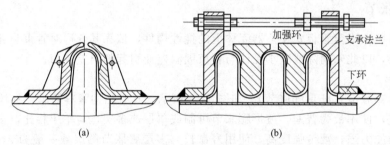

图 4-41　带夹壳和加强环膨胀节

2. 设置膨胀节必要性判断

固定管板式换热器是否需要设置膨胀节，通过计算加以判断。

（1）计算壳体和管子承受的最大应力

$$\text{壳体：} \sigma_s = \frac{F_1 + F_2}{A_s}, \quad \text{管子：} \sigma_t = \frac{-F_1 + F_3}{na}$$

其中，$F_1 = \dfrac{\alpha_t(t_t - t_0) - \alpha_s(t_s - t_0)}{\dfrac{1}{naE_t} + \dfrac{1}{A_sE_s}}, \quad F_2 = \dfrac{QA_sE_s}{A_sE_s + naE_t}$

$$F_3 = \frac{QnaE_t}{A_sE_s + naE_t}, \quad Q = \frac{\pi}{4}\left[(D_i^2 - nd_o^2)p_s + n(d_o - 2\delta_t)^2 p_t\right]$$

式中，$\sigma_s$ 为壳体承受的最大应力，MPa；$\sigma_t$ 为管子承受的最大应力，MPa；$F_1$ 为由管子和壳体间的温差所产生的轴向力，N；$F_2$ 为由壳程和管程压力作用在壳体上所产生的轴向力，N；$F_3$ 为由壳程和管程压力作用在管子上所产生的轴向力，N；$Q$ 为壳程与管程压差产生的力，N；$A_s$ 为圆筒壳壁金属的截面面积，mm²；$a$ 为一根换热管管壁金属横截面积，mm²；$E_t$、$E_s$ 为分别为管子和壳体材料的弹性模量，MPa；$n$ 为换热管数目；$t_0$ 为安装时的温度，℃；$t_t$、$t_s$ 为分别为操作状态下管壁温度和壳壁温度，℃；$\alpha_t$、$\alpha_s$ 为分别为管子和壳体材料的线膨胀系数，1/℃；$\delta_t$ 为管子壁厚，mm。

（2）计算管子拉脱力 $q$

① 由管子与壳壁间温差引起的拉脱力

管子中的温差应力：$\sigma_t' = \dfrac{F_1}{na}$

在温差应力作用下，管子受到的拉脱力：$q_t = \dfrac{\sigma_t^t a}{\pi d_o l_t} = \dfrac{\sigma_t^t (d_o^2 - d_i^2)}{4 d_o l_t}$

② 由介质压力引起的拉脱力

$$q_p = \frac{pf}{\pi d_o l_t}$$

其中，正三角形排列 $f = 0.866 t^2 - \dfrac{\pi}{4} d_o^2$；正方形排列 $f = t^2 - \dfrac{\pi}{4} d_o^2$。

③ 管子拉脱力

当温差力与介质压力的作用方向相同，则

$q = q_t + q_p$；反之则 $q = |q_t - q_p|$

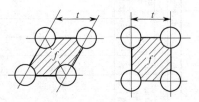

式中，$q_t$、$q_p$ 分别为由温差应力和介质压力产生的拉脱力，MPa；$p$ 为设计压力，取管程压力 $p_t$ 和壳程压力 $p_s$ 二者中较大值，MPa；$d_i$、$d_o$ 分别为换热管的内径和外径，mm；$l_t$ 为管子与管板胀接长度，mm；$f$ 为每四根管子间的管板面积，mm²，如图 4-42 所示。$t$ 为管间距，mm。

图 4-42　四管间管板面积

（3）比较　当满足下述条件之一时，须设置膨胀节：

$$\sigma_s > 2\phi [\sigma]_s^t；\quad \sigma_t > 2 [\sigma]_t^t；\quad q > [q]$$

**3. 强度设计**

当确定需要设置膨胀节后，需要对膨胀节进行应力校核、疲劳寿命校核、刚度计算等设计计算，具体方法参照 GB 16749《压力容器波形膨胀节》相关内容。

## 二、法兰及垫片

### （一）法兰

换热器上使用的法兰主要有两类：

（1）压力容器法兰（也称设备法兰）　用于设备壳体之间或壳体与管板之间的连接。选用标准依据国家能源局 2012 年发布的最新标准，NB/T 47021《甲型平焊法兰》；NB/T 47022《乙型平焊法兰》；NB/T 47023《长颈对焊法兰》。

（2）管法兰　用于设备接管与管道的连接。管法兰的选用标准有，HG 20592～20614《钢制管法兰、垫片、紧固件》（欧洲体系）；HG 20615～20635《钢制管法兰、垫片、紧固件》（美洲体系）；GB/T 9112～9125《钢制管法兰》。

### （二）垫片

（1）垫片结构　换热器中使用的垫片用于设备法兰与管板、分层隔板与管板之间的密封。根据管程数的不同，垫片的结构形式也不同，并有不同的组合方式。图 4-43 所示为垫片的结构和尺寸，表 4-21 所列为不同管程数时，前、后管箱垫片的组合形式（表中字母与图 4-43 中图号字母相对应）。

表 4-21　垫片组合形式

| 管程数 | I | | II | | IV | | VI | |
|---|---|---|---|---|---|---|---|---|
| 管箱位置 | 前 | 后 | 前 | 后 | 前 | 后 | 前 | 后 |
| 垫片形式 | (a) | (a) | (b) | (a) | (c)(d) | (b)(b) | (e) | (f) |

**表 4-22　法兰垫片宽度**

垫片宽度/mm

| PN/MPa<br>DN/mm | 0.25 平面 软 | 缠 | 金 | 0.25 凹凸或榫槽 软 | 缠 | 金 | 0.6 平面 软 | 缠 | 金 | 0.6 凹凸或榫槽 软 | 缠 | 金 | 1.0 平面 软 | 缠 | 金 | 1.0 凹凸或榫槽 软 | 缠 | 金 | 1.6 平面 软 | 缠 | 金 | 1.6 凹凸或榫槽 软 | 缠 | 金 | 2.5 平面 软 | 缠 | 金 | 2.5 凹凸或榫槽 软 | 缠 | 金 | 4.0 平面 软 | 缠 | 金 | 4.0 凹凸或榫槽 软 | 缠 | 金 | 6.4 平面 软 | 缠 | 金 | 6.4 凹凸或榫槽 软 | 缠 | 金 |
|---|---|---|---|---|---|---|---|---|---|---|---|---|---|---|---|---|---|---|---|---|---|---|---|---|---|---|---|---|---|---|---|---|---|---|---|---|---|---|---|---|---|---|
| 300 | 17.5 | 14 | 无 | 14 | 16 | 无 | 17.5 | 14 | 无 | 14 | 16 | 无 | 17.5 | 14 | 无 | 14 | 16 | 无 | 20 | 17.5 | 13.5 | 14 | 16 | 无 | 20 | 18 | 13.5 | 14 | 16 | 无 | 27.5 | 22 | 16 | 14 | 16 |  | 无 | 22 | 16 | 无 | 14 | 16 |
| (350) |  |  |  |  |  |  |  |  |  |  |  |  |  |  |  |  |  |  |  |  |  |  |  |  |  |  |  |  |  |  |  |  |  |  |  |  |  |  |  |  |  |  |
| 400 |  |  |  |  |  |  |  |  |  |  |  |  |  |  |  |  |  |  |  |  |  |  |  |  |  |  |  |  |  |  |  |  |  |  |  |  |  | 14 |  |  |  |  |
| (450) |  |  |  |  |  |  |  |  |  |  |  |  |  |  |  |  |  |  |  |  |  |  |  |  |  |  |  |  |  |  |  |  |  |  |  |  |  |  |  |  |  |  |
| 500 | 20 | 17.5 |  |  |  |  |  |  |  |  |  |  |  |  |  |  |  |  |  |  |  |  |  |  |  |  |  |  |  |  |  |  |  |  |  |  |  |  |  |  |  |  |
| (550) |  |  |  |  |  |  |  |  |  |  |  |  |  |  |  |  |  |  |  |  |  |  |  |  |  |  |  |  |  |  |  |  |  |  |  |  | 26 | 18 |  |  |  |
| 600 |  |  |  |  |  |  | 20 | 17.5 |  |  |  |  | 20 | 17.5 |  |  |  |  | 27.5 | 22 | 16 |  |  |  | 27.5 | 22 | 16 |  |  |  |  |  |  |  |  |  |  |  |  |  |  |  |
| (650) |  |  |  |  |  |  |  |  |  |  |  |  |  |  |  |  |  |  |  |  |  |  |  |  |  |  |  |  |  |  |  |  |  |  |  |  |  |  |  |  |  |  |
| 700 |  |  |  |  |  |  |  |  |  |  |  |  |  |  |  |  |  |  |  |  |  |  |  |  |  |  |  |  |  |  |  |  |  |  |  |  |  |  |  |  |  |  |
| 800 |  |  |  |  |  |  |  |  |  |  |  |  |  |  |  |  |  |  |  |  |  |  |  |  |  |  |  |  |  |  |  |  |  |  |  |  |  |  |  |  |  |  |
| 900 |  |  |  |  |  |  |  |  |  |  |  |  |  |  |  |  |  |  |  |  |  |  |  |  |  |  |  |  |  |  |  |  |  |  |  |  |  |  |  |  |  |  |
| 1000 |  |  |  |  |  |  |  |  |  |  |  |  |  |  |  |  |  |  |  |  |  |  |  |  |  |  |  |  |  |  |  |  |  |  |  |  |  |  |  |  |  |  |
| (1100) |  |  |  |  |  |  |  |  |  |  |  |  |  |  |  |  |  |  |  |  |  |  |  |  |  |  |  |  |  |  |  |  |  |  |  |  |  |  |  |  |  |  |
| 1200 |  |  |  |  |  |  |  |  |  |  |  |  |  |  |  |  |  |  |  |  |  |  |  |  |  |  |  |  |  |  |  |  |  |  |  |  |  |  |  |  |  |  |
| (1300) |  |  |  |  |  |  |  |  |  |  |  |  |  |  |  |  |  |  |  |  |  |  |  |  |  |  |  |  |  |  |  |  |  |  |  |  |  |  |  |  |  |  |
| 1400 |  |  |  |  |  |  |  |  |  |  |  |  |  |  |  |  |  |  |  |  |  |  |  |  |  |  |  |  |  |  |  |  |  |  |  |  |  |  |  |  |  |  |
| (1500) |  |  |  |  |  |  | 27.5 | 22 |  |  |  |  | 27.5 | 22 |  |  |  |  |  |  |  |  |  |  |  |  |  |  |  |  |  |  |  |  |  |  |  |  |  |  |  |  |
| 1600 |  |  |  |  |  |  |  |  |  |  |  |  |  |  |  |  |  |  |  |  |  |  |  |  |  |  |  |  |  |  |  |  |  |  |  |  |  |  |  |  |  |  |
| (1700) |  |  |  |  |  |  |  |  |  |  |  |  |  |  |  |  |  |  |  |  |  |  |  |  |  |  |  |  |  |  |  |  |  |  |  |  |  |  |  |  |  |  |
| 1800 |  |  |  |  |  |  |  |  |  |  |  |  |  |  |  |  |  |  |  |  |  |  |  |  |  |  |  |  |  |  |  |  |  |  |  |  |  |  |  |  |  |  |
| (1900) |  |  |  |  |  |  |  |  |  |  |  |  |  |  |  |  |  |  |  |  |  |  |  |  |  |  |  |  |  |  |  |  |  |  |  |  |  |  |  |  |  |  |
| 2000 |  |  |  |  |  |  |  |  |  |  |  |  |  |  |  |  |  |  |  |  |  |  |  |  |  |  |  |  |  |  |  |  |  |  |  |  |  |  |  |  |  |  |
| 2200 |  |  |  |  |  |  |  |  |  |  |  |  |  |  |  |  |  |  |  |  |  |  |  |  |  |  |  |  |  |  |  |  |  |  |  |  |  |  |  |  |  |  |
| 2400 |  |  |  |  |  |  |  | 2.5 |  |  |  |  |  |  |  |  |  |  |  |  |  |  |  |  |  |  |  |  |  |  |  |  |  |  |  |  |  |  |  |  |  |  |

注：软——非金属软垫片；缠——缠绕垫片；金——金属包垫片。

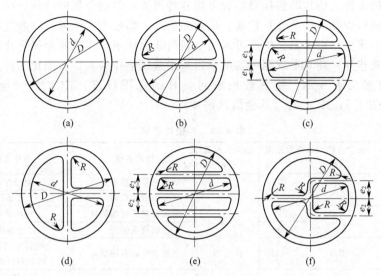

图 4-43 垫片结构及尺寸

（2）垫片尺寸  垫片的外径 $D$ 和内径 $d$，按相应垫片标准选取。也可按与之相配的法兰密封面的形式和尺寸定取，由公称直径 $DN$ 确定垫片的内径 $d$，再参考表 4-22 给出的法兰垫片宽度求得垫片外径 $D$。

垫片隔板槽部分的宽度，管程材料为碳钢、低合金钢时，取 10mm；管程材料为不锈钢时，取 9mm。

垫片圆角尺寸，取 $R=8$mm，垫片圆角是为了保证垫片有足够的强度。

垫片尺寸 $e_1$，$e_2$，见图 4-43，其值列于表 4-23，也可根据排管图计算。

表 4-23  垫片尺寸 $e_1$、$e_2$

| DN/mm | 换热管外径 $d_0$/mm | | | |
|---|---|---|---|---|
| | 19 | 25 | 19 | 25 |
| | $e_1$/mm | | $e_2$/mm | |
| 400 | 81.3 | 71.7 | — | — |
| 500 | 81.3 | 99.4 | — | — |
| 600 | 103 | 99.4 | 146.3 | 154.0 |
| 700 | 124.6 | 127.1 | 167.3 | 182.6 |
| 800 | 146.3 | 154.9 | 189.6 | 210.3 |
| 900 | 167.9 | 154.9 | 232.9 | 210.3 |
| 1000 | 189.6 | 182.6 | 254.5 | 238 |
| 1100 | 211.2 | 210.3 | 276.2 | 265.7 |
| 1200 | 232.9 | 238 | 297.8 | 293.4 |
| 1300 | 254.5 | 238 | 341.1 | 321.1 |
| 1400 | 254.4 | 265.7 | 362.8 | 348.8 |
| 1500 | 297.8 | 293.4 | 384.4 | 376.6 |
| 1600 | 319.5 | 293.4 | 427.7 | 404.3 |
| 1700 | 341.1 | 321.1 | 427.7 | 459.7 |
| 1800 | 341.1 | 321.1 | 471 | 459.7 |

(3) 垫片的选择　垫片的选择要综合考虑各种因素，包括介质的性质、操作压力、操作温度、要求的密封程度，以及垫片性能、压紧面形式、螺栓力大小等。一般性原则，高温高压情况多采用金属垫片；中温、中压可采用金属与非金属组合式或非金属垫片；中、低压情况多采用非金属垫片；高真空或深冷温度下以采用金属垫片为宜。石油化工行业中换热器用垫片的选择可参考表 4-24。换热器用密封垫片的选用标准：JB 4718《金属包垫片》；JB 4719《缠绕垫片》；JB 4720《非金属软垫片》。

表 4-24　　垫片选用

| 介质 | 法兰公称压力/MPa | 介质温度/℃ | 法兰密封面型式 | 垫片名称 | 垫片材料或牌号 |
|---|---|---|---|---|---|
| 烃类化合物(烷烃、芳香烃、环烷烃、烯烃)、氢气、有机溶剂(甲醇、乙醇、苯、酚、糠醛)、氨 | ≤1.6 | ≤200 | 平面凹凸面榫槽面 | 耐油橡胶石棉板垫片 | 耐油橡胶石棉板 |
| | | 201～300 | | 缠绕式垫圈 | 金属带、石棉 |
| | 2.5 | ≤200 | | 耐油橡胶石棉板垫片 | 耐油橡胶石棉板 |
| | | ≤200 | | 缠绕式垫圈 | 金属带、石棉 |
| | 4.0、6.4 | 201～450 | | 金属包橡胶石棉垫片 | 镀锌板、镀锡薄铁皮、橡胶石棉板、0Cr18Ni9 |
| | 2.5、4.0、6.4 | 451～600 | | 缠绕式垫片 | 1Cr18Ni9Ti 金属带、柔性石墨 |
| | 2.5、4.0、6.4 | ≤200 | 平面 | 平垫 | 铝 |
| | ≤35.0 | ≤450 | 凹凸面 | 金属齿形垫片 | 10 |
| | | 451～550 | | | 1Cr13,1Cr18Ni9 |
| | | ≤450 | 梯形槽 | 椭圆形垫片或八角形垫片 | 10 |
| | | 451～550 | | | 1Cr13,1Cr18Ni9 |
| | | ≤200 | 锥面 | 透镜垫片 | 20 |
| | | ≤475 | | | 10MoWVNb |
| 水、盐、空气、煤气、蒸气、液碱、惰性气体 | 1.6 | ≤200 | 平面凹凸面 | 橡胶石棉垫片 | XB-200 橡胶石棉板 |
| | 4.0 | ≤350 | | | XB-350 橡胶石棉板 |
| | 6.4 | ≤450 | | | XB-450 橡胶石棉板 |
| | 4.0、6.4 | ≤450 | 凹凸面 | 缠绕式垫片 | 金属带、石棉 |
| | | | | 金属包橡胶石棉垫圈 | 镀锌薄铁皮、0Cr18Ni9、橡胶石棉板 |
| | 10.0 | ≤450 | 梯形槽 | 椭圆形垫片或八角形垫片 | 10 |

注：1. 苯对耐油橡胶石棉垫片中的丁腈橡胶有溶解作用，故 $PN \leqslant 2.5$MPa。

　　2. 温度小于或等于 200℃的苯介质也应选用缠绕式垫片。

　　3. 浮头等内部连接用的垫片，不宜用非金属软垫片。

　　4. 易燃、易爆、有毒、渗透性强的介质，宜选用缠绕式垫片或金属包橡胶石棉板。

## 三、支座

### 1. 卧式换热器支座

卧式换热器采用双鞍式支座，按 JB/T 4712.3—2007《容器支座 第 1 部分 鞍式支座》标准选用。鞍式支座的安放位置如图 4-44 所示，尺寸按下列原则确定：

(1) 两支座应安放在换热器管束长度范围内的适当位置。

当 $L \leqslant 3000$mm 时，取 $L_B = 0.4 \sim 0.6)L$；

当 $L > 3000$mm 时，取 $L_B = (0.5 \sim 0.7)L$；

尽量使 $L_C$ 和 $L'_C$ 相近。

(2) $L_C$ 应满足壳程接管焊缝与支座焊缝之间的距离要求，即

$$L_C \geqslant L_1 + B/2 + b_a + C$$

式中，取 $C \geqslant 4\delta$（$C$ 参见图 4-16），且 $\geqslant 50$ mm；$\delta$ 为筒体壁厚；$B$ 为补强圈外径；$b_a$ 为支座地脚螺栓孔中心线至支座垫板边缘的距离，单位均为 mm，其余符号见图 4-44。

　　2. 立式换热器支座

　　立式换热器采用耳式支座，按 JB/T 4712.3《容器支座　第 3 部分耳式支座》标准选用。耳式支座的布置按下列原则确定：

　　公称直径 $DN \leqslant 800$ mm 时，至少应安装两个支座，且对称布置；

　　公称直径 $DN > 800$ mm 时，至少应安装四个支座，且均匀布置。

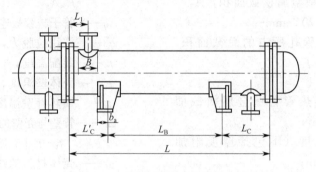

图 4-44　卧式换热器支座位置尺寸

# 第四节　列管式换热器强度设计

　　换热器的受力元件有：筒体、管箱、封头、管板、管子、法兰、膨胀节等，这些元件都需进行应力计算和强度校核，以保证安全可靠。

## 一、管板强度计算简介

　　管板与管子、壳体、管箱、法兰等连接在一起，构成复杂的弹性体系，因此管板的受力受到许多因素的影响，精确的强度计算比较困难。寻求先进合理的管板计算方法一直以来是各国相关行业和组织共同努力的目标，并且开展了大量的卓有成效的研究工作，修改和完善了相关的法规和标准。

　　目前，各国的管板计算方法本质上都是以弹性板壳理论为基础的分析设计方法，取代了曾广泛应用的、在力学模型上做了过分简化的美国 TEMA 方法。各国设计规范都不同程度地考虑了以下各种因素：

　　① 把实际管板简化为受到管孔削弱、同时又被管子加强的等效弹性基础上的均质等效圆平板。

　　② 管板周边部分较窄的非布管区按其面积简化为圆环形实心板。

　　③ 管板边缘可有各种不同形式的连接结构，如图 4-31 和图 4-32 所示，按管板边缘实际弹性约束条件计算。

　　④ 考虑法兰力矩对管板的作用。

　　⑤ 考虑管子与壳程圆筒的热膨胀差所引起的温差应力。

　　⑥ 仔细地计算带管子的多孔板折算为等效实心板的各种等效弹性常数和强度参数。

　　我国标准 GB 151—1999《管壳式换热器》在规则设计可能的范围内，对上述诸因素做了尽可能多地考虑，与国际同类先进标准一致。具体的计算方法详见该标准。

　　这里介绍一种采用上述设计思想的英国 B.S. 1500 标准中的计算方法，计算中考虑了封头、法兰以及壳体对管板边缘转角的约束作用，忽略了法兰力矩等，给出了管板边缘简支与夹持两种情况的计算公式与图表，计算方法比较简明。

**（一）B. S 法**

**1. 符号说明**

$A$——壳体内径横截面积，$A = \frac{\pi}{4} D_i^2$，$mm^2$；

$A_s$——圆筒壳壁金属横截面积，$A_s = \pi\delta(D_i + \delta)$，$mm^2$；

$A_t$——管板上管孔所占的总截面积，$A_t = n\frac{\pi d_o^2}{4}$，$mm^2$；

$a$——一根换热管管壁金属横截面积，$mm^2$；

$b$——管板厚度（不包括厚度附加量），$mm$；

$D_i$——壳体内直径，$mm$；

$d_o$——换热管子外直径，$mm$；

$E_p$——管板材料的弹性模量，$MPa$；

$E_s$——壳体材料的弹性模量，$MPa$；

$E_t$——管子材料的弹性模量，$MPa$；

$G_1$——系数，查图 4-45；

$G_2$——系数，查图 4-46；

$G_3$——系数，查图 4-47；

$K$——管板加强系数；

$L$——换热管有效长度（两管板内侧间距），$mm$；

$l_t$——管子与管板胀接长度或焊脚高度，$mm$；

$n$——换热管数目；

$p_a$——当量压力组合，$p_a = p_s - p_t(1 + \beta)$，$MPa$；

$p_b$——有效压力组合，$p_b = p_s - p_b \left(1 + \beta + \frac{Q}{\lambda}\right) + \beta\gamma E_t$，$MPa$；

$p_s$——壳程设计压力（表压），$MPa$；

$p_t$——管程设计压力（表压），$MPa$；

$Q$——管束与壳体的刚度比，$Q = \frac{E_t na}{E_s A_s}$；

$q$——管子与管板连接的拉脱力，$MPa$；

$[q]$——许用拉脱力，按表 4-26 取值；

$t_o$——装配温度，℃；

$t_s$——壳体壁温度，℃；

$t_t$——换热管壁温度，℃；

$\Delta t$——管壁与壳壁的平均壁温差，$\Delta t = |t_t - t_s|$，℃；

$\alpha_s$——壳体材料的线膨胀系数，1/℃；

$\alpha_t$——换热管材料的线膨胀系数，1/℃；

$\beta$——系数，$\beta = \frac{na}{A - A_t}$；

$\gamma$——换热管与壳程圆筒的热膨胀变形差，$\gamma = \alpha_t(t_t - t_o) - \alpha_s(t_s - t_o)$；

$\delta$——壳体壁厚，$mm$；

$\lambda$——系数，$\lambda = \frac{A - A_t}{A}$；

$\mu$——管板强度削弱系数，单程 $\mu = 0.4$，双程 $\mu = 0.5$，四程以上 $\mu = 0.6$；

$\sigma_r$——管板的径向应力，$MPa$；

$\sigma_t$——换热管的轴向应力，$MPa$；

$[\sigma]_c^t$——壳程圆筒材料在设计温度下的许用应力，$MPa$；

$[\sigma]_{cr}$——换热管稳定许用应力，$MPa$；

$[\sigma]_r^t$——管板材料在设计温度下的许用应力，$MPa$；

$[\sigma]_t^t$——换热管材料在设计温度下的许用应力，$MPa$。

**2. 计算步骤**

（1）假定管板厚度 $b$

（2）计算 $K$ 值

$$K^2 = 1.318 \frac{D_i}{b} \sqrt{\frac{E_t na}{E_p \mu L b}}$$

（3）确定管板边缘支承形式

夹持——管板连接处能有效防止周边的偏转，如图 4-32（c）高压换热器管板连接结构。

简支——管板边缘以窄的连接面或垫片环连接，常压或低压换热器管板连接结构。

半夹持——螺旋孔以内为一宽垫片或壳体壁厚较薄而法兰密封面又为全接触形式，如图 4-31 中压换热器管板连接结构。

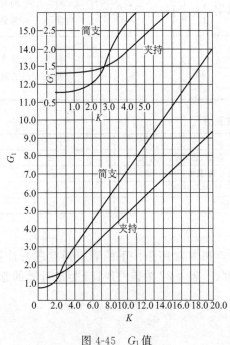

图 4-45 $G_1$ 值

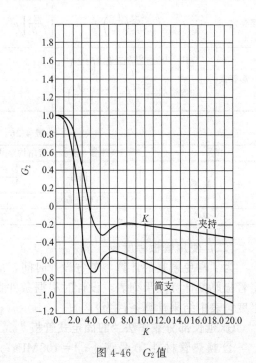

图 4-46 $G_2$ 值

（4）根据 $K$ 值在图 4-45～图 4-47 中分别查出相应的 $G_1$、$G_2$ 和 $G_3$ 值。

（5）计算管板径向应力 $\sigma_r$ 和换热管轴向应力 $\sigma_t$，计算公式见表 4-25。

（6）计算管子拉脱应力 $q = \dfrac{\sigma_t a}{\pi d_o l_t}$

（7）校核

① 不计膨胀变形差时，应同时满足：

$\sigma_r \leqslant 1.5[\sigma]_r^t$；$\sigma_t \leqslant [\sigma]_t^t$；当 $\sigma_t < 0$ 时，$|\sigma_t| \leqslant [\sigma]_{cr}$；$q \leqslant [q]$。

② 计入膨胀变形差时，应同时满足：

$\sigma_r \leqslant 3[\sigma]_r^t$；$\sigma_t \leqslant 3[\sigma]_t^t$；当 $\sigma_t < 0$ 时，$|\sigma_t| \leqslant [\sigma]_{cr}$；$q \leqslant [q]$。

若不满足要求，应重新假设管板厚度，也可以调整其他元件结构尺寸，再进行计算，直到满足条件为止。

（8）将计算所得的管板厚度加上厚度附加量，

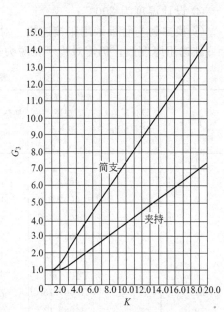

图 4-47 $G_3$ 值

即为实际的管板厚度。

表 4-25　管板计算公式

| 换热器类型 | 管板应力 $\sigma_r$ | 管子应力 $\sigma_t$ | 说　明 |
|---|---|---|---|
| 固定管板式 | $\dfrac{\lambda p_b}{4\mu G_1 (Q+G_3)}\left(\dfrac{D_i}{b}\right)^2$ | $\dfrac{1}{\beta}\left(p_a - \dfrac{p_b G_2}{Q+G_3}\right)$ 或 $\dfrac{1}{\beta}\left(p_a - \dfrac{p_b G_3}{Q+G_3}\right)$ | 对 $p_s$, $p_t$ 和 $\gamma$ 的考虑应使 $p_b$ 为最大 |
| 浮头式 | $\dfrac{p_s - p_t}{4\mu G_1}\left(\dfrac{D_i}{b}\right)^2$ | $\dfrac{1}{\beta}\left[p_a - \dfrac{(p_s - p_t)G_2}{\lambda}\right]$ 或 $\dfrac{1}{\beta}\left[p_a - \dfrac{(p_s - p_t)G_3}{\lambda}\right]$ | 对 $p_s$, $p_t$ 的考虑应使 $p_s - p_t$ 为最大 |
| U 形管式　简支 | $\dfrac{0.309(p_s - p_t)}{\mu}\left(\dfrac{D_i}{b}\right)^2$ | $-\dfrac{(p_s - p_t)A_t}{na} - p_t$ | 对 $p_s$, $p_t$ 的考虑应使 $p_s - p_t$ 为最大 |
| 　　　　　　夹持 | $\dfrac{0.1875(p_s - p_t)}{\mu}\left(\dfrac{D_i}{b}\right)^2$ | | |

表 4-26　许用拉脱力

| 换热管与管板连接结构型式 | | | $[q]$/MPa |
|---|---|---|---|
| 胀接 | 钢管 | 管端不卷边,管板孔不开槽 | 2 |
| | | 管端卷边或管板孔开槽 | 4 |
| | 有色金属管 | 管板孔开槽 | 3 |
| 焊接 | 钢管、有色金属管 | | $0.5[\sigma]_t^t$ |

### (二) 使用管板厚度表

为了避免繁复的计算，节省设计时间，应用计算机对常用条件下的管板强度进行计算，将管板厚度计算结果列表，设计时根据条件直接查取。表 4-27 为按 GB 151 标准计算的管板厚度，表中结果计算条件为：

① 延长部分兼作法兰的固定式管板

② 换热管材料 10 号钢 $[\sigma]_t^t = 108$MPa；

③ 管板材料 16Mn（锻）$[\sigma]_r^t = 147$MPa；

④ 设计温度为 200℃；

⑤ 换热管与管板采用胀接连接。对 $PN = 6.4$MPa 以及带星号 * 者，采用焊接。

在选用厚度后，仍需对管子拉脱力进行校核，校核方法见本章第三节。

表 4-27　管板厚度

| 序号 | 设计压力 $PN$/MPa | 壳体内直径×壁厚 $D_i \times \delta$ /mm×mm | 换热管数目 $n$ | 管板厚度 $b$/mm | | | |
|---|---|---|---|---|---|---|---|
| | | | | $\Delta t = \pm 50$℃ | | $\Delta t = \pm 10$℃ | |
| | | | | 计算值 | 设计值 | 计算值 | 设计值 |
| 1 | | 400×8 | 96 | 33.8 | 40.0 | 25.6 | 32.0 |
| 2 | | 450×8 | 137 | 34.9 | 40.0 | 26.5 | 32.0 |
| 3 | | 500×8 | 172 | 35.1 | 40.0 | 27.4 | 32.0 |
| 4 | | 600×8 | 247 | 35.7 | 42.0 | 29.1 | 34.0 |
| 5 | | 700×8 | 355 | 36.4 | 42.0 | 30.6 | 36.0 |
| 6 | | 800×10 | 469 | 44.1 | 50.0 | 35.4 | 40.0 |
| 7 | | 900×10 | 605 | 44.3 | 50.0 | 37.2 | 42.0 |
| 8 | | 1000×10 | 749 | 44.9 | 50.0 | 38.7 | 44.0 |
| 9 | | 1100×12 | 931 | 50.7 | 56.0 | 43.0 | 48.0 |
| 10 | 1.0 | 1200×12 | 1117 | 51.5 | 56.0 | 44.3 | 50.0 |

续表

| 序号 | 设计压力 $PN$/MPa | 壳体内直径× 壁厚 $D_i \times \delta$ /mm×mm | 换热管数目 $n$ | 管板厚度 $b$/mm | | | |
|---|---|---|---|---|---|---|---|
| | | | | $\Delta t = \pm 50℃$ | | $\Delta t = \pm 10℃$ | |
| | | | | 计算值 | 设计值 | 计算值 | 设计值 |
| 11 | | 1300×12 | 1301 | 52.3 | 58.0 | 45.7 | 52.0 |
| 12 | | 1400×12 | 1547 | 52.9 | 58.0 | 46.9 | 52.0 |
| 13 | | 1500×12 | 1755 | 53.6 | 60.0 | 48.1 | 54.0 |
| 14 | | 1600×14 | 2023 | 61.7 | 68.0 | 53.2 | 58.0 |
| 15 | | 1700×14 | 2245 | 62.4 | 68.0 | 54.5 | 60.0 |
| 16 | | 1800×14 | 2559 | 62.9 | 68.0 | 55.6 | 62.0 |
| 17 | | 1900×14 | 2833 | 60.5 | 66.0 | 55.5 | 62.0 |
| 18 | | 2000×14 | 3185 | 61.5 | 66.0 | 56.5 | 62.0 |
| 19 | | 400×8 | 96 | 36.5 | 42.0 | 33.0 | 40.0 |
| 20 | | 450×8 | 137 | 37.6 | 44.0 | 34.1 | 40.0 |
| 21 | | 500×8 | 172 | 38.7 | 46.0 | 35.4 | 42.0 |
| 22 | | 600×8 | 247 | 40.1 | 46.0 | 36.7 | 44.0 |
| 23 | | 700×10 | 355 | 46.4 | 52.0 | 41.1 | 48.0 |
| 24 | 1.6 | 800×10 | 469 | 47.4 | 54.0 | 43.7 | 50.0 |
| 25 | | 900×10 | 605 | 48.2 | 54.0 | 45.3 | 52.0 |
| 26 | | 1000×10 | 749 | 48.9 | 56.0 | 46.8 | 54.0 |
| 27 | | 1100×12 | 931 | 56.6 | 64.0 | 53.0 | 60.0 |
| 28 | | 1200×12 | 1117 | 57.4 | 64.0 | 54.6 | 62.0 |
| 29 | | 1300×14 | 1301 | 65.3 | 72.0 | 60.1 | 66.0 |
| 30 | | 1400×14 | 1547 | 66.1 | 72.0 | 61.7 | 68.0 |
| 31 | | 1500×14 | 1755 | 63.9 | 70.0 | 61.8 | 68.0 |
| 32 | | 1600×14 | 2023 | 64.7 | 72.0 | 63.2 | 70.0 |
| 33 | | 1700×14 | 2245 | 65.6 | 72.0 * | 64.3 | 70.0 |
| 34 | | 1800×14 | 2559 | 66.3 | 72.0 * | 65.4 | 72.0 |
| 35 | | 1900×14 | 2833 | 66.7 | 74.0 * | 66.6 | 74.0 |
| 36 | | 2000×14 | 3185 | 67.9 | 74.0 * | 67.9 | 74.0 |
| 37 | | 400×8 | 96 | 39.4 | 46.0 | 38.8 | 46.0 |
| 38 | | 450×8 | 137 | 140.8 | 48.0 | 39.1 | 46.0 |
| 39 | | 500×8 | 172 | 41.8 | 48.0 | 40.7 | 48.0 |
| 40 | | 600×10 | 247 | 49.4 | 56.0 | 46.4 | 52.0 |
| 41 | | 700×10 | 355 | 50.6 | 58.0 | 47.9 | 54.0 |
| 42 | | 800×10 | 469 | 52.5 | 58.0 | 50.3 | 56.0 |
| 43 | | 900×12 | 605 | 57.9 | 64.0 | 55.9 | 62.0 |
| 44 | | 1000×12 | 749 | 59.7 | 66.0 | 57.6 | 64.0 |
| 45 | 2.5 | 1100×14 | 931 | 66.4 | 72.0 | 64.4 | 70.0 |
| 46 | | 1200×14 | 1117 | 67.9 | 74.0 * | 65.5 | 72.0 |
| 47 | | 1300×14 | 1301 | 69.8 | 76.0 * | 69.8 | 76.0 |
| 48 | | 1400×16 | 1547 | 76.3 | 82.0 * | 76.3 | 82.0 |
| 49 | | 1500×16 | 1755 | 77.7 | 84.0 * | 77.7 | 84.0 |
| 50 | | 1600×18 | 2023 | 79.4 | 86.0 * | 79.4 | 86.0 |
| 51 | | 1700×18 | 2245 | 84.9 | 92.0 * | 84.9 | 92.0 |
| 52 | | 1800×20 | 2559 | 86.3 | 92.0 * | 86.3 | 92.0 |

续表

| 序号 | 设计压力 $PN$/MPa | 壳体内直径× 壁厚 $D_i×δ$ /mm×mm | 换热管数目 $n$ | 管板厚度 $b$/mm | | | |
|---|---|---|---|---|---|---|---|
| | | | | $Δt=±50℃$ | | $Δt=±10℃$ | |
| | | | | 计算值 | 设计值 | 计算值 | 设计值 |
| 53 | | 400×10 | 96 | 50.2 | 56.0 | 50.2 | 56.0 |
| 54 | | 450×10 | 137 | 52.6 | 60.0 | 52.6 | 60.0 |
| 55 | | 500×12 | 172 | 57.9 | 66.0 | 57.9 | 66.0 |
| 56 | | 600×14 | 247 | 66.4 | 74.0 | 66.4 | 74.0 |
| 57 | | 700×14 | 355 | 70.5 | 76.0 | 70.5 | 76.0 |
| 58 | 4.0 | 800×14 | 469 | 74.1 | 80.0 | 74.1 | 80.0 |
| 59 | | 900×16 | 605 | 81.1 | 88.0 * | 81.1 | 88.0 |
| 60 | | 1000×18 | 749 | 88.4 | 96.0 * | 88.4 | 96.0 |
| 61 | | 1100×18 | 931 | 90.9 | 98.0 * | 90.9 | 98.0 |
| 62 | | 1200×20 | 1117 | 97.7 | 104.0 * | 97.7 | 104.0 |
| 63 | | 400×14 | 96 | 71.2 | 84.0 | 71.2 | 84.0 |
| 64 | | 450×16 | 137 | 77.9 | 92.0 | 77.9 | 92.0 |
| 65 | | 500×16 | 172 | 83.5 | 96.0 | 83.5 | 96.0 |
| 66 | 6.4 | 600×20 | 247 | 98.8 | 112.0 | 98.8 | 112.0 |
| 67 | | 700×22 | 355 | 111.9 | 124.0 | 111.9 | 124.0 |
| 68 | | 800×22 | 469 | 117.5 | 130.0 | 117.5 | 130.0 |

注：1. $PN<1.0$MPa 时，可选用 $PN=1.0$MPa 的管板厚度。

2. 表中所列管板厚度适用于多管程的情况。

3. 当壳程设计压力与管程设计压力不相等时，可按较高一侧的设计压力选取表中的管板厚度，并按壳程、管程不同的设计压力，确定各自受压部件的结构尺寸。

## 二、壳体、封头强度计算

换热器的圆筒壳体、封头和管箱圆筒短节的厚度计算按 GB 150《压力容器》相关要求进行，但壳体的最小厚度按 GB 151《管壳式换热器》规定，不得小于表 4-28 和表 4-29 规定值。

**表 4-28　碳素钢或低合金钢圆筒的最小厚度**　　　　　　单位：mm

| 公称直径 | 400～≤700 | >700～≤1000 | >1000～≤1500 | >1500～≤2000 | >2000～≤2600 |
|---|---|---|---|---|---|
| 浮头式,U 形管式 | 8 | 10 | 12 | 14 | 16 |
| 固定管板式 | 6 | 8 | 10 | 12 | 14 |

注：表中数据包括厚度附加量（其中 $C_2$ 按 1mm 考虑）。

**表 4-29　高合金钢圆筒的最小厚度**　　　　　　单位：mm

| 公称直径 | 400～≤500 | >500～≤700 | >700～≤1000 | >1000～≤1500 | >1500～≤2000 | >2000～≤2600 |
|---|---|---|---|---|---|---|
| 最小直径 | 3.5 | 4.5 | 6 | 8 | 10 | 12 |

# 第五节　设　计　示　例

对第三章第二节设计示例中的换热器做机械结构设计和强度计算。

需要说明的是，换热器的结构设计是在工艺设计基础上进行机械设计最终加以确定。结构设计完成后，须对主要受压元件进行强度计算。

## 一、设计条件

换热器工艺参数见表 4-30。

**表 4-30　换热器工艺参数**

| 项目 | | 管程 | 壳程 |
|---|---|---|---|
| 压力/MPa | | 0.4 | 6.9 |
| 温度/℃ | 操作,进/出 | 29/39 | 110/60 |
| | 设计 | 34 | 85 |
| 介质 | | 水 | 混合气 |
| 程数 | | 2 | 1 |
| 设备工艺结构参数 | 换热器形式 | 浮头式 | |
| | 壳体内径/mm | | 1450 |
| | 换热管尺寸/mm | $\phi 25 \times 2.5, l=7000$ | |
| | 换热管数/根 | 1232 | |

## 二、结构设计

**1. 筒体内径**

工艺设计时,筒体内径 $D_i$ 的计算值为 1409mm,取管板利用率 $\eta=0.7$,并圆整后确定为 $D_i=1450$mm。但此处认为对于大直径换热器,管板利用率取值偏小,决定取 $D_i=1400$mm,并按此作排管图,重新计算相关工艺参数。

**2. 浮头管板及钩圈法兰**

根据 GB 151 规范要求及本章第一节相关内容,确定的结构尺寸如下:

浮头管板外径 $D_o=D_i-2b_1=1400-2\times 5=1390$mm;

浮头管板外径与壳体内径间隙,取 $b_1=5$(见表 4-15);

垫片宽度,按表 4-15 取 $b_n=16$mm;

浮头管板密封面宽度 $b_2=b_n+1.5=17.5$mm;

浮头法兰和钩圈的内直径 $D_{fi}=D_i-2(b_1+b_n)=1400-2(5+16)=1358$mm;

浮头法兰和钩圈的外直径 $D_{fo}=D_i+80=1400+80=1480$mm;

外头盖内径 $D=D_i+100=1400+100=1500$mm;

螺栓中心圆直径 $D_b=(D_o+D_{fo})/2=(1390+1480)/2=1435$mm;

**3. 管箱法兰和管箱侧壳体法兰**

应该依据壳体公称直径 DN1400 和按壳程压力确定的公称压力 PN 选择标准法兰。但在本设计示例中由于工艺给定的壳程压力及公称直径超出 JB 4703《长颈对焊法兰》标准范围,对壳体及外头盖法兰无法直接选取标准值,只能进行非标设计及强度计算。

**4. 管箱结构**

选用 B 型封头管箱。因换热器直径较大,且为二管程,其管箱最小长度可不按流通面积计算,只按相邻焊缝间距离计算。

$$L''_{g,\min} \geqslant L_2+L_3+L_4=\left(\frac{d_1}{2}+h_f+C\right)+L_3+(h_1+h_2)$$

$$=\frac{377}{2}+320+100+250+350+50=1258.5 \text{ mm}$$

取管箱长度为 1300mm。管箱内分程隔板厚度取 14mm,管箱结构如图 4-48(a) 所示。

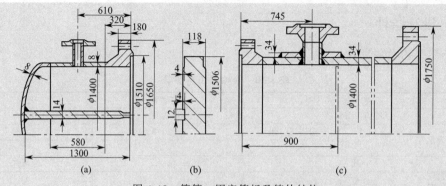

图 4-48　管箱、固定管板及筒体结构

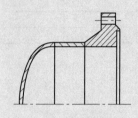

图 4-49　外头盖结构

**5. 固定端管板**

依据管箱法兰、管箱侧壳体法兰的结构尺寸，确定固定端管板最大外径为 $D=1506mm$，结构如图 4-48(b) 所示。

**6. 外头盖法兰、外头盖侧壳体法兰**

应该依据外头盖壳体公称直径 $DN1500$ 和按壳程压力确定的公称压力 $PN$ 选择标准法兰，由于 $PN$ 和 $DN$ 超出了 JB 4703《长颈对焊法兰》标准范围，只能进行非标设计。

**7. 外头盖结构**

外头盖结构如图 4-49 所示，轴向尺寸由浮动管板、钩圈法兰、钩圈强度计算确定厚度后决定。

**8. 垫片选择**

（1）管箱垫片　根据管程操作条件（循环水压力 0.4MPa，温度 34℃）选用石棉橡胶垫。垫片结构尺寸如 图 4-43(b) 所示，$D_{垫片}=1508mm$，$d_{垫片}=1400mm$。

（2）外头盖垫片　根据壳程操作条件（混合气体，压力 6.9MPa，温度 85℃）选用缠绕式垫片，垫片尺寸 $\phi1609mm/\phi1500mm$。

（3）浮头垫片　根据管、壳程压差和混合气体温度，选用金属包石棉垫片，以浮头管板结构确定垫片尺寸为 $\phi1390/\phi1358$，厚度 3mm。

**9. 鞍座选用及安装位置确定**

鞍座选用 JB/T 4712.1—2007，支座 BⅠ 1400-F/S

安装尺寸见图 4-44，其中 $L=6700mm$，$L_B=0.6L=0.6\times6700=4020mm$，取 $L_B=4000mm$，$Lc'\approx Lc=1350mm$。

**10. 折流板布置**

折流板结构尺寸：外径 $D=DN-8=1400-8=1392mm$，厚度取 8mm，圆缺尺寸在排管图上取。

壳体接管中心距管板内侧的距离 $L_2\geqslant B/2+h_f+C=300+320+100=720mm$，见图 4-16。

前端折流板距管板的距离至少为 $720+150=870mm$，结构调整为 900mm，见图 4-48(c)，后端折流板距浮动管板的距离为 900mm。

折流板间距取 450mm。

折流板数量＝（换热管长－两管板厚度－前后端折流板离管板的距离）/450
＝$(7000-110-900-900)/450\approx11$，取折流板 12 块。

拉杆直径取 $\phi16$，数量取 8 根，其中，长度为 5950mm 的 6 根，长度为 5500mm 的 2 根。

## 三、强度计算

### 1. 筒体壁厚计算

设计温度 85℃，计算压力 $p_c=6.9$MPa，焊缝系数取 $\phi=1$，腐蚀裕度 $C_2=1$mm。筒体材料选用低合金钢板 Q345R，材料在设计温度下的许用应力 $[\sigma]^t=185$MPa，室温下的屈服强度 $R_{eL}=325$MPa，钢板负偏差 $C_1=0.3$mm。

计算厚度　$\delta=\dfrac{p_c D_i}{2[\sigma]^t\phi-p_c}=\dfrac{6.9\times1400}{2\times185\times1-6.9}=26.6$ mm

设计厚度　$\delta_d=\delta+C_2=26.6+1=27.6$ mm

名义厚度　$\delta_n=\delta_d+C_1+$圆整$=27.6+0.3=27.9$ mm，

考虑开孔补强及结构需要取 $\delta_n=34$ mm

有效厚度　$\delta_e=\delta_n-C_1-C_2=34-0.3-1=32.7$ mm

水压试验压力　$p_T=1.25p_c\dfrac{[\sigma]}{[\sigma]^t}=1.25\times6.9\times1=8.6$ MPa

水压试验应力校核　$\sigma_T=\dfrac{p_T(D_i+\delta_e)}{2\delta_e}=\dfrac{8.6\times(1400+32.7)}{2\times32.7}=188.4$ MPa

188.4MPa$<0.9\sigma_s\phi=0.9\times325\times1=292.5$MPa，满足水压试验强度要求

### 2. 外头盖短节、封头厚度计算

外头盖内径 $D=1500$mm，其余条件、参数同筒体。

短节计算壁厚　$\delta=\dfrac{p_c D_i}{2[\sigma]^t p\phi-P_c}=\dfrac{6.9\times1500}{2\times185\times1-6.9}=28.5$ mm

设计壁厚　$\delta_d=\delta+C_2=28.5+1=29.5$ mm

名义壁厚　$\delta_n=\delta_d+C_1+$圆整$=29.5+0.3=29.8$mm　取 $\delta_n=34$ mm

有效厚度　$\delta_e=\delta_n-C_1-C_2=34-0.3-1=32.7$ mm

水压试验应力校核　$\sigma_T=\dfrac{p_T(D_i+\delta_e)}{2\delta_e}=\dfrac{8.6\times(1500+32.7)}{2\times32.7}=201.5$ MPa

201.5MPa$<0.9\sigma_s\phi=0.9\times325\times1=292.5$MPa，满足水压试验强度要求

外头盖封头选用标准椭圆封头

封头计算壁厚　$\delta=\dfrac{p_c D_i}{2[\sigma]^t\phi-0.5p_c}=\dfrac{6.9\times1500}{2\times185\times1-0.5\times6.9}=28.2$ mm

名义壁厚　$\delta_n=\delta+C_1+C_2+$圆整$=28.2+0.3+1=29.5$mm　取 $\delta_n=34$ mm

### 3. 管箱短节、封头厚度计算

设计温度 34℃，计算压力 $p_c=0.4$MPa，焊缝系数取 $\phi=0.85$，腐蚀裕度 $C_2=2$mm。筒体材料选用低合金钢板 Q345R，材料在设计温度下的许用应力 $[\sigma]^t=185$MPa，室温下的屈服强度 $R_{eL}=325$MPa，钢板负偏差 $C_1=0.3$mm。

计算厚度　$\delta=\dfrac{p_c D_i}{2[\sigma]^t\phi-p_c}=\dfrac{0.4\times1400}{2\times185\times0.85-0.4}=1.5$ mm

设计厚度　$\delta_d=\delta+C_2=1.5+2=3.5$ mm

名义厚度　$\delta_n=\delta_d+C_1+$圆整$=3.5+0.3=3.8$ mm

考虑开孔补强及结构需要取 $\delta_n = 8$ mm

有效厚度 $\delta_e = \delta_n - C_1 - C_2 = 8 - 0.3 - 2 = 5.7$ mm

在这种情况下，水压试验应力校核一定满足要求。

管箱封头厚度取与短节厚度相同，取 $\delta_n = 8$ mm

4. 管箱接管开孔补强校核

工艺设计给定的管程流体进出口管内径为 360mm，实际选用 $\phi377 \times 9$ 的 20 号热轧碳素钢管，材料的许用应力 $[\sigma]^t = 147$MPa，取 $C_2 = 1$mm。采用等面积补强法校核。

接管计算壁厚 $\delta_t = \dfrac{p_c D_o}{2[\sigma]^t \phi + p_c} = \dfrac{0.4 \times 377}{2 \times 147 \times 1 + 0.4} = 0.51$ mm

接管有效壁厚 $\delta_{et} = \delta_{nt} - C_2 - C_1 = 9 - 1 - 9 \times 0.15 = 6.65$ mm

开孔直径 $d = d_i + 2C = 377 - 2 \times 9 + 2 \times 2.35 = 363.7$ mm

接管有效补强宽度 $B = 2d = 2 \times 363.7 = 727.4$ mm

接管外侧有效补强高度 $h_1 = \sqrt{d\delta_{nt}} = \sqrt{363.7 \times 9} = 57.2$ mm

需要补强面积 $A = d\delta = 363.7 \times 1.5 = 545.6$ mm²

可以作为补强的面积：

$$A_1 = (B-d)(\delta_e - \delta) = (727.4 - 363.7) \times (5.7 - 1.5) = 1527.5 \text{ mm}^2$$
$$A_2 = 2h_1(\delta_{et} - \delta_t)f_r = 2 \times 57.2 \times (6.65 - 0.51) \times 147/185 = 558 \text{ mm}^2$$
$$A_1 + A_2 = 1527.5 + 558 = 2085.5 \text{ mm}^2 \ (>A = 545.6 \text{ mm}^2)$$

接管补强的强度足够，不需另设补强结构。

5. 壳体接管开孔补强校核

工艺设计给定的壳程流体进出口管内径为 300mm，实际选用 $\phi325 \times 12$ 的 20 号热轧碳素钢管，材料的许用应力 $[\sigma]^t = 147$MPa，取 $C_2 = 1$mm。采用等面积补强法校核。

接管计算壁厚 $\delta_t = \dfrac{p_c D_o}{2[\sigma]^t \phi + p_c} = \dfrac{6.9 \times 325}{2 \times 147 \times 1 + 6.9} = 7.45$ mm

接管有效壁厚 $\delta_{et} = \delta_{nt} - C_2 - C_1 = 12 - 1 - 12 \times 0.15 = 9.2$ mm

开孔直径 $d = d_i + 2C = 325 - 2 \times 12 + 2 \times 2.8 = 306.6$mm

接管有效补强宽度 $B = 2d = 2 \times 306.6 = 613.2$ mm

接管外侧有效补强高度 $h_1 = \sqrt{d\delta_{nt}} = \sqrt{306.6 \times 12} = 60.7$ mm

需要补强面积 $A = d\delta = 306.6 \times 26.6 = 8155.6$ mm²

可以作为补强的面积：

$$A_1 = (B-d)(\delta_e - \delta) = (613.2 - 306.6) \times (32.7 - 26.6) = 1870.3 \text{ mm}^2$$
$$A_2 = 2h_1(\delta_{et} - \delta_t)f_r = 2 \times 60.7 \times (9.2 - 7.45) \times 147/185 = 168.8 \text{ mm}^2$$
$$A_1 + A_2 = 1870.3 + 168.8 = 2039 \text{mm}^2 \ (<A = 8155.6 \text{ mm}^2)$$

尚需另加的补强面积：

$$A_4 > A - (A_1 + A_2) = 8155.6 - 2039 = 6116.6 \text{ mm}^2$$

补强圈厚度 $\delta_k = \dfrac{A_4}{B - d_o} = \dfrac{6116.6}{613.2 - 325} = 21.2$mm，实际取与筒体等厚 $\delta_k = 34$ mm

另行补强面积：

$$A_4 = \delta_k(B - d_o) = 34 \times (613.2 - 325) = 9798.8 \text{ mm}^2$$

$A_1+A_2+A_4=1870.3+168.8+9798.8=11838$ mm$^2$，大于 $A=8155.6$mm$^2$，满足补强要求

**6. 固定端管板厚度计算**

固定端管板厚度计算采用 BS 法。

管板材料采用 16Mn 锻，许用应力 $[\sigma]_r^t=178$ MPa

换热管材料采用 10 号碳素钢，设计温度下的许用应力 $[\sigma]_t^t=121$ MPa

设计温度下的屈服强度 $\sigma_s^t=181$ MPa

设计温度下的弹性模量 $E_t^t=197\times10^3$ MPa

假定管板厚度 $b=110$mm；总换热管数量 $n=1232$

一根换热管管壁金属的横截面积

$$a=\frac{\pi}{4}(d_0^2-d_i^2)=\frac{\pi}{4}(25^2-20^2)=176.6 \text{ mm}^2$$

壳体内径横截面积 $A=\frac{\pi}{4}D_i^2=\frac{\pi}{4}\times1400^2=1538600$ mm$^2$

管板上管孔所占的总截面积 $A_t=n\frac{\pi d_0^2}{4}=1232\times\frac{\pi\times25^2}{4}=604450$ mm$^2$

系数 $\beta=\frac{na}{A-A_t}=\frac{1232\times176.6}{1538600-604450}=0.233$

系数 $\lambda=\frac{A-A_t}{A}=\frac{1538600-604450}{1538600}=0.607$

壳程压力 $p_s=6.9$ MPa，管程压力 $p_t=0.4$ MPa

当量压力组合 $p_a=p_s-p_t(1+\beta)=6.9-0.4\times(1+0.233)=6.41$ MPa

管板强度削弱系数（双程） $\mu=0.5$

换热管有效长度（两管板内侧间距）取 $L=7000-2\times110=6780$ mm

计算系数 $K$

$$K^2=1.318\frac{D_i}{b}\sqrt{\frac{na}{\mu Lb}}=1.318\times\frac{1400}{110}\sqrt{\frac{1232\times176.6}{0.5\times6780\times110}}=12.8$$

$$K=3.58$$

管板周边按半夹持考虑，根据 $K$ 值查图 4-45、图 4-46、图 4-47 得：

$$G_1=2.5,\ G_2=-0.23,\ G_3=1.8$$

管板最大应力 $\sigma_r=\frac{p_s-p_t}{4\mu G_1}\left(\frac{D_i}{b}\right)^2=\frac{6.9-0.4}{4\times0.5\times2.5}\left(\frac{1400}{110}\right)^2=210$ MPa

管子最大应力 $\sigma_t=\frac{1}{\beta}\left[p_a-\frac{(p_s-p_t)G_2}{\lambda}\right]=\frac{1}{0.233}\left[6.41-\frac{(6.9-0.4)\times(-0.23)}{0.607}\right]=38.1$ MPa

或 $\sigma_t=\frac{1}{\beta}\left[p_a-\frac{(p_s-p_t)G_3}{\lambda}\right]=\frac{1}{0.233}\left[6.41-\frac{(6.9-0.4)\times1.7}{0.607}\right]=-50.6$ MPa

管子与管板采用强度焊接连接，结构见图 4-24，计算管子拉脱力：

$$q=\frac{\sigma_t a}{\pi d_o l_t}=\frac{50.6\times176.6}{3.14\times25\times3}=38 \text{ MPa}$$

管子稳定许用应力$[\sigma]_{cr}$计算（按 GB 151 规定）

系数　$C_r = \pi \sqrt{\dfrac{2E_t^t}{\sigma_s^t}} = 3.14 \times \sqrt{\dfrac{2 \times 197 \times 10^3}{181}} = 146.5$

换热管受压失稳当量长度　$l_{cr} = \dfrac{900 + 450}{\sqrt{2}} = 954.6$ mm

换热管的回转半径　　　　$i = 0.25 \sqrt{d_o^2 + d_i^2} = 0.25 \times \sqrt{25^2 + 20^2} = 8$ mm

$$L_{cr}/i = 954.6/8 = 119.3$$

$C_r > L_{cr}/i$，则 $[\sigma]_{cr} = \dfrac{\sigma_s^t}{2}\left(1 - \dfrac{L_{cr}/i}{2C_r}\right) = \dfrac{181}{2} \times \left(1 - \dfrac{119.3}{2 \times 146.5}\right) = 53.6$ MPa

强度校核：

$$\sigma_r = 210 \text{ MPa} < 1.5[\sigma]_r^t = 1.5 \times 178 = 267 \text{ MPa}$$

$$\sigma_t = 38.1 \text{ MPa} < [\sigma]_t^t = 121 \text{ MPa}$$

$$|\sigma_t| = 50.6 \text{ MPa} < [\sigma]_{cr} = 53.6 \text{ MPa}$$

$$q = 38 \text{ MPa} < [q] = 0.5[\sigma]_t^t = 0.5 \times 121 = 60.5 \text{ MPa}$$

管板计算厚度满足强度要求，校核通过。

考虑管板双面腐蚀取 $C_2 = 4$mm，隔板槽深取 4mm，实际管板厚度为 118mm，见图 4-50(b)

### 7. 浮动管板及钩圈

浮头管板、钩圈材料采用 16Mn 锻。浮动管板厚度不是由强度决定的，按结构取浮动管板厚度 $\delta_1 = 80$mm。

钩圈采用 B 型，钩圈设计厚度 $\delta = \delta_1 + 16 = 80 + 16 = 96$mm，结构见图 4-50(a) 和图 4-50(b)。

### 8. 球冠形封头计算

浮头盖的球冠形封头应分别按内、外设计压力计算，取其大者为计算厚度。本设计考虑到壳程压力 $p_s$ 远大于管程压力 $p_t$，故按壳程外压设计。

材料选用 Q345R 钢板，钢板厚度负偏差 $C_1 = 0.3$mm，双面腐蚀裕量 $C_2 = 3$mm

封头球面内半径 $R_i$ 按 GB 151—1999 标准中的表 46 选取，当 $DN = 1400$mm 时，$R_i = 1100$mm

假设名义厚度 $\delta_n = 50$mm，有效厚度 $\delta_e = \delta_n - C = 50 - 3 - 0.3 = 46.7$mm

封头球面外半径　$R_o = R_i + \delta_n = 1100 + 50 = 1150$mm，$R_o/\delta_e = 1150/46.7 = 24.6$

计算系数 $A$

$$A = \frac{0.125}{(R_o/\delta_e)} = \frac{0.125}{24.6} = 0.005$$

按材料 Q345R，查对应的外压应力系数曲线图（GB 150.3《压力容器》）得 $B = 175$MPa

许用外压力 $[p] = \dfrac{B}{(R_o/S_e)} = \dfrac{175}{24.6} = 7.1$MPa（$> p_s = 6.9$MPa），满足要求。

### 9. 浮头法兰计算

材料选用 16Mn 锻，按 GB 151 相应规定计算，计算过程从略，确定法兰厚度 150mm，结构见图 4-50(c)。

设计结果汇总于表 4-31。

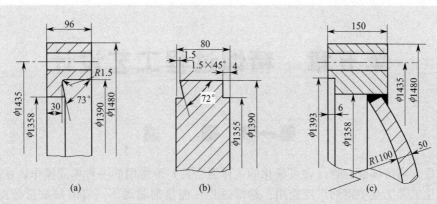

图 4-50　钩圈、浮动管板、浮头法兰结构

**表 4-31　设计结果汇总**

| 名　　　称 | 尺寸/mm | 材料 | 名　　　称 | 尺寸/mm | 材料 |
|---|---|---|---|---|---|
| 壳程筒体厚度 | 34 | Q345R | 管程接管 | $\phi377\times9$ | 20 |
| 壳体接管补强圈厚度 | 34 | Q345R | 壳程接管 | $\phi325\times12$ | 20 |
| 外头盖短节厚度 | 34 | Q345R | 固定端管板厚度 | 118 | 16Mn 锻 |
| 外头盖封头厚度 | 34 | Q345R | 浮动管板厚度 | 80 | 16Mn 锻 |
| 管箱短节厚度 | 8 | Q345R | 钩圈总厚度 | 96 | 16Mn 锻 |
| 管箱封头厚度 | 8 | Q345R | 球冠封头厚度 | 50 | Q345R |
| 管箱分程隔板厚度 | 14 | Q345R | 浮头法兰厚度 | 150 | 16Mn 锻 |

# 参 考 文 献

[1] 余国琮主编. 化工容器及设备. 北京：化学工业出版社，1980.

[2] 中华人民共和国国家标准. 压力容器. GB 150—2011.

[3] 中华人民共和国国家标准. 管壳式换热器. GB 151—1999.

[4] 史启才编. 换热器设计. 大连：大连理工大学出版社，1989.

[5] 《化工设备设计全书》编委会. 换热器设计. 上海：上海科学技术出版社，1988.

[6] 卓震主编. 化工容器及设备. 北京：中国石化出版社，1998.

[7] 朱聘冠编著. 换热器原理及计算. 北京：清华大学出版社，1987.

[8] 潘继红等. 管壳式换热器的分析与计算. 北京：科学出版社，1996.

[9] 贺匡国主编. 化工容器及设备简明设计手册. 北京：化学工业出版社，1989.

[10] 聂清德主编. 化工设备设计. 北京：化学工业出版社，1991.

[11] 冯殿源. 近代管壳式换热器的结构设计. 上海：化学工业部设备设计技术中心站，1978.

[12] 化学工业部设备设计技术中心站编. 化工设备结构图册. 上海：上海科学技术出版社，1979.

# 第五章 精馏过程工艺设计

## 第一节 概 述

精馏是分离液体混合物（含可液化的气体混合物）最常用的一种单元操作，在化工、炼油、石油化工等工业中得到广泛应用。精馏过程在能量剂驱动下（有时加质量分离剂），使气、液两相多次直接接触和分离，利用液相混合物中各组分挥发度的不同，使易挥发组分由液相向气相转移，难挥发组分由气相向液相转移，实现原料混合液中各组分的分离。该过程是同时进行传热、传质的过程。为实现精馏过程，必须为该过程提供物流的贮存、输送、传热、分离、控制等的设备、仪表。由这些设备、仪表等构成精馏过程的生产系统，即本章所设计的精馏装置。

### 一、精馏装置工艺设计的基本内容

#### （一）确定精馏过程工艺流程方案

根据待分离混合物的流量、组成、温度、压力、物性及工艺提出的分离要求，选择精馏的类型，例如常规精馏或特殊精馏、连续精馏或间歇精馏等。但有时可能选择其他分离过程，如萃取、吸收、蒸发等。然后，按照工艺要求选择分离单元的适宜操作条件，选择或设计辅助设备，以形成初始工艺流程方案。该初始方案通常要进行充分论证和严格的系统模拟计算，进一步优化操作条件使系统操作费和投资费的总费用最小，从而获得最终工艺流程方案。

#### （二）精馏塔工艺设计

精馏塔按传质元件区别可分成两大类，即板式精馏塔和填料精馏塔。每一大类中因结构差别可分为不同类型的板式塔和填料塔。根据原料液的流量、状态、物性及工艺的分离要求选择适宜的塔型。本章主要介绍板式塔的应用，故在设计中先选择一种形式的板式塔，然后完成塔径、塔高以及塔盘结构的设计。

#### （三）辅助设备设计

辅助设备主要指系统内再沸器、冷凝器、贮罐、预热器、冷却器等。

#### （四）管路设计及泵的选择

根据系统流量以及设备操作条件，设备的平、立面布置，对物料输送管线进行设计计算，估算系统的阻力，由管路计算结果确定泵的选择，提供泵的类型、流量及扬程。

#### （五）控制方案

为使系统安全稳定地运行，应根据工艺流程中各设备间工艺参数的相互关系，结合工艺条件要求设计适宜的控制方案。

#### （六）设计结果

将设计结果整理汇总形成设计说明书。其主要内容含工艺方案说明、带控制点及物料衡算表的工艺流程图、精馏塔工艺条件图、辅助设备主要工艺参数一览表及控制条件。此外，还提供精馏装置主要设备设计说明及设计依据。

## 二、精馏塔设备的选择

精馏塔是精馏装置的主体核心设备，气、液两相在塔内多级逆向接触进行传质、传热、实现混合物的分离。为使精馏塔具有优良的性能以满足生产的需要，通常考虑以下几方面因素。

（1）生产能力大　即单位塔截面可通过较大的气、液相流量，不会产生液泛等不正常流动。

（2）效率高　气、液两相在塔内流动时能保持充分的密切接触，具有较高的塔板效率或较大的传质速率。

（3）流动阻力小　流体通过塔设备的阻力小，可以节能、降低操作费用。在减压操作时，易于达到所要求的真空度。

（4）有一定的操作弹性　当气、液相流量有一定波动时，两相均能维持正常的流动，且不会使效率产生较大的变化。

（5）结构简单，造价低，安装检修方便。

（6）能满足物系某些工艺特性，如腐蚀性、热敏性、起泡性等特殊要求。

根据上述要求，可对板式塔和填料塔的性能作一简要的比较，详见表5-1。

一般来说，对于物系无特殊工艺特性要求，且生产能力不是过小的精馏操作，宜采用板式塔。

表 5-1　板式塔和填料塔的比较

| 项　　目 | 塔　型 | |
| --- | --- | --- |
| | 板　式　塔 | 填　料　塔 |
| 压力降 | 压力降一般比填料塔大 | 压力降小，较适于要压力降小的场合 |
| 空塔气速（生产能力） | 空塔气速小 | 空塔气速大 |
| 塔效率 | 效率稳定，大塔效率比小塔有所提高 | 塔径在$\phi$1400mm以下效率较高，塔径增大，效率常会下降 |
| 液气比 | 适应范围较大 | 对液体喷淋量有一定要求 |
| 持液量 | 较大 | 较小 |
| 材质要求 | 一般用金属材料制作 | 可用非金属耐腐蚀材料 |
| 安装维修 | 较容易 | 较困难 |
| 造价 | 直径大时一般比填料塔造价低 | 直径小于$\phi$800mm，一般比板式塔便宜，直径增大，造价显著增加 |
| 重量 | 较轻 | 重 |

不同类型的板式塔，例如泡罩塔、筛板塔、浮阀塔、喷射型塔、多降液管塔、无溢流塔等，各有其优点，也有其不足，各有适用的场合。

任何一种类型的塔，都难以同时满足上述要求。因此，设计者只能根据分离物系的性质和工艺要求，结合实际，通过几项主要指标的分析比较，选取一种相对适宜的塔型。表5-2作为选型的参考。

表 5-2　板式塔形式的选取

| 序号 | 内　　容 | 泡罩 | 条形泡罩 | S形泡罩 | 溢流式筛板 | 导向筛板 | 圆形浮阀 | 条形浮阀 | 栅板 | 穿流式筛板 | 穿流式管排 | 波纹筛板 | 异孔径筛板 | 条孔网状塔板 | 舌形板 | 文丘里式塔板 |
| --- | --- | --- | --- | --- | --- | --- | --- | --- | --- | --- | --- | --- | --- | --- | --- | --- |
| 1 | 高气、液相流量 | C | B | D | E | E | E | E | E | E | E | E | E | E | E | F |
| 2 | 低气、液相流量 | D | D | D | C | D | F | F | C | D | C | D | D | E | D | B |
| 3 | 操作弹性大 | E | B | E | D | F | E | F | B | E | B | C | D | D | D | D |

续表

| 序号 | 内容 | 泡罩 | 条形泡罩 | S形泡罩 | 溢流式筛板 | 导向筛板 | 圆形浮阀 | 条形浮阀 | 栅板 | 穿流式筛板 | 穿流式管排 | 波纹筛板 | 异孔径筛板 | 条孔网状塔板 | 舌形板 | 文丘里式塔板 |
|---|---|---|---|---|---|---|---|---|---|---|---|---|---|---|---|---|
| 4 | 阻力降小 | A | A | A | D | C | D | C | E | D | E | D | D | C | E |  |
| 5 | 液沫夹带量少 | B | B | C | D | D | D | E | E | E | E | E | E | E | C | F |
| 6 | 板上滞液量少 | A | A | A | D | E | D | D | D | E | C | E | E | F | C | E |
| 7 | 板间距小 | D | C | C | D | E | E | D | D | F | F | E | E | D | E | F |
| 8 | 效率高 | E | D | C | D | C | E | E | C | F | F | F | E | D | C | F |
| 9 | 塔单位体积生产能力大 | C | C | E | D | F | E | F | F | F | F | F | E | F | D | E |
| 10 | 气、液相流量的可变性 | D | C | E | D | E | D | F | B | A | C | A | C | C | D | D |
| 11 | 价格低廉 | C | C | B | D | D | D | D | F | C | D | D | E | E | D | F |
| 12 | 金属消耗量少 | C | C | B | D | D | D | E | F | C | D | D | E | F | D | F |
| 13 | 易于装卸 | B | B | C | B | D | C | B | D | F | D | D | F | E | D | F |
| 14 | 易于检查清洗和维修 | C | C | D | B | D | D | B | E | E | E | E | E | E | C | E |
| 15 | 有固体沉积时用液体进行清洗的可能性 | B | A | A | B | A | B | E | E | E | E | E | E | E | C | C |
| 16 | 开工和停工方便 | E | B | E | C | D | E | C | C | D | C | D | D | D | E | E |
| 17 | 加热和冷却的可能性 | B | B | B | B | A | D | D | D | D | F | D | C | C | A | A |
| 18 | 对腐蚀介质使用的可能性 | B | B | C | D | C | E | E | E | E | D | E | D | D | C | C |

注：表中符号说明：A—不合适；B—尚可；C—合适；D—较满意；E—很好；F—最好。

# 第二节  设 计 方 案

欲将某液体混合物采用精馏方法进行分离，以获得一定纯度的多个产品。通常，首先对该混合物进行严格物性分析，确认该混合物中各组分之间是否能形成共沸物，能形成哪些共沸物及共沸物的组成；相邻组分之间的相对挥发度或沸点差的大小。同时，要求这些数据必须通过生产实践或实验研究的证明是可靠的，为分离序列选择提供基础数据。

对于三元或三元以上多组分混合物的完全分离，其流程是多方案的。需要采用分离序列综合的方法，确定适宜的分离序列。

## 一、分离序列的选择

对于二元混合物采用一个精馏塔分离，分别从塔顶、塔底获得轻、重组分产品，显然分离序列是唯一的。当 $n$ 个组分的混合物，采用简单精馏塔进行锐分离获取 $n$ 个产品，则需要 $(n-1)$ 个塔，通过不同的组合，可得到 $[2(n-1)]!\,/[n!\,(n-1)!]$ 个分离序列。不同分离序列其操作费用及设备投资费用不同，在这些分离序列中必存在适宜分离序列，即总费用最小的分离序列。一般情况下，多采用顺序流程。然而，若相邻组分之间的相对挥发度及其他参数存在较大差异时，则不一定采用顺序流程。为此，在设计流程方案时，应结合一些经验规则和方法加以确定，可参考相关的专著。

## 二、操作条件的选择

当分离序列即流程确定之后，应选择各单元设备的操作条件初值，以便系统的严格模拟计算及操作参数的优化。操作条件的选择通常以物系的性质、分离要求等工艺条件以及所能提供的公用工程实际条件作为前提，以达到某一目标为最优来选择适宜操作条件。在精馏装置中，首先选择精馏塔的操作条件，其他单元设备操作条件随之而定。同时，还要考虑本装置与上、下游装置衔接的工况。精馏塔操作条件的选择通常从以下几方面进行考虑。

### 1. 操作压力

精馏操作可以在常压、加压或减压下进行，操作压力的大小应根据经济上的合理性和物料的性质来决定。常压精馏最为简单和经济，若物料性质无特殊要求，应尽可能在常压下操作。

精馏塔操作压力取决于多方面的因素。首先是待分离物系的性质，例如，在常压下为液态混合物，若沸点很高，且具有一定的热敏性，应选择减压精馏。反之，若沸点适中，则可选择常压蒸馏。如果待分离混合物为气相，只有在较高的压力下或很低的温度下才能液化，采用蒸馏的方法进行分离时，应提高其操作压力，或提高冷剂的品位，以保证精馏过程的实现。操作压力与冷凝器冷剂的选择是相关的，如果适当提高压力，则可用循环冷却水取代较高品位的冷剂。但如果压力需要得很高，致使设备费过高时，提高压力与采用适宜冷剂应同时考虑。如石油裂解气的深冷分离就属此类。

操作压力的选择还与方案流程有关。当考虑系统能量集成时，为使塔底或塔顶温度适宜于能量集成需要，常常可通过调节塔操作压力来实现。如果要使塔顶蒸气作为某单元的热源，则应提高塔的操作压力使其温度满足用户的要求。而如果该塔再沸器要采用其他精馏塔塔顶排出的蒸气作为热源，而该塔塔釜温度稍高，则也可通过降低该塔操作压力的方法满足传热的要求，显然，这种调节是有一定限度的。

加压操作可减少气相体积流量，增加塔的生产能力，但也使得物系的相对挥发度降低，不利分离，同时还使再沸器所用热源的品位相应提高，能耗有所增加。故压力的选择要权衡利弊综合考虑。

### 2. 进料状态

进料可以是过冷液体、饱和液体、饱和蒸气、气液混合物或过热蒸气。不同的进料状态对塔的气、液相流量分布、塔径和所需的塔板数都有一定的影响，通常进料状态由前一工序来的原料的状态决定。从设计角度来看，如果来的原料为过冷液体，则可考虑加设原料预热器，将料液预热至泡点，以饱和液体状态进料。这时，精馏段和提馏段的气相流率相近，两段的塔径可以相同，便于设计和制造，另外，操作上也比较容易控制。对冷进料的预热过程，可采用本系统低温热源，如塔釜液或工艺物流，从而减少过冷进料时再沸器热流量，节省高品位热能，降低系统的有效能损失，使系统用能趋于合理。但是，若将进料温度提的过高，以至泡点以上，可导致提馏段气、液相流量同时减少，从而引起提馏段液、气比的增加，为此削弱了提馏段各板的分离能力，使其所需塔板数有所增加。

### 3. 回流比

回流比是精馏塔的重要操作参数，它不仅影响塔的设备费还影响其操作费。对总成本的不利和有利影响同时存在，只是看哪种影响占主导，为此，操作回流比存在一个最优值，其优化的目标是设备费与操作费之和，即总成本最小。

一般来说，适宜的回流比大致为最小回流比的 1.2～2 倍，通常，能源价格较高或物系比较容易分离时，这一倍数宜适当取得小些。需要指出的是实际生产中，回流比往往是调节产品质量的重要手段，必须留有一定的裕度，因此，具体的倍数需参考实际生产中的经验数据来决定。

## 三、控制方案的选择

精馏塔是精馏过程的关键设备，在精馏操作中，由于被控变量和可调节变量较多，因此控制方案也比较多。通常优先考虑简单可行、成熟、可靠的简单控制方案，如图 5-1 所示。在简单控制方案难以实现的条件下才考虑采用复杂控制方案。

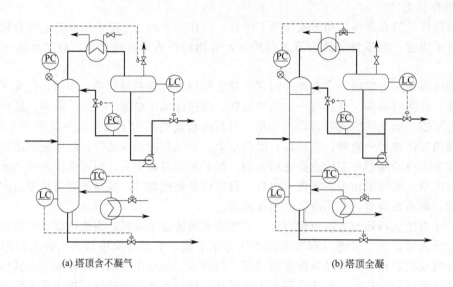

(a) 塔顶含不凝气　　　　　　　　　　　　(b) 塔顶全凝

图 5-1　精馏塔控制方案

**1. 塔顶压力控制**

精馏塔的操作需要保持恒定的压力，这是因为压力与气、液相平衡有密切的关系，压力的波动将会影响精馏产品质量。对于常压精馏塔，若对操作压力恒定要求不高，可不采用任何压力调节系统，只在塔设备上设置一个与大气相通的管道来平衡压力，保证塔内压力接近大气压。对于加压精馏塔，其压力控制方案与塔顶馏出物的状态及馏出物中不凝性气体组成有关。对于塔顶馏出物全凝的情况，可采用调节冷却剂流量的办法，改变气体在冷凝器中冷凝的速度从而调节塔压，如图 5-1(b) 所示。当塔设备容量过大，对于塔顶馏出物中含有不凝气的情况，可采用如图 5-1(a) 所示的控制方案，通过控制回流罐的不凝气排放量来控制塔压。此种控制方案不适用于塔顶气相中不凝气的含量小于塔顶气相总量的 2% 时的情况。

**2. 流量控制**

精馏塔进料量的波动将影响塔的分离效果，为保证产品的质量，需对进料量进行控制。若塔进料来自原料贮罐，可以设置流量定值调节来恒定进料流量，采用的调节方案可根据所选用泵的类型决定。回流量的调节也要根据使用泵的类型决定。

**3. 提馏段温度控制**

如图 5-1 所示，是常见提馏段温度控制的一种方案。该方案中，控制变量是提馏段塔板温度，操纵变量是再沸器加热蒸汽量。这种控制方案适用于塔底产品为主要产品，且对其质量要求较高的场合。

# 第三节　精馏过程系统的模拟计算

按照精馏工艺流程要求将各个单元设备连接起来，就形成了精馏过程系统，如图 5-2 所示，在系统中各个参数是相互影响制约的。其中有些参数由工艺条件给定或在一定范围内由设计者选定，这些参数称为设计变量。例如，原料流量、组成、温度、压力、产品的纯度

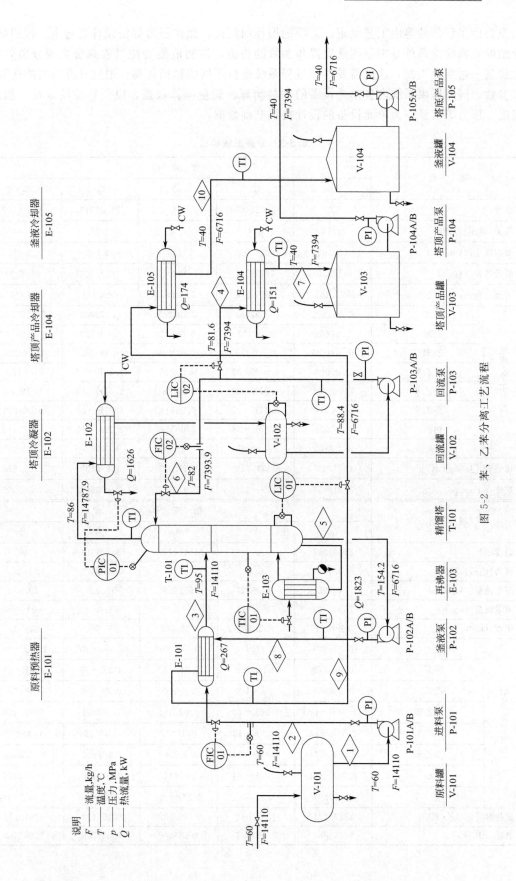

图 5-2 苯、乙苯分离工艺流程

以及公用工程条件等由工艺给定。而塔的操作回流比、操作压力等由设计者选定。按照前面介绍的选择操作条件基本原则选定操作参数的初值，该初值能否使过程系统实现分离要求，达到某一适宜的工况，这就需要对该过程系统进行严格的模拟计算。通过计算调整或优化操作参数，同时提供系统内各单元设备的物料衡算、能量衡算数据，以及物流的流量、组成、温度、压力等信息，为单元设备的设计提供基础数据。

表 5-3　分离系统物流

| 项　目 | | ① | ② | ③ | ④ | ⑤ |
|---|---|---|---|---|---|---|
| | | \multicolumn{5}{c}{物　流　号} | | | | |
| 温度/℃ | | 60 | 60.22169 | 95 | 81.55513 | 154.2297 |
| 压力(绝压)/MPa | | 0.15 | 0.4 | 0.4 | 0.11 | 0.14 |
| 摩尔流量/(kmol/h) | | 154.63 | 154.63 | 154.63 | 94.992 | 59.638 |
| 质量流量/(kg/h) | | 14109.97 | 14109.97 | 14109.97 | 7393.922 | 6716.05 |
| 密度/(kg/m³) | | 827.165 | 827.155 | 793.684 | 809.971 | 728.155 |
| 组成(摩尔分数) | 苯 | 0.598262 | 0.598262 | 0.598262 | 0.973863 | 1.43E−07 |
| | 甲苯 | 0.00602 | 0.00602 | 0.00602 | 0.009773 | 4.20E−05 |
| | 乙苯 | 0.309126 | 0.309126 | 0.309126 | 0.06466 | 0.791206 |
| | 二乙苯 | 0.00906 | 9.06E−03 | 0.00906 | 1.30E−10 | 0.023491 |
| | 三乙苯 | 0.062781 | 6.28E−02 | 0.062781 | 2.57E−12 | 0.16278 |
| | 多乙苯 | 0.00311 | 3.11E−03 | 0.00311 | 1.81E−24 | 0.008064 |
| | 焦油 | 0.00556 | 5.56E−03 | 0.00556 | 8.08E−34 | 0.014416 |
| | 水 | 0.00608 | 0.00608 | 6.08E−03 | 0.009897 | 8.94E−08 |
| 比热容/[J/(kg·K)] | | 1871.035 | 1871.728 | 1997.432 | 1887.103 | 2250.823 |
| 黏度/mPa·s | | 3.919437 | 3.919437 | 3.919437 | 2.053867 | 1.865569 |

| 项　目 | | ⑥ | ⑦ | ⑧ | ⑨ | ⑩ |
|---|---|---|---|---|---|---|
| | | \multicolumn{5}{c}{物　流　号} | | | | |
| 温度/℃ | | 81.97317 | 40 | 154.4783 | 88.44514 | 40 |
| 压力(绝压)/MPa | | 0.45 | 0.4 | 0.35 | 0.35 | 0.3 |
| 摩尔流量/(kmol/h) | | 94.992 | 94.992 | 59.638 | 59.638 | 59.638 |
| 质量流量/(kg/h) | | 7393.922 | 7393.922 | 6716.05 | 6716.05 | 6716.05 |
| 密度/(kg/m³) | | 809.904 | 853.675 | 728.263 | 786.362 | 829.19 |
| 组成(摩尔分数) | 苯 | 0.973863 | 0.973863 | 1.43E−07 | 1.43E−07 | 1.43E−07 |
| | 甲苯 | 0.009773 | 0.009773 | 4.2E−05 | 4.2E−05 | 4.2E−05 |
| | 乙苯 | 0.006466 | 0.006466 | 0.791206 | 0.791206 | 0.791206 |
| | 二乙苯 | 1.30E−10 | 1.30E−10 | 0.023491 | 0.023491 | 0.023491 |
| | 三乙苯 | 2.57E−12 | 2.57E−12 | 0.16278 | 0.16278 | 0.16278 |
| | 多乙苯 | 1.81E−24 | 1.81E−24 | 0.008064 | 0.008064 | 0.008064 |
| | 焦油 | 8.08E−34 | 8.08E−34 | 0.014416 | 0.014416 | 0.014416 |
| | 水 | 0.009897 | 0.009897 | 8.94E−08 | 8.94E−08 | 8.94E−08 |
| 比热容/[J/(kg·K)] | | 1887.771 | 1747.088 | 2250.982 | 2025.151 | 1761.181 |
| 黏度/mPa·s | | 2.053867 | 2.053867 | 1.865569 | 1.865569 | 1.865569 |

精馏塔的分离计算是精馏装置过程设计的关键。通过分离计算确定给定原料达到规定分离要求所需理论级数、进料位置、再沸器及冷凝器的热流量；确定塔顶、塔底以及侧线采出产品的流量、组成、温度及压力；确定精馏塔内温度、压力、组成以及气相、液相流量的分布。在实际工程设计中，通过建立严格的物料衡算方程（M）、气液相平衡方程（E）、组分归一方程（S）以及热量衡算方程（H），即描述复杂精馏塔的基本方程（MESH）。基本方程中热力学性质及由热力学性质决定的关系，例如热焓及相平衡关系，由热力学方程进行推算。根据不同物系选择不同的方法对基本方程进行求解，求解过程通常由计算机来完成。计算结果的准确性取决于物系的热力学方程的准确性。所以，精馏的分离计算，关键在选择一适宜的热力学模型。在实际工程设计中，通常首先以生产实际数据或实验数据，以及被生产检验过与实际符合较好的设计数据为依据，确认或选择热力学模型，然后由此模型对过程系统或单元设备进行模拟计算。在设计中多采用功能强大、国际上比较通用的化工计算软件 Aspen Plus 或 Pro Ⅱ 等进行过程的模拟及设计计算。通过计算可以获得各物流的热力学性质及物性数据，为设备工艺设计提供了条件。当然，也可自行开发专用软件进行过程的设计计算。

对于近似理想物系的精馏，在恒摩尔流假设条件下可采用传统的经典方法进行估算。对于多组分混合物精馏，则可根据物系特点及工艺要求选定适宜的轻、重关键组分，近似按双组分处理，或通过清晰与非清晰分割后进行逐板计算，估算所需理论级数和进料位置。对于双组分精馏，可采用《化工原理》教材介绍的逐板计算法、M·D 图解法及 Gilliand 关联的简捷法进行估算。上述近似估算可作为过程的分析以及严格计算的初值，最终结果应参考实际工程或实验结果加以确认。

在精馏装置的设计中，除了对精馏塔进行严格模拟计算外，还需对过程系统进行模拟计算。通过系统模拟计算，获取系统物流的流量、组成、温度及相关物性参数等，如系统物料衡算表，如表 5-3 所示。同时获得精馏装置的辅助设备（如原料预热器、精馏塔再沸器、冷凝器、产品的冷却器等）设计的基础数据，以便设计传热设备及计算公用工程热源和冷剂用量。具体方法参考相关的教材。

## 第四节　实际塔板数及塔高

### （一）实际塔板数

精馏塔的实际塔板数，取决于物系在一定操作条件下达到规定分离要求所需的理论塔板数和在实际工况下实际板的效率。通常生产过程中塔内每块板效率并不相同，为设计方便，常取塔板的平均效率，并由式(5-1)计算实际塔板数 $N_P$。

$$N_P = N_T / E_T \tag{5-1}$$

式中，$N_T$ 为理论塔板数（不包括塔釜）。

理论塔板数 $N_T$ 由前述的精馏塔分离计算获得，塔板效率 $E_T$ 则由生产实际经验确定或由经验公式估算。

### （二）塔高

塔高包括塔的有效高度、顶部和底部空间及裙座高度。

塔的有效高度是指布置塔内件所需要的空间高度。对于板式塔来说，其有效高度等于实际塔板数 $N_P$ 与塔板间距 $H_T$ 的乘积。考虑人孔，进、出口接管要求，调整所在位置的板间距。例如，人孔处其 $H_T > 600mm$，进料处的板间距也应适当增大。

塔的顶部空间高度是指顶第一块塔板到塔顶封头的垂直距离。设置顶部空间的目的在于减小塔顶出口气体中的液体夹带量，该高度一般在 1.2～1.5m。如若提高除沫效率，进一步减小气体中的液体夹带量，则可在塔顶部设置除沫网。除沫网底部到塔板的距离一般不得小于塔板间距。

塔的底部空间高度是指塔底最下一块塔板到塔底封头之间的垂直距离。该空间高度包括釜液所占高度和釜液面到最下一块塔板间的高度两部分。釜液所占空间高度的确定是依据塔的釜液流量以及釜液在塔内的停留时间确定出空间容积，然后根据该容积和塔径计算出釜液所占的空间高度。而塔釜液面到最下一块塔板间所需的空间高度以满足安装塔底气相接管所需空间高度和气液分离所需空间高度计算。当塔的进料系统有较大的缓冲容量时，一般要求釜液有 3～5min 的停留时间。若系统无太大缓冲容量，则釜液停留时间为 20～30min。对于易结焦的物料，釜液的停留时间一般取 1～1.5min。但是，一般实际设计均超过以上停留时间。

塔底裙座高度是指塔底封头到基础环之间的高度，应由实际工艺条件确定。一般情况下应考虑到安装塔底再沸器所需要的空间高度。根据以上原则计算塔的总高 $h$ 为

$$h = N_P H_T + \Delta h$$

式中，$\Delta h$ 为调整板间距、塔两端空间和裙座所占的总高度。

# 第五节　浮阀塔塔盘工艺设计

## 一、板式塔工艺设计简介

板式塔和填料塔一样，塔体多为钢板卷制的圆形筒体，小塔径也用铸铁制造而成。塔两

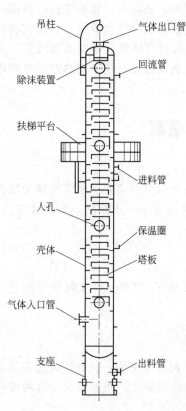

端加盖封头，即顶盖和底盖。通常塔筒体较高，需由多节筒体焊接而成。对小直径塔，为便于安装维修可采用法兰连接。在塔内，根据工艺要求，装有多层塔板，为气、液相接触进行传质提供条件，塔板性能的好坏直接影响传质效果。在塔体的适宜位置上开设有物料的进、出口，以便与相应管线相连。考虑到安装、检修的需要，塔体上还要设置人孔或手孔、平台、扶梯、吊柱、保温圈等，整个塔体由塔裙座支撑，如图 5-3 所示。

塔板是板式塔最主要的部件，其上开有一定数量的气相通道，各种塔板的区别主要就在于气相通道的结构不同。塔板上还装有相邻塔板的液相通道即降液管，接受液体的受液盘，和维持一定液层的溢流堰等。

板式塔主要尺寸的设计计算，包括塔高、塔径的设计计算，塔板上液流形式的选择，溢流装置的设计计算，塔板板面的布置以及气相通道的设计计算等。至于壳体的厚度，塔板的固定和密封，吊柱、支座等附件的设计等，涉及强度计算、加工制造和安装检修方面的知识，主要应由机械设计人员来完成。

板式塔设计计算所需的基础数据包括气液两相的体积流量、操作温度和压力、流体的物性常数（如密度、表面张力等）以及实际塔板数等。通常，由于进料状态和各处温度、压力的不同，沿塔高方向上两相的体积流

吊柱
气体出口管
除沫装置
回流管
扶梯平台
进料管
人孔
保温圈
壳体
塔板
气体入口管
支座
出料管

图 5-3　板式塔结构简图

量和物性常数有所变化，故常先选取某一截面条件下的数据作为设计的依据，以此确定塔板的尺寸，然后适当调整部分塔板的某些尺寸，或必要时分段设计（一般应尽量保持塔径不变），以适应两相体积流量的变化。

目前，板式塔的设计计算主要从塔板上两相的流动情况出发来进行的（关于塔板上两相的流动情况详见有关《化工原理》）。要求所设计的塔板不仅能避免各种异常流动以保证正常操作，而且还应尽可能减小液沫夹带、气泡夹带或两相流动不匀等对传质的影响，使之具有较高的塔板效率。由于板式塔中两相流动情况和传质性能的复杂性，许多参数和塔板的尺寸至今还不能完全靠理论计算，而需根据经验来选取。因不少尺寸和参数之间彼此互相影响和制约，故在设计计算过程中往往不可避免地需要进行试差计算。有些计算结果还需圆整使其符合工程上的标准和规范。由于这些原因，使得该设计计算和通常的计算有一定的区别。一般来说，板式塔主要工艺尺寸设计计算的基本思路是先利用有关的关系式，并结合经验数据确定出初步的结构尺寸，然后进行若干项性能或指标的校核。在计算和校核过程中，通过不断的调整和修正，直至得到比较满意的结果。各种形式板式塔的设计计算方法大同小异，以下针对浮阀塔进行讨论。由于板式塔是一种通用的气液传质设备，因此，这些设计计算方法对于板式吸收塔也适用。

## 二、塔板液流形式选择

塔直径的大小主要取决于处理物料的流量及操作条件，这些条件由前面的模拟计算提供。然而，在计算塔径时还涉及塔板液流形式，为此，在计算塔径之前，应根据提供的液相流量，初步选择液流的形式。塔径确定之后，还应检验其液流形式选择是否适宜，若不适宜应重新进行选择。

选择液相流动形式的目的，是为了保证液相横向流过塔板时，不致产生较大的液面落差，以避免产生倾向性漏液及气相的不均匀分布所引起的板效率下降。液体横过塔板的流动形式最常用的是由塔的一侧流至另一侧的单流型，如图 5-4(a) 所示。这种液流形式结构简单，制造安装方便，而且液体横过塔板流动的行程较长，有利于气、液两相的充分接触提高塔板效率。但是，当液体流率很大或塔径很大时，形成液面落差过大，则导致倾向性漏液和气相分布不均，反而引起塔板的效率降低。这时，应采用图 5-4 中所示的双流型或阶梯型等。反之，若液体流量或塔径较小，则可采用 U 形流型。流型的初步选择可参考表 5-4。

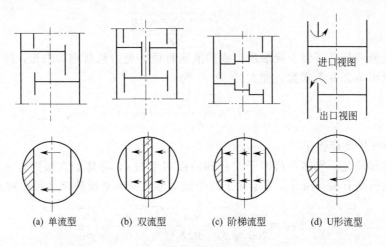

(a) 单流型    (b) 双流型    (c) 阶梯流型    (d) U形流型

图 5-4 溢流塔板上的液流形式

表 5-4  板上液流流型的选择

| 塔 径 /mm | 液 体 流 量/(m³/h) | | | |
| --- | --- | --- | --- | --- |
| | U 形流型 | 单流型 | 双流型 | 阶梯流型 |
| 600 | 5 以下 | 5~25 | — | — |
| 800 | 7 以下 | 7~50 | — | — |
| 1000 | 7 以下 | 45 以下 | — | — |
| 1200 | 9 以下 | 9~70 | — | — |
| 1400 | 9 以下 | 70 以下 | — | — |
| 1600 | 10 以下 | 11~80 | — | — |
| 2000 | 11 以下 | 11~110 | 110~160 | — |
| 2400 | — | 11~110 | 110~180 | — |
| 3000 | — | 110 以下 | 110~200 | 200~300 |

## 三、塔径设计

在板式塔设计中，一般以防止塔内气、液两相流动出现过量液沫夹带液泛为原则确定塔径。故应首先确定液泛气速 $u_f$，然后，取一小于液泛气速的安全气速，作为设计气速来计算所需的塔径 $D$。也可由阀孔通过的允许气量计算塔径，在此从略。

在设计塔径时要提供通过塔板的气、液流量（$q_{VV_h}$，$q_{VL_h}$）以及相应物性参数，例如密度、表面张力等。为获得一适宜的塔径，在塔内选择一适宜气、液流量是十分关键的。如果塔内气、液相流量（体积流量）分布变化较小，则全塔可选相同气、液相流量设计塔径，全塔直径相同，流量变化的影响可由塔盘的布孔来调节。如果塔内气液流量变化比较大，则应分段选取气、液流量设计塔径，一般只设计两种不同塔径，或上小下大，或上大下小，不设计更多变径的塔。各段流量变化的影响在塔盘开孔以及其他参数上进行调节，塔内流量最大处及最小处要重点校核，以避免液泛和漏液。

关于液泛气速这一极限值，理论上可由悬浮于气流中液滴的受力平衡关系导出如下

$$\frac{\pi}{6}d_p^3\ (\rho_L-\rho_V)\ g=\xi\frac{\pi}{4}d_p^2\rho_V\ \frac{u_f^2}{2} \tag{5-2}$$

式中，$u_f$ 为液泛气速，m/s；$d_p$ 为液滴直径，m；$\rho_V$、$\rho_L$ 为气、液相密度，kg/m³；$\xi$ 为曳力系数。

由式(5-2)可得

$$u_f=\sqrt{\frac{4d_p(\rho_L-\rho_V)g}{3\xi\rho_V}} \tag{5-3}$$

然而，气液两相在塔板上接触所形成的液滴直径，曳力系数均为未知，故又将这些难以确定的变量的影响合并为常数，使式(5-3)变为

$$u_f=C\sqrt{\frac{\rho_L-\rho_V}{\rho_V}}\quad\text{(m/s)} \tag{5-4}$$

式中，$C$ 称为气体负荷因子。

考虑到实际情况，气体负荷因子 $C$ 还和塔板间距 $H_T$，液体的表面张力 $\sigma$ 以及塔板上气液两相的流动情况有关。Smith 等定义了两相流动参数 $F_{LV}$ 来反映流动特性对 $C$ 的影响。

$$F_{LV}=\frac{q_{VL_s}}{q_{VV_s}}\sqrt{\frac{\rho_L}{\rho_V}}=\frac{q_{mL_s}}{q_{mV_s}}\sqrt{\frac{\rho_V}{\rho_L}}=\frac{q_{VL_h}}{q_{VV_h}}\sqrt{\frac{\rho_L}{\rho_V}} \tag{5-5}$$

式中，$q_{VV_s}$、$q_{VL_s}$ 分别为气、液相的体积流量，m³/s；$q_{VV_h}$、$q_{VL_h}$ 分别为气、液相的体积流

量，$m^3/h$；$q_{mV_s}$、$q_{mL_s}$ 分别为气、液相的质量流量，$kg/s$。

Smith 等对十多个泡罩、筛板、浮阀塔盘的液泛气速与气、液两相流动参数 $F_{LV}$，气、液相密度，表面张力以及塔盘上液滴沉降高度（$H_T-h_L$）进行了关联，获得气体负荷因子与气液两相流动参数、液滴沉降高度的关联图，如图 5-5 所示。

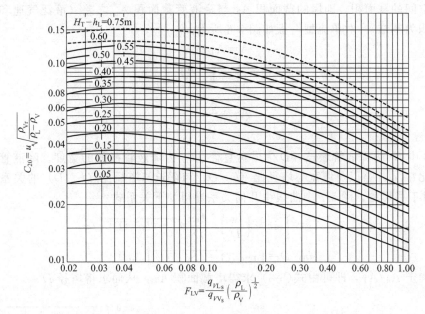

图 5-5 Smith 关联图

图中 $F_{LV}$ 为无量纲的气液流动参数，反映了两相的流量、密度对液泛气速的影响，（$H_T-h_L$）反映了液滴沉降的影响。

根据设计给定的条件计算气、液两相流动参数 $F_{LV}$，（$H_T-h_L$）则由给定板间距 $H_T$ 及清液层高度 $h_L$ 的初值确定，事先初估塔径 $D$，根据表 5-5 可选择 $H_T$ 的初值，最终由塔盘水力学性能校核加以确认。$h_L$ 可在以下范围内选择：常压塔 $h_L$ 取 $50\sim100mm$，减压塔 $h_L$ 可取 $25\sim30mm$。

表 5-5 塔板间距 $H_T$ 与塔径 $D$ 的经验关系/m

| 塔径 $D$ | 0.3~0.5 | 0.5~0.8 | 0.8~1.6 | 1.6~2.0 | 2.0~2.4 | >2.4 |
|---|---|---|---|---|---|---|
| 塔板间距 $H_T$ | 0.2~0.3 | 0.3~0.35 | 0.35~0.45 | 0.45~0.6 | 0.5~0.8 | ≥0.6 |

当 $F_{LV}$ 及（$H_T-h_L$）确定之后，即可由图 5-5 查得气体负荷因子 $C_{20}$。

$C_{20}$ 为液体表面张力 $\sigma=20mN/m$ 时的气体负荷因子。若实际液体的表面张力不等于上述值，则可由式(5-6)计算气体负荷因子 $C$

$$C=C_{20}\left(\frac{\sigma}{20}\right)^{0.2} \tag{5-6}$$

式中，$\sigma$ 为液体的表面张力，$mN/m$。

当由式(5-6)求得 $C$ 值后，即可利用式(5-4)计算液泛气速 $u_f$。

为防止产生过量液沫夹带液泛，设计的气速 $u$ 必须小于液泛气速 $u_f$，二者之比 $\dfrac{u}{u_f}$ 称为泛点率。对于一般液体，设计的泛点率可取 $0.6\sim0.8$，对于易起泡的液体，可取 $0.5\sim0.6$。这样就可确定设计气速 $u$，进而由式(5-7)计算所需的气体流通截面积

$$A = \frac{q_{VV_s}}{u} \tag{5-7}$$

式中，$A$ 为气体流通截面积，$m^2$；$u$ 为设计气速，$m/s$；$q_{VV_s}$ 为气体流量，$m^3/s$。

应予指出：对于上述有降液管的塔板，气体的流通截面积 $A$ 并非塔的总截面积，而是塔板上方空间的截面积，即塔的截面积 $A_T$ 与降液管截面积 $A_d$ 之差（液泛气速和设计气速均以此面积为基准），对单流型塔板如图 5-6 所示。

$$A = A_T - A_d$$

$$\frac{A}{A_T} = 1 - \frac{A_d}{A_T}$$

或

$$A_T = \frac{A}{1 - \dfrac{A_d}{A_T}} \tag{5-8}$$

图 5-6 中 $l_W$ 为降液管堰长，$D$ 为塔盘直径，$b_D$ 为降液管截面的宽度。降液管面积与塔截面积之比 $(A_d/A_T)$ 以及堰宽与塔径比 $(b_D/D)$ 与堰长与塔径比 $(l_W/D)$ 的关系，如图 5-7 所示。对于弓形堰，图 5-7 中曲线由几何关系导得如下关系式

$$A_d/A_T = \left[ \sin^{-1}\left( \frac{l_W}{D} \right) - \frac{l_W}{D} \sqrt{1 - (l_W/D)^2} \right] / \pi \tag{5-9}$$

$$b_D/D = \left[ 1 - \sqrt{1 - (l_W/D)^2} \right] / 2.0 \tag{5-10}$$

若能确定 $A_d/A_T$，即可由式(5-8)求得塔截面积 $A_T$，从而求得塔径 $D$。

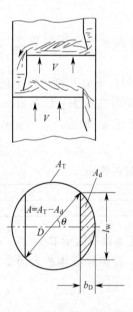

图 5-6　降液管结构示意图

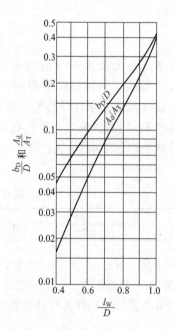

图 5-7　弓形降液管宽度与面积

计算获得塔径 $D$ 初值后，按国家标准对 $DN$（公称尺寸）进行圆整，常用的标准直径为 400、450、500、600、700、800、900、1000、1100、1200、1400、1500、1600、1800、2000、2200mm……等。按选取的 $D$ 值，重新计算实际气体流通截面积、设计气速和设计泛点率。此外，还应复核前面所选的塔板间距 $H_T$ 与所得塔径 $D$ 是否相适应（表 5-5），否则，需重选 $H_T$ 并重新进行塔径的计算。实际上，这一塔径仍为初估值，还有可能在以后的多项校核中加以调整和修正。

## 四、溢流装置的设计

溢流装置包括降液管、溢流堰、受液盘等几部分，是液体的通道，其结构和尺寸对塔的性能有着重要的影响。

### (一) 降液管

塔内液体从上一层塔板的降液管进入该塔板的受液盘上，在上层塔板降液管内清液层静压作用下，液体穿过降液管底隙，越过入口堰，进入塔板传质区，横向流过塔板，经溢流堰溢流至降液管，进入下一层塔板。可见，降液管是塔板间液体通道，也是溢流液体夹带气体得以分离的场所。

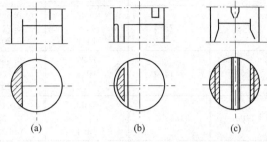

图 5-8　降液管的结构形式

降液管类型有圆形和弓形两种，前者制造方便，但流通截面积较小，只在液体流量很小、塔径较小时应用，故一般都采用弓形。常用的弓形降液管结构如图 5-8 所示，其中图 5-8(a) 是将堰与塔壁之间的全部截面均作为降液管的通道，该降液管的截面积相对较大，多用于塔径较大的塔中。当塔径小时，上述结构制作不便，可采用图5-8(b) 的形式，即将弓形降液管固定在塔板上。图 5-8(c) 为双流型时的弓形降液管，其下部倾斜是为了增加塔板上气、液两相接触区的面积。

降液管截面积 $A_d$ 是塔板的重要参数，它与塔截面积 $A_T$ 之比 $\dfrac{A_d}{A_T}$ 是 $(l_W/D)$ 的函数。$\dfrac{A_d}{A_T}$ 过大，气体的通道截面积 $A$ 和塔板上气、液两相接触传质的区域都相对较小，单位塔截面的生产能力和塔板效率将较低；但 $\dfrac{A_d}{A_T}$ 过小，则不仅易产生气泡夹带，而且液体流动不畅，甚至可能引起降液管液泛。根据经验，对于单流型弓形降液管，一般取 $\dfrac{A_d}{A_T} = 0.06 \sim 0.12$；对于小塔径塔，$\dfrac{A_d}{A_T}$ 有时可低于 0.06，对于大塔径以及双流型的塔板，$\dfrac{A_d}{A_T}$ 有时高于 0.12，具体选择 $\dfrac{A_d}{A_T}$ 的大小除与塔径有关外，还与塔板间距有一定关系，应视具体情况而定，选择可参考表 5-6 ~ 表 5-8。选择是否适宜，还要在塔板水力学性能校核后才能最终认定。

### 表 5-6　单流型塔板某些参数推荐值

| 塔径 $D$ /mm | 塔截面积 $A_T/m^2$ | $(A_d/A_T)$/% | $l_W/D$ | 弓形降液管 | | 降液管面积 $A_d/m^2$ |
|---|---|---|---|---|---|---|
| | | | | 堰长 $l_W$ /mm | 堰宽 $b_D$ /mm | |
| 600 | 0.2610 | 7.2 | 0.677 | 406 | 77 | 0.0188 |
| | | 9.1 | 0.714 | 428 | 90 | 0.0238 |
| | | 11.02 | 0.734 | 440 | 103 | 0.0289 |
| 700 | 0.3590 | 6.9 | 0.666 | 466 | 87 | 0.0248 |
| | | 9.06 | 0.614 | 500 | 105 | 0.0325 |
| | | 11.0 | 0.750 | 525 | 120 | 0.0395 |
| 800 | 0.0527 | 7.227 | 0.661 | 529 | 100 | 0.0363 |
| | | 10.0 | 0.726 | 581 | 125 | 0.0502 |
| | | 14.2 | 0.800 | 640 | 160 | 0.0717 |

| 塔径 $D$ /mm | 塔截面积 $A_T$/m² | $(A_d/A_T)$/% | $l_w/D$ | 弓 形 降 液 管 | | 降液管面积 $A_d$/m² |
|---|---|---|---|---|---|---|
| | | | | 堰长 $l_w$ /mm | 堰宽 $b_D$ /mm | |
| 1000 | 0.7854 | 6.8 | 0.650 | 650 | 120 | 0.0534 |
| | | 9.8 | 0.714 | 714 | 150 | 0.0770 |
| | | 14.2 | 0.800 | 800 | 200 | 0.1120 |
| 1200 | 1.1310 | 7.22 | 0.661 | 794 | 150 | 0.0816 |
| | | 10.2 | 0.730 | 876 | 290 | 0.1150 |
| | | 14.2 | 0.800 | 960 | 240 | 0.1610 |
| 1400 | 1.5390 | 6.63 | 0.645 | 903 | 165 | 0.1020 |
| | | 10.45 | 0.735 | 1029 | 225 | 0.1610 |
| | | 13.4 | 0.790 | 1104 | 170 | 0.2065 |
| 1600 | 2.0110 | 7.21 | 0.660 | 1056 | 199 | 0.1450 |
| | | 10.3 | 0.732 | 1171 | 255 | 0.2070 |
| | | 14.5 | 0.805 | 1286 | 325 | 0.2913 |
| 1800 | 2.5450 | 6.74 | 0.647 | 1165 | 214 | 0.1710 |
| | | 10.1 | 0.730 | 1312 | 284 | 0.2570 |
| | | 13.9 | 0.797 | 1434 | 354 | 0.3540 |
| 2000 | 3.1420 | 7.0 | 0.654 | 1308 | 244 | 0.2190 |
| | | 10.0 | 0.727 | 1456 | 314 | 0.3155 |
| | | 14.2 | 0.799 | 1599 | 399 | 0.4457 |
| 2200 | 3.8010 | 10.0 | 0.726 | 1598 | 344 | 0.380 |
| | | 12.1 | 0.766 | 1686 | 394 | 0.4600 |
| | | 14.0 | 0.795 | 1750 | 434 | 0.5320 |
| 2400 | 4.5240 | 10.0 | 0.726 | 1742 | 374 | 0.4524 |
| | | 12.0 | 0.763 | 1830 | 424 | 0.5430 |
| | | 14.2 | 0.798 | 1916 | 479 | 0.6430 |

表 5-7 双流型塔板某些参数推荐值

| 塔径 $D$ /mm | 塔截面积 $A_T$/m² | $(A_d/A_T)$/% | $l_w/D$ | 弓 形 降 液 管 | | | 降液管面积 $A_d$/m² |
|---|---|---|---|---|---|---|---|
| | | | | 堰长 $l_w$ /mm | 堰宽 $b_D$ /mm | 堰宽 $b_D'$ /mm | |
| 2200 | 3.8010 | 10.15 | 0.585 | 1287 | 208 | 200 | 0.3801 |
| | | 11.8 | 0.621 | 1368 | 238 | 200 | 0.4561 |
| | | 14.7 | 0.665 | 1462 | 278 | 240 | 0.5398 |
| 2400 | 5.3090 | 10.1 | 0.597 | 1434 | 238 | 200 | 0.4524 |
| | | 11.6 | 0.620 | 1486 | 258 | 240 | 0.5429 |
| | | 14.2 | 0.660 | 1582 | 298 | 280 | 0.6424 |
| 2600 | 5.3090 | 9.7 | 0.587 | 1526 | 248 | 200 | 0.5309 |
| | | 11.4 | 0.617 | 1606 | 278 | 240 | 0.6371 |
| | | 14.0 | 0.655 | 1702 | 318 | 320 | 0.7539 |
| 2800 | 6.1580 | 9.3 | 0.577 | 1619 | 258 | 240 | 0.6158 |
| | | 12.0 | 0.626 | 1752 | 308 | 280 | 0.7389 |
| | | 13.75 | 0.652 | 1824 | 338 | 320 | 0.8744 |
| 3000 | 7.0690 | 9.8 | 0.589 | 1768 | 288 | 240 | 0.7069 |
| | | 12.4 | 0.632 | 1896 | 338 | 280 | 0.8482 |
| | | 14.0 | 0.655 | 1968 | 368 | 360 | 1.0037 |
| 3200 | 8.0430 | 9.75 | 0.588 | 1882 | 306 | 280 | 0.8043 |
| | | 11.65 | 0.620 | 1987 | 346 | 320 | 0.9651 |
| | | 14.2 | 0.660 | 2108 | 396 | 360 | 1.1420 |
| 3400 | 9.0790 | 9.8 | 0.594 | 2002 | 326 | 280 | 0.9079 |
| | | 12.5 | 0.634 | 2157 | 386 | 320 | 1.0895 |
| | | 14.5 | 0.661 | 2252 | 426 | 400 | 1.2893 |

| 塔径 $D$<br>/mm | 塔截面积<br>$A_T$/m² | $(A_d/A_T)$/% | $l_W/D$ | 弓 形 降 液 管 | | | 降液管面积<br>$A_d$/m² |
| | | | | 堰长 $l_W$<br>/mm | 堰宽 $b_D$<br>/mm | 堰宽 $b_D'$<br>/mm | |
|---|---|---|---|---|---|---|---|
| 3600 | 10.1740 | 10.2 | 0.597 | 8148 | 356 | 280 | 1.10179 |
| | | 11.5 | 0.620 | 2227 | 386 | 360 | 1.2215 |
| | | 14.2 | 0.659 | 2372 | 446 | 400 | 1.4454 |
| 3800 | 11.3410 | 9.94 | 0.590 | 2242 | 366 | 320 | 1.1340 |
| | | 11.9 | 0.624 | 2374 | 416 | 360 | 1.3609 |
| | | 14.5 | 0.662 | 2516 | 476 | 440 | 1.6104 |
| 4200 | 13.8500 | 9.88 | 0.584 | 2482 | 406 | 360 | 1.3854 |
| | | 11.7 | 0.622 | 2613 | 456 | 400 | 1.6625 |
| | | 14.1 | 0.662 | 2781 | 526 | 480 | 1.9410 |

**表 5-8　小直径塔板某些参数推荐值**

| $D$<br>/mm | $A_T$<br>/m² | $l_W$<br>/mm | $b_D$<br>/mm | $\dfrac{l_W}{D}$ | $A_d \times 10^4$<br>/m² | $\dfrac{A_d}{A_T}$ |
|---|---|---|---|---|---|---|
| 300 | 0.0706 | 164.4 | 21.4 | 0.60 | 20.9 | 0.0296 |
| | | 173.1 | 26.9 | 0.65 | 29.2 | 0.0413 |
| | | 191.8 | 33.2 | 0.70 | 39.7 | 0.0562 |
| | | 205.5 | 40.4 | 0.75 | 52.8 | 0.0747 |
| | | 219.2 | 48.4 | 0.80 | 69.3 | 0.0980 |
| 350 | 0.0960 | 194.4 | 26.4 | 0.60 | 31.1 | 0.0323 |
| | | 210.6 | 32.9 | 0.65 | 43.0 | 0.0447 |
| | | 226.8 | 40.3 | 0.70 | 57.9 | 0.0602 |
| | | 243.0 | 48.3 | 0.75 | 76.4 | 0.0794 |
| | | 259.2 | 58.8 | 0.80 | 100.0 | 0.1039 |
| 400 | 0.1253 | 224.4 | 31.4 | 0.60 | 43.4 | 0.0345 |
| | | 243.1 | 38.9 | 0.65 | 59.6 | 0.0474 |
| | | 261.8 | 47.5 | 0.70 | 79.8 | 0.0635 |
| | | 280.5 | 57.3 | 0.75 | 104.4 | 0.0833 |
| | | 299.2 | 68.8 | 0.80 | 236.3 | 0.1085 |
| 450 | 0.1590 | 254.4 | 36.4 | 0.60 | 57.7 | 0.0363 |
| | | 275.6 | 44.9 | 0.65 | 78.8 | 0.0495 |
| | | 296.8 | 54.6 | 0.70 | 104.7 | 0.0658 |
| | | 318.0 | 65.8 | 0.75 | 137.3 | 0.0863 |
| | | 339.2 | 78.8 | 0.80 | 178.1 | 0.1120 |
| 500 | 0.1960 | 284.4 | 41.4 | 0.60 | 74.3 | 0.0378 |
| | | 308.1 | 50.9 | 0.65 | 100.6 | 0.0512 |
| | | 331.8 | 61.8 | 0.70 | 133.4 | 0.0679 |
| | | 355.5 | 74.2 | 0.75 | 174.0 | 0.0886 |
| | | 379.2 | 88.8 | 0.80 | 225.5 | 0.1148 |

## （二）溢流堰

溢流堰又称出口堰，它的作用是维持塔板上有一定的液层厚度，并使液体能较均匀地横向流过塔板，其主要尺寸为堰高 $h_W$ 和堰长 $l_W$，如图 5-9 所示。

溢流堰的高度 $h_W$ 直接影响塔板上的液层厚度。$h_W$ 过小，液层过低使相际传质面积过小，不利于传质；但 $h_W$ 过大，液层过高将使液体夹带量增多而降低塔板效率，且塔板阻力也

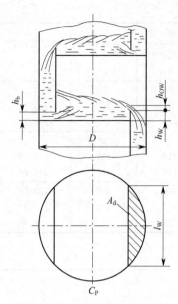

图 5-9　弓形降液管
溢流装置

增大。根据经验，对常压和加压塔，一般采取 $h_W = 50 \sim 80\text{mm}$。对减压塔或要求塔板阻力很小的情况，可取 $h_W$ 为 25mm 左右。当液体流量很大时，$h_W$ 可适当减小。

对于弓形降液管，当降液管截面积与塔截面积之比 $\dfrac{A_d}{A_T}$ 选定后，堰长与塔径之比 $\dfrac{l_W}{D}$ 即由几何关系随之而定（由于 $\dfrac{A_d}{A_T}$ 和 $\dfrac{l_W}{D}$ 互为函数关系，也可选取 $\dfrac{l_W}{D}$，从而确定 $\dfrac{A_d}{A_T}$。对单流型，一般取 $\dfrac{l_W}{D} = 0.6 \sim 0.75$，对双流型，$\dfrac{l_W}{D} = 0.5 \sim 0.7$），其值可由图 5-7 查得，或由式(5-9) 计算求得，根据确定的塔径 $D$ 计算 $l_W$。

堰长 $l_W$ 的大小对溢流堰上方的液头高度 $h_{OW}$ 有影响，从而对塔板上液层高度也有明显影响。为使液层高度不致过大，通常应使液流强度，即单位堰长的液体流量 $\dfrac{q_{VL_h}}{l_W}$ 不大于 $100 \sim 130\text{m}^3/(\text{m} \cdot \text{h})$，否则需调整 $\dfrac{A_d}{A_T}$ 或重新选取液流形式。

此外，对溢流强度较大或易发泡的物系，也可增设辅助堰，如图 5-10(a)、(b) 所示。这样可以减小溢流强度，拦截大量的泡沫，改善气泡与液体的分离，提高降液管的液体通过的能力。这在技术改造的工程实际中得到证明，效果非常明显。

堰上方液头高度 $h_{OW}$ 可由式(5-11) 计算

$$h_{OW} = 2.84 \times 10^{-3} E \left( \frac{q_{VL_h}}{l_W} \right)^{2/3} \qquad (5\text{-}11)$$

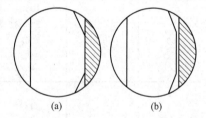

图 5-10　其他形式溢流堰

式中，$q_{VL_h}$ 为液体流量，$\text{m}^3/\text{h}$；$l_W$ 为堰长，m；$E$ 为液流收缩系数。

$E$ 值体现塔壁对液流收缩的影响，可由图 5-11 查得。若 $q_{VL_h}$ 不是过大，一般可近似取 $E = 1$。

若求得的 $h_{OW}$ 过小，则由于堰和塔安装时水平度误差引起的液体横过塔板流动不均问题

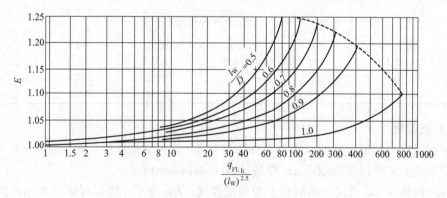

图 5-11　液流收缩系数

相当严重，导致效率降低，故一般应使 $h_{OW} > 6mm$，否则，需调整 $\dfrac{l_W}{D}$（即 $\dfrac{A_d}{A_T}$），或采用上缘开有锯齿形缺口的溢流堰。

### （三）受液盘和底隙

塔板上接受降液管流下液体的那部分区域称为受液盘，如图 5-12 所示。它有平形和凹形两种形式，前者结构简单，最为常用。为使液体更均匀地横过塔板流动，也可考虑在其外侧加设进口堰。凹形受液盘易形成良好的液封，也可改变液体流向，起到缓冲和均匀分布液体的作用。但结构稍复杂，多用于直径较大的塔，特别是液体流率较小的场合，它不适用于易聚合或含有固体杂质的物系。

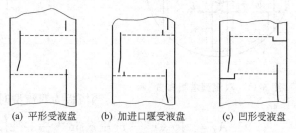

(a) 平形受液盘　　(b) 加进口堰受液盘　　(c) 凹形受液盘

图 5-12　不同形式受液盘

降液管下端与受液盘之间的距离称为底隙，以 $h_b$ 表示。降液管中的液体是经底隙和堰长构成的长方形截面流至下块塔板的，为减小液体流动阻力和考虑到固体杂质可能在底隙处沉积，$h_b$ 不可过小。但若 $h_b$ 过大，气体又可能通过底隙窜入降液管，故一般底隙应小于溢流堰高 $h_W$，以保证形成一定的液封。通常取 $h_b$ 为 30～40mm，当选定 $h_b$ 后，即可求得液体流经底隙的流速 $u_b$ 为

$$u_b = \frac{q_{VL_s}}{l_W h_b} \tag{5-12}$$

一般 $u_b$ 值不大于 0.3～0.5m/s。

## 五、塔盘及其布置

塔板有整块式和分块式两种，整块式即塔板为一个整体，多用于直径小于 0.8～0.9m 的塔。当塔径较大时，整块式的刚性差，安装检修不便，为便于通过人孔装拆塔板，多采用由几块板拼装而成的分块式塔板。

塔板厚度的选取，除经济性外，主要考虑塔板的刚性和耐腐蚀性。对于碳钢材料，一般取板厚为 3～4mm，对不锈钢可适当小些。整个塔板面积，以单流型为例，通常可分为以下几个区域（见图 5-13）。

① 受液区和降液区　即受液盘和降液管所占的区域，一般这两个区域的面积相等，均可按降液管截面积 $A_d$ 计算。

② 入口安定区和出口安定区　为防止气体窜入上一塔板的降液管或因降液管流出的液体冲击而漏液过多，在液体入口处塔板上宽度为 $b_s'$ 的狭长带是不开孔的，称为入口安定区。为减轻气泡夹带，在靠近溢流堰处塔板上宽度为 $b_s$ 的狭长带也是不开孔的，称为出口安定区。通常取 $b_s$ 与 $b_s'$ 相等，且一般为 50～100mm。

③ 边缘区　在塔壁边缘需留出宽度为 $b_c$ 的环形区域供固定塔板之用。一般取 $b_c$ 为 50～75mm。

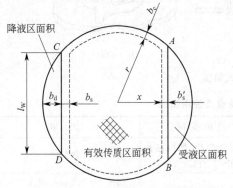

图 5-13　单流型塔板布置

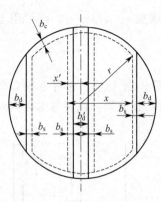

图 5-14　双流型塔板布置

④ 有效传质区　除以上各区外，余下的塔板面积为开浮阀孔的区域。对分块式塔板，由于各分块板之间的连接和固定的支撑梁占用了部分塔板面积，实际的有效传质区面积将有所减小。

当塔板为单流型时，有效传质区面积 $A_a$ 可由式(5-13) 计算。

$$A_a = 2\left[ x\sqrt{r^2 - x^2} + r^2 \sin^{-1}\left(\frac{x}{r}\right)\right] \qquad (5\text{-}13)$$

$$x = \frac{D}{2} - (b_s + b_d) \qquad (5\text{-}14)$$

$$r = \frac{D}{2} - b_c \qquad (5\text{-}15)$$

当塔板为双流型时（图 5-14 所示），$A_a$ 由式(5-16) 计算。

$$A_a = 2\left( x\sqrt{r^2 - x^2} + r^2 \sin^{-1}\frac{x}{r}\right) - 2\left( x'\sqrt{r^2 - x'^2} + r^2 \sin^{-1}\frac{x'}{r}\right) \qquad (5\text{-}16)$$

$$x' = \frac{b'_d}{2} + b_s \qquad (5\text{-}17)$$

式中，$b'_d$ 为双流型塔板中心降液管（或中心受液盘）宽度，m；$A_a$ 为有效传质区面积，$m^2$。

## 六、浮阀数及排列

浮阀的类型很多，如 $F_1$ 型、V-4 型、十字架型、A 型、V-O 型等，如图 5-15 所示，其特点和使用情况如表 5-9 所示。目前应用最广泛的是 $F_1$ 型（相当国外 V-1 型）和 V-4 型，其

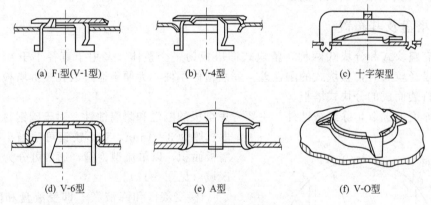

(a) $F_1$型(V-1型)　　　　(b) V-4型　　　　(c) 十字架型

(d) V-6型　　　　(e) A型　　　　(f) V-O型

图 5-15　浮阀类型简图

表 5-9　不同类型浮阀的特点及使用情况

| 形　式 | 特　点 | 使 用 情 况 | 规　格 |
|---|---|---|---|
| $F_1$ 型（V-1 型） | 结构简单，制作方便，省材料。有轻阀(25g)、重阀(33g)两种 | 应用最广泛，国内已标准化(JB/T 1118—2001) | 图 5-16 及表 5-10 |
| V-4 型 | 阀孔为文丘里型，塔板压力降小。只有一种轻阀，阀重为 25g | 使用于减压系统 | 阀厚 $\delta=1.5\text{mm}$，阀孔 $\phi39$，阀片 $\phi48$ |
| 十字架型 | 操作稳定性好，拱形阀片无支腿，阀片与支架分离，不会变形和歪斜，但结构及安装复杂 | 使用于易结晶和易聚合生焦的物系 | 轻阀 23g，阀厚 $\delta=1.5\text{mm}$；重阀 31g，$\delta=2\text{mm}$。阀孔 $\phi39$，阀片 $\phi50$ |
| V-6 型 | 重量大，52g，操作弹性大，但结构复杂 | 使用于中型试验装置和多种作业的塔 | |

续表

| 形 式 | 特 点 | 使用情况 | 规 格 |
|---|---|---|---|
| A 型 | 性能与 F$_1$ 型相同,但结构较复杂 | | |
| V-O 型 | 由塔板本身冲制而成,节省材料 | | |
| V-1 型变形(锥心型) | V-1 型浮阀的中心部位冲出一个向下凹的圆锥,可减小塔板压力降 | 使用于减压塔 | |

阀件如图 5-16 所示,国内确定为行业标准。其基本参数见表 5-10。F$_1$ 型又分重阀(代号为 Z)和轻阀(代号为 Q)两种,分别由不同厚度薄板冲压制成,前者重约 32g,最为常用;后者阻力略小,操作稳定性也稍差,适用于处理量大并要求阻力小的系统,如减压塔。V-4 型基本上和 F$_1$ 型相同,除采用轻阀外,其区别仅在于将塔板上的阀孔制成向下弯的文丘里型以减小气体通过阀孔的阻力,主要用于减压塔。两种形式浮阀孔的直径 $d_0$ 均为 39mm。

当气相体积流量 $q_{VV_s}$ 已知时,由于阀孔直径 $d_0$ 给定,因而塔板上浮阀的数目 $n$,即阀孔数,取决于阀孔的气速 $u_0$,可按式(5-18)求得

$$n=\frac{q_{VV_s}}{\frac{\pi}{4}d_0^2 u_0}\qquad(5\text{-}18)$$

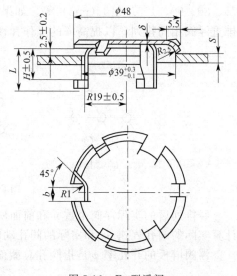

图 5-16 F$_1$ 型浮阀

表 5-10 F$_1$ 型浮阀基础参数

| 序 号 | 类型代号 | 阀片厚度/mm | 阀重/g | 塔板厚/mm | $H$/mm | $L$/mm |
|---|---|---|---|---|---|---|
| 1 | F$_1$Q-4A | 1.5 | 24.9 | 4 | 12.5 | 16.5 |
| 2 | F$_1$Z-41 | 2 | 33.1 | | | |
| 3 | F$_1$Q-4B | 1.5 | 24.6 | | | |
| 4 | F$_1$Z-4B | 2 | 32.7 | | | |
| 5 | F$_1$Q-3A | 1.5 | 24.7 | 3 | 11.5 | 15.5 |
| 6 | F$_1$Z-3A | 2 | 32.8 | | | |
| 7 | F$_1$Q-3B | 1.5 | 24.3 | | | |
| 8 | F$_1$Q-3C | 2 | 32.4 | | | |
| 9 | F$_1$Z-3C | 1.5 | 24.8 | | | |
| 10 | F$_1$Q-3D | 2 | 33 | | | |
| 11 | F$_1$Z-3D | 1.5 | 25 | | | |
| 12 | | 2 | 33.2 | | | |
| 13 | F$_1$Q-2C | 1.5 | 24.6 | 2 | 10.5 | 14.5 |
| 14 | F$_1$Z-2C | 2 | 32.7 | | | |
| 15 | F$_1$Q-2D | 1.5 | 24.7 | | | |
| 16 | F$_1$Z-2D | 2 | 32.9 | | | |

阀孔的气速 $u_0$ 常根据阀孔的动能因子 $F_0 = u_0\sqrt{\rho_V}$ 来确定。$F_0$ 反映密度为 $\rho_V$ 的气体以 $u_0$ 速度通过阀孔时动能的大小。综合考虑 $F_0$ 对塔板效率、压力降和生产能力等的影响，根据经验可取 $F_0 = 8 \sim 12$，此时浮阀处于全开状态。由此可知适宜的阀孔气速 $u_0$ 为

$$u_0 = \frac{F_0}{\sqrt{\rho_V}} \tag{5-19}$$

求得浮阀个数后，应在草图上进行试排列。阀孔一般按正三角形排列，常用的中心距有 75、100、125、150（mm）等几种，它又分顺排和错排两种，如图 5-17 所示，通常认为错排时两相的接触情况较好，故采用较多。对于大塔，当采用分块式结构时，不便于错排，阀孔也可按等腰三角形排列〔如图 5-17(c) 所示〕，此时多固定底边尺寸 $B$，例如 $B$ 为 70、75、80、90、100、110（mm）等。如果塔内气相流量变化范围较大，可采用一排轻浮阀一排重浮阀相间排列，以提高塔的操作弹性。

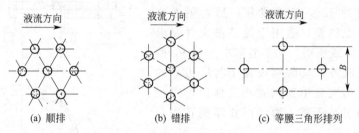

图 5-17 阀孔的排列

经排列后的实际浮阀个数 $n$ 和前面所求得的值可能稍有不同，应按实际浮阀个数 $n$ 重新计算实际的阀孔气速 $u_0$ 和实际的阀孔动能因子 $F_0$。

浮阀塔板的开孔率 $\varphi$ 是指阀孔总截面积与塔的截面积之比，即

$$\varphi = \frac{n\frac{\pi}{4}d_0^2}{\frac{\pi}{4}D^2} = n\frac{d_0^2}{D^2}$$

目前工业生产中，对常压或减压塔，$\varphi = 10\% \sim 14\%$，加压塔的 $\varphi$ 一般小于 $10\%$。

## 七、塔板流动性能校核

### (一) 塔板流动性能的校核

上述初步设计主要从防止过量液沫夹带液泛进行考虑，设计中又选取了不少经验数据，因此，设计的结果是否合适，必须进一步通过多方面的校核来检验，从而了解在给定的条件下，该塔是否存在不同形式的异常流动和严重影响传质性能的因素，必要时还应对初步设计的结果进行调整和修正。这些校核主要包括以下几项。

#### 1. 液沫夹带量校核

液沫夹带量是引起塔板效率降低和影响正常操作的一个重要因素。液沫夹带量可用单位质量（或摩尔）气体夹带的液体质量（摩尔）$e_v$（kg 液体/kg 气体）或 $\left(\dfrac{\text{kmol 液体}}{\text{kmol 气体}}\right)$ 来表示。为防止液沫夹带量过大导致塔板效率过低，一般要求 $e_v \leqslant 0.1$ kg 液体/kg 气体。浮阀塔的液沫夹带量校核通常采用核算泛点率的方法，为控制液沫夹带量不超过 0.1，泛点率 $F_1$ 应为：

直径小于 0.9m 的塔　　$F_1 < 0.65 \sim 0.75$

一般的大塔　　　　　　$F_1 < 0.8 \sim 0.85$

负压操作的塔 $\qquad F_1 < 0.75 \sim 0.77$

$F_1$ 可按下列二式计算，并取其中较大者核算是否满足上述要求。

$$F_1 = \frac{q_{VV_s}\sqrt{\dfrac{\rho_V}{\rho_L - \rho_V}} + 1.36 q_{VL_s} Z_L}{A_b K C_F} \tag{5-20}$$

$$F_1 = \frac{q_{VV_s}\sqrt{\dfrac{\rho_V}{\rho_L - \rho_V}}}{0.785 A_T K C_F} \tag{5-21}$$

式中，$q_{VV_s}$、$q_{VL_s}$ 为气相、液相体积流量，$m^3/s$；$Z_L$ 为液体横过塔板流动的行程，m；对单流型 $Z_L = D - 2b_d$；对双流型 $Z_L = \frac{1}{2}(D - 2b_d - b'_d)$；$A_b$、$A_T$ 为塔板上的液流面积和塔的截面积，$A_b = A_T - 2A_d$，$m^2$；$K$ 为物性系数，可由表 5-11 查取；$C_F$ 为泛点负荷因数。由图 5-18 查得。

表 5-11 物性系数 $K$

| 系 统 | $K$ | 系 统 | $K$ |
|---|---|---|---|
| 无泡沫,正常系统 | 1.0 | 多泡沫系统(胺和乙二醇吸收) | 0.73 |
| 氟化物(如 $BF_3$、氟利昂) | 0.90 | 严重起泡沫(甲乙酮装置) | 0.60 |
| 中等起泡沫(油吸收塔) | 0.85 | 形成稳定泡沫系统(碱再生) | 0.30 |

### 2. 塔板阻力的计算和校核

气体通过塔板的阻力对塔的操作性能有着重要的影响，为减小能耗或满足工艺上的特殊要求，有时还对塔板阻力的大小规定限制，特别是减压塔。塔板阻力除用阻力 $-\Delta p_f$ 表示外，在塔板设计中，习惯上以相当的清液层（液柱）高度 $h_f$ 表示。

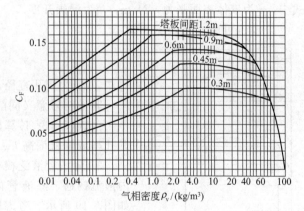

图 5-18 泛点负荷因数

$$h_f = \frac{-\Delta p_f}{\rho_L g}$$

塔板阻力的计算常采用加和模型，即认为它是以下几部分阻力之和：通过阀孔的阻力 $h_0$，又称干板阻力，m 液柱；通过塔板上液层的阻力 $h_1$，m 液柱；克服阀孔处液体表面张力的阻力 $h_\sigma$，m 液柱。于是塔板阻力可表示为

$$h_f = h_0 + h_1 + h_\sigma \tag{5-22}$$

（1）干板阻力 $h_0$ 塔板的干板阻力与气体流速及浮阀的开度有关，当气速较低时，全部浮阀处于静止位置上，气体流经由定距片支起的缝隙。随气体流量增大，缝隙处气速增大，阻力随之增大。

当气体流量继续增加，使阻力增大至可将浮阀顶开或部分顶开。此阶段继续增加气体流量，所有浮阀开启或原开启浮阀增加开度，使孔口气速变化较小，阻力增加缓慢。此时处在部分浮阀开启或全部浮阀开启，但未达到最大开度的状态，使得塔板对孔速有自调的能力。

当气体流量增大至某一程度时，可将浮阀全部吹开，达到最大开度，其浮阀开度不再改变。此时再提高气体流量，干板压降将会迅速增加。使浮阀达到全开时的阀孔气速称为临界孔速，以 $u_{oc}$ 表示。

$$阀未全开 \quad h_0 = 19.9 \frac{u_0^{0.175}}{\rho_L} \tag{5-23}$$

$$阀全开 \quad h_0 = 5.34 \frac{\rho_V}{\rho_L}\left(\frac{u_0^2}{2g}\right) \tag{5-24}$$

在临界点时同时满足式(5-23)和式(5-24)，故联立求解，可求得临界孔速 $u_{oc}$

$$u_{oc} = \left(\frac{73}{\rho_V}\right)^{1/1.825} \tag{5-25}$$

通过 $u_{oc}$ 与实际孔速 $u_0$ 的比较确定浮阀状态，选择式(5-23)或式(5-24)来计算干板阻力 $h_0$。

(2) 塔板充气液层的阻力 $h_1$  塔板上充气液层的阻力 $h_1$ 与堰高、溢流强度、气速等有关，影响因素比较复杂，通常由以下经验公式计算 $h_1$。

$$h_1 = \varepsilon_0 h_L \tag{5-26}$$

$$h_L = h_w + h_{OW} \tag{5-27}$$

式中，$h_L$ 为塔板上清液层高度，m；$\varepsilon_0$ 为充气系数。

充气系数 $\varepsilon_0$ 反映液层充气的程度，无量纲。当液相为水时，$\varepsilon_0 = 0.5$；为油时，$\varepsilon_0 = 0.2 \sim 0.35$；为碳氢化合物时，$\varepsilon_0 = 0.4 \sim 0.5$。

(3) 克服表面张力阻力 $h_\sigma$

$$h_\sigma = \frac{2\sigma}{h\rho_L g} \tag{5-28}$$

式中，$\sigma$ 为液体表面张力，N/m；$h$ 为浮阀开度。

$h_\sigma$ 也可由式(5-29)计算

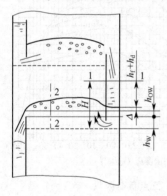

$$h_\sigma = \frac{4 \times 10^{-3}\sigma}{\rho_L g d_0} \tag{5-29}$$

式中，$d_0$ 为阀孔直径，m；$\sigma$ 为液体表面张力，mN/m。

其他符号意义同前。一般 $h_\sigma$ 很小，常可忽略不计。

由式(5-22)计算出塔板阻力 $h_f$，若 $h_f$ 偏高，应适当增加开孔率或降低堰高 $h_w$。

3. 降液管液泛校核  为防止降液管液泛，应保证降液管内液流畅通，降液管内液层高度应低于上层塔板溢流堰顶，如图5-19所示。考虑液体的流动，对降液管液面1和下层塔板液流截面2列伯努利方程。

图5-19  液体流过降液管的机械能衡算

$$H_d + \frac{p_1}{\rho_L g} = h_w + h_{OW} + \Delta + \frac{p_2}{\rho_L g} + h_d$$

或

$$H_d = h_w + h_{OW} + \Delta + \frac{p_2 - p_1}{\rho_L g} + h_d = h_w + h_{OW} + \Delta + h_f + h_d \tag{5-30}$$

式中，$H_d$ 为降液管中的清液层高度，m；$p_1$、$p_2$ 为截面1、2的压力，N/m²；$h_f = \frac{p_2 - p_1}{\rho_L g} = \frac{-\Delta p_f}{\rho_L g}$ 为塔板阻力，m 清液柱；$\Delta$ 为液面落差，m；$h_d$ 为液体通过降液管的流动阻力，m 清液柱。

浮阀塔的液面落差 $\Delta$ 一般不大，常可忽略不计。液体通过降液管的流动阻力 $h_d$ 主要集中于底隙处。根据局部阻力计算式，并近似取局部阻力系数 $\zeta = 3$，可得

$$h_d = \zeta \frac{u_d^2}{2g} = 0.153 \left( \frac{q_{VL_s}}{l_w h_b} \right)^2 = 1.18 \times 10^{-8} \left( \frac{q_{VL_h}}{l_w h_b} \right)^2 \tag{5-31}$$

式中，$u_d$ 为液体流过底隙处的速度，m/s；$q_{VL_s}$ 为液体流量，m³/s；$q_{VL_h}$ 为液体流量，m³/h；$l_w$ 为堰长，m；$h_b$ 为底隙，m。

应当注意，式(5-30)中的各项均以清液柱高度表示。和塔板上的液层相仿，实际上降液管中的液体也是含气的泡沫层。设降液管中的泡沫层高度为 $H_d'$，则式(5-30)所求得的 $H_d$ 实为 $H_d'$ 所相当的清液柱高度，且有 $H_d'\rho_L' = H_d \rho_L$，故

$$H_d' = \frac{H_d}{\rho_L'/\rho_L} = \frac{H_d}{\phi} \tag{5-32}$$

式中，$\rho_L'$ 为降液管中泡沫层的平均密度，kg/m³；$\phi$ 为降液管中泡沫层的相对密度，$\phi = \rho_L'/\rho_L$，$\phi$ 和液体的起泡性有关，对一般液体，可取 $\phi$ 为 0.5～0.6。对于易发泡的物系可取 $\phi$ 为 0.4。

根据前述的降液管液泛校核条件，应要求

$$H_d' \leqslant H_T + h_W \tag{5-33}$$

若求得的 $H_d'$ 过大，可设法减小塔板阻力 $h_f$，特别是其中的干板阻力 $h_0$，或适当增大塔板间距 $H_T$。

4. **液体在降液管中停留时间校核**　为避免严重的气泡夹带使传质性能降低，液体通过降液管时应有足够的停留时间，以便释放出其中夹带的绝大部分气体。液体在降液管中的平均停留时间为

$$\tau = \frac{A_d H_T}{q_{VL_s}} \tag{5-34}$$

式中，$\tau$ 为平均停留时间，s；$q_{VL_s}$ 为液体体积流量，m³/s；$A_d$ 为降液管截面积，m²；$H_T$ 为塔板间距，m。

根据经验，应使 $\tau$ 不小于3～5s。若求得的 $\tau$ 过小，可适当增加降液管截面积 $A_d$ 或塔板间距 $H_T$。

5. **严重漏液校核**　漏液使塔板上的液体未和气体充分接触就直接漏下，降低了塔板的传质性能，而严重漏液使得塔板无法工作，因此，设计时应避免严重漏液并使漏液量较少。对漏液的研究表明：若阀孔气速 $u_0$ 不是过小，且气体分布均匀，则漏液情况可大大改善。当气速由大变小，开始发生严重漏液时的阀孔气速称为漏液点气速。阀孔气速 $u_0$ 与漏液点气速 $u_0'$ 的比称为稳定系数，以 $k$ 表示。一般应使

$$k = \frac{u_0}{u_0'} > 1.5 \sim 2 \tag{5-35}$$

对于浮阀塔，一般取 $F_0 = 5$ 时，对应的阀孔气速为其漏液点气速 $u_0'$。

**（二）塔板的负荷性能图**

对于任一物系和工艺尺寸均已给定的塔板，操作时的气、液相流量必须维持在一定范围之内，以防止塔板上两相出现异常流动而影响正常操作。通常，以气相流量 $q_{VV_h}$（m³/h）为纵坐标，液相流量 $q_{VL_h}$（m³/h）为横坐标，在图上用曲线表示出开始出现异常流动时气、液相流量之间的关系，由这些曲线组合成的图形就称为塔板的负荷性能图。图中这些曲线围成的区域即为该塔板的稳定操作区，超出这个操作区，塔板就可能出现非正常流动，导致效率明显降低。浮阀塔板的负荷性能图形式如图 5-20 所示，图中各曲线的意义和作法如下。

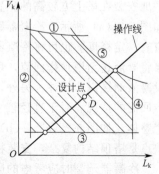

图 5-20　浮阀塔负荷塔性能图

曲线①称为过量液沫夹带线，可根据相应于 $e_v = 0.1$ 时泛点率的上限值，由式(5-20)、式(5-21) 作得。

曲线②为液相下限线。对于平堰，一般取 $h_{OW} = 6mm$，相应的液相负荷作为其下限，以保证塔板上的液流基本上能均匀分布。该线可根据式(5-11) 作得，它和气相负荷无关，为一垂线。

曲线③为严重漏液线。对于 $F_1$ 型阀，当阀孔动能因子 $F_0 = 5 \sim 6$ 时，漏液将比较严重，常由此确定气相负荷的下限（故又称气相负荷下限线），并作得相应的水平线。

曲线④为液相上限线。当液相负荷过大时，它在降液管中的停留时间过短，所夹带的气泡来不及释出而被带至下一层塔板，使塔板效率降低。一般可令式(5-34)中的停留时间 $\tau = 5s$ 求得液相负荷上限，作出曲线④，显然，它也是一垂线。

曲线⑤为降液管液泛线，可根据降液管液泛的校核，由式(5-33)确定。

图 5-20 中，还给出了规定液气比条件下（例如一定回流比的精馏或一定液气比的吸收过程）气、液相负荷关联的操作线 $OD$ 和表示设计条件下气、液相负荷的设计点 $D$。由操作线和稳定操作区边界线的上、下交点，可确定该塔板操作时两相负荷的上、下限。气相（或液相）负荷上、下之比常称为塔板的操作弹性。浮阀塔的操作弹性较大，一般可达 $3 \sim 4$，若所设计塔板的操作弹性稍小，可适当调整塔板的尺寸来满足操作弹性要求。

# 第六节　辅助设备的选择

精馏装置的辅助设备包括冷凝器、再沸器、进料预热器、产品冷却器、原料罐、回流罐及产品罐等。此外，还有连接各单元设备用于输送物料的管线和泵等，它们的选择和设计计算可根据有关的传热和流体流动知识，并参考生产现场的经验数据来解决，其中泵的选取，应在对设备和管道作出总体布置后进行。以下仅就传热设备、容器以及管路设计和泵的选择作简要说明。

## 一、传热设备

精馏系统传热设备含再沸器、冷凝器、预热器及产品冷却器。根据系统模拟计算提供的数据，如热流量、物流进出口温度，选择换热器的形式，估算传热面积等。

### （一）冷凝器

常用的冷凝器大多为列管式，被冷凝的工艺蒸气可以走壳程，也可以走管程。其类型有立式和卧式两种，比较常用的是卧式壳程冷凝器和立式管程冷凝器。许多情况下，冷凝器水平地安装在塔上方较高的位置，利用位能使部分凝液自动流入塔内作为回流，称为自流式，如图 5-21(a) 所示，冷凝器距塔顶回流液入口所需的高度可根据回流量和管路阻力值计算，应有一定裕度。也可将冷凝器安装于适宜高度的平台上，便于冷凝液自流到回流罐，然后用泵将凝液送至塔顶作回流，称为强制回流式，如图 5-21(b)。这时，在冷凝器和泵之间宜加设凝液储罐以作缓冲。另外，由于管路散热的影响，返至塔顶回流液的温度相对较低，属于冷回流的情况。对于直径较小的塔，冷凝器亦较小，可考虑将它直接安装于塔顶和塔连成一个整体，如图 5-22(a)、(b)。这种整体结构的优点是占地面积小，不需要冷凝器的支座，缺点是塔顶结构复杂，安装检修不便。

冷凝器选型时应考虑的因素包括被冷凝工艺蒸气的压力、组分数和冷凝液的特性。如工艺蒸气的压力较低，为减小压降，宜在壳程冷凝。反之，对于压力较高的蒸气，为减少设备投资，宜在管程冷凝。若冷凝多组分的工艺蒸气或在汽提时能够防止低沸点组分冷凝，宜采用立式管程冷凝器。如冷凝液可能冻结，为使冻结物影响小些，宜在壳程冷凝。如工艺蒸气含垢或有聚合作用，为便于清洗宜在管程冷凝。冷凝器的设计步骤与换热器的设计步骤相同，但当冷凝器用于精馏过程时，考虑到精馏塔操作回流比需要调整，同时还可能兼有调节塔压的作用，应适当加大冷凝器的面积裕度，一般在 30% 左右。

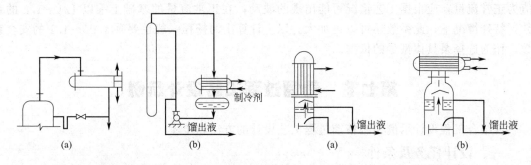

图 5-21　冷凝器分体安装　　　　　　　　图 5-22　冷凝器整体安装

### （二）再沸器

再沸器一般装于塔外，以便于安装检修及更换。如果传热面积很小，可用夹套式加热器或将再沸器安装在塔釜内，即内置再沸器。这样可节省再沸器的壳体和循环管线，但安装检修不便。再沸器传热面积应留足裕度，用于操作的调节，设计和安装详见第三章。

### （三）进料预热器及产品冷却器

进料预热器与产品冷却器有可能采用公用工程物流进行加热或冷却，也可能采用工艺物流进行换热以回收热量。这与冷、热物流的物性及操作条有关。结合冷、热物流的性质及工艺条件，选择换热器的形式，估算传热面积。

## 二、容器、管线及泵

### （一）容器

容器包括原料、产品贮罐及不合格产品罐、中间缓冲罐、回流罐、气液分离罐等。该设备主要工艺指标一般是容积，容积是根据工艺要求物流在容器内的停留时间而定。对于缓冲罐，为保证工艺流程中流量操作的稳定，其停留时间常常是下游使用设备 5～10min 的用量，有时可以超过 15min 的用量。对回流罐一般考虑 5～10min 的液体保有量，做冷凝器液封用。而对于原料罐，应根据运输条件和消耗情况而定，一般对于全厂性的原料贮存，至少有一个月的耗用量贮存，车间的原料贮罐一般考虑至少有半个月的贮存。液体的产品罐一般设计至少有一周的产品产量。根据以上原则计算的贮罐容积是其有效容积，有效容积与贮罐总体积之比称为填充系数。不同的场合下，填充系数的值不同，一般在 0.6～0.8 之间。此外，还应根据物料的工艺条件和贮存条件，例如温度和压力及介质的物性，选择容器的材质和容器结构类型。我国已有许多化工贮罐实现了系列化和标准化，在贮罐类型选用时，应尽量参照。

### （二）管路设计及泵的选择

根据系统模拟计算提供的数据，例如物流的流量、密度、黏度等，选择安全适宜流速 $u_i$，计算所需的管径 $d_i$，根据管径 $d_i$ 计算值，查管材手册确定管的规格。

当装置的平、立面布置未完成之前，只能采用机械能衡算方法，对物流通过的管线、阀门、管件、单元设备系统的总阻力 $\sum h_f$ 进行估算，确定泵所需的扬程。提供选泵的参数即流量及扬程 $[q_V, H]$。

根据输送介质的物性及操作条件选择泵的类型。化工泵的类型很多,常见的有离心泵、往复泵、转子泵、涡流泵等,不同类型的泵都有一定的性能范围,有大致的流量和扬程使用区域,根据被输送流体的性质和工艺要求,如物料的温度、黏度、挥发性、毒性、腐蚀性、是否含有固体颗粒、是否长期连续运转、扬程和流量的基本范围和波动情况等,选择泵的类型。然后,根据流量和扬程选定所需泵的型号。选泵时应以最大流量为基础,如果所取流量值为正常流量,应根据工艺情况可能出现的波动,在正常流量的基础上乘以 1.1~1.2 的系数,特殊情况下,此系数还可以再加大。以上计算出的扬程一般也要乘 1.05~1.1 的安全系数,作为选择泵具体型号的依据。

# 第七节　精馏过程工艺设计示例

现结合工程设计示例说明精馏过程工艺设计的方法和步骤。

## 一、设计任务及条件

某厂以苯和乙烯为原料,通过液相烷基化反应生成含乙苯和苯的混合物。经水解、水洗等工序获得烃化液。烃化液经过精馏分离出的苯返回循环使用,而从脱除苯的烃化液中分离出乙苯作生产苯乙烯的原料。现要求设计一采用常规精馏方法,从烃化液中分离出苯的精馏装置。要求从塔顶馏出的苯液中,乙苯的含量低于 0.5%(摩尔分数,下同),釜液中苯含量要求小于 0.2%。塔顶馏出液及釜液要求降至 40℃,其他条件如下所述。

### (一)烃化液的流量及组成

烃化液参数如表 5-12 所示。

表 5-12　烃化液流量、组成及温度

| 组分名称 | | 苯 | 甲苯 | 乙苯 | 二甲苯 | 二乙苯 | 三乙苯 | 焦油 | 水 |
|---|---|---|---|---|---|---|---|---|---|
| 组成 | 摩尔分数 | 0.5982 | 0.00602 | 0.3091 | 0.00906 | 0.06278 | 0.00311 | 0.00556 | 0.00608 |
| 流量 | 质量流量/(kg/h) | 14082.9 | | | | | | | |
| | 摩尔流量/(kmol/h) | 154.63 | | | | | | | |
| 温度/℃ | | 60 | | | | | | | |

### (二)公用工程条件

① 加热蒸汽等级:0.9MPa(绝压)。
② 循环冷却水:30℃。
③ 供电容量可满足需要。

## 二、分离工艺流程

通过考察苯乙烯实际生产装置,结合设计条件和要求拟定原则工艺流程方案,如图 5-2 所示。由 P-101 泵将烃化液从中间罐 V-101 中引出,送至进料预热器 E-101,在 E-101 中与釜液换热回收热量被预热至 95℃,进入循环苯塔 T-101 中。循环苯塔所需热量由再沸器 E-102 加入,驱动精馏过程后,其热量由冷凝器 E-103 从塔顶移出,使塔顶蒸气全部冷凝。凝液经回流泵 P-103A/B 一部分送至 T-101 塔顶作为回流,余下部分作为产品送至冷却器 E-105,冷却至 40℃,然后进入产品贮罐 V-104 中。T-101 塔排出的釜液经 E-101 与进料换热后，由 E-104 冷却至 40℃，然后进入产品罐 V-104 中。

### 三、过程系统模拟计算

过程系统的模拟，是化工设计的重要环节。对过程系统的模拟计算，可自编计算程序，也可采用通用化工流程模拟软件，如 Aspen、Pro/Ⅱ 等。

#### (一) 分离计算热力学模型的选择及确认

热力学模型的选择与确认，就是用实际生产的数据或实验研究的结果，去检验所选模型的计算结果。如果计算结果与实际结果符合较好，那么，所选的热力学模型是适宜的，可以用于计算该物系的其他工况。否则，应重新选择模型，直至达到要求为止。现有生产装置乙苯塔的数据如表 5-13 所示。采用通用化工流程模拟软件 Aspen Plus，选择所需的热力学模型，应用生产提供的数据，进行模拟计算。将结果列入同一表 5-13 中进行比较，除微量组分外，相对误差小于 0.5%，说明所选热力学模型适宜。由于乙苯精馏塔分离的物系及操作条件与循环苯塔相近，为此，用此热力学模型模拟循环苯塔分离过程是可行的。同时也是可靠的。

表 5-13　数据的比较

| 物流名称 | | 进　料 | 塔顶馏出液 | | 釜液 | |
|---|---|---|---|---|---|---|
| | | | 生产值 | 计算值 | 生产值 | 计算值 |
| 组成（摩尔分数） | 苯 | 0.59825 | 0.00028 | 1.5E−7 | | 4.49E−15 |
| | 甲苯 | 0.00602 | 0.00184 | 5.3E−5 | | 2.32E−9 |
| | 乙苯 | 0.30912 | 0.99652 | 0.99994 | 0.11548 | 0.1109 |
| | 二甲苯 | 0.00906 | 0.00129 | 2.51E−6 | 0.09606 | 0.1004 |
| | 二乙苯 | 0.06278 | 0.0007 | 5.2E−8 | 0.69276 | 0.69332 |
| | 三乙苯 | 0.00311 | | 1.5E−20 | 0.03428 | 0.034346 |
| | 焦油 | 0.00556 | | 8.9E−30 | 0.06142 | 0.061403 |
| | 水 | 0.00608 | | 1.3E−7 | | 2.17E−13 |
| 温度/℃ | | 148 | 138 | 138.4 | 185 | 183.4 |
| 流量/(kmol/h) | | 59.638 | 45.616 | | 14.022 | |

注：塔理论板数 $N_T=33$；进料理论级 $N_F=19$；$R=2.0$。操作压力：塔顶=0.01MPa (g)；塔底=0.04MPa (g)。

#### (二) 循环苯塔（T-101）的分离计算

首先应根据初值进行模拟计算，然后进行操作条件选择及理论级数的确定。

操作条件与塔所需的理论级数是相互影响的。操作条件改变，达到相同的分离要求所需的理论级数也会改变。反之，理论级数改变，其操作条件也应作相应调整，才能达到相同分离要求。计算的初值可根据同类装置的数据，或用近似方法或简捷方法估算来确定。对循环塔 T101 根据已有的生产装置结构参数及工况提供以下初值。

理论级数 $N_T=31$（不含再沸器）；　　　　　进料理论级位置 $N_F=14$；

回流比 $R=1.0$；　　　　　　　　　　　　塔顶压力 0.12MPa（绝压）；

全塔压差为 $\Delta p=0.025$MPa。

应用通用软件 Aspen Plus，输入给定的设计条件及初值，进行严格计算。调整理论级数及回流比，使塔满足分离要求，作为分离计算的初步结果。

在初步计算结果基础上，对主要设计参数及操作条件采用变量轮换法进行灵敏度分析，从而选择适宜的操作条件及设计参数。所谓某参数灵敏度分析，就是搜索单变量对某一目标函数值的影响关系，从而确定该变量的适宜范围。

（1）理论级数 $N_T$ 的确定　当所有操作条件不改变的条件下，对理论级数 $N_T$ 与分离要求进行灵敏度分析，如图 5-23 所示。由图 5-23 中两曲线趋势可见，当 $N_T$ 增至 32 块时，再增加理论级数对分离效果影响不大，故全塔理论级选择 $N_T=32$ 为宜。

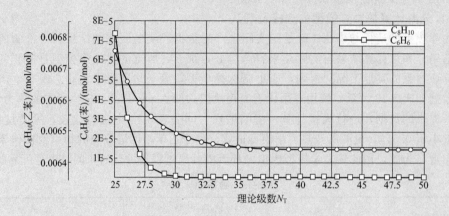

图 5-23　理论级数对分离的影响

（2）回流比 $R$ 的选择　根据前述结果调整理论级数 $N_T$ 及进料位置 $N_F$，进行回流比 $R$ 对分离要求的灵敏度分析，其结果如图 5-24 所示。

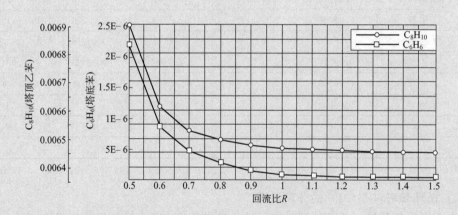

图 5-24　回流比对分离的影响

由图 5-24 可见，回流比 $R$ 减至 0.8 时，对分离要求影响不大，为此，$R$ 应在 $0.8\sim1.2$ 范围内比较适宜，选择回流比 $R$ 为 1.0。

（3）进料位置的选择　将回流比改成当前适宜值，作进料位置 $N_F$ 对分离要求的灵敏度分析，其结果如图 5-25 所示。由图中曲线变化趋势可知，进料位置在第 $10\sim21$ 理论级范围比较适宜。选择进料级为第 14 级。

（4）操作压力的选择　将进料级改成当前适宜值。从以上计算结果可知，常压下塔顶温度为 86℃，塔底温度为 154℃，冷、热公用工程物流均可满足要求，故可选择常压操作。如果要回收塔顶蒸气的相变热，则应适当提高操作压力，使蒸气温度升至所需要的温位。为选择操作压力，可将操作压力对塔顶温度进行灵敏度分析，如图 5-26 所示。如果需要温位为 140℃的热源，由图 5-26 可知，塔操作压力应提至 0.5MPa（绝压）。由于提高操作压力对分离不利，为此应对以上参数重新进行搜索。如果要进一步提高精馏塔操作的优化程度，则可将现有条件作为新的基点，对上述主要参数按上述步骤重新搜索，使系统操作条件及结构更趋于优化。

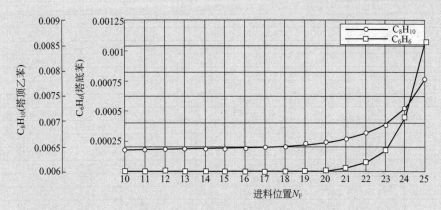

图 5-25　进料位置对分离的影响

根据以上选定的热力学模型以及适宜操作范围和理论级数，对该塔进行严格模拟计算。

适宜结构及操作条件为：

理论级数 $N_T = 32$（含再沸器）；

进料理论级 $N_F = 14$；

操作回流比 $R = 0.8 \sim 1.2$；

操作压力 $p = 0.12\text{MPa}$（塔顶绝压）；

塔压差 $\Delta p = 0.025\text{MPa}$。

通过严格的模拟计算可获得塔内液相

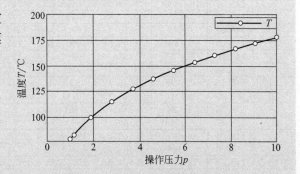

图 5-26　操作压力对塔顶温度的影响

及气相的组成分布。塔内苯、乙苯组成及温度的分布如图 5-27 所示（其他组分从略）。获得塔内气、液相流量，温度、压力分布如表 5-14 所示。塔顶冷凝器及塔底再沸器的热流量和温度如表5-15所示。

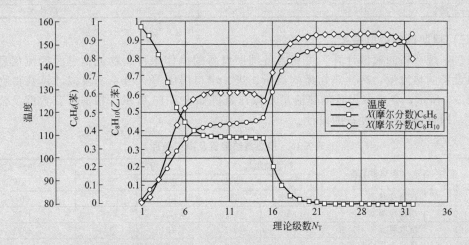

图 5-27　塔内苯、乙苯组成及温度分布

表 5-14　循环苯塔内气、液相流量及物流性质分布

| 塔板序号 | 温度/℃ | 压力(绝压)/MPa | 液相流量/(kg/h) | 气相流量/(kg/h) | 液相密度/(kg/m³) | 气相密度/(kg/m³) | 液相黏度/mPa·s | 气相黏度/mPa·s | 表面张力/(N/m) |
|---|---|---|---|---|---|---|---|---|---|
| 1 | 81.55 | 0.11 | 7393.9 | 0 | 809.9 | 3.18 | 0.315 | 0.009173 | 0.02066 |
| 2 | 86.00 | 0.12 | 7393.6 | 14787.84 | 804.7 | 3.19 | 0.303 | 0.009231 | 0.02017 |
| 3 | 89.76 | 0.1206 | 7233.0 | 14787.57 | 800.3 | 3.21 | 0.295 | 0.00932 | 0.02024 |
| 4 | 96.24 | 0.1213 | 7145.4 | 14626.99 | 792.7 | 3.24 | 0.284 | 0.00939 | 0.02012 |
| 5 | 103.42 | 0.122 | 7184.1 | 14539.42 | 784.3 | 3.28 | 0.272 | 0.009423 | 0.01977 |
| 6 | 108.73 | 0.1226 | 7261.8 | 14578.05 | 778.2 | 3.32 | 0.264 | 0.009435 | 0.01942 |
| 7 | 111.78 | 0.1233 | 7318.4 | 14655.73 | 774.7 | 3.35 | 0.260 | 0.009441 | 0.01920 |
| 8 | 113.38 | 0.1240 | 7347.8 | 1.47E+04 | 772.9 | 3.37 | 0.258 | 0.009446 | 0.01909 |
| 9 | 114.21 | 0.1246 | 7360.4 | 1.47E+04 | 772.0 | 3.39 | 0.257 | 0.009451 | 0.01904 |
| 10 | 114.68 | 0.1253 | 7366.2 | 14754.42 | 771.5 | 3.41 | 0.256 | 0.009456 | 0.01904 |
| 11 | 115.01 | 0.1260 | 7.36E+03 | 14760.14 | 771.1 | 3.42 | 0.255 | 0.009461 | 0.01902 |
| 12 | 115.26 | 0.1266 | 7.36E+03 | 14758.92 | 770.9 | 3.44 | 0.255 | 0.009468 | 0.01899 |
| 13 | 115.56 | 0.1272 | 7.35E+03 | 14754.45 | 770.6 | 3.46 | 0.255 | 0.009479 | 0.01897 |
| 14 | 116.07 | 0.1280 | 7.29E+03 | 14740 | 770.1 | 3.47 | 0.257 | 0.009508 | 0.01895 |
| 15 | 117.50 | 0.1286 | 22718.47 | 1.47E+04 | 768.5 | 3.65 | 0.263 | 0.009435 | 0.01886 |
| 16 | 129.27 | 0.1293 | 23955.42 | 16002.42 | 755.1 | 3.85 | 0.251 | 0.009301 | 0.01791 |
| 17 | 137.99 | 0.13 | 25072.77 | 17239.38 | 745.4 | 3.99 | 0.243 | 0.009198 | 0.01727 |
| 18 | 142.92 | 0.1306 | 25776.36 | 18356.72 | 740.0 | 4.08 | 0.240 | 0.009144 | 0.01681 |
| 19 | 145.37 | 0.1313 | 26141.41 | 19060.32 | 737.4 | 4.13 | 0.238 | 0.009121 | 0.01658 |
| 20 | 146.57 | 0.132 | 26318.42 | 19425.37 | 736.1 | 4.17 | 0.237 | 0.009113 | 0.01647 |
| 21 | 147.21 | 0.1326 | 26406.54 | 19602.37 | 735.4 | 4.19 | 0.236 | 0.009113 | 0.01641 |
| 22 | 147.60 | 0.1333 | 26455.16 | 19690.49 | 735.0 | 4.21 | 0.236 | 0.009115 | 0.01637 |
| 23 | 147.89 | 0.134 | 26486.45 | 19739.11 | 734.8 | 4.24 | 0.236 | 0.009118 | 0.01634 |
| 24 | 148.13 | 0.1346 | 26510.16 | 19770.4 | 734.5 | 4.26 | 0.235 | 0.009122 | 0.01632 |
| 25 | 148.35 | 0.1353 | 26530.35 | 19794.11 | 734.3 | 4.28 | 0.235 | 0.009126 | 0.01630 |
| 26 | 148.56 | 0.136 | 26548.79 | 19814.3 | 734.1 | 4.30 | 0.235 | 0.00913 | 0.01628 |
| 27 | 148.77 | 0.1366 | 26566.12 | 19832.74 | 733.9 | 4.32 | 0.235 | 0.009135 | 0.01626 |
| 28 | 149.01 | 0.1373 | 26582.23 | 19850.07 | 733.7 | 4.34 | 0.235 | 0.009139 | 0.01624 |
| 29 | 149.30 | 0.138 | 26595.93 | 19866.18 | 733.4 | 4.36 | 0.235 | 0.009146 | 0.01623 |
| 30 | 149.79 | 0.1386 | 26602.88 | 19879.88 | 733.0 | 4.38 | 0.236 | 0.009156 | 0.01622 |
| 31 | 150.92 | 0.1393 | 26561.12 | 19886.83 | 731.8 | 4.42 | 0.242 | 0.009182 | 0.01618 |
| 32 | 154.22 | 0.14 | 6716.05 | 19845.07 | 728.1 | 4.42 | 0.259 | 0.009182 | 0.01611 |

表 5-15　冷凝器及再沸器操作条件

| 名　称 | 热负荷/kW | 塔顶气相或釜液 | | 公用工程 |
|---|---|---|---|---|
| | | 进口温度/℃ | 出口温度/℃ | |
| 再沸器 | 1823.0 | 151 | 155 | 加热蒸汽 0.9MPa |
| 冷凝器 | 1626.0 | 86.0 | 81.6 | 循环水 30℃ |

### (三) 辅助设备模拟结果

　　通过系统严格的模拟计算，可获得各辅助设备的操作条件、物流信息及能流信息，例如换热设备的热流量，冷，热物流的流量、进、出口温度等。由系统模拟计算获得物料衡算如表 5-3 所示，各换热设备的热流量及操作条件如表 5-16 所示。根据所获数据及公用工程条件，即可进行辅助设备的设计。

表 5-16　换热器热流量及操作条件

| 序　号 | 换热器名称 | 热物流温度/℃ | | 冷物流温度/℃ | | 传热流量 Φ /kW |
|---|---|---|---|---|---|---|
| | | 进口 | 出口 | 进口 | 出口 | |
| E-101 | 进料预热器 | 154.5 | 88.4 | 60.0 | 95 | 267 |
| E-102 | 塔顶冷凝器 | 86 | 81.6 | 30 | 40 | 1626 |
| E-103 | 塔底再沸器 | 175 | 175 | 151 | 154 | 1823 |
| E-104 | 塔顶产品冷却器 | 82 | 40 | 30 | 40 | 151 |
| E-105 | 塔底产品冷却器 | 88.4 | 40 | 30 | 40 | 174 |

在系统模拟计算中，应对各主要操作条件进行调优或适当调整，使操作更趋合理。

### 四、循环苯精馏塔（T-101）工艺设计

由塔内气、液流量分布表 5-14 可知，各板上气相流量比较接近，可考虑精馏段与提馏段采用相同塔径。而精馏段液相流量远小于提馏段，因此，塔盘的设计应有所区别，由其降液管和塔板间距大小及阀数进行调节。如果塔内气相与液相流量均变化较大，则应进行分段设计。本例可按两段即精馏段及提馏段设计塔盘，由表 5-14 提取的有关数据列于表5-17 中。

**表 5-17 塔板设计选用数据**

| 项 目 | | 精 馏 段 | | 提 馏 段 | |
|---|---|---|---|---|---|
| | | 气 相 | 液 相 | 气 相 | 液 相 |
| 组成（质量分数） | 苯 | 0.700355 | 0.362380 | 1.91E－5 | 5.96E－6 |
| | 甲苯 | 0.010771 | 0.011437 | 0.000659 | 0.000248 |
| | 乙苯 | 0.281357 | 0.621230 | 0.973296 | 0.927844 |
| | 二甲苯 | 4.15E－5 | 0.000232 | 0.004736 | 0.009686 |
| | 二乙苯 | 4.04E－5 | 0.000330 | 0.020908 | 0.056487 |
| | 三乙苯 | 4.36E－10 | 1.89E－9 | 0.000220 | 0.002128 |
| | 焦油 | 5.29E－13 | 9.95E－11 | 0.000126 | 0.003599 |
| | 水 | 0.007436 | 0.004391 | 7.46E－6 | 1.51E－6 |
| 质量流量/(kg/h) | | 14760.14 | 7360 | 19850.07 | 26582.23 |
| 体积流量/(m³/h) | | 4303.24 | 9.54 | 4573.75 | 36.23 |
| 密度/(kg/m³) | | 3.43 | 771.2 | 4.34 | 733.76 |
| 表面张力/(N/m) | | | 0.01902 | | 0.01624 |
| 温度/℃ | | 115 | | 149 | |
| 压力/MPa | | 0.126 | | 0.137 | |

#### （一）塔高的估算

根据生产实际，取 $E_T=0.65$。则

$$N_P=\frac{N_T}{E_T}=31/0.65=48 \text{块}$$

其中精馏段 20 块，提馏段 28 块。根据后续设计，精馏段板间距 $H_T=0.45m$，提馏段 $H_T=0.6m$，则塔有效高度 $Z_0$ 为

$$Z_0=0.45\times19+0.6\times28=25.35m$$

设釜液在釜内停留时间为 20min，由表 5-14 查得排出釜液流量为 6716.05kg/h，密度 $\rho_L=728.1kg/m^3$，则釜液的高度为

$$\Delta Z=\frac{4}{3}q_{VV_h}/(\pi D^2)=4\times6716.05/(3\times728.1\pi\times1.4^2)=2.0m$$

将进料所在板的板间距增至 700mm，人孔所在的板间距增至 800mm。此外考虑塔顶端及釜液上方的气液分离空间高度均取 1.5m，裙座取 5m。各段高度之和为 37m，如图5-31所示。

**(二) 塔径 D**

根据液相流量（参考表 5-3）可选取单流型，因提馏段气相流量较大，故以提馏段数据确定全塔塔径更为安全可靠，由提馏段数据可得

液、气流动参数    $F_{LV} = \dfrac{q_{VL_h}}{q_{VV_h}} \sqrt{\dfrac{\rho_L}{\rho_V}} = \dfrac{36.23}{4573.75} \sqrt{\dfrac{733.76}{4.34}} = 0.103$

取塔盘清液层高度    $h_L = 0.083$

液滴沉降高度    $H_T - h_L = 0.6 - 0.083 = 0.517$

由液气流动参数 $F_{LV}$ 及液滴沉降高度 $(H_T - h_L)$ 查 Smith 关联图 5-5，可得液相表面张力为 20mN/m 时的负荷因子 $C_{20} = 0.1$。

由实际工艺条件校正得

$$C = C_{20} \left(\frac{\sigma}{20}\right)^{0.2} = 0.1 \left(\frac{16.24}{20}\right)^{0.2} = 0.0959$$

液泛气速    $u_f = C \sqrt{\dfrac{\rho_L - \rho_V}{\rho_V}}$

$$= 0.0959 \sqrt{\frac{733.76 - 4.34}{4.34}} = 1.24 \text{m/s}$$

取设计泛点率为 0.75，则空塔气速 $\mu$    $u = 0.75 u_f = 0.75 \times 1.24 = 0.932 \text{m/s}$

气相通过的塔截面积 $A$    $A = q_{VV_s}/u = 4573.75/(3600 \times 0.932) = 1.36 \text{m}^2$

塔截面积 $A_T$ 为气相流通截面积 $A$ 与降液管面积 $A_d$ 之和。取 $l_W/D = 0.7$，由式（5-9）计算 $A_d/A_T$。

$$A_d/A_T = \left[ \sin^{-1}\left(\frac{l_W}{D}\right) - \frac{l_W}{D} \sqrt{1 - (l_W/D)^2} \right]/\pi$$

$$= \left[ \sin^{-1}(0.7) - 0.7 \sqrt{1 - 0.7^2} \right]/\pi$$

$$= 0.0877$$

由 $A_d/A_T$ 计算塔径 $D$。

$$A_T = \frac{A}{\left(1 - \dfrac{A_d}{A_T}\right)} = \frac{1.36}{1 - 0.0877} = 1.49 \text{m}^2$$

$$D = \sqrt{\frac{4A_T}{\pi}} = 1.377 \text{m}$$

计算塔径 $D$ 与设计规范值比较进行圆整，取塔径 $D = 1.4\text{m}$。

实际塔截面积    $A_T = \dfrac{\pi}{4} D^2 = \dfrac{\pi}{4} \times 1.4^2 = 1.54 \text{m}^2$

实际气相流通面积    $A = A_T(1 - A_d/A_T) = 1.54(1 - 0.0877)$
$$= 1.405 \text{m}^2$$

实际空塔气速    $u = q_{VV_s}/A = \dfrac{4573.75}{3600 \times 1.405} = 0.904 \text{m/s}$

设计点的泛点率    $u/u_f = 0.904/1.24 = 0.729$

**(三) 降液管及溢流堰尺寸**

(1) 降液管尺寸    由以上设计结果得弓形降液管所占面积 $A_d$

$$A_d = A_T - A = 1.54 - 1.405 = 0.135 \text{m}^2$$

根据以上选取的 $(l_W/D)$ 值由图 5-7 或式(5-10) 计算降液管宽度 $b_d$

$$b_d = D\left[\sqrt{1-(l_W/D)}\right]/2 = 1.4\left(1-\sqrt{1-0.7^2}\right)/2.0$$
$$= 0.2001\text{m}$$

选取平形受液盘，考虑降液管底部阻力和液封，选取底隙 $h_b = 0.045\text{m}$。

(2) 溢流堰尺寸　由以上设计数据，确定堰长 $l_W$

$$l_W = D(l_W/D)$$
$$l_W = 1.4 \times 0.7 = 0.98\text{m}$$

堰上液头高 $h_{OW}$ 由式(5-11) 计算，式中 $E$ 近似取 1，得

$$h_{OW} = 2.84 \times 10^{-3} E\left(\frac{q_{VL_h}}{l_W}\right)^{2/3}$$
$$= 2.84 \times 10^{-3}(36.23/0.98)^{2/3} = 0.033\text{m}$$

堰高 $h_W$ 由选取清液层高度 $h_L$ 确定

$$h_W = h_L - h_{OW} = 0.083 - 0.033 = 0.050\text{m}$$

溢流强度　　　$u_L = q_{VL_h}/l_W = 36.23/0.98 = 36.97\text{m}^3/(\text{m}\cdot\text{h})$

降液管底隙液体流速　$u_b = \dfrac{q_{VL_s}}{l_W h_b}$

$$= \frac{36.23}{3600 \times 0.98 \times 0.045} = 0.228\text{m/s}$$

**(四) 浮阀数及排列方式**

(1) 浮阀数　选取 $F_1$ 型浮阀，重型，阀孔直径 $d_0 = 0.039\text{m}$。

初取阀孔动能因子 $F_0 = 11$，计算阀孔气速

$$u_0 = F_0/\sqrt{\rho_V} = 11/\sqrt{4.34} = 5.28\text{m/s}$$

浮阀个数　　　$n = \dfrac{q_{VV_s}}{\dfrac{\pi}{4}d_0^2 u_0} = \dfrac{4573.8 \times 4}{3600\pi \times 0.039^2 \times 5.28} = 202$ 个

(2) 浮阀排列方式　通过计算及实际试排确定塔盘的浮阀数 $n$。在试排浮阀时，要考虑塔盘的各区布置，例如塔盘边缘区宽度 $b_c$、液体进出口的安定区宽度 $b_s$、$b_s'$ 以及塔盘支撑梁所占的面积。

取塔板上液体进、出口安定区宽度 $b_s = b_s' = 0.075\text{m}$，取边缘区宽 $b_c = 0.05\text{m}$。

有效传质区面积 $A_a$ 由式(5-13) 求得。

$$x = D/2 - (b_s + b_d) = 1.4/2 - (0.075 + 0.2) = 0.425\text{m}$$
$$r = D/2 - b_c = 1.4/2 - 0.05 = 0.65\text{m}$$
$$A_a = 2\left[x\sqrt{r^2 - x^2} + r^2 \sin^{-1}\left(\frac{x}{r}\right)\right]^{❶}$$
$$= 2\left[0.425\sqrt{0.65^2 - 0.425^2} + 0.65^2 \sin^{-1}\left(\frac{0.425}{0.65}\right)\right] = 1.02\text{m}^2$$

开孔所占面积 $A_0 = n\dfrac{\pi}{4}d_0^2 = 202 \times \dfrac{\pi}{4}0.039^2 = 0.241\text{m}^2$

---

❶ $\sin^{-1}\left(\dfrac{x}{r}\right)$ 的单位取弧度。

选择错排方式,如图 5-28 所示,其孔心距 $t$ 可由以下方法估算。

由开孔区内阀孔所占面积分数解得

$$\frac{A_0}{A_a} = \frac{\frac{\pi}{4}d_0^2}{t^2 \sin 60°} = 0.907\left(\frac{d_0}{t}\right)^2$$

$$t = \sqrt{0.907/(A_0/A_a)}\,d_0 = (\sqrt{0.907 \times 1.02/0.241}) \times 0.039$$
$$= 0.0764\text{m}$$

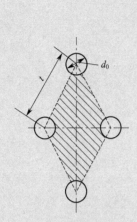

图 5-28 开孔区内
开孔所占面积

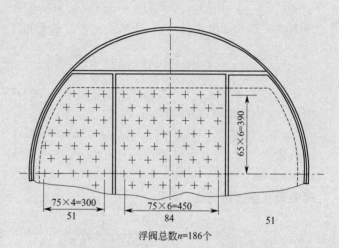

浮阀总数 $n$=186个

图 5-29 塔板浮阀排列

根据估算的孔心距 $t$ 进行布孔,并按实际可能的情况进行调整来确定浮阀的实际个数 $n$,按 $t=75$mm 进行布孔,实排阀数 $n=186$,如图 5-29 所示,重新计算塔板的各参数。

阀孔气速  $u_0 = q_{VV_s}\Big/\left(n\frac{\pi}{4}d_0^2\right) = 4573.8\Big/\left(3600 \times 186 \times \frac{\pi}{4} \times 0.039^2\right)$
$$= 5.72\text{m/s}$$

动能因子        $F_0 = 5.72\sqrt{4.34} = 11.91$

塔板开孔率  $\varphi = A_0/A_T = 186 \times 0.785 \times 0.039^2/1.539 = 0.144$

### (五) 塔板流动性能的校核

#### 1. 液沫夹带量校核

为控制液沫夹带量 $e_v$ 不至于过大,应使泛点 $F_1 \leqslant 0.8 \sim 0.82$。浮阀塔板泛点率由式 (5-20) 或式(5-21)计算。

$$F_1 = \frac{q_{VV_s}\sqrt{\dfrac{\rho_V}{\rho_L - \rho_V}} + 1.36q_{VL_s}Z_L}{KC_F A_b}$$

或

$$F_1 = \frac{q_{VV_s}\sqrt{\dfrac{\rho_V}{\rho_L - \rho_V}}}{0.785KC_F A_T}$$

式中,由塔板上气相密度 $\rho_V$ 及塔板间距 $H_T$ 查图 5-18 得系数 $C_F = 0.141$,根据表5-11 所提供数据,本物系的 $K$ 值可取 1。塔板上液体流道长 $Z_L$ 及液流面积 $A_b$ 分别为

$$Z_L = D - 2b_d = 1.4 - 2 \times 0.2 = 1.0\text{m}$$

$$A_b = A_T - 2A_d = 1.539 - 2 \times 0.135 = 1.269 \text{m}^2$$

故得

$$F_1 = \frac{(4573.8/3600)\sqrt{\dfrac{4.34}{733.8-4.34}} + 1.36 \times (36.23/3600)}{0.141 \times 1.269} = 0.626$$

或

$$F_1 = \frac{1.27\sqrt{\dfrac{4.34}{733.8-4.34}}}{0.78 \times 0.141 \times 1.539} = 0.581$$

所得泛点率 $F_1$ 均低于 0.8，故不会产生过量的液沫夹带。

2. 塔板阻力 $h_f$ 计算

(1) 干板阻力 $h_0$

临界孔速

$$u_{0c} = \left(\frac{73}{\rho_V}\right)^{1/1.825} = \left(\frac{73}{4.34}\right)^{1/1.825} = 4.69 \text{m/s}\ (<u_0)$$

因阀孔气速 $u_0$ 大于临界阀孔气速 $u_{0c}$，故应在浮阀全开状态计算干板阻力。

$$h_0 = 5.34\frac{\rho_V u_0^2}{\rho_L 2g} = 5.34 \times \frac{4.34}{733.8} \times \frac{5.72^2}{2 \times 9.81} = 0.053 \text{m}$$

(2) 塔板充气液层阻力 $h_1$　取充气系数 $\varepsilon_0 = 0.5$，则有

$$h_1 = 0.5h_L = 0.5 \times 0.083 = 0.042 \text{m}$$

(3) 克服表面张力阻力 $h_\sigma$

$$h_\sigma = \frac{4 \times 10^{-3}\sigma}{\rho_L g d_0} = \frac{4 \times 10^{-3} \times 0.0162 \times 1000}{733.8 \times 9.81 \times 0.039} = 2.31 \times 10^{-4} \text{m}$$

由以上三项阻力之和求得塔板阻力 $h_f$

$$h_f = h_0 + h_1 + h_\sigma = 0.053 + 0.042 + 0.00023 = 0.0952 \text{m}$$

3. 降液管液泛校核

降液管中清液层高度由式(5-30)计算，式中 $h_d$ 为流体流过降液管底隙的阻力，其阻力 $h_d$ 由式(5-31)计算求得。

$$h_d = 1.18 \times 10^{-8}\left(\frac{q_{VL_h}}{l_w h_b}\right)^2$$

$$= 1.18 \times 10^{-8}\left(\frac{36.23}{0.98 \times 0.045}\right)^2 = 0.00796 \text{m}$$

浮阀塔板上液面落差 $\Delta$ 一般较小可以忽略，于是由式(5-30)求得降液管内清液层高度 $H_d$。

$$H_d = 0.05 + 0.033 + 0.0952 + 0.008 = 0.186 \text{m}$$

取降液管中泡沫层相对密度 $\phi = 0.6$，则可求降液管中泡沫层的高度 $H_d'$ 为

$$H_d' = H_d/\phi = 0.310 \text{m}$$

而 $H_T + h_w = 0.6 + 0.05 = 0.65 > H_d'$，故不会发生降液管液泛。

4. 液体在降液管内停留时间校核

液体在降液管内的停留时间大于 3～5s，才能保证液体所夹带气体的释出。

$$\tau = A_d H_T / q_{VL_s}$$

$$= 3600 \times 0.135 \times 0.6 / 36.23 = 8.0 \text{s}\ (>5\text{s})$$

故所夹带气体可以释出。

**5. 严重漏液校核**

当阀孔的动能因子 $F_0$ 低于 5 时将会发生严重漏液，故漏液点的孔速 $u_0'$ 可取 $F_0 = 5$ 时相应的孔流气速

$$u_0' = \frac{5}{\sqrt{\rho_V}} = \frac{5}{\sqrt{4.34}} = 2.4 \text{m/s}$$

稳定系数 $K = \frac{u_0}{u_0'} = \frac{5.72}{2.4} = 2.38 > 1.5 \sim 2.0$，故不会发生严重漏液。

**6. 塔板负荷性能图**

（1）过量液沫夹带线关系式　在式（5-21）或式（5-20）中，已知物系性质及塔盘结构尺寸，同时给定泛点率 $F_1$ 时，即可表示出气、液相流量之间关系。根据前面液沫夹带校核选择的 $F_1$ 表达式，本例选择式（5-20），令 $F_1 = 0.8$，式（5-20）可整理为

$$0.8 = \left( q_{VV_s} \sqrt{\frac{4.34}{733.8 - 4.34}} + 1.36 q_{VL_s} \right) \Big/ (1.269 \times 1 \times 0.141)$$

$$q_{VV_s} = 1.856 - 17.63 q_{VL_s}$$

或 $$q_{VV_h} = 6680.72 - 17.63 q_{VL_h} \tag{5-36}$$

式（5-36）为一线性方程，由两点即可确定。当 $q_{VL_h} = 0$ 时，$q_{VV_h} = 6680.72 \text{m}^3/\text{h}$，当 $q_{VL_h} = 50 \text{m}^3/\text{h}$，$q_{VV_h} = 5799.2 \text{m}^3/\text{h}$。由此两点作过量液沫夹带线①。

（2）液相下限线关系式　对于平直堰，其堰上液头高度 $h_{OW}$ 必须要大于 0.006m。取 $h_{OW} = 0.006\text{m}$，即可确定液相流量的下限线。

$$h_{OW} = 2.84 \times 10^{-3} E \left( \frac{q_{VL_h}}{l_W} \right)^{2/3} = 0.006$$

取 $E = 1.0$，代入 $l_W$，求得 $q_{VL_h}$ 的值

$$q_{VL_h} = 3.07 l_W = 3.07 \times 0.98 = 3.00 \text{m}^3/\text{h} \tag{5-37}$$

可见该线为垂直 $q_{VL_h}$ 轴的直线，该线记为②。

（3）严重漏液线关系式　因动能因子 $F_0 < 5$ 时，会发生严重漏液，故取 $F_0 = 5$，计算相应气相流量 $q_{VV_h}$

$$q_{VV_h} = 3600 A_0 u_0 \tag{5-38}$$

式中 $u_0 = F_0 / \sqrt{\rho_V} = 5 / \sqrt{\rho_V}$，所以

$$q_{VV_h} = 3600 \left( n \frac{\pi}{4} d_0^2 u_0 \right) = 3600 \left( n \frac{\pi}{4} d_0^2 \times 5 / \sqrt{\rho_V} \right)$$

$$= 14137.11 \times 186 \times 0.039^2 / \sqrt{4.34}$$

$$= 1919.81 \text{m}^3/\text{h}$$

式（5-38）为常数表达式，为一平行 $q_{VL_h}$ 轴的直线。该线记为③。

（4）液相上限线关系式　在一定容积的降液管内，随着液体流量的增加，则液体在降液管内的停留时间减少。为保证液体中夹带的气相全部释放，则要求液体在降液管内停留最短时间 $\tau \geqslant 5\text{s}$。当 $\tau = 5\text{s}$ 时，降液的最大流量为

$$q_{VL_h} = 3600 A_d H_T / 5 = 720 A_d H_T$$

$$= 720 \times 0.135 \times 0.6 = 58.32 \text{m}^3/\text{h}$$

可见，该线为一平行 $q_{VV_h}$ 轴的直线，记为④。

（5）降液管液泛线关系式 当塔降液管内泡沫层上升至上一层塔板时，即发生了降液管液泛。根据降液管液泛的条件，得以下降液管液泛工况下的关系。

$$H_d = \phi(H_T + h_{OW})$$

或

$$h_W + h_{OW} + h_f + h_d = \phi(H_T + h_{OW}) \tag{5-39}$$

为避免降液管液泛的发生，应使 $H_d < \phi(H_T + h_w)$。

将式(5-39)中 $h_{OW}$、$h_f$、$h_d$ 均表示为 $q_{VL_h}$ 与 $q_{VV_h}$ 的函数关系，整理后即可获得表示降液管液泛线的关系式。在前面核算中可知，由表面张力影响所致的阻力 $h_\sigma$ 在 $h_f$ 中所占比例很小，在整理中可略去，使关系得到简化。

$$h_W + h_{OW} + h_0 + 0.5(h_{OW} + h_W) + h_d = \phi(H_T + h_{OW})$$

式中 $h_{OW} = 2.84 \times 10^{-3} E \left( \dfrac{q_{VL_h}}{l_W} \right)^{2/3}$；$E = 1$；$h_0 = 5.34 \left( \dfrac{\rho_V}{\rho_L} \right) \dfrac{u_0^2}{2g}$；$h_d = 1.18 \times 10^{-8} \left( \dfrac{q_{VL_h}}{l_W h_b} \right)^2$

将 $h_{OW}$、$h_0$、$h_d$ 代入式(5-39)中整理可得式(5-40)。

$$3.4 \times 10^{-8} \left( \dfrac{q_{VV_h}}{n d_0^2} \right)^2 + 4.26 \times 10^{-3} \left( \dfrac{q_{VL_h}}{l_W} \right)^{2/3} + 1.8 \times 10^{-8} \left( \dfrac{q_{VL_h}}{l_W h_b} \right)^2$$
$$= \phi H_T + (\phi - 1.5) h_W \tag{5-40}$$

将本例给定条件或设计确定的数据代入式(5-40)中，整理得

$$2.512 \times 10^{-9} q_{VV_h}^2 + 4.318 \times 10^{-3} q_{VL_h}^{2/3} + 6.067 \times 10^{-6} q_{VL_h}^2 = 0.315$$

或

$$q_{VV_h} = (1.254 \times 10^8 - 1.719 \times 10^6 q_{VL_h}^{2/3} - 2.415 \times 10^3 q_{VL_h}^2)^{1/2} \tag{5-41}$$

由式(5-41)计算降液管液泛线上点得表5-18。

**表5-18 降液管液泛线数据**

| $q_{VL_h}$/(m³/h) | 10 | 20 | 30 | 40 | 50 | 60 |
|---|---|---|---|---|---|---|
| $q_{VV_h}$/(m³/h) | 10724 | 10571 | 10326 | 10071 | 9799 | 9504 |

由表5-18中数据作出降液管的液泛线，并记为线⑤。

将以上①、②、③、④、⑤条线标绘在同一 $q_{VL_h} \sim q_{VV_h}$ 直角坐标系中，塔板的负荷性图如图5-30所示。将设计点 $(q_{VL_h}, q_{VV_h})$ 标绘在图中，如 $D$ 点所示，由原点 $O$ 及 $D$ 作操作线 $OD$。操作线交严重漏液线③于 $A$，液沫夹带线①于 $B$。由此可见，该塔板操作负荷的上下限受严重漏液线③及液沫夹带线①的控制。分别从图中 $A$、$B$ 两点读得气相流量的下限 $(q_{VV_h})_{min}$ 及上限 $(q_{VV_h})_{max}$，并求得该塔的操作弹性为

操作弹性 $= (q_{VV_h})_{max}/(q_{VV_h})_{min} = 5861.5/1919.8 = 3.05$

**7. 塔板设计结果**

由负荷性能图5-30可知，设计点在负荷性能图中的位置比较适中，有较好的操作弹性和适宜的裕度 $\{[(q_{VV_h})_{max} - q_{VV_h}]/$

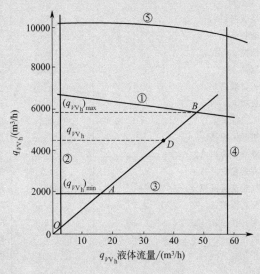

图5-30 塔板负荷性能

$q_{VV_h}=28.1\%\}$，其他性能均满足要求，所以，本设计较为合理。

因本塔的精馏段与提馏段气相流量比较接近，故两段设计为相同的塔径。由于精馏段的气、液相流量均小于提馏段，且其液相流量远小于提馏段，所以，精馏段塔盘结构参数应作适当调整，将精馏段降液管及板间距适当减小。现将提馏段及精馏段塔板设计结果列于表 5-19 及表 5-20 中，精馏段塔板设计过程从略。

**表 5-19  提馏段塔板设计结果汇总**（从第 21 板～塔底第 48 板）

| 塔板主要结构参数 | 数据 | 塔板主要流动参数 | 数据 |
|---|---|---|---|
| 塔径 $m$ | 1.4m | 流动形式 | 单流型 |
| 塔板间距 $H_T$ | 0.6m | 液体流量 $q_{VL_h}$ | 36.23m³/h |
| 堰长 $l_w$ | 0.98m | 气体流量 $q_{VV_h}$ | 4573.8m³/h |
| 堰宽 $b_d$ | 0.2001m | 液泛气速 $u_f$ | 1.24m/s |
| 堰高 $h_w$ | 0.05m | $u/u_f$ | 0.729 |
| 入口堰高 $h'_w$ | 无 | 空塔气速 $u$ | 0.904 |
| 底隙 $h_b$ | 0.045m | 降液管内流速 $u_d$ | 0.075m/s |
| $A_d/A_T$ | 0.0877 | 底隙流速 $u_b$ | 0.228m/s |
| 塔截面积 $A_T$ | 1.5394m² | 泛点率 $F_l$ | 0.626 |
| 降液管面积 $A_d$ | 0.1350m² | 溢流强度 $u_L$ | 36.97m³/(m·h) |
| 有效传质区 $A_a$ | 1.020m² | 堰上液头高度 $h_{OW}$ | 0.033m |
| 气相流通面积 $A$ | 1.405m² | 塔板阻力 $h_f$ | 0.0952m |
| 开孔面积 $A_0$ | 0.222m² | 降液管液体停留时间 $\tau$ | 8.0s |
| 阀孔直径 $d_0$ | 0.039m | 降液管内清液层高度 $H_d$ | 0.186m |
| 阀孔数 $n$ | 186 | 降液管内液沫层高度 $H_d/\phi$ | 0.310m |
| 开孔率 $A_0/A_T$ | 0.1443 | 阀孔气速 $u_0$ | 5.72m/s |
| 孔心距 $t$ | 0.075m | 阀孔动能因子 $F_0$ | 11.91 |
| 边缘区宽 $b_c$ | 0.050m | 漏液点气速 $u'_0$ | 2.4m/s |
| 安定区宽 $b_s$ | 0.075m | 稳定系数 $K$ | 2.38 |
| 塔板厚 $S$ | 0.003m | 最大气相流量 $(q_{VV_h})_{max}$ | 5861.5m³/h |
| 排列方式 | 错排 | 最小气相流量 $(q_{VV_h})_{min}$ | 1919.8m³/h |

**表 5-20  精馏段塔板设计结果汇总表**（从第 1～20 板）

| 塔板主要结构参数 | 数据 | 塔板主要流动参数 | 数据 |
|---|---|---|---|
| 塔径 $D$ | 1.4m | 流动形式 | 单流型 |
| 塔板间距 $H_T$ | 0.45m | 液体流量 $q_{VL_h}$ | 9.54m³/h |
| 堰长 $l_w$ | 0.91m | 气体流量 $q_{VV_h}$ | 4304.24m³/h |
| 堰宽 $b_d$ | 0.168m | 液泛气速 $u_f$ | 1.248m/s |
| 堰高 $h_w$ | 0.050m | $u/u_f$ | 0.668 |
| 入口堰高 $h'_w$ | 无 | 空塔气速 $u$ | 0.833m/s |
| 底隙 $h_b$ | 0.040m | 降液管内流速 $u_d$ | 0.025m/s |
| $A_d/A_T$ | 0.068 | 底隙流速 $u_b$ | 0.073m/s |
| 塔截面积 $A_T$ | 1.5394m² | 泛点率 $F_l$ | 0.493 |
| 降液管面积 $A_d$ | 0.1047m² | 溢流强度 $u_L$ | 10.5m³/(m·h) |
| 有效传质区 $A_a$ | 1.0812m² | 堰上液头高度 $h_{OW}$ | 0.014m |
| 气相流通面积 $A$ | 1.4347m² | 塔板阻力 $h_f$ | 0.075m |
| 开孔面积 $A_0$ | 0.2007m² | 降液管液体停留时间 $\tau$ | 17.8s |
| 阀孔直径 $d_0$ | 0.039m | 降液管内清液层高度 $H_d$ | 0.14m |
| 阀孔数 $n$ | 168 | 降液管内液沫层高度 $H'_d$ | 0.234m |
| 开孔率 $A_0/A_T$ | 0.1304 | 阀孔气速 $u_0$ | 5.958m/s |
| 孔心距 $t$ | 0.085m | 阀孔动能因子 $F_0$ | 11.11 |

续表

| 塔板主要结构参数 | 数　据 | 塔板主要流动参数 | 数　据 |
|---|---|---|---|
| 边缘区宽 $b_c$ | 0.050m | 漏液点气速 $u'_0$ | 2.7m/s |
| 安定区宽 $b_s$ | 0.075m | 稳定系数 $K$ | 2.2 |
| 塔板厚 $S$ | 0.003m | 最大气相流量 $(q_{VV_h})_{max}$ | 6899.2m³/h |
| 排列方式 | 错排 | 最小气相流量 $(q_{VV_h})_{min}$ | 1931.8m³/h |

实际塔板数：$N_p=48$；进料板位置：第 21 块板；塔总高度：$Z=37m$

8. 精馏塔接管尺寸

以回流液接管为例，已知回流液接管的回流量 $q_{mL_h}=7394kg/h$，密度 $\rho_L=810kg/m^3$，则体积流量 $q_{VF_h}$ 为

$$q_{VF_h}=7394/810=9.13m^3/h$$

取管内流速 $u_F=0.5m/s$，回流管接管直径 $d$ 为

$$d=\sqrt{\frac{4q_{VF_h}/3600}{\pi u_r}}=\sqrt{\frac{4\times9.13/3600}{\pi 0.5}}=0.08m$$

查附录选取回流管接管规格为 $\phi89\times5$。

同样方法确定其他接管的尺寸，其结果列于表 5-21 中。

表 5-21　塔接管尺寸

| 序　号 | 名　　称 | 选定流速/(m/s) | 管规格 |
|---|---|---|---|
| 1 | 进料接管 | 0.5 | $\phi133\times6$ |
| 2 | 塔顶蒸气接管 | 14 | $\phi377\times10$ |
| 3 | 回流液接管 | 0.5 | $\phi89\times5$ |
| 4 | 釜液排出管 | 0.5 | $\phi89\times5$ |
| 5 | 仪表接管 | | $\phi25\times2.5$ |

再沸器循环接管应结合再沸器设计，根据再沸器内釜液循环量确定循环管及接管的规格。

9. 精馏塔设备工艺条件图

由以上设计结果绘制成精馏塔（浮阀塔）的工艺条件图，如图 5-31 所示。图 5-32 为双溢流浮阀塔的工艺条件图，供参考。

## 五、辅助设备设计

本精馏系统辅助设备主要包括再沸器、冷凝器、预热器、冷却器、贮罐等，其工艺设计过程在前面章节已介绍。在本节中仅对各辅助设备作初步估算。

根据系统模拟计算提供的数据，例如换热设备的热流量，冷热物流的进、出口温度，如表 5-16 所示，估算换热设备所需传热面积 $A$。选择适宜停留时间，估算贮罐的容积 $V$。

### (一) 换热设备

以再沸器 E-103 的传热面积估算为例。由表 5-16 查得再沸器 E103 的热流量 $\Phi=1823kW$，釜液进出再沸器温度为 151℃，154℃。选择 0.9MPa（绝压）蒸汽为热源，其温度 $t_s=175℃$。参考工程实际，选取传热系数

$$K=300W/(m^2\cdot K)$$

传热温差
$$\Delta t_m=\frac{(175-151)-(175-154)}{\ln\frac{175-151}{175-154}}=22.5℃$$

传热面积
$$A=\frac{\Phi}{K\Delta t_m}=\frac{1823\times10^3}{300\times22.5}=270m^2$$

同理，获得其他换热设备的传热面积 A，并列于表 5-22 中。

表 5-22 中传热面积 A 及传热系数 K 只能作为选用或设计换热器的初值。每台换热器还应结合其形式和结构尺寸、操作条件进行严格的传热计算，进一步确认所需换热器的各工艺尺寸。

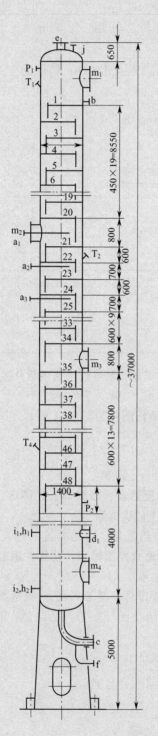

操作压力：0MPa
操作温度：160℃

接管方位图

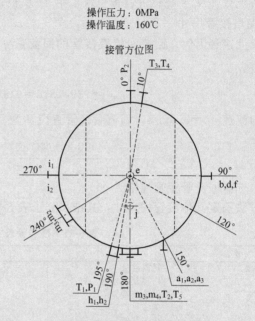

注：其余的辅助接管由机械设计酌定

| 接管符号 | 说明 | 公称直径 | 尺寸 |
|---|---|---|---|
| $T_{1\sim5}$ | 测温接管 | $\phi25$ | $\phi32\times3$ |
| $P_{1,2}$ | 测压接管 | $\phi25$ | $\phi32\times3$ |
| $m_{1\sim4}$ | 人孔 | $\phi600$ | |
| j | 排空管 | $\phi50$ | $\phi57\times3.5$ |
| $i_{1,2}$ | 自控液位接管 | $\phi25$ | $\phi32\times3$ |
| $h_{1,2}$ | 液位指示接管 | $\phi20$ | $\phi25\times3$ |
| f | 排液管 | $\phi80$ | $\phi89\times5$ |
| e | 塔顶蒸气出口管 | $\phi300$ | $\phi377\times10$ |
| d | 塔底蒸气返回接管 | $\phi300$ | $\phi377\times10$ |
| c | 釜液循环管 | $\phi89$ | $\phi89\times5$ |
| b | 回流接管 | $\phi89$ | $\phi89\times5$ |
| $a_{1\sim3}$ | 进料管 | $\phi133$ | $\phi133\times6$ |
| 接管符号 | 说明 | 公称直径 | 尺寸 |
| 浮阀精馏塔工艺条件图 | | | |
| 设计者 | 指导者 | （日期） | 班　号　备　注 |

图 5-31　浮阀塔工艺条件图

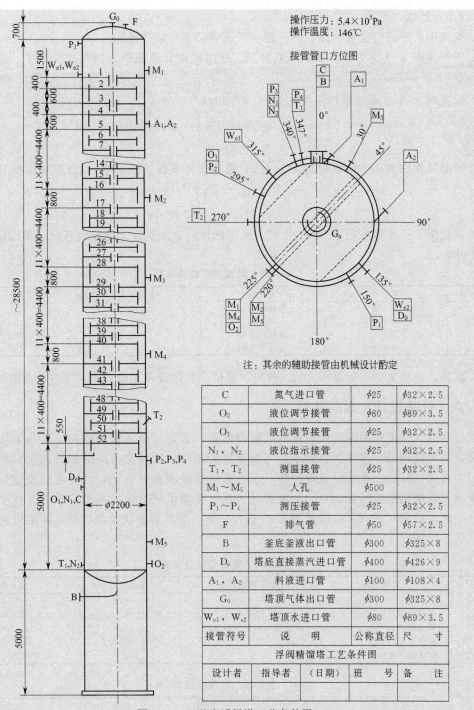

操作压力: $5.4 \times 10^5 Pa$
操作温度: 146℃

接管管口方位图

注: 其余的辅助接管由机械设计酌定

| C | 氮气进口管 | φ25 | φ32×2.5 |
|---|---|---|---|
| $O_2$ | 液位调节接管 | φ80 | φ89×3.5 |
| $O_1$ | 液位调节接管 | φ25 | φ32×2.5 |
| $N_1$，$N_2$ | 液位指示接管 | φ25 | φ32×2.5 |
| $T_1$，$T_2$ | 测温接管 | φ25 | φ32×2.5 |
| $M_1 \sim M_5$ | 人孔 | φ500 | |
| $P_1 \sim P_4$ | 测压接管 | φ25 | φ32×2.5 |
| F | 排气管 | φ50 | φ57×2.5 |
| B | 釜底釜液出口管 | φ300 | φ325×8 |
| $D_e$ | 塔底直接蒸汽进口管 | φ400 | φ426×9 |
| $A_1$，$A_2$ | 料液进口管 | φ100 | φ108×4 |
| $G_0$ | 塔顶气体出口管 | φ300 | φ325×8 |
| $W_{e1}$，$W_{e2}$ | 塔顶水进口管 | φ80 | φ89×3.5 |
| 接管符号 | 说　　明 | 公称直径 | 尺　　寸 |
| 浮阀精馏塔工艺条件图 | | | |
| 设计者 | 指导者 | (日期) | 班　号 | 备　注 |
| | | | | |

图 5-32　双溢流浮阀塔工艺条件图

**表 5-22　换热器传热面积估算结果**

| 序号 | 位号 | 名　　称 | 热流量 /kW | 传热系数 /[W/(m²·K)] | 传热温差 /℃ | 传热面积 /m² | 备　注 |
|---|---|---|---|---|---|---|---|
| 1 | E-101 | 进料预热器 | 267 | 200 | 41.6 | 32 | |
| 2 | E-102 | 塔顶冷凝器 | 1626 | 250 | 48.7 | 134 | 循环水 30℃ |
| 3 | E-103 | 塔底再沸器 | 1823 | 300 | 22.5 | 270 | 0.9MPa 加热蒸汽 |
| 4 | E-104 | 塔顶产品冷却器 | 151 | 230 | 22.3 | 30 | 循环水 30℃ |
| 5 | E-105 | 塔底产品冷却器 | 174 | 230 | 24.3 | 32 | 循环水 30℃ |

**(二) 贮罐**

系统中的贮罐包括原料罐、回流罐、产品罐及不合格产品罐。

以回流罐 V-102 为例计算贮罐的容积。在由模拟计算获得的物流表 5-3 中，查得塔顶采出量 $D$ 及其密度 $\rho_L$。

回流罐 V-102 通过的物流量 $q_{VV_h}=(R+1)D$

$$=7394(1+1)=14788\text{kg/h}$$

$$\rho_L=810\text{kg/m}^3$$

设凝液在回流罐中停留时间为 10min，罐的填充系数 $\phi$ 取 0.7，则该罐的容积 $V$ 为

$$V=q_{VL_h}\tau/(\rho_L\phi)$$

$$=14788\times10/(60\times810\times0.7)=4.34\text{m}^2$$

回流罐 V-102 容积可取 $V=5.0m^3$，采用同样的方法确定其他罐的容积，其结果列于表 5-23 中。

表 5-23 贮罐容积估算结果

| 序号 | 位 号 | 名 称 | 停留时间 | 容积/m³ |
|---|---|---|---|---|
| 1 | V-101 | 原料中间罐 | 0.5h | 12 |
| 2 | V-102 | 回流罐 | 10min | 5 |
| 3 | V-103 | 塔顶产品罐 | 72h | 600 |
| 4 | V-104 | 塔底产品罐 | 72h | 600 |

此外，还应备一残液罐 V-105，收集不合格产品以及停车时收集装置内全部滞留物料。

## 六、管路设计及泵的选择

管路设计首先是根据输送物流的流量及性质，选定安全适宜的流速 $u$ 以及泵类型，确定输送管道的内径。再根据装置平、立面布置的相对位置确定所需的管线长度以及管线上阀门、管件、仪表、单元设备等参数，采用系统机械能衡算方法，计算输送给定物料所需的能量，以确定泵的扬程 $H(m)$。由于设计系统未提供装置施工场地，不能进行平立面布置，为此，只能对泵所需的扬程 $H(m)$ 进行估算。现将各管线及泵设计估算结果列于表 5-24、表 5-25 中。

表 5-24 管线设计结果表

| 序号 | 管线用途 | 管线输送物流 | 流速/(m/s) | 管规格 |
|---|---|---|---|---|
| 1 | 进料管 | 1～3 物流 | 0.41 | $\phi133\times6$ |
| 2 | 釜液输送管 | 5,8～10 物流 | 0.5 | $\phi89\times5$ |
| 3 | 塔顶凝液总管 | 冷凝器出口至回流泵 | 0.4 | $\phi133\times6$ |
| 4 | 回流液管线 | | 0.52 | $\phi89\times5$ |
| 5 | 塔顶蒸气管线 | | 14.0 | $\phi377\times10$ |

表 5-25 选泵参数表

| 序号 | 位 号 | 名 称 | 物程/m | 流量/(m³/h) | 功率/kW |
|---|---|---|---|---|---|
| 1 | P-101 | 进料泵 | 40 | 20 | 2.5 |
| 2 | P-102 | 釜液泵 | 21 | 12 | 0.65 |
| 3 | P-103 | 回流泵 | 48 | 20 | 3.5 |
| 4 | P-104 | 塔顶产品泵 | 15 | 12 | 0.5 |
| 5 | P-105 | 塔底产品泵 | 35 | 10 | 1.0 |

当厂址确定及平面、立面布置完成后，应按管线走向及长度进一步核定，进而对选泵的参数进一步核算。

## 七、控制方案

本系统控制方案如图 5-2 所示。该控制方案具有对扰动响应快，完全自动实现物料和能量平衡控制的特点，可保证系统稳定运行。需要观察的参数可设部分指示仪表，控制方案的条件列于表 5-26 中。

**表 5-26　系统控制方案**

| 序号 | 位　置 | 用　　途 | 控制参数 | 介质物性 $\rho_L/(kg/m^3)$，$\eta/mPa \cdot s$ |
|---|---|---|---|---|
| 1 | FIC-01 | 进料流量控制 | 0～1600kg/h | 苯、乙苯：$\rho_L=827$，$\eta=3.92$ |
| 2 | FIC-02 | 回流流量控制 | 0～10000kg/h | 苯：$\rho_L=810$，$\eta=2.05$ |
| 3 | PIC-01 | 塔压控制 | 0～0.05MPa(g) | 苯蒸气：$\rho_V=3.19$，$\eta_V=0.0092$ |
| 4 | LIC-01 | 釜液面控制 | 0～2m | 乙苯：$\rho_L=731.9$，$\eta_V=0.243$ |
| 5 | LIC-02 | 回流罐液面控制 | 0～1.0m | 苯：$\rho_L=0.4$，$\eta_V=0.303$ |
| 6 | TIC-01 | 釜温控制 | 100～170℃ | 乙苯：$\rho_L=731.9$，$\eta_V=0.243$ |

## 八、设备一览表

本系统所需的主要设备及主要参数列表 5-27 中。

**表 5-27　系统所需的主要设备及主要参数**

| 序号 | 位号 | 设备名称 | 形　式 | 主要结构参数或性能 | 操 作 条 件 |
|---|---|---|---|---|---|
| 1 | T-101 | 循环苯精馏塔 | 浮阀塔 | $D=1400$　$N_P=48$ $H=37000$ | 操作温度 $t=152℃$ 操作压力 $p=0.05MPa(g)$ |
| 2 | E-101 | 原料预热器 | 固定管板式 | $32m^2$ | $t_t=160℃$　$t_s=100℃$ $p_t=0.4MPa$　$p_s=0.1MPa(g)$ |
| 3 | E-102 | 塔 T-101 顶冷凝器 | 固定管板式 | $134m^2$ | $T_s=80℃$　$t_t=40$ $p_s=0.05MPa$ |
| 4 | E-103 | 塔 T-101 再沸器 | 固定管板式 | $270m^2$ | $t_s=175℃$　$t_t=150℃$ $p_s=0.9MPa$　$p_r=0.6MPa$ |
| 5 | E-104 | 塔顶产品冷却器 | 固定管板式 | $30m^2$ | $t_s=80℃$　$t_t=40℃$ $p_s=0.4MPa$ |
| 6 | E-105 | 塔底产品冷却器 | 固定管板式 | $32m^2$ | $T_s=90℃$　$t_t=40℃$ $p_s=0.4MPa$ |
| 7 | P-101 | 进料泵 2 台 | 离心泵 | $q_V=20m^3/h$　$H=40m$ | 苯、乙苯混合液 |
| 8 | P-102 | 釜液泵 2 台 | 离心泵 | $q_V=12m^3/h$　$H=21m$ | 乙苯液 |
| 9 | P-103 | 回流泵 2 台 | 离心泵 | $q_V=20m^3/h$　$H=48m$ | 苯液 |
| 10 | P-104 | 塔顶产品泵 2 台 | 离心泵 | $q_V=12m^3/h$　$H=15m$ | 苯液 |
| 11 | P-105 | 塔底产品泵 2 台 | 离心泵 | $q_V=10m^3/h$　$H=35m$ | 乙苯液 |
| 12 | V-101 | 原料罐 | 卧式 | $V=12m^3$ | 60℃　0.1MPa(g) |
| 13 | V-102 | 回流罐 | 卧式 | $V=5m^3$ | 80℃　0.1MPa(g) |
| 14 | V-103 | 塔顶产品罐 | 立式 | $V=600m^2$ | 40℃　常压 |
| 15 | V-104 | 塔底产品罐 | 立式 | $V=600m^3$ | 40℃　常压 |
| 16 | V-105 | 不合格产品罐 | 立式 | $V=600m^3$ | 40℃　常压 |

## 主要符号说明

| 符号 | 意 义 与 单 位 | 符号 | 意 义 与 单 位 |
|------|------|------|------|
| $A$ | 塔板上方气体通道截面积，$m^2$ | $M$ | 摩尔质量，kg/kmol |
| $A_d$ | 降液管截面积，$m^2$ | $p_f$ | 塔板压力降，$N/m^2$ |
| $A_0$ | 浮阀塔板阀孔总截面积，$m^2$ | $N_T$ | 理论塔板数 |
| $A_T$ | 塔截面积，$m^2$ | $N_P$ | 实际塔板数 |
| $b$ | 液体横过塔板流动时的平均宽度，m | $n$ | 浮阀个数 |
| $b_c$ | 塔板上边缘区宽度，m | $q$ | 进料热状态参数 |
| $b_d$ | 降液管宽度，m | $q_{VL_h}$ | 液相体积流量，$m^3/h$ |
| $b_s$ | 塔板上入口安定区宽度，m | $q_{VL_s}$ | 液相体积流量，$m^3/s$ |
| $b_s'$ | 塔板上出口安定区宽度，m | $q_{VV_h}$ | 气相体积流量，$m^3/h$ |
| $C$ | 计算液泛速度的负荷因子 | $q_{VV_s}$ | 气相体积流量，$m^3/s$ |
| $C_{20}$ | 液体表面张力为 20mN/m 时的负荷因子 | $R$ | 回流比 |
| $C_0$ | 孔流系数 | $r$ | 摩尔气化相变热，kJ/kmol |
| $D$ | 塔径，m | $T$ | 温度，K（℃） |
| | 馏出液摩尔流量，kmol/h | $t$ | 阀孔中心距，m |
| $d_0$ | 阀孔直径，m | $u$ | 设计或操作气速，m/s |
| $d_p$ | 液滴直径，m | $u_0$ | 阀孔气速，m/s |
| $E$ | 液流收缩系数 | $u_0'$ | 严重漏液时阀孔气速，m/s |
| $E_T$ | 塔板效率 | $x$ | 液相组成，摩尔分数 |
| $e_v$ | 单位质量气体夹带的液沫质量 | $y$ | 气相组成，摩尔分数 |
| $F$ | 进料摩尔流量，kmol/h | $Z_0$ | 塔的有效高度，m |
| $F_0$ | 气体的阀孔动能因子，$kg^{1/2}/(s \cdot m^{1/2})$ | $Z_F$ | 进料组成，摩尔分数 |
| $F_1$ | 实际泛点率 | $\alpha$ | 相对挥发度 |
| $F_{LV}$ | 两相流动参数 | $\Delta$ | 液面落差，m |
| $G$ | 质量流量，kg/h | $\mu_l$ | 液体黏度，Pa·s |
| $H_d$ | 降液管内清液层高度，m | $\rho$ | 密度，$kg/m^3$ |
| $H_d'$ | 降液管内泡沫层高度，m | $\sigma$ | 液体的表面张力，mN/m |
| $H_T$ | 塔板间距，m | $\tau$ | 时间，s |
| $h_b$ | 降液管底隙，m | $\Phi$ | 热流量，W（kW） |
| $u_f$ | 液泛气速，m/s | $\varphi$ | 塔板的开孔率 |
| $h_d$ | 液体流过降液管底隙的阻力（以清液层高度表示），m | $h_0'$ | 严重漏液时的干板阻力（以清液层高度表示），m |
| $h_f$ | 塔板阻力（以清液层高度表示），m | $h_\sigma$ | 克服液体表面张力的阻力（以清液层高度表示），m |
| $h_l$ | 塔板上的液层阻力（以清液层高度表示），m | $h_{ow}$ | 堰上方液头高度，m |
| $h_L$ | 塔板上清液层高度，m | $h_w$ | 堰高，m |
| $h_0$ | 干板阻力（以清液层高度表示），m | $K$ | 物性常数，塔板的稳定性系数 |
| $l_w$ | 堰长，m | | |

| | 下 标 | | |
|------|------|------|------|
| A，B | 组分 | min | 最小 |
| D | 馏出液 | max | 最大 |
| E | 平衡 | s | 秒 |
| F | 进料 | V | 气相 |
| L | 液相 | W | 釜液 |

| | 上 标 | |
|------|------|------|
| $'$ | 提馏段 | |

# 参 考 文 献

[1] 大连理工大学化工原理教研室. 化工原理·下册. 大连：大连理工大学出版社，1992.

[2] 大连理工大学化工原理教研室. 化工原理课程设计. 大连：大连理工大学出版社，1994.

[3] 王松汉. 石油化工设计手册. 北京：化学工业出版社，2001.

[4] 肖成基等. 化学工程手册·第13篇·气液传质设备. 北京：化学工业出版社，1979.

[5] 兰州石油机械研究所. 现代塔器技术. 北京：中国石化出版社，1990.

[6] 吴俊生，邵惠鹤. 精馏设计·操作和设计. 北京：中国石化出版社，1997.

[7] 袁一. 化学工程师手册. 北京：机械工业出版社，2000.

# 第六章　吸收过程工艺设计

## 第一节　概　　述

气体吸收过程是化工生产中常用的气体混合物的分离操作，其基本原理是利用气体混合物中各组分在特定的液体吸收剂中的溶解度不同，实现各组分分离的单元操作，图 6-1 所示即为一典型的气体吸收过程。

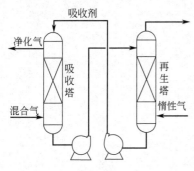

图 6-1　吸收过程流程示意图

实际生产中，吸收过程所用的吸收剂常需回收利用，故一般说来，完整的吸收过程应包括吸收和解吸两部分，因而在设计上应将两部分综合考虑，才能得到较为理想的设计结果。吸收过程的工艺设计，其一般性问题是在给定混合气体处理量、组成、温度、压力以及分离要求的条件下，完成以下工作：

① 根据给定的分离任务，确定吸收过程设计方案；
② 根据流程进行过程的物料及热量衡算，确定工艺参数；
③ 依据物料及热量衡算进行过程的设备选型或设备设计；
④ 绘制工艺流程图及主要设备的工艺条件图；
⑤ 编写工艺设计说明书。

## 第二节　设　计　方　案

吸收过程的设计方案主要包括吸收剂的选择、吸收流程的选择、解吸方法选择、设备类型选择、操作参数选择等内容。

### 一、吸收剂的选择

对于吸收操作，选择适宜的吸收剂，具有十分重要的意义，其对吸收操作过程的经济性有直接影响。一般情况下，选择吸收剂，要遵循以下原则。

（1）对溶质的溶解度大　所选的吸收剂对溶质的溶解度大，则单位量吸收剂能够溶解较多溶质，在一定的处理量和分离要求条件下，吸收剂用量小，可以有效减少过程功耗和再生能量消耗。另一方面，溶解度大的吸收剂液相传质推动力大，可以提高吸收速率，减小塔设备的尺寸。

（2）对溶质有较高的选择性　选用的吸收剂应对溶质有较大的溶解度，而对其他组分溶解度要小或基本不溶，这样不但可以减小惰性组分的损失，而且可以提高解吸后溶质气体的纯度。

（3）不易挥发　吸收剂在操作条件下应具有较低的蒸气压，以减少吸收剂的损失，提高吸收过程的经济性。

（4）再生性能好　由于在吸收剂再生过程中，一般要对其进行升温或汽提处理，能量消耗较大。因而，吸收剂再生性能的好坏，对吸收过程能耗的影响极大，选用具有良好再生性能的吸收剂，能有效降低吸收剂再生过程的能量消耗。

以上四个方面是选择吸收剂时应考虑的主要问题，其次，还应注意所选择的吸收剂应具有良好的物理、化学性能和经济性。要求吸收剂的黏度小，不易发泡，以保证吸收剂具有良好的流动性能和分布性能；要具有良好的化学稳定性和热稳定性，以防止在使用中发生变质；要尽可能无毒、无易燃易爆性，对相关设备无腐蚀性（或较小的腐蚀性）；要尽可能选用廉价易得的溶剂。

## 二、吸收流程选择

工业上使用的吸收流程多种多样，可以从不同角度进行分类。按所选用的吸收剂种类看，可分为用一种吸收剂的一步吸收流程和使用两种吸收剂的两步吸收流程。从所用的塔设备数量看，可分为单塔吸收流程和多塔吸收流程。按塔内气液两相的流向可分为逆流吸收流程、并流吸收流程等基本流程，此外，还有用于特定条件下的部分溶剂循环流程。

1. 一步吸收流程和两步吸收流程

一步吸收流程如图 6-1 所示，一般用于混合气体溶质浓度较低，过程的分离要求不高，选用一种吸收剂即可完成吸收任务的情况。若混合气体中溶质浓度较高且吸收要求也高，难以用一步吸收达到规定的吸收要求，或虽能达到分离要求，但过程的操作费用较高，从经济性的角度分析不够适宜时，考虑采用两步吸收流程，见图 6-2。

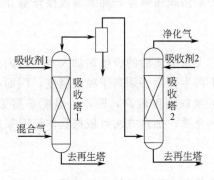

图 6-2　两步吸收流程

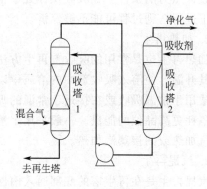

图 6-3　双塔吸收流程

2. 单塔吸收流程和多塔吸收流程

单塔吸收流程如图 6-1 所示，是最常用的流程，如无特别需要，则一般采用单塔吸收流程。若分离要求较高，使用单塔操作所需要的塔体过高，则需要采用多塔流程，图 6-3 是典型的双塔吸收流程。

3. 逆流吸收与并流吸收

吸收塔或再生塔内气液相可以逆流操作也可以并流操作，如图 6-4 所示，由于逆流操作具有传质推动力大，分离效率高（具有多个理论级的分离能力）的显著优点而广泛应用。工程上如无特别需要，一般均采用逆流吸收流程。

4. 部分溶剂循环吸收流程

由于填料塔的分离效率受填料层上的液体喷淋量影响较大，当液相喷淋量过小时，将降低填料塔的分离效率，因此当塔的液相负荷过小而难以充分润湿填料表面时，可以采用部分溶剂循环吸收流程，以提高液相喷淋量，改善塔的操作条件，如图 6-5 所示。

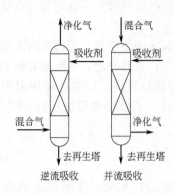

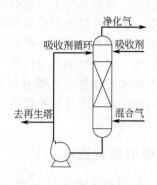

图 6-4　逆流与并流吸收流程　　　　　　图 6-5　部分溶剂循环吸收流程

## 三、吸收剂再生方法选择

依据所用的吸收剂不同可以采用不同的再生方法，工业上常用的吸收剂再生方法主要有减压再生、加热再生及汽提再生等。

1. 减压再生（闪蒸）

减压再生是最简单的吸收剂再生方法。在吸收塔内，吸收了大量溶质后的吸收剂进入再生塔减压，使得溶入吸收剂中的溶质得以解吸。该方法适用于加压吸收，且后续工艺处于常压或较低压力的条件。如吸收操作处于常压条件，若采用减压再生，那么解吸操作需在真空条件下进行，则过程可能不够经济。

2. 加热再生

加热再生也是常用的吸收剂再生方法。将吸收了大量溶质后的吸收剂加入再生塔内并加热使其升温，使溶入吸收剂中的溶质得以解吸。由于再生温度必须高于吸收温度，因而，该方法适用于常温吸收或在接近于常温的吸收操作。若吸收温度较高，则再生温度必然更高，需要消耗更高品位的能量。一般采用水蒸气作为加热介质，加热方法可依据具体情况采用直接蒸汽加热或间接蒸汽加热。

3. 汽提再生

汽提再生是在再生塔的底部通入惰性气体，使吸收剂表面溶质的分压降低，从而使吸收剂得以再生。常用的汽提气体是空气和水蒸气。

## 四、塔设备选择

一般而言，吸收过程的塔设备与精馏过程所需要的塔设备具有相同的原则要求。

但作为吸收过程，一般具有操作液气比大的特点，因而更适用于填料塔。此外，填料塔阻力小，效率高，有利于过程节能，所以对于吸收过程来说，以采用填料塔居多。但在液体流率很低难以充分润湿填料，或塔径过大，使用填料塔不很经济的情况下，以采用板式塔为宜。限于本书的篇幅，本章仅就填料吸收装置的工艺设计进行介绍。

## 五、操作参数选择

吸收过程的操作参数主要包括吸收（或解吸）压力、温度以及吸收因子（或解吸因子）。这些条件的选择应充分考虑前后工序的工艺参数，从整个过程的安全性、可靠性、经济性出发，经过多方案对比优化得出过程参数。

1. 操作压力选择

对于物理吸收，加压操作一方面有利于提高吸收过程的传质推动力，提高过程的传质速率。另一方面，加压也可以减小气体体积流率，减小吸收塔径。所以对于物理吸收，加压操作十分有利。但工程上，专门为吸收操作而为气体加压，从过程的经济性角度看一般是不合理的，因而若在前一道工序的压力参数下可以进行吸收操作，一般是以前道工序的压力作为吸收单元的操作压力。

对于化学吸收，若过程由质量传递过程控制，则提高操作压力有利。若为液相内化学反应过程控制，则操作压力对过程的影响不大，可以根据前后工序的压力参数确定吸收操作压力，但提高吸收压力依然可以减小气相的体积流率，对减小塔径是有利的。

对于减压再生（闪蒸）操作，其操作压力应以吸收剂的再生要求而定，逐次或一次从吸收压力减至再生操作压力。

2. 操作温度选择

对于物理吸收而言，降低操作温度，对吸收有利。但低于环境温度的操作温度因其要消耗大量的制冷动力因而一般是不可取的，一般情况下，取常温吸收较为有利。对于特殊条件的吸收操作必须采用低于环境的温度操作。

对于化学吸收，操作温度应根据化学反应的情况而定，既要考虑温度对化学反应速度常数的影响，也要考虑对化学平衡的影响，使吸收反应具有适宜的反应速度。

对于解吸操作，较高的操作温度可以降低溶质的溶解度，因而有利于吸收剂的再生。

3. 吸收因子和解吸因子选择

吸收因子 $A$ 和解吸因子 $S$ 是一个关联了气体处理量 $q_{nG}$、吸收剂用量 $q_{nL}$ 以及气液相平衡常数 $m$ 的综合过程参数。

$$A = \frac{q_{nL}}{m q_{nG}} \qquad (6\text{-}1)$$

$$S = \frac{m q_{nG}}{q_{nL}} \qquad (6\text{-}2)$$

式中，$q_{nG}$ 为气体处理量，kmol/h；$q_{nL}$ 为吸收剂用量，kmol/h；$m$ 为气液相平衡常数。

吸收因子和解吸因子的值的大小对过程的经济性影响很大，选取较大的吸收因子，则过程的设备费降低而操作费用升高，在设计上，两者的数值应以过程的总费用最低为目标函数进行优化设计后确定。从经验上看，吸收操作的目的不同，该值也有所不同。一般若以净化气体或提高溶质的回收率为目的，则 $A$ 值宜在 $1.2 \sim 2.0$，一般情况可近似取 $A = 1.4$。对于解吸操作，解吸因子 $S$ 值宜在 $1.2 \sim 2.0$。对于以制取液相产品为目的的吸收操作，$A$ 值可以取小于 $1$。工程上更常用的确定吸收剂用量（或汽提气用量）的方法是求过程的最小液气比（对于解吸过程求最小气液比），进而确定适宜的液气比，即

$$\left(\frac{q_{nLs}}{q_{nGB}}\right)_{\min} = \frac{(Y_1 - Y_2)}{(X_{e1} - X_2)} \qquad (6\text{-}3)$$

$$\left(\frac{q_{nLs}}{q_{nGB}}\right) = (1.2 \sim 2.0)\left(\frac{q_{nLs}}{q_{nGB}}\right)_{\min}$$

$$X_{e1} = \frac{Y_1}{m} \qquad (6\text{-}4)$$

对于低浓度气体吸收过程，由于吸收过程中气液相量变化较小，则有

$$\left(\frac{q_{nL}}{q_{nG}}\right)_{\min} = \frac{(y_1 - y_2)}{(x_{e1} - x_2)} \tag{6-5}$$

$$\left(\frac{q_{nL}}{q_{nG}}\right) = (1.2 \sim 2.0)\left(\frac{q_{nL}}{q_{nG}}\right)_{\min}$$

$$x_{e1} = \frac{y_1}{m} \tag{6-6}$$

式中，$q_{nLs}$ 为溶剂摩尔流量，kmol/s；$q_{nGB}$ 为惰性气摩尔流量，kmol/s；$Y_1$、$Y_2$ 为进、出口气体中溶质与惰气的摩尔比；$X_2$ 为进口液相中溶质与溶剂的摩尔比；$X_{e1}$ 为与 $Y_1$ 成平衡的液相中溶质与溶剂的摩尔比；$q_{nL}$ 为液相摩尔流量，kmol/s；$q_{nG}$ 为气相摩尔流量，kmol/s；$y_1$、$y_2$ 为进、出口气体中溶质的摩尔分数；$x_2$ 为进口液相中溶质摩尔分数；$x_{e1}$ 为与 $y_1$ 成平衡的液相摩尔分数；$m$ 为相平衡常数。

同样，对于解吸过程也可以用类似的方法确定最小气液比。

以上问题的处理以及以后吸收、解吸过程的计算中，均需要物系的气液相平衡关系。气液相平衡关系数据可以查找有关的数据手册或用经验关联式进行计算。

## 六、提高能量利用率

进行吸收过程的方案设计时，为提高系统的能量利用效率，降低过程的能量消耗，必须充分考虑利用系统内部的能量，一般应遵守如下一些原则。

（1）吸收过程的压力　应尽量保持气体吸收前后压力一致，尽量避免气体减压后重新加压。

（2）减小吸收过程的压力降　在设计吸收系统时，应尽量减小各部分的阻力损失，以减少气体输送过程的能量消耗。

（3）回收系统内部能量　吸收过程系统内部有时具有较高品位的能量，应该加以回收利用。例如加压吸收，应考虑回收系统的压力能（如采用水力透平），对于热效应较大的吸收过程通常采用热集成技术，回收系统的热量。

## 第三节　填料塔的工艺设计

填料塔是化工分离过程的主体设备之一，与板式塔相比，具有生产能力大、分离效率高、压降小、操作弹性大、塔内持液量小等突出特点，因而在化工生产中得到广泛应用，其结构见图 6-6。填料塔的工艺设计内容是在明确装置处理量、分离要求、溶剂（或再生用惰性气）用量、操作温度和操作压力及相应的相平衡关系的条件下，完成填料塔的工艺尺寸及其他塔内件设计，主要包括下列内容：

① 塔填料的选择；　　　　　　　⑤ 气体分布装置的设计；

② 塔径的计算；　　　　　　　　⑥ 填料支撑装置的设计；

③ 填料层高度的计算；　　　　　⑦ 塔底空间容积和塔顶空间容积的设计；

④ 液体分布器和液体再分布器的设计；　⑧ 填料塔的流体力学参数核算。

以上的设计内容互相关联、制约，使得填料塔的设计工作较为复杂，需要经过多次的反

复计算、比较才能得出较为满意的结果。

## 一、塔填料的选择

### (一) 塔填料的分类及结构

塔填料是填料塔中的气液相间传质元件,其种类繁多,性能各异。按填料的结构及其使用方式可以分为散堆填料和规整填料两大类。各类有不同的结构系列,同一结构系列中有不同的尺寸和不同的材质,可供设计时选用。

1. 散堆填料

散堆填料一般以随机的方式堆积在塔内,根据其结构特点的不同,可分为环形填料、鞍形填料、环鞍形填料及球形填料等。所用的材质有陶瓷、塑料、石墨、玻璃以及金属等,其结构特征及主要结构参数分别见图 6-7~图 6-10 和表 6-1~表 6-4。

需要说明的是,散堆填料的规格表示方法通常是使用填料的公称直径,工业塔常用的散堆填料主要有 DN16、DN25、DN38、DN50、DN76 等几种规格。

2. 规整填料

规整填料是由许多相同尺寸和形状的材料组成的填料单元,以整砌的方式装填在塔体中。规整填料主要包括板波纹填料、丝网波纹填料、格利希格栅、脉冲填料等,其中尤以板波纹填料和

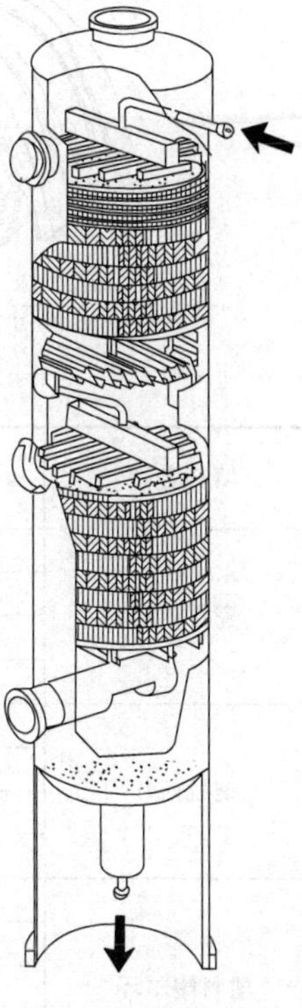

图 6-6　填料塔结构示意图

丝网波纹填料应用居多。板波纹填料所用材料主要有金属和瓷质,丝网波纹填料所用材料主要有金属丝网和塑料丝网。加工中,波纹与塔轴的倾角有 30°和 45°两种,倾角为 30°以代号 X(或 BX)表示,倾角为 45°以代号 Y(CY)表示。规整填料规格的表示方法很多,国内习惯用比表面积表示,工业上常用的主要有 125、150、250、350、500、700 等几种规格。目前国内常用规整填料的主要结构及结构参数分别见图 6-11 及表 6-5。

### (二) 塔填料的性能

1. 对塔填料的基本要求

塔填料的性能主要指塔填料的流体力学性能和质量传递性能。性能优良的塔填料应具有良好的流体力学性能和传质性能,一般应具有如下特点:

① 具有较大的比表面积;
② 表面润湿性能好,有效传质面积大;
③ 结构上应有利于气液相的均匀分布;
④ 填料层内的持液量适宜;
⑤ 具有较大的空隙率,气体通过填料层时压降小,不易发生液泛现象。

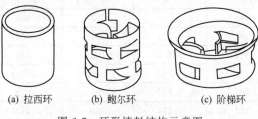

(a) 拉西环　(b) 鲍尔环　(c) 阶梯环

图 6-7　环形填料结构示意图

(a) 矩鞍型　(b) 弧鞍型

图 6-8　鞍形填料结构示意图

(a) 多面球形填料　　(b) TRI球形填料

图 6-9　金属环矩鞍填料结构示意图　　　　　图 6-10　球形填料结构示意图

表 6-1　环形填料结构特性参数

| 填料名称 | 公称直径 /mm | 个数 /(1/m³) | 堆积密度 /(kg/m³) | 孔隙率 /% | 比表面积 /(m²/m³) | 填料因子 (干)/m⁻¹ |
|---|---|---|---|---|---|---|
| 瓷拉西环 | 25 | 49000 | 505 | 0.78 | 190 | 400 |
| | 40 | 12700 | 577 | 0.75 | 126 | 305 |
| | 50 | 6000 | 457 | 0.81 | 93 | 177 |
| | 80 | 1910 | 714 | 0.68 | 76 | 243 |
| 钢拉西环 | 25 | 55000 | 640 | 0.92 | 220 | 290 |
| | 35 | 19000 | 570 | 0.93 | 150 | 190 |
| | 50 | 7000 | 430 | 0.95 | 110 | 130 |
| | 76 | 1870 | 400 | 0.95 | 68 | 80 |
| 塑料鲍尔环 | 25 | 42900 | 150 | 0.901 | 175 | 239 |
| | 38 | 15800 | 98 | 0.89 | 155 | 220 |
| | 50(#) | 6500 | 74.8 | 0.901 | 112 | 154 |
| | 50(*) | 6100 | 73.7 | 0.9 | 92.7 | 127 |
| | 76 | 1930 | 70.9 | 0.92 | 72.2 | 94 |
| 钢鲍尔环 | 16 | 143000 | 216 | 0.928 | 239 | 299 |
| | 25 | 55900 | 427 | 0.934 | 219 | 269 |
| | 38 | 13000 | 365 | 0.945 | 129 | 153 |
| | 50 | 6500 | 395 | 0.949 | 112.3 | 131 |
| 瓷质阶梯环 | 50(*) | 9091 | 516 | 0.787 | 108.8 | 223 |
| | 50(#) | 9300 | 483 | 0.744 | 105.6 | 278 |
| | 76 | 2517 | 420 | 0.795 | 63.4 | 126 |
| 钢质阶梯环 | 25 | 97160 | 439 | 0.93 | 220 | 273.5 |
| | 38 | 31890 | 475.5 | 0.94 | 154.3 | 185.5 |
| | 50 | 11600 | 400 | 0.95 | 109.2 | 127.4 |
| 塑料阶梯环 | 25 | 81500 | 97.8 | 0.9 | 228 | 312.8 |
| | 38 | 27200 | 57.5 | 0.91 | 132.5 | 175.8 |
| | 50 | 10740 | 54.3 | 0.927 | 114.2 | 143.1 |
| | 76 | 3420 | 68.4 | 0.929 | 90 | 112.3 |

表 6-2　矩鞍填料结构参数

| 填料名称 | 公称直径 /mm | 个数 /(1/m³) | 堆积密度 /(kg/m³) | 孔隙率 /% | 比表面积 /(m²/m³) | 填料因子 (干)/m⁻¹ |
|---|---|---|---|---|---|---|
| 陶瓷 | 25 | 58230 | 544 | 0.772 | 200 | 433 |
| | 38 | 19680 | 502 | 0.804 | 131 | 252 |
| | 50 | 8243 | 470 | 0.728 | 103 | 216 |
| | 76 | 2400 | 537.7 | 0.752 | 76.3 | 179.4 |
| 塑料 | 16 | 365009 | 167 | 0.806 | 461 | 879 |
| | 25 | 97680 | 133 | 0.847 | 283 | 473 |
| | 76 | 3700 | 104.4 | 0.855 | 200 | 289 |

表 6-3　金属环矩鞍填料结构参数

| 填料名称 | 公称直径/mm | 个数/(1/m³) | 堆积密度/(kg/m³) | 孔隙率/% | 比表面积/(m²/m³) | 填料因子（干）/m⁻¹ |
|---|---|---|---|---|---|---|
| 金 属 | 25 | 101160 | 409 | 0.96 | 185 | 209.1 |
|  | 38 | 24680 | 365 | 0.96 | 112 | 126.6 |
|  | 50 | 10400 | 291 | 0.96 | 74.9 | 84.7 |
|  | 76 | 3320 | 244.7 | 0.97 | 57.6 | 63.1 |

表 6-4　球形填料结构参数

| 填料名称 | 公称直径/mm | 个数/(1/m³) | 堆积密度/(kg/m³) | 孔隙率/% | 比表面积/(m²/m³) |
|---|---|---|---|---|---|
| TRI | 45mm×50mm | 11998 | 48 | 0.96 | — |
| Teller花环 | 47 | 32500 | 111 | 0.88 | 185 |
|  | 73 | 8000 | 102 | 0.89 | 127 |
|  | 95 | 3600 | 88 | 0.9 | 94 |

(a) 板波纹填料　　　　(b) 网波纹填料

图 6-11　规整填料结构示意

表 6-5　规整填料结构参数

| 填料名称 | 型 号 | 孔隙率/% | 比表面积/(m²/m³) | 波纹倾角/(°) | 峰 高/mm |
|---|---|---|---|---|---|
| 金属板波纹 | 125X | 0.98 | 125 | 30 | 25 |
|  | 125Y | 0.98 | 125 | 45 | 25 |
|  | 250X | 0.97 | 250 | 30 | — |
|  | 250Y | 0.97 | 250 | 45 | 12 |
|  | 350X | 0.94 | 350 | 30 | — |
|  | 350Y | 0.94 | 350 | 45 | 9 |
|  | 500X | 0.92 | 500 | 30 | 6.3 |
|  | 500Y | 0.92 | 500 | 45 | 6.3 |
| 轻质陶瓷 | 125X | 0.9 | 125 | 30 | — |
|  | 250Y | 0.85 | 250 | 45 | — |
|  | 350Y | 0.8 | 350 | 45 | — |
| 陶 瓷 | 400 | 0.7 | 400 | 45 | — |
|  | 450 | 0.75 | 450 | 30 | — |
|  | 470 | 0.715 | 470 | 30 | — |

2. 常用填料的性能

实际使用上，一般是从气液相通量、分离效率、压力降及抗堵塞能力方面评价填料性能，其基本规律如下。

(1) 分离能力　同一系列填料中，小尺寸填料比表面积较大，具有较高的分离能力。

(2) 处理能力和压力降　同一系列填料中，空隙率大者具有较小的压力降和较大的处理量，金属和塑料材质的填料与陶瓷填料相比，具有较小的压力降和较大的处理量。

(3) 抗堵塞性能　比表面积小的填料具有较大的空隙率，具有较强的抗堵塞能力；金属和塑料材质的填料抗堵塞能力优于陶瓷填料。

对于不同类型的散堆填料，同样尺寸、材质的鲍尔环在同样的压降下，处理量比拉西环大50%以上，分离效率可以高出30%以上；在同样的操作条件下，阶梯环的处理量可以比鲍尔环大20%左右，效率较鲍尔环高5%～10%；而环鞍、矩鞍型填料则具有更大的处理量和分离效率。若以拉西环的处理量进行对比，则在相同的压力降下，几种散堆填料的处理能力如表6-6所示。

表6-6　常用散堆填料的相对处理能力

| 填料名称 | 填料尺寸/mm | | |
|---|---|---|---|
| | 25 | 38 | 50 |
| | 相对通过能力 | | |
| 拉西环 | 100 | 100 | 100 |
| 矩鞍环 | 132 | 120 | 123 |
| 鲍尔环 | 155 | 160 | 150 |
| 阶梯环 | 170 | 176 | 165 |
| 环　鞍 | 205 | 202 | 195 |

对于规整填料，丝网类填料的分离能力大于板波纹类填料，板波纹类填料较丝网类填料有较大的处理量和较小的压力降。

**(三) 塔填料的选用**

在选择塔填料时，主要需考虑如下几个问题。

(1) 选择填料材质　选用塔填料材质应根据吸收系统的介质以及操作温度而定。一般情况下，可以选用塑料、金属和陶瓷等材质。对于腐蚀性介质应采用相应的耐腐蚀材料，如陶瓷、塑料、玻璃、石墨、不锈钢等，对于温度较高的情况，要考虑材料的耐温性能。

(2) 填料类型的选择　能够满足设计要求的塔填料不止一种，要在众多的塔填料中选择出最适宜的塔填料，以较少的投资获得最佳的经济技术指标。一般的做法是根据生产经验，首先预选出几种最可能选用的填料，然后从分离要求、通量要求、场地条件、物料性质、设备投资及操作费用等方面对其进行全面评价、确定。一般说来，同一类填料中，比表面积大的填料虽然具有较高的分离效率，但由于其在同样的处理量下，所需塔径较大，塔体造价升高。

(3) 填料尺寸的选择　填料塔的塔径与填料直径的比值应保证不低于某一数值，防止产生较大的壁效应，造成塔的分离效率下降。一般说来，填料尺寸大，成本低，处理量大，但效率低。使用大于50mm的填料，其成本的降低往往难以抵偿其效率降低所造成的成本增加，所以，一般大塔常使用50mm的填料。但在大塔中使用小于20～25mm填料时，效率并没有明显的提高。实际工程中可以参考表6-7选取填料尺寸。

表6-7　塔径与填料公称直径的比值 $D/d$ 的推荐值

| 填料种类 | $D/d$ 的推荐值 | 填料种类 | $D/d$ 的推荐值 |
|---|---|---|---|
| 拉西环 | $D/d \geqslant 20\sim30$ | 阶梯环 | $D/d > 8$ |
| 鞍环 | $D/d \geqslant 15$ | 环矩鞍 | $D/d > 8$ |
| 鲍尔环 | $D/d \geqslant 10\sim15$ | | |

## 二、塔径的计算

填料塔塔径的计算有多种方法，所得结果也不尽相同，因此，在设计上对计算方法的误差应有足够的分析，留有适宜的余量。目前计算塔径普遍使用的方法是计算填料塔的液泛点气体速度（简称泛点气速），并取泛点气速的某一倍数作为塔的操作气速（均指空塔气体速度），然后，依据气体的处理量确定塔径。

### （一）泛点气速的计算

泛点气速主要和塔的气液相负荷及物性、填料的材质和类型以及规格有关，较为广泛使用的方法是采用埃克特（Eckert）泛点气速关联图或者采用 Bain-Hougen 泛点气速关联式求取。

1. 散堆填料的泛点气速

（1）埃克特（Eckert）泛点气速关联图　对于散堆填料，常采用埃克特泛点气速关联图计算泛点气速，见图 6-12。其中

$$X=\left(\frac{q_{mL}}{q_{mG}}\right)\left(\frac{\rho_G}{\rho_L}\right)^{0.5} \tag{6-7}$$

$$Y=\frac{u_f^2 \phi \varphi \rho_G}{g \rho_L} \eta^{0.2} \tag{6-8}$$

式中，$q_{mL}$ 为液体的质量流量，kg/h；$q_{mG}$ 为气体的质量流量，kg/h；$\rho_L$ 为液体密度，kg/m³；$\rho_G$ 为气体密度，kg/m³；$\phi$ 为实验填料因子，m⁻¹；$\varphi$ 为水的密度与液体密度之比；$u_f$ 为泛点气速，m/s；$\eta$ 为液体的黏度，mPa·s。

使用该图时，先根据塔的气液相负荷和气液相密度计算横坐标参数 $X$，然后在图中散堆填料泛点线上确定对应的纵坐标参数 $Y$，依据式(6-10)求得操作条件下的泛点气速。计算

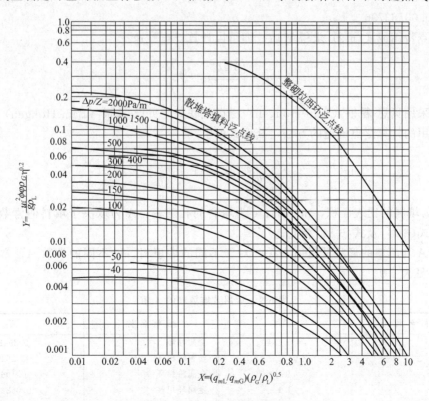

图 6-12　Eckert 泛点气速关联图

泛点气速时，式(6-8) 中的实验填料因子应采用泛点填料因子，几种常见散堆填料的泛点填料因子见表 6-8。

表 6-8　常用散堆填料的泛点填料因子

| 填料名称 | 填料 尺 寸 /mm | | | | |
|---|---|---|---|---|---|
| | 16 | 25 | 38 | 50 | 76 |
| | 泛点填料因子/m$^{-1}$ | | | | |
| 瓷拉西环 | 1300 | 832 | 600 | 410 | |
| 瓷矩鞍 | 1100 | 550 | 200 | 226 | |
| 塑料鲍尔环 | 550 | 280 | 184 | 140 | 92 |
| 金属鲍尔环 | 410 | | 117 | 160 | |
| 塑料阶梯环 | | 260 | 170 | 127 | |
| 金属阶梯环 | | 260 | 160 | 140 | |
| 金属环矩鞍 | | 170 | 150 | 135 | 120 |

由于使用埃克特图进行计算不够方便，有人将埃克特图泛点线的 $X$-$Y$ 坐标回归成数学公式，以便于进行程序计算。回归方程为

$$Y = (b_1 + b_2 X^{1/3} + b_3 X^{1/2} + b_4 X^{-1} + b_5 X^2 + b_6 X^{-2} + \qquad (6\text{-}9)$$
$$b_7 X^3 + b_8 X^{-1/2} + b_9 X^{3/2} + b_{10} X)^3$$

其中各项系数的值为

| | | |
|---|---|---|
| $b_1 = 1.59208$ | $b_5 = 0.0629497$ | $b_8 = -0.102104$ |
| $b_2 = -2.56617$ | $b_6 = -0.323584 \times 10^{-5}$ | $b_9 = -0.304666$ |
| $b_3 = 1.8806$ | $b_7 = -0.108118 \times 10^{-2}$ | $b_{10} = 0.505016$ |
| $b_4 = 0.00563796$ | | |

按埃克特图或式(6-9) 求得 $Y$ 后，即可以计算泛点气速

$$u_f = \left( \frac{Yg\rho_L}{\phi\varphi\rho_G} \eta^{-0.2} \right)^{1/2} \qquad (6\text{-}10)$$

（2）采用贝恩-霍根（Bain-Hougen）泛点关联式　贝恩-霍根（Bain-Hougen）泛点关联式也是常用的计算泛点气速的方法，其形式如下

$$\lg\left[ \frac{u_f^2}{g} \times \frac{a}{\varepsilon^3} \times \frac{\rho_G}{\rho_L} \eta_L^{0.2} \right] = A - 1.75 \left( \frac{q_{mL}}{q_{mG}} \right)^{1/4} \left( \frac{\rho_G}{\rho_L} \right)^{1/8} \qquad (6\text{-}11)$$

式中，$a$ 为填料的比表面积，m$^2$/m$^3$；$\varepsilon$ 为填料的孔隙率；$A$ 为取决于填料的常数。式中其他符号与式(6-7) 及式(6-8) 相同。

常数 $A$ 与填料的形状及材质有关，对于不同的塔填料，取不同的常数 $A$，常用散堆填料的 $A$ 值见表 6-9。

表 6-9　常用散堆填料的 $A$ 值

| 填料名称 | $A$ | 填料名称 | $A$ |
|---|---|---|---|
| 瓷拉西环 | −0.134 | 瓷阶梯环 | 0.2943 |
| 拉西环 | 0.022 | 塑料阶梯环 | 0.204 |
| 塑料鲍尔环 | 0.0942 | 金属阶梯环 | 0.106 |
| 金属鲍尔环 | 0.1 | 金属环矩鞍 | 0.06225 |
| 瓷矩鞍 | 0.176 | | |

2. 规整填料的泛点气速

文献报道了对于金属板波纹和丝网填料也可以采用贝恩-霍根（Bain-Hougen）泛点关联式计算泛点气速，其中 250Y 型金属板波纹填料可取 $A=0.297$，对于 CY 型丝网填料可取 $A=0.30$。

规整填料的泛点气速也可以通过其泛点压降确定。将 Kister 和 Gill 的规整填料泛点压降（Pa/m）与实验填料因子 $F_p$ 关联式经过单位变换后，得出泛点压降与实验填料因子间的关系为

$$(\Delta p/Z)=40.9F_p^{0.7} \tag{6-12}$$

式中，$\Delta p/Z$ 为单位高度填料层泛点压降，Pa/m；$F_p$ 为实验填料因子。

依上式求得泛点压降后，依据 Kister 和 Gill 的等压降曲线（见图6-13），利用流动参数 $X$ 和泛点压降确定能力参数 $Y$，从而求得泛点气速。图 6-13 中的横坐标 $X$ 及纵坐标 $Y$ 的表达式如下

$$X=\frac{q_{mL}}{q_{mG}}\sqrt{\frac{\rho_G}{\rho_L}} \tag{6-13}$$

$$Y=\frac{u_f}{0.277}\left(\frac{\rho_G}{\rho_L-\rho_G}\right)^{0.5}F_p^{0.5}\nu^{0.05} \tag{6-14}$$

式中，$X$ 为流动参数；$q_{mG}$、$q_{mL}$ 分别为气体质量流量和液体质量流量，kg/s；$\rho_G$、$\rho_L$ 分别为气体密度和液体密度，kg/m³；$Y$ 为能力参数；$F_p$ 为实验填料因子，m⁻¹；$\nu$ 为液体运动黏度，m²/s。

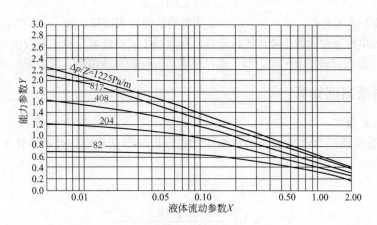

图 6-13　规整填料的等压降曲线

几种常见规整填料的实验填料因子见表 6-10。

表 6-10　常见规整填料的实验填料因子

| 填　料 | 材　料 | 型　号 | 填料因子/m⁻¹ |
|---|---|---|---|
| Sulzer's Mellapak | 金　属 | 125Y | 33 |
| | | 250Y | 66 |
| | | 350Y | 76 |
| | | 500Y | 112 |
| | 塑　料 | 250Y | 72 |
| Koch-Sulzer | 丝　网 | CY | 230 |
| | | BX | 69 |

### （二）塔径的计算

塔填料操作气速的理想区域在载点气速和泛点气速之间，此时塔填料传质效率较高。一般情况下，载点气速为泛点气速的 0.7 倍左右，因而取操作气速为泛点气速的 0.7 倍左右是比较适宜的。操作气速与泛点气速之比称为泛点率，对散装填料，泛点率的经验值为 0.5~0.85，规整填料的经验值为 0.6~0.95。

实际设计中，对于易起泡的物系取较低值，对于不易起泡的物系取较高值。对于加压操作的塔，应取较高的值，而对于减压操作的塔，应取较低值。

求得操作气速后按式(6-15)计算塔径

$$D=\sqrt{\frac{4q_{Vs}}{\pi u}} \tag{6-15}$$

式中，$D$ 为塔径，m；$q_{Vs}$ 为气体体积流量，m³/s；$u$ 为操作气速，m/s。

由式(6-15)计算出塔径 D 之后，还应按塔径系列标准进行圆整。常用的标准塔径为 400mm、500mm、600mm、700mm、800mm、1000mm、1200mm、1400mm、1600mm、2000mm、2200mm 等。圆整后，应重新核算塔的操作气速与泛点率。

### （三）液体喷淋密度的核算

填料塔的液体喷淋密度为单位时间、单位塔截面上液体的喷淋量。为保证填料充分润湿，实际操作时塔内液体喷淋密度应不低于最小喷淋密度，若液体喷淋密度小于最小喷淋密度，则需进行调整，重新计算塔径。对于规整填料，其最小喷淋密度可从有关填料手册中查得，设计中，通常取最小喷淋密度为 0.2m³/(m²·h)。对于散堆填料，其最小喷淋密度可用式(6-16)计算。

$$U_{min}=(L_W)_{min}a \tag{6-16}$$

式中，$U_{min}$ 为最小喷淋密度，m³/(m²·h)；$a$ 为填料的总比表面积，m³/m³；$(L_W)_{min}$ 为在塔的截面上单位长度的填料周边的最小液体体积流量，称为最小润湿速率。对于直径大于 75mm 的散堆填料，可取其值为 0.12m³/(m·h)，对于直径小于 75mm 的散堆填料，可取为 0.08m³/(m·h)。

## 三、填料塔高度计算

### （一）基本方程式

由吸收过程传质动力学方程和物料衡算方程可以导出达到吸收过程净化要求的填料层高度计算式

$$h=\int_{y_2}^{y_1}\frac{Gdy}{k_{ya}(1-y)(y-y_i)} \tag{6-17}$$

$$h=\int_{x_2}^{x_1}\frac{Ldx}{k_{xa}(1-x)(x_i-x)} \tag{6-18}$$

$$h=\int_{y_2}^{y_1}\frac{Gdy}{K_{ya}(1-y)(y-y^*)} \tag{6-19}$$

$$h=\int_{x_2}^{x_1}\frac{Ldx}{K_{xa}(1-x)(x^*-x)} \tag{6-20}$$

利用式(6-17)~式(6-20)其中之一，即可以求得所需的填料层高度。一般情况下，以上各式的计算需要采用图解积分或数值积分法，但对于低浓度气体的吸收过程，以上四式可以简化为

$$h=\frac{G}{k_{ya}}\int_{y_2}^{y_1}\frac{dy}{y-y_i} \tag{6-21}$$

$$h=\frac{L}{k_{xa}}\int_{x_2}^{x_1}\frac{dx}{x_i-x} \tag{6-22}$$

$$h=\frac{G}{K_{ya}}\int_{y_2}^{y_1}\frac{dy}{y-y^*} \tag{6-23}$$

$$h=\frac{L}{K_{xa}}\int_{x_2}^{x_1}\frac{dx}{x^*-x} \tag{6-24}$$

式中，$h$ 为填料层高度，m；$G$ 为单位塔截面的气体流量，$kmol/(m^2 \cdot s)$；$L$ 为单位塔截面的液体流量（液相喷淋密度），$kmol/(m^2 \cdot s)$；$k_{ya}$ 为气相传质系数，$kmol/(m^3 \cdot s)$；$k_{xa}$ 为液相传质系数，$kmol/(m^3 \cdot s)$；$K_{ya}$ 为气相总传质系数，$kmol/(m^3 \cdot s)$；$K_{xa}$ 为液相总传质系数，$kmol/(m^3 \cdot s)$；$y$ 为气相溶质的摩尔分数；$y^*$ 为与液相溶质摩尔分数成平衡的气相溶质摩尔分数；$y_i$ 为气液相界面上的气相中溶质摩尔分数；$y_1$ 为进口气相溶质的摩尔分数；$y_2$ 为出口气相溶质的摩尔分数；$x$ 为液相溶质的摩尔分数；$x^*$ 为与气相溶质摩尔分数成平衡的液相溶质摩尔分数；$x_i$ 为气液相界面上的液相中溶质摩尔分数；$x_1$ 为出口液相溶质的摩尔分数；$x_2$ 为进口液相溶质的摩尔分数。

### （二）填料层高度计算

填料层高度的计算可分为传质单元数法和等理论板当量高度法。

1. 传质单元数法

对于低浓度气体吸收，若令

$$H_G = \frac{G}{k_{ya}} \tag{6-25}$$

$$N_G = \int_{y_2}^{y_1} \frac{dy}{y - y_i} \tag{6-26}$$

$$H_L = \frac{L}{k_{xa}} \tag{6-27}$$

$$N_L = \int_{x_2}^{x_1} \frac{dx}{x_i - x} \tag{6-28}$$

$$H_{OG} = \frac{G}{K_{ya}} \tag{6-29}$$

$$N_{OG} = \int_{y_2}^{y_1} \frac{dy}{y - y^*} \tag{6-30}$$

$$H_{OL} = \frac{L}{K_{xa}} \tag{6-31}$$

$$N_{OL} = \int_{x_2}^{x_1} \frac{dx}{x^* - x} \tag{6-32}$$

则有

$$h = H_G N_G = H_L N_L = H_{OG} N_{OG} = H_{OL} N_{OL} \tag{6-33}$$

式中，$H_G$ 为气相传质单元高度，m；$N_G$ 为气相传质单元数；$H_L$ 为液相传质单元高度，m；$N_L$ 为液相传质单元数；$H_{OG}$ 为气相总传质单元高度，m；$N_{OG}$ 为气相总传质单元数；$H_{OL}$ 为液相总传质单元高度，m；$N_{OL}$ 为液相总传质单元数。

实际计算中，由于气液界面上的浓度不易确定，所以通常以气相或液相总传质单元高度和总传质单元数计算填料层高度，即

$$h = H_{OG} N_{OG} \tag{6-34}$$

$$h = H_{OL} N_{OL} \tag{6-35}$$

（1）传质单元高度　按照传质理论的双膜模型，总传质单元高度与气相以及液相传质单元高度之间有如下关系

$$H_{OG} = \frac{G}{K_{ya}} = \frac{G}{k_{ya}} + \frac{Gm}{k_{xa}}$$

$$= H_G + \frac{1}{A} H_L \tag{6-36}$$

$$H_{OL} = \frac{L}{K_{xa}} = \frac{L}{mk_{ya}} + \frac{L}{k_{xa}}$$

$$= A H_G + H_L \tag{6-37}$$

式中，$G$ 为单位塔截面的气体流量；$kmol/(m^2 \cdot s)$；$L$ 为单位塔截面的液体流量，$kmol/(m^2 \cdot s)$。

由于传质过程的影响因素比较复杂，对于不同的物系、不同的填料和不同的流动状况与操作条件，传质单元高度各不相同。工程上，传质系数和传质单元高度主要由实验确定。当

缺乏实验数据时，也有一些传质系数和传质单元高度关联式可供设计时参考，现将常见的关联式介绍如下。

① 传质系数关联式　恩田（Onda）等人提出了填料表面上气液相传质系数的计算方法，该方法以填料润湿表面积替代填料的实际表面积，其计算方法如下。

气相传质系数

$$k_G = C(\frac{G_G}{a\eta_G})^{0.7}(\frac{\eta_G}{\rho_G D_G})^{1/3}(\frac{aD_G}{RT})(ad_p)^{-2.0} \qquad (6-38)$$

液相传质系数

$$k_L = 0.0051(\frac{G_L}{a_w\eta_L})^{2/3}(\frac{\eta_L}{\rho_L D_L})^{-0.5}(\frac{\eta_L g}{\rho_L})^{1/3}(ad_p)^{0.4} \qquad (6-39)$$

填料润湿表面积

$$a_w = a\{1 - \exp[-1.45(\frac{\sigma_c}{\sigma})^{0.75}(\frac{G_L}{a\eta_L})^{0.1}(\frac{G_L^2 a}{\rho_L^2 g})^{-0.05}(\frac{G_L^2}{\rho_L\sigma a})^{0.2}]\} \qquad (6-40)$$

式中，$k_G$ 为气相传质系数，$kmol/(m^2 \cdot s \cdot kPa)$；$k_L$ 为液相传质系数，$m/s$；$a_w$ 为单位体积填料润湿表面积，$m^2/m^3$；$a$ 为填料比表面积，$m^2/m^3$；$G_G$ 为气相质量流速，$kg/(m^2 \cdot s)$；$G_L$ 为液相质量流速，$kg/(m^2 \cdot s)$；$T$ 为气体温度，$K$；$R$ 为气体常数，$kJ/(kmol \cdot K)$；$D_G$、$D_L$ 分别为溶质在气相和液相中的扩散系数，$m^2/s$；$\eta_G$、$\eta_L$ 分别为气体和液体黏度，$Pa \cdot s$；$\rho_L$ 为液体密度，$kg/m^3$；$\rho_G$ 为气体密度，$kg/m^3$；$\sigma$ 为液体表面张力，$N/m$；$\sigma_c$ 为填料材质的临界表面张力，$N/m$；$ad_p$ 为填料结构特性的形状系数，无量纲；$C$ 为关联系数，尺寸小于 15mm 的填料，取 2.0，其他尺寸的填料取 5.23。

不同填料材质的临界表面张力 $\sigma_c$ 的数值见表 6-11，几种填料的形状系数 $ad_p$ 见表 6-12。

表 6-11　不同填料材质的临界表面张力 $\sigma_c$

| 材　质 | $\sigma_c/(dyn/cm)$ | 材　质 | $\sigma_c/(dyn/cm)$ | 材　质 | $\sigma_c/(dyn/cm)$ |
|---|---|---|---|---|---|
| 表面涂石蜡 | 20 | 石　墨 | 56 | 钢 | 75 |
| 聚四氟乙烯 | 18.5 | 陶　瓷 | 61 | 聚乙烯[①] | 75 |
| 聚苯乙烯 | 31 | 玻　璃 | 73 | 聚丙烯[①] | 54 |

① 经亲水处理。

注：$1dyn = 10^{-5}N$。

表 6-12　几种填料的形状系数

| 填　料 | 圆　球 | 圆　棒 | 拉西环 | 贝尔鞍 | 陶瓷鲍尔环 |
|---|---|---|---|---|---|
| $ad_p$ | 3.1 | 3.5 | 1.7 | 5.6 | 5.9 |

依据以上各式，分别求得 $k_G$、$k_L$ 和 $a_w$ 后，即可以求得传质过程的体积传质系数。

$$k_{Ga} = k_G a_w \qquad (6-41)$$
$$k_{La} = k_L a_w \qquad (6-42)$$

将 $k_{Ga}$、$k_{La}$ 换算成以 $k_{ya}$ 和 $k_{xa}$ 表示的传质系数，两者的关系为

$$k_{ya} = p k_G a_w \qquad (6-43)$$
$$k_{xa} = c k_L a_w \qquad (6-44)$$

式中，$p$ 为系统总压，$kPa$；$c$ 为液相总浓度，$kmol/m^3$。

并按式(6-36) 和式(6-37) 计算总传质单元高度。

② 修正的恩田关联式　恩田传质系数关联式，主要对一些壁上不开孔的填料数据进行

关联而得到的关联式，因而，当将其用于现代的薄壁开孔填料时，误差较大。为此，有研究者将恩田的关联式进行了修正，提出了以填料的形状修正系数 $\Psi$ 代替恩田关联式中表示填料结构特性的形状系数 $ad_p$，得到以下关联式。

气相传质系数

$$k_G = 0.237 \left(\frac{G_G}{a\eta_G}\right)^{0.7} \left(\frac{\eta_G}{\rho_G D_G}\right)^{1/3} \left(\frac{aD_G}{RT}\right)\Psi^{1.1} \tag{6-45}$$

液相传质系数

$$k_L = 0.0095 \left(\frac{G_L}{a_w \eta_L}\right)^{2/3} \left(\frac{\eta_L}{\rho_L D_L}\right)^{-0.5} \left(\frac{\eta_L g}{\rho_L}\right)^{1/3} \Psi^{0.4} \tag{6-46}$$

式中，$\Psi$ 为填料的形状修正系数。

不同填料的形状修正系数见表 6-13。求得 $k_G$ 和 $k_L$ 后，同样利用式（6-43）和式（6-44）求取 $k_{ya}$ 和 $k_{xa}$，其中的填料润湿表面积 $a_w$ 由式（6-40）计算。

**表 6-13　几种填料的形状修正系数**

| 填料 | 圆球 | 圆棒 | 拉西环 | 弧鞍 | 开孔环 |
|---|---|---|---|---|---|
| $\Psi$ | 0.72 | 0.75 | 1 | 1.19 | 1.45 |

③ 传质单元高度关联式　Bolles 和 Fair 在对大量的试验数据进行分析后，在 Cornell 关联式的基础上，提出了一组改进的计算传质单元高度的关联式。

环形填料

$$H_G = \frac{0.0174\Psi D^{1.24} Z_p^{1/3} S_{cG}^{1/2}}{(G_L f_\mu f_\rho f_\sigma)^{0.6}} \tag{6-47}$$

鞍型填料

气相传质单元高度：

$$H_G = \frac{0.029\Psi D^{1.11} Z_p^{1/3} S_{cG}^{1/2}}{(G_L f_\mu f_\rho f_\sigma)^{0.5}} \tag{6-48}$$

$$S_{cG} = \frac{\eta_G}{\rho_G D_G} \tag{6-49}$$

$$f_\mu = \left(\frac{\eta_L}{\eta_w}\right)^{0.16}，其中 \eta_w = 1.0\text{mPa·s} \tag{6-50}$$

$$f_\rho = \left(\frac{\rho_L}{\rho_w}\right)^{-1.25}，其中 \rho_w = 1000\text{kg/m}^3 \tag{6-51}$$

$$f_\sigma = \left(\frac{\sigma_L}{\sigma_w}\right)^{-0.8}，其中 \sigma_w = 72.8 \times 10^{-3}\text{N/m} \tag{6-52}$$

液相传质单元高度：

$$H_L = 0.258\phi C_f Z_p^{0.15} S_{cL}^{0.5} \tag{6-53}$$

$$S_{cL} = \frac{\eta_L}{\rho_L D_L} \tag{6-54}$$

式中，$H_G$ 为气相传质单元高度，m；$H_L$ 为液相传质单元高度，m；$\Psi$ 为气相传质填料系数（见图 6-14）；$D$ 为塔径，m；$Z_p$ 为填料层分段高度，m；$G_L$ 为液相质量流速，kg/(m² · s)；$S_{cG}$ 为气相施密特数；$S_{cL}$ 为液相施密特数；$C_f$ 为泛点修正因子；$\phi$ 为液相传质填料系数（见图 6-15）。

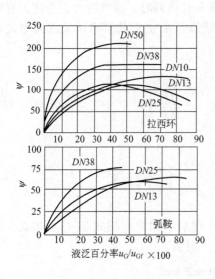

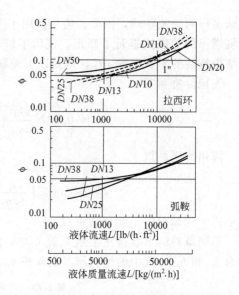

图 6-14　气相传质填料系数（DN 为填料公称直径）　　　　图 6-15　液相传质填料系数

　　图 6-14 和图 6-15 中 DN 为填料的公称直径。需要注意，该式所关联的填料种类及物系范围有限，其计算结果有时仍不能令人满意。特别是对于一些新型填料传质性能计算，应当慎重。该组关联式所用有关变量的范围见表 6-14。

表 6-14　Bolles 和 Fair 关联式的变量范围

| 塔径/m | 0.25～1.22 | 填料尺寸/mm | 15～76 |
|---|---|---|---|
| 塔径/填料直径 | 8～64 | 每段填料层高度/m | 0.152～10.7 |
| 气体密度/(kg/m³) | 0.256～28.85 | 压力/kPa | 6.68～217.186 |
| 液体密度/(kg/m³) | 480～1026 | 液气比/(kg/kg) | 0.45～485 |
| 液相扩散系数/(m²/s) | $8.2\times10^{-13}$～$1.6\times10^{-1}$ | 解吸因子 | $1.6\times10^{-3}$～$2.5\times10^{4}$ |
| 气相扩散系数/(m²/s) | $6.0\times10^{-10}$～$4.6\times10^{-6}$ | 泛点气速/(m/s) | 0.073～4.82 |
| 液相黏度/mPa·s | 0.09～1.50 | 压力降/(Pa/m) | 15.3～3986.3 |
| 气相黏度/mPa·s | 0.007～0.019 | 等板高度/m | 0.174～3.14 |

　　(2) 传质单元数　对于低浓度气体吸收，用总传质单元高度和总传质单元数法计算填料层高度较为方便，特别是系统浓度变化范围内气液相平衡数据符合线性关系时，总传质单元数可以用平均推动力法求得。

　　气相总传质单元数

$$N_{OG} = \frac{y_1 - y_2}{\Delta y_m} \tag{6-55}$$

$$\Delta y_m = \frac{(y_1 - y_1^*) - (y_2 - y_2^*)}{\ln \dfrac{y_1 - y_1^*}{y_2 - y_2^*}} \tag{6-56}$$

　　液相总传质单元数为

$$N_{OL} = \frac{x_1 - x_2}{\Delta x_m} \tag{6-57}$$

$$\Delta x_m = \frac{(x_1^* - x_1) - (x_2^* - x_2)}{\ln \dfrac{x_1^* - x_1}{x_2^* - x_2}} \tag{6-58}$$

　　若气液相平衡关系符合亨利定律 $y = mx$，则可以采用吸收因子法：

$$N_{OG} = \frac{1}{1 - \frac{1}{A}} \ln\left[ \left( 1 - \frac{1}{A} \right) \frac{y_1 - mx_2}{y_2 - mx_2} + \frac{1}{A} \right] \quad (A \neq 1) \tag{6-59}$$

$$N_{OL} = \frac{1}{A - 1} \ln\left[ \left( 1 - \frac{1}{A} \right) \frac{y_1 - mx_2}{y_2 - mx_2} + \frac{1}{A} \right] \quad (A \neq 1) \tag{6-60}$$

2. 理论板当量高度（HETP）法

理论板当量高度法是依据气液相之间质量传递平衡级的概念，求取填料层高度的方法。利用该方法，填料层高度为

$$h = H_T N_T \tag{6-61}$$

式中，$H_T$ 为理论板当量高度，m；$N_T$ 为理论板数，无量纲。

理论板数可以通过吸收塔的模拟计算求得，也可以利用图解法确定。对于低浓度气体吸收，当气液相平衡关系符合亨利定律时，理论板数可以用下式求得。

当 $A \neq 1$ 时

$$N_T = \frac{1}{\ln A} \ln\left[ \left( 1 - \frac{1}{A} \right) \frac{y_1 - mx_2}{y_2 - mx_2} + \frac{1}{A} \right] \tag{6-62}$$

当 $A = 1$ 时

$$N_T = \frac{y_1 - mx_2}{y_2 - mx_2} - 1 \tag{6-63}$$

理论板当量高度值与填料塔内的物系性质、气液流动状态、填料特性等多种因素有关，一般来源于实测数据或由经验关联式进行估算。在实际设计缺乏可靠数据时，也可以取表6-15所列近似值作为参考。

表 6-15　某些填料的等板高度/mm

| 填料名称 | 填料尺寸/mm | | |
|---|---|---|---|
| | 25 | 38 | 50 |
| 矩鞍环 | 430 | 550 | 750 |
| 鲍尔环 | 420 | 540 | 710 |
| 环　鞍 | 430 | 530 | 650 |

**（三）填料层的分段**

为使填料层内气液两相处于良好的分布状态，每经过一定高度的填料层传质以后，应对液体进行收集并进行再分布。一般情况下，每经过十块理论板的当量高度就应该设置一个液体收集装置，并进行液体的再分布，否则，塔内流体的不良分布将会使填料效率下降。

常见的散堆填料塔，一般推荐的分段高度值和每段填料层允许的最大高度如表6-16所示。

表 6-16　填料层分段的最大高度

| 填料种类 | 填料高度/塔径 | 允许的最大高度/m | 填料种类 | 填料高度/塔径 | 允许的最大高度/m |
|---|---|---|---|---|---|
| 拉西环 | 2.5~3 | ≤6 | 鲍尔环 | 5~10 | ≤6 |
| 矩鞍环 | 5~8 | ≤6 | 阶梯环 | 8~15 | ≤6 |

对于规整填料，一般孔板波纹 250Y，每段填料高度不大于 6m；板波纹 500Y 不大于5.0m；丝网波纹 500（BX），不大于 3m；丝网波纹 700（CY），不大于 1.5m。

**（四）塔附属高度**

塔的附属空间高度包括塔上部空间高度、安装液体分布器和液体再分布器（包括液体收集器）所需的空间高度、塔底部空间高度以及塔裙座高度。塔上部空间高度是指塔内填料层以上，应有足够的空间高度，使气流携带的液滴能够从气相中分离出来，该高度一般取1.2～1.5m。安装液体再分布器所需的塔空间高度，依据所用分布器的形式而定，一般需要1～1.5m的空间高度。塔的底部空间高度与精馏塔相同，见本书第五章。

## 四、液体初始分布器工艺设计

液体初始分布器设置于填料塔内填料层顶部，用于将塔顶液体均匀分布在填料表面上，液体初始分布器性能对填料塔效率影响很大，特别是对于大直径、低填料层的填料塔，尤其需要性能良好的液体初始分布装置。

液体分布器的性能主要由分布器的布液点密度（即单位面积上的布液点数）、各布液点的布液均匀性、各布液点上液相组成的均匀性决定，设计液体分布器就是要确定决定这些参数的结构尺寸。

为使液体分布器具有较好的分布性能，必须合理地确定布液孔数，布液孔数应根据所用填料的质量分布要求决定。在通常情况下，满足各种填料分布要求的适宜布液点密度见表6-17。在选择分布器的布液点密度时，应遵循填料的效率越高，所需的布液点密度越大这一规律。根据所选择的填料，确定布液点密度后，再根据塔的截面积求得分布器的布液孔数。

表 6-17　填料的布液点密度

| 填料类型 | 布液点密度/（个/m²） |
|---|---|
| 散堆填料 | 50～100 |
| 板波纹填料 | ＞100 |
| CY丝网填料 | ＞300 |

液体分布器的类型较多，有不同的分类方法，一般多以液体流动的推动力分类或按结构形式分类。若按流动推动力分类，可分为重力式和压力式两类，若按结构形式分类，则可以分为多孔型和溢流型。

**（一）多孔型液体分布器**

多孔型液体分布器主要有排管式、环管式、筛孔盘式以及槽式等类型，其共同点在于都是利用分布器下方的液体分布孔将液体均匀地分布在填料层上，其液体流出方式均为孔流式。

1. 排管式液体分布器

排管式液体分布器的液体分布推动力可以是重力，也可以是压力，其典型结构见图6-16和图6-17。

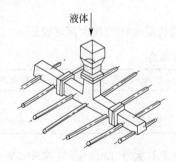

图 6-16　重力型排管式液体分布器

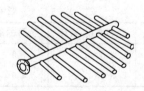

图 6-17　压力型排管式液体分布器

重力型排管式液体分布器主要由进液口、液位保持管、液体分配管和布液支管组成。进液口一般呈漏斗形，其内部放置金属丝网过滤器，以防止固体杂质进入分布器时堵塞液体分布孔；液位保持管的作用是使分布器内保持一定的液位，为液体分布提供推动力；液体分配管的作用是将液体均匀地分配到各布液支管中，液位保持管和液体分配管一般用圆形或方形钢管制成；布液支管由圆管制成，其下方开孔形成布液点。

这种分布器具有较高的液体分布质量，适合于与规整填料配合使用，用于中等以下液体负荷且无固体杂质，一般用于塔顶液体回流分布器。

压力型排管式液体分布器的结构与重力型排管式液体分布器大体相同，其差别在于没有液位保持管，而是直接利用压力能将液体引入液体分配管。这种分配器因易受系统压力波动的影响，故其液体分布质量较差，一般用于萃取和吸收填料塔。

排管式液体分布器的设计主要包括如下内容。

(1) 液体分配管与布液支管尺寸  分配管长度由塔径决定，在能够实现顺利安装的前提下，尽可能长些；管径由管内适宜流速决定，一般取管内的最大流速不大于 0.3m/s。布液支管是一组安装在液体分配管上的圆形钢管，各支管的外端点均位于以塔中心为圆心，半径小于塔内半径的圆周上，各支管长度可根据塔内径、各支管所在的排数以及支管间距确定，不同塔内径下，所需的设计参数可以参考表 6-18。

**表 6-18 排管式液体分布器工艺设计参考数据**

| 塔径/mm | 主管直径/mm | 支管排数 | 管外缘直径/mm | 最大体积流量/(m³/h) |
|---|---|---|---|---|
| 400 | 50 | 3 | 360 | 3 |
| 500 | 50 | 3 | 460 | 5 |
| 600 | 50 | 4 | 560 | 7 |
| 700 | 50 | 4 | 660 | 9.5 |
| 800 | 50 | 5 | 760 | 12.5 |
| 900 | 50 | 5 | 860 | 16 |
| 1000 | 50 | 6 | 960 | 20 |
| 1200 | 75 | 7 | 1140 | 28 |
| 1400 | 75 | 7 | 1340 | 38.5 |
| 1600 | 100 | 5 | 1540 | 50 |
| 1800 | 100 | 6 | 1740 | 64 |
| 2000 | 100 | 6 | 1940 | 78 |
| 2400 | 150 | 7 | 2340 | 112 |
| 2800 | 150 | 8 | 2740 | 154 |

布液管直径由液体流速决定，适宜的管内流速在 0.1m/s 左右，一般情况下管内流速不得大于 0.3m/s，同时，管内径不得小于 15mm 和大于 45mm。

(2) 液位保持管尺寸及孔径  对于重力型排管式液体分布器，液位保持管的高度由液体最大流量下的最高液位决定，一般取最高液位的 1.12~1.15 倍。液位保持管的管径依管内的适宜流速决定，一般取其流速在 0.3m/s 左右。

布液孔直径可以根据液体的流量及液位保持管中的液位高度计算，其关系如下

$$q_V = \frac{\pi}{4} d^2 n k \sqrt{2gh} \tag{6-64}$$

式中，$d$ 为布液孔直径，m；$q_V$ 为液体体积流量，m³/s；$n$ 为布液孔数；$k$ 为孔流系数；$h$ 为液位高度，m；$g$ 为重力加速度，m/s²。

式(6-64) 中的 $k$ 称为孔流系数，其值由小孔液体流动雷诺数决定（见图 6-18），在雷诺数大于 1000 的情况下，$k$ 可取 0.60~0.62。

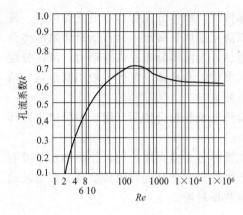

图 6-18　孔流系数与雷诺数的关系

确定液位高度应和布液孔径协调设计，使各项参数均在适宜的尺寸范围之内。最高液位的范围通常在 $200\sim500mm$，而布液孔的直径宜在 3mm 以上。

对于压力型排管式液体分布器，其布液孔直径也可采用式(6-64) 计算，但应将式中的液位高度用分布器的液体流动压力降替代，即式(6-64) 中的液位高度 $h$ 为

$$h = \frac{\Delta p}{\rho_L g} \qquad (6\text{-}65)$$

式中，$\Delta p$ 为分布器的液体流动压力降，Pa。

**2. 槽式孔流型液体分布器**

槽式孔流型液体分布器靠重力分布液体，其结构如图 6-19 及图 6-20 所示。其中，二级槽式液体分布器具有优良的布液性能，结构简单，气相阻力小，应用较为广泛。单级槽式液体分布器空间占位低，常在塔内空间高度受到限制时使用。二级槽式液体分布器主要由主槽和分槽组成，液体物料由主槽上的加料管加入主槽中，然后，通过主槽的布液结构按比例分配到各支槽中，并通过各支槽上的布液结构均匀地分布在填料层表面上。

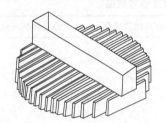

图 6-19　二级槽式液体分布器

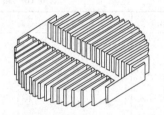

图 6-20　单级槽式液体分布器

（1）**主槽结构**　主槽为矩形敞开槽，其长度由塔径和分槽的数量及间距决定，其高度由最大液体流量下所需的液位高度（最大液位高度）决定。设计时一般应使其保持在 $200\sim300mm$ 之间（通过调整布液孔数或孔径实现），一般不大于 350mm。其宽度由槽内液体流速决定，一般要求该流速在 $0.24\sim0.30m/s$ 之间。主槽的布液结构是在对应于各分槽的位置处开一定数量的液体分配孔，由于各分槽的长度不同，所以分配的液量不同，因而各分槽处的开孔数或孔径也不相同。开孔数、孔径及液位高度的对应关系见式(6-64)，设计时可由该式协调处理三者间的关系。

主槽的布液孔可以开在主槽底部，但当液相中含有固体杂质时，为防止堵塞，也可开在主槽侧壁上，此时应在主槽上设置导液装置，其结构见图 6-21 和图 6-22。

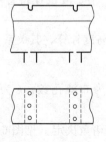

图 6-21　槽底开孔

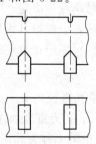

图 6-22　侧壁开孔

（2）分槽结构　分槽的数量由塔径、液相负荷、喷淋点数、液体在槽内的流速以及气相流通截面积等因素决定，需要全面协调后确定。

分槽的长度由塔径及排列情况而定，分槽的宽度主要由液体在槽内的流速决定，其数值通常为 30～60mm，分槽的高度也和主槽一样，由该分槽的液相最大负荷下的液位高度决定。该高度的确定也应和布液孔数及孔径利用式（6-64）进行协调，使各项指标均能在合适的范围内。一般说来，布液孔数由分布点密度决定，不应有太大的改变，布液孔直径应在 3mm 以上，通过调节孔径使最高液位在 200mm 左右，分槽的高度大约为最大液位高度的 1.25 倍。

分槽布液结构依据实际需要有不同形式，主要有底孔式、内管式、侧孔管式、侧孔槽式几类，见图 6-23～图 6-26。底孔式结构简单易于加工，但其分布点位置受分槽位置限制，使用不够灵活，且底孔易于堵塞。侧孔式虽然较为复杂，但由于其分布点可以根据需要灵活设置，因此具有优良的分布性能。

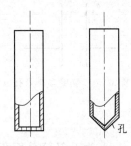

图 6-23　底孔式布液

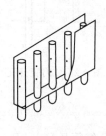

图 6-24　内管式布液

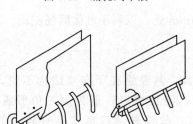

图 6-25　侧孔管式布液

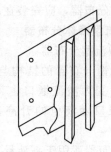

图 6-26　侧孔槽式布液

### 3. 盘式孔流型液体分布器

盘式孔流型液体分布器结构见图 6-27 和图 6-28，主要由底盘和升气管组成，底盘固定在塔圈上。这种分布器的升气管通常为圆形或矩形，液相通过底盘或升气管侧壁上的开孔，分布在填料表面上。液相中含有较多固体杂质时，宜采用升气管侧壁开孔结构。此外为增加操作弹性，也可采用图 6-29 和图 6-30 的结构。

升气管应对上升气相有较好的分布性能，阻力小，同时也要考虑便于安排布液孔。在满足布液孔要求的条件下，尽可能增大升气管面积。一般升气管面积不得小于塔总截面积的 15% 左右，如果该面积过小，将会造成较大的流动阻力。

升气管高度可由液体分布所需的最大液位高度确定，最大液位高度与布液孔径间的关系见式（6-64）。由于升气管面积受布液点要求限制，有时该面积可能较小，因而产生较大的气相阻力，此时在计算液位高度时（或由液位高度计算孔径时）应考虑到气相通过分布器的阻力，该阻力的计算见式（6-66）。

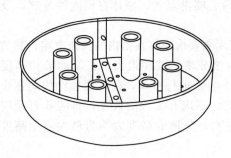

图 6-27　圆形升气管

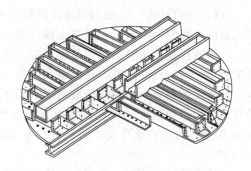

图 6-28　矩形升气管

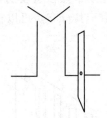

图 6-29　内管开孔

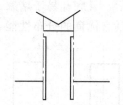

图 6-30　侧壁多排开孔

$$\Delta p = 0.04\left(\frac{\rho_G}{\rho_L}\right)\left(\frac{q_V}{A}\right)^2 \qquad (6\text{-}66)$$

式中，$\Delta p$ 为升气管压降，kPa；$q_V$ 为气相体积流量，$m^3/s$；$A$ 为升气管总面积，$m^2$；$\rho_G$ 为气相密度，$kg/m^3$；$\rho_L$ 为液相密度，$kg/m^3$。

盘式液体分布器，应安装在填料层上方 150～300mm 处，以利于气体顺畅流动。

**（二）溢流型液体分布器**

1. 槽式溢流型分布器

槽式溢流型分布器的结构与槽式孔流型结构类似，其差别在于布液结构不同，它将孔流型布液点变为溢流堰口，其典型结构见图 6-31。溢流堰口一般为倒三角形或矩形。由于三角形堰口随液位的升高，液体流通面积加大，故这种开口形式具有较大的操作弹性。

溢流型分布器适用于高液量和易堵塞的场合，但其布液质量不如槽式孔流型。常用于散堆填料塔中。这种分布器的设计主要是确定溢流口的尺寸，对于矩形堰溢流口，其宽度与液位高度间的关系为

$$b = \frac{3q_{VL}}{2\sqrt{2g}\phi h^{3/2}} \qquad (6\text{-}67)$$

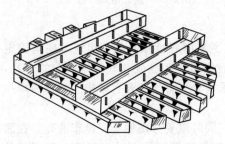

图 6-31　槽式溢流分布器

倒三角形堰溢流口夹角与液位高度间的关系为

$$\alpha = 2\arctan\left(\frac{q_{VL}}{2.36\phi h^{2.5}}\right) \qquad (6\text{-}68)$$

式中，$b$ 为矩形溢流口宽度，m；$\alpha$ 为倒三角形溢流口夹角，°；$q_{VL}$ 为液相体积流量，$m^3/s$；$h$ 为溢流口液位高度，m；$\phi$ 为流量系数（一般可取 $\phi=0.6$）；$g$ 为重力加速度，$m/s^2$。

槽式溢流型分布器的设计步骤与槽式孔流型分布器基本相同，该种分布器安装于填料表面的限定器以上，距填料表面的距离约为 50mm。

2. 盘式溢流型分布器

盘式溢流型分布器的结构类似于盘式孔流型分布器，两者的差别在于溢流型分布器的布液结构采用溢流管或在升气管上端开 V 形溢流口。溢流管采用直径 20 mm 以上的开 60°斜口的小管制作，一般溢流管斜口高出底盘 20mm 以上，溢流管的数量依布液点密度要求设置。此种分布器设计时，应注意留有足够的气体流通面积，一般情况下，气体有效流通面积占总塔截面积的 15%～45%。

## 五、液体收集及再分布装置

当填料层较高，需要多段设置时，或填料层间有侧线进料或出料时，在各段填料层之间要设液体收集及再分布装置，将上段填料流下的液体收集后充分混合，使进入下段填料层的液体具有均匀的浓度，并重新分布在下段填料层上。

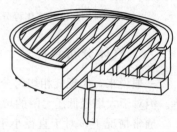

液体收集再分布器大体上可以分为两类，一类是液体收集器与液体再分布器各自独立，分别承担液体收集和再分布任务，对于这种结构，前节所述的各种液体分布器，都可以与液体收集器组合成液体收集再分布装置。另一类是集液体收集和再分布功能于一体而制成的液体收集和再分布器。这种液体收集再分布器结构紧凑，安装空间高度低，常用于塔内空间高度受到限制的场合。

1. 百叶窗式液体收集器

百叶窗式液体收集器结构见图 6-32，主要由收集器筒体、集液板和集液槽组成。集液板由下端带导液槽的倾斜放置的一组挡板组成，其作用在于收集液体，并通过其下的导液槽

图 6-32 百叶窗式液体收集器

将液体汇集于集液槽中。集液槽是位于导液槽下面的横槽或沿塔周边设置的环形槽，液体在集液槽中混合后，沿集液槽的中心管进入液体再分布器，进行液相的充分混合和再分布。

2. 多孔盘式液体再分布器

多孔盘式液体再分布器是集液体收集和再分布功能于一体的液体收集和再分布装置。这种再分布器具有结构简单、紧凑、安装空间高度低等优点，是常用的液体再分布装置之一。其结构与盘式液体分布器类似，设计方法基本相同。其升气管常制成矩形，并在升气管上方设遮挡板，以防止液体落入升气管，见图 6-33。设计遮挡板时应注意遮挡板与升气管出口间的气体流通面积大于升气管的横截面积。这种分布器通常采用多点进料进行液体的预分布，以使盘上液面高度保持均匀，改善液体的分布性能。

3. 截锥式液体再分布器

截锥式液体再分布器是一种最简单的液体再分布器，见图 6-34，多用于小塔径（$D < 0.6\text{m}$）的填料塔，以克服壁流作用对传质效率的影响。该种分布器锥体与塔壁的夹角一般为 35°～45°，截锥口直径为塔径的70%～80%。

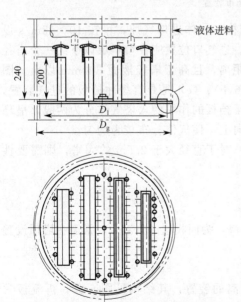

图 6-33 多孔盘式液体再分布器

图 6-35 所示的是一种改进的截锥形液体再分

布器，与普通截锥形液体再分布器相比具有通量大，不影响填料安装等优点。

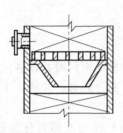

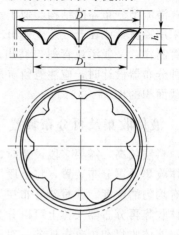

图 6-34　截锥式液体再分布器　　　　图 6-35　改进的截锥形液体再分布器

## 六、气体分布装置

一般说来，实现气相均匀分布要比液相容易一些，故气体入塔的分布装置也相对简单一些。但对于大塔径低压力降的填料塔来说，设置性能良好的气相分布装置仍然是十分重要的。

通常情况下，对于直径小于 2.5m 的小塔多采用简单的气体分布装置，见图 6-36。直径

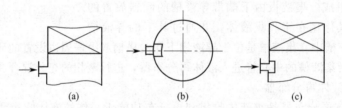

(a)　　　　　　　(b)　　　　　　　(c)

图 6-36　小塔气体分布装置

在 1m 以下的塔可采用图 6-36(a) 或（b）所示的结构，气体进口气速，可按 10～18m/s 设计。进气口位置应在填料层以下约一个塔径的距离，且高于塔釜液面 300mm 以上。图 6-36(b)、(c) 是具有缓冲挡板的进气装置，由于挡板的作用使入塔气体分为两股，呈环流向上，使气体分布较为均匀。

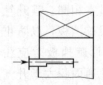

图 6-37　大塔的气体分布装置

对于直径大于 2.5m 的大塔，则需要性能更好的气体分布装置，常用的结构如图 6-37 所示。

## 七、除沫装置

气体在塔顶离开填料层时，带有大量的液沫和雾滴，为回收这部分液体，常需在塔顶设置除沫器，常用的除沫器有如下几种。

### （一）折流板式除沫器

折流板式除沫器是一种利用惯性使液滴得以分离的装置，其结构见图 6-38，折流板常用 50mm×50mm×3mm 的角钢制成，能除去 50$\mu$m 以上的液滴，压力降一般为 50～100Pa，一般在小塔中使用。

#### （二）旋流板式除沫器

该除沫器由几块固定的旋流板片组成，见图6-39。气体通过旋流板时，产生旋转流动，造成了一个离心力场，液滴在离心力作用下，向塔壁运动，实现了气液分离。这种除沫器，效率较高，但压降稍大，约300Pa以内，适用于大塔径，净化要求高的场合。

#### （三）丝网除沫器

丝网除沫器是最常用的除沫器，这种除沫器由金属丝网卷成高度为100～150mm的盘状，其安装方式见图6-40（a）、（b）。气体通过除沫器的压降约为120～250Pa。丝网除沫器直径由气体通过丝网的最大气速决定，该最大气速由式（6-69）计算

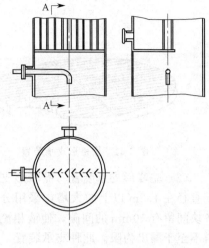

图 6-38　折流板式除沫器

$$u = k\sqrt{\frac{\rho_L - \rho_G}{\rho_G}} \qquad (6-69)$$

式中，$k$ 为比例系数，通常取 $0.085\sim1.0$；$\rho_L$ 为液体密度，$kg/m^3$；$\rho_G$ 为气相密度，$kg/m^3$。

实际气速取最大气速的 $0.75\sim0.8$ 倍。

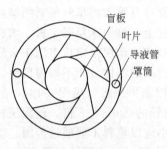

图 6-39　旋流板式除沫器

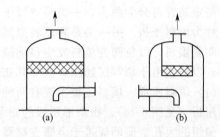

图 6-40　丝网除沫器

### 八、填料支承及压紧装置

#### （一）填料支承装置

填料支承装置的作用是支承填料以及填料层内液体的重量，由于填料支承装置本身对塔内气液的流动状态也会产生影响，设计时也需要考虑。一般情况下填料支承装置应满足如下要求：

① 有足够的强度和刚度，以支持填料及其所持液体的重量（持液量）；

② 有足够的开孔率（一般要大于填料的孔隙率），以防首先在支承处发生液泛；

③ 结构上应有利于气液相的均匀分布，同时不至于产生较大的阻力（一般阻力不大于20Pa）；

④ 结构简单易于加工制造和安装。

常用的填料支承装置有栅格形、驼峰形等。

（1）栅格形　栅格形支承装置（见图6-41）结构简单，使用较多，特别适合规整填料的支撑。栅条间距约为填料外径的 $0.6\sim0.8$ 倍，为提高栅格的自由截面率，也可采用较大间距，并在其上预先散布较大尺寸的填料，而后再放置小尺寸填料。栅格形支承装置多分块制作，每块宽度约为 $300\sim400$mm，可以通过人孔进行装卸。对于直径较大的塔，应加设中间支承梁，支承梁的结构和数量，应通过强度设计后确定。

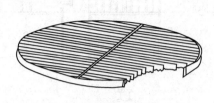

图 6-41　栅格形支承装置

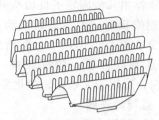

图 6-42　驼峰形支承装置

（2）驼峰形支承装置　驼峰形支承装置（见图 6-42）适合于散堆填料的支承，一般用于直径在 1.5m 以上的大塔，采用分块制作，每块的宽度约为 290mm，高度约为 300mm，各块间留有 10mm 的间隙，使液相流动。驼峰侧壁开有条形圆孔，其大小约为 25mm，以填料不至于漏出为限。此种支承装置，气体流通自由截面率大，阻力小，承载能力强，气液两相分布效果好，是一种性能优良的填料支承装置。

**（二）填料限定装置**

为保证填料塔在工作状态下填料床层能够稳定，防止高气相负荷或负荷突然变动时填料层发生松动，破坏填料层结构，甚至造成填料流失，必须在填料层顶部设置填料限定装置。填料限定装置可分为两类，一类是放置于填料上端，仅靠自身重力将填料压紧的填料限定装置，称为填料压板。另一类是将填料限定装置固定于塔壁上，称为床层限定板。填料压板常用于陶瓷填料，以免陶瓷填料发生移动撞击，造成填料破碎。床层限定板多用于金属和塑料填料，以防止由于填料层膨胀，改变其初始堆积状态而造成的流体分布不均匀现象。

（1）填料压板　填料压板主要有两种形式，一种是栅条形压板（见图 6-43），另一种是丝网压板（见图 6-44）。栅条形压板的栅条间距为填料直径的 0.6～0.8 倍。丝网压板是用金属丝编织的大孔金属网焊接于金属支撑圈上，网孔的大小应以填料不能通过为限。填料压板的重量要适当，过重可能会压碎填料，过轻则难以起到作用，一般需按每平方米 1100N 设计，必要时需加装压铁以满足重量要求。

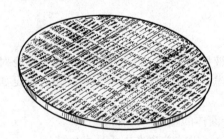

图 6-43　栅条形压板

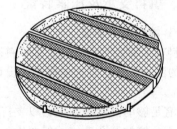

图 6-44　丝网压板

（2）床层限定板　床层限定板可以采用与填料压板类似的结构，但其重量较轻，一般为每平方米 300N。

## 九、填料塔的流体力学参数计算

为使填料塔能够在较高的效率下工作，塔内的气液两相流动应处于良好的流体力学状态，使气体通过填料层的压降及传质效率处于合理的范围内。另一方面，作为塔的机械结构和强度的设计，也应了解塔内的一些流体力学参数和流动状态。因此，对于初步设计好的填料塔，应对其进行流体力学核算。

填料塔的流体力学参数主要包括气体通过填料塔的压力降、泛点率、气体动能因子、床层持液量，此外，还应了解塔内液体和气体分布状态。

### (一) 填料塔的压力降

气体通过填料塔的压力降，对填料塔的操作影响较大，若气体通过填料塔的压力降大，则塔操作过程的动力消耗大，特别是负压操作过程更是如此，这将增加塔的操作费用。另一方面，对于需要加热的再生过程，气体通过填料塔时的压力降大，必然使塔釜液温度升高，从而消耗更高品位的热能，也将会使吸收过程的操作费用增加。气体通过填料塔的压力降主要包括气体进入填料塔的进口压力降及气体出口压力降、液体分布器及再分布器的压力降、填料支撑及压紧装置压力降、除沫器压力降以及气体通过填料层的压力降等。

(1) 气体进口和出口压力降可以按流体流动的局部阻力的计算方法进行计算。

(2) 气体通过液体分布器及再分布器的压力降较小，一般可以忽略不计。

(3) 气体通过填料支承及压紧装置的压力降一般也可以忽略不计。

(4) 气体通过除沫器的压力降一般可近似取为 $120\sim250$ Pa。

(5) 气体通过填料层的压力降与多种因素有关，对于气液逆流接触的填料塔，气体通过填料层的压力降与填料的类型、尺寸、物性、液体喷淋密度及空塔气速有关。在液体喷淋密度一定的情况下，随着气速的增大，气体通过填料层的压力降变大，如图 6-45 所示。

由图 6-45 可见，在液体喷淋密度一定的条件下，气体通过填料层时压力降与气速的关系曲线可以大致分为三个区域，分别对应于三种流体力学状态。图中 $A$ 点以下区域，气液相负荷较小，两相之间的相互作用不明显，填料层的持液量不随气速变化，称为恒持液区。在该区内，气液两相以膜式接触，压力降曲线斜率不变。

在图中的 $A\sim B$ 段，气液相之间的动量传递作用加强，从 $A$ 点起，填料表面的液膜厚度和床层持液量均随气速的增大而明显增大，压力降随气速增大而较快地增大，压力降曲线在 $A$ 点出现转折，该转折点称为载点。

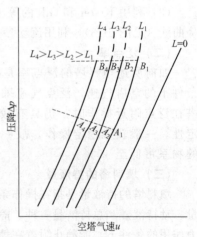

图 6-45 填料层气体压降示意图

而后，随着两相之间的作用进一步加强，使得填料表面的液膜难以顺利流下，最终在 $B$ 点处，液体不能流下，产生液泛现象。在该区域内气液两相先以膜式接触，而后随气速增大达液泛状态时则以鼓泡状态接触，称为载液区。

$B$ 点以上区域，称为液泛区，$B$ 点称为液泛点。与之对应的空塔气速称为泛点气速。在该区域内，气液两相以鼓泡状态接触，液相从分散相变为连续相，而气相则从连续相变为分散相。

通常情况下，填料塔应在载液区操作，即操作气速应控制在载点气速和泛点气速之间，其压降的计算可以采用下列方法。

(1) 利用 Eckert 通用关联图计算压降 Eckert 通用关联图（见图 6-12）上的泛点线下部是一组等压线，用于计算气体通过散堆填料层时的压力降。计算时，先根据气、液相负荷及有关物性数据，求出横坐标值，再根据操作空塔气速及有关物性数据，求出纵坐标值。在图上找出这两个坐标对应的点，读出过交点的等压线值，即可得出每米填料层压降值。但需注意，利用 Eckert 通用关联图计算压力降时，应使用压降填料因子。各种不同塔填料的压降填料因子见表 6-19。

(2) 利用压降关联式计算 目前已有许多研究者提出了气体通过填料层的压力降计算

式，可供设计时参考。其中 Leva 提出的适用于湍流条件下的关联式如下

$$\Delta p = \alpha 10^{\beta G_L} \frac{G_G^2}{\rho_G} \tag{6-70}$$

式中，$\Delta p$ 为每米填料高度的压力降，kPa；$G_L$ 为液体的质量流速，$kg/(m^2 \cdot s)$；$G_G$ 为气体的质量流速，$kg/(m^2 \cdot s)$；$\rho_G$ 为气体密度，$kg/m^3$；$\alpha$，$\beta$ 为与填料有关的常数。

表 6-19　几种填料的压降填料因子/$m^{-1}$

| 填料名称 | 尺　寸/mm | | | | |
|---|---|---|---|---|---|
| | 16 | 25 | 38 | 50 | 76 |
| 瓷拉西环 | 1050 | 576 | 450 | 288 | |
| 瓷矩鞍 | 700 | 215 | 140 | 160 | |
| 塑料鲍尔环 | 343 | 232 | 114 | 125/110 | 62 |
| 金属鲍尔环 | 306 | | 114 | 98 | |
| 塑料阶梯环 | | 176 | 116 | 89 | |
| 金属阶梯环 | | | 118 | 82 | |
| 金属环矩鞍 | | 138 | 93.4 | 71 | 36 |

（3）利用 Kister 和 Gill 的等压降曲线　对于规整填料，可以依据 Kister 和 Gill 的等压降曲线（见图 6-13），利用流动参数 $X$ 和能力参数 $Y$ 计算压力降。

**（二）泛点率**

如前所述填料塔的泛点率是指塔内操作气速与泛点气速的比值。操作气速是指操作条件下的空塔气速，泛点气速采用式(6-10)计算。尽管近年来，有些研究者认为填料塔在泛点附近操作时，仍具有较高的传质效率，但由于泛点附近流体力学性能的不稳定性，一般较难稳定操作，故一般要求泛点率在 50%～80% 范围之内，而对于易起泡的物系可低至 40%。

**（三）填料塔的持液量**

填料塔的持液量是指在操作条件下，单位体积填料层内积存的液体体积量，分为静持液量、动持液量和总持液量三种，静持液量是指填料表面被充分润湿后，在没有气液相间黏滞力作用的条件下，能静止附着在填料表面的液体的体积量，总持液量是指在一定的操作条件下，单位体积填料层中液相总体积量，动持液量是总持液量与静持液量间的差值，三者之间的关系为

$$H_t = H_o + H_s \tag{6-71}$$

式中，$H_t$ 为总持液量，$m^3/m^3$；$H_o$ 为静持液量，$m^3/m^3$；$H_s$ 为动持液量，$m^3/m^3$。

持液量是影响填料塔效率、压力降和处理能力的重要参数，而且对液体在塔内的停留时间影响较大。多数研究结果表明，在操作气速低于泛点的 70% 以内操作时，持液量仅受液体负荷和填料材质、尺寸影响，而基本上与气速无关，当操作气速大于泛点气速的 70% 时，其持液量明显受气速影响。影响持液量的因素可以归纳为：

① 填料结构及表面特征的影响，包括填料的形状、尺寸、材质、表面性质；

② 物料的物理性质的影响，主要包括气液两相的黏度、密度、表面张力；

③ 操作条件的影响，主要包括气液相流量。

其一般规律是，对于同样尺寸的填料，陶瓷填料的持液量大于金属填料，而金属填料的持液量大于塑料填料，对于同材质的填料，持液量随填料尺寸的增大而下降。关于持液量的计算，目前虽然有一些计算方法可用，但就总体而言，计算方法不够成熟，故目前仍主要以实验的方法确定填料层的持液量。

#### (四) 气体动能因子

气体动能因子是操作气速与气相密度平方根的乘积，即

$$F = u\sqrt{\rho_G} \tag{6-72}$$

式中，$F$ 为气体动能因子，$kg^{1/2}/(s \cdot m^{1/2})$；$u$ 为气体流速，$m/s$；$\rho_G$ 为气体密度，$kg/m^3$。

气体动能因子也是填料塔重要的操作参数，不同塔填料常用的气体动能因子的近似值见表 6-20 和表 6-21。

表 6-20　散堆填料常用的气体动能因子

| 填料名称 | 填料尺寸/mm | | |
|---|---|---|---|
| | 25 | 38 | 50 |
| 金属鲍尔环 | 0.37~2.68 | | 1.34~2.93 |
| 矩鞍环 | 1.19 | 1.45 | 1.7 |
| 环鞍 | 1.76 | 1.97 | 2.2 |

表 6-21　规整填料常用的气体动能因子

| | 规　格 | 动能因子 | | 规　格 | 动能因子 |
|---|---|---|---|---|---|
| 金属孔板波纹 | 125Y | 3 | 塑料孔板波纹 | 125Y | 3 |
| | 250Y | 2.6 | | 250Y | 2.6 |
| | 350Y | 2 | | 350Y | 2 |
| | 500Y | 1.8 | | 500Y | 1.8 |
| | 125X | 3.5 | | 125X | 3.5 |
| | 250X | 2.8 | | 250X | 2.8 |

## 第四节　吸收过程设计示例

### 一、设计条件

用一吸收过程处理空气与丙酮的混合气体，设计条件为：混合气体的处理量为 5100 $m^3/h$（标准状态）；混合气体的组成为空气 0.96，丙酮 0.04（均为摩尔分数），要求丙酮回收率 $\phi = 0.98$，混合气体温度、压力为 25℃、0.11 MPa。

### 二、设计方案

（1）吸收剂的选择　根据所要处理的混合气体，可采用水为吸收剂，其廉价易得，物理化学性能稳定，选择性好，符合吸收过程对吸收剂的基本要求。

（2）吸收流程　该吸收过程可采用简单的一步吸收流程，同时应对吸收后的水进行再生处理。以混合气体原有的状态即 25℃和 0.11MPa 条件下进行吸收，原则流程如图 6-46 所示。

混合气体进入吸收塔，与水逆流接触后，得到净化气排放。吸收丙酮后的水，经富液泵送入再生塔顶，用燃料气进行汽提解吸操作，解吸后的水经贫液泵，送回吸收塔顶，循环使用，汽提气则进入燃料处理系统。

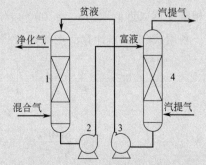

图 6-46　吸收过程的原则流程
1—吸收塔；2—富液泵；3—贫液泵；4—解吸塔

（3）吸收塔设备及塔填料选择　该过程处理量不大，所用的塔直径不会太大，以采用填料塔较为适宜，并选用 38mm 金属阶梯环塔填料，其主要性能参数为：

比表面积 $154.3m^2$；泛点填料因子 $160m^{-1}$；孔隙率 $0.94$；压降填料因子 $118m^{-1}$。

## 三、吸收塔的工艺设计

### （一）吸收剂用量

吸收剂用量可以根据过程的最小液气比确定。由设计条件可知吸收塔的进、出口气相组成为 $y_1=0.04$，$y_2=(1-0.98)\times0.04=0.0008=8\times10^{-4}$。

吸收塔液相进口的组成应低于其平衡浓度，由手册查得，常压下 25℃时，丙酮在水中的相平衡关系可以表示为

$$y=1.75x$$

于是可得吸收塔进口液相的平衡浓度为 $x_2^*=\dfrac{y_2}{1.75}=\dfrac{8\times10^{-4}}{1.75}=4.57\times10^{-4}$

吸收剂入口浓度应低于 $4.57\times10^{-4}$，其值的确定应同时考虑其吸收和解吸操作，兼顾两者，经优化计算后方能确定。这里取 $x_2=2.00\times10^{-4}$。

气体混合物的平均分子量 $\overline{M}=0.04\times58+0.96\times29=30.16\ kg/kmol$。

因 $q_V=5100m^3/h$，得 $q_{nG}=\dfrac{5100}{22.4}=227.7kmol/h$，$q_{mG}=\dfrac{5100}{22.4}\times30.16=6867.4kg/h$

依据式(6-5)得

$$\left(\frac{q_{nL}}{q_{nG}}\right)_{min}=\frac{0.04-8\times10^{-4}}{\dfrac{0.04}{1.75}-2\times10^{-4}}=1.73$$

取实际液气比为最小液气比的 1.5 倍，则可以得到吸收剂用量为

$$q_{nL}=1.73\times227.7\times1.5=590.9kmol/h$$

$$q_{mL}=10635.8kg/h=10.6\ t/h$$

$$q_{VL}=10.6358m^3/h=2.9543\times10^{-3}m^3/s$$

### （二）塔径计算

考虑到填料塔的压力降，取塔的操作压力为 0.1015MPa，该压力下混合气体的密度为

$$\rho_G=\frac{p\overline{M}}{RT}=\frac{0.1015\times10^6\times30.16\times10^{-3}}{8.314\times298}=1.235\ kg/m^3$$

液相密度可以近似取为 $\rho_L=1000\ kg/m^3$；液体黏度为 $\eta_L=0.903mPa\cdot s$。

利用式(6-11)计算泛点气速可得

$$\lg\left[\frac{u_f^2}{g}\times\frac{a}{\varepsilon^3}\times\frac{\rho_G}{\rho_L}\eta_L^{0.2}\right]=0.106-1.75\times\left(\frac{10635.8}{6867.4}\right)^{1/4}\left(\frac{1.235}{1000}\right)^{1/8}$$

$$=-0.7391$$

$$\frac{u_f^2a\rho_G}{g\varepsilon^3\rho_L}\eta_L^{0.2}=0.1823$$

$$u_f=\sqrt{\frac{0.1823\times9.81\times0.94^3\times1000}{154.3\times1.235\times0.903^{0.2}}}=2.82m/s$$

取操作气速 $u=0.6u_f=0.6\times2.82=1.692\text{m/s}$。$q_{Vs}=\dfrac{6867.4}{1.235\times3600}=1.5446\text{ m}^3/\text{s}$，则

$$D=\sqrt{\frac{4\times1.5446}{3.14\times1.692}}=1.078\text{m}$$

圆整塔径，取 $D=1.0\text{m}$

所以塔的总截面积为 $\qquad S=0.785\times1.0^2=0.785\text{m}^2$

**填料规格校核**

$$\frac{D}{d}=\frac{1000}{38}=26.32\ (>8)$$

**液体喷淋密度校核** 取最小润湿速率 $(L_W)_{\min}=0.08\text{m}^3/(\text{m}\cdot\text{h})$

38mm 金属阶梯塔填料的比表面积为 154.3 $\text{m}^2/\text{m}^3$，最小液体喷淋密度为

$$U_{\min}=(L_W)_{\min}\cdot a=0.08\times154.3=12.34\text{m}^3/(\text{m}^2\cdot\text{h})$$

而液体喷淋密度为 $U=\dfrac{10635.8/1000}{0.785\times1.0^2}=13.55\ (>U_{\min})$

说明填料塔直径 $D=1000\text{mm}$ 合理。

**(三) 填料层高度计算**

(1) **传质单元高度计算** 查手册得塔内的液相及气相物性为：$\rho_L=1000\text{kg/m}^3$，$\rho_G=1.235\text{kg/m}^3$，$\eta_L=0.903\text{mPa}\cdot\text{s}$，$\eta_G=1.82\times10^{-5}\text{Pa}\cdot\text{s}$，$\sigma_L=72\times10^{-3}\text{N/m}$。

气相扩散系数为

$$D_G=\frac{1.0\times10^{-7}\times T^{1.75}\left(\dfrac{1}{M_A}+\dfrac{1}{M_B}\right)^{1/2}}{P[(\sum V_A)^{1/3}+(\sum V_B)^{1/3}]^2}=\frac{1.0\times10^{-7}\times298^{1.75}\left(\dfrac{1}{29}+\dfrac{1}{58}\right)^{1/2}}{1.1\times(74^{1/3}+29.3^{1/3})^2}$$

$$=9.116\times10^{-6}\text{m}^2/\text{s}$$

液相扩散系数为 $\qquad D_L=1.16\times10^{-9}\text{m}^2/\text{s}$

气相及液相的流速为 $\qquad G_G=\dfrac{6867.4}{3600\times0.785}=2.43\text{kg/(m}^2\cdot\text{s})$

$$G_L=\frac{10635.8}{3600\times0.785}=3.764\text{kg/(m}^2\cdot\text{s})$$

依式(6-45) 可得气相传质系数为

$$k_G=0.237\left(\frac{2.43}{154.3\times1.82\times10^{-5}}\right)^{0.7}\left(\frac{1.82\times10^{-5}}{1.235\times9.116\times10^{-6}}\right)^{1/3}\times$$

$$\left(\frac{154.3\times9.116\times10^{-6}}{8.314\times298}\right)\times1.45^{1.1}$$

$$=0.237\times113.8\times1.167\times5.67\times10^{-7}\times1.5048$$

$$=2.685\times10^{-5}\text{kmol/(m}^2\cdot\text{s}\cdot\text{kPa})$$

液相传质系数可依式(6-46) 和式(6-40) 计算，其中

$$\left(\frac{\sigma_c}{\sigma}\right)^{0.75}=\left(\frac{75}{72}\right)^{0.75}=1.03$$

$$\left(\frac{G_{\mathrm{L}}}{a\eta_{\mathrm{L}}}\right)^{0.1}=\left(\frac{3.764}{154.3\times0.903\times10^{-3}}\right)^{0.1}=1.3905$$

$$\left(\frac{G_{\mathrm{L}}^{2}a}{\rho_{\mathrm{L}}^{2}g}\right)^{-0.05}=\left(\frac{3.764^{2}\times154.3}{1000^{2}\times9.81}\right)^{-0.05}=1.523$$

$$\left(\frac{G_{\mathrm{L}}^{2}}{\rho_{\mathrm{L}}\sigma a}\right)^{0.2}=\left(\frac{3.764^{2}}{1000\times7.2\times10^{-2}\times154.3}\right)^{0.2}=0.2637$$

得

$$a_{\mathrm{w}}=154.3[1-\exp(-1.45\times1.03\times1.3905\times1.523\times0.2637)]$$
$$=87.3\mathrm{m/m^{2}}$$

液相传质系数

$$k_{\mathrm{L}}=0.0095\times\left(\frac{3.764}{87.3\times0.903\times10^{-3}}\right)^{2/3}\left(\frac{0.903\times10^{-3}}{1000\times1.16\times10^{-9}}\right)^{-0.5}\times$$

$$\left(\frac{0.903\times10^{-3}\times9.81}{1000}\right)^{1/3}\times1.45^{0.4}$$

$$=0.0095\times13.15\times0.03584\times0.02069\times1.16$$
$$=1.07\times10^{-4}\mathrm{m/s}$$

将得到的传质系数换算成以摩尔分数差为推动力的传质系数

$$k_{\mathrm{ya}}=pk_{\mathrm{G}}a_{\mathrm{w}}=\frac{0.1\times10^{6}}{1000}\times2.685\times10^{-5}\times87.3$$

$$=0.2344\mathrm{kmol/(m^{3}\cdot s)}$$

$$k_{\mathrm{xa}}=Ck_{\mathrm{L}}a_{\mathrm{w}}=55.6\times1.07\times10^{-4}\times87.3=0.5194\mathrm{kmol/(m^{3}\cdot s)}$$

其中 $C=\dfrac{1000}{18}=55.6$ kmol/m³ 为水溶液的总摩尔浓度。于是，气相总传质单元高度为

$$H_{\mathrm{OG}}=\frac{8.06\times10^{-2}}{0.2344}+\frac{8.06\times10^{-2}\times1.75}{0.5194}=0.6154\mathrm{m}$$

考虑到计算公式的偏差，实际上取 $H_{\mathrm{OG}}=1.2\times0.6154=0.739\mathrm{m}$

（2）传质单元数的计算　全塔的物料衡算方程为

$$q_{n\mathrm{G}}(y_{1}-y_{2})=q_{n\mathrm{L}}(x_{1}-x_{2})$$

依据该方程可以确定吸收塔底水中丙酮的组成为

$$x_{1}=\frac{q_{n\mathrm{G}}}{q_{n\mathrm{L}}}(y_{1}-y_{2})+x_{2}$$

$$=\frac{227.7}{590.9}(0.04-8\times10^{-4})+2\times10^{-4}$$

$$=0.0153$$

于是，可以计算该塔的塔底、塔顶以及平均传质推动力分别为

$$\Delta y_{1}=0.04-1.75\times0.0153=0.01322$$

$$\Delta y_{2}=8\times10^{-4}-1.75\times2\times10^{-4}=4.5\times10^{-4}$$

$$\Delta y_{\mathrm{m}} = \frac{0.01322 - 4.5 \times 10^{-4}}{\ln \dfrac{0.01322}{4.5 \times 10^{-4}}} = 3.778 \times 10^{-3}$$

根据式(6-55)求得该吸收过程的传质单元数为

$$N_{\mathrm{OG}} = \frac{y_1 - y_2}{\Delta y_{\mathrm{m}}} = \frac{0.04 - 8 \times 10^{-4}}{3.778 \times 10^{-3}} = 10.37$$

（3）填料层高度　依据式(6-34)可以计算填料层高度

$$h = 10.37 \times 0.739 = 7.66\mathrm{m}$$

实际填料层高度取为 8m，依据阶梯环塔填料的分段要求（见表 6-16），可将填料层分为两段设置，每段 4m，两段间设置一个液体再分布器。

**（四）塔附属高度**

塔上部空间高度，可取为 1.2m，液体再分布器的空间高度约为 1m，塔底液相停留时间按 5min 考虑，则塔釜液所占空间高度为

$$h_1 = \frac{5 \times 60 \times 2.9543 \times 10^{-3}}{0.785} = 1.13\mathrm{m}$$

考虑到气相接管所占空间高度，底部空间高度可取 1.5m，所以塔的附属空间高度可以取为 3.7m。

**（五）液体初始分布器和再分布器**

（1）液体初始分布器

① 布液孔数　根据该物系性质可选用管式液体分布器，取布液孔数为 100 个/m²，则总布液孔数为

$$n = 0.785 \times 100 = 80 \ \text{个}$$

② 液位保持管高度　取布液孔直径为 5mm，则液位保持管中的液位高度可由式(6-64)计算

$$h = \left( \frac{4q_V}{\pi d^2 nk} \right)^2 / (2g) = \left( \frac{4 \times 2.9543/1000}{3.14 \times 0.005^2 \times 80 \times 0.62} \right)^2 / (2 \times 9.81)$$
$$= 0.4695 \ \mathrm{m}$$

则液位保持管高度为　　　　$h' = 1.15 \times 469.5 = 540\mathrm{mm}$

其他尺寸计算从略。

（2）液体再分布器　采用百叶窗式液体收集器与管式液体分布器组合使用，所用的管式液体分布器与液体初始分布器具有相同的结构。

**（六）其他附属塔内件**

本装置由于直径较小，可采用简单的进气分布装置，同时，对排放的净化气体中的液相夹带要求不严，可不设除液沫装置。

**（七）吸收塔的流体力学参数计算**

（1）吸收塔的压力降

① 气体进出口压力降　取气体进出口接管的内径为 360mm，则气体的进出口流速近似为 15.18m/s，则进口压力降为

$$\Delta p_1 = \frac{1}{2} \times \rho u^2 = 0.5 \times 1.235 \times 15.18^2 = 142\mathrm{Pa}$$

出口压力降为

$$\Delta p_2 = 0.5 \times \frac{1}{2} \times \rho u^2 = 0.5 \times \frac{1}{2} \times 1.235 \times 15.18^2 = 71.1 \text{Pa}$$

② 填料层压力降　气体通过填料层的压力降采用 Eckert 关联图计算，其中实际操作气速为

$$u = \frac{1.5446}{\frac{\pi}{4} \times 1^2} = 1.9676 \text{m/s}$$

$$X = \frac{10635.8}{6867.4} \times \sqrt{\frac{1.235}{1000}} = 0.0544$$

$$Y = \frac{1.9676^2 \times 118 \times 1 \times 1.235}{9.81 \times 1000} \times 0.903^{0.2} = 0.0563$$

查 Eckert 图得每米填料的压力降为 390Pa，所以填料层的压力降为
$$\Delta p_3 = 390 \times 8 = 3120 \text{Pa}$$

③ 其他塔内件的压力降　其他塔内件的压力降 $\sum \Delta p$ 较小，在此可以忽略。
于是得吸收塔的总压力降为
$$\Delta p_f = 142 + 71.1 + 3120 = 3333 \text{Pa}$$

（2）吸收塔的泛点率　吸收塔的操作气速为 1.9676m/s，泛点气速为 2.82m/s，所以泛点率为

$$f = \frac{1.9676}{2.82} = 0.697$$

该塔的泛点率合适。
（3）气体动能因子　吸收塔内气体动能因子为
$$F = 1.9676 \times \sqrt{1.235} = 2.186 \text{kg}^{1/2}/(\text{s} \cdot \text{m}^{1/2})$$
气体动能因子在常用的范围内。
从以上的各项指标分析，该吸收塔的设计合理，可以满足吸收操作的工艺要求。

## 四、再生塔的设计

再生塔的设计条件：水处理量为 10635.8kg/h；水中丙酮的摩尔分数为 0.0153；再生后水中丙酮的摩尔分数为 $2.00 \times 10^{-4}$；所用的汽提气入口丙酮含量近似为 0。

（1）再生汽提气用量　与吸收塔设计一样，首先确定最小汽提气用量，依据物料衡算方程，求取最小气液比。但需注意：这里的 $x_1$、$y_1$ 表示的是塔顶的液相和气相浓度，而 $x_2$、$y_2$ 表示的是塔底的液相和气相浓度，于是得

$$\left(\frac{q_{nG}}{q_{nL}}\right)_{min} = \frac{x_1 - x_2}{y_1^* - y_2}$$

$$y_1^* = mx_1 = 1.75 \times 0.0153 = 0.026775$$

$$\left(\frac{q_{nG}}{q_{nL}}\right)_{min} = \frac{0.0153 - 2 \times 10^{-4}}{0.026775 - 0} = 0.5639$$

取
$$\frac{q_{nG}}{q_{nL}} = 1.5 \left(\frac{q_{nG}}{q_{nL}}\right)_{min} = 1.5 \times 0.5639 = 0.8459$$

则汽提气的实际用量（标准状态）为

$$q_{nG}=0.8459\times590.9$$

$$=499.8\ \text{kmol/h}=11195\text{m}^3/\text{h}$$

（2）汽提塔的工艺设计　汽提塔的工艺设计与吸收塔完全相同。

其他附属设备的设计、管路设计及泵的选择可参照本书第五章精馏过程工艺设计的方法进行。

## 五、工艺流程图

（1）工艺流程图　按照工艺流程图绘制的要求，绘制该过程的工艺流程图，如图 6-47 所示。

（2）物流表　依据物料衡算以及吸收过程的工艺计算，计算流程图中的主要流股参数，并将计算过程中的主要物流信息在物流表中表示出来，见表 6-22。

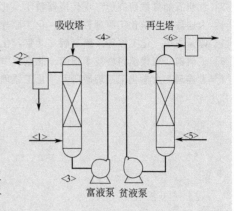

图 6-47　丙酮吸收过程流程图

**表 6-22　吸收过程物料平衡表**

| 项　　目 | | 流　股 | | | | | |
|---|---|---|---|---|---|---|---|
| | | 〈1〉 | 〈2〉 | 〈3〉 | 〈4〉 | 〈5〉 | 〈6〉 |
| 组成 | 空气（摩尔分数）/% | 0.96 | 0.9992 | | | | |
| | 丙酮（摩尔分数）/% | 0.04 | 0.0008 | 0.0153 | 0.0002 | | |
| | 水（摩尔分数）/% | | | 0.9847 | 0.9998 | | |
| | 汽提气（摩尔分数）/% | | | | | 1 | |
| 温度 | | 25 | 25 | 25 | 25 | 25 | 25 |
| 压力/MPa | | 0.11 | 0.1067 | 0.11 | 0.11 | 0.12 | 0.11 |
| 流量/(kmol/h) | | 227.7 | 218.7 | 599.9 | 590.9 | 499.8 | 508.8 |
| 流量/(kg/h) | | 6867.4 | 6598.2 | 10925.2 | 10635.8 | | |

## 主要符号说明

| 符　号 | 意义及单位 | 符　号 | 意义及单位 |
|---|---|---|---|
| $A$ | 吸收因子 | $q_{nG}$ | 气相摩尔流量，kmol/s |
| $F$ | 气体动能因子，$\text{kg}^{1/2}/(\text{s}\cdot\text{m}^{1/2})$ | $H$ | 传质单元高度，m |
| $g$ | 重力加速度，m/s$^2$ | $q_{nL}$ | 液相摩尔流量，kmol/s |
| $h$ | 填料层高度，m | $S$ | 解吸因子 |
| $u$ | 气体流速，m/s | $u_f$ | 泛点气速，m/s |
| $q_{VV}$ | 气相体积流量，m$^3$/s | $q_{VL}$ | 液相体积流量，m$^3$/s |
| $q_{mG}$ | 气相质量流量，kg/s | $q_{mL}$ | 液体质量流量，kg/s |
| $y$ | 气相中溶质的摩尔分数 | $x$ | 液相中溶质的质量分数 |
| $\eta_L$ | 液体黏度，Pa·s | $\Delta p$ | 压力降，Pa |
| $\rho_G$ | 气体密度，kg/m$^3$ | $\rho_L$ | 液体密度，kg/m$^3$ |
| $D$ | 塔径，m | | |

# 参 考 文 献

[1] 倪进方. 化工过程设计. 北京：化学工业出版社，1999.

[2] 魏兆灿. 塔设备设计. 上海：上海科学技术出版社，1988.

[3] 兰州石油机械研究所. 现代塔器技术. 北京：中国石化出版社，1990.

[4] 大连理工大学化工原理教研室. 化工原理课程设计. 大连：大连理工大学出版社，1994.

[5] 谭天恩等. 化工原理. 第三版. 北京：化学工业出版社，2010.

[6] 王树楹. 现代填料塔技术指南. 北京：中国石化出版社，1998.

[7] 大连理工大学化工原理教研室. 化工原理. 大连：大连理工大学出版社，1993.

# 第七章　干燥过程工艺设计

## 第一节　概　　述

1. 干燥的目的和应用　干燥是指从溶液、悬浮液、乳浊液、熔融液、膏状物、糊状物、片状物、粉粒体等湿物料中脱去挥发性湿分（水分或有机溶剂等），得到固体产品的过程，其主要目的是便于运输、贮存、加工和使用等，因而广泛用于化工、轻工、农林产品加工等领域。

2. 干燥的方法　干燥的方法有：机械除湿法、化学除湿法和加热（或冷冻）干燥法。

（1）机械除湿法　用压榨、过滤、离心分离等机械方法除去物料中的湿分。这种方法除湿快而费用低，但除湿程度不高。

（2）化学除湿法　利用吸湿剂（如浓硫酸、无水氯化钙、分子筛等）除去气体、液体或固体物料中少量湿分。这种方法除湿有限而费用高。

（3）加热（或冷冻）干燥法　借助于热能使物料中湿分蒸发而得到干燥，或用冷冻法使物料中的水结冰后升华而被干燥。这是生产中常用的方法。

实际生产中，一般先用机械除湿法最大限度地除去物料中的湿分，再用加热干燥法除去残留的部分湿分。本章只讨论加热干燥法。

3. 干燥器的分类　常见的几种干燥器分类方法如下。

① 按操作压力可分为常压型和真空型干燥器。

② 按操作方式可分为连续式和间歇式干燥器。

③ 按被干燥物料的形态可分为块状物料、带状物料、粒状物料、糊状物料、浆状物料或液体物料干燥器等。

④ 按使用的干燥介质可分为空气、烟道气、过热蒸汽、惰性气体干燥器等。

⑤ 按热量传递的方式可分为：

对流加热型干燥器，如喷雾干燥器、气流干燥器、流化床干燥器等；

传导加热型干燥器，如耙式真空干燥器、桨叶干燥器、转鼓干燥器、冷冻干燥器等；

辐射加热型干燥器，如红外线干燥器、远红外线干燥器等；

介电加热型干燥器，如微波加热干燥器等。

在众多的干燥器中，对流加热型干燥器应用得最多。因此，本章主要讨论对流加热型的喷雾干燥器的工艺设计。

4. 干燥装置工艺设计的特点　干燥是传热、传质（对于对流加热型干燥器还要包括流体的流动）同时进行的过程，因此，要从理论上精确计算出干燥器的主要工艺尺寸是比较困难的，还必须借助于许多实际经验。

工程上对干燥装置的基本要求是：

① 保证产品质量要求，如湿含量、粒度分布、外表形状及光泽等；

② 干燥速率快，以缩短干燥时间，减小干燥设备体积，提高干燥设备的生产能力；

③ 干燥器热效率高，干燥是能量消耗较大的单元操作之一，在干燥操作中，热能的利用率是技术经济的一个重要指标；

④ 干燥系统的流体阻力要小，以降低流体输送机械的能耗；

⑤ 环境污染小，劳动条件好；

⑥ 操作简便、安全、可靠，对于易燃、易爆、有毒物料的干燥，要采取特殊的技术措施。

5. 干燥装置的工艺设计步骤　干燥装置的工艺设计一般可按下列步骤进行：

① 确定设计方案；

② 工艺设计，包括物料衡算、热量衡算及干燥器主要工艺尺寸的确定；

③ 附属设备的选择或设计。

# 第二节　设 计 方 案

在干燥装置的工艺设计中，设计方案的确定主要包括干燥装置的工艺流程、干燥方法及干燥器形式的选择、操作条件的确定等，一般要遵循下列原则。

① 满足工艺要求。所确定的工艺流程和设备，必须保证产品的质量能达到规定的要求，而且质量要稳定。这就要求各物流的流量稳定，操作参数稳定。同时设计方案要有一定的适应性，例如能适应季节的变化、原料湿含量及粒度的变化等。因此，应考虑在适当的位置安装测量仪表和控制调节装置等。

② 经济上要合理。要节省热能和电能，尽量降低生产过程中各种物料的损耗，减少设备费和操作费，使总费用尽量降低。

③ 保证安全生产，注意改善劳动条件。当处理易燃易爆或有毒物料时，要采取有效的安全和防污染措施。

## 一、干燥装置的一般工艺流程

对流加热型干燥装置的一般工艺流程如图 7-1 所示。主要设备包括：干燥介质加热器、干燥器、细粉回收设备、干燥介质输送设备、加料器及卸料器等。

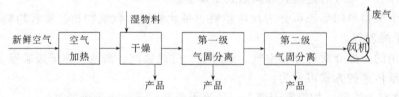

图 7-1　对流加热型干燥装置的一般工艺流程

## 二、干燥介质加热器的选择

干燥介质为物料升温和湿分蒸发提供热量，并带走蒸发的湿分。干燥介质通常有空气、烟道气、过热蒸汽、惰性气体等。以空气作为干燥介质是目前应用最普遍的方法，因为对干燥器的使用而言，它最为简单和便利。采用烟道气为干燥介质，除了可以满足高温干燥的要求外，对于低温干燥也有其优点，如燃料消耗比用空气为干燥介质时要少，同时，由于不需要锅炉、蒸汽管道和预热器等，所以投资减少很多，但用烟道气作为干燥介质，不可避免地会带入一些细小炉灰及硫化物等污染物料。若物料和空气接触会氧化或爆炸时，可用氮气或二氧化碳等惰性气体作为干燥介质，也可以用过热水蒸气或与蒸发的湿分相同的过热有机溶剂蒸气作为干燥介质。

加热干燥介质的热源有水蒸气、煤气、天然气、电、煤、燃油等，视干燥工艺要求和工厂的实际条件而定。根据热源的不同，干燥介质的加热器可以选择锅炉、翅片式加热器、热风炉等。

## 三、干燥器的选择

由于被干燥物料的形态（如液体状、浆状、膏糊状、粒状、块状、片状等）和性质、生产能力不同，对干燥产品的要求（如湿含量、粒径、溶解性、色泽、光泽等）均不相同，使得干燥器的形式多种多样，因此，干燥器的选择是干燥技术领域最复杂的一个问题。所以设计开始时必须根据具体条件，对所采用的干燥方法、干燥器的具体结构形式、操作方式（间歇式或连续式）及操作条件等进行选择。

大多数干燥器在接近大气压下操作，微正压可避免环境空气漏入干燥器内。在某些情况下，如果不允许向外界泄漏，则采用微负压操作。真空操作是昂贵的，仅仅当物料必须在低温、无氧或在中温或高温操作产生异味时才推荐使用。高温操作是更为有效的，由此对于给定的蒸发量，可采用较低的干燥介质流量和较小的干燥设备，干燥效率也高。

### 四、干燥介质输送设备的选择及配置

为了克服整个干燥系统的流体阻力以输送干燥介质，必须选择适当形式的风机，并确定其配置方式。风机的选择主要取决于系统的流体阻力、干燥介质的流量、干燥介质的温度等。风机的配置方式主要有以下三种。

（1）送风式　风机安装在干燥介质加热器的前面，整个系统处于正压操作。这时，要求系统的密闭性要好，以免干燥介质外漏和粉尘飞入环境。

（2）引风式　风机安装在整个系统后面，整个系统处于负压操作。这时，同样要求系统的密闭性要好，以免环境空气漏入干燥器内，但粉尘不会飞出。

（3）前送后引式　两台风机分别安装在干燥介质加热器前面和系统的后面，一台送风，一台引风。调节系统前后的压力，可使干燥室处于略微负压下操作，整个系统与外界压差较小，即使有不严密的地方，也不至于产生大量漏气现象。

### 五、细粉回收设备的选择

由于从干燥器出来的废气夹带细粉，细粉的收集将影响产品的收率和劳动环境等，所以，在干燥器后都应设置气固分离设备。最常用的气固分离设备是旋风分离器，对于颗粒粒径大于 $5\mu m$ 具有较高的分离效率。旋风分离器可以单台使用，也可以多台串联或并联使用。为了进一步净化含尘气体，提高产品的回收率，一般在旋风分离器后安装袋滤器或湿式除尘器等第二级分离设备。袋滤器除尘效率高，可以分离旋风分离器不易除去的小于 $5\mu m$ 的微粒。

### 六、加料器及卸料器的选择

加料器和卸料器对保证干燥器的稳定操作及干燥产品质量很重要。因此，在设计时要根据物料的特性和流量等综合进行考虑，选择适当的加、卸料设备。

总之，在确定工艺设计方案过程中，往往需要对多种方案从不同角度进行对比，从中选出最佳方案。

## 第三节　喷雾干燥装置的工艺设计

### 一、喷雾干燥的基本原理和特点

1. 喷雾干燥的基本原理

喷雾干燥是采用雾化器将原料液雾化为雾滴，并在热的干燥介质中干燥而获得固体产品

的过程。原料液可以是溶液、悬浮液或乳浊液，也可以是熔融液或膏糊液。根据干燥产品的要求，可以制成粉状、颗粒状、空心球或团粒状。

2. 喷雾干燥装置的工艺流程

喷雾干燥装置所处理的料液虽然差别很大，但其工艺流程却基本相同。图 7-2 所示的是一个典型的喷雾干燥装置工艺流程，原料液经过

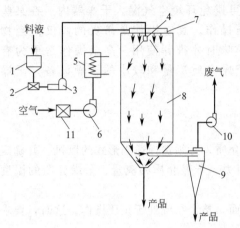

滤器由泵送至雾化器，干燥过程所需的新鲜空气，经过滤后由鼓风机送至空气加热器中加热到所要求的温度再进入热风分布器，经雾化器雾化的雾滴和来自热风分布器的热风相互接触，在干燥室中得到干燥，干燥的产品一部分由干燥器底部经卸料器排出，另一部分与废气一起进入旋风分离器分离下来，废气经引风机排空。

图 7-2　喷雾干燥装置的工艺流程
1—料液贮槽；2—料液过滤器；3—高压泵；
4—雾化器；5—空气加热器；6—鼓风机；
7—热风分布器；8—干燥室；9—旋风分离器；
10—引风机；11—空气过滤器

3. 喷雾干燥过程的三个阶段

喷雾干燥过程可分为三个阶段：料液雾化、雾滴与热风接触干燥及干燥产品的收集。

（1）料液雾化　料液雾化的目的是将料液分散为细微的雾滴，雾滴的平均直径一般为 $20\sim60\mu m$，因此具有很大的表面积。雾滴的大小和均匀程度对于产品质量和技术经济指标影响很大，特别是热敏性物料的干燥尤为重要。如果喷出的雾滴大小很不均匀，就会出现大颗粒还未达到干燥要求，小颗粒却已干燥过度而变质。因此，料液雾化器是喷雾干燥器的关键部件。目前常用的雾化器有以下三种。

① 气流式喷嘴　采用压缩空气（或水蒸气）以很高的速度（300m/s 或更高）从喷嘴喷出，靠气（或汽）液两相间的速度差所产生的摩擦力，使料液分裂为雾滴。

② 压力式喷嘴　采用高压泵使高压液体通过喷嘴时，将静压能转变为动能而高速喷出并分散为雾滴。

③ 旋转式雾化器　料液从中央通道输入到高速转盘（圆周速度为 $90\sim150m/s$）中，受离心力的作用从盘的边缘甩出而雾化。

（2）雾滴与热风接触干燥　在喷雾干燥室内，雾滴与热风接触的方式有并流式、逆流式和混合流式三种。图 7-3 为这三种接触方式的示意图。图 7-3(a)、(b) 都是并流式，其中 (a) 是转盘雾化器，(b) 是喷嘴雾化器，二者的热空气都是从干燥室顶部进入，料液在干燥室顶部雾化，并流向下流动。若热风从干燥室底部进入，而雾化器仍在顶部，则为逆流式 [图 7-3(c)]。如果将雾化器放在干燥室底部向上喷雾，热风从顶部吹下，则为先逆流后并流的混合流式 [图7-3(d)]。

雾滴和热风的接触方式不同，对干燥室内的温度分布、雾滴（或颗粒）的运动轨迹、物料在干燥室中的停留时间以及产品质量都有很大影响。对于并流式，最热的热风与湿含量最大的雾滴接

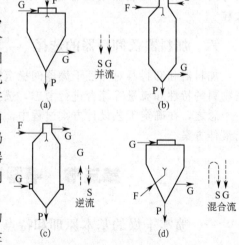

图 7-3　喷雾干燥器中物料与热风的流动方向
F—料液；G—气体；P—产品；S—雾滴

触，因而湿分迅速蒸发，雾滴表面温度接近入口热空气的湿球温度，同时热空气温度也显著降低，因此从雾滴到干燥为成品的整个历程中，物料的温度不高，这对于热敏性物料的干燥特别有利。由于湿分的迅速蒸发，雾滴膨胀甚至破裂，因此并流式所得的干燥产品常为非球形的多孔颗粒，具有较低的松密度。对于逆流式，塔顶喷出的雾滴与塔底上来的较湿空气相接触，因此湿分蒸发速率较并流为慢。塔底最热的干空气与最干的颗粒相接触，所以对于能经受高温、要求湿含量较低和松密度较高的非热敏性物料，采用逆流式最合适。此外，在逆流操作过程中，全过程的平均温度差和分压差较大，物料停留时间较长，有利于过程的传热传质，热能的利用率也较高。对于混合流操作，实际上是并流和逆流二者的结合，其特性也介于二者之间。对于能耐高温的物料，采用此操作方式最为合适。

在喷雾干燥室内，物料的干燥与在常规干燥设备中所经历的历程完全相同，也经历着恒速干燥和降速干燥两个阶段。雾滴与热空气接触时，热量由热空气经过雾滴表面的饱和蒸汽膜传递给雾滴，使雾滴中湿分汽化，只要雾滴内部的湿分扩散到表面的量足以补充表面的湿分损失，蒸发就以恒速进行，这时雾滴表面温度相当于空气的湿球温度，这就是恒速干燥阶段。当雾滴内部湿分向表面的扩散不足以保持表面的润湿状态时，雾滴表面逐渐形成干壳，干壳随着时间的增加而增厚，湿分从液滴内部通过干壳向外扩散的速度也随之降低，即蒸发速率逐渐降低，这时物料表面温度高于空气的湿球温度，这就是降速干燥阶段。

（3）干燥产品的收集　喷雾干燥产品的收集有两种方式：一种是干燥的粉末或颗粒产品落到干燥室的锥体壁上并滑行到锥底，通过星形卸料阀之类的排料设备排出，少量细粉随废气进入气固分离设备收集下来；另一种是全部干燥成品随气流一起进入气固分离设备收集下来。

4. 喷雾干燥的特点

（1）喷雾干燥的优点

① 由于雾滴群的表面积很大，物料干燥所需的时间很短（通常为15～30s，有时只有几秒钟）。

② 生产能力大，产品质量高。每小时喷雾量可达几百吨，为干燥器处理量较大者之一。尽管干燥介质入口温度可达摄氏几百度，但在整个干燥过程的大部分时间内，物料温度不超过空气的湿球温度，因此，喷雾干燥特别适宜热敏性物料（例如食品、药品、生物制品和染料等）的干燥。

③ 调节方便，可以在较大范围内改变操作条件以控制产品的质量指标，例如粒度分布、湿含量、生物活性、溶解性、色、香、味等。

④ 简化了工艺流程。可以将蒸发、结晶、过滤、粉碎等操作过程，用喷雾干燥操作一步完成。

（2）喷雾干燥的缺点

① 当干燥介质入口温度低于150℃时，干燥器的容积传热系数较低，所用设备的体积比较庞大。另外，低温操作的热利用率较低，干燥介质消耗量大，因此，动力消耗也大。

② 对于细粉产品的生产，需要高效分离设备，以免产品损失和污染环境。

## 二、雾化器的结构和设计

### （一）压力式雾化器

1. 压力式雾化器的工作原理

压力式雾化器又称压力式喷嘴，如图 7-4 所示。主要由液体切向入口、液体旋转室、喷嘴等组成。利用高压泵使液体获得很高的压力，液体从切线入口进入旋转室而获得旋转运动。根据旋转动量矩守恒定律，旋转速度与旋转半径成反比，即愈靠近轴心，旋转速度愈大，其静压力也愈小[参见图 7-4(a)]，结果在喷嘴中央形成一股压力等于大气压力的空气旋流，而液体则形成绕空气心旋转的环形薄膜，在喷嘴出口处液体静压能转变为向前旋转运动的动能而喷出。液膜伸长变薄，最后分裂为小雾滴。这样形成的液雾为空心圆锥形，又称空心锥喷雾。

2. 压力式喷嘴的结构形式

压力式喷嘴在结构上的共同特点是使液体获得旋转运动，即液体获得离心惯性力，然后经喷嘴高速喷出。所以，常把压力式喷嘴统称为离心压力式喷嘴。由于使液体获得旋转运动的结构不同，离心压力式喷嘴可粗略地分为旋转型和离心型两大类。

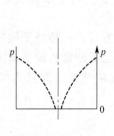

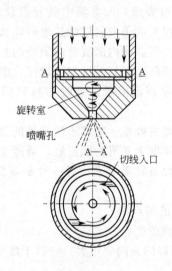

（a）旋转室内的压力分布          （b）喷嘴内液体的运动

图 7-4  压力式喷嘴的工作原理示意图

（1）旋转型压力式喷嘴  这种压力式喷嘴在结构上有两个特点：一是有一个液体旋转室；二是有一个（或多个）液体进入旋转室的切线入口。工业用的旋转型压力式喷嘴如图 7-5 所示。考虑到材料的磨蚀问题，喷嘴可采用人造宝石、碳化钨等耐磨材料。

（2）离心型压力式喷嘴  其结构特点是喷嘴内安装一喷嘴芯，如图 7-6 所示，喷嘴芯的作用是使液体获得旋转运动，相应的喷嘴结构如图 7-7 所示。

3. 压力式喷嘴的特点

优点：①与气流式喷嘴相比，大大节省动力；②结构简单，成本低；③操作简便，更换和检修方便。

缺点：①由于喷嘴孔很小，极易堵塞。因此，进入喷嘴的料液必须严格过滤，过滤器至喷嘴的料液管道宜用不锈钢管，以防铁锈堵塞喷嘴。②喷嘴磨损大，因此，喷嘴一般采用耐磨材料制造。③高黏度物料不易雾化。④要采用高压泵。

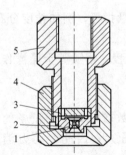

图 7-5  工业用旋转型压力式
喷嘴的结构示意图

1—人造宝石喷嘴；2—喷嘴套；3—孔板；4—螺帽；5—管接头

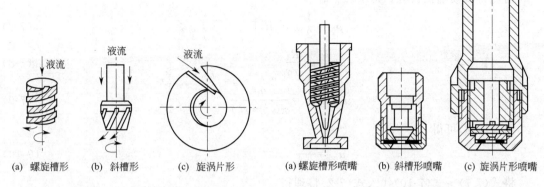

(a) 螺旋槽形　(b) 斜槽形　(c) 旋涡片形

图 7-6　离心型压力式喷嘴芯的结构示意图

(a) 螺旋槽形喷嘴　(b) 斜槽形喷嘴　(c) 旋涡片形喷嘴

图 7-7　离心型压力式喷嘴的装配简图

**4. 压力式雾化器的设计**

对于离心型压力式喷嘴，其流体力学性能与喷嘴芯等结构参数有关，目前的工艺设计大多根据一些经验方程或图表来进行。本节只讨论旋转型压力式喷嘴的工艺设计计算问题。

(1) 旋转型压力式喷嘴的设计　如图 7-8 所示，流体以切线方向进入喷嘴旋转室，形成厚度为 $\delta$ 的环形液膜绕半径为 $r_c$ 的空气心旋转而喷出，得到一个空心锥喷雾，其雾化角为 $\beta$。

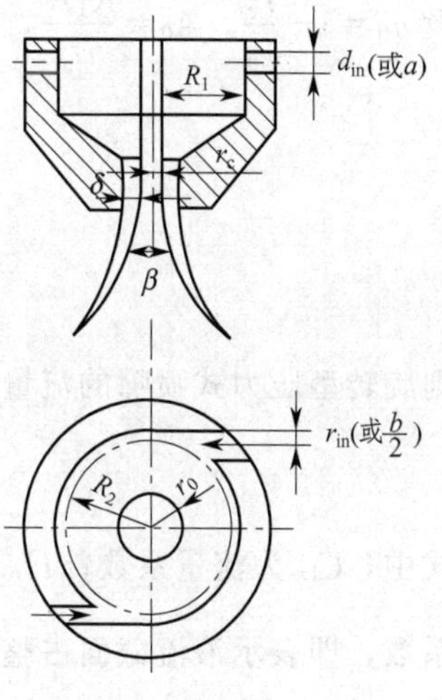

根据旋转动量矩守恒定律，得

$$u_{in}R_1 = u_t r \tag{7-1}$$

式中，$u_{in}$ 为液体在入口处的切向速度分量，m/s；$u_t$ 为液体在任意一点的切向速度分量，m/s；$R_1$ 为旋转室半径，m；$r$ 为液体在任意一点的旋转半径，m。

由伯努利方程可得

$$H_t = \frac{p}{\rho_L g} + \frac{u_t^2}{2g} + \frac{u_y^2}{2g} \tag{7-2}$$

式中，$H_t$ 为液体总压头，m；$p$ 为液体静压强，Pa；$\rho_L$ 为液体密度，kg/m³；$u_y$ 为液体在任意一点的轴向速度分量，m/s；$g$ 为重力加速度，m/s²。

按照流体的连续性方程，得

$$q_V = \pi(r_0^2 - r_c^2)u_0 = \pi r_{in}^2 u_{in} \tag{7-3}$$

式中，$q_V$ 为液体的体积流量，m³/s；$r_c$ 为空气心半径，m；$r_{in}$ 为液体入口半径，m；$r_0$ 为喷嘴孔半径，m；$u_0$ 为喷嘴出口处的平均液流速度，m/s。

由式(7-1)和式(7-2)可以导出

$$\frac{\mathrm{d}p}{\mathrm{d}r} = \rho_L \frac{u_{in}^2 R_1^2}{r^3} \tag{7-4}$$

对式(7-4)积分可得

$$p = -\frac{1}{2}\rho_L \frac{u_{in}^2 R_1^2}{r^2} + C \tag{7-5}$$

当 $r = r_c$ 时，$p = 0$，则

$$C = \frac{1}{2}\rho_L \frac{u_{in}^2 R_1^2}{r_c^2} \tag{7-6}$$

图 7-8　液体在喷嘴内流动的示意图

由此得到喷嘴出口处，即 $r=r_0$ 时

$$p_0 = \frac{1}{2}\rho_L u_{in}^2 R_1^2 \left(\frac{1}{r_c^2} - \frac{1}{r_0^2}\right) \tag{7-7}$$

$$u_{t0} = u_{in}\frac{R_1}{r_0} \tag{7-8}$$

$$u_{y0} = u_0 = \frac{q_V}{\pi(r_c^2 - r_0^2)} \tag{7-9}$$

由式(7-3)可得

$$u_{in} = \frac{q_V}{\pi r_{in}^2} \tag{7-10}$$

将式(7-7)~式(7-10)代入式(7-2)整理得

$$H_{t0} = \frac{q_V^2}{2\pi^2 g r_0^4}\left[\frac{R_1^2 r_0^4}{r_{in}^4}\left(\frac{1}{r_c^2} - \frac{1}{r_0^2}\right) + \frac{r_0^4}{(r_0^2 - r_c^2)^2} + \frac{r_0^2 R_1^2}{r_{in}^4}\right] \tag{7-11}$$

故

$$q_V = \sqrt{\frac{1}{\dfrac{R_1^2 r_0^4}{r_{in}^4 r_c^2} + \dfrac{r_0^4}{(r_0^2 - r_c^2)^2}}} \times \sqrt{2gH_{t0}}\,\pi r_0^2 \tag{7-12}$$

设 $a_0 = 1 - \dfrac{r_c^2}{r_0^2}$，$A_0 = \dfrac{R_1 r_0}{r_{in}^2}$，则式（7-12）可以整理为

$$q_V = \frac{a_0\sqrt{1-a_0}}{\sqrt{1 - a_0 + a_0^2 A_0^2}}(\pi r_0^2)\sqrt{2gH_{t0}} \tag{7-13}$$

令

$$C_D = \frac{a_0\sqrt{1-a_0}}{\sqrt{1 - a_0 + a_0^2 A_0^2}} \tag{7-14}$$

则旋转型压力式喷嘴的流量方程式为

$$q_V = C_D(\pi r_0^2)\sqrt{2gH_{t0}} \tag{7-15}$$
$$H_{t0} = \Delta p/(\rho_l g)$$

式中，$C_D$ 为流量系数；$H_{t0}$ 为喷嘴出口处的压头，m；$\Delta p$ 为喷嘴压差，Pa；$a_0$ 为有效截面系数，即表示液流截面占整个喷孔截面的分数（反映了空气心的大小），$a_0 = 1 - \dfrac{r_c^2}{r_0^2}$；$A_0$ 为几何特性系数，表示喷嘴主要尺寸之间的关系，$A_0 = \dfrac{R_1 r_0}{r_{in}^2}$。

上述推导过程中，是以一个圆形入口通道（其半径为 $r_{in}$）为基准。实际生产中，一般采用两个或两个以上的圆形或矩形通道，这时 $A_0$ 值要按下式计算

$$A_0 = \frac{\pi r_0 R_1}{A_1} \tag{7-16}$$

式中，$A_1$ 为入口通道的总截面积。

当旋转室为两个圆形入口，半径为 $r_{in}$ 时，则 $A_1 = 2\pi r_{in}^2$，$A_0 = \dfrac{r_0 R_1}{2r_{in}^2}$。当旋转室为两个矩形入口，其宽度为 $b$，高度为 $a$ 时，$A_1 = 2ab$，$A_0 = \dfrac{\pi r_0 R_1}{2ab}$。

考虑到喷嘴表面与液体层之间摩擦阻力的影响，将几何特性系数 $A_0$ 乘上一个经验校正系数 $\left[\dfrac{r_0}{R_2}\right]^{1/2}$，得

$$A' = A_0 \left( \frac{r_0}{R_2} \right)^{1/2} = \left( \frac{\pi r_0 R_1}{A_1} \right) \left( \frac{r_0}{R_2} \right)^{1/2} \tag{7-17}$$

式（7-17）中的 $R_2 = R_1 - r_{in}$，对于矩形通道，$R_2 = R_1 - \dfrac{b}{2}$。

于是以 $A'$ 对 $C_D$ 作图就会得到关联图 7-9。这样，只要已知结构参数 $A'$，即可由图 7-9 查得流量系数 $C_D$。

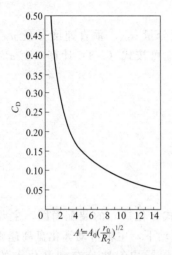

图 7-9 $C_D$ 与 $A'$ 的关联图

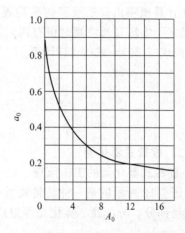

图 7-10 $A_0$ 和 $a_0$ 的关联图

为了计算液体从喷嘴喷出的平均速度 $u_0$，就需求得空气心半径 $r_c$。图 7-10 为 $A_0$ 和 $a_0$ 的关联图。由 $A_0$ 据图 7-10 查得 $a_0$，再由 $a_0 = 1 - \dfrac{r_c^2}{r_0^2}$ 求得 $r_c$。

至于雾化角 $\beta$ 可由雾滴在喷嘴出口处的水平速度 $u_{x0}$ 和轴向分速度 $u_{y0}$ 之比来确定，即

$$\tan \frac{\beta}{2} = \frac{u_{x0}}{u_{y0}} \tag{7-18}$$

由于 $u_{x0}$ 和 $u_{y0}$ 也是喷嘴参数的函数，所以有很多计算雾化角的公式。式（7-19）是一个半经验公式。

$$\beta = 43.5 \lg \left[ 14 \left( \frac{R_1 r_0}{r_{in}^2} \left( \frac{r_0}{R_2} \right)^{1/2} \right) \right] = 43.5 \lg(14A') \tag{7-19}$$

将式（7-19）作图，得到如图 7-11 所示的 $\beta$ 与 $A'$ 关联图。

利用图 7-9～图 7-11 和几个基本关系式，便能进行旋转型压力式喷嘴的设计计算。

（2）旋转型压力式喷嘴设计计算步骤

① 根据经验选取雾化角 $\beta$，利用图 7-11 或式（7-19)求得喷嘴结构参数 $A'$。

② 利用图 7-9，由 $A'$ 查出流量系数 $C_D$，再由式（7-15）求得喷嘴孔径 $d_0$（$d_0 = 2r_0$），并加以圆整。

③ 确定喷嘴其他主要尺寸。当选定切向入口断面形状及 $b$ 值（对于圆形断面入口 $b = d_{in}$），根据经验 $2R_1/b = 2.6 \sim 30$，就可以确定喷嘴旋转室半径 $R_1$（圆整为整数），再由式（7-16）求出 $A_1$，进而求得

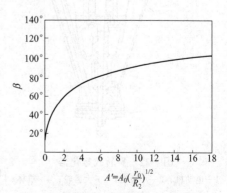

图 7-11 $\beta$ 与 $A'$ 的关联图

*a*，并加以圆整。

④ 校核喷嘴的生产能力。因为 $d_0$ 和 $a$ 及 $R_1$ 值是经过圆整的，圆整后 $A'$ 要发生变化，进而可能影响 $C_D$ 要变化，所以要校核喷嘴的生产能力。如果不满足原设计能力，就要调整至满足设计要求为止。

⑤ 计算空气心半径 $r_c$。根据喷嘴几何尺寸计算出 $A_0$ 值，由图 7-10 查得 $a_0$ 值，再由式 $a_0 = 1 - \dfrac{r_c^2}{r_0^2}$ 求得 $r_c$。

⑥ 计算喷嘴出口处液膜的平均速度 $u_0$、水平速度分量 $u_{x0}$、垂直速度分量 $u_{y0}$（$u_{x0}$ 和 $u_{y0}$ 在确定干燥塔径及塔高时很有用）及合速度 $u_{res0}$。$u_0$ 可按式（7-3）计算，而 $u_{y0}$、$u_{x0}$ 及 $u_{res0}$ 可按式(7-20)～式(7-22)计算。

$$u_{y0} = u_0 \tag{7-20}$$

$$u_{x0} = u_0 \tan \frac{\beta}{2} \tag{7-21}$$

$$u_{res0} = (u_{x0}^2 + u_{y0}^2)^{1/2} \tag{7-22}$$

### （二）旋转式雾化器

**1. 旋转式雾化器的工作原理**

如图 7-12 所示的是一种旋转式雾化器（又称转盘式雾化器）的装配简图，主要由电动机、传动部分、分配器、雾化盘等组成。在电动机的驱动下，主轴带动雾化盘高速旋转，料液经输料管、分配器均匀地分布到雾化盘的中心附近。由于离心力的作用，料液在旋转面上伸展为薄膜，并以不断增长的速度向盘的边缘运动，离开边缘时，被分散为雾滴。

在旋转式雾化器中，料液的雾化程度主要取决于进料量、旋转速度、料液性质以及雾化器的结构形式等。料液雾化的均匀性是衡量雾化器性能的重要指标，为了保证料液雾化的均匀性，应该满足下列条件：

① 雾化盘转动时无振动；

② 雾化盘的转速要高，一般为 7500～25000r/min；

③ 料液进入雾化盘时，分布要均匀，保证圆盘表面完全被料液所润湿；

④ 进料速度要均匀；

⑤ 雾化盘上与物料接触的表面要光滑。

**2. 旋转式雾化器的结构类型及特点**

根据雾化盘的结构特点，可分为光滑盘和非光滑盘旋转式雾化器两大类。

（1）光滑盘式雾化器 光滑盘式雾化器系指流体通道表面是光滑的平面或锥面，有平板形、盘形、碗形和杯形等，如图 7-13 所示。

光滑盘式雾化器结构简单，适用于得到较粗雾滴的悬浮液、高黏度或膏状料液的喷雾，但生产能力低。

由于光滑盘式雾化器存在严重的液体滑动，影响雾滴离开盘时的速度，即影响雾化。为此，就出现了

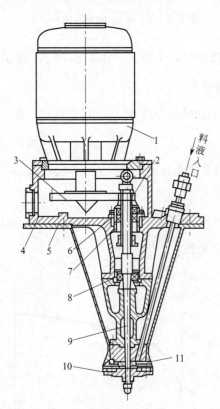

图 7-12 旋转式雾化器

1—电动机；2—小齿轮；3—大齿轮；4—机体；
5—底座；6，8—轴承；7—调节套筒；9—主轴；
10—雾化盘；11—分配器

限制流体滑动的非光滑盘。

（2）非光滑盘式雾化器　非光滑盘式雾化器也称雾化轮，其结构形式很多，如叶片形、喷嘴形、多排喷嘴形和沟槽形等，如图 7-14 所示。在这些盘上，可以完全防止液体沿其表面滑动，有利于提高液膜离开盘的速度。可以认为液膜的圆周速度等于盘的圆周速度。

3. 旋转式雾化器的设计计算

（1）光滑盘旋转雾化器的计算　流体在光滑的平板形、盘形、杯形等旋转式雾化器表面上的流动情况是相似的。液体的雾化程度决定于盘边缘的释出速度（即合速度）$u_{res}$，它可以分解为径向速度 $u_r$ 和切向速度 $u_t$，如图 7-15 所示。

① 径向速度 $u_r$。雾滴的径向速度是操作条件和物性的函数，可用 Frazer 的公式计算。

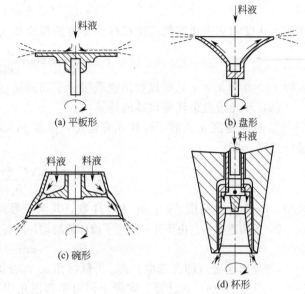

图 7-13　光滑盘式雾化器结构示意图

$$u_r = 0.377 \left( \frac{\rho_L n^2 q_V^2}{d \mu_L} \right)^{1/3} \tag{7-23}$$

式中，$u_r$ 为料液离开轮缘时的径向速度，m/s；$n$ 为雾化盘转速，r/min；$q_V$ 为料液流量，$m^3$/min；$d$ 为雾化盘直径，m；$\mu_L$ 为料液的动力黏度，Pa·s。

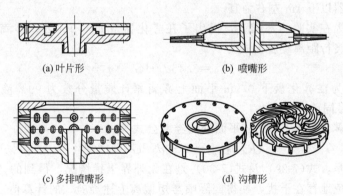

(a) 叶片形　　(b) 喷嘴形

(c) 多排喷嘴形　　(d) 沟槽形

图 7-14　非光滑盘式雾化器结构示意图

② 切向速度 $u_t$。雾滴的切向速度取决于液体与旋转面之间的摩擦效应。由于液体和盘面间存在滑动，使得雾滴离开盘缘时的切向速度要小于盘的圆周速度。切向速度的大小可按下式估算

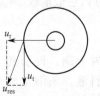

$$G/(\pi\mu_1 d) \geqslant 2140 \text{ 时}, u_t \leqslant \frac{1}{2}(\pi n d) \tag{7-24a}$$

$$G/(\pi\mu_1 d) = 1490 \text{ 时}, u_t = 0.6(\pi n d) \tag{7-24b}$$

$$G/(\pi\mu_1 d) = 745 \text{ 时}, u_t = 0.8(\pi n d) \tag{7-24c}$$

式中，$G$ 为料液的质量流量，kg/h；$u_t$ 为液体离开盘缘时的切向速度，m/min。

图 7-15　释出速度示意图

③ 释出速度 $u_{res}$ 及释出角 $\alpha_0$。雾滴的释出速度（即合速度）为

$$u_{res} = (u_r^2 + u_t^2)^{1/2} \qquad (7\text{-}25)$$

而释出速度和切向速度的夹角被称为雾滴的释出角 $\alpha_0$，即

$$\alpha_0 = \arctan\left(\frac{u_r}{u_t}\right) \qquad (7\text{-}26)$$

实际上，由于 $u_t \gg u_r$，所以释出速度接近于切向速度，即 $u_{res} \approx u_t$。

(2) 非光滑盘旋转雾化器的计算

① 径向速度 $u_r$。对于叶片式雾化轮，可按 Frazer 的经验公式来估算料液离开轮缘处的径向速度，即

$$u_r = 0.805\left(\frac{\rho_L n^2 d q_V^2}{\mu_L h_1^2 n_1^2}\right)^{1/3} \qquad (7\text{-}27)$$

式中，$h_1$ 为叶片高度，m；$n_1$ 为叶片数，其余符号同前。

② 切向速度 $u_t$。由于叶片防止了液体的滑动，使得液体在释出时获得了给予的圆周速度，即

$$u_t = \pi d n \qquad (7\text{-}28)$$

③ 释出速度（即合速度）$u_{res}$ 及释出角 $\alpha_0$。液体离开轮缘的释出速度和释出角仍按式 (7-25) 及式 (7-26) 来计算。实际上，由于释出角很小，所以释出速度接近于雾化轮的圆周速度，即 $u_{res} \approx u_t$。

(3) 旋转式雾化器喷雾矩的计算　从旋转式雾化器喷出来的料雾，受到重力的作用，最初展开成伞形，然后慢慢地成为抛物线形下落而形成一雾矩。喷雾矩的大小通常是指某一水平面上有 90%～99% 累计质量分数的雾滴降落的径向距离，是确定干燥塔直径的关键参数。在喷雾干燥过程中，由于因雾化器旋转而产生的空气运动使雾化器附近的分布情况变得十分复杂，但在雾化器下面 1m 以外或更远的地方，空气的影响已不明显，所以测得雾矩数值的水平面应在雾化器以下 1m 左右为宜。

Marshall 等人在实验的基础上，提出了在雾化器下面 0.9m 处，雾滴累计质量分数为 99% 液滴的径向飞行距离经验公式为

$$(R_{99})_{0.9} = 3.46 d^{0.21} G^{0.25} n^{-0.16} \qquad (7\text{-}29)$$

式中，$(R_{99})_{0.9}$ 为在雾化盘下 0.9m 平面上雾滴累计质量分数为 99% 液滴的径向飞行距离，m，其余符号同前。

持田提出在雾化盘下 2.036m 平面处的经验公式为

$$(R_{99})_{2.036} = 4.33 d^{0.2} G^{0.25} n^{-0.16} \qquad (7\text{-}30)$$

需要指出的是，式 (7-29) 及式 (7-30) 是在无外界干扰情况下得到的。对于实际操作过程，由于不可避免地存在干扰，使得实际喷雾矩偏离上述经验式的计算值。因此，对于具体情况应作具体分析。

在喷雾干燥过程中，由于有热风流动，雾滴因干燥而收缩等都缩小雾滴的径向飞行距离。但一般认为，根据经验式计算得到的都大于实际雾滴的径向飞行距离。所以，在确定干燥塔直径时，可以近似地取 $2R_{99}$。

**(三) 气流式雾化器**

**1. 气流式雾化器的工作原理**

气流式雾化器又称气流式喷嘴。现以二流体喷嘴为例，说明其工作原理。如图 7-16 所示，中心管（即液体喷嘴）走料液，压缩空气走环隙（即气体通道或气体喷嘴），当气液两相在端面接触时，由于从环隙喷出的气体速度很高（200～340m/s），在两流体之间存在着很大的相对速度（液体速度一般不超过 2m/s），产生很大的摩擦力把料液雾

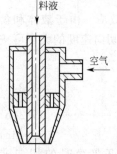

图 7-16　二流体
喷嘴示意图

化，所用的压缩空气压力一般为 0.3～0.7MPa。气流式喷嘴的特点是适用范围广，操作弹性大，结构简单，维修方便，但动力消耗大（主要是雾化用的压缩空气动力消耗大），大约是压力式喷嘴或旋转式雾化器的 5～8 倍。

2. 气流式雾化器的结构形式

（1）二流体喷嘴　系指具有一个气体通道和一个液体通道的喷嘴，根据其混合形式又可分为内混合型、外混合型及外混合冲击型等。

① 内混合型二流体喷嘴　气液两相在喷嘴混合室内混合后从喷嘴喷出，如图 7-17 所示。

② 外混合型二流体喷嘴　气液两相在喷嘴出口外部接触、雾化。外混合型又有几种结构形式，如图 7-16 所示的是气体和液体喷嘴出口端面在同一平面上；另一种是图 7-18 所示的液体喷嘴高出气体喷嘴 1～2mm。

③ 外混合冲击型二流体喷嘴　其结构如图 7-19 所示，气体从中间喷出，液体从环隙流出，然后气液一起与冲击板碰撞。

在二流体喷嘴中，内混合型比外混合型节省能量，冲击型可获得微小而均匀的雾滴。

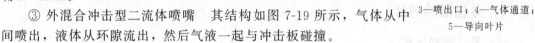

图 7-17　内混合型
二流体喷嘴
1—液体通道；2—混合室；
3—喷出口；4—气体通道；
5—导向叶片

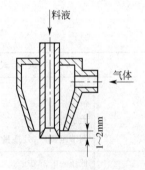

图 7-18　外混合型二流体
喷嘴示意图

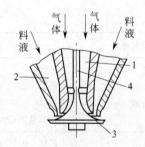

图 7-19　外混合冲击型二流体喷嘴示意图
1—气体通道；2—液体通道；
3—冲击板；4—固定柱

（2）三流体喷嘴　系指具有三个流体通道的喷嘴，如图 7-20 所示。其中一个为液体通道，两个为气体通道。液体被夹在两股气体之间，被两股气体雾化，雾化效果比二流体喷嘴好，主要用于难以雾化的料液或滤饼（不加水直接雾化）的喷雾干燥。其结构形式很多，有内混合型、外混合型、先内混后外混型等。

（3）四流体喷嘴　系指具有四个流体通道的喷嘴，如图 7-21 所示。图中 1 为干燥用热风通道，2、4 为压缩空气通道，3 为液体通道。这种结构的喷嘴既有利于雾化，又有利于干燥，适用于高黏度物料的直接雾化。

（4）旋转-气流杯雾化器　料液先进入电机带动的旋转杯预膜化，然后再被喷出的气流雾化，如图 7-22 所示。实际上是旋转式雾化和气流式雾化两者的结合，可以得到较细的雾滴，适用于料液黏度高、处理量大的场合。

3. 气流式雾化器的设计计算

关于气流式喷嘴的设计计算，目前尚缺可靠的方法，虽然发表过一些关联式，但由于试验条件及喷嘴结构的限制，还不能在广泛的范围内使用。因此，在利用这些关联式进行设计计算时，应注意其试验条件。至于气体和液

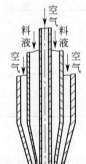

图 7-20　三流体
喷嘴示意图

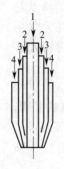

图 7-21　四流体喷嘴示意图

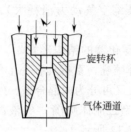

图 7-22　旋转-气流杯雾
化器示意图

体喷嘴尺寸的确定方法可以参考文献 [1，15]。

### 三、雾化器的选择

#### （一）雾化器的比较

工业喷雾干燥常用的压力式、旋转式和气流式三种雾化器各有特点，如表 7-1 所示，其优缺点如表 7-2 所示。

表 7-1　三种雾化器的比较

| 比较的条件 | | 气 流 式 | 压 力 式 | 旋 转 式 |
|---|---|---|---|---|
| 料液条件 | 一般溶液 | 可以 | 可以 | 可以 |
| | 悬浮液 | 可以 | 可以 | 可以 |
| | 膏糊状料液 | 可以 | 不可以 | 不可以 |
| | 处理量 | 调节范围较大 | 调节范围最窄 | 调节范围广，处理量大 |
| 加料方式 | 压力 | 低压～0.3MPa | 高压 1.0～20.0MPa | 低压～0.3MPa |
| | 泵 | 离心泵 | 多用柱塞泵 | 离心泵或其他 |
| | 泵的维修 | 容易 | 困难 | 容易 |
| | 泵的价格 | 低 | 高 | 低 |
| 雾化器 | 价格 | 低 | 低 | 高 |
| | 维修 | 最容易 | 容易 | 不容易 |
| | 动力消耗 | 最大 | 较小 | 最小 |
| 产品 | 颗粒粒度 | 较细 | 粗大 | 微细 |
| | 颗粒的均匀性 | 不均匀 | 均匀 | 均匀 |
| | 最终含水量 | 最低 | 较高 | 较低 |
| 塔 | 塔径 | 小 | 小 | 最大 |
| | 塔高 | 较低 | 最高 | 最低 |

#### （二）雾化器的选择

如果有几种不同的雾化器可供选择时，就应考虑哪一种更能经济地生产出性能最佳的雾滴。

（1）根据基本要求进行选择　理想的雾化器应具有基本特征：①结构简单；②维修方便；③大小型干燥器都可采用；④可以通过调整雾化器的操作条件控制滴径分布；⑤可用泵

输送设备、重力供料或虹吸进料操作；⑥处理物料时无内部磨损。

表 7-2　三种雾化器的优缺点

| 形式 | 优 点 | 缺 点 |
|---|---|---|
| 旋转式 | 操作简单，对物料适应性强，操作弹性大；可以同时雾化两种以上的料液；操作压力低；不易堵塞，腐蚀性小；产品粒度分布均匀 | 不适于逆流操作；雾化器及动力机械的造价高；不适于卧式干燥器；制备粗大颗粒时，设计有上限 |
| 压力式 | 大型干燥塔可以用几个雾化器；适于逆流操作；雾化器造价低；产品颗粒粗大 | 料液物性及处理量改变时，操作弹性变化小；喷嘴易磨损，磨损后引起雾化性能变化；要有高压泵，对于腐蚀性物料要用特殊材料；要生产微细颗粒时，设计有下限 |
| 气流式 | 适于小型生产或实验设备；可以得到 $20\mu m$ 以下的雾滴；能处理黏度较高的物料 | 动力消耗大 |

有些雾化器虽然具有上述部分或全部特点，但由于出现下列不希望产生的情况也不应选用，如：雾化器操作方法与所需的供料系统不相匹配；雾化器产生的液滴特征与干燥室的结构不相适应；雾化器的安装空间不够。

（2）根据雾滴要求进行选择　在适当的操作条件下，三种雾化器可以产生出粒度分布类似的料雾。在工业进料速率下，如果要求产生粗液滴时，一般采用压力式喷嘴；如果要产生细液滴时，则采用旋转式雾化器。

（3）选择的依据　若已确定某种物料适用于喷雾干燥法进行干燥，那么，接着要解决的问题是选择雾化器。在选择时，应考虑下列几个方面。

① 在雾化器进料范围内，能达到完全雾化。旋转式或喷嘴式雾化器（包括压力式和气流式）在低、中、高速的供料范围内，都能满足各种生产能力的要求。在高处理量情况下，尽管多喷嘴雾化器可以满足要求，但采用旋转式雾化器更好。

② 料液完全雾化时，雾化器所需的功率（雾化器效率）问题。对于大多数喷雾干燥来说，各种雾化器所需的功率大致为同一数量级。在选择雾化器时，很少把所需功率作为一个重要问题来考虑。实际上，输入雾化器的能量远远超过理论上用于分裂液体为雾滴所需的能量，因此，其效率相当低。通常只要在额定容量下能够满足所要求的喷雾特性就可以了，而不考虑效率这一问题。例如三流体喷嘴的效率特别低，然而只有用这种雾化器才能使某种高黏度料液雾化时，效率问题也就无关紧要了。

③ 在相同进料速率下，滴径的分布情况。在低等和中等进料速率时，旋转式和喷嘴式雾化器得到的雾滴滴径分布可以具有相同的特征。在高进料速率时，旋转式雾化器所产生的雾滴一般具有较高的均匀性。

④ 最大和最小滴径（雾滴的均匀性）的要求。最大、最小或平均滴径通常有一个范围，这个范围是产品特性所要求的。叶片式雾化轮、二流体喷嘴或旋转气流杯雾化器，有利于要产生细雾滴的情况。叶片式雾化轮或压力式喷嘴一般用于生产中等滴径的情况，而光滑盘雾化轮或压力式喷嘴适用于粗雾滴的生产。

⑤ 操作弹性问题。旋转式雾化器比喷嘴式雾化器的操作弹性要大。旋转式雾化器可以在较宽的进料速率下操作，而不至于使产品粒度有明显的变化，干燥器的操作条件也不需改变，只需改变雾化轮的转速。

对于给定的压力式喷嘴来说，要增加进料速率，就需增加雾化压力，同时滴径分布也就改变了。如果雾滴特性有严格的要求，就需采用多个相同的喷嘴。如果雾化压力受到限制，而对雾滴特性的要求也不是很高时，只需改变喷嘴孔径就可以满足要求。

⑥ 干燥室的结构要适应于雾化器的操作。选择雾化器时，干燥室的结构起着重要作用。喷嘴型雾化器的适应性很强。喷嘴喷雾的狭长性质，能够使其被置于并流、逆流和混合流操作的干燥室中，热风分布器产生旋转的或平行的气流都可以，而旋转式雾化器一般需要配置旋转的热风流动方式。

⑦ 物料的性质要适应于雾化器的操作。对于低黏度、非腐蚀性、非磨蚀性的物料，旋转式和喷嘴式雾化器都适用，具有相同的功效。

雾化轮还适用于处理腐蚀性和磨蚀性的泥浆及各种粉末状物料，特别是在高压下用泵输送有问题的物料，通常首先选用雾化轮（尽管气流式喷嘴也能处理这样的物料）。

气流式喷嘴是处理长分子链结构的料液（通常是高黏度及非牛顿型流体）的最好雾化器。对于许多高黏度非牛顿型料液还可先预热以最大限度地降低黏度，然后再用旋转型或喷嘴型雾化器进行雾化。

每一种雾化器都可能有一些它不能适用的情况。例如含有纤维质的料液不宜用压力式喷嘴进行雾化。如果料液不能经受撞击，或虽然能够满足喷料量的要求，但需要的雾化空气量太大，则气流式喷嘴不适合。如果料液是含有长链分子的聚合物，用叶轮式雾化器只能得到丝状产物而不是颗粒产品。

⑧ 有关该产品的雾化器实际运行经验。对于一套新的喷雾干燥装置，一般要根据该产品喷雾干燥的已有经验来选择雾化器。对于一个新产品，必须经过实验室试验及中间试验，然后根据试验结果选择最合适的雾化器。

## 四、雾滴的干燥

在进行喷雾干燥计算时，通常要作如下假定：

①热风的运动速度很小，可忽略不计；②雾滴（或颗粒）为球形；③雾滴在恒速干燥阶段缩小的体积等于蒸发掉的水分体积，在降速干燥阶段，雾滴（或颗粒）直径的变化可以忽略不计；④雾滴群的干燥特性可以用单个雾滴的干燥行为来描述。

### (一) 纯液滴的蒸发

根据热量衡算，热空气以对流方式传递给液滴的显热等于液滴汽化所需的相变热，即

$$\frac{dQ}{d\tau} = \alpha A \Delta t_m = -\frac{dW}{d\tau}\gamma \tag{7-31}$$

式中，$Q$ 为传热量，kJ；$\tau$ 为传热时间，s；$\alpha$ 为表面传热系数，kW/(m²·℃)；$A$ 为传热面积，m²；$\Delta t_m$ 为液滴表面和周围空气之间在蒸发开始和终了时的对数平均温度差，℃；$W$ 为水分蒸发量，kg；$\gamma$ 为水的气化相变热，kJ/kg。

对于球形液滴，$A = \pi d_p^2$（$d_p$ 为液滴直径，m），$W = \frac{\pi}{6}d_p^3\rho_L$（$\rho_L$ 为液滴密度，kg/m³）。

根据实验结果，$Nu = 2.0$ [$Nu = \frac{\alpha d_p}{\lambda}$，$Nu$ 为 Nusselt 数，$\lambda$ 为干燥介质的平均热导率，kW/(m·℃)]，即 $\alpha = \frac{2\lambda}{d_p}$。因此，式(7-31)变成

$$d\tau = -\frac{\gamma\rho_L d_p}{4\lambda\Delta t_m}d(d_p) \tag{7-32}$$

在液滴蒸发过程中，液滴直径由 $d_{p0}$ 变化到 $d_{p1}$ 所需的时间 $\tau$ 可对上式进行积分得到，即

$$\tau = \frac{\gamma \rho_L (d_{p0}^2 - d_{p1}^2)}{8\lambda \Delta t_m} \tag{7-33}$$

**（二）含有固体液滴的干燥**

对于含有可溶性或不可溶性固体的液滴，由于固体的存在，降低了液体的蒸气压，与尺寸相同的纯液滴相比，蒸发速率较低。

1. 含有不溶性固体液滴的干燥

如果忽略了液体蒸气压降低的影响，则恒速干燥阶段所需的时间 $\tau_1$ 可用式（7-34）计算得到，即

$$\tau_1 = \frac{\gamma \rho_L (d_{p0}^2 - d_{pc}^2)}{8\lambda \Delta t_{m1}} \tag{7-34}$$

降速干燥阶段所需的时间 $\tau_2$ 为

$$\tau_2 = \frac{\gamma \rho_p d_{pc}^2 (X_c - X_2)}{12\lambda \Delta t_{m2}} \tag{7-35}$$

液滴干燥成产品所需的总时间 $\tau$ 为

$$\tau = \tau_1 + \tau_2 = \frac{\gamma \rho_L (d_{p0}^2 - d_{pc}^2)}{8\lambda \Delta t_{m1}} + \frac{\gamma \rho_p d_{pc}^2 (X_c - X_2)}{12\lambda \Delta t_{m2}} \tag{7-36}$$

式中，$\rho_L$、$\rho_p$ 为料液及产品的密度，$kg/m^3$；$d_{p0}$、$d_{pc}$ 为雾滴的初始及临界直径，m；$X_c$、$X_2$ 为料液的临界及产品的干基湿含量，质量分数；$\Delta t_{m1}$、$\Delta t_{m2}$ 为恒速及降速干燥阶段干燥介质与液滴之间的对数平均温度差，℃；$\tau_1$、$\tau_2$、$\tau$ 为恒速、降速及总干燥时间，s，其余符号同前。

应用式（7-36）时必须注意各参数确定的方法。现讨论如下。

（1）气化相变热 $\gamma$ 的确定　严格来说，式（7-36）等号右边的第 1 项和第 2 项的 $\gamma$ 值不相同，因为水的气化温度不同。但当干燥过程温度变化范围不大时，可近似取干燥器入口状态下空气的湿球温度作为水的汽化温度。

（2）热导率 $\lambda$ 的确定　干燥介质的平均热导率 $\lambda$ 应按干燥过程中雾滴周围的平均气膜温度（一般取为干燥介质出塔温度和液滴绝热饱和温度的平均值）来确定。

（3）雾滴初始直径 $d_{p0}$ 的估算　球形雾滴的初始固含量 $S_0$ 为

$$S_0 = \frac{\pi}{6} d_{p0}^3 \rho_L \left( \frac{1}{1+X_1} \right) \tag{7-37}$$

干燥终了时的固含量 $S$ 为

$$S = \frac{\pi}{6} d_p^3 \rho_p \left( \frac{1}{1+X_2} \right) \tag{7-38}$$

由于干燥前后固含量是不变的，即 $S_0 = S$，于是雾滴的初始直径 $d_{p0}$ 为

$$d_{p0} = \left( \frac{\rho_p}{\rho_L} \times \frac{1+X_1}{1+X_2} \right)^{1/3} d_p \tag{7-39}$$

式中，$d_p$ 为产品的颗粒直径，m；$X_1$ 为料液的初始干基湿含量，质量分数，其余符号同前。

（4）临界参数的确定

① 雾滴的临界直径 $d_{pc}$ 假定在降速干燥阶段雾滴直径大小的变化可以忽略不计（如表面为多孔透水性物料），则 $d_{pc} = d_p$。

② 雾滴的临界湿含量 $X_c$ 对于球形雾滴，初始含水量为 $\frac{\pi}{6} d_{p0}^3 \rho_L \omega_1$，固含量为 $\frac{\pi}{6} d_{p0}^3 \rho_L$ $(1-\omega_1)$，恒速干燥阶段除去的水量为 $\frac{\pi}{6} (d_{p0}^3 - d_p^3) \rho_w$，恒速阶段终了时残留的水量为 $\frac{\pi}{6} d_{p0}^3 \rho_L \omega_1 - \frac{\pi}{6} (d_{p0}^3 - d_p^3) \rho_w$，则雾滴的临界含水量为

$$X_c = \frac{\frac{\pi}{6} d_{p0}^3 \rho_L \omega_1 - \frac{\pi}{6} (d_{p0}^3 - d_p^3) \rho_w}{\frac{\pi}{6} d_{p0}^3 \rho_L (1-\omega_1)} = \frac{1}{1-\omega_1} \left\{ \omega_1 - \left[ 1 - \left( \frac{d_p}{d_{p0}} \right)^3 \right] \frac{\rho_w}{\rho_L} \right\} \tag{7-40}$$

式中，$\rho_w$ 为水的密度，$kg/m^3$；$\omega_1$ 为料液的初始湿基含水量，质量分数，其余符号同前。

③ 空气的临界湿含量 $H_c$

$$H_c = H_1 + \frac{G_1 (1-\omega_1)(X_1 - X_c)}{L} \tag{7-41}$$

式中，$H_c$ 为空气的临界湿含量，kg 水/kg 干空气；$H_1$ 为干燥器进口空气的湿含量，kg 水/kg干空气；$G_1$ 为料液处理量，kg/h；$L$ 为绝干空气用量，kg 干空气/h，其余符号同前。

④ 空气的临界温度 $t_c$ $t_c$ 可根据热量衡算得到，也可用作图法得到，如图 7-23 所示。在 $I$-$H$ 图上过 $H_c$ 点作垂线与 $AB$ 线交于 $C$ 点，即可查得 $t_c$ 值。

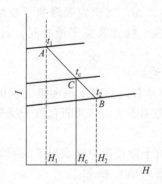

图 7-23 用 $I$-$H$ 图求空气的
临界温度示意图

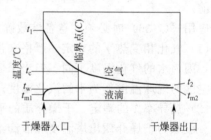

图 7-24 干燥器内空气和雾滴的
温度分布示意图

（5）传热温差 $\Delta t_{m1}$、$\Delta t_{m2}$ 的计算 并流操作的喷雾干燥塔内空气和雾滴的温度分布如图 7-24 所示，则

$$\Delta t_{m1} = \frac{(t_1 - t_{m1}) - (t_c - t_w)}{\ln \dfrac{t_1 - t_{m1}}{t_c - t_w}} \tag{7-42}$$

$$\Delta t_{m2} = \frac{(t_c - t_w) - (t_2 - t_{m2})}{\ln \dfrac{t_c - t_w}{t_2 - t_{m2}}} \tag{7-43}$$

式中，$t_1$、$t_2$ 为空气进、出干燥器的温度，℃；$t_{m1}$、$t_{m2}$ 为料液进入、产品离开干燥器的温度，℃；$t_w$ 为空气在干燥器入口状态下的湿球温度，℃，其余符号同前。

**2. 含有可溶性固体液滴的干燥**

对于含有可溶性固体液滴（如无机盐溶液等）的喷雾干燥，恒速干燥阶段的平均蒸发速率 $\left(\dfrac{\mathrm{d}W}{\mathrm{d}\tau}\right)_1$ 为

$$\left(\frac{\mathrm{d}W}{\mathrm{d}\tau}\right)_1 = \frac{2\pi\lambda d_{\mathrm{pm}}\Delta t_{\mathrm{m1}}}{\gamma} \tag{7-44}$$

式中，$d_{\mathrm{pm}}$ 为雾滴平均直径 $\left[d_{\mathrm{pm}} = \dfrac{1}{2}(d_{\mathrm{p0}} + d_{\mathrm{pc}})\right]$，m，其余符号同前。

降速干燥阶段的平均蒸发速率 $\left(\dfrac{\mathrm{d}W}{\mathrm{d}\tau}\right)_2$ 为

$$\left(\frac{\mathrm{d}W}{\mathrm{d}\tau}\right)_2 = -\frac{12\lambda\Delta t_{\mathrm{m2}}}{\gamma d_{\mathrm{pc}}^2 \rho_{\mathrm{p}}} \times 绝干固体质量 \tag{7-45}$$

如果计算出雾滴在恒速和降速干燥阶段的蒸发量，就可根据式(7-44) 和式(7-45) 计算出雾滴恒速和降速干燥阶段所用的时间。

## 五、喷雾干燥塔直径和高度的计算

### (一) 雾滴（或颗粒）在气流中的运动

当讨论雾滴（或颗粒）在喷雾干燥塔内运动时，一般要作下列假定：

① 雾滴（或颗粒）是均匀的球形，在干燥过程中不变形；

② 喷雾干燥塔内的热风不旋转，且热风的运动速度较小，可忽略不计；

③ 雾滴（或颗粒）群的运动可用单个雾滴（或颗粒）的运动特性来描述；

④ 雾滴（或颗粒）的运动按二维来考虑。

**1. 雾滴（或颗粒）的运动方程**

当热风在喷雾干燥塔内的运动不旋转时，雾滴离开雾化器后，主要受重力场的作用。如图 7-25 所示，当雾滴以速度 $u$ 运动时，受到空气的曳力和浮力以及自身的重力作用，如果运动方向与水平面的夹角为 $\alpha_0$，根据力的平衡就可以得到雾滴（或颗粒）水平及垂直方向的运动微分方程分别为

$$m\frac{\mathrm{d}u_{\mathrm{x}}}{\mathrm{d}\tau} = -F_{\mathrm{r}}\cos\alpha_0 \tag{7-46}$$

$$m\frac{\mathrm{d}u_{\mathrm{y}}}{\mathrm{d}\tau} = mg\left(\frac{\rho_1 - \rho_{\mathrm{a}}}{\rho_1}\right) - F_{\mathrm{r}}\sin\alpha_0 \tag{7-47}$$

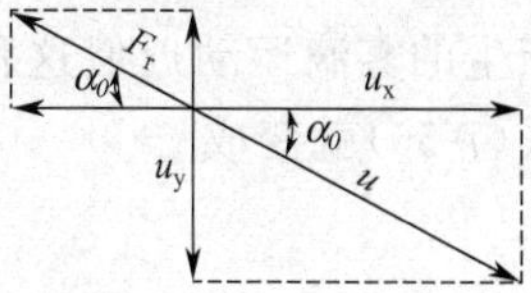

图 7-25 雾滴在重力场下的运动分析

式中，$m$ 为雾滴质量，kg；$F_{\mathrm{r}}$ 为曳力，N；$g$ 为重力加速度，$\mathrm{m/s^2}$；$\tau$ 为雾滴运动时间，s；$u_{\mathrm{x}}$、$u_{\mathrm{y}}$ 为雾滴运动速度 $u$ 在水平及垂直方向上的分量，m/s；$\rho_1$、$\rho_{\mathrm{a}}$ 为雾滴及空气的密度，$\mathrm{kg/m^3}$。

曳力 $F_{\mathrm{r}}$ 可表示为

$$F_{\mathrm{r}} = \xi A_{\mathrm{d}}\rho_{\mathrm{a}}\frac{u^2}{2} \tag{7-48}$$

式中，$\xi$ 为曳力系数；$A_{\mathrm{d}}$ 为雾滴在运动方向的投影面积，$\mathrm{m^2}$。

曳力系数 $\xi$ 为雷诺数 $Re\left(Re = \dfrac{d_{\mathrm{p}}u\rho_{\mathrm{a}}}{\mu_{\mathrm{a}}}\right.$，$\mu_{\mathrm{a}}$ 为空气的动力黏度，Pa·s$\left.\right)$ 的函数，如图 7-26 或表 7-3 所示，也可以用下述近似关系计算

$$\xi = \frac{24}{Re}, \qquad Re < 1（层流） \tag{7-49a}$$

$$\xi = \frac{18.5}{Re^{0.6}}, \qquad 1 < Re < 10^3（过渡流） \tag{7-49b}$$

$$\xi = 0.44, \quad 10^3 < Re < 2\times10^5（湍流） \tag{7-49c}$$

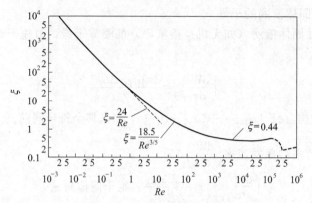

图 7-26   $Re$ 和 $\xi$ 的关系曲线

对于直径为 $d_p$ 的球形液滴，$A_d = \dfrac{\pi}{4} d_p^2$，$m = \dfrac{\pi}{6} d_p^3 \rho_1$。由图 7-25 可知，$\sin\alpha_0 = \dfrac{u_y}{u}$，$\cos\alpha_0 = \dfrac{u_x}{u}$，则式(7-46) 及式(7-47) 变成

$$\frac{\mathrm{d}u_x}{\mathrm{d}\tau} = -\frac{3\rho_a}{4\rho_1 d_p} \xi u u_x \tag{7-50}$$

$$\frac{\mathrm{d}u_y}{\mathrm{d}\tau} = g\left(\frac{\rho_1 - \rho_a}{\rho_1}\right) - \frac{3\rho_a}{4\rho_1 d_p} \xi u u_y \tag{7-51}$$

式(7-50) 及式(7-51) 就是雾滴在二维热空气流场中运动微分方程一般形式。但由于曳力系数 $\xi$ 是速度 $u$ 的函数，使式(7-50)及式(7-51)不能直接积分。下面对两种特殊情况下，式(7-50) 及式(7-51) 的求解加以讨论。

(1) 雾滴（或颗粒）沿水平方向的一维运动　如果忽略重力作用的影响（旋转式雾化器产生的雾滴运动近似这种情况），雾滴的运动微分方程就只剩下式(7-50)了，这时 $u_x = u$，式(7-50)就变成

$$\frac{\mathrm{d}u}{\mathrm{d}\tau} = -\frac{3\rho_a}{4\rho_1 d_p} \xi u^2 \tag{7-52}$$

由于 $Re = \dfrac{d_p u \rho_a}{\mu_a}$，则 $u = \dfrac{Re \mu_a}{d_p \rho_a}$，代入上式积分得

$$\tau = \frac{4 d_p^2 \rho_1}{3\mu_a} \int_{Re}^{Re_0} \frac{\mathrm{d}Re}{\xi Re^2} \tag{7-53}$$

式中，$Re_0$ 为在时间 $\tau = 0$，液滴初速度为 $u_0$ 时的雷诺数；$Re$ 为在时间为 $\tau$，液滴速度为 $u$ 时的雷诺数。

当流动状态为层流时，将 $\xi Re = 24$ 代入式(7-53)积分可得

$$\tau = \frac{\rho_1 d_p^2}{18\mu_a} \ln \frac{u_0}{u} \tag{7-54}$$

当流动状态为湍流时，将 $\xi = 0.44$ 代入式 (7-53) 积分可得

$$\tau = \frac{3.03 \rho_1 d_p}{\rho_a} \left(\frac{1}{u} - \frac{1}{u_0}\right) \tag{7-55}$$

当流动状态为过渡流时，只能按式(7-53)计算雾滴（或颗粒）的飞行时间。

(2) 雾滴（或颗粒）沿垂直方向的一维运动　如果忽略水平方向速度分量的影响（当喷嘴式雾化器从塔顶部向下喷雾，且雾化角很小时就属于这种情况），则雾滴（或颗粒）运动

的微分方程就只需考虑式（7-51），这时 $u_y = u$，因此式(7-51) 便成为

$$\frac{\mathrm{d}u}{\mathrm{d}\tau} = g\left(\frac{\rho_1 - \rho_a}{\rho_1}\right) - \frac{3\rho_a}{4\rho_1 d_p}\xi u^2 \tag{7-56}$$

　　当液滴以某一初速度向下运动时，在空气曳力的作用下，逐渐减速，这就是减速运动阶段。当雾滴（或颗粒）的重力与所受的空气曳力相等时，由减速运动变为等速向下运动，这一阶段被称为等速运动阶段。因此，雾滴（或颗粒）在喷雾干燥塔内运动时间为减速运动与等速运动时间的总和。

　　2. 等速运动阶段沉降速度的计算

　　当曳力与重力相等时，雾滴（或颗粒）的运动变为等速运动，此时式(7-56)等号左边等于零，即 $\frac{\mathrm{d}u}{\mathrm{d}\tau} = 0$。设等速运动速度（即沉降速度）为 $u_f$，由式(7-56)可得

$$u_f = \left[\frac{4g d_p (\rho_1 - \rho_a)}{3\rho_a \xi_f}\right]^{1/2} \tag{7-57}$$

式中，$u_f$ 为雾滴（或颗粒）的沉降速度，m/s；$\xi_f$ 为等速沉降的曳力系数。

　　对于球形颗粒，等速沉降的曳力系数 $\xi_f$ 与雷诺数 $Re_f$（$Re_f = \frac{d_p u_f \rho_a}{\mu_a}$）有关。

　　在层流区（$Re_f < 1$），$\xi_f = \frac{24}{Re_f}$，式（7-57）变成

$$u_f = \frac{d_p^2(\rho_1 - \rho_a)}{18\mu_a} \tag{7-58}$$

式(7-58)称为 Stokes 定律。

　　在过渡区（$1 < Re_f < 1000$），$\xi_f = 18.5/Re_f^{0.6}$，式(7-57)变成

$$u_f = 0.27\sqrt{\frac{d_p(\rho_1 - \rho_a)Re_f^{0.6}}{\rho_a}} \tag{7-59}$$

式(7-59)称为 Allen 定律。

　　在湍流区（$1000 < Re_f < 2 \times 10^5$），$\xi_f \approx 0.44$，式（7-57）变成

$$u_f = 1.74\sqrt{\frac{d_p(\rho_1 - \rho_a)g}{\rho_a}} \tag{7-60}$$

式(7-60) 称为 Newton 定律。

　　3. 雾滴（或颗粒）到达沉降速度前的运动

　　由 $Re = \frac{d_p \rho_a u}{\mu_a}$ 得 $u = \frac{Re\mu_a}{d_p \rho_a}$，并令

$$\Psi = \frac{4g\rho_a d_p^3(\rho_1 - \rho_a)}{3\mu_a^2} \tag{7-61}$$

由式(7-57)可知

$$\Psi = \xi_f Re_f^2 \tag{7-62}$$

则式(7-56)就变成

$$\mathrm{d}\tau = \frac{4\rho_1 d_p^2}{3\mu_a} \times \frac{\mathrm{d}Re}{\Psi - \xi Re^2} \tag{7-63}$$

对式(7-63)积分可得

$$\tau = \frac{4\rho_1 d_p^2}{3\mu_a}\int_{Re}^{Re_0}\frac{\mathrm{d}Re}{\xi Re^2 - \Psi} \tag{7-64}$$

在层流区（$Re < 1$），$\xi = \frac{24}{Re}$，则

$$\tau=\frac{\rho_1 d_{\mathrm{p}}^2}{18\mu_{\mathrm{a}}}\ln\frac{24Re_0-\Psi}{24Re-\Psi} \qquad (7\text{-}65)$$

在湍流区（$10^3<Re<2\times10^5$），$\xi\approx0.44$，则

$$\tau=\frac{2\rho_1 d_{\mathrm{p}}^2}{\sqrt[3]{0.44\Psi}\mu_{\mathrm{a}}}\ln\left[\frac{(\sqrt{0.44}Re_0-\sqrt{\Psi})(\sqrt{0.44}Re+\sqrt{\Psi})}{(\sqrt{0.44}Re_0+\sqrt{\Psi})(\sqrt{0.44}Re-\sqrt{\Psi})}\right] \qquad (7\text{-}66)$$

在过渡区（$1<Re<1000$），可按式(7-64)用图解积分法求停留时间 $\tau$。

### （二）喷雾干燥塔直径和高度的计算

在喷雾干燥塔内，空气及雾滴（或颗粒）的运动非常复杂，与热风分布器的结构和配置、雾化器的结构和操作、雾滴的干燥特性、热风进出塔的温度、塔内温度分布等因素有关。目前还没有一种精确计算喷雾干燥塔直径和高度的方法。因此，塔径和塔高主要是根据中试数据或工厂现有的实际经验，然后再配合一定的理论计算来决定。

1. 图解积分法

假定在塔顶雾化器喷出的雾滴初速度为 $u_0$，雾化角为 $\beta$，其水平分速度为 $u_{\mathrm{x}0}$，垂直分速度为 $u_{\mathrm{y}0}$，液滴在水平方向上的运动规律服从式(7-53)，垂直方向上的运动规律服从式(7-56)、式(7-57)及式(7-64)。

(1) 塔径的计算 由于曳力的存在，使液滴在水平方向的分速度 $u_{\mathrm{x}}$ 不断降低，由初速度 $u_{\mathrm{x}0}$（最大）降到零，可见雾滴（或颗粒）的运动状态也是变化的。因此，要计算雾滴（或颗粒）的飞行时间只能用式(7-53)。为了计算方便，可将式(7-53)变形为

$$\tau=\frac{4d_{\mathrm{p}}^2\rho_1}{3\mu_{\mathrm{a}}}\int_{Re}^{Re_0}\frac{\mathrm{d}Re}{\xi Re^2}=\frac{4d_{\mathrm{p}}^2\rho_1}{3\mu_{\mathrm{a}}}\left(\int_{Re}^{2\times10^5}\frac{\mathrm{d}Re}{\xi Re^2}-\int_{Re_0}^{2\times10^5}\frac{\mathrm{d}Re}{\xi Re^2}\right)=\frac{4d_{\mathrm{p}}^2\rho_1}{3\mu_{\mathrm{a}}}(B-B_0) \qquad (7\text{-}67)$$

因为 $\xi$ 为 $Re$ 的函数，所以 $\xi Re^2$、$B=\int_{Re}^{2\times10^5}\frac{\mathrm{d}Re}{\xi Re^2}$ 及 $B_0=\int_{Re_0}^{2\times10^5}\frac{\mathrm{d}Re}{\xi Re^2}$ 也均为 $Re$ 的函数。为了便于应用，将上述关系式作成列线图 7-27 或表 7-3。这样就可以很方便地计算出液滴（或颗粒）的飞行时间 $\tau$。具体步骤为：

① 根据初始水平分速度 $u_{\mathrm{x}0}$ 计算出 $Re_0$；

② 由图 7-27 或表 7-3 查得 $Re=Re_0$ 时的 $B=B_0$ 值；

③ 由式(7-67)求得 $\tau=\tau_0=0$；

④ 取一系列比 $Re_0$ 要小的雷诺数 $Re_1$，$Re_2$，…（$Re_1>Re_2>$…），计算出相应的液滴速度 $u_{\mathrm{x}1}$，$u_{\mathrm{x}2}$，…，再由图 7-27 或表 7-3 查得对应的 $B_1$，$B_2$，…，据式(7-67)算出相对应的飞行时间 $\tau_1$，$\tau_2$，…；

⑤ 以 $\tau$ 为横坐标，$u_{\mathrm{x}}$ 为纵坐标，将 $\tau$ 与 $u_{\mathrm{x}}$ 的数据做成曲线图，如图 7-28 所示。其曲线下的面积 $S=\int_0^\tau u_{\mathrm{x}}\mathrm{d}\tau$ 就是雾滴（或颗粒）在半径方向的飞行距离，则塔径为 $D=2S$，并加以圆整。

(2) 塔高的计算

① 减速运动段的距离 $Y_1$ 由于雾滴（或颗粒）在减速运动段的速度不断变化，即由 $u_{\mathrm{y}}=u_{\mathrm{y}0}$ 减小到 $u_{\mathrm{y}}=u_{\mathrm{f}}$，所以其运动状态也可能有所变化。因此，雾滴（或颗粒）的停留时间，可根据雷诺数的范围，用式(7-64)~式(7-66)来计算。下面就过渡区的停留时间及其相对应的速度计算步骤加以讨论。

(a) 根据初始垂直分速度 $u_{\mathrm{y}0}(\tau=0)$，计算出 $Re_0$，同时计算出 $\Psi$ 值；由于 $\Psi=\xi_{\mathrm{f}}Re_{\mathrm{f}}^2$，因此可根据图 7-27 或表 7-3 查得 $Re_{\mathrm{f}}$，即得到减速运动段的雷诺数范围 $[Re_{\mathrm{f}}，Re_0]$，$Re_{\mathrm{f}}$ 为下限；

(b) 由 $Re_0$ 查图 7-27 或表 7-3 得到 $\xi_0 Re_0^2$，可计算出 $\frac{1}{\xi_0 Re_0^2-\Psi}$ 值；

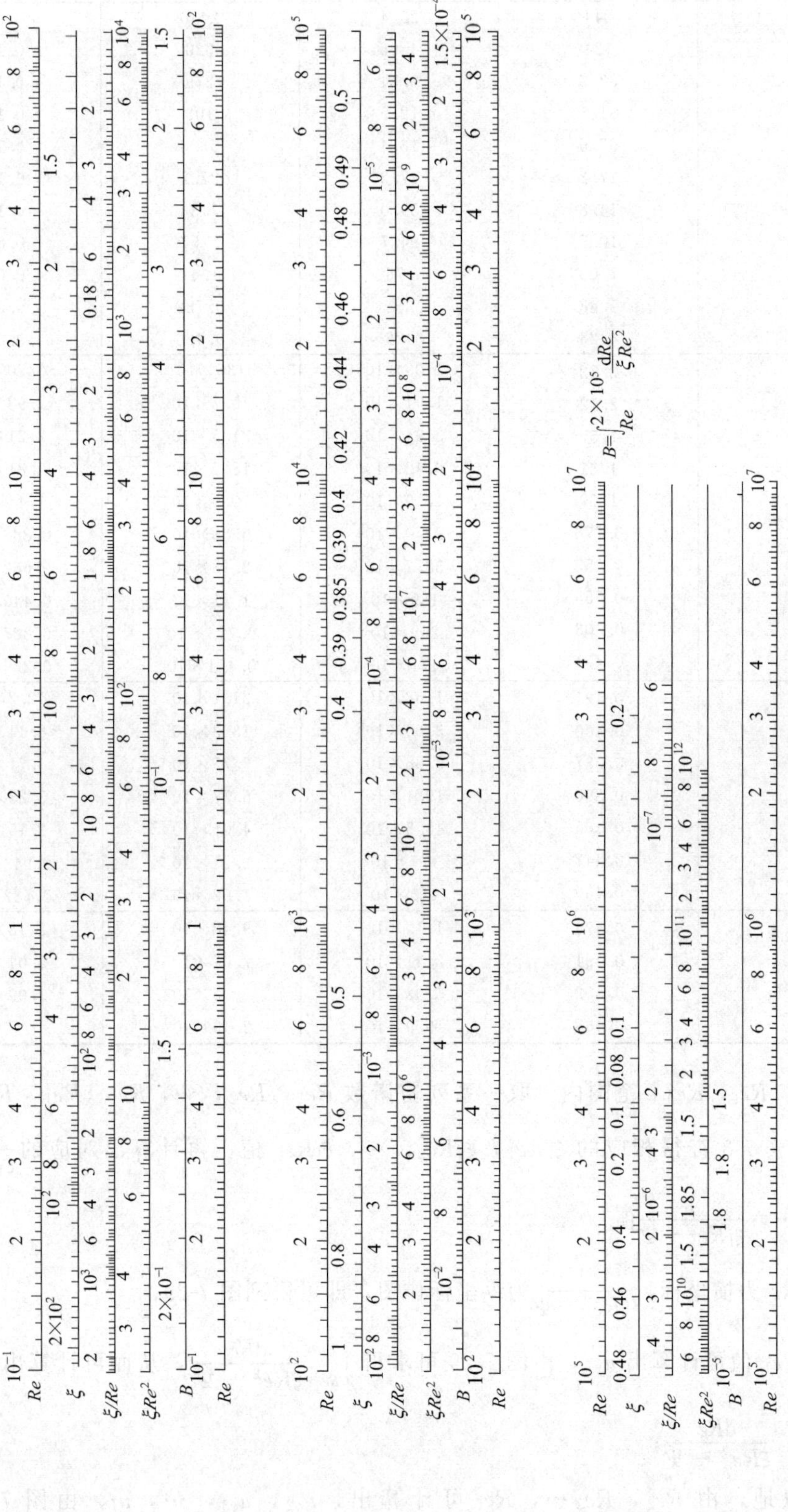

图 7-27　$Re$ 与 $\xi$、$\xi Re^2$、$\xi/Re$、$\int_{Re}^{2\times10^5}\dfrac{dRe}{\xi Re^2}$ 的列线图

$$B=\int_{Re}^{2\times10^5}\frac{dRe}{\xi Re^2}$$

表 7-3　球形颗粒的曳力系数及其函数值

| Re | $\xi$ | $\xi Re^2$ | $\xi/Re$ | B |
|---|---|---|---|---|
| 0.1 | 244 | 2.44 | 2440 | 0.2185 |
| 0.2 | 124 | 4.96 | 620 | 0.1900 |
| 0.3 | 83.3 | 7.54 | 279 | 0.1727 |
| 0.5 | 51.5 | 12.9 | 103 | 0.1517 |
| 0.7 | 37.6 | 18.4 | 53.8 | 0.1387 |
| 1.0 | 27.2 | 27.2 | 27.2 | 0.1250 |
| 2 | 14.8 | 59.0 | 7.38 | 0.1000 |
| 3 | 10.5 | 94.7 | 3.51 | 0.8670 |
| 5 | 7.03 | 176 | 1.41 | 0.0708 |
| 7 | 5.48 | 268 | 0.782 | 0.0616 |
| 10 | 4.26 | 426 | 0.426 | 0.0524 |
| 20 | 2.72 | $1.09 \times 10^3$ | $136 \times 10^{-3}$ | $3.70 \times 10^{-2}$ |
| 30 | 2.12 | $1.91 \times 10^3$ | $70.7 \times 10^{-3}$ | $2.98 \times 10^{-2}$ |
| 50 | 1.57 | $3.94 \times 10^3$ | $31.5 \times 10^{-3}$ | $2.21 \times 10^{-2}$ |
| 70 | 1.31 | $6.42 \times 10^3$ | $18.7 \times 10^{-3}$ | $1.81 \times 10^{-2}$ |
| 100 | 1.09 | $10.9 \times 10^3$ | $10.9 \times 10^{-3}$ | $1.44 \times 10^{-2}$ |
| 200 | 0.776 | $31.0 \times 10^3$ | $3.88 \times 10^{-3}$ | $0.888 \times 10^{-2}$ |
| 300 | 0.653 | $58.7 \times 10^3$ | $2.18 \times 10^{-3}$ | $0.662 \times 10^{-2}$ |
| 500 | 0.555 | $139 \times 10^3$ | $1.11 \times 10^{-3}$ | $0.440 \times 10^{-2}$ |
| 700 | 0.508 | $249 \times 10^3$ | $0.726 \times 10^{-3}$ | $0.327 \times 10^{-2}$ |
| 1000 | 0.471 | $471 \times 10^3$ | $0.471 \times 10^{-3}$ | $0.239 \times 10^{-2}$ |
| 2000 | 0.421 | $1.68 \times 10^6$ | $21.1 \times 10^{-5}$ | $12.2 \times 10^{-4}$ |
| 3000 | 0.400 | $3.60 \times 10^6$ | $13.3 \times 10^{-5}$ | $8.14 \times 10^{-4}$ |
| 5000 | 0.387 | $9.68 \times 10^6$ | $7.75 \times 10^{-5}$ | $4.71 \times 10^{-4}$ |
| 7000 | 0.390 | $19.1 \times 10^6$ | $5.57 \times 10^{-5}$ | $3.23 \times 10^{-4}$ |
| 10000 | 0.405 | $40.5 \times 10^6$ | $4.05 \times 10^{-5}$ | $2.15 \times 10^{-4}$ |
| 20000 | 0.442 | $177 \times 10^6$ | $2.21 \times 10^{-5}$ | $0.942 \times 10^{-4}$ |
| 30000 | 0.456 | $410 \times 10^6$ | $1.52 \times 10^{-5}$ | $0.582 \times 10^{-4}$ |
| 50000 | 0.474 | $1.19 \times 10^9$ | $9.48 \times 10^{-6}$ | $3.18 \times 10^{-5}$ |
| 70000 | 0.491 | $2.41 \times 10^9$ | $7.02 \times 10^{-6}$ | $2.04 \times 10^{-5}$ |
| 100000 | 0.502 | $5.02 \times 10^9$ | $5.02 \times 10^{-6}$ | $1.09 \times 10^{-5}$ |
| 200000 | 0.498 | $19.9 \times 10^9$ | $2.49 \times 10^{-6}$ | 0 |

（c）在 $[Re_f，Re_0]$ 范围内，取一系列雷诺数 $Re_1$，$Re_2$，…，$Re_f$（$Re_1 > Re_2 > \cdots$），由图 7-27 或表 7-3 查得相应的 $\xi_1 Re_1^2$，$\xi_2 Re_2^2$，…，$\xi_f Re_f^2$ 值，再计算出对应的 $\dfrac{1}{\xi_1 Re_1^2 - \Psi}$，$\dfrac{1}{\xi_2 Re_2^2 - \Psi}$，…，$\dfrac{1}{\xi_f Re_f^2 - \Psi}$ 值；

（d）以 $Re$ 为横坐标，$\dfrac{1}{\xi Re^2 - \Psi}$ 为纵坐标作图，即可得到图 7-29；

（e）由 $Re_1$ 值可计算出 $u_{y1}$，由图 7-29 可求得 $\displaystyle\int_{Re_1}^{Re_0} \dfrac{\mathrm{d}Re}{\xi Re^2 - \Psi}$，从而可计算出停留时间

$$\tau_1' = \frac{4\rho_1 d_p^2}{3\mu_a} \int_{Re_1}^{Re_0} \frac{\mathrm{d}Re}{\xi Re^2 - \Psi};$$

（f）类似地，由 $Re_2$，$Re_3 \cdots$，$Re_f$ 可计算出，$u_{y2}$，$u_{y3}$，…，$u_f$，由图 7-29 可得

$\int_{Re_2}^{Re_0} \dfrac{\mathrm{d}Re}{\xi Re^2 - \Psi}$，$\int_{Re_3}^{Re_0} \dfrac{\mathrm{d}Re}{\xi Re^2 - \Psi}$，…，$\int_{Re_f}^{Re_0} \dfrac{\mathrm{d}Re}{\xi Re^2 - \Psi}$，也可计算出相应的停留时间 $\tau_2{}' = \dfrac{4\rho_1 d_p^2}{3\mu_a}$

$\int_{Re_2}^{Re_0} \dfrac{\mathrm{d}Re}{\xi Re^2 - \Psi}$，$\tau_3{}' = \dfrac{4\rho_1 d_p^2}{3\mu_a} \int_{Re_3}^{Re_0} \dfrac{\mathrm{d}Re}{\xi Re^2 - \Psi}$，…，$\tau' = \dfrac{4\rho_1 d_p^2}{3\mu_a} \int_{Re_f}^{Re_0} \dfrac{\mathrm{d}Re}{\xi Re^2 - \Psi}$；

（g）将上述计算结果，整理成 $\tau'$-$u_y$ 关系表，再做成类似于图 7-28 的曲线图，其面积即为雾滴（或颗粒）减速运动段的距离 $Y_1$。

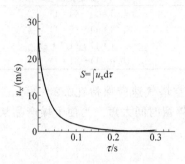

图 7-28 求塔径的 $\tau$-$u_x$ 曲线图

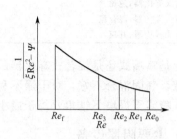

图 7-29 图解积分的示意图

② 等速运动段的距离 $Y_2$

（a）按式（7-36）计算雾滴干燥所需的时间 $\tau$；

（b）等速运动时间 $\tau'' = \tau - \tau'$；

（c）等速运动段的距离 $Y_2 = u_f \tau''$。

③ 塔高 $Y$ 的计算 塔高 $Y = Y_1 + Y_2$，并圆整。

**2. 干燥强度法**

干燥强度 $q$ 是指每立方米干燥塔容积中，单位时间（h）蒸发的水分量。因此，干燥塔的容积可用下式计算

$$V_d = \frac{W}{q} \tag{7-68}$$

式中，$V_d$ 为干燥塔体积，$m^3$，求得此值后，可先确定塔径，再求出圆柱体的高度；$q$ 是一个经验数据，是干燥塔单位容积的蒸发能力，对于牛奶的喷雾干燥，如果热空气入口温度为 140~160℃，$q = 3 \sim 4 kg/(m^3 \cdot h)$。当无数据时，可参考表 7-4 选用 $q$ 值。

**3. 体积传热系数法**

按照传热方程式

$$Q = \alpha_v V_d \Delta t_m \tag{7-69}$$

可求得干燥塔体积 $V_d(m^3)$。而体积传热系数 $\alpha_v [W/(m^3 \cdot ℃)]$ 可按表 7-5 来取。

<table>
<tr><th colspan="2">表 7-4 $q$ 值与温度的关系</th></tr>
<tr><th>热风入口温度/℃</th><th>$q/kg \cdot m^{-3} \cdot h^{-1}$</th></tr>
<tr><td>130~150</td><td>2~4</td></tr>
<tr><td>300~400</td><td>6~12</td></tr>
<tr><td>500~700</td><td>15~25</td></tr>
</table>

<table>
<tr><th colspan="3">表 7-5 $\alpha_v$ 的经验数据</th></tr>
<tr><th>$\alpha_v/W \cdot m^{-3} \cdot ℃^{-1}$</th><th>$\Delta t_m/℃$</th><th>热风入口温度/℃</th></tr>
<tr><td rowspan="2">10（粗粒）~<br>30（细粒）</td><td>逆流 80~90</td><td>200~300</td></tr>
<tr><td>并流 70~170</td><td>200~450</td></tr>
</table>

**4. 旋转式雾化器干燥塔直径的确定**

旋转式雾化器干燥塔的直径可按式（7-70）计算

$$D \geqslant (2 \sim 2.8) R_{99} \tag{7-70}$$

式中，$R_{99}$ 由式（7-29）或式（7-30）计算。

对于热敏性物料，推荐用下式计算

$$D=(3\sim3.4)R_{99} \qquad\qquad (7-71)$$

5. 喷雾干燥塔直径 $D$ 和圆柱体高度 $Y$ 的经验比例关系

喷嘴式（气流式或压力式）雾化器的喷雾干燥塔和旋转式雾化器的喷雾干燥塔不同，前者细而长，后者粗而短，其直径 $D$ 和圆柱体高度 $Y$ 的经验比例关系如表 7-6 所示。

表 7-6　喷雾干燥塔直径 $D$ 和圆柱体高度 $Y$ 的经验比例关系

| 雾化器类型及雾滴与热风的接触方式 | $Y:D$ 的范围 |
| --- | --- |
| 喷嘴式雾化器，并流 | $(3:1)\sim(4:1)$ |
| 喷嘴式雾化器，逆流 | $(3:1)\sim(5:1)$ |
| 喷嘴式雾化器，混合流 | $(1:1)\sim(1.5:1)$ |
| 旋转式雾化器，并流 | $(0.6:1)\sim(1:1)$ |

无论是喷嘴式还是旋转式雾化器的喷雾干燥塔，空塔气速应保持在 $0.2\sim0.5$ m/s 为宜。速度太低，气固混合不好，对干燥不利；速度过快，停留时间太短。为使干燥产品从塔底顺利排出，喷雾干燥塔下锥角要等于或小于 $60°$。

## 六、主要附属设备

在一套喷雾干燥装置中，除了要有喷雾干燥塔这一主体设备外，还应包括热风供应系统、料液供应系统和气固分离系统等。热风供应系统通常包括空气加热器、风机和空气过滤器等；料液供应系统与所处理的物料有很大关系，但一般都有料液过滤器，有的还有料液泵和料液预热器等；气固分离系统主要是分离从干燥器排出的废气中所携带的少部分干燥产品，最常用的是旋风分离器、袋滤器或湿式除尘器等。除此之外，还应包括干燥产品的出料装置等。本节只对几种主要附属设备的选择或设计作一简单介绍。

### (一) 风机

喷雾干燥装置系统所用的风机一般都是离心式通风机。离心式通风机的选用应由所需的风量和风压对照离心式通风机的特性曲线或性能表来选择。

所需输送的风量是指进入风机时的温度、压力下的体积流量。

所需的风压（全压）是由气体流经整个干燥系统所需克服的阻力来决定。

风机的全压是指 $1m^3$ 被输送的气体（以入口气体状态计）经过风机后增加的总能量。因此，离心式通风机的风压与被输送的气体密度密切相关，而一般风机样本上列举的风压是在规定条件（即压力为 101.33kPa，温度为 $20℃$，密度为 $\rho_g'=1.2$ kg/m³）下的数值。所以，选用风机时，必须把喷雾干燥系统所需的风压 $H_t$ 换算成上述规定状态下的风压 $H_t'$，然后，再按 $H_t'$ 来选用。即

$$H_t'=H_t\left(\frac{\rho_g'}{\rho_g}\right)=H_t\left(\frac{1.2}{\rho_g}\right) \qquad\qquad (7-72)$$

在选用风机时，一般先根据所输送气体的性质与风压范围，确定风机类型，再根据所要求的风量和换算成规定状态下的风压，从风机样本的性能表中查得适宜型号。通常为使风机的运行可靠，应考虑到通风系统的不严密性及阻力计算的误差，系统所要求的风量和风压应比理论计算值增加 $10\%\sim15\%$ 的富裕量。

### (二) 空气加热器

喷雾干燥所用的干燥介质（热风）通常是热空气，对于不怕污染的产品可用烟道气，对于含有有机溶剂或易氧化的物料则采用惰性气体（如氮气等），但最普遍采用的干燥介质是热空气。

空气加热器有直接式和间接式两种，例如间接式蒸汽空气加热器、间接式和直接式燃油或煤气的空气加热器、间接式有机液体或熔盐的空气加热器。电空气加热器通常用在实验室

或中试厂的小型喷雾干燥器中。

　　用蒸汽作为加热介质的加热器，一般用于热空气温度在140℃以下，蒸汽压力一般要低于0.6MPa，冷凝水的温度应比空气离开加热器的温度高5～7℃。这种加热器的结构形式是翅片式，材料有钢、铝或紫铜等，选用时应优先考虑钢管钢片类。目前这种加热器已经标准系列化，可根据要求的温度、耗热量和空气流速计算出必要的加热面积，然后选择适宜的型号。由于这种加热器冷凝侧的热阻很小，因此总传热系数接近于空气侧的表面传热系数。关于这种加热器总传热系数及阻力的数据可参考有关的产品样本。

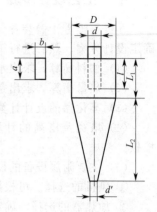

图 7-30　旋风分离器
各部分尺寸符号

### （三）旋风分离器

　　旋风分离器是喷雾干燥系统最常用的气固分离设备。对于颗粒直径大于5μm的含尘气体，其分离效率较高，压降一般为1000～2000Pa。旋风分离器的种类很多，各种类型的旋风分离器的结构尺寸都有一定的比例关系，通常以圆柱体直径 $D$ 的若干倍数（或分数）表示。表7-7给出了常见几种旋风分离器的比例尺寸，各部分尺寸符号如图7-30所示。旋风分离器的性能包括三个技术性能（气体处理量、压力损失及除尘效率）和三个经济指标（一次性投资和操作费用、占地面积及使用寿命）。在评价及选择旋风分离器时，需要全面综合考虑这些因素。理想的旋风分离器必须在技术上能满足生产工艺和环境保护对气体含尘量的要求，经济上最合算的。在具体设计或选型时，要结合生产实际情况，全面综合考虑，处理好三个技术性能指标间的关系。

**表 7-7　几种形式旋风分离器的尺寸比例关系**

| 序号 | 旋风分离器的形式 | 含尘气体进口形式 | 圆柱体直径 $D$ | 圆柱体高度 $L_1$ | 圆锥体高度 $L_2$ | 进口宽度 $b$ | 进口高度 $a$ | 排气管直径 $d$ | 排气管深度 $l$ | 排尘管直径 $d'$ | 备注 |
|---|---|---|---|---|---|---|---|---|---|---|---|
| 1 | 常用于喷雾干燥的旋风分离器 | 标准切线进口 | $D$ | $D$ | $1.8D$ | $0.2D$ | $0.4D$ | $0.3D$ | $0.8D$ | $0.1D$ | 中、高等处理量 |
| 2 | | 蜗壳式进口 | $D$ | $0.8D$ | $1.85\sim 2.25D$ | $0.225D$ | $0.3D$ | $0.35D$ | $0.7D$ | $0.2\sim 0.35D$ | 中等处理量 |
| | | | $D$ | $0.9D$ | $2.5D$ | $0.235D$ | $0.23D$ | $0.35D$ | $0.7D$ | $0.07\sim 0.1D$ | 高处理量 |
| 3 | CLT 型 | 切线进口 | $D$ | $2.26D$ | $2.0D$ | $0.26D$ | $0.65D$ | $0.6D$ | $1.5D$ | $0.3D$ | |
| 4 | 长锥体旋风分离器 | 下倾斜式螺旋顶盖 | $D$ | $0.33D$ | $2.5D$ | $0.25\sim 0.255D$ | $2.0\sim 2.1b$ | $0.55D$ | $0.43D$ | $0.265\sim 0.275D$ | |
| 5 | ЦН-15 型 | 进气管和螺旋面的倾斜角为15° | $D$ | $2.26D$ | $2.0D$ | $0.26D$ | $0.65D$ | $0.6D$ | $1.34D$ | $0.3\sim 0.4D$ | НИОГ-А3 型中的一种形式 |
| 6 | 佩里型 | 标准切线进口 | $D$ | $2.0D$ | $2.0D$ | $0.25D$ | $0.5D$ | $0.5D$ | $0.625D$ | $0.25D$ | 处理量大 |
| 7 | 标准设计型 | 标准切线进口 | $D$ | $1.5D$ | $2.5D$ | $0.2D$ | $0.5D$ | $0.5D$ | $0.5D$ | $0.375D$ | |
| | | 蜗壳式进口 | $D$ | $1.5D$ | $2.5D$ | $0.375D$ | $0.75D$ | $0.75D$ | $0.875D$ | $0.375D$ | 处理量大 |

## 七、工艺设计步骤

在进行喷雾干燥装置（本节以压力式喷雾干燥塔为例）设计时，首先要收集原始数据，确定设计方案，然后进行工艺设计计算。一般可按下列步骤进行。

（1）物料衡算，求出水分蒸发量。

（2）热量衡算，求出空气用量。

（3）雾化器的设计计算，对于旋转型压力式喷嘴，按本节所述的计算步骤进行。

（4）塔径及塔高的计算，利用图解积分法求得塔径和塔高，并且要对空塔气速加以校核。

（5）主要附属设备的设计或选型。

① 风机的选择。可根据系统的风量和阻力确定风机的型号。

② 加热器的选择。确定加热器的形式，选择适当的加热介质，计算加热介质的用量和所需的传热面积等。

③ 旋风分离器的设计。确定旋风分离器的形式，选择适宜的入口风速，再根据处理的气体量，确定旋风分离器的主要工艺尺寸。

④ 第二级分离设备的选择或设计。一般可选用袋滤器或湿式除尘器等，具体的选择（或设计）方法可参考有关文献或产品样本。

## 八、设计示例

采用旋转型压力式喷嘴的喷雾干燥装置来干燥某染料悬浮液，干燥介质为空气，热源为蒸汽和电，选用热风-雾滴（或颗粒）并流向下的操作方式。

### （一）工艺设计条件

料液处理量 $G_1 = 400\text{kg/h}$　　　　　　　产品出塔温度 $t_{m2} = 90℃$

料液含水量 $w_1 = 80\%$（湿基，质量分数）　产品平均粒径 $d_p = 125\mu m$

产品含水量 $w_2 = 2\%$（湿基，质量分数）　干物料比热容 $c_m = 2.5\text{kJ/(kg·℃)}$

料液密度 $\rho_l = 1100\text{kg/m}^3$　　　　　　加热蒸汽压力 0.4MPa（表压）

产品密度 $\rho_p = 900\text{kg/m}^3$　　　　　　料液雾化压力 4MPa（表压）

热风入塔温度 $t_1 = 300℃$　　　　　　　年平均空气温度 12℃

热风出塔温度 $t_2 = 100℃$　　　　　　　年平均空气相对湿度 70%

料液入塔温度 $t_{m1} = 20℃$

### （二）工艺流程图

采用旋转型压力式喷嘴喷雾干燥这种料液的工艺流程如图 7-31 所示。

### （三）工艺设计计算

1. 物料衡算

（1）产品产量 $G_2$

$$G_2 = G_1 \frac{100 - w_1}{100 - w_2} = 400 \times \frac{100 - 80}{100 - 2} = 81.6\text{kg/h}$$

（2）水分蒸发量 $W$

$$W = G_1 - G_2 = 400 - 81.6 = 318.4\text{kg/h}$$

2. 热量衡算

（1）物料升温所需的热量 $q_m$

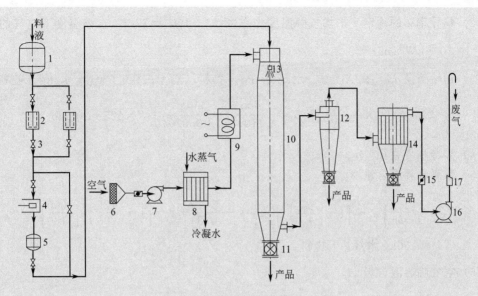

图 7-31　喷雾干燥装置设计示例的工艺流程示意图

1—料液贮罐；2—料液过滤器；3—截止阀；4—隔膜泵；5—稳压罐；6—空气过滤器；

7—鼓风机；8—翅片加热器；9—电加热器；10—干燥塔；11—星形卸料阀；12—旋风分离器；

13—雾化器；14—布袋过滤器；15—蝶阀；16—引风机；17—消声器

$$q_m = \frac{G_2 c_m (t_{m2} - t_{m1})}{W} = \frac{81.6 \times 2.5 \times (90 - 20)}{318.4} = 44.8 \text{kJ/kg 水}$$

（2）热损失 $q_l$　根据经验，取 $q_l = 210 \text{kJ/kg}$ 水。

（3）干燥塔出口空气的湿含量 $H_2$

$$\sum q = q_m + q_l = 254.8 \text{kJ/kg 水}$$

$$\frac{I_2 - I_1}{H_2 - H_1} = c_w t_{m1} - \sum q = 4.186 \times 20 - 254.8 = -171.1$$

根据年平均空气温度 12℃，年平均空气相对湿度 70%，查空气的 $I$-$H$ 图得，$H_0 = H_1 = 0.006$，$I_1 = 320 \text{kJ/kg}$。任取 $H_2' = H_e = 0.04$，代入上式得

$$I_2' = I_e = 320 - 171.1 \times (0.04 - 0.006) = 314 \text{kJ/kg}$$

如图 7-32 所示，由点 $A(H_1 = 0.006, I_1 = 320 \text{kJ/kg})$ 至点 $B(H_e = 0.04, I_e = 314 \text{kJ/kg})$ 连线并延长与 $t_2 = 100$℃ 线相交于 $D$ 点，$D$ 点便为所求之空气出口状态，查 $I$-$H$ 图得 $H_2 = 0.075 \text{kg 水/kg 干空气}$。

（4）干空气消耗量 $L$

$$L = \frac{W}{H_2 - H_1} = \frac{318.4}{0.075 - 0.006} = 4614 \text{kg 干空气/h}$$

**3. 雾滴干燥所需时间 $\tau$ 的计算**

（1）气化相变热 $\gamma$ 的确定　由 $I$-$H$ 图查得空气入塔状态下的湿球温度 $t_w = 54$℃，该温度下水的气化相变热 $\gamma = 2369 \text{kJ/kg}$。

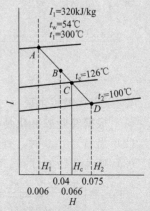

图 7-32　喷雾干燥装置工艺设计示例求空气状态的 $I$-$H$ 图

(2) 热导率 $\lambda$ 的确定  平均气膜温度为 $\frac{1}{2} \times (54+100) = 77$ ℃，在该温度下空气的热导率 $\lambda = 3 \times 10^{-5} \, \text{kW/(m·℃)}$。

(3) 初始滴径 $d_{p0}$  由 $X_1 = \frac{80}{20} = 4 \, \text{kg 水/kg 干物料}$；$X_2 = \frac{2}{98} = 0.0204 \, \text{kg 水/kg 干物料}$，得

$$d_{p0} = \left( \frac{\rho_p}{\rho_L} \times \frac{1+X_1}{1+X_2} \right)^{1/3} d_p = \left( \frac{900}{1100} \times \frac{1+4}{1+0.0204} \right)^{1/3} \times 125 = 200 \mu\text{m}$$

(4) 雾滴临界直径  $d_{pc} = d_p = 125 \mu\text{m}$

(5) 雾滴临界湿含量 $X_c$

$$X_c = \frac{1}{1-\omega_1} \left\{ \omega_1 - \left[ 1 - \left( \frac{d_p}{d_{p0}} \right)^3 \right] \frac{\rho_w}{\rho_L} \right\} = \frac{1}{1-0.8} \left\{ 0.8 - \left[ 1 - \left( \frac{125}{200} \right)^3 \right] \frac{1000}{1100} \right\}$$

$$= 0.56 \, \text{kg 水/kg 干物料}$$

(6) 空气临界湿含量 $H_c$

$$H_c = H_1 + \frac{G_1(1-\omega_1)(X_1-X_c)}{L} = 0.006 + \frac{400(1-0.8)(4-0.56)}{4614}$$

$$= 0.066 \, \text{kg 水/kg 干空气}$$

(7) 空气临界温度 $t_c$  查 $I\text{-}H$ 图（过程参见图 7-32）得 $t_c = 126$℃。

(8) 传热温差 $\Delta t_{m1}$、$\Delta t_{m2}$

$$\Delta t_{m1} = \frac{(300-20)-(126-54)}{\ln \frac{300-20}{126-54}} = 153.2 ℃$$

$$\Delta t_{m2} = \frac{(126-54)-(100-90)}{\ln \frac{126-54}{100-90}} = 31.4 ℃$$

(9) 雾滴干燥所需时间 $\tau$  由式(7-36)得

$$\tau = \frac{\gamma \rho_L (d_{p0}^2 - d_{pc}^2)}{8\lambda \Delta t_{m1}} + \frac{\gamma \rho_p d_{pc}^2 (X_c - X_2)}{12\lambda \Delta t_{m2}} = \frac{2369 \times 1100 \times (2^2 - 1.25^2) \times 10^{-8}}{8 \times 3 \times 10^{-5} \times 153.2} +$$

$$\frac{2369 \times 900 \times 1.25^2 \times 10^{-8} \times (0.56 - 0.0204)}{12 \times 3 \times 10^{-5} \times 31.4}$$

$$= 3.32 \text{s}$$

4. 压力式喷嘴主要尺寸的确定

(1) 根据经验取雾化角 $\beta = 48°$，由图 7-11 查得 $A' = 0.9$。

(2) 当 $A' = 0.9$ 时，查图 7-9 得 $C_D = 0.41$。

(3) 喷嘴孔径的计算。根据式(7-15)可得

$$r_0 = \left[ \frac{V}{\pi C_D \sqrt{2\Delta p / \rho_L}} \right]^{1/2} = \left[ \frac{400/(3600 \times 1100)}{3.14 \times 0.41 \sqrt{2 \times 4 \times 10^6 / 1100}} \right]^{1/2} = 9.6 \times 10^{-4} \text{m}$$

$$d_0 = 2r_0 = 1.92 \times 10^{-3} \text{m}$$

即 $d_0 = 1.92 \text{mm}$，圆整后取 $d_0 = 2 \text{mm}$。

(4) 喷嘴其他主要尺寸的确定 选矩形切线入口通道 2 个，根据经验取 $b=1.2\text{mm}$，$2R_1/b=8$，即 $R_1=4.8\text{mm}$，圆整 $R_1=5\text{mm}$，即旋转室直径为 10mm。

因为 $A_1=2ab$，$R_2=R_1-\dfrac{b}{2}=5-\dfrac{1.2}{2}=4.4$ mm，所以，由式(7-17)得

$$a=\left(\frac{\pi r_0 R_1}{2bA'}\right)\left(\frac{r_0}{R_2}\right)^{1/2}=\left(\frac{\pi\times1\times5}{2\times1.2\times0.9}\right)\left(\frac{1}{4.4}\right)^{1/2}=3.47\text{mm}$$

取 $a=3.5\text{mm}$。

(5) 校核喷嘴的生产能力

$$A'=\left(\frac{\pi r_0 R_1}{2ab}\right)\left(\frac{r_0}{R_2}\right)^{1/2}=\left(\frac{\pi\times1\times5}{2\times3.5\times1.2}\right)\left(\frac{1}{4.4}\right)^{1/2}=0.89$$

圆整后 $A'$ 基本不变，不必复算，可以满足设计要求。

(6) 空气心半径 $r_c$ 因 $A_0=\dfrac{\pi r_0 R_1}{A_1}=\dfrac{\pi\times1\times5}{2\times3.5\times1.2}=1.87$ 由图 7-10 查得 $a_0=0.5$，则

$$r_c=\sqrt{1-a_0}\,r_0=\sqrt{1-0.5}\times1=0.71\text{mm}$$

(7) 喷嘴出口处液膜速度的计算。喷嘴出口处液膜的平均速度 $u_0$、水平速度分量 $u_{x0}$、垂直速度分量 $u_{y0}$ 及合速度 $u_{res0}$ 分别为

$$u_0=\frac{V}{\pi(r_0^2-r_c^2)}=\frac{400\div(3600\times1100)}{\pi\times(1^2-0.71^2)\times10^{-6}}=64.9\text{m/s}$$

$$u_{x0}=u_0\tan\frac{\beta}{2}=64.9\times\tan\frac{48°}{2}=28.9\text{m/s}$$

$$u_{y0}=u_0=64.9\text{m/s}$$

$$u_{res0}=(u_{x0}^2+u_{y0}^2)^{1/2}=71\text{m/s}$$

**5. 干燥塔主要尺寸的确定**

(1) 塔径的计算 塔内空气的平均温度为 $\dfrac{1}{2}\times(100+300)=200℃$，该温度下空气的动力黏度 $\mu_a=0.026\text{mPa·s}$，空气的密度 $\rho_a=0.75\text{kg/m}^3$。

① 根据水平初速度 $u_{x0}=28.9\text{m/s}$，计算出 $Re_0$。

$$Re_0=\frac{d_{p0}u_{x0}\rho_a}{\mu_a}=\frac{0.2\times28.9\times0.75}{0.026}=167$$

为过渡区。

② 由图 7-27 或表 7-3 查得 $Re_0=167$ 时，$B=B_0=10^{-2}$。

③ 由式(7-67)可得，$\tau=\tau_0=0$。

④ 取一系列 $Re_1=100$，$Re_2=50$，…，得一系列 $u_{x1}$，$u_{x2}$，…，再由图 7-27 或表 7-3 查得对应的 $B_1$，$B_2$，…，据式(7-67)算出一系列相对应的飞行时间 $\tau_1$，$\tau_2$，…，列入表 7-8 中。

⑤ 以 $\tau$ 为横坐标，$u_x$ 为纵坐标，作 $\tau$-$u_x$ 曲线，如图 7-33 所示。用图解积分法求得

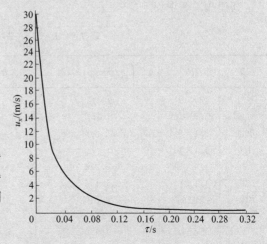

图 7-33 $\tau$-$u_x$ 曲线图

$S = \int_0^{0.32} u_x d\tau = 0.86\text{m}$，则塔径为 $D = 2S = 1.72\text{m}$，圆整为 $D = 1.8\text{m}$。

表 7-8　雾滴停留时间 $\tau$ 与水平速度 $u_x$ 的关系

| $Re$ | $u_x = \dfrac{\mu_a}{d_p \rho_a} Re / \text{m} \cdot \text{s}^{-1}$ | $B \times 10^2$ | $\tau = \dfrac{4 d_p^2 \rho_L}{3\mu_a}[B - B_0] / \text{s}$ |
|---|---|---|---|
| 167 | 28.9 | 1.0 | 0 |
| 100 | 17.3 | 1.4 | 0.01 |
| 50 | 8.7 | 2.2 | 0.03 |
| 25 | 4.3 | 3.2 | 0.05 |
| 15 | 2.6 | 4.4 | 0.08 |
| 10 | 1.7 | 5.2 | 0.10 |
| 8 | 1.4 | 5.8 | 0.11 |
| 6 | 1.0 | 6.8 | 0.13 |
| 4 | 0.7 | 7.7 | 0.15 |
| 2 | 0.3 | 10.0 | 0.21 |
| 1 | 0.2 | 12.5 | 0.26 |
| 0.5 | 0.1 | 15.2 | 0.32 |

（2）塔高的计算

① 减速运动段的距离 $Y_1$ 的计算。

a. 根据初始垂直分速度 $u_{y0}$，计算 $Re_0$。

$$Re_0 = \frac{d_{p0} u_{y0} \rho_a}{\mu_a} = \frac{0.2 \times 64.9 \times 0.75}{0.026} = 374$$

属于过渡区。由式(7-61)可得

$$\Psi = \frac{4 g \rho_a d_p^3 (\rho_L - \rho_a)}{3\mu_a^2} = \frac{4 \times 9.8 \times 0.75 \times (0.2 \times 10^{-3})^3 \times (1100 - 0.75)}{3 \times (0.026 \times 10^{-3})^2} = 127.5$$

b. 由于 $\Psi = \xi_f Re_f^2$，因此可根据图 7-27 或表 7-3 查得 $Re_f = 3.9$。

c. 由 $Re_0$ 查图 7-27 或表 7-3 得到 $\xi_0 Re_0^2 = 8 \times 10^4$，则 $\dfrac{1}{\xi_0 Re_0^2 - \Psi} = 1.25 \times 10^{-5}$。

d. 取一系列雷诺数 $Re_1 = 300$，$Re_2 = 200$，$\cdots$，$Re_f = 3.9$；由图 7-27 或表 7-3 查得相应的 $\xi_1 Re_1^2$，$\xi_2 Re_2^2$，$\cdots$，$\xi_f Re_f^2 = 127.5$；再计算出对应的 $\dfrac{1}{\xi_1 Re_1^2 - \Psi}$，$\dfrac{1}{\xi_2 Re_2^2 - \Psi}$ $\cdots$，$\dfrac{1}{\xi_f Re_f^2 - \Psi} = \infty$，列于表 7-9 中。

表 7-9　$Re$ 与 $\dfrac{1}{\xi Re^2 - \Psi}$、$u_y$ 及 $\tau'$ 的关系

| $Re$ | $\xi Re^2$ | $\left(\dfrac{1}{\xi Re^2 - \Psi}\right) \times 10^3$ | $u_y = \dfrac{\mu_a}{d_p \rho_a} Re / \text{m} \cdot \text{s}^{-1}$ | $\tau' = \dfrac{4 \rho_L d_p^2}{3\mu_a} \int_{Re}^{Re_0} \dfrac{dRe}{\xi Re^2 - \Psi} / \text{s}$ |
|---|---|---|---|---|
| 374 | $8 \times 10^4$ | 0.0125 | 64.9 | 0 |
| 300 | $5.9 \times 10^4$ | 0.0170 | 52.0 | $2.5 \times 10^{-3}$ |
| 200 | $3.1 \times 10^4$ | 0.0324 | 34.7 | $8.1 \times 10^{-3}$ |
| 100 | $1.1 \times 10^4$ | 0.0920 | 17.3 | $2.2 \times 10^{-2}$ |
| 50 | $3.9 \times 10^3$ | 0.272 | 8.7 | $4.0 \times 10^{-2}$ |
| 20 | $1.1 \times 10^3$ | 1.146 | 3.5 | $8.5 \times 10^{-2}$ |
| 10 | 426 | 3.540 | 1.7 | 0.13 |
| 5 | 176 | 22.0 | 0.9 | 0.28 |
| 4 | 136 | 189.0 | 0.7 | 0.51 |
| 3.9 | 127.5 | $\infty$ | 0.7 | — |

e. 以 $Re$ 为横坐标，$\dfrac{1}{\xi Re^2 - \Psi}$ 为纵坐标作图，即可得到图 7-34。

f. 由 $Re_1 = 300$，可计算出 $u_{y1} = 52.0\text{m/s}$，据图 7-34 可求得 $\displaystyle\int_{300}^{374} \dfrac{\mathrm{d}Re}{\xi Re^2 - \Psi}$，从而可计算出停留时间 $\tau_1' = \dfrac{4\rho_L d_P^2}{3\mu_a} \displaystyle\int_{300}^{374} \dfrac{\mathrm{d}Re}{\xi Re^2 - \Psi} = 2.26 \displaystyle\int_{300}^{374} \dfrac{\mathrm{d}Re}{\xi Re^2 - \Psi} = 2.5 \times 10^{-3}\,\text{s}$。

g. 类似地，由 $Re_2$，$Re_3 \cdots$，$Re_f$，可计算出 $u_{y2}$，$u_{y3}$，$\cdots$，$u_f$，据图 7-34 可求得 $\displaystyle\int_{200}^{374} \dfrac{\mathrm{d}Re}{\xi Re^2 - \Psi}$，$\displaystyle\int_{100}^{374} \dfrac{\mathrm{d}Re}{\xi Re^2 - \Psi}$，$\cdots$，$\displaystyle\int_{3.9}^{374} \dfrac{\mathrm{d}Re}{\xi Re^2 - \Psi}$，也可计算出相应的停留时间 $\tau_2'$，$\tau_3'$，$\cdots$，$\tau'$，如表 7-9 所示。由此得到减速运动段的停留时间 $\tau' = 0.51\text{s}$。

h. 由表 7-9 的 $u_y$、$\tau'$ 数据，作 $\tau'$-$u_y$ 曲线如图 7-35 所示。用图解积分法可得雾滴（或颗粒）减速运动段的距离 $Y_1 = \displaystyle\int_0^{0.51} u_y \mathrm{d}\tau = 1.76\text{m}$。

② 等速运动段的距离 $Y_2$ 的计算。

a. 等速运动时间 $\tau''$

$$\tau'' = \tau - \tau' = 3.32 - 0.51 = 2.81\text{s}$$

b. 等速运动段的距离 $Y_2$

$$Y_2 = u_f \tau'' = 0.7 \times 2.81 = 1.97\text{m}$$

③ 塔高 $Y$ 的计算　塔的有效高度 $Y = Y_1 + Y_2 = 1.76 + 1.97 = 3.73\text{m}$，圆整后取 $Y = 4\text{m}$。

（3）干燥塔热风进出口接管直径的确定

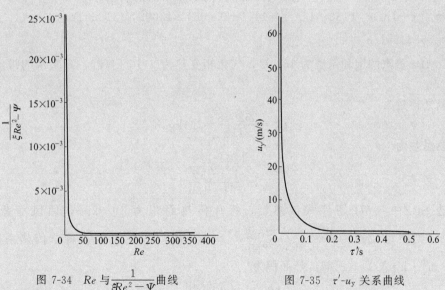

图 7-34　$Re$ 与 $\dfrac{1}{\xi Re^2 - \Psi}$ 曲线　　　图 7-35　$\tau'$-$u_y$ 关系曲线

在干燥装置设计时，一般取风管中的气速为 $15 \sim 25\text{m/s}$。

① 热风进口接管直径 $d_1$。

$$v_{H1} = (0.773 + 1.244H_1)\dfrac{273 + t_1}{273}$$

$$= (0.773 + 1.244 \times 0.006)\dfrac{273 + 300}{273}$$

$$= 1.63\text{m}^3/\text{kg 干空气}$$

$V_1 = Lv_{H1} = 4614 \times 1.63 = 7521 m^3/h$

取热风管道中的气速为 25m/s，则

$$d_1 = \sqrt{\dfrac{7521}{3600 \times \dfrac{\pi}{4} \times 25}} = 0.326m$$

圆整后取干燥塔热风入口接管直径 $d_1 = 330mm$。

② 热风出口接管直径 $d_2$。

$$v_{H2} = (0.773 + 1.244H_2)\dfrac{273+t_2}{273}$$
$$= (0.773 + 1.244 \times 0.075)\dfrac{273+100}{273}$$
$$= 1.18 m^3/kg \text{ 干空气}$$
$$V_2 = Lv_{H2} = 4614 \times 1.18 = 5445 m^3/h$$

$$d_2 = \sqrt{\dfrac{5445}{3600 \times \dfrac{\pi}{4} \times 25}} = 0.278m$$

圆整后取干燥塔热风出口接管直径 $d_2 = 280mm$。

6. 主要附属设备的设计或选型

(1) 空气加热器　环境空气先用翅片式加热器由 12℃ 加热到 130℃，再用电加热器加热至 300℃。

① 翅片式加热器　将湿空气由 12℃ 加热到 130℃ 所需的热量为

$Q_1 = L(1+H_0)c_{p1}(130-12) = 4614(1+0.006) \times 1.009 \times (130-12)$
$= 552648 kJ/h$

0.4 MPa 蒸汽的饱和温度为 151℃，气化相变热为 2115 kJ/kg，冷凝水的排出温度为 151℃，则

水蒸气耗量为

$$G_v = \dfrac{552648}{2115} = 261 kg/h$$

传热温差为

$$\Delta t_{m1} = \dfrac{130-12}{\ln\dfrac{151-12}{151-130}} = 62.4℃$$

若选 SRZ10×5D 翅片式散热器，每片传热面积为 $19.92m^2$，通风净截面积为 $0.302m^2$，则质量流速为 $\dfrac{4614\times(1+0.006)}{0.302\times3600} = 4.3 \text{ kg}/(m^2\cdot s)$，查得总传热系数 $K_1 = 100kJ/(m^2\cdot h\cdot℃)$，故所需传热面积为

$$A_1 = \dfrac{Q_1}{K_1\Delta t_{m1}} = \dfrac{552648}{100\times62.4} = 88.6 m^2$$

所需片数为 $\dfrac{88.6}{19.92} = 4.4$，取 5 片，实际传热面积为 $99.6m^2$。由此，可选用 SRZ10×5D 翅片式散热器共 5 片。

② 电加热器　将湿空气由 130℃ 加热到 300℃ 所需的热量为

$Q_2 = L(1+H_0)c_{p2}(300-130) = 4614\times(1+0.006)\times1.03\times(300-130)$
$= 812759 \text{ kJ/h} = 226kW$

即耗电量为 226 kW。

（2）旋风分离器 进入旋风分离器的含尘气体近似按空气处理，取温度为 95℃，则

$$v_{H3} = (0.773 + 1.244 \times 0.075)\frac{273+95}{273} = 1.17 \text{m}^3/\text{kg 干空气}$$

$$V_3 = Lv_{H3} = 4614 \times 1.17 = 5398 \text{m}^3/\text{h}$$

选蜗壳式入口的旋风分离器，取入口风速为 25m/s，则

$$0.225D \times 0.3D \times 25 = \frac{5398}{3600}$$

即 $D=0.943$m，圆整后取 $D=1000$mm。其余各部分尺寸如图 7-36 所示。

$L_1 = 0.8D = 800$mm；$L_2 = 2D = 2000$mm；$b = 0.225D = 225$mm；$a = 0.3D = 300$mm；$d = 0.35D = 350$mm；$l = 0.7D = 700$mm；$d' = 0.2D = 200$mm。

（3）布袋过滤器的选择 取进入布袋过滤器的气体温度为 90℃，则

$$v_{H4} = (0.773 + 1.244 \times 0.075)\frac{273+90}{273} = 1.15 \text{m}^3/\text{kg 干空气}$$

$$V_4 = Lv_{H4} = 4614 \times 1.15 = 5306 \text{m}^3/\text{h}$$

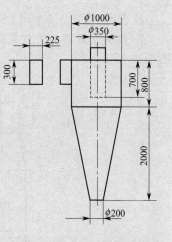

图 7-36 旋风分离器各
部分尺寸示意图

取过滤气速为 1.5m/min，则所需过滤面积为 $5306 \div (60 \times 1.5) = 59.0 \text{m}^2$。因此选用 MDC-36-Ⅱ 脉冲布袋除尘器，其过滤面积为 60m²，过滤风量为 3700～7400m³/h，阻力为 1176～1470Pa。

（4）风机的选择 喷雾干燥塔的操作压力一般为 0～-100Pa（表压），因此系统需要 2 台风机，即干燥塔前安装 1 台鼓风机，干燥塔后安装 1 台引风机。阻力也以干燥塔为基准分前段（从空气过滤器至干燥塔之间的设备和管道）阻力和后段（干燥塔后的设备和管道）阻力。在操作条件下，空气流经系统各设备和管道的阻力如表 7-10 所示。

表 7-10 系统阻力估算

| 设　　备 | 压　降/Pa | 设　　备 | 压　降/Pa |
|---|---|---|---|
| 空气过滤器 | 200 | 旋风分离器 | 1500 |
| 翅片式加热器 | 300 | 脉冲布袋除尘器 | 1500 |
| 电加热器 | 200 | 干燥塔 | 100 |
| （塔）热风分布器 | 200 | 消声器 | 400 |
| 管道、阀门、弯头等 | 600 | 管道、阀门、弯头等 | 800 |
| 合　计 | 1500 | 合　计 | 4300 |

① 鼓风机的选型 鼓风机入口处的空气温度为 12℃，湿含量为 0.006，则

$$v_{H0} = (0.773 + 1.244 H_0)\frac{273+12}{273} = 0.81 \text{m}^3/\text{kg 干空气}$$

$$V_0 = Lv_{H0} = 4614 \times 0.81 = 3737 \text{m}^3/\text{h}$$

系统前段平均风温按 150℃ 计，密度为 0.83kg/m³，则所需风压（规定状态下）为 $1500 \times (1.2 \div 0.83) = 2169$Pa。故选用 4-72-11No.4.5A 离心通风机，风量为 5730m³/h，风压为 2530Pa。

② 引风机的选型 系统后段平均风温按 90℃ 计，密度为 0.97kg/m³，则引风机所需风

压（规定状态下）为 $4300 \times (1.2 \div 0.97) = 5320 \text{Pa}$。

取引风机入口处的风温为 $85 \text{℃}$，湿含量 $H_2 = 0.075$，则

$$v_{H5} = (0.773 + 1.244 H_2) \frac{273 + 85}{273} = 1.14 \text{m}^3 / \text{kg} \text{ 干空气}$$

$$V_5 = L v_{H5} = 4614 \times 1.14 = 5260 \text{m}^3 / \text{h}$$

故选用 9-26No.5A 离心通风机，风量为 $5903 \text{m}^3/\text{h}$，风压为 $5750 \text{Pa}$。

7. 喷雾干燥塔的工艺条件图　本设计示例的主要设备——喷雾干燥塔的工艺条件图如图 7-37 所示。

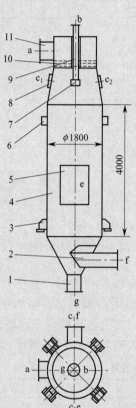

**技术特性**

| 真空度/Pa | 800 |
|---|---|
| 操作温度/℃ | 300 |
| 物料名称 | 染料悬浮液 |
| 干燥介质 | 空　气 |
| 设备主要材料 | 不锈钢 |

**管口尺寸**

| 符号 | 公称尺寸 | 名称或用途 |
|---|---|---|
| a | 330 | 热风入口 |
| b | | 物料入口 |
| $c_{1-2}$ | 150 | 视镜 |
| e | 1200×600 | 门 |
| f | 280 | 热风出口 |
| g | 200 | 物料出口 |

图 7-37　喷雾干燥塔的工艺条件图

1—物料出口接管；2—热风出口接管；3—支座；4—干燥室；5—门；6—滑动支座；
7—喷嘴；8—视镜；9—料液管；10—热风分布器；11—热风入口接管

**（四）工艺设计计算结果汇总**

通过上述工艺设计计算得到的计算结果汇总见表 7-11。

表 7-11　工艺设计计算结果汇总

| 名　　称 | 结果 | 名　　称 | 结果 |
|---|---|---|---|
| 物料处理量/kg·h$^{-1}$ | 400 | 翅片式加热器传热面积/m² | 99.6 |
| 蒸发水量/kg·h$^{-1}$ | 318.4 | 电加热器耗电量/kW | 226 |
| 产品产量/kg·h$^{-1}$ | 81.6 | 布袋过滤器过滤面积/m² | 60 |
| 干空气用量/kg·h$^{-1}$ | 4614 | 旋风分离器直径/m | 1 |
| 雾化器孔径/mm | 2 | 布袋过滤器型号 | MDC-36-Ⅱ |
| 干燥塔直径/m | 1.8 | 鼓风机型号 | 4-72-11No.4.5A |
| 干燥塔有效高度/m | 4 | 引风机型号 | 9-26No.5A |

## 主要符号说明

| 符号 | 意义及单位 | 符号 | 意义及单位 |
|------|-----------|------|-----------|
| $A$ | 干燥面积，$m^2$ | $t$ | 空气温度，℃ |
| $c_m$ | 干物料比热容，$kJ/(kg \cdot ℃)$ | $t_m$ | 物料温度，℃ |
| $c_w$ | 水的比热容，$kJ/(kg \cdot ℃)$ | $t_w$ | 空气湿球温度，℃ |
| $C_D$ | 流量系数 | $u$ | 速度，$m/s$ |
| $d$ | 雾化器圆盘直径，$m$ | $v$ | 湿空气比体积，$m^3/kg$ 干空气 |
| $d_0$ | 喷嘴孔直径，$m$ | $V_d$ | 干燥塔体积，$m^3$ |
| $d_p$ | 雾滴（或颗粒）直径，$m$ | $W$ | 水分蒸发量，$kg/h$ |
| $D$ | 干燥塔直径，$m$ | $X$ | 物料干基含水量，质量分数 |
| $G$ | 物料流量，$kg/h$ | $Y$ | 干燥塔高度，$m$ |
| $G_c$ | 绝干物料流量，$kg/h$ | $\alpha$ | 表面传热系数，$kW/(m^2 \cdot ℃)$ |
| $H$ | 空气湿含量，$kg$ 水$/kg$ 干空气 | $\beta$ | 雾化角 |
| $I$ | 空气热焓，$kJ/kg$ 干空气 | $\delta$ | 液膜厚度，$m$ |
| $L$ | 绝干空气流量，$kg$ 干空气$/h$ | $\varphi$ | 空气相对湿度 |
| $m$ | 液滴（或颗粒）质量，$kg$ | $\gamma$ | 水的气化相变热，$kJ/kg$ |
| $n$ | 雾化器圆盘转速，$r/min$ | $\lambda$ | 干燥介质热导率，$kW/(m \cdot ℃)$ |
| $Nu$ | 努塞尔数 | $\mu_a$ | 空气动力黏度，$Pa \cdot s$ |
| $p$ | 压力，$Pa$ | $\rho_a$ | 空气密度，$kg/m^3$ |
| $Q$ | 传热速率，$kW$ | $\rho_L$ | 料液密度，$kg/m^3$ |
| $q_V$ | 料液体积流量，$m^3/s$ | $\rho_m$ | 颗粒物料密度，$kg/m^3$ |
| $r_0$ | 喷嘴孔半径，$m$ | $\rho_w$ | 水的密度，$kg/m^3$ |
| $Re$ | 雷诺数 | $\tau$ | 时间，$s$ |

# 参 考 文 献

[1] 郭宜祜，王喜忠编．喷雾干燥．北京：化学工业出版社，1983．

[2] 潘永康主编．现代干燥技术．北京：化学工业出版社，1998．

[3] 袁一主编．化学工程师手册．北京：机械工业出版社，2000．

[4] 《机械工程手册》，《电机工程手册》编辑委员会编．机械工程手册·通用设备卷·第2版．北京：机械工业出版社，1997．

[5] 时钧，汪家鼎，余国琮，陈敏恒主编．化学工程手册·上卷·第2版．北京：化学工业出版社，1996．

[6] 大连理工大学化工原理教研室编．化工原理课程设计．大连：大连理工大学出版社，1996．

[7] 《化学工程手册》编辑委员会编．化学工程手册·第16篇·干燥．北京：化学工业出版社，1989．

[8] 华南工学院化工原理教研室编．化工原理课程设计．广州：华南工学院出版社，1986．

[9] 《化工设备设计全书》编辑委员会编．干燥设备设计．上海：上海科学技术出版社，1983．

[10] 持田隆等著．喷雾干燥．张右国编译．南京：江苏科学技术出版社，1982．

[11] Masters K. Spray Drying Handbook. 5rd edition . George Godwin Limited , 1991.

[12] Doumas M, R Laster. C E P, 1953, 49 (10)：518.

[13] Marshall W R. Trans of the ASME, 1955, 77 (8)：1377.

[14] Lapple C E, C B Shepherd. I E C, 1940, 32 (5)：605.

[15] 于才渊，王喜忠，周才君编．喷雾干燥·第2版．北京：化学工业出版社，2003．

[16] 于才渊，王宝和，王喜忠编．干燥装置设计手册．北京：化学工业出版社，2005．

# 第八章　塔设备的机械设计

## 第一节　概　　述

塔设备在完成工艺设计后，进入机械设计阶段。本阶段的设计，应使塔的内件结构和设备整体结构既要满足工艺要求，又要满足机械要求，确保塔设备安全、高效生产。

### 一、塔设备机械设计的基本要求

① 满足强度要求，防止外力作用下的破坏。塔设备中承受各种载荷的主要部件是塔体和裙座。因此，它们应具有足够的强度，以保证安全可靠性。

② 满足刚度要求，防止在操作、运输或安装过程中发生不允许的变形。塔设备中塔盘的厚度尺寸，通常是由刚度决定的。因为，塔盘的挠度过大，塔盘上液层高度不均匀，引起气（汽）流分布也不均匀，使塔板效率降低。

③ 满足稳定性要求，防止失稳破坏。塔体承受介质压力、各种弯矩和重量等载荷的联合作用，其组合轴向压应力必须满足稳定性条件，以确保塔设备有足够的稳定性。

④ 耐久性。设计塔设备时，正确选材或采用合适的防腐蚀措施，考虑振动因素，避免共振发生，都对塔设备的耐久性起到积极作用。

⑤ 密封性。塔设备密封的可靠性，是安全生产、正常操作的重要保证之一。例如，塔盘与塔壁间的间隙必须密封，否则，气（汽）体由此通过，造成短路。

⑥ 结构简单，节省材料，便于制造、运输、安装、操作、维修等。

### 二、塔设备机械设计的基本内容

在满足工艺条件情况下，塔设备的机械设计将完成以下内容。

① 塔设备的结构设计。在设备总体形式及主要工艺尺寸已经确定的基础上，设计确定塔的各种构件、附件以及辅助装置的结构尺寸。例如，板式塔的塔盘结构、塔盘支承结构、除沫器、裙座；填料塔的填料支承、填料压板、液体分布器、液体再分布器、气体的入塔分布；各种接管的形式、方位等。

② 设备的材料选择。包括塔体、支座、塔内件等。

③ 塔设备的强度和稳定性计算。确定出塔体、封头、裙座的壁厚。

④ 设备零部件的设计选用。包括法兰、人孔、接管、补强圈，以及塔外的扶梯、平台、保温层等。

⑤ 绘制全塔总装配图和零部件图。

⑥ 编写设计说明书。

## 第二节　板式塔结构设计

板式塔的基本结构由塔体、内件、支座和附件组成，主体结构如图 5-3 所示。塔体包括塔节、封头和塔节间的连接法兰等。内件包括塔盘及其支承、连接件。支座最常用的是裙式支座。裙座上端与塔体底封头焊接连接，下端通过地脚螺栓固定在基础上。附件包括人孔、手孔、各种接管、除沫器、平台、扶梯、吊柱和保温层等。

## 一、塔盘

塔盘按结构特点可分为整块式和分块式两种类型。一般，当塔径小于 800mm 时，建议采用整块式；塔径大于 800mm 时，采用分块式；塔径为 800～900mm 时，可按便于制造与安装的具体情况，上述两种结构均可选用。

### (一) 整块式塔盘

整块式塔盘用在直径较小的塔中，塔体由若干段组成，塔节间用法兰连接。

**1. 塔盘圈结构**

整块式塔盘的塔盘圈结构有两种：一种是角焊结构；一种是翻边结构。

角焊结构如图 8-1(a)、(b) 所示，此结构是将塔盘圈角焊在塔盘板上，这种塔盘制造方便，但是，由于焊接变形能引起塔板不平，所以应采取必要的措施，减小焊接变形。

翻边结构如图 8-2(a)、(b) 所示，此结构是由塔板直接翻边构成塔圈，可避免焊接变形。塔盘圈的高度 $h_1$ 一般取 70mm，但不得低于溢流堰的高度。填料支承圈用 $\phi 8 \sim \phi 10$ 的圆钢弯成，其焊接位置 $h_2$ 随填料圈数而定，一般为 30～40mm。塔盘圈的结构尺寸，参见表 8-1。

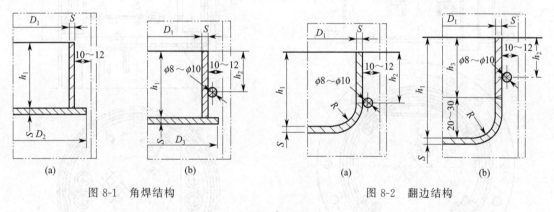

图 8-1　角焊结构　　　　　　　　　　　图 8-2　翻边结构

**表 8-1　塔盘圈结构尺寸**

| | | 塔　径/mm | | 300 | (350) | 400 | (450) | 500 | 600 | 700 | 800 | 900 |
|---|---|---|---|---|---|---|---|---|---|---|---|---|
| 项目 | 角焊结构 | 塔盘厚/mm | $S$ | 3 | | | | | 4 | | | |
| | | 塔盘圈内径/mm | $D_1$ | 274 | 324 | 374 | 424 | 474 | 568 | 668 | 768 | 868 |
| | | 塔盘直径/mm | $D_2$ | 297 | 347 | 397 | 447 | 497 | 596 | 696 | 796 | 896 |
| | | | $D_3$ | 290 | 340 | 390 | 440 | 490 | 590 | 690 | 790 | 890 |
| | 翻边结构 | 塔盘厚/mm | $S$ | 2 | | | | | 3 | | | |
| | | 塔盘圈内径/mm | $D_1$ | 276 | 326 | 376 | 426 | 476 | 570 | 670 | 770 | 870 |
| | | 翻边塔盘/mm | $R$ | 6 | | | | | 8 | | | |

注：当腐蚀裕度大于 0.1mm/年时，塔盘板厚度应适当增加，或在塔盘板下面加筋（应采用间断焊接，以防止塔盘板变形）。

**2. 整块式塔盘的支承结构**

整块式塔盘的支承方式有定距管式和重叠式两种，定距管支承结构如图 8-3 所示，重叠式支承结构如图 8-4 所示。

(1) 定距管式支承结构　定距管结构是用定距管和拉杆把塔盘紧固在塔节内的支座上，定距管起着支承塔盘和保持塔盘间距的作用。这种结构比较简单、装拆方便，当塔节长度≤1800mm 时，广泛被采用。塔径为 300～500mm 时，拉杆直径取 $\phi 14$，塔径为 600～900mm 时，拉杆直径取 $\phi 16$。定距管尺寸，对碳钢取 $\phi 25 \times 2.5$，不锈钢取 $\phi 25 \times 2$。拉杆与定距管的数量依塔径大小可取 3～4 个，长度由板间距和塔盘数而定。

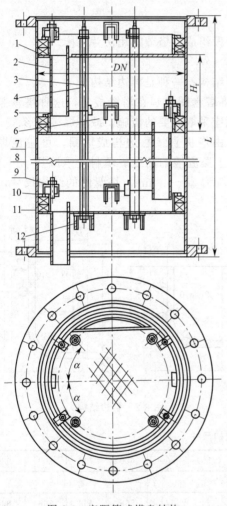 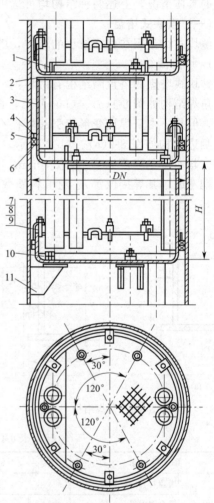

图 8-3　定距管式塔盘结构

1—塔盘板；2—降液管；3—拉杆；
4—定距管；5—塔盘圈；6—吊耳；
7—螺栓；8—螺母；9—压板；
10—压圈；11—石棉绳；12—支座

图 8-4　重叠式塔盘结构

1—调节螺栓；2—支承板；3—支柱；
4—压圈；5—塔板圈；6—填料支承圈；
7—压板；8—螺母；9—螺柱；
10—塔板；11—支座

(2) 重叠式支承结构　重叠式支承结构，在每一塔节下部焊有一组支座（一般为三只），底层塔盘安置在支座上，然后依次装入上一层塔盘，每层塔盘的间距由焊在塔盘上的支柱与支承板定位，并用调节螺钉调整塔盘的水平度。三个调节螺钉拧在焊于塔盘上的特殊螺母中，且均布在塔盘上，如图 8-5(c) 所示。

重叠式支承结构的优点是塔盘的水平度可以用调节螺栓逐层调节，则人需进入塔内，故此结构适用于直径≥700mm 的塔。

### 3. 塔盘的密封结构

整块式塔盘与塔壁之间存在的间隙，需用填料密封。典型的塔盘密封结构见图 8-5(a)，(b)，密封填料组件由填料、压圈、压板、螺栓、螺母组成。密封填料一般采用 $\phi 10 \sim \phi 12$ 的石棉绳，放置 $2 \sim 3$ 层。压圈可采用扁钢煨成，其上焊有两个吊耳，以便装拆。紧固螺柱焊在塔盘圈上，焊接长度为 $25 \sim 30mm$。每个塔盘上所需的螺柱数量与压板相同。螺柱布置应尽量均匀，且避开降液管。

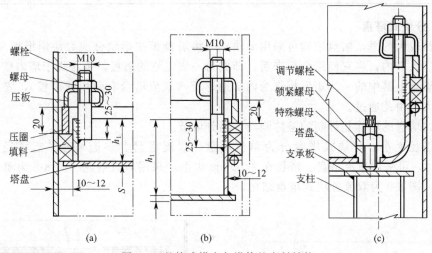

图 8-5 整块式塔盘与塔体的密封结构

### 4. 降液管结构

整块式塔盘的降液管有弓形和圆形两种。一般常采用弓形降液管结构，只有当液相负荷较小时采用圆形降液管结构。

弓形降液管结构如图 8-6 所示。弓形降液管焊接在塔盘上，它由一块平板和弧形板构成。降液管出口处的液封，由下层塔盘的受液盘保证，但在最下层塔盘的降液管的末端应另设液封槽，如图 8-7 所示，液封槽尺寸由工艺条件决定。

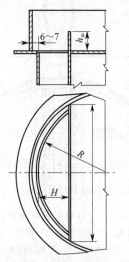

图 8-6 整块式塔盘的弓形降液管结构

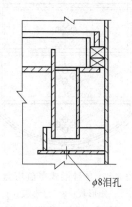

图 8-7 弓形降液管的液封槽

### 5. 塔节长度

塔节长度受塔径、塔盘支承结构和塔盘安装等因素影响。塔径较小时，塔壁上只能开手孔, 安装塔盘时, 只能将手臂伸入操作, 因此, 塔节不宜太长。当塔径较大、塔壁开人孔时, 人可进入塔内安装, 塔节可以长些。在定距管支承结构中, 塔节长度还受拉杆长度和塔盘数的限制, 一般, 每个塔节内的塔板数不超过 5~6 块。对定距管式塔盘, 塔节长度与塔径的关系参见表 8-2。对重叠式塔盘, 塔节长度不受限制。

表 8-2 塔节长度与塔径的关系

| 塔径 $DN$/mm | 300~500 | 600~700 | ≥800 |
|---|---|---|---|
| 塔节长度 $L$/mm | 800~1000 | 1200~1500 | 2000~2500 |

### (二) 分块式塔盘

对直径较大的塔, 塔盘结构可采用分块式, 将塔盘板按形状分成数块矩形板和弧形板, 通过人孔送入塔内, 将它们组合起来后, 即成为一块完整的塔板, 装在焊于塔内壁的塔盘支承件上。塔盘上其中的一块矩形板作为内部通道板 (双流塔盘有两块通道板), 安装、检修或清洗时人员由此通过。

分块式塔盘的塔体是焊制的整体圆筒, 不分塔节。

根据塔径大小, 分块式塔盘分为单流塔盘、双流塔盘和多流塔盘。当塔径为 800~2400mm 时, 可采用单流塔盘。塔径在 2400mm 以上, 采用双流塔盘。图 8-8 为单流分块式塔盘结构, 图 8-9 为双流分块式塔盘结构。

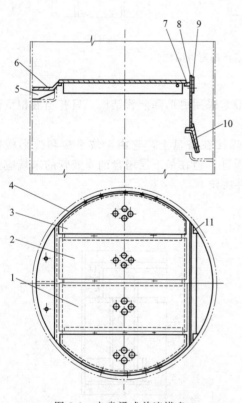

图 8-8 自身梁式单流塔盘

1—通道板; 2—矩形板; 3—弓形板; 4—支持圈;<br>5—筋板; 6—受液盘; 7—支持板; 8—固定降液板;<br>9—可调堰板; 10—可拆降液板; 11—连接板

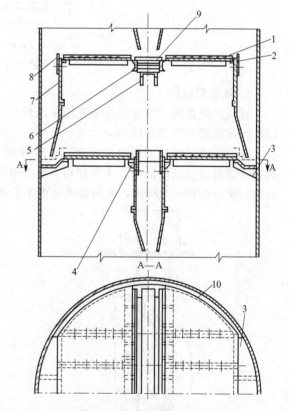

图 8-9 自身梁式双流塔盘

1—塔盘板; 2—支持板; 3—筋板; 4—压板;<br>5—支座; 6—主梁; 7—两侧降液板; 8—可调<br>节堰板; 9—中间受液盘; 10—支持圈

### 1. 设计注意事项

(1) 塔盘板的分块宽度由人孔尺寸、塔板结构强度、开孔排列的均匀对称性等因素决定，其最大宽度，以能通过人孔为宜。

（2）内部通道板的最小尺寸为 300mm×400mm，但为方便北方冬季的安装和检修，应不小于 400mm×450mm。通道板应容易装拆，最好采用上、下均可拆结构。

（3）塔内所有可拆件（如塔盘板、降液板、受液盘等）的外形尺寸均应保证能从人孔通过。

（4）为便于搬运，分块式塔盘板及其他可拆零部件，单件质量不应超过 30kg。

**2. 塔盘板结构**

分块式塔盘板分为平板式、自身梁式和槽式三种，它们的组合结构如图 8-10 所示。

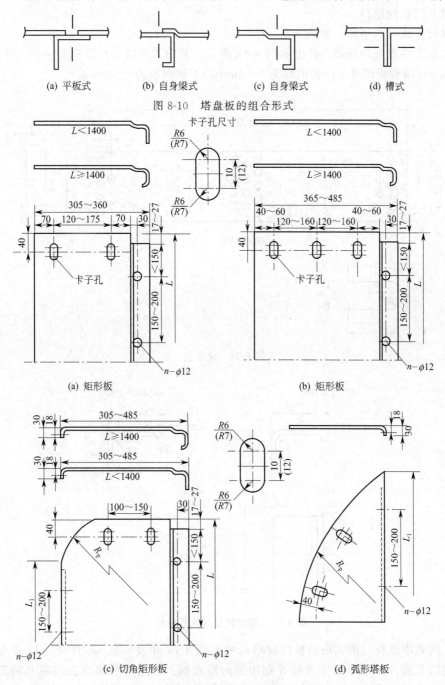

(a) 平板式　　(b) 自身梁式　　(c) 自身梁式　　(d) 槽式

图 8-10　塔盘板的组合形式

(a) 矩形板　　　　　　　　(b) 矩形板

(c) 切角矩形板　　　　　　(d) 弧形塔板

图 8-11　自身梁式塔盘板的分块式结构

平板式塔盘板制作方便，但需在塔内设置支承梁，使有效面积减少，钢材消耗增加。

自身梁式和槽式是用模具冲压出带有折边的塔盘板结构形式。由于塔盘自身的折边起到支承梁作用，所以，既简化了结构，又增加了刚性。而且，可以设计成上、下均可拆结构，方便清洗和检修。因此，这两种形式的塔盘板被广泛采用。

（1）自身梁式塔盘板　自身梁式塔盘板的分块式结构如图 8-11 所示。在矩形板和弧形板的长边 $L$ 一侧压出直角折边，相当于梁的作用，以提高塔板的刚度。在折边侧压成凹平面，以便另一块塔板放在凹平面上，并保证两塔板能平齐。矩形板的短边上，开 2～3 个卡孔或放置龙门板的槽口。

通道板作成一块平板，如图 8-12 所示。

自身梁式塔盘板冲压部分尺寸如图 8-13 所示，其中 $R=(1\sim1.5)S$，$R_1=S$，梁高度 $h_1$、$h_2$ 见表 8-3。塔盘板厚度 $S$：碳钢取为 3～4mm，不锈钢取为 2～3mm。

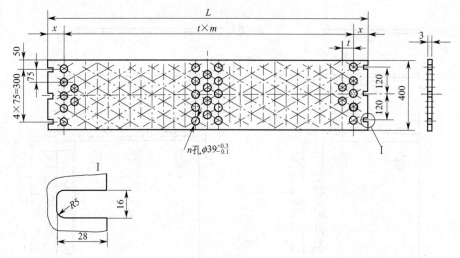

图 8-12　通道板

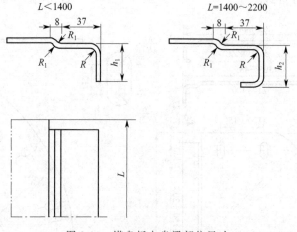

图 8-13　塔盘板自身梁部位尺寸

（2）槽式塔盘板　槽式塔盘板的规格尺寸见图 8-14 和表 8-4。其中 A、B、C 型为放置在中间的塔盘板，D、E、F 型为放置在边缘的塔盘板。可用多种组合方式将几种形式的塔盘板连接成上可拆或上、下均可拆等各种组合结构，参见表 8-5。

表 8-3 自身梁高度

| 塔盘板长度 $L$/mm | | <1000 | 1000~1400 | 1400~1800 | 1800~2200 |
|---|---|---|---|---|---|
| 梁高/mm | $h_1$ | 60 | 80 | — | — |
| | $h_2$ | — | — | 80 | 90 |

表 8-4 槽式塔盘板的尺寸

| 材 料 | 塔盘板厚度 $S$/mm | 弯曲半径 $R$/mm | 筋板厚度 $d$/mm | 筋板高度 $h_1$/mm |
|---|---|---|---|---|
| 碳 钢 | 3 | 4 | 6 | 57 |
| | 4 | 5 | 6 | 56 |
| 不锈钢 | 2 | 3 | 4 | 58 |
| | 3 | 4 | 4 | 57 |

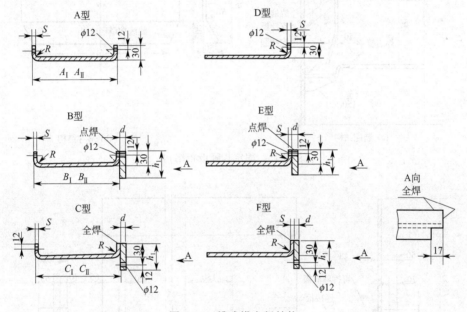

图 8-14 槽式塔盘板结构

表 8-5 槽式塔盘板的组合形式

| 塔盘板长度 $L$/mm | 筋板高度 $h$/mm | 可选用的塔盘板形式 | 连接说明 | 图 例 |
|---|---|---|---|---|
| <800 | — | A,D,C,F | A,D 型连接为上可拆结构 | |
| | | | A,D,C,F 型连接为上下均可拆结构 | |
| 800~1600 | 60 | | A,B,E 型连接为上可拆结构 | |
| 1600~2200 | 80 | A,B,C,E,F | A,C,F,E 型;A,B,C,E 型连接为上下均可拆结构 | |

### 3. 降液管结构

分块式塔盘的降液管结构有固定式和可拆式两种。固定式降液管是由降液板与支承圈和支承板连接一起，焊接在塔体上，形成一个塔盘固定件，见图 8-15，适用于物料洁净、不宜聚合的场合。

当物料易于聚合、堵塞的情况下，宜用可拆式降液管。可拆式降液管的降液板，零部件结构见图 8-16。它是由焊在塔壁上的上降液板、左右连接板，以及可拆的降液板和紧固件装配而成。降液板的厚度为 4～6mm，连接板的厚度为 10mm。

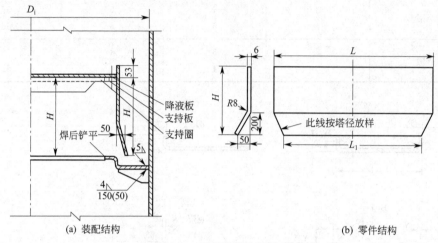

(a) 装配结构 (b) 零件结构

图 8-15 固定式降液板结构

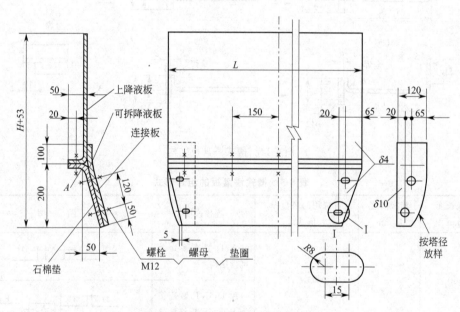

图 8-16 可拆式降液板零部件结构

### 4. 受液盘结构

受液盘有平形和凹形两种形式，见图 8-17。选择受液盘形式应考虑物料性质，液体流入塔盘的均匀性，降液管的液封和侧线采出等情况。对于易聚合的物料，为避免在塔盘上形成死角，宜采用平形受液盘。在采用平形受液盘时，为减小液体自降液管中急流而出后水平冲击塔盘的作用，并保证液封，可设入口堰，对于浮阀塔盘，一般入口堰高取 8mm。

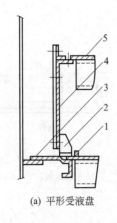 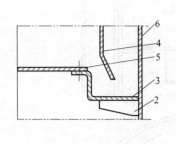

(a) 平形受液盘         (b) 凹形受液盘

图 8-17 受液盘

1—入口堰；2—筋板；3—受液盘；4—降液板；5—塔盘板；6—塔壁

凹形受液盘较为常用，因为它具有以下优点：可保证液体采出侧线满液，即使在高蒸汽流速和低液体流量下，仍能保证液封，对流出降液管的液体有缓冲作用，减少对塔盘入口区的冲击作用。所以采用凹形受液盘时，可不必设入口堰，并尽可能与斜降液管联用。

凹形受液盘的尺寸见图 8-18，受液盘的厚度 $\delta$ 与塔径大小有关，塔径为 $800\sim1400\text{mm}$ 时，厚度取 $4\text{mm}$，塔径为 $1600\sim2400\text{mm}$ 时，厚度取 $6\text{mm}$。受液盘的深度 $h$ 有 $50\text{mm}$、$125\text{mm}$、$160\text{mm}$ 三种，常用的为 $50\text{mm}$，但不能超过板间距的 $1/3$。当塔径 $\leqslant1400\text{mm}$ 时，只需开一个 $\phi10$ 的泪孔，塔径 $>1400\text{mm}$ 时，开两个泪孔。

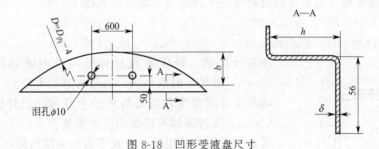

图 8-18 凹形受液盘尺寸

5. 溢流堰结构

溢流堰的形式有平直堰、齿形堰和可调节堰三种。

(1) 平直堰 当液体溢流量大时，可采用平直堰。图 8-19 为入口堰采用平直堰的结构，它是由 $\phi8\text{mm}$ 圆钢或小型角钢焊在塔盘上而构成。平直的出口堰是用角钢或钢板弯成角钢形式，与塔盘构成固定式或可拆式结构，如图 8-20 所示，为可拆式平堰结构。

(2) 齿形堰 当液体流量小，堰上液流高度小于 $6\text{mm}$ 时，为避免液体流动不均，可采用齿形堰，如图 8-21 所示。

6. 塔盘的支承结构与紧固件

分块式塔盘的支承是由焊在塔壁上的固定件来实现的。对于直径不大的塔（例如，直径小于 $2000\text{mm}$），支承塔盘板的固定件有支持圈、支持板、降液板和受液盘等。对于直径较大的塔（例如，直径在 $2000\sim3000\text{mm}$ 以上），由于塔盘板的跨度过大，会因刚度不足而使塔盘的挠度超过规定范围。因此，需要采用支承梁结构，以缩短分块塔盘的跨度，即将分块塔盘板的一端支在支持圈（或支持板）上，另一端支在梁上。

单流塔盘采用支持圈支承塔盘的结构参见图 8-8，双流塔盘采用支承梁支承塔盘的结构参见图 8-9。

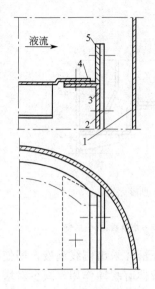

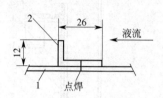

图 8-19　平直入口堰结构

1—塔盘板；2—入口堰

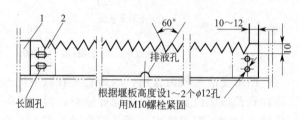

图 8-20　平直出口堰结构

1—塔壁；2—降液板连接带；

3—降液板；4—塔盘板；

5—出口堰

图 8-21　齿形堰结构

1—密封板；2—齿形堰

与支持圈搭接的塔盘板外沿直径可按下述规定计算（参见图 8-22）：

当塔内径 $D_i=800\sim3000$mm 时　　　　$D_p=D_i-(D_i\times1\%+20)$

当塔内径 $D_i=3200\sim8000$mm 时　　　　$D_p=D_i-(D_i\times1\%+30)$

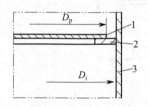

图 8-22　塔盘板与支持
圈搭接的相关尺寸

1—塔盘板；2—支持圈；

3—塔壁

参考计算值，确定塔盘板外沿与塔内壁的间隙，一般取 $15\sim35$mm，塔径小时取小值，塔径大时取大值。

确定支持圈宽度和塔盘板外沿直径时，最好能保证搭接宽度≥25mm。支持圈和支持板的尺寸参见表 8-6。

塔盘的紧固件是组装分块式塔盘的连接构件，用于分块式塔盘板之间的连接，塔盘板与支持圈、支持板、受液盘或支承梁以及降液板与支持板之间的连接。分块式塔盘的组装，根据人孔位置及检修要求，分为上（或下）可拆和上、下均可拆两种连接形式。

表 8-6　支持圈和支持板的尺寸

| 塔盘直径/mm | 支持圈宽度/mm | 支持板宽度/mm | 厚　　度/mm | |
| --- | --- | --- | --- | --- |
| | | | 碳　钢 | 不锈钢 |
| 800～1400 | 40 | 40 | 8 | 6 |
| 1600～2000 | 50 | 50 | 10 | 8 |
| 2200～3000 | 60 | 60 | 10 | 8 |
| 3200～4600 | 70 | 60 | 12 | 10 |
| 4800～6400 | 80 | 60 | 14 | 12 |
| 6600～8000 | 90 | 60 | 14 | 12 |

常用的紧固件有螺纹、螺纹卡板、楔卡等结构。

（1）螺纹紧固件　螺纹紧固件可用于塔盘板之间的连接，以及塔盘板与支持圈（或支持板）之间的连接。

① 塔盘板之间上可拆的螺纹连接。图 8-23（a）为槽式塔盘板之间上可拆螺纹连接结构。图 8-23（b）为自身梁式塔盘板之间上可拆螺纹连接结构。

② 塔盘板之间下可拆的螺纹连接。图 8-24 为槽式塔盘板之间下可拆螺纹连接结构。

③ 塔盘板之间双面可拆的螺纹连接。双面可拆连接件由螺柱、椭圆垫板、垫圈和螺母组成。图 8-25 为自身梁式塔盘板之间双面可拆的螺纹连接结构。从上或下任何一面松开螺母，并将椭圆垫板转到虚线位置后，塔盘板即可取开。

双面可拆连接件的零部件结构尺寸详见 JB/T 1120《双面可拆连接件》。

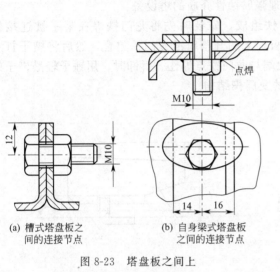

(a) 槽式塔盘板之间的连接节点  (b) 自身梁式塔盘板之间的连接节点

图 8-23　塔盘板之间上可拆的螺纹连接

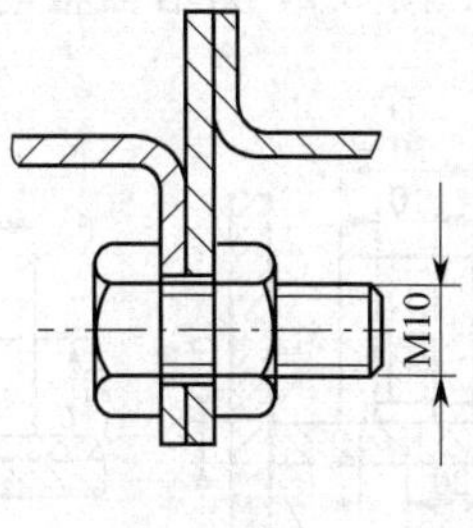

图 8-24　槽式塔盘板之间下可拆的螺纹连接

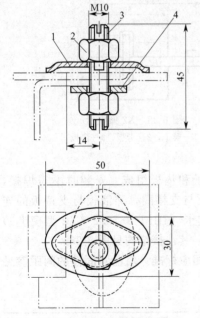

图 8-25　塔盘板之间双面可拆的螺纹连接

1—椭圆垫板；2—螺母；
3—螺柱；4—垫圈

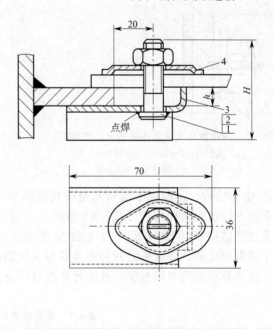

图 8-26　塔盘板与支持圈之间的螺纹卡板连接

1—螺母；2—圆头螺栓；
3—卡板；4—椭圆垫板

（2）螺纹卡板紧固件（卡子）　螺纹卡板紧固件主要用于塔盘板与支持圈（或支持板）的上可拆连接，以及降液板与支持板的连接，其结构见图 8-26。它是由卡板、椭圆垫板、圆头螺栓和螺母组成。卡板与螺栓焊成一个整体，安装时拧紧螺母，通过椭圆垫板和卡板，把塔盘板紧固在支持圈上。拆卸时，松开螺母，将螺栓旋转 90°，即可拆卸塔板。

卡板、椭圆垫板和圆头螺栓的结构尺寸详见 JB/T 1119《卡子》。

（3）楔形紧固件　这是一种以楔紧方式代替螺纹连接的紧固形式，它具有结构简单，装拆方便，不怕锈蚀，楔紧后自锁能力强等优点。缺点是被连接件厚度的调节范围较小，一般只有 4mm 左右。适用于经常拆装检修或处理强腐蚀性介质的塔设备。

① 龙门楔结构。此结构由楔子和龙门铁组成，安装时先将龙门铁焊在某一被连接件（如支持板）上，将另一被连接件（如塔盘板）上的开槽对准龙门铁放置，然后将楔子打入龙门铁的开口中。为防止松动，可在楔子大端与龙门铁点焊住。拆卸时，用锤子轻敲楔子的小端即可。图 8-27 为塔盘板与支持板连接的龙门楔结构。

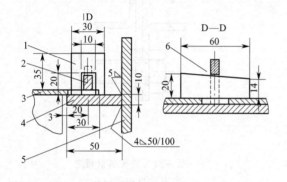

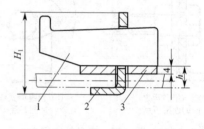

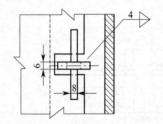

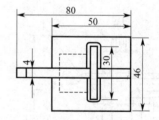

图 8-27　塔盘板与支持板连接的龙门楔结构
1—龙门铁；2—楔子；3—塔板；
4—支持板；5—降液板；6—点焊

图 8-28　X2 型楔卡
1—楔子；2—卡板；3—垫板

② 楔卡结构。这种连接结构是由带楔孔的卡板、楔子和垫板组成。安装时不需焊接，装拆安全方便。有两种结构形式：X1 型楔卡适用于塔盘板与支持圈，降液板与支持板的连接，其连接结构参见 JB/T 2878.1《X1 型楔卡》。X2 型楔卡（JB/T 2878.2《X2 型楔卡》）适用于塔盘板之间，降液板之间和塔盘板与支承梁的连接，其连接结构见图 8-28。

上述具有标准的各塔盘紧固件的尺寸及材质分别参见相应标准。塔盘紧固件的间距参见表 8-7。

表 8-7　塔盘紧固件的间距

| 项　　目 | 紧 固 件 间 距/mm |
| --- | --- |
| 塔盘板与支持圈（或支持板）连接 | 150 |
| 自身梁式塔盘板之间连接 | 150～200 |
| 槽式塔盘板之间连接 | 150～200 |

## 二、塔盘的机械计算

由结构设计确定的塔盘构件的几何尺寸，还需进行强度校核和挠度计算，以满足其强度和刚度要求。

### (一) 塔盘的设计载荷

塔盘构件的受力情况比较复杂，为简化计算，将载荷作简化处理：操作时当作受均布载荷。安装检修时，将安装检修人员及堆积物重量近似地作为集中载荷。塔盘的设计载荷可参照表 8-8 取值。

**表 8-8 塔盘设计载荷**

| 工 作 状 态 | 构 件 | 载荷中应包括的项目 | 取值限制 |
|---|---|---|---|
| 正常操作时均布载荷 | 塔盘板 | 高于溢流堰 50mm 的液柱静压 | ≥1000Pa |
| | 受液盘 | 1/2 板间距的液柱静压 | ≥3000Pa |
| | 侧线出料盘 塔底液封盘 | 实际盘深的液柱静压 | ≥3000Pa |
| | 支承梁 | ①塔盘上液体的重量，按上述的设计载荷计算 ②塔盘板及所属构件重量 ③梁的自重 | — |
| 安装检修时集中载荷 | — | 另加进入塔内人员的重量和堆积物的重量 | |

### (二) 塔盘的强度设计

#### 1. 支承梁的强度校核

在大塔中，当塔盘必须设置支承梁时，要对支承梁做强度校核。计算时可将支承梁简化成两端简支、受均布载荷的梁来处理，并认为塔盘上的全部正常载荷都作用在梁上。

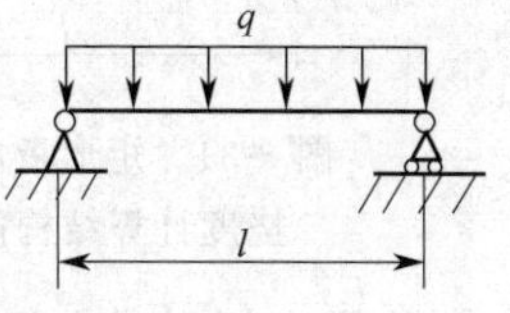

操作条件下，梁的受载情况如图 8-29 所示。

在 $\frac{1}{2}l$ 处承受最大弯矩 $M_{max}^t$

$$M_{max}^t = \frac{ql^2}{8} \qquad (8-1)$$

**图 8-29 操作条件下梁的均布载荷**

产生的最大应力应满足强度条件

$$\sigma_{max}^t = \frac{M_{max}^t}{W} \times 10^{-6} \leqslant [\sigma]^t \qquad (8-2)$$

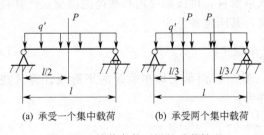

(a) 承受一个集中载荷  (b) 承受两个集中载荷

图 8-30 检修条件下梁的受载情况

式中，$M_{max}^t$ 为操作条件下，支承梁所受最大弯矩，N·m；$q$ 为操作条件下，支承梁所受总均布载荷集度，$q = q_1 + q_2 + q_3$，N/m；$q_1$ 为塔盘板及所属构件重量作用在梁上的载荷集度，N/m；$q_2$ 为塔盘上液体重量作用在梁上的载荷集度，N/m；$q_3$ 为单位长度梁的自重，N/m；$l$ 为梁的跨度，m；$\sigma_{max}^t$ 为操作条件下，梁的最大应力，MPa；$W$ 为梁的抗弯截面模量，$m^3$；$[\sigma]^t$ 为梁的材料在设计温度下的许用应力，MPa。

检修时，操作人员进入塔内，则梁的受载情况如图 8-30(a)、(b) 所示。这时，支承梁所受最大弯矩 $M_{max}$ 应为均布载荷 $q'$ 与集中载荷 $P$ 共同引起的。

对图 8-30(a)

$$M_{max} = \frac{q'l^2}{8} + \frac{Pl}{4} \qquad (8-3)$$

对图 8-30(b)

$$M_{max} = \frac{q'l^2}{8} + \frac{Pl}{3} \qquad (8-4)$$

最大应力应满足强度条件

$$\sigma_{max} = \frac{M_{max}}{W} \times 10^{-6} \leqslant [\sigma] \qquad (8-5)$$

式中，$M_{max}$ 为检修条件下，支承梁所受最大弯矩，N·m；$q'$ 为检修条件下，支承梁所受总均布载荷集度，$q' = q_1 + q_3$，N/m；$P$ 为检修时入塔人员及携带物的重量，N；$\sigma_{max}$ 为检修条件下，梁的最大应力，MPa；$[\sigma]$ 为梁的材料在常温下的许用应力，MPa。

2. 塔盘板的强度校核

塔盘板力学模型的处理与塔盘板形式和周边支承情况有关。

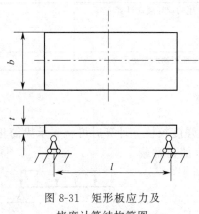

对分块式塔盘中的自身梁式或槽式塔盘板，可看作承受均布载荷的简支梁，其强度校核方法同支承梁。须注意的是，塔盘板在操作条件下承受的均布载荷，包括塔盘板及所属构件的重量，塔盘上液体重量，即式(8-1)中的 $q = q_1 + q_2$。检修条件下均布载荷只有塔盘板及所属构件的重量，即式(8-3)中的 $q' = q_1$。

对平板式塔盘板和通道板，将其作为全部周边绞支、整个板面承受均布载荷的矩形板，如图 8-31 所示。操作时板中心处所受最大应力及其强度条件为：

$$\sigma_{max} = 6\alpha \frac{qb^2}{t^2} \times 10^{-6} \leqslant [\sigma]^t \qquad (8-6)$$

图 8-31 矩形板应力及
挠度计算结构简图

式中，$\sigma_{max}$ 为操作条件下，塔盘板的最大应力，MPa；$[\sigma]^t$ 为塔盘板材料在设计温度下的许用应力，MPa；$q$ 为操作条件下，塔盘板所受总均布载荷集度，$N/m^2$；$b$ 为塔盘板宽度，m；$t$ 为塔盘板厚度，m；$\alpha$ 为系数，在表 8-9 中选取。

**(三) 塔盘的挠度计算**

为使塔盘在操作条件下不发生过大的变形，应使挠度在规定的允许范围内，以保证塔盘具有足够的刚度。

在操作条件下，对支承梁和自身梁式或槽式塔盘板，可按承受均布载荷的简支梁计算挠度。最大挠度在跨距中点，应使它小于允许挠度，其刚度条件为

$$f_{max} = \frac{5ql^4}{384EI} \leqslant [f] \qquad (8-7)$$

对平板式塔盘板和通道板，可按周边绞支、整个板面承受均布载荷的矩形板计算其挠度，操作时板中心处所受最大挠度及其刚度条件为：

$$f_{max} = \beta \frac{qb^4}{Et^3} \leqslant [f] \qquad (8-8)$$

式中，$f_{max}$ 为操作条件下，梁或塔盘板的最大挠度，m；$[f]$ 为梁或塔盘板的允许挠度，m；$q$ 为操作条件下，梁或塔盘板所受总均布载荷集度，$N/m^2$；$l$ 为梁的跨度，m；$E$ 为材料的弹性模量，Pa；$I$ 为梁横截面对中性轴的惯性矩，$m^4$；$\beta$ 为系数，在表 8-9 中选取。

表 8-9　系数 $\alpha$, $\beta$

| $l/b$ | $\alpha$ | $\beta$ | $l/b$ | $\alpha$ | $\beta$ |
|---|---|---|---|---|---|
| 1.0 | 0.0479 | 0.0433 | 1.8 | 0.0948 | 0.1017 |
| 1.1 | 0.0553 | 0.0530 | 1.9 | 0.0985 | 0.1064 |
| 1.2 | 0.0626 | 0.0616 | 2.0 | 0.1017 | 0.1106 |
| 1.3 | 0.0693 | 0.0697 | 3.0 | 0.1189 | 0.1333 |
| 1.4 | 0.0753 | 0.0770 | 4.0 | 0.1235 | 0.1400 |
| 1.5 | 0.0812 | 0.0843 | 5.0 | 0.1246 | 0.1416 |
| 1.6 | 0.0862 | 0.0906 | $\infty$ | 0.1250 | 0.1422 |
| 1.7 | 0.0908 | 0.0964 | | | |

　　关于塔盘构件的允许挠度，若单纯从提高塔板效率考虑，希望挠度越小越好，但允许挠度过小，会增加塔盘板的厚度和梁的截面尺寸，增大材料消耗，增加加工及安装困难，因此，应根据工艺及结构的具体情况，确定塔盘构件的允许挠度。

　　塔盘板的允许挠度有取塔径的 1/900，有按塔盘类型选取。支承梁的允许挠度有取梁跨度的 1/1000，且＜5mm，也有按塔盘形式选取，参见表 8-10。

表 8-10　塔盘板和支承梁的允许挠度/mm

| 塔　盘　板 | | | | 支　承　梁 | |
|---|---|---|---|---|---|
| 浮阀塔盘 | | 泡罩塔盘 | | 塔　型 | 允许挠度 |
| 塔　径 | 允许挠度 | 塔　径 | 允许挠度 | 喷射型、浮阀塔盘 | 梁的跨度/720 |
| ≤2400 | 3.2 | ≤1830 | 1.6 | 泡罩塔盘 | 梁的跨度/900 |
| ＞2400 | 塔径/720 | ＞1830 | 3.2 | | |

### 三、塔盘构件的最小厚度

　　为保证塔盘在制造、安装过程中的强度和刚度要求，规定了塔盘构件的最小厚度，参见表 8-11。

表 8-11　塔盘构件的最小厚度/mm

| 材　料 | 构　　件 | | | | |
|---|---|---|---|---|---|
| | 塔盘板 | 受　液　盘 | | 降　液　板 | |
| | | 可拆式 | 固定式 | 可拆式 | 固定式 |
| 碳钢 | 3 | 3 | 4 | 4 | 6 |
| 不锈钢 | 2 | 2 | 2 | 2 | 4 |

## 第三节　填料塔结构设计

　　填料塔主要由塔体、填料及塔内件构成，如图 6-6 所示。塔体及其附件的结构与板式塔类似。填料塔内件主要包括：液体分布器、液体再分布器、填料支承板、填料压板和床层限制板等。

## 一、液体分布器

液体分布器的机械结构设计，主要考虑几点：①满足所需的淋液点数，以保证液体初始分布的均匀性；②气体通过的自由截面积大，阻力小；③操作弹性大，适应负荷的变化；④不易堵塞，不易造成雾沫夹带和发泡；⑤易于制作，部件可通过人孔进行安装、拆卸。

以下为几种典型液体分布器的主要机械结构及安装结构。

(1) 排管式液体分布器　压力型排管式液体分布器的结构如图 8-32 所示，它是由一根进液总管和数排支管组成，总管和支管的端部均用盲板封死，各支管的下方壁面开有布液孔。

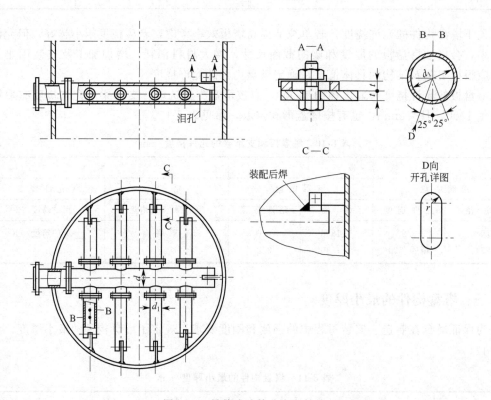

图 8-32　排管式液体分布器结构

排管式液体分布器一般制成可拆式连接结构，各支管与总管用法兰连接，以便通过人孔进行装拆。

分布器的安装结构可将总管端部用管卡固定在焊于塔壁的支座上（见图 8-33），或用螺栓与塔壁上的筋板连接（见图 8-32）。对于大直径塔，各支管还须加辅助支承，其支承结构与总管相同。

排管式液体分布器的安装高度，对于散装填料塔，安装位置一般要高于填料层顶部150～200mm；对于规整填料塔，可用支承梁将分布器直接放置于填料层上。

(2) 环管式液体分布器　环管式分布器的性能与排管式类似，仅结构不同，如图 8-33 所示，最外层环管的中心圆直径一般取塔内径的 0.6～0.85。

(3) 盘式孔流型液体分布器　这种分布器的结构如图 8-34 所示，它是由开有布液孔的

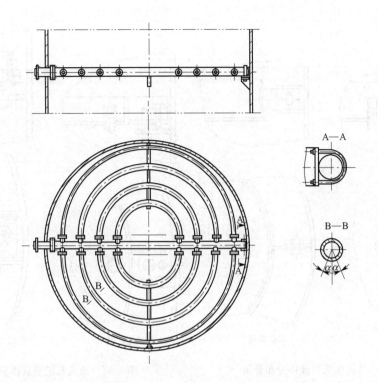

图 8-33 环管式液体分布器结构

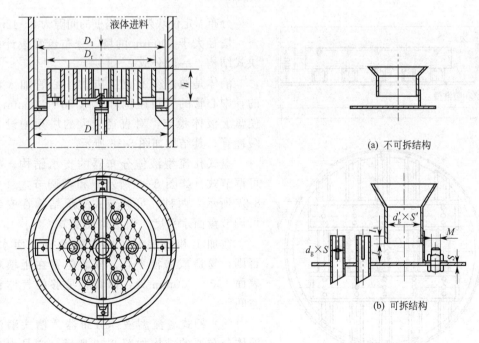

图 8-34 盘式孔流型液体分布器　　　　图 8-35 进液缓冲管

底盘和升气管组成，液体经小孔流下，气体经升气管上升。

分布盘直径 $D_T=(0.85\sim0.88)D$。

分布盘围环高度 $h$：塔径 $D\leqslant800$mm 时，$h=175$mm；塔径 $D>800$mm 时，$h=200$mm。

分布盘厚度 $\delta$：塔径 $D=400\sim600$mm，$\delta=3\sim4$mm；塔径 $D=700\sim1200$mm，$\delta=4\sim6$mm。

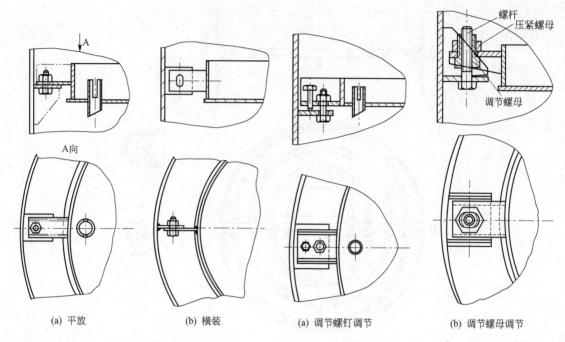

(a) 平放　　　　　　(b) 横装

图 8-36　盘式孔流型液体分布器的
不可调节式支承结构

(a) 调节螺钉调节　　　(b) 调节螺母调节

图 8-37　盘式孔流型液体分布器的
可调节式支承结构

分布器定位块外缘与塔壁的间隙为 8~12mm。

塔径大于 600mm 的塔，分布盘常设计成分块式结构，一般分成 2~3 块。

液体是通过分布盘上方的中心管加入盘内的，中心管的管口距围环上缘 50~200mm。为使盘上液体稳定，对直径较大的塔须增设进液缓冲管，其结构如图 8-35 所示。

盘式孔流型液体分布器的支承结构，有不可调节式（如图 8-36 所示）和可调节式（如图 8-37 所示）两种，可调节式支承结构在安装时可调节盘面水平度，但结构较复杂。

在加工和安装时，应注意保持盘面水平，否则，易造成布液不均。安装位置在距填料上表面 150~300mm 处，以留有足够的气体释放空间。

（4）槽式溢流型液体分布器　槽式溢流型液体分布器的结构如图 8-38 所示，它是由主槽和若干个分槽组成。主槽上开溢流堰口（也有开底孔的），液体由主槽分配到各分槽，再从分槽上的溢流口流到填料表面。

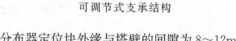

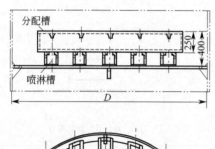

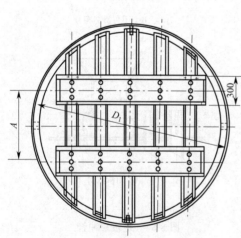

图 8-38　槽式溢流型液体分布器

主槽数量的确定一般为直径在 2000mm 以下的塔，可设置一个主槽；直径 2000mm 以上的塔或液量大的塔，可设置两个或多个主槽。主槽宽度＞120mm，高度≤350mm。

分槽的宽度一般为 $100\sim120\text{mm}$，高度一般为 $100\sim150\text{mm}$，分槽中心距为 $300\text{mm}$ 左右。

槽式液体分布器的支承结构，根据情况可以设计成不可拆式或可拆式。对于不可拆式，各分槽与支承圈焊接连接，主槽与分槽焊接。对于可拆式，则用螺栓连接，如图 8-38 中所示。

## 二、液体再分布器

### 1. 截锥式液体再分布器

截锥式液体再分布器的常用结构如图 8-39、图 8-40 所示，主要结构尺寸参考如下：截锥小端直径 $D_1=(0.7\sim0.8)D_i$；锥高 $h=(0.1\sim0.2)D_i$；壁厚取 $S=3\sim4\text{mm}$。

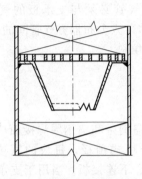

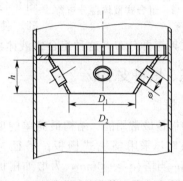

图 8-39 齿形截锥式液体再分布器结构　　　图 8-40 通孔截锥式液体再分布器结构

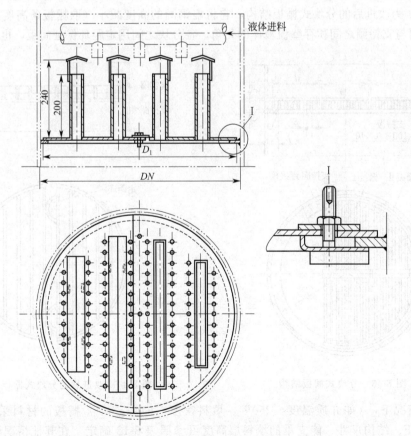

图 8-41 盘式液体再分布器的结构

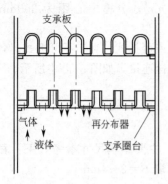

图 8-42　组合式液体再分布器

## 2. 盘式液体再分布器

盘式液体再分布器的结构与盘式孔流型液体分布器类似，只是升气管上端要设有帽盖，以防液体从升气管落下。帽盖焊接在升气管壁上，与升气管上缘之间的距离应大于 40mm，以使流道截面积大于升气管截面积。

为便于安装，分布器可采用分块式结构，分块数以能通过人孔为宜。分布器的支承结构如图 8-41 所示，分布盘与支持圈之间用卡子连接，并加垫片密封。

盘式液体再分布器常与气体喷射式支承板配合使用，如图 8-42 所示。分布器的升气管必须与支承板的气体通道对齐，使从支承板流下的液体落入分布器升气管间的布液盘中，进行收集与再分布，这种组合式液体再分布器适用于散装填料。

## 三、填料支承板

### 1. 栅板

栅板是最常用的、结构最简单的填料支承板，它是用扁钢条和扁钢圈焊接而成。塔径≤500mm 时，采用整块式栅板；塔径＞600mm 时，采用分块式栅板，每块的宽度为 300～400mm；当塔径≥900mm，为增加栅板的刚度，须加设上、下连接板。当用于支承波纹填料时，为保持水平，不能加上连接板。图 8-43 所示为塔径 $DN900～DN1200mm$ 的分块式栅板结构，图 8-44 为改进后的分块式栅板结构，它将扁钢圈的高度减小（取栅板条高度的 2/3），消除了扁钢圈与支持圈之间积存壁流液体的死角，各分块之间用定距环保证间距，也便于装拆。

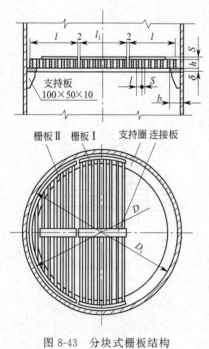

图 8-43　分块式栅板结构

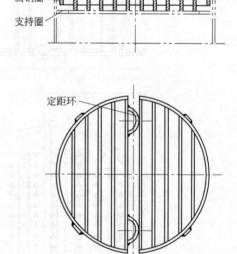

图 8-44　改进后的分块式栅板结构

一般情况下，（如介质温度≤250℃，填料密度≤670kg/m³）栅板的材料采用 Q235-A 或 Q235-AF。结构尺寸、能支承的填料层高度可参照表 8-12 确定。在其他情况下，应按具体条件进行计算来确定栅板尺寸。

栅板的安装结构是将它放置在焊接于塔壁的支持圈上，直径大于1000mm的塔，支持圈还需用支持板来加强。支持圈、支持板的结构及尺寸见图8-45及表8-13。若塔径超过2000mm，则应加中间支承梁。

**表8-12　栅板尺寸及能支承的填料层高度**

| 塔径 $DN$/mm | 栅板尺寸/mm | | 能支承的填料层高度 $H$/mm |
| --- | --- | --- | --- |
| | 外直径 $D$ | 栅条高度 $h$×厚度 $S$ | |
| 600 | 580 | 40×6 | 10 $DN$ |
| 700 | 680 | 40×6 | 8 $DN$ |
| 800 | 780 | 50×6 | 8 $DN$ |
| 900 | 880 | 50×6 | 6 $DN$ |
| 1000 | 980 | 50×8 | 6 $DN$ |
| 1200 | 1168 | 60×10 | 6 $DN$ |
| 1400 | 1380 | 60×10 | 3 $DN$ |
| 1600 | 1558 | 60×10 | 3 $DN$ |

**表8-13　支持圈尺寸**

| 塔径/mm | $D_1$/mm | $D_2$/mm | 厚度/mm | | 支持板数 |
| --- | --- | --- | --- | --- | --- |
| | | | 碳素钢 | 不锈钢 | |
| 500 | 496 | 416 | 6 | 4 | |
| 600 | 596 | 496 | 8 | 6 | |
| 700 | 696 | 596 | 8 | 6 | |
| 800 | 796 | 696 | 8 | 6 | |
| 900 | 894 | 794 | 8 | 6 | |
| 1000 | 994 | 894 | 10 | 8 | 6 |
| 1200 | 1194 | 1074 | 10 | 8 | 6 |
| 1400 | 1392 | 1272 | 10 | 8 | 8 |
| 1600 | 1592 | 1472 | 10 | 8 | 8 |

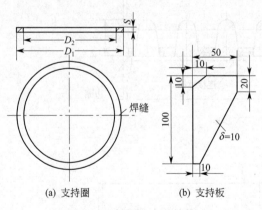

(a) 支持圈　　(b) 支持板

图8-45　栅板的支承结构

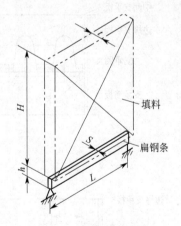

图8-46　栅条承载示意

栅条的强度计算：栅板支承中较长栅条的尺寸确定，须作强度校验。将承重的栅条简化为一受均布载荷的两端简支的梁，如图8-46所示。略去填料对塔壁的摩擦阻力，则作用于栅条上的总载荷为

$$P=P_p+P_L \tag{8-9}$$

式中，$P$ 为栅条上的总载荷，N；$P_p$ 为栅条上填料的重量，$P_p=9.8HLt\rho_p$，N；$H$ 为填料层高度，m；$L$ 为栅条长度，m；$t$ 为栅条间距，m；$\rho_p$ 为填料的堆积密度，kg/m³；$P_L$ 为填料层的持

液量，N；对于颗粒填料 $P_L=3.43HLt\rho_L$，对于丝网填料 $P_L=0.49HLt\rho_L$；$\rho_L$ 为液体密度，kg/m³。

简支梁的最大弯矩为 $M=\dfrac{PL}{8}$ N·m，由于栅条上填料负荷分布的不均匀，为安全起见，可假定

$$M=\frac{PL}{6} \tag{8-10}$$

栅条的抗弯截面模量

$$W=\frac{1}{6}(S-C)(h-C)^2 \tag{8-11}$$

于是，栅条的弯曲应力校核为

$$\sigma=\frac{M}{W}=\frac{PL}{(S-C)(h-C)^2}\leqslant[\sigma] \tag{8-12}$$

若选择栅条的材料、厚度 $S$ 以及腐蚀裕量，则可计算出栅条高度

$$h=\sqrt{\frac{PL}{(S-C)[\sigma]}}+C \tag{8-13}$$

式中，$S$ 为栅条厚度，m；$h$ 为栅条高度，m；$C$ 为腐蚀裕量，m；$\sigma$ 为弯曲应力，Pa；$[\sigma]$ 为许用应力，Pa。

2. 梁式气体喷射式支承板

如图 8-47 所示，是由多条波形单体梁组装而成，每条梁之间用螺栓连接。在梁的侧板和底板上开有若干孔，气体从侧板孔喷出，液体从底板孔流下，气液流通的自由截面积大，是目前性能最优的填料支承板。相应标准为 HG/T 21512《梁型气体喷射式填料支承板》，适用的填料塔直径范围 DN300～DN4000。支承板的波形尺寸见表 8-14。

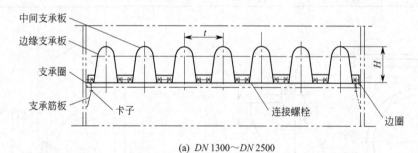

(a) DN 1300～DN 2500

(b) DN 2600～DN 4000

图 8-47 梁式气体喷射式支承板结构示意图

**表 8-14 支承板波形尺寸**

| 塔径 DN/mm | 波 形 | 波形尺寸/mm b×H | t/mm |
|---|---|---|---|
| 300 | | 145×180 | 145 |
| 400～800 | | 192×250 | 192 |
| 900～4000 | | 300×300 | 300 |

注：尺寸 b 是塔中间支承板宽度（见表中左图），在塔边缘支承板（见表中右图）的尺寸 b 将随塔径不同而异，左右不对称。H 为波高，t 为波距。

## 四、填料压板和床层限制板

### （一）填料压板

填料压板的设计要点：

① 填料压板直接置于填料层上，无须固定于塔壁，凭借自身重量限制填料的运动；

② 压板的重量要适当，既能压住填料，又不致压碎填料，其重量一般为 1100N/m² 左右；

③ 压板应具有高的自由截面，空隙率应大于 70%。

（1）栅条压板 栅条压板与填料支承栅板结构相同，结构和尺寸可参照支承栅板，但重量须满足压板的要求。否则，需用增加栅条高度、厚度或附加荷重等方法，以达到重量要求。

（2）丝网压板 图 8-48 所示的丝网压板适用于直径小于 1200mm 的塔。它是用金属丝编织成的金属网与扁钢圈焊接而成。钢圈外缘的限制台肩与焊在塔壁上的限制板配合，以控制压板的上限位置。

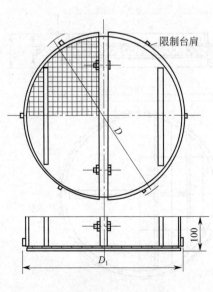

图 8-48 丝网压板

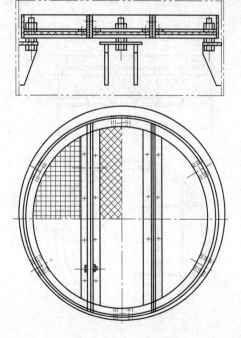

图 8-49 丝网床层限制板

当塔径大于 1200mm 时，上述结构的丝网压板难以达到所要求的压强，需附加压铁才能达到所需压强。压板可制成分块结构，入塔后用螺栓连接。当塔径 $D \leqslant 1200$mm 时，压板的外径比塔的内径小 10～20mm；当塔径 $D > 1200$mm 时，压板的外径比塔的内径小25～38mm。

**（二）床层限制板**

床层限制板的结构与填料压板类似，有丝网、栅板等形状。但是，床层限制板的重量较轻，约为 $300\text{N/m}^2$ 左右，而且必须固定在塔壁上。丝网床层限制板的结构及与塔壁的固定方式如图 8-49 所示。

当塔径 $D \leqslant 1200$mm 时，床层限制板的外径比塔的内径小 10～15mm；当塔径 $D > 1200$mm 时，限制板的外径比塔的内径小 25～38mm。

## 第四节　辅助装置及附件

### 一、丝网除沫器

丝网除沫器是由若干层平铺的波纹型丝网、格栅、定距管组成的网块以及支承件等构成。目前，国内标准除沫器有两种，一种为网块固定在设备上的固定式丝网除沫器（HG/T 21618《丝网除沫器》），另一种为网块可以抽出清洗或更换的抽屉式丝网除沫器（HG/T 21586《抽屉式丝网除沫器》）。

固定式丝网除沫器的结构形式分为上装式（直径范围 DN 300～DN 5200）和下装式（直径范围 DN 700～DN 4600）两种，根据容器结构、人孔开设位置，确定丝网除沫器的形式。当人孔设在除沫器上方，或虽无人孔但设有设备法兰时，选用上装式丝网除沫器，如图 8-50 所示。当人孔设在除沫器下方时，采用下装式丝网除沫器，如图 8-51 所示。如果选取的丝网除沫器直径 DN 小于容器直径，则可采取缩径型安装形式，如图 8-52、图8-53 所示。

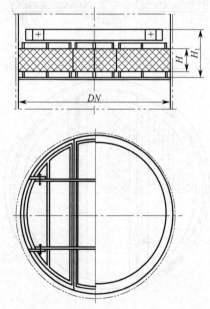
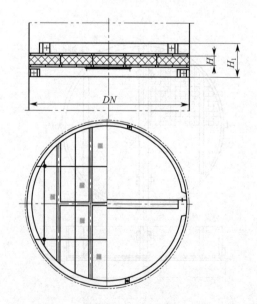

图 8-50　DN 700～DN 1600 上装式丝网除沫器　　图 8-51　DN 1700～DN 3200 下装式丝网除沫器

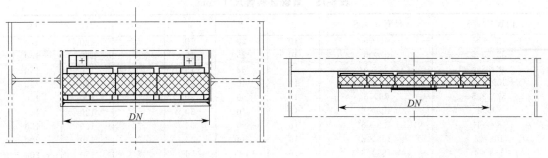

图 8-52　上装式缩颈丝网除沫器　　　　图 8-53　下装式缩颈丝网除沫器

## 二、进出料接管

塔设备的进出料接管结构设计，应考虑进料状态、分布要求、物料性质、塔内件结构及安装检修等情况。

**1. 进料管和回流管**

常见的进料管（或回流管）有直管和弯管结构形式。图 8-54(a)、(b) 所示结构为带外套管的可拆进料管。在物料清洁和有轻微腐蚀情况下，可不必采用可拆结构，将进料管直接焊在塔壁上，这时管子采用厚壁管为宜，弯管结构应考虑弯管能由管口内自由取出。

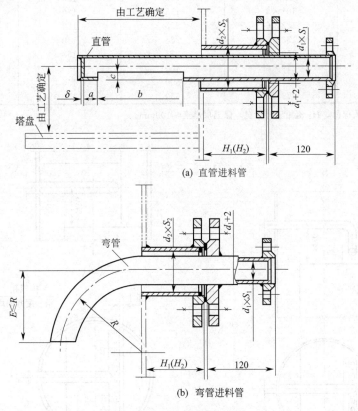

(a) 直管进料管

(b) 弯管进料管

图 8-54　可拆进料管结构

直管进料管和弯管进料管有关尺寸，分别参见表 8-15 和表 8-16，表中所列管子规格只适用于碳钢，当采用不锈钢时，应酌情减小管壁厚度。

表 8-15　直管进料管尺寸/mm

| 内管 $d_1 \times S_1$ | 外管 $d_2 \times S_2$ | $a$ | $b$ | $c$ | $\delta$ | $H_1$ | $H_2$ |
|---|---|---|---|---|---|---|---|
| 25×3 | 45×5 | 10 | 20 | 10 | 5 | 120 | 150 |
| 32×3.5 | 57×5 | 10 | 25 | 10 | 5 | 120 | 150 |
| 38×3.5 | 57×5 | 10 | 32 | 15 | 5 | 120 | 150 |
| 45×3.5 | 76×6 | 10 | 40 | 15 | 5 | 120 | 150 |
| 57×3.5 | 76×6 | 15 | 50 | 20 | 5 | 120 | 150 |
| 76×4 | 108×6 | 15 | 70 | 30 | 5 | 120 | 150 |
| 89×4 | 108×6 | 15 | 80 | 35 | 5 | 120 | 150 |
| 108×4 | 133×6 | 15 | 100 | 45 | 5 | 150 | 200 |
| 133×4 | 159×6 | 15 | 125 | 55 | 5 | 150 | 200 |
| 159×4.5 | 219×6 | 25 | 150 | 70 | 5 | 150 | 200 |
| 219×6 | 273×8 | 25 | 210 | 95 | 8 | 150 | 200 |
| 245×7 | 273×8 | 25 | 225 | 110 | 8 | 150 | 200 |
| 273×8 | 325×8 | 25 | 250 | 120 | 8 | 150 | 200 |

注：$H_1$ 值用于无保温，$H_2$ 值用于有保温，保温层厚度≤100mm。

表 8-16　弯管进料管尺寸/mm

| 内管 $d_1 \times S_1$ | 外管 $d_2 \times S_2$ | $R$ | $H_1$ | $H_2$ |
|---|---|---|---|---|
| 18×3 | 57×5 | 50 | 120 | 150 |
| 25×3 | 76×6 | 75 | 120 | 150 |
| 32×3.5 | 76×6 | 120 | 120 | 150 |
| 38×3.5 | 89×6 | 120 | 120 | 150 |
| 45×3.5 | 89×6 | 150 | 120 | 150 |
| 57×3.5 | 108×6 | 175 | 120 | 150 |
| 76×4 | 133×6 | 225 | 120 | 150 |
| 89×4 | 133×6 | 265 | 120 | 150 |
| 108×4 | 159×6 | 325 | 150 | 200 |
| 133×4 | 219×6 | 400 | 150 | 200 |
| 159×4.5 | 219×6 | 500 | 150 | 200 |
| 219×6 | 273×8 | 650 | 150 | 200 |

注：$H_1$ 值用于无保温，$H_2$ 值用于有保温，保温层厚度≤100mm。

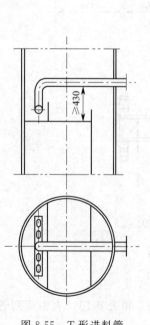

图 8-55　T 形进料管

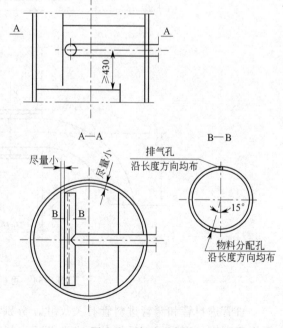

图 8-56　气液进料管

　　另外，还有 T 形进料管，分为 A 型和 B 型两种，它们都是由主管和支管组成的等径三通管。A 型进料管由支管两端出液，适用于直径 <1200mm 的塔；B 型进料管的支管两端封闭，在管壁下方开若干圆孔或条孔，可沿整个堰长均匀供液，适用于大塔。图 8-55 所示为采用 B 型 T 形管作为回流管的结构。

　　B 型 T 形进料管还可用于有闪蒸料液的进料，这时，应使支管底面与受液盘底的距离不小于 430mm，以保证气液分离。

　　对气液两相进料，也可采用 B 型 T 形进料管，但在支管上方应开排气孔，支管下方的进料孔应偏向降液板一侧，与铅垂方向成 15°角，以避免物料直接冲击塔板的开孔区，其结构如图 8-56 所示。

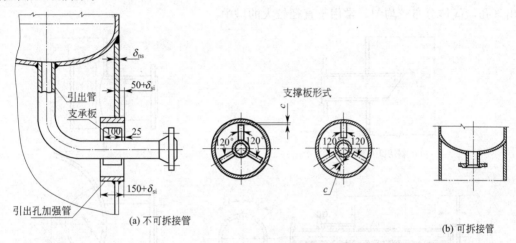

(a) 不可拆接管　　　　　　　　　　　　　　(b) 可拆接管

图 8-57　塔底出料管

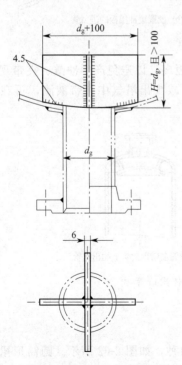

图 8-58　塔底出料口的防涡流挡板结构

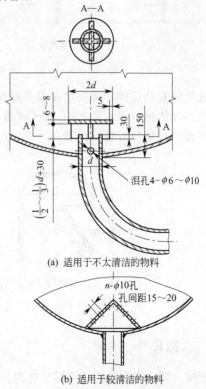

(a) 适用于不太清洁的物料

(b) 适用于较清洁的物料

图 8-59　防碎填料堵塞的管口结构

## 2. 塔底出料管

塔底出料管一般需引出裙座外壁，其结构如图 8-57(a) 所示。当塔釜物料易堵或具有腐蚀性时，为便于检修，塔底出料管应采用法兰连接，如图 8-57(b) 所示。

在塔底出料的管口处，常设置防涡流挡板和防碎填料堵塞挡板。图 8-58 所示为釜液出口的防涡流挡板结构之一，用于釜液较清洁时。图 8-59(a)、(b) 为防碎填料堵塞的管口结构，图 8-59(a) 适用于不太清洁的物料，图 8-59(b) 适用于较清洁的物料。

## 3. 气体进出口管

（1）气体进口管　气体进口管的结构如图 8-60(a)、(b)、(c) 所示，其中图 8-60(a)、(b) 的结构简单，适用于气体分布要求不高的场合；图 8-60(c) 所示的结构，在进气管上开有三排出气孔，气体分布较均匀，常用于直径较大的塔中。

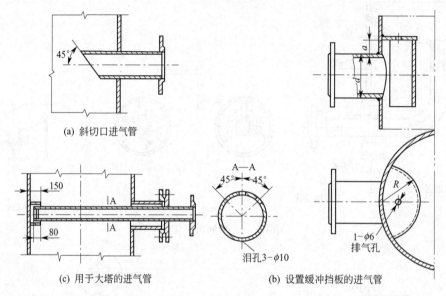

(a) 斜切口进气管

(c) 用于大塔的进气管

(b) 设置缓冲挡板的进气管

图 8-60　气体进口管

进气管安装位置，应在塔釜最高液面之上的一定距离，以避免产生冲溅、夹带现象。

（2）气体出口管　图 8-61 为气体出口管结构，为减少出塔气中夹带液滴，可在出口处设置挡板或在塔顶安置除沫器。

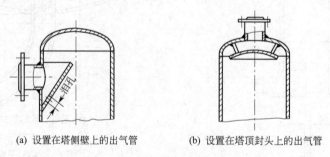

(a) 设置在塔侧壁上的出气管　　　　(b) 设置在塔顶封头上的出气管

图 8-61　设置除沫挡板的气体出口管

## 三、裙座

裙座（裙式支座）的结构形式有圆筒形和圆锥形两种，如图 8-62 所示。圆筒形裙座制造方便，经济合理，一般常选用圆筒形裙座。圆锥形裙座可提高设备的稳定性，降低基础环支承面上的应力，因此常在细高的塔（即 $DN \leqslant 1000\text{mm}$，且 $H/DN > 25$ 或 $DN > 1000\text{mm}$，且 $H/DN > 30$）中采用。圆锥形裙座的半锥顶角 $\alpha$ 不宜超过 15°。裙座的名义厚度不应小于 6mm。

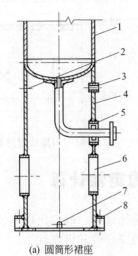 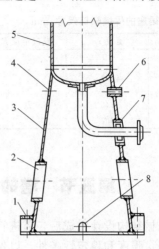

(a) 圆筒形裙座　　　　　　(b) 圆锥形裙座

1—塔体；2—无保温时的排气孔；　　　1—螺栓座；2—人孔；3—裙座体；
3—有保温时的排气孔；4—裙座体；　　4—无保温时的排气孔；5—塔体；
5—引出管通道；6—人孔；　　　　　　6—有保温时的排气孔；7—引出管通道；
7—排液孔；8—螺栓座　　　　　　　　8—排液孔

图 8-62　裙式支座

**1. 裙座与塔体的连接**

裙座与塔体的连接采用焊接。焊接接头形式可采用对接接头或搭接接头的形式。图 8-63 为对接接头的焊接结构，裙座壳的外径宜与塔体下封头的外径相等，焊缝须采用全焊透连续焊。图 8-64 为搭接接头的焊接结构，此种连接形式焊缝的受力情况较差，应在小塔或焊接接头受力较小情况下采用。搭接部位宜在塔体的筒体上 [图8-64(a)]，被裙座覆盖的下封头上所有对接焊缝应磨平，且须 100% 探伤检测合格。当裙座与塔体下封头搭接时 [图 8-64(b)]，搭接部位应位于封头的直边段，搭接焊缝与下封头的环向连接焊缝须保持一定距离，且不得连成一体。搭接接头的角焊缝应填满。

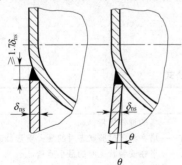 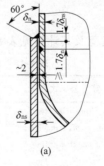 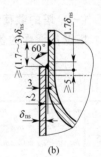

图 8-63　裙座与塔体的对接连接　　　图 8-64　裙座与塔体的搭接连接

当塔体下封头由多块板拼接制成时，裙座应开缺口，以避开封头的拼接焊缝，缺口的形式和尺寸见图 8-65 和表 8-17。

**2. 引出管通道**

裙座上引出管通道的结构如图 8-57(a) 所示，有关尺寸参见 JB/T 4710《钢制塔式容器》。引出管或引出孔的加强管上焊有支承筋板（当介质温度≤－20℃时，宜用木垫），满足且应留有间隙，以满足管子的热膨胀需要。

**表 8-17　裙座的焊缝缺口尺寸/mm**

| 封头名义厚度 $\delta_n$ | 宽度 $L_1$ | 缺口半径 $R$ |
|---|---|---|
| ≤8 | 70 | 35 |
| >8~18 | 100 | 50 |
| >18~28 | 120 | 60 |
| >28~38 | 140 | 70 |
| >38 | $4\delta_h$ | $2\delta_h$ |

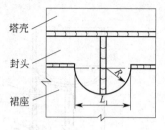

图 8-65　裙座的焊缝缺口

# 第五节　塔的强度和稳定性计算

塔设备的机械结构设计完成后，需进行强度和稳定性计算，确定出塔体、封头、裙座的壁厚，并使其满足强度和稳定性条件，以保证塔设备的安全性和可靠性。

## 一、计算步骤

塔设备的强度和稳定性计算的步骤：

① 按计算压力确定筒体及封头的有效厚度 $\delta_e$ 和 $\delta_{eh}$；

② 根据地震载荷或风载荷计算的需要，选取若干计算截面（包括所有危险截面），并考虑制造、运输、安装的要求，设定各计算截面处筒体有效厚度 $\delta_{ei}$、封头有效厚度 $\delta_{eh}$ 及裙座壳有效厚度 $\delta_{es}$；

③ 计算塔的质量、地震载荷、风载荷及偏心载荷；

④ 计算塔在各种载荷作用下产生的轴向应力；

⑤ 计算塔在各种载荷联合作用下的组合轴向应力，并应满足各相应的强度要求和稳定性要求，否则需重新设定有效厚度，直至满足全部校核条件为止；

⑥ 按上述工况下的载荷，计算基础环和地脚螺栓。

## 二、设计计算公式

### （一）塔的载荷计算

塔设备承受的各种载荷及其计算见表 8-18。

**表 8-18　塔的载荷计算公式**

| 项目 | 计算公式 | | 符号说明 |
|---|---|---|---|
| 塔的质量 | $m_o = m_{o1} + m_{o2} + m_{o3} + m_{o4} + m_{o5} + m_a + m_e$ | (8-14) | $m_o$——塔的操作质量，kg； |
| | $m_{max} = m_{o1} + m_{o2} + m_{o3} + m_{o4} + m_a + m_w + m_e$ | (8-15) | $m_{max}$——塔在液压试验状态时的最大质量，kg； |
| | $m_{min} = m_{o1} + 0.2m_{o2} + m_{o3} + m_{o4} + m_a + m_e$ | (8-16) | $m_{min}$——塔在安装状态时的最小质量，kg； |
| | | | $m_{o1}$——塔壳体和裙座质量，kg； |
| | | | $m_{o2}$——内件质量，kg； |
| | | | $m_{o3}$——保温材料质量，kg； |
| | | | $m_{o4}$——平台、扶梯质量，kg； |
| | | | $m_{o5}$——操作时塔内物料质量，kg； |
| | | | $m_a$——人孔、接管、法兰等附件质量，kg； |
| | | | $m_w$——液压试验时，塔内充液质量，kg； |
| | | | $m_e$——偏心质量，kg。 |

续表

| 项目 | 计 算 公 式 | 符 号 说 明 |
|---|---|---|
| 地 震 载 荷 | **一、塔的自振周期**<br>等直径且等厚度塔的基本振型自振周期<br><br>$$T_1 = 90.33H\sqrt{\dfrac{m_0 H}{E\delta_e D_i^3}} \times 10^{-3} \quad (8\text{-}17)$$<br><br>等直径且等厚度塔的第二、第三振型自振周期<br><br>$$T_2 = 14.42H\sqrt{\dfrac{m_0 H}{E\delta_e D_i^3}} \times 10^{-3} \quad (8\text{-}18)$$<br><br>$$T_3 = 5.11H\sqrt{\dfrac{m_0 H}{E\delta_e D_i^3}} \times 10^{-3} \quad (8\text{-}19)$$<br><br>**二、地震力**<br>1. 水平地震力<br>在任意高度 $h_k$ 处的集中质量 $m_k$ 引起的基本振型水平地震力：<br><br>$$F_{1k} = \alpha_1 \eta_{1k} m_k g \quad (8\text{-}20)$$<br><br>第 $N(N=1,2,3)$ 阶振型时，在高度 $h_k$ 处的集中质量 $m_k$ 引起的水平地震力：<br><br>$$F_{Nk} = \alpha_N \eta_{Nk} m_k g \quad (8\text{-}21)$$ | $T_1$——塔的基本自振周期，s<br>$T_2 \, 、 T_3$——第二、第三振型自振周期，s<br>$H$——塔的总高度，mm<br>$E$——塔壳体材料在设计温度下的弹性模量，MPa<br>$\delta_e$——塔壳有效壁厚，mm<br>$D_i$——塔壳内直径，mm<br><br>$F_{1k}$——集中质量 $m_k$ 引起的基本振型水平地震力，N<br>$F_{Nk}$——集中质量 $m_k$ 引起的第 $N$ 振型水平地震力，N<br>$g$——重力加速度，m/s$^2$<br>$\eta_{1k}$——基本振型参与系数，按式(8-22)计算<br><br>$$\eta_{1k} = \dfrac{h_k^{1.5} \sum\limits_{i=1}^{n} m_i h_i^{1.5}}{\sum\limits_{i=1}^{n} m_i h_i^3} \quad (8\text{-}22)$$<br><br>$m_i$——第 $i$ 计算段的操作质量，kg<br>$m_k$——距地面 $h_k$ 处的集中质量，kg<br>$h$——计算截面距地面的高度，mm<br>$h_i$——第 $i$ 段集中质量距地面的高度，mm<br>$h_k$——任意计算截面Ⅰ-Ⅰ以上集中质量 $m_k$ 距地面的高度，mm<br>$\eta_{Nk}$——第 $N$ 阶振型时的振型参与系数，按式(8-23)计算<br><br>$$\eta_{Nk} = \dfrac{X_{Nk} \sum\limits_{j=1}^{n} m_j X_{Nj}}{\sum\limits_{j=1}^{n} m_j X_{Nj}^2} \quad (8\text{-}23)$$<br><br>$m_j$——第 $j$ 个质点的集中质量，kg<br>$X_{Nj}$——第 $N$ 阶振型向量中第 $j$ 个元素的值，mm<br>$X_{Nk}$——第 $N$ 阶振型向量中第 $k$ 个元素的值，mm<br>$\alpha$——地震影响系数，按图 8-67 确定，图中曲线部分按式(8-24a)和(8-24b)计算<br>$\alpha_1$——对应于基本振型自振周期 $T_1$ 的地震影响系数<br>$\alpha_N$——对应于第 $N$ 阶振型自振周期 $T_N$ 的地震影响系数<br><br>$$\alpha = \left(\dfrac{T_g}{T_i}\right)^{\gamma} \eta_2 \alpha_{\max} \quad (8\text{-}24a)$$<br><br>$$\alpha = [\eta_2 0.2^{\gamma} - \eta_1 (T_i - 5T_g)] \alpha_{\max} \quad (8\text{-}24b)$$<br><br>$\eta_1$——地震影响系数曲线直线下降段斜率的调整系数，按式(8-25)计算：<br><br>$$\eta_1 = 0.02 + (0.05 - \zeta_i)/8 \quad (8\text{-}25)$$<br><br>$\eta_2$——地震影响系数曲线的阻尼调整系数，按式(8-26)计算：<br><br>$$\eta_2 = 1 + \dfrac{0.05 - \zeta_i}{0.06 + 1.7\zeta_i} \quad (8\text{-}26)$$<br><br>$\gamma$——地震影响系数曲线下降段的衰减指数，按式(8-27)计算： |

| 项 目 | 计 算 公 式 | 符 号 说 明 |
|---|---|---|
| 地 震 载 荷 | **2. 垂直地震力**<br>设防烈度为 8 度或 9 度区的塔器应考虑上下两个方向垂直地震力作用<br>塔器底截面处总的垂直地震力:<br>$$F_V^{0\text{-}0} = \alpha_{V,max} m_{eq} g \qquad (8\text{-}28)$$<br>任意质量 $i$ 处所分配的垂直地震力:<br>$$F_{vj}^{I\text{-}I} = \frac{m_i h_i}{\sum\limits_{k=1}^{n} m_k h_k} F_v^{0\text{-}0} \ (i=1,2,\cdots n) \quad (8\text{-}29)$$<br>任意计算截面 I-I 处的垂直地震力:<br>$$F_v^{I\text{-}I} = \sum_{k=i}^{n} F_{vk} \qquad (i=1,2,\cdots n) \ (8\text{-}30)$$<br>**3. 地震弯矩**<br>塔器任意计算截面 I-I 处的基本振型地震弯矩:<br>$$M_{E1}^{I\text{-}I} = \sum_{k=i}^{n} F_{1k}(h_k - h) \qquad (8\text{-}31)$$<br>等直径、等厚度塔器的任意截面 I-I 和底截面 0-0 的基本振型地震弯矩分别为:<br>$$M_{E1}^{I\text{-}I} = \frac{8\alpha_1 m_o g}{175 H^{2.5}}(10H^{3.5} - 14H^{2.5}h + 4h^{3.5}) \ (8\text{-}32)$$<br>$$M_{E1}^{0\text{-}0} = \frac{16}{35}\alpha_1 m_o g H \qquad (8\text{-}33)$$<br>当 $H/D>15$,且 $H>20$m 时,还应考虑高振型的影响。由于第三阶振型以上各阶振型对塔器的影响甚微,可不考虑。工程上计算组合弯矩时一般只计算前三个振型的地震弯矩即可。<br>第 $N(N=1,2,3)$ 阶振型时,任意计算截面 I-I 处的地震弯矩:<br>$$M_{EN}^{I\text{-}I} = \sum_{k=i}^{n} F_{Nk}(h_k - h) \qquad (8\text{-}34)$$<br>计算截面 I-I 处的组合弯矩:<br>$$M_E^{I\text{-}I} = \sqrt{(M_{E1}^{I\text{-}I})^2 + (M_{E2}^{I\text{-}I})^2 + (M_{E3}^{I\text{-}I})^2} \ (8\text{-}35)$$<br><br>图 8-66  水平地震力计算示意图 | $$\gamma = 0.9 + \frac{0.05 - \zeta_i}{0.5 + 5\zeta_i} \qquad (8\text{-}27)$$<br>$\zeta_i$——第 $i$ 阶振型阻尼比,应由实测值确定,无实测数据时,第一振型阻尼比可取 $\zeta_1 = 0.01 \sim 0.03$;高振型阻尼比,可参照第一振型阻尼比选取。<br>$\alpha_{max}$——地震影响系数的最大值,见表 8-24<br>$T_g$——各类场地土的特征周期,见表 8-25<br>$\alpha_{v,max}$——垂直地震影响系数最大值,取 $\alpha_{v,max}=0.65\alpha_{max}$<br>$m_{eq}$——塔器的当量质量,kg 取 $m_{eq}=0.75m_o$<br>$M_{E1}^{I\text{-}I}$——计算截面 I-I 处第一阶振型(基本振型)的地震弯矩,N·mm<br>$M_{E2}^{I\text{-}I}$——计算截面 I-I 处第二阶振型的地震弯矩,N·mm<br>$M_{E3}^{I\text{-}I}$——计算截面 I-I 处第三阶振型的地震弯矩,N·mm |
| 风 载 荷 | **一、水平风力**<br>塔第 $i$ 计算段的顺风向水平风力:<br>$$P_i = K_1 K_{2i} q_0 f_i l_i D_{ei} \times 10^{-6} \qquad (8\text{-}36)$$ | $P_i$——塔器第 $i$ 计算段的水平风力,N<br>$q_o$——基本风压值,N/m²,见表 8-26<br>$f_i$——风压高度变化系数,见表 8-27<br>$l_i$——塔器 $i$ 计算段长度,mm<br>$K_1$——体系系数,取 $K_1=0.7$<br>$K_{2i}$——塔器第 $i$ 计算段的风振系数,<br>当塔高 $H \leqslant 20$m 时,取 $K_{2i}=1.7$<br>当塔高 $H>20$m 时,按式(8-37)计算:<br>$$K_{2i}=1+\frac{\xi v_i \phi_{zi}}{f_i} \qquad (8\text{-}37)$$<br>$\xi$——脉动增大系数,见表 8-28<br>$v_i$——第 $i$ 计算段脉动影响系数,见表 8-29<br>$\phi_{zi}$——第 $i$ 计算段振型系数,见表 8-30 |

续表

| 项 目 | 计 算 公 式 | 符 号 说 明 |
|---|---|---|
| 风载荷 | **二、风弯矩**<br>塔器任意计算截面 I-I 处的风弯矩：<br>$$M_w^{I\text{-}I}=P_i\frac{l_i}{2}+P_{i+1}\left(l_i+\frac{l_{i+1}}{2}\right)+P_{i+2}\left(l_i+l_{i+1}+\frac{l_{i+2}}{2}\right)+\cdots+$$<br>$$P_n\left(l_i+l_{i+1}+l_{i+2}+\cdots+\frac{l_n}{2}\right) \qquad (8\text{-}42)$$<br>塔器底截面 0-0 处的风弯矩：<br>$$M_w^{0\text{-}0}=P_1\frac{l_1}{2}+P_2\left(l_1+\frac{l_2}{2}\right)+\cdots+$$<br>$$P_n\left(l_1+l_2+\cdots+l_{n-1}+\frac{l_n}{2}\right) \qquad (8\text{-}43)$$<br>当 $H/D>15$ 且 $H>30$m 时，还应计算横风向风振，详见 JB/T4710-2005《钢制塔式容器》附录 A。 | $H_{it}$——第 $i$ 计算段顶截面距地面的高度，mm<br>$h_{it}$——第 $i$ 计算段顶截面距塔底截面的高度，mm<br>$D_{ei}$——塔器第 $i$ 计算段的有效直径，mm<br>当笼式扶梯与塔顶管线布置成 180°时：<br>$$D_{ei}=D_{oi}+2\delta_{si}+K_3+K_4+d_o+2\delta_{ps} \quad (8\text{-}38)$$<br>当笼式扶梯与塔顶管线布置成 90°时，取下列两式中较大者：<br>$$D_{ei}=D_{oi}+2\delta_{si}+K_3+K_4 \qquad (8\text{-}39)$$<br>$$D_{ei}=D_{oi}+2\delta_{si}+K_4+d_o+2\delta_{ps} \qquad (8\text{-}40)$$<br>$D_{oi}$——塔器第 $i$ 计算段的外直径，mm<br>$\delta_{si}$——塔器第 $i$ 计算段的保温层厚度，mm<br>$\delta_{ps}$——管线保温层厚度，mm<br>$d_o$——塔顶管线外直径，mm<br>$K_3$——笼式扶梯当量宽度，当无确切数据时，可取 $K_3=400$mm<br>$K_4$——操作平台当量宽度，mm，按式(8-41)计算，当无确切数据时，可取 $K_4=600$mm<br>$$K_4=\frac{2\sum A}{l_o} \qquad (8\text{-}41)$$<br>$l_o$——操作平台所在计算段的长度，mm<br>$\sum A$——第 $i$ 计算段内平台构件的投影面积，mm²<br>$M_w^{I\text{-}I}$——任意计算截面 I-I 处的风弯矩，N·mm |
| 偏心载荷 | 偏心载荷引起的偏心弯矩：<br>$$M_e=m_e g l_e \qquad (8\text{-}44)$$ | $M_e$——偏心质量引起的弯矩，N·mm<br>$m_e$——偏心质量，kg<br>$l_e$——偏心质量的重心至塔器中心线的距离，mm |
| 最大弯矩 | 塔器任意计算截面 I-I 处的最大弯矩：<br>$$M_{max}^{I\text{-}I}=\begin{cases} M_w^{I\text{-}I}+M_e \\ M_E^{I\text{-}I}+0.25M_w^{I\text{-}I}+M_e \end{cases} \quad (8\text{-}45)$$<br>取其中较大值 | |

### （二）圆筒形塔壳体轴向应力计算与校核

计算塔在各种载荷作用下产生的轴向应力，求出最大组合拉应力和最大组合压应力，并进行强度和稳定性校核，计算方法见表 8-19。

**表 8-19 塔壳体轴向应力计算与校核**

| 项目 | 计 算 公 式 | 符 号 说 明 |
|---|---|---|
| 轴向应力 | 1. 计算压力引起的轴向应力<br>$$\sigma_1=\frac{p_c D_i}{4\delta_{ei}} \qquad (8\text{-}46)$$<br>2. 操作或非操作时重力及垂直地震力引起的轴向应力<br>$$\sigma_2=\frac{m^{I\text{-}I}g\pm F_v^{I\text{-}I}}{\pi D_i \delta_{ei}} \qquad (8\text{-}47)$$<br>3. 最大弯矩引起的轴向应力<br>$$\sigma_3=\frac{M_{max}^{I\text{-}I}}{\frac{\pi}{4}D_i^2 \delta_{ei}} \qquad (8\text{-}48)$$ | $p_c$——计算压力，MPa<br>$m^{I\text{-}I}$——塔体计算截面 I-I 以上操作或非操作时的质量，kg；按不同工况，分别为：<br>操作时，取 $m^{I\text{-}I}=m_o^{I\text{-}I}$<br>水压试验时，取 $m^{I\text{-}I}=m_{max}^{I\text{-}I}$<br>吊装时，取 $m^{I\text{-}I}=m_{min}^{I\text{-}I}$<br>$m_o^{I\text{-}I}$——计算截面 I-I 以上塔的操作质量，kg<br>$m_{max}^{I\text{-}I}$——计算截面 I-I 以上塔在液压试验状态时的最大质量，kg<br>$m_{min}^{I\text{-}I}$——计算截面 II 以上塔在安装状态时的最小质量，kg<br>$F_v^{I\text{-}I}$——垂直地震力，N，仅在最大弯矩为地震弯矩参与组合时计入<br>$M_{max}^{I\text{-}I}$——计算截面 II 处的最大弯矩，N·mm，按式(8-45)计算 |

| 项目 | 计 算 公 式 | 符 号 说 明 |
|---|---|---|
| 最大组合轴向应力 | 1. 内压塔<br>最大组合轴向拉应力，是在操作情况下<br>$$\sigma_{max,组拉}=\sigma_1-\sigma_2+\sigma_3 \quad (8-49)$$<br>最大组合轴向压应力，是在非操作情况下<br>$$\sigma_{max,组压}=-(\sigma_2+\sigma_3) \quad (8-50)$$<br>2. 外压塔<br>最大组合轴向拉应力，是在非操作情况下<br>$$\sigma_{max,组拉}=-\sigma_2+\sigma_3 \quad (8-51)$$<br>最大组合轴向压应力，是在操作情况下<br>$$\sigma_{max,组压}=-(\sigma_1+\sigma_2+\sigma_3) \quad (8-52)$$ | $\sigma_1$——由计算压力引起的轴向应力，MPa<br>$\sigma_2$——由重力及垂直地震力引起的轴向应力（为负值），MPa<br>$\sigma_3$——由弯矩引起的轴向应力，MPa<br>$\sigma_{max,组拉}$——最大组合轴向拉应力，MPa<br>$\sigma_{max,组压}$——最大组合轴向压应力，MPa |
| 轴向应力校核 | 1. 最大组合轴向拉应力校核——强度条件<br>$$\sigma_{max,组拉}\leqslant K[\sigma]^t\phi \quad (8-53)$$<br>2. 最大组合轴向压应力校核——稳定性条件<br>$$\sigma_{max,组压}\leqslant[\sigma]_{cr} \quad (8-54)$$<br>$$[\sigma]_{cr}=\begin{cases}KB\\K[\sigma]^t\end{cases}\text{取其中较小值} \quad (8-55)$$ | $[\sigma]^t$——设计温度下塔壳材料的许用应力，MPa<br>$K$——载荷组合系数，取 $K=1.2$<br>$\phi$——焊接接头系数<br>$[\sigma]_{cr}$——设计温度下塔壳或裙座壳的许用轴向压应力，MPa<br>$B$——外压应力系数，MPa<br>圆筒 $B$ 值按下列步骤求取：<br>①按式(8-56)计算外压应变系数 A：<br>$$A=\frac{0.094\delta_e}{R_o} \quad (8-56)$$<br>$R_o$——圆筒外半径，mm<br>②按圆筒材料，查对应的外压应力系数曲线图（GB 150.3《压力容器》第 4 章），由 A 值查取 B 值。若 A 值落在设计温度线左侧，则按式(8-57)计算 B 值：<br>$$B=\frac{2}{3}AE^t \quad (8-57)$$ |
| 液压试验应力校核 | 1. 液压试验条件下的应力<br>(1)由试验压力引起的环向应力<br>$$\sigma_T=\frac{(p_T+\rho_w gH_w\times10^{-6})(D_i+\delta_{ei})}{2\delta_{ei}} \quad (8-58)$$<br>(2)由试验压力引起的轴向应力<br>$$\sigma_1=\frac{p_T D_i}{4\delta_{ei}} \quad (8-59)$$<br>(3)由重力引起的轴向应力<br>$$\sigma_2=\frac{m_T^{I-I}g}{\pi D_i\delta_{ei}} \quad (8-60)$$<br>(4)由弯矩引起的轴向应力<br>$$\sigma_3=\frac{0.3M_w^{I-I}+M_e}{\frac{\pi}{4}D_i^2\delta_{ei}} \quad (8-61)$$<br>2. 液压试验应力校核<br>(1)环向应力校核<br>$$\sigma_T\leqslant0.9R_{eL}\phi \quad (8-62)$$<br>(2)最大组合轴向拉应力校核<br>$$\sigma_{max,组拉}=\sigma_1-\sigma_2+\sigma_3\leqslant0.9R_{eL}\phi \quad (8-63)$$<br>(3)最大组合轴向压应力校核<br>$$\sigma_{max,组压}=-(\sigma_2+\sigma_3)\leqslant[\sigma]_{cr} \quad (8-64)$$<br>$$[\sigma]_{cr}=\begin{cases}KB\\0.9R_{eL}\end{cases}\text{取其中较小值} \quad (8-65)$$ | $p_T$——试验压力，MPa<br>内压塔：$p_T=1.25p\dfrac{[\sigma]}{[\sigma]^t}$<br>外压塔：$p_T=1.25p$<br>$p$——设计压力，MPa<br>$[\sigma]$——试验温度下材料的许用应力，MPa<br>$[\sigma]^t$——设计温度下材料的许用应力，MPa<br>$H_w$——液柱高度，m<br>$\rho_w$——试验介质的密度，kg/m³<br>$m_T^{I-I}$——液压试验时，计算截面 I-I 以上的质量（只计入塔壳、内构件、偏心质量、保温层、扶梯及平台质量），kg<br>$R_{eL}$——试验温度下筒体材料的屈服强度，MPa |

### （三）裙座壳轴向应力计算与校核

裙座壳有两个危险截面，分别是裙座基底截面（0-0 截面）和裙座壳人孔或较大管线引出孔截面（1-1 截面），计算这两个危险截面的轴向组合应力，并进行稳定性校核，计算方法见表 8-20。

**表 8-20　裙座壳轴向应力计算与校核**

| 项目 | 计 算 公 式 | 符 号 说 明 |
|---|---|---|
| 操作状态轴向应力校核 | 操作状态下裙座危险截面处的轴向应力：<br><br>1. 裙座底部截面最大组合轴向压应力<br><br>$\sigma_{\max,组压}^{0\text{-}0}=\sigma_2^{0\text{-}0}+\sigma_3^{0\text{-}0}$<br><br>$\qquad=\dfrac{m_o^{0\text{-}0}g+F_v^{0\text{-}0}}{A_{sb}}+\dfrac{M_{\max}^{0\text{-}0}}{Z_{sb}}$　　(8-66)<br><br>2. 裙座人孔截面最大组合轴向压应力<br><br>$\sigma_{\max,组压}^{1\text{-}1}=\sigma_2^{1\text{-}1}+\sigma_3^{1\text{-}1}$<br><br>$\qquad=\dfrac{m_o^{1\text{-}1}g+F_v^{1\text{-}1}}{A_{sm}}+\dfrac{M_{\max}^{1\text{-}1}}{Z_{sm}}$　　(8-67)<br><br>3. 最大组合轴向压应力校核 —稳定性条件<br><br>$\sigma_{\max,组压}\leqslant[\sigma]_{cr}=\begin{cases}KB\\K[\sigma]_s^t\end{cases}$ 取其中较小值　(8-68) | $M_{\max}^{0\text{-}0},M_{\max}^{1\text{-}1}$ ——分别为计算截面 0-0 处和 1-1 处的最大弯矩，N·mm，按式(8-45)计算<br><br>$F_v^{0\text{-}0},F_v^{1\text{-}1}$ ——分别为计算截面 0-0 处和 1-1 处的垂直地震力，N，仅在最大弯矩为地震弯矩参与组合时计入<br><br>$A_{sb}$ ——裙座底部截面的面积，$mm^2$<br><br>$\qquad A_{sb}=\pi D_{is}\delta_{es}$　　(8-69)<br><br>$A_{sm}$ ——裙座人孔处截面的面积，$mm^2$<br><br>$A_{sm}=\pi D_{im}\delta_{es}-\sum[(b_m+2\delta_m)\delta_{es}-A_m]$　(8-70)<br><br>$\qquad A_m=2l_m\delta_m$<br><br>$Z_{sb}$ ——裙座底部截面的抗弯截面系数，$mm^3$<br><br>$\qquad Z_{sb}=\dfrac{\pi}{4}D_{is}^2\delta_{es}$<br><br>$Z_{sm}$ ——裙座人孔处截面的抗弯截面系数，$mm^3$<br><br>$Z_{sm}=\dfrac{\pi}{4}D_{im}^2\delta_{es}-\sum\left(b_mD_{im}\dfrac{\delta_{es}}{2}-Z_m\right)$　(8-71)<br><br>$Z_m=2\delta_{es}l_m\sqrt{\left(\dfrac{D_{im}}{2}\right)^2-\left(\dfrac{b_m}{2}\right)^2}$<br><br>$D_{is}$ ——裙座壳底部内直径，mm<br><br>$D_{im}$ ——裙座人孔截面处裙座壳的内直径，mm<br><br>$\delta_{es}$ ——裙座壳有效厚度，mm<br><br>$\delta_m$ ——人孔或较大管线引出孔加强管的厚度，mm<br><br>$b_m$ ——裙座人孔截面处水平方向的最大宽度，mm<br><br>$l_m$ ——人孔或较大管线引出孔加强管的长度，mm<br><br>$[\sigma]_s^t$ ——设计温度下裙座材料的许用应力，MPa |
| 液压试验应力校核 | 液压试验状态下裙座危险截面处的轴向应力：<br><br>1. 裙座底部截面最大组合轴向压应力<br><br>$\sigma_{\max,组压}^{0\text{-}0}=\sigma_2^{0\text{-}0}+\sigma_3^{0\text{-}0}$<br><br>$\qquad=\dfrac{m_{\max}^{0\text{-}0}g}{A_{sb}}+\dfrac{0.3M_w^{0\text{-}0}+M_e}{Z_{sb}}$　(8-72)<br><br>2. 裙座人孔截面最大组合轴向压应力<br><br>$\sigma_{\max,组压}^{1\text{-}1}=\sigma_2^{1\text{-}1}+\sigma_3^{1\text{-}1}$<br><br>$\qquad=\dfrac{m_{\max}^{1\text{-}1}g}{A_{sm}}+\dfrac{0.3M_w^{1\text{-}1}+M_e}{Z_{sm}}$　(8-73)<br><br>3. 液压试验应力校核<br><br>$\sigma_{\max,组压}\leqslant[\sigma]_{cr}=\begin{cases}B\\0.9R_{eL}\end{cases}$ 取其中较小值　(8-74) | $m_{\max}^{0\text{-}0},m_{\max}^{1\text{-}1}$ ——分别为计算截面 0-0 和 1-1 以上塔在液压试验状态时的最大质量，kg<br><br>$R_{eL}$ ——试验温度下裙座材料的屈服强度，MPa |

## （四）基础环设计

基础环承受由座体传下来的载荷，其结构尺寸设计见表 8-21。

表 8-21 基础环设计

| 项目 | 计 算 公 式 | 符 号 说 明 |
|---|---|---|
| 基础环尺寸 | 1. 基础环内、外径<br><br>$$D_{ob} = D_{is} + (160 \sim 400)$$<br>$$D_{ib} = D_{is} - (160 \sim 400) \quad (8\text{-}75)$$<br><br>2. 基础环厚度<br>（1）基础环上无筋板时<br><br>$$\delta_b = 1.73\,b\sqrt{\frac{\sigma_{bmax}}{[\sigma]_b}} \quad (8\text{-}76)$$<br><br>（2）基础环上有筋板时<br><br>$$\delta_b = \sqrt{\frac{6M_s}{[\sigma]_b}} \quad (8\text{-}77)$$<br><br>求出 $\delta_b$ 后，应加上厚度附加量 2mm，并圆整到钢板规格厚度。 | $D_{ob}$——基础环外直径，mm<br>$D_{ib}$——基础环内直径，mm<br>$\delta_b$——基础环计算厚度，mm<br>$b$——基础环外部的径向宽度，mm<br>$b = (D_{ob} - D_{os})/2$，见图 8-69<br>$[\sigma]_b$——基础环材料的许用应力，<br>    碳钢取 $[\sigma]_b = 147$MPa<br>    低合金结构钢取 $[\sigma]_b = 170$MPa<br>$\sigma_{b,max}$——混凝土基础上的最大应力，MPa，按式(8-78)计算，取其中较大值：<br><br>$$\sigma_{b,max} = \begin{cases} \dfrac{M_{max}^{0\text{-}0}}{Z_b} + \dfrac{m_0\,g \pm F_V^{0\text{-}0}}{A_b} \\[2mm] \dfrac{0.3M_w^{0\text{-}0} + M_e}{Z_b} + \dfrac{m_{max}\,g}{A_b} \end{cases} \quad (8\text{-}78)$$<br><br>其中 $F_v^{0\text{-}0}$ 仅在最大弯矩为地震弯矩参与组合时计入此项。<br>$A_b$——基础环的面积，mm²<br>$$A_b = \frac{\pi}{4}(D_{ob}^2 - D_{ib}^2) \quad (8\text{-}79)$$<br>$Z_b$——基础环的抗弯截面系数，mm³<br>$$Z_b = \frac{\pi(D_{ob}^4 - D_{ib}^4)}{32D_{ob}} \quad (8\text{-}80)$$<br>$M_s$——矩形板计算力矩，N·mm/mm，按式(8-81)计算：<br>$$M_s = \max\{\,|M_x|\,,\,|M_y|\,\} \quad (8\text{-}81)$$<br>$$M_x = C_x\,\sigma_{b,max}\,b^2 \quad (8\text{-}82)$$<br>$$M_y = C_y\,\sigma_{b,max}\,l^2 \quad (8\text{-}83)$$<br>其中系数 $C_x$、$C_y$ 按表 8-31 选取 |

### （五）地脚螺栓设计

塔设备设置一定数量的地脚螺栓是为了固定设备位置，并防止其翻倒。地脚螺栓的数量和直径的设计计算见表 8-22。

表 8-22 地脚螺栓设计

| 项目 | 计 算 公 式 | 符 号 说 明 |
|---|---|---|
| 最大拉应力 | 地脚螺栓承受的最大拉应力按式(8-84)计算：<br><br>$$\sigma_B = \begin{cases} \dfrac{M_w^{0\text{-}0} + M_e}{Z_b} - \dfrac{m_{min}\,g}{A_b} \\[2mm] \dfrac{M_E^{0\text{-}0} + 0.25M_w^{0\text{-}0} + M_e}{Z_b} - \dfrac{m_0\,g - F_v^{0\text{-}0}}{A_b} \end{cases} \quad (8\text{-}84)$$<br><br>取其中较大值 | $\sigma_B$——地脚螺栓承受的最大拉应力，MPa<br>  当 $\sigma_B \leqslant 0$ 时，塔设备自身稳定，但应设置一定数量的地脚螺栓，以固定位置<br>  当 $\sigma_B > 0$ 时，塔设备必须设置地脚螺栓 |
| 地脚螺栓直径 | 地脚螺栓的螺纹小径按式(8-85)计算，将计算结果圆整为螺栓的公称直径（见表 8-32）<br><br>$$d_1 = \sqrt{\frac{4\sigma_B A_b}{\pi n[\sigma]_{bt}}} + C_2 \quad (8\text{-}85)$$ | $d_1$——地脚螺栓的螺纹小径，mm<br>$n$——地脚螺栓个数，一般取 4 的倍数<br>$C_2$——腐蚀裕度，取不小于 3mm<br>$[\sigma]_{bt}$——地脚螺栓材料的许用应力，MPa<br>  地脚螺栓材料宜选用 Q235 或 Q345<br>  对 Q235，$[\sigma]_{bt} = 147$ MPa<br>  对 Q345，$[\sigma]_{bt} = 170$ MPa |

## 三、设计计算用图表

图 8-67～图 8-69 及表 8-23～表 8-32 为上述计算公式中所用图表，供计算时查用。

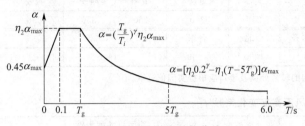

图 8-67　地震影响系数曲线

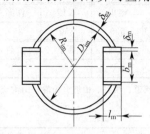

图 8-68　裙座人孔或较大管线引出孔处截面图

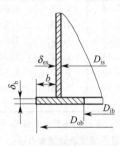

(a) 无筋板基础环

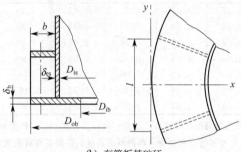

(b) 有筋板基础环

图 8-69　基础环的结构

### 表 8-23　塔设备有关部件的质量

| 名　称 | 笼式扶梯 | 开式扶梯 | 钢制平台 | 圆泡罩塔盘 | 条形泡罩塔盘 |
|---|---|---|---|---|---|
| 单位质量 | 40kg/m | 15～24kg/m | 150kg/m² | 150kg/m² | 150kg/m² |
| 名　称 | 舌形塔盘 | 筛板塔盘 | 浮阀塔盘 | 塔盘充液重 | |
| 单位质量 | 75kg/m² | 65kg/m² | 75kg/m² | 70kg/m² | |

### 表 8-24　对应于设防烈度 $\alpha_{max}$ 值

| 设防烈度 | 7 | | 8 | | 9 |
|---|---|---|---|---|---|
| 设计基本地震加速度 | 0.1g | 0.15g | 0.2g | 0.3g | 0.4g |
| 地震影响系数最大值 $\alpha_{max}$ | 0.08 | 0.12 | 0.16 | 0.24 | 0.32 |

### 表 8-25　各类场地土的特征周期

| 设计地震分组 | 场地土特征周期 $T_g/s$ | | | |
|---|---|---|---|---|
| | Ⅰ | Ⅱ | Ⅲ | Ⅳ |
| 第一组 | 0.25 | 0.35 | 0.45 | 0.65 |
| 第二组 | 0.30 | 0.4 | 0.55 | 0.75 |
| 第三组 | 0.35 | 0.45 | 0.65 | 0.90 |

注：场地土分类见 GB 50011—2001《建筑抗震设计规范》。

### 表 8-26　10m 高度处我国各地基本风压值

| 地区 | 上海 | 南京 | 徐州 | 扬州 | 南通 | 杭州 | 宁波 | 衢州 | 温州 |
|---|---|---|---|---|---|---|---|---|---|
| $q_0/(N/m^2)$ | 450 | 250 | 350 | 350 | 400 | 300 | 500 | 400 | 550 |
| 地区 | 福州 | 广州 | 茂名 | 湛江 | 北京 | 天津 | 保定 | 石家庄 | 沈阳 |
| $q_0/(N/m^2)$ | 600 | 500 | 550 | 850 | 350 | 350 | 400 | 300 | 450 |
| 地区 | 长春 | 抚顺 | 大连 | 吉林 | 四平 | 哈尔滨 | 济南 | 青岛 | 郑州 |
| $q_0/(N/m^2)$ | 500 | 450 | 500 | 400 | 550 | 400 | 400 | 500 | 350 |

续表

| 地区 | 洛阳 | 蚌埠 | 南昌 | 武汉 | 包头 | 呼和浩特 | 太原 | 大同 | 兰州 |
|---|---|---|---|---|---|---|---|---|---|
| $q_0/(N/m^2)$ | 300 | 300 | 400 | 250 | 450 | 500 | 300 | 450 | 300 |
| 地区 | 银川 | 长沙 | 株洲 | 南宁 | 成都 | 重庆 | 贵阳 | 西安 | 延安 |
| $q_0/(N/m^2)$ | 500 | 350 | 350 | 400 | 250 | 300 | 250 | 350 | 250 |
| 地区 | 昆明 | 西宁 | 拉萨 | 乌鲁木齐 | 台北 | 台东 | | | |
| $q_0/(N/m^2)$ | 200 | 350 | 350 | 600 | 1200 | 1500 | | | |

注：河道、峡谷、山坡、山岭、山沟交汇口、山沟的转弯处以及垭口应根据实测值选取。

表 8-27  风压高度变化系数 $f_i$

| 距地面高度 | 地面粗糙度类别 | | | | 距地面高度 | 地面粗糙度类别 | | | |
|---|---|---|---|---|---|---|---|---|---|
| $H_{it}/m$ | A | B | C | D | $H_{it}/m$ | A | B | C | D |
| 5 | 1.17 | 1.00 | 0.74 | 0.62 | 60 | 2.12 | 1.77 | 1.35 | 0.93 |
| 10 | 1.38 | 1.00 | 0.74 | 0.62 | 70 | 2.20 | 1.86 | 1.45 | 1.02 |
| 15 | 1.52 | 1.14 | 0.74 | 0.62 | 80 | 2.27 | 1.95 | 1.54 | 1.11 |
| 20 | 1.63 | 1.25 | 0.84 | 0.62 | 90 | 2.34 | 2.02 | 1.62 | 1.19 |
| 30 | 1.80 | 1.42 | 1.00 | 0.62 | 100 | 2.40 | 2.09 | 1.70 | 1.27 |
| 40 | 1.92 | 1.56 | 1.13 | 0.73 | 150 | 2.64 | 2.38 | 2.03 | 1.61 |
| 50 | 2.03 | 1.67 | 1.25 | 0.84 | | | | | |

注：1. A 类系指近海海面及海岛、海岸、湖岸及沙漠地区；B 类系指田野、乡村、丛林、丘陵以及房屋比较稀疏的乡镇和城市郊区；C 类系指有密集建筑群的城市市区；D 类系指有密集建筑群且房屋较高的城市市区。

2. 中间值可采用线性内插法求取。

表 8-28  脉动增大系数 $\xi$

| $q_1 T_1^2/(N \cdot s^2/m^2)$ | 10 | 20 | 40 | 60 | 80 | 100 |
|---|---|---|---|---|---|---|
| $\xi$ | 1.47 | 1.57 | 1.69 | 1.77 | 1.83 | 1.88 |
| $q_1 T_1^2/(N \cdot s^2/m^2)$ | 200 | 400 | 600 | 800 | 1000 | 2000 |
| $\xi$ | 2.04 | 2.24 | 2.36 | 2.46 | 2.53 | 2.80 |
| $q_1 T_1^2/(N \cdot s^2/m^2)$ | 4000 | 6000 | 8000 | 10000 | 20000 | 30000 |
| $\xi$ | 3.09 | 3.28 | 3.42 | 3.54 | 3.91 | 4.14 |

注：1. 计算 $q_1 T_1^2$ 时，对 B 类可直接代入基本风压，即 $q_1=q_0$，对 A 类以 $q_1=1.38q_0$、对 C 类以 $q_1=0.62q_0$、对 D 类以 $q_1=0.32q_0$ 代入。2. 中间值可采用线性内插法求取。

表 8-29  脉动影响系数 $v_i$

| 粗糙度类别 | 距地面高度 $H_{it}/m$ | | | | | | | | | |
|---|---|---|---|---|---|---|---|---|---|---|
| | 10 | 20 | 30 | 40 | 50 | 60 | 70 | 80 | 100 | 150 |
| A | 0.78 | 0.83 | 0.86 | 0.87 | 0.88 | 0.89 | 0.89 | 0.89 | 0.89 | 0.87 |
| B | 0.72 | 0.79 | 0.83 | 0.85 | 0.87 | 0.88 | 0.89 | 0.89 | 0.90 | 0.89 |
| C | 0.64 | 0.73 | 0.78 | 0.82 | 0.85 | 0.87 | 0.90 | 0.90 | 0.91 | 0.93 |
| D | 0.53 | 0.65 | 0.72 | 0.77 | 0.81 | 0.84 | 0.89 | 0.89 | 0.92 | 0.97 |

注：中间值可采用线性内插法求取。

表 8-30  振型系数 $\phi_{zi}$

| 相对高度 $h_{it}/H$ | 振型序号 | | 相对高度 $h_{it}/H$ | 振型序号 | |
|---|---|---|---|---|---|
| | 1 | 2 | | 1 | 2 |
| 0.10 | 0.02 | −0.09 | 0.60 | 0.46 | −0.59 |
| 0.20 | 0.06 | −0.30 | 0.70 | 0.59 | −0.32 |
| 0.30 | 0.14 | −0.53 | 0.80 | 0.79 | 0.07 |
| 0.40 | 0.23 | −0.68 | 0.90 | 0.86 | 0.52 |
| 0.50 | 0.34 | −0.71 | 1.00 | 1.00 | 1.00 |

注：中间值可采用线性内插法求取。

表 8-31  矩形板力矩 $C_x$、$C_y$ 系数表

| $b/l$ | $C_x$ | $C_y$ | $b/l$ | $C_x$ | $C_y$ |
|-------|-------|-------|-------|-------|-------|
| 0 | −0.5000 | 0 | 1.6 | −0.0485 | 0.1260 |
| 0.1 | −0.5000 | 0.0000 | 1.7 | −0.0430 | 0.1270 |
| 0.2 | −0.4900 | 0.0006 | 1.8 | −0.0384 | 0.1290 |
| 0.3 | −0.4480 | 0.0051 | 1.9 | −0.0345 | 0.1300 |
| 0.4 | −0.3850 | 0.0151 | 2.0 | −0.0312 | 0.1300 |
| 0.5 | −0.3190 | 0.0293 | 2.1 | −0.0283 | 0.1310 |
| 0.6 | −0.2600 | 0.0453 | 2.2 | −0.0258 | 0.1320 |
| 0.7 | −0.2120 | 0.0610 | 2.3 | −0.0236 | 0.1320 |
| 0.8 | −0.1730 | 0.0751 | 2.4 | −0.0217 | 0.1320 |
| 0.9 | −0.1420 | 0.0872 | 2.5 | −0.0200 | 0.1330 |
| 1.0 | −0.1180 | 0.0972 | 2.6 | −0.0185 | 0.1330 |
| 1.1 | −0.0995 | 0.1050 | 2.7 | −0.0171 | 0.1330 |
| 1.2 | −0.0846 | 0.1120 | 2.8 | −0.0159 | 0.1330 |
| 1.3 | −0.0726 | 0.1160 | 2.9 | −0.0149 | 0.1330 |
| 1.4 | −0.0629 | 0.1200 | 3.0 | −0.0139 | 0.1330 |
| 1.5 | −0.0550 | 0.1230 | | | |

注：$l$—两相邻筋板最大外侧间距，mm；$b$—基础环外部的径向宽度，$b=(D_{ob}-D_{os})/2$，mm。

表 8-32  螺纹小径与公称直径对照表

| 螺栓公称直径 | M24 | M27 | M30 | M36 | M42 | M48 | M56 |
|-------------|------|------|------|------|------|------|------|
| 螺纹小径 $d_1$/mm | 20.752 | 23.752 | 26.211 | 31.670 | 37.129 | 42.588 | 50.046 |

# 四、设计示例

对第五章第七节的循环苯塔（T-101）做塔体和裙座的机械设计。

根据工艺设计结果及设备结构要求，列出机械设计条件如表 8-33 所示。

表 8-33  机械设计条件

| 主要工艺参数 | 数据 | 主 要 结 构 参 数 与 设 计 参 数 |
|-------------|------|----------------------------------|
| 塔体内径 $D_i$/mm | 1400 | ①塔体上每隔 9 m 左右开设一个人孔，共 4 个人孔（参见图 5-32）。相应 |
| 塔高 $H$/mm | 37000 | 在人孔处安装操作平台，平台宽 $B=900$mm，单位质量 150kg/m²，包角 180°<br>②塔体外表面保温层厚度 $\delta_s=100$mm，保温材料密度 $\rho_2=300$kg/m³ |
| 计算压力 $p_c$（表压）/MPa | 0.1 | ③塔器设置地区的基本风压值 $q_0=400$N/m²；抗震设防烈度为 7 度，设计 |
| 设计温度 $t$/℃ | 200 | 基本地震加速度为 0.1$g$，地震分组为第二组；场地土类型为 Ⅱ；地面粗糙度<br>为 B 类 |
| 塔板数 $N_p$ | 48 块 | ④支座为 $\phi 1400/\phi 2000$，高度 $H_s=5$m 的圆锥形裙座 |
| 塔盘上清液层高度 $h_L$/mm | 83 | ⑤塔体焊接接头系数 $\phi=0.85$（双面焊对接接头，局部无损检测），塔体与<br>裙座对接焊接 |
| 液相介质密度 $\rho_L$/(kg/m³) | 752.5 | ⑥塔体与封头的厚度附加量取 $C=3$mm，裙座的厚度附加量取 $C=2$mm |

## （一）选择材料

简体、封头及裙座材料均选用 Q245-R，材料的有关性能参数如下：

$$[\sigma]^t = 131\text{MPa}, \quad [\sigma] = 148\text{MPa}, \quad R_{eL} = 245\text{MPa}$$

## （二）按计算压力计算简体和封头的厚度

简体计算厚度：$\delta = \dfrac{p_c D_i}{2[\sigma]^t \phi - p_c} = \dfrac{0.1 \times 1400}{2 \times 131 \times 0.85 - 0.1} = 0.63$ mm

封头计算厚度：采用标准椭圆形封头

$$\delta_h = \frac{p_c D_i K}{2[\sigma]^t \phi - 0.5 p_c} = \frac{0.1 \times 1400 \times 1}{2 \times 131 \times 0.85 - 0.5 \times 0.1} = 0.63 \text{ mm}$$

加上厚度附加量并圆整，还应考虑多种载荷作用，以及制造、运输、安装等因素，取：

筒体的名义厚度 $\delta_n = 10$mm，有效厚度 $\delta_e = \delta_n - C = 10 - 3 = 7$ mm

封头的名义厚度 $\delta_{nh} = 10$mm，有效厚度 $\delta_{eh} = \delta_{nh} - C = 10 - 3 = 7$ mm

裙座的名义厚度 $\delta_{ns} = 10$mm，有效厚度 $\delta_{es} = \delta_{ns} - C = 10 - 2 = 8$ mm

**(三) 塔的质量计算**

1. 塔壳和裙座的质量

(1) 圆筒质量

塔体圆筒总高度：$H_o = 37 - 5 - 0.65 = 31.35$ m

$$m_1 = \frac{\pi}{4}(D_o^2 - D_i^2) H_o \rho_{钢}$$

$$= \frac{\pi}{4}(1.420^2 - 1.4^2) \times 31.35 \times 7.85 \times 10^3 = 10895.72 \text{ kg}$$

(2) 封头质量 查得 $DN1400$mm，壁厚 10mm 的椭圆形封头的质量为 172.7kg，则

$$m_2 = 172.7 \times 2 = 345.4 \text{ kg}$$

(3) 裙座质量 锥形裙座尺寸：$D_{is} = 2000$mm，$D_{os} = 2020$mm，$d_{is} = 1400$mm，$d_{os} = 1420$mm。由于锥角很小，故用锥体的平均直径 $D_{im} = 1700$mm，按圆筒计算

$$m_3 = \frac{\pi}{4}(D_{om}^2 - D_{im}^2) H_s \rho_{钢}$$

$$= \frac{\pi}{4}(1.720^2 - 1.7^2) \times 5 \times 7.85 \times 10^3 = 2107.49 \text{ kg}$$

$$m_{o1} = m_1 + m_2 + m_3 = 10895.72 + 345.4 + 2107.49 = 13348.6 \text{ kg}$$

2. 塔内构件质量 由表 8-23 查得浮阀塔盘单位质量为 75kg/m²。

$$m_{o2} = \frac{\pi}{4} D_i^2 N_p \times 75 = \frac{\pi}{4} \times 1.4^2 \times 48 \times 75 = 5539 \text{ kg}$$

3. 人孔、法兰、接管与附属物质量

$$m_a = 0.25 m_{o1} = 0.25 \times 13348.6 = 3337.2 \text{ kg}$$

4. 保温材料质量 $m'_{o3}$ 为封头保温层质量。

$$m_{o3} = \frac{\pi}{4}[(D_o + 2\delta_s)^2 - D_o^2] H_o \rho_2 + 2m'_{o3}$$

$$= \frac{\pi}{4} \times [(1.42 + 2 \times 0.1)^2 - 1.42^2] \times 31.35 \times 300 + 2 \times (0.5864 - 0.3977) \times 300$$

$$= 4602 \text{ kg}$$

式中，$m'_{o3}$ 为封头保温层质量，$m'_{o3} = (V_2 - V_1)\rho_2$；

$V_1$ 为不加保温层 $D_i = 1400$mm 的封头容积，查表得 $V_1 = 0.3977$m³；$V_2$ 为加保温层后 $D_i = 1600$mm 的封头容积，查表得 $V_2 = 0.5864$m³（数据取自 GB/T 25198—2010《压力容器封头》）。

5. 平台、扶梯质量

$$m_{o4} = \frac{\pi}{4}[(D_o + 2\delta_s + 2B)^2 - (D_o + 2\delta_s)^2] \times \frac{1}{2}nq_p + q_F H_F$$

$$= \frac{\pi}{4} \times [(1.42 + 2 \times 0.1 + 2 \times 0.9)^2 - (1.42 + 2 \times 0.1)^2] \times \frac{1}{2} \times 4 \times 150 + 40 \times 36$$

$$= 3576.5 \text{ kg}$$

式中，$q_p$ 为平台单位质量，为 150kg/m²；$H_F$ 为扶梯高度，为 36m；$q_F$ 为笼式扶梯单位质量，为 40kg/m；$n$ 为平台数量。

6. 操作时塔内物料质量

$$m_{o5} = \frac{\pi}{4}D_i^2 h_L N_p \rho_L + \frac{\pi}{4}D_i^2 h_o \rho_L + V_f \rho_L$$

$$= \frac{\pi}{4} \times 1.4^2 \times 0.083 \times 48 \times 752.5 + \frac{\pi}{4} \times 1.4^2 \times 1.5 \times 752.5 + 0.3977 \times 752.5$$

$$= 6649 \text{ kg}$$

封头容积 $V_f = 0.3977\text{m}^3$，塔釜深度 $h_o = 1.5\text{m}$。

7. 充水质量

$$m_w = \frac{\pi}{4}D_i^2 H_o \rho_w + 2V_f \rho_w$$

$$= \frac{\pi}{4} \times 1.4^2 \times 31.35 \times 1000 + 2 \times 0.3977 \times 1000 = 49031 \text{ kg}$$

8. 全塔操作质量

$$m_o = m_{o1} + m_{o2} + m_{o3} + m_{o4} + m_{o5} + m_a$$
$$= 13348.6 + 5539 + 4602 + 3576.5 + 6649 + 3337.2 = 37052 \text{ kg}$$

9. 全塔最小质量

$$m_{min} = m_{o1} + 0.2m_{o2} + m_{o3} + m_{o4} + m_a$$
$$= 13348.6 + 0.2 \times 5539 + 4602 + 3576.5 + 3337.2$$
$$= 25972 \text{ kg}$$

10. 全塔最大质量

$$m_{max} = m_{o1} + m_{o2} + m_{o3} + m_{o4} + m_a + m_w$$
$$= 13348.6 + 5539 + 4602 + 3576.5 + 3337.2 + 49031$$
$$= 79434 \text{ kg}$$

将塔沿高度方向分成 10 段，如图 8-70 所示，每塔段的质量列入表 8-34。

表 8-34　各塔段质量/kg

| 项　目 | 塔　段　号 | | | | | | | | | | 合计 |
|---|---|---|---|---|---|---|---|---|---|---|---|
| | 1 | 2 | 3 | 4 | 5 | 6 | 7 | 8 | 9 | 10 | |
| $m_{o1}$ | 421.5 | 1858.7 | 1390.2 | 1390.2 | 1390.2 | 1390.2 | 1390.2 | 1390.2 | 1390.2 | 1337 | 13348.6 |
| $m_{o2}$ | — | — | 230.79 | 923.16 | 692.37 | 923.16 | 923.16 | 692.37 | 923.16 | 230.79 | 5539 |
| $m_{o3}$ | — | 56.6 | 572.736 | 572.736 | 572.736 | 572.736 | 572.736 | 572.736 | 572.736 | 536.276 | 4602 |

续表

| 项　　目 | 塔　段　号 | | | | | | | | | | 合计 |
|---|---|---|---|---|---|---|---|---|---|---|---|
| | 1 | 2 | 3 | 4 | 5 | 6 | 7 | 8 | 9 | 10 | |
| $m_{o4}$ | 40 | 160 | 694.11 | 160 | 694.11 | 160 | 160 | 694.11 | 160 | 654.11 | 3576.5 |
| $m_{o5}$ | — | 299.3 | 1928.9 | 768.8 | 576.6 | 768.8 | 768.8 | 576.6 | 768.8 | 192.2 | 6649 |
| $m_a$ | 105.38 | 464.68 | 347.55 | 347.55 | 347.55 | 347.55 | 347.55 | 347.55 | 347.55 | 334.25 | 3337.2 |
| $m_w$ | — | 398 | 6154.4 | 6154.4 | 6154.4 | 6154.4 | 6154.4 | 6154.4 | 6154.4 | 5552 | 49031 |
| $m_0$ | 566.88 | 2839.28 | 5164.29 | 4162.45 | 4273.57 | 4162.45 | 4162.45 | 4273.57 | 4162.45 | 3284.63 | 37052 |
| $m_{max}$ | 566.88 | 2937.98 | 9389.79 | 9548.05 | 9851.37 | 9548.05 | 9548.05 | 9851.37 | 9548.05 | 8644.43 | 79434 |
| $m_{min}$ | 566.88 | 2540 | 3050.75 | 2655.12 | 3143.07 | 2655.12 | 2655.12 | 3143.07 | 2655.12 | 2907.79 | 25972 |
| 塔段长度/mm | 1000 | 4000 | 4000 | 4000 | 4000 | 4000 | 4000 | 4000 | 4000 | 4000 | 37000 |
| 人孔、平台数 | 0 | 0 | 1 | 0 | 1 | 0 | 0 | 1 | 0 | 1 | 4 |
| 塔板数 | 0 | 0 | 2 | 8 | 6 | 8 | 8 | 6 | 8 | 2 | 48 |

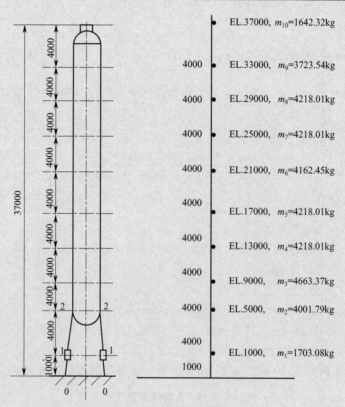

图 8-70　塔的地震载荷计算简图

**（四）塔的自振周期计算**

因为 $H/D_i = \dfrac{37000}{1400} = 26.4 > 15$ 且 $H > 20\text{m}$，所以必须考虑高振型影响。塔的基本自振周期由式（8-17）计算：

$$T_1 = 90.33H \sqrt{\frac{m_0 H}{ES_e D_i^3}} \times 10^{-3}$$

$$= 90.33 \times 37000 \times \sqrt{\frac{37052 \times 37000}{1.9 \times 10^5 \times 7 \times 1400^3}} \times 10^{-3} = 2.05 \text{ s}$$

塔的第二振型自振周期近似取：$T_2 = \dfrac{T_1}{6} = \dfrac{2.05}{6} = 0.342$ s

塔的第三振型自振周期近似取：$T_3 = \dfrac{T_1}{18} = \dfrac{2.05}{18} = 0.114$ s

**（五）地震载荷计算**

**1. 地震影响系数**

一阶振型地震影响系数：由表 8-24 查得 $\alpha_{max} = 0.08$（设防烈度 7 度，设计基本地震加速度 0.1g）；由表 8-25 查得 $T_g = 0.4$s（Ⅱ类场地土，第二组）。取一阶振型阻尼比 $\zeta_1 = 0.01$

由式（8-27）得

$$\gamma = 0.9 + \frac{0.05 - \zeta_1}{0.5 + 5\zeta_1} = 0.973$$

由式（8-25）得

$$\eta_1 = 0.02 + (0.05 - \zeta_1)/8 = 0.025$$

由式（8-26）得

$$\eta_2 = 1 + \frac{0.05 - \zeta_1}{0.06 + 1.7\zeta_1} = 1.519$$

由式（8-24b）得

$$\alpha_1 = [\eta_2 0.2^\gamma - \eta_1 (T_1 - 5T_g)]\alpha_{max} = 0.0253 \quad (T_1 > 5T_g)$$

二阶振型地震影响系数：取二阶振型阻尼比 $\zeta_2 = 0.01$，$\eta_2 = 1.519$。

由图 8-67 得

$$\alpha_2 = \eta_2 \alpha_{max} = 1.519 \times 0.08 = 0.1215 \quad (0.1 < T_2 < T_g)$$

三阶振型地震影响系数：取三阶振型阻尼比 $\zeta_3 = 0.01$，$\eta_2 = 1.519$。

由图 8-67 得

$$\alpha_3 = \eta_2 \alpha_{max} = 1.519 \times 0.08 = 0.1215 \quad (0.1 < T_3 < T_g)$$

**2. 高振型地震载荷和地震弯矩**

将塔沿高度方向分成 10 段，每段连续分布的质量按质量静力等效原则分别集中于该段的两端，端点处相邻段的集中质量予以叠加，如图 8-70 所示。

塔的危险截面为，裙座基底 0-0 截面；裙座人孔处 1-1 截面；裙座与塔体焊缝处 2-2 截面。

各阶振型下，由各集中质量引起的水平地震力及危险截面处的地震弯矩计算列于表 8-35～表 8-37。

表 8-35　一阶水平地震力及弯矩

| 项 目 | 塔 段 号 | | | | | | | | | |
|---|---|---|---|---|---|---|---|---|---|---|
| | 1 | 2 | 3 | 4 | 5 | 6 | 7 | 8 | 9 | 10 |
| $m_k/\text{kg}$ | 1703.08 | 4001.79 | 4663.37 | 4218.01 | 4218.01 | 4162.45 | 4218.01 | 4218.01 | 3723.54 | 1642.32 |
| $h_k/\text{mm}$ | 1000 | 5000 | 9000 | 13000 | 17000 | 21000 | 25000 | 29000 | 33000 | 37000 |
| $X_{1k}$ | 0.0012545 | 0.029893 | 0.092122 | 0.18226 | 0.29387 | 0.42225 | 0.56184 | 0.7066 | 0.85307 | 1 |
| $m_k X_{1k}$ | 2.14E+00 | 1.20E+02 | 4.30E+02 | 7.69E+02 | 1.24E+03 | 1.76E+03 | 2.37E+03 | 2.98E+03 | 3.18E+03 | 1.64E+03 |
| $m_k X_{1k}^2$ | 2.68E−03 | 3.58E+00 | 3.96E+01 | 1.40E+02 | 3.64E+02 | 7.42E+02 | 1.33E+03 | 2.11E+03 | 2.71E+03 | 1.64E+03 |
| $A/B$ | $A = \sum m_k X_{2k} = -8660 \qquad B = \sum m_k X_{2k}^2 = 9160 \qquad A/B = -0.945$ | | | | | | | | | |
| $\eta_{1k} = X_{1k} A/B$ | 2.00E−03 | 4.77E−02 | 1.47E−01 | 2.91E−01 | 4.69E−01 | 6.74E−01 | 8.97E−01 | 1.13E+00 | 1.36E+00 | 1.60E+00 |
| $F_{1k} = \alpha_1 \eta_{1k} m_k g$ | 8.46E−01 | 4.74E+01 | 1.70E+02 | 3.04E+02 | 4.91E+02 | 6.96E+02 | 9.38E+02 | 1.18E+03 | 1.26E+03 | 6.50E+02 |
| $M_{E1}^{0\text{-}0}$ | $M_{E1}^{0\text{-}0} = \sum\limits_{k=1}^{n} F_{1k}(h_k - h) = 1.52 \times 10^8 \ (\text{N} \cdot \text{mm})$ | | | | | | | | | |
| $M_{E1}^{1\text{-}1}$ | $M_{E1}^{1\text{-}1} = \sum\limits_{k=2}^{n} F_{1k}(h_k - h) = 1.46 \times 10^8 \ (\text{N} \cdot \text{mm})$ | | | | | | | | | |
| $M_{E1}^{2\text{-}2}$ | $M_{E1}^{2\text{-}2} = \sum\limits_{k=3}^{n} F_{1k}(h_k - h) = 1.23 \times 10^8 \ (\text{N} \cdot \text{mm})$ | | | | | | | | | |

表 8-36　二阶水平地震力及弯矩

| 项 目 | 塔 段 号 | | | | | | | | | |
|---|---|---|---|---|---|---|---|---|---|---|
| | 1 | 2 | 3 | 4 | 5 | 6 | 7 | 8 | 9 | 10 |
| $m_k/\text{kg}$ | 1703.08 | 4001.79 | 4663.37 | 4218.01 | 4218.01 | 4162.45 | 4218.01 | 4218.01 | 3723.54 | 1642.32 |
| $h_k/\text{mm}$ | 1000 | 5000 | 9000 | 13000 | 17000 | 21000 | 25000 | 29000 | 33000 | 37000 |
| $X_{2k}$ | −0.007557 | −0.15596 | −0.3945 | −0.60845 | −0.69662 | −0.63164 | −0.36261 | 0.010487 | 0.48295 | 1 |
| $m_k X_{2k}$ | −1.29E+01 | −6.24E+02 | −1.84E+03 | −2.57E+03 | −2.94E+03 | −2.63E+03 | −1.53E+03 | 4.42E+01 | 1.80E+03 | 1.64E+03 |
| $m_k X_{2k}^2$ | 9.73E−02 | 9.73E+01 | 7.26E+02 | 1.56E+03 | 2.05E+03 | 1.66E+03 | 5.55E+02 | 4.64E−01 | 8.68E+02 | 1.64E+03 |
| $A/B$ | $A = \sum m_k X_{1k} = 14500 \qquad B = \sum m_k X_{1k}^2 = 9080 \qquad A/B = 1.597$ | | | | | | | | | |
| $\eta_{2k} = X_{2k} A/B$ | 7.14E−03 | 1.47E−01 | 3.73E−01 | 5.75E−01 | 6.58E−01 | 5.97E−01 | 3.43E−0.1 | −9.91E−03 | −4.5E−01 | −9.45E−01 |
| $F_{2k} = \alpha_2 \eta_{2k} m_k g$ | 1.45E+01 | 7.02E+02 | 2.07E+03 | 2.89E+03 | 3.31E+03 | 2.96E+03 | 1.72E+03 | −4.98E+01 | −2.02E+03 | −1.85E+03 |
| $M_{E2}^{0\text{-}0}$ | $M_{E2}^{0\text{-}0} = \sum\limits_{k=1}^{n} F_{2k}(h_k - h) = 8.45 \times 10^7 \ (\text{N} \cdot \text{mm})$ | | | | | | | | | |
| $M_{E2}^{1\text{-}1}$ | $M_{E2}^{1\text{-}1} = \sum\limits_{k=2}^{n} F_{2k}(h_k - h) = 7.47 \times 10^7 \ (\text{N} \cdot \text{mm})$ | | | | | | | | | |
| $M_{E2}^{2\text{-}2}$ | $M_{E2}^{2\text{-}2} = \sum\limits_{k=3}^{n} F_{2k}(h_k - h) = 3.58 \times 10^7 \ (\text{N} \cdot \text{mm})$ | | | | | | | | | |

**表 8-37　三阶水平地震力及弯矩**

| 项　目 | 塔 段 号 | | | | | | | | | |
|---|---|---|---|---|---|---|---|---|---|---|
| | 1 | 2 | 3 | 4 | 5 | 6 | 7 | 8 | 9 | 10 |
| $m_k$/kg | 1703.08 | 4001.79 | 4663.37 | 4218.01 | 4218.01 | 4162.45 | 4218.01 | 4218.01 | 3723.54 | 1642.32 |
| $h_k$/mm | 1000 | 5000 | 9000 | 13000 | 17000 | 21000 | 25000 | 29000 | 33000 | 37000 |
| $X_{3k}$ | 0.0094818 | 0.16495 | 0.33354 | 0.35952 | 0.2718 | 0.014441 | −0.20388 | −0.09932 | 0.3146 | 1 |
| $m_k X_{3k}$ | 1.61E +01 | 6.60E +02 | 1.56E +03 | 1.52E +03 | 1.15E +03 | 6.01E +01 | −8.60E +02 | −4.19E +02 | 1.17E +03 | 1.64E +03 |
| $m_k X_{3k}^2$ | 1.53E −01 | 1.09E +02 | 5.19E +02 | 5.45E +02 | 3.12E +02 | 8.68E −01 | 1.75E +02 | 4.16E +01 | 3.69E +02 | 1.64E +03 |
| $A/B$ | $A = \sum m_k X_{3k} = 6490$ 　$B = \sum m_k X_{3k}^2 = 3710$　$A/B = 1.749$ | | | | | | | | | |
| $\eta_{3k} = X_{3k} A/B$ | 1.66E −02 | 2.88E −01 | 5.83E −01 | 6.29E −10 | 4.75E −01 | 2.53E −02 | −3.57E −01 | −1.74E −01 | 5.5 | 1.75E +00 |
| $F_{3k} = \alpha_3 \eta_{3k} m_k g$ | 3.36E +01 | 1.37E +03 | 3.24E +03 | 3.16E +03 | 2.39E +03 | 1.25E +02 | −1.79E +03 | −8.72E +02 | 2.4 | 3.42E +03 |
| $M_{E3}^{0\text{-}0}$ | $M_{E3}^{0\text{-}0} = \sum\limits_{k=1}^{n} F_{3k}(h_k - h) = 2.57 \times 10^8$ （N・mm） | | | | | | | | | |
| $M_{E3}^{1\text{-}1}$ | $M_{E3}^{1\text{-}1} = \sum\limits_{k=2}^{n} F_{3k}(h_k - h) = 2.44 \times 10^8$ （N・mm） | | | | | | | | | |
| $M_{E3}^{2\text{-}2}$ | $M_{E3}^{2\text{-}2} = \sum\limits_{k=3}^{n} F_{3k}(h_k - h) = 1.90 \times 10^8$ （N・mm） | | | | | | | | | |

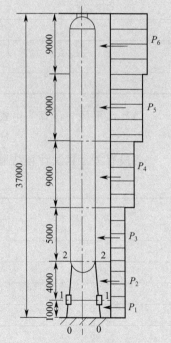

图 8-71　塔的风载荷
计算简图

0-0 截面组合地震弯矩：

$$M_E^{0\text{-}0} = \sqrt{(M_{E1}^{0\text{-}0})^2 + (M_{E2}^{0\text{-}0})^2 + (M_{E3}^{0\text{-}0})^2}$$
$$= \sqrt{(1.52 \times 10^8)^2 + (8.45 \times 10^7)^2 + (2.57 \times 10^8)^2}$$
$$= 3.103 \times 10^8 \text{ N・mm}$$

1-1 截面组合地震弯矩：

$$M_E^{1\text{-}1} = \sqrt{(M_{E1}^{1\text{-}1})^2 + (M_{E2}^{1\text{-}1})^2 + (M_{E3}^{1\text{-}1})^2}$$
$$= \sqrt{(1.46 \times 10^8)^2 + (7.47 \times 10^7)^2 + (2.44 \times 10^8)^2}$$
$$= 2.940 \times 10^8 \text{ N・mm}$$

2-2 截面组合地震弯矩：

$$M_E^{2\text{-}2} = \sqrt{(M_{E1}^{2\text{-}2})^2 + (M_{E2}^{2\text{-}2})^2 + (M_{E3}^{2\text{-}2})^2}$$
$$= \sqrt{(1.23 \times 10^8)^2 + (3.58 \times 10^7)^2 + (1.90 \times 10^8)^2}$$
$$= 2.292 \times 10^8 \text{ N・mm}$$

**（六）风载荷计算**

将塔沿高度方向分成 6 段，如图 8-71 所示。

**1. 风力计算**

（1）风振系数　各计算塔段的风振系数 $K_{2i}$ 由式（8-37）计算，计算结果列于表 8-38。

（2）有效直径 $D_{ei}$　设笼式扶梯与塔顶管线成 90°角，取平台构件的投影面积 $\sum A = 0.5 \text{ m}^2$，则 $D_{ei}$ 取下式计算值中的较大者。

$$D_{ei} = D_{oi} + 2\delta_{si} + K_3 + K_4$$

$$D_{ei} = D_{oi} + 2\delta_{si} + K_4 + d_o + 2\delta_{ps}$$

式中，塔和管线的保温层厚度 $\delta_{si} = \delta_{ps} = 100mm$，塔顶管线外径 $d_o = 377mm$，$K_3 = 400mm$，$K_4 = \dfrac{2\sum A}{l_i}$。

各塔段 $D_{ei}$ 计算结果列于表 8-39。

**表 8-38 各塔段的风振系数**

| 项　　目 | 塔　段　号 | | | | | |
|---|---|---|---|---|---|---|
| | 1 | 2 | 3 | 4 | 5 | 6 |
| 计算截面距地面高度 $H_{it}$/m | 1 | 5 | 10 | 19 | 28 | 37 |
| 脉动增大系数 $\xi$(B类) | 2.74($q_1 T_1^2 = 1681$) | | | | | |
| 脉动影响系数 $v_i$(B类) | 0.72 | 0.72 | 0.72 | 0.79 | 0.82 | 0.85 |
| 振型系数 $\phi_{zi}$ | 0.02 | 0.034 | 0.116 | 0.34 | 0.704 | 1.0 |
| 风压高度变化系数 $f_i$(B类) | 1.0 | 1.0 | 1.0 | 1.23 | 1.39 | 1.52 |
| $K_{2i} = 1 + \dfrac{\xi v_i \phi_{zi}}{f_i}$ | 1.04 | 1.066 | 1.23 | 1.59 | 2.13 | 2.52 |

**表 8-39 各塔段的有效直径/mm**

| 项　　目 | 塔　段　号 | | | | | |
|---|---|---|---|---|---|---|
| | 1 | 2 | 3 | 4 | 5 | 6 |
| 塔段长度 $l_i$ | 1000 | 4000 | 5000 | 9000 | 9000 | 9000 |
| $K_3$ | 400 | | | | | |
| $K_4 = \dfrac{2\sum A}{l_i}$ | 0 | 0 | 200 | 111 | 111 | 111 |
| $D_{ei}$ | 2556 | 2256 | 2393 | 2304 | 2304 | 2304 |

（3）水平风力计算　由式(8-36)计算各塔段的水平风力

$$P_i = K_1 K_{2i} q_0 f_i l_i D_{ei} \times 10^{-6} \quad (N)$$

各段有关参数及计算结果列于表 8-40。

**表 8-40 各塔段水平风力计算结果**

| 项　　目 | 塔　段　号 | | | | | |
|---|---|---|---|---|---|---|
| | 1 | 2 | 3 | 4 | 5 | 6 |
| $l_i$/mm | 1000 | 4000 | 5000 | 9000 | 9000 | 9000 |
| $D_{ei}$/mm | 2556 | 2256 | 2393 | 2304 | 2304 | 2304 |
| $K_1$ | 0.7 | | | | | |
| $K_{2i}$ | 1.04 | 1.066 | 1.23 | 1.59 | 2.13 | 2.52 |
| $q_0$/(N/m²) | 400 | | | | | |
| $f_i$ | 1.0 | 1.0 | 1.0 | 1.23 | 1.39 | 1.52 |
| $P_i$/N | 744.31 | 2693.48 | 4120.75 | 11354.95 | 17190.1 | 22239.61 |

2. 风弯矩计算　由式(8-42)，计算危险截面的风弯矩。

0-0 截面：

$$M_{\mathrm{w}}^{0\text{-}0} = P_1 \frac{l_1}{2} + P_2\left(l_1 + \frac{l_2}{2}\right) + \cdots + P_6\left(l_1 + l_2 + l_3 + l_4 + l_5 + \frac{l_6}{2}\right)$$

$$= 744.31 \times \frac{1000}{2} + 2693.48 \times \left(1000 + \frac{4000}{2}\right) + 4120.75 \times \left(1000 + 4000 + \frac{5000}{2}\right) +$$

$$11354.95 \times \left(1000 + 4000 + 5000 + \frac{9000}{2}\right) + 17190.1 \times \Big(1000 + 4000 + 5000 +$$

$$9000 + \frac{9000}{2}\Big) + 22239.61 \times \left(1000 + 4000 + 5000 + 9000 + 9000 + \frac{9000}{2}\right)$$

$$= 372155 + 8080440 + 30905625 + 164646775 + 403967350 + 722787325$$

$$= 1.331 \times 10^9 \ \mathrm{N \cdot mm}$$

1-1 截面：

$$M_{\mathrm{w}}^{1\text{-}1} = P_2 \frac{l_2}{2} + P_3\left(l_2 + \frac{l_3}{2}\right) + \cdots + P_6\left(l_2 + l_3 + l_4 + l_5 + \frac{l_6}{2}\right)$$

$$= 2693.48 \times \frac{4000}{2} + 4120.75 \times \left(4000 + \frac{5000}{2}\right) + 11354.95 \times \left(4000 + 5000 + \frac{9000}{2}\right) +$$

$$17190.1 \times \left(4000 + 5000 + 9000 + \frac{9000}{2}\right) + 22239.61 \times \Big(4000 + 5000 + 9000 +$$

$$9000 + \frac{9000}{2}\Big)$$

$$= 5386960 + 26784875 + 153291825 + 386777250 + 700547715$$

$$= 1.273 \times 10^9 \ \mathrm{N \cdot mm}$$

2-2 截面：

$$M_{\mathrm{w}}^{2\text{-}2} = P_3 \frac{l_3}{2} + P_4\left(l_3 + \frac{l_4}{2}\right) + \cdots + P_6\left(l_3 + l_4 + l_5 + \frac{l_6}{2}\right)$$

$$= 4120.75 \times \frac{5000}{2} + 11354.95 \times \left(5000 + \frac{9000}{2}\right) + 17190.1 \times$$

$$\left(5000 + 9000 + \frac{9000}{2}\right) + 22239.61 \times \left(5000 + 9000 + 9000 + \frac{9000}{2}\right)$$

$$= 10301875 + 107872025 + 318016850 + 611589275$$

$$= 1.048 \times 10^9 \ \mathrm{N \cdot mm}$$

**（七）各种载荷引起的轴向应力**

1. 计算压力引起的轴向拉应力 $\sigma_1$

$$\sigma_1 = \frac{p_{\mathrm{c}} D_{\mathrm{i}}}{4\delta_{\mathrm{e}}} = \frac{0.1 \times 1400}{4 \times 7} = 5 \ \mathrm{MPa}$$

2. 重量载荷引起的轴向压应力 $\sigma_2$

0-0 截面：

$$\sigma_2^{0\text{-}0} = -\frac{m_0^{0\text{-}0} g}{A_{\mathrm{sb}}} = -\frac{m_0^{0\text{-}0} g}{\pi D_{\mathrm{is}} \delta_{\mathrm{es}}} = -\frac{37052 \times 9.8}{3.14 \times 2000 \times 8} = -7.23 \ \mathrm{MPa}$$

1-1 截面：

$$\sigma_2^{1\text{-}1} = -\frac{m_0^{1\text{-}1} g}{A_{\mathrm{sm}}} = -\frac{(37052 - 566.88) \times 9.8}{41880} = -8.54 \ \mathrm{MPa}$$

式中，$A_{\mathrm{sm}}$ 为裙座人孔处截面的截面积，由式(8-70) 得 $A_{\mathrm{sm}} = 41880\mathrm{mm}^2$。

2-2 截面：

$$\sigma_2^{2-2} = -\frac{m_0^{2-2}g}{\pi D_i \delta_e} = -\frac{(37052 - 566.88 - 2839.28) \times 9.8}{3.14 \times 1400 \times 7} = -10.72 \text{ MPa}$$

**3. 最大弯矩引起的轴向应力 $\sigma_3$**

最大弯矩 $M_{max}^{i-i}$ 取下式计算值中较大者：$\begin{cases} M_{max}^{i-i} = M_w^{i-i} + M_e \\ M_{max}^{i-i} = M_E^{i-i} + 0.25M_w^{i-i} + M_e \end{cases}$

0-0 截面：

$$\begin{cases} M_{max}^{0-0} = M_w^{0-0} + M_e = 1.331 \times 10^9 \\ M_{max}^{0-0} = M_E^{0-0} + 0.25M_w^{0-0} + M_e = 3.103 \times 10^8 + 0.25 \times 1.331 \times 10^9 + 0 = 6.431 \times 10^8 \end{cases}$$

1-1 截面：

$$\begin{cases} M_{max}^{1-1} = M_w^{1-1} + M_e = 1.273 \times 10^9 \\ M_{max}^{1-1} = M_E^{1-1} + 0.25M_w^{1-1} + M_e = 2.940 \times 10^8 + 0.25 \times 1.273 \times 10^9 + 0 = 6.123 \times 10^8 \end{cases}$$

2-2 截面：

$$\begin{cases} M_{max}^{2-2} = M_w^{2-2} + M_e = 1.048 \times 10^9 \\ M_{max}^{2-2} = M_E^{2-2} + 0.25M_w^{2-2} + M_e = 2.292 \times 10^8 + 0.25 \times 1.048 \times 10^9 + 0 = 4.912 \times 10^8 \end{cases}$$

计算结果如下

| 截 面 | 0-0 | 1-1 | 2-2 |
|---|---|---|---|
| $M_{max}^{i-i}/\text{N} \cdot \text{mm}$ | $1.331 \times 10^9$ | $1.273 \times 10^9$ | $1.048 \times 10^9$ |

各危险截面的 $\sigma_3$ 计算如下

0-0 截面：

$$\sigma_3^{0-0} = \pm \frac{M_{max}^{0-0}}{Z_{sb}} = \pm \frac{M_{max}^{0-0}}{\frac{\pi}{4}D_{is}^2 \delta_{es}} = \pm \frac{1.331 \times 10^9}{0.785 \times 2000^2 \times 8} = \pm 52.99 \text{ MPa}$$

1-1 截面：

$$\sigma_3^{1-1} = \pm \frac{M_{max}^{1-1}}{Z_{sm}} = \pm \frac{1.273 \times 10^9}{17602000} = \pm 72.32 \text{ MPa}$$

式中，$Z_{sm}$ 为裙座人孔处截面的抗弯截面系数，由式(8-71) 得 $Z_{sm} = 17602000 \text{ mm}^3$。

2-2 截面：

$$\sigma_3^{2-2} = \pm \frac{M_{max}^{2-2}}{Z} = \pm \frac{M_{max}^{2-2}}{\frac{\pi}{4}D_i^2 \delta_e} = \pm \frac{1.048 \times 10^9}{0.785 \times 1400^2 \times 7} = \pm 97.31 \text{ MPa}$$

**(八) 筒体和裙座危险截面的强度与稳定性校核**

**1. 筒体的强度与稳定性校核**

(1) 强度校核　筒体危险截面 2-2 处的最大组合轴向拉应力 $\sigma_{max,\text{组拉}}^{2-2}$：

$$\sigma_{max,\text{组拉}}^{2-2} = \sigma_1 + \sigma_2^{2-2} + \sigma_3^{2-2} = 5 - 10.72 + 97.31 = 91.59 \text{ MPa}$$

轴向许用应力：$K[\sigma]^t \phi = 1.2 \times 131 \times 0.85 = 133.62 \text{ MPa}$

因为 $\sigma_{max,\text{组拉}}^{2-2} < K[\sigma]^t \phi$，故满足强度条件。

(2) 稳定性校核　筒体危险截面 2-2 处的最大组合轴向压应力 $\sigma_{max,\text{组压}}^{2-2}$：

$$\sigma_{max,\text{组压}}^{2-2} = \sigma_2^{2-2} + \sigma_3^{2-2} = -10.72 - 97.31 = -108.03 \text{ MPa}$$

许用轴向压应力： $[\sigma]_{cr}=\begin{cases} KB \\ K[\sigma]^t \end{cases}$ 取其中较小值

由式(8-56) 得： $A=\dfrac{0.094}{R_i/\delta_e}=\dfrac{0.094}{700/7}=0.00094$

按圆筒材料，查对应的外压应力系数曲线图（GB 150.3《压力容器》），得 $B=110$MPa。

则 $\begin{cases} KB=1.2\times110=132 \text{ MPa} \\ K[\sigma]^t=1.2\times131=157.2 \text{ MPa} \end{cases}$ 取 $[\sigma]_{cr}=132$ MPa

因为 $\sigma^{2\text{-}2}_{max,组压} < [\sigma]_{cr}$，故满足稳定性条件。

2. 裙座的稳定性校核

裙座危险截面 0-0 及 1-1 处的最大组合轴向压应力

$$\sigma^{0\text{-}0}_{max,组压}=\sigma^{0\text{-}0}_2+\sigma^{0\text{-}0}_3=-7.23-52.99=-60.22 \text{ MPa}$$

$$\sigma^{1\text{-}1}_{max,组压}=\sigma^{1\text{-}1}_2+\sigma^{1\text{-}1}_3=-8.54-72.32=-80.86 \text{ MPa}$$

由式(8-56) 得： $A=\dfrac{0.094}{R_{is}/\delta_{es}}=\dfrac{0.094}{850/8}=0.00088$

按裙座材料，查对应的外压应力系数曲线图（GB 150.3《压力容器》），得 $B=105$ MPa

则 $\begin{cases} KB=1.2\times105=126 \text{ MPa} \\ K[\sigma]^t_s=1.2\times131=157.2 \text{ MPa} \end{cases}$ 取 $[\sigma]_{cr}=126$ MPa

因为 $\sigma^{0\text{-}0}_{max,组压} < [\sigma]_{cr}$，$\sigma^{1\text{-}1}_{max,组压} < [\sigma]_{cr}$，故满足稳定性条件。

### （九）筒体和裙座水压试验应力校核

1. 筒体水压试验应力校核

（1）由试验压力引起的环向应力 $\sigma$

试验压力 $p_T=1.25p\dfrac{[\sigma]}{[\sigma]^t}=1.25\times0.1\times\dfrac{148}{131}=0.14$ MPa

$\sigma=\dfrac{(p_T+液柱静压力)(D_i+\delta_{ei})}{2\delta_{ei}}=\dfrac{(0.14+0.3146)\times(1400+7)}{2\times7}$

$=45.69$ MPa

$$0.9R_{eL}\phi=0.9\times245\times0.85=187.4 \text{ MPa}$$

因为 $\sigma<0.9R_{eL}\phi$，故满足要求。

（2）由试验压力引起的轴向应力 $\sigma_1$

$$\sigma_1=\dfrac{p_T D_i}{4\delta_{ei}}=\dfrac{0.14\times1400}{4\times7}=7.0 \text{ MPa}$$

（3）水压试验时，重力引起的轴向应力 $\sigma_2$

$$\sigma^{2\text{-}2}_2=-\dfrac{m^{2\text{-}2}_{max}g}{\pi D_i\delta_e}=-\dfrac{(79434-566.88-2937.98)\times9.8}{3.14\times1400\times7}=-24.18 \text{ MPa}$$

（4）由弯矩引起的轴向应力 $\sigma_3$

$$\sigma^{2\text{-}2}_3=\pm\dfrac{0.3M^{2\text{-}2}_w}{\dfrac{\pi}{4}D_i^2\delta_{ei}}=\pm\dfrac{0.3\times1.048\times10^9}{0.785\times1400^2\times7}=\pm40.87 \text{ MPa}$$

（5）最大组合轴向拉应力校核

$$\sigma^{2\text{-}2}_{max,组拉}=\sigma_1+\sigma^{2\text{-}2}_2+\sigma^{2\text{-}2}_3=7.0-24.18+40.87=23.69 \text{ MPa}$$

许用应力： $0.9R_{eL}\phi=0.9\times245\times0.85=187.4$ MPa

因为 $\sigma_{max,组拉}^{2-2} < 0.9R_{eL}\phi$，故满足要求。

(6) 最大组合轴向压应力校核

$$\sigma_{max,组压}^{2-2} = \sigma_2^{2-2} + \sigma_3^{2-2} = -24.18 - 40.87 = -65.05 \text{ MPa}$$

轴向许用压应力 $[\sigma]_{cr} = \begin{cases} 0.9R_{eL} \\ KB \end{cases}$ 取其中较小值

$$\begin{cases} 0.9R_{eL} = 0.9 \times 245 = 220.5 \text{ MPa} \\ KB = 1.2 \times 110 = 132 \text{ MPa} \end{cases} \qquad 取 [\sigma]_{cr} = 132 \text{ MPa}$$

因为 $\sigma_{max,组压}^{2-2} < [\sigma]_{cr}$，故满足要求。

2. 裙座水压试验应力校核

(1) 水压试验时，重力引起的轴向应力 $\sigma_2$

$$\sigma_2^{0-0} = -\frac{m_{max}^{0-0}g}{\pi D_{is}\delta_{es}} = -\frac{79434 \times 9.8}{3.14 \times 2000 \times 8} = -15.49 \text{ MPa}$$

$$\sigma_2^{1-1} = -\frac{m_{max}^{1-1}g}{A_{sm}} = -\frac{(79434 - 566.88) \times 9.8}{41880} = -18.46 \text{ MPa}$$

(2) 由弯矩引起的轴向应力 $\sigma_3$

$$\sigma_3^{0-0} = \pm\frac{0.3M_w^{0-0}}{\frac{\pi}{4}D_{is}^2\delta_{es}} = \pm\frac{0.3 \times 1.331 \times 10^9}{0.785 \times 2000^2 \times 8} = \pm 15.9 \text{ MPa}$$

$$\sigma_3^{1-1} = \pm\frac{0.3M_w^{1-1}}{Z_{sm}} = \pm\frac{0.3 \times 1.273 \times 10^9}{17602000} = \pm 21.7 \text{ MPa}$$

(3) 最大组合轴向压应力校核

$$\sigma_{max,组压}^{0-0} = \sigma_2^{0-0} + \sigma_3^{0-0} = -15.49 - 15.9 = -31.39 \text{ MPa}$$

$$\sigma_{max,组压}^{1-1} = \sigma_2^{1-1} + \sigma_3^{1-1} = -18.46 - 21.7 = -40.16 \text{ MPa}$$

轴向许用压应力 $[\sigma]_{cr} = \begin{cases} 0.9R_{eL} \\ B \end{cases}$ 取其中较小值

$$\begin{cases} 0.9R_{eL} = 0.9 \times 245 = 220.5 \text{ MPa} \\ B = 105 \text{ MPa} \end{cases} \qquad 取 [\sigma]_{cr} = 105 \text{ MPa}$$

因为 $\sigma_{max,组压}^{0-0} < [\sigma]_{cr}$，$\sigma_{max,组压}^{1-1} < [\sigma]_{cr}$，故满足要求。

**(十) 基础环设计**

1. 基础环尺寸

取 $D_{ob} = D_{is} + (160 \sim 400) = 2000 + 300 = 2300 \text{ mm}$

$D_{ib} = D_{is} - (160 \sim 400) = 2000 - 200 = 1800 \text{ mm}$

2. 基础环的应力校核

$$\sigma_{b,max} = \begin{cases} \dfrac{M_{max}^{0-0}}{Z_b} + \dfrac{m_0 g}{A_b} \\[3mm] \dfrac{0.3M_w^{0-0}}{Z_b} + \dfrac{m_{max}g}{A_b} \end{cases} \qquad 取其中较大值$$

$$Z_b = \frac{\pi(D_{ob}^4 - D_{ib}^4)}{32D_{ob}} = \frac{3.14 \times (2300^4 - 1800^4)}{32 \times 2300} = 7.46 \times 10^8 \text{ mm}^3$$

$$A_b = \frac{\pi}{4}(D_{ob}^2 - D_{ib}^2) = 0.785 \times (2300^2 - 1800^2) = 1.61 \times 10^6 \text{ mm}^2$$

(1) $\sigma_{b,max} = \dfrac{M_{max}^{0-0}}{Z_b} + \dfrac{m_0 g}{A_b} = \dfrac{1.331 \times 10^9}{7.46 \times 10^8} + \dfrac{37052 \times 9.8}{1.61 \times 10^6} = 2$ MPa

(2) $\sigma_{b,max} = \dfrac{0.3 M_w^{0-0}}{Z_b} + \dfrac{m_{max} g}{A_b} = \dfrac{0.3 \times 1.331 \times 10^9}{7.46 \times 10^8} + \dfrac{79434 \times 9.8}{1.61 \times 10^6} = 1$ MPa

取 $\sigma_{b,max} = 2$ MPa。选用 75 号混凝土，其许用应力 $R_a = 3.5$ MPa。

因为 $\sigma_{b,max} < R_a$，故满足要求。

3. 基础环厚度 参见图 8-69(b)，按有筋板时，计算基础环的厚度 $\delta_b$。

$$b = \frac{1}{2}(D_{ob} - D_{os}) = \frac{1}{2} \times (2300 - 2016) = 142 \text{ mm}$$

设地脚螺栓直径为 M36，$l = 160$ mm，则 $b/l = 0.9$，查表 8-31 得 $C_x = -0.142$，$C_y = 0.0872$。矩形板计算力矩按式(8-81) 计算：

$$M_s = \max\{|M_x|, |M_y|\}$$

$$M_x = C_x \sigma_{b,max} b^2 = -0.142 \times 2 \times 142^2 = -5726.6 \text{ N·mm/mm}$$

$$M_y = C_y \sigma_{b,max} l^2 = 0.0872 \times 2 \times 160^2 = 4464.6 \text{ N·mm/mm}$$

取 $M_s = |M_x| = 5726.6$ N·mm/mm，基础环材料的许用应力 $[\sigma]_b = 140$ MPa，基础环厚度

$$\delta_b = \sqrt{\frac{6 M_s}{[\sigma]_b}} = \sqrt{\frac{6 \times 5726.6}{140}} = 15.7 \text{ mm} \qquad 取 \delta_b = 20 \text{ mm}$$

**(十一) 地脚螺栓计算**

1. 地脚螺栓承受的最大拉应力

$$\sigma_B = \begin{cases} \dfrac{M_w^{0-0} + M_e}{Z_b} - \dfrac{m_{min} g}{A_b} \\[3mm] \dfrac{M_E^{0-0} + 0.25 M_w^{0-0} + M_e}{Z_b} - \dfrac{m_0 g}{A_b} \end{cases} \qquad 取其中较大值$$

(1) $\quad \sigma_B = \dfrac{M_w^{0-0} + M_e}{Z_b} - \dfrac{m_{min} g}{A_b}$

$$= \frac{1.331 \times 10^9}{7.46 \times 10^8} - \frac{25972 \times 9.8}{1.61 \times 10^6} = 1.6 \text{ MPa}$$

(2) $\quad \sigma_B = \dfrac{M_E^{0-0} + 0.25 M_w^{0-0} + M_e}{Z_b} - \dfrac{m_0 g}{A_b}$

$$= \frac{4.0008 \times 10^8 + 0.25 \times 1.331 \times 10^9}{7.46 \times 10^8} - \frac{37052 \times 9.8}{1.61 \times 10^6}$$

$$= 0.67 \text{ MPa}$$

取 $\sigma_B = 1.6$ MPa。

2. 地脚螺栓直径 因为 $\sigma_B > 0$，故此塔设备必须安装地脚螺栓。

取地脚螺栓个数 $n = 28$，地脚螺栓材料的许用应力 $[\sigma]_{bt} = 147$ MPa

地脚螺栓螺纹小径为

$$d_1 = \sqrt{\frac{4 \sigma_B A_b}{\pi n [\sigma]_{bt}}} = \sqrt{\frac{4 \times 1.6 \times 1.61 \times 10^6}{3.14 \times 28 \times 147}} = 28.2 \text{ mm}$$

查表 8-32，取地脚螺栓为 M36。故选用 28 个 M36 的地脚螺栓，满足要求。

以上各项计算均满足强度条件及稳定性条件，塔的机械设计结果列于表 8-41。

表 8-41　循环苯塔机械设计结果汇总

| 塔的名义壁厚 | 简体 $\delta_n=10$mm, 封头 $\delta_{nh}=10$mm, 裙座 $\delta_{ns}=10$mm |
| --- | --- |
| 塔的载荷及弯矩 / 塔的质量 | $m_0=37052$kg　$m_{max}=79434$kg　$m_{min}=25972$kg |
| 风弯矩 | $M_w^{0-0}=1.331\times10^9$N·mm　$M_w^{1-1}=1.273\times10^9$N·mm<br>$M_w^{2-2}=1.048\times10^9$N·mm |
| 地震弯矩 | $M_E^{1-1}=3.103\times10^8$N·mm　$M_E^{1-1}=2.940\times10^8$N·mm<br>$M_E^{2-2}=2.292\times10^8$N·mm |
| 各种载荷引起的轴向应力 / 计算压力引起的轴向应力 | $\sigma_1=5$MPa |
| 重量载荷引起的轴向应力 | $\sigma_2^{0-0}=-7.23$MPa　$\sigma_2^{1-1}=-8.54$MPa　$\sigma_2^{2-2}=-10.72$MPa |
| 最大弯矩引起的轴向应力 | $\sigma_3^{0-0}=\pm52.99$MPa　$\sigma_3^{1-1}=\pm72.32$MPa　$\sigma_3^{2-2}=\pm97.31$MPa |
| 最大组合轴向拉应力 | $\sigma_{max组拉}^{2-2}=91.59$MPa |
| 最大组合轴向压应力 | $\sigma_{max组压}^{0-0}=-60.22$MPa　$\sigma_{max组压}^{1-1}=-80.86$MPa<br>$\sigma_{max组压}^{2-2}=-108.03$MPa |
| 强度及稳定性校核 / 强度校核 | $\sigma_{max组拉}^{2-2}=91.59$MPa$<K[\sigma]^t\phi=133.62$MPa　满足强度条件 |
| 稳定性校核 | $\sigma_{max组压}^{0-0}=-60.22$MPa$<[\sigma]_{cr}=126$MPa　满足稳定性条件<br>$\sigma_{max组压}^{1-1}=-80.86$MPa$<[\sigma]_{cr}=126$MPa　满足稳定性条件<br>$\sigma_{max组压}^{2-2}=-108.03$MPa$<[\sigma]_{cr}=132$MPa　满足稳定性条件 |
| 水压试验时的应力校核 / 简体 | $\sigma=45.69$MPa$<0.9R_{eL}\phi=187.4$MPa　满足强度条件<br>$\sigma_{max组拉}^{2-2}=23.69$MPa$<0.9R_{eL}\phi=187.4$MPa　满足强度条件<br>$\sigma_{max组压}^{2-2}=-65.05$MPa$<[\sigma]_{cr}=132$MPa　满足稳定性条件 |
| 裙座 | $\sigma_{max组压}^{0-0}=-31.39$MPa$<[\sigma]_{cr}=105$MPa　满足稳定性条件<br>$\sigma_{max组压}^{1-1}=-40.16$MPa$<[\sigma]_{cr}=105$MPa　满足稳定性条件 |
| 基础环设计 / 基础环尺寸 | $D_{ob}=2300$mm　　$D_{ib}=1800$mm　　$\delta_b=20$mm |
| 基础环的应力校核 | $\sigma_{b,max}=2$MPa$<R_a=3.5$MPa　满足要求 |
| 地脚螺栓设计 | 地脚螺栓直径 M36　地脚螺栓个数 $n=28$ |

<h1 align="center">主要符号说明</h1>

| 符号 | 意　义　与　单　位 | 符号 | 意　义　与　单　位 |
| --- | --- | --- | --- |
| $\sum A$ | 操作平台的投影面积，mm² | $d_{is}$ | 裙座小端的内直径，mm |
| $A_b$ | 基础环的面积，mm² | $d_o$ | 塔顶管线的外直径，mm |
| $A_{sb}$ | 裙座的底部截面积，mm² | $d_{os}$ | 裙座小端的外直径，mm |
| $A_{sm}$ | 裙座人孔处截面积，mm² | $E$ | 设计温度下材料的弹性模量，MPa |
| $B$ | 用于确定许用轴向压应力的系数，MPa | $f_i$ | 风压高度变化系数 |
| $b$ | 基础环外部的径向宽度，mm | $H$ | 塔的总高度，mm |
| $D_{ei}$ | 塔各计算段的有效直径，mm | $H_s$ | 裙座总高度，mm |
| $D_i$ | 简体的内直径，mm | $H_{it}$ | 塔第 $i$ 段顶截面距地面的高度，m |
| $D_{ib}$ | 基础环的内直径，mm | $h$ | 计算截面距地面的高度，mm |
| $D_{ob}$ | 基础环的外直径，mm | $h_{it}$ | 塔第 $i$ 计算段顶截面距塔底截面的高度，m |
| $D_{is}$ | 裙座大端的内直径，mm | $K$ | 载荷组合系数 |
| $D_o$ | 简体的外直径，mm | $K_1$ | 体型系数 |
| $D_{os}$ | 裙座大端的外直径，mm | $K_{2i}$ | 风振系数 |

续表

| 符号 | 意　义　与　单　位 | 符号 | 意　义　与　单　位 |
|---|---|---|---|
| $K_3$ | 笼式扶梯当量宽度，mm | $\gamma$ | 地震影响系数曲线下降段的衰减指数 |
| $K_4$ | 操作平台当量宽度，mm | $\delta_b$ | 基础环的厚度，mm |
| $l_e$ | 偏心质点的重心至塔器中心线的距离，mm | $\delta_{ei}$ | 各计算截面的筒体有效厚度，mm |
| $l_i$ | 塔第 $i$ 计算段长度，mm | $\delta_{eh}$ | 封头的有效厚度，mm |
| $M_e$ | 偏心质量引起的弯距，N·mm | $\delta_{es}$ | 裙座的有效厚度，mm |
| $M_E^{I\text{-}I}$ | 塔第 I-I 截面处的地震弯矩，N·mm | $\delta_n$ | 筒体的名义厚度，mm |
| $M_{max}^{I\text{-}I}$ | 塔第 I-I 截面处的最大弯矩，N·mm | $\delta_{nh}$ | 封头的名义厚度，mm |
| $M_w^{I\text{-}I}$ | 塔第 I-I 截面处的风弯矩，N·mm | $\delta_{ns}$ | 裙座的名义厚度，mm |
| $m_{max}$ | 塔在液压试验状态时的最大质量，kg | $\delta_{ps}$ | 管线保温层厚度，mm |
| $m_{min}$ | 塔在安装状态时的最小质量，kg | $\nu_i$ | 脉动影响系数 |
| $m_0$ | 塔的操作质量，kg | $\xi$ | 脉动增大系数 |
| $m_0^{i\text{-}i}$ | 计算截面以上的操作质量，kg | $\zeta_i$ | 第 $i$ 阶振型阻尼比 |
| $p_c$ | 计算压力，MPa | $\eta_{1k}$ | 基本振型参与系数 |
| $P_i$ | 塔 $i$-$i$ 计算段的水平风力，N | $\eta_1$ | 地震影响系数曲线直线下降段斜率的调整系数 |
| $q_0$ | 基本风压值，N/m² | $\eta_2$ | 地震影响系数曲线的阻尼调整系数 |
| $T_1$ | 塔的基本自振周期，s | $\sigma_1$ | 由计算压力引起的轴向应力，MPa |
| $X_{Nk}$ | 第 $N$ 阶振型的振型向量元素 | $\sigma_2$ | 由重力引起的轴向应力，MPa |
| $Z_b$ | 基础环的抗弯截面系数，mm³ | $\sigma_3$ | 由弯矩引起的轴向应力，MPa |
| $Z_{sb}$ | 裙座底部截面的抗弯截面系数，mm³ | $[\sigma]^t$ | 设计温度下塔壳材料的许用应力，MPa |
| $\alpha$ | 地震影响系数 | $[\sigma]_{cr}$ | 设计温度下塔壳或裙座壳的许用轴向压应力，MPa |
| $\alpha_1$ | 对应于塔基本自振周期 $T_1$ 的地震影响系数 | $[\sigma]_s^t$ | 设计温度下裙座材料的许用应力，MPa |
| $\alpha_{max}$ | 地震影响系数的最大值 | $\phi_{zi}$ | 振型系数 |

# 参 考 文 献

[1] 化工设备设计全书编辑委员会. 塔设备设计. 上海：上海科学技术出版社，1988.

[2] 化工设备设计手册编写组. 化工设备设计手册 2：金属设备. 上海：上海人民出版社，1975.

[3] 《化工设备设计全书》编辑委员会. 塔设备. 北京：化学工业出版社，2004.

[4] 余国琮主编. 化工容器及设备. 北京：化学工业出版社，1980.

[5] 刁玉玮，王立业，喻健良编著. 化工设备机械基础. 大连：大连理工大学出版社，2006.

[6] 化学工业部设备设计技术中心站. 化工设备结构图册. 上海：上海科学技术出版社，1988.

[7] 王树楹主编. 现代填料塔技术指南. 北京：中国石化出版社，1998.

[8] 徐崇嗣等编. 填料塔产品及技术手册. 北京：化学工业出版社，1995.

[9] 中华人民共和国国家标准. 压力容器. GB 150—2011. 北京：中国质检出版社，2012.

[10] 中华人民共和国国家标准. 钢制塔式容器. JB/T 4710—2005. 北京：新华出版社，2005.

[11] 中华人民共和国机械行业标准. 双面可拆连接件. JB/T 1120—1999.

[12] 中华人民共和国机械行业标准. 卡子. JB/T 1119—1999.

[13] 中华人民共和国机械行业标准. X1 型楔卡. JB/T 2878.1—1999.

[14] 中华人民共和国机械行业标准. X2 型楔卡. JB/T 2878.2—1999.

[15] 中华人民共和国行业标准. 梁型气体喷射式填料支承板. HG/T 21512—1995.

[16] 中华人民共和国行业标准. 丝网除沫器. HG/T 21618—1998.

# 附　　录

## 附录一　典型设备图面技术要求

### 一、钢制焊接压力容器技术要求

#### 以下简称"容器要求"

1. 本设备按 GB 150—2011《压力容器》进行制造、试验和验收，并接受 TSG R0004—2009《固定式压力容器安全技术监察规程》的监督。

2. 焊接采用电弧焊，焊条牌号＿＿＿＿＿＿。[说明：如设计中必须采用自动焊或电渣焊以及其它焊接方法时，应在技术要求中注明并标注相应焊丝及焊剂要求。]

3. 焊接接头形式及尺寸除图中注明外，按 GB 985.1 和 GB 985.2 中规定；对接焊缝为＿＿＿＿＿＿，接管与壳体、封头的焊缝为＿＿＿＿＿＿，带补强的接管与壳体、封头的焊缝为＿＿＿＿＿＿，角焊缝的焊角尺寸按较薄板的厚度；法兰的焊接按相应法兰标准中的规定。

4. 容器上的 A 类和 B 类焊缝应进行无损探伤检查，探伤长度＿＿＿＿＿＿％。射线探伤符合 JB/T 4730.2 规定中＿＿＿＿＿＿级为合格；或超声波探伤符合 JB/T 4730.3 规定中＿＿＿＿＿＿级为合格。

5. 压力试验和致密性试验：

① 设备制造完毕后，以＿＿＿＿＿＿ MPa 进行压力试验，合格后再以＿＿＿＿＿＿ MPa 的压缩气体进行致密性试验。

② 对带蛇管设备的压力试验和致密性试验：设备与蛇管分别按各自试验压力进行压力试验和致密性试验。

③ 对带夹套设备的压力试验和致密性试验过程。（略）

6. 管口及支座方位见管口方位图，图号见选用表（方位和俯、侧视图一致时写管口及支座方位按本图）。

#### 特殊要求

1. 对特殊材料的容器，且未订出行业标准或国家标准的新型材料及使用进口材料均应按 GB 150.2 附录 A 规定进行要求。

2. 容器的材料有特殊要求需另外提出。如材料的供货状态及机械性能与化学成分应符合的要求等。

3. 容器的钢板须作热处理试件，试件的制作、试验项目和指标按 GB 150.4 中第 9 节规定。

4. 容器钢板和焊接接头须在＿＿＿＿＿＿温度下，进行 V 形缺口夏比冲击韧性试验，其冲击功值不小于＿＿＿＿＿＿J。

5. 主要受压元件用钢板须作超声探伤，并不低于 JB/T 4730 中＿＿＿＿＿＿级的要求。

6. 容器上的 A 类和 B 类焊缝还应＿＿＿＿＿＿探伤复验，按 GB 150.4 中第 10 节规定。

7. 容器上的 C 类和 D 类焊缝应进行磁粉探伤或渗透探伤按 GB 150.4 中第 10 节进行，

不允许有任何裂纹和分层缺陷存在。

8. 容器及其元件的焊后热处理按 GB 150.4 中第 8 节有关规定，以下三种情况，须在图中注明。

① 对有应力腐蚀要求的容器；

② 盛装极度或高度危害介质；

③ 焊在壳体上的连接件或附件，应随容器一起进行热处理。

## 二、列管式换热器装配图技术要求

1. 本设备按 GB 151《管壳式换热器》中的＿＿＿＿＿＿级进行制造、试验和验收，并接受 TSG R0004—2009《固定式压力容器安全技术监察规程》的监督。

2. 换热管的标准为＿＿＿＿＿＿，其外径偏差为＿＿＿＿＿＿mm，壁厚偏差为＿＿＿＿＿＿％。

3. 焊接及探伤要求按"容器要求"中有关规定。

4. 管板密封面与壳体轴线垂直，其公差为 1mm。

5. 列管和管板的连接采用＿＿＿＿＿＿。

6. 设备制造完毕后，进行试压检验：壳程以＿＿＿＿＿＿MPa，管程以＿＿＿＿＿＿MPa 进行压力试验。合格后壳程再以＿＿＿＿＿＿MPa，管程再以＿＿＿＿＿＿MPa 的压缩空气进行致密性试验。

7. 管口及支座方位参照"容器要求"第 6 条填写。

**特殊要求**

1. 管箱带有分程隔板或带有较大的开孔均须组焊完毕后，进行消除应力热处理。密封面在热处理后精加工。

2. 当膨胀节有预压缩或预拉伸的要求时，应添加一条（写在第 5 条后面）：在管子和管板胀接（或焊接）前，补偿器预压缩（或预拉伸）＿＿＿＿＿＿mm。

3. 冷弯 U 形管应进行消除应力热处理。

## 三、列管式换热器管板技术要求

1. 管板密封面应与轴线垂直，其垂直度允差为＿＿＿＿＿＿mm。

2. 管孔应严格垂直于管板紧密面，其垂直度允差为＿＿＿＿＿＿mm，孔表面不允许存在贯通的纵向条痕。

3. 管板钻孔后≥96％的允许孔桥宽度必须≥＿＿＿＿＿＿mm，允许的最小孔桥宽度为＿＿＿＿＿＿mm。

4. 螺栓孔中心圆直径和相邻两螺栓孔弦长允差为±0.6mm，任意两螺栓孔弦长允差±＿＿＿＿＿＿mm。

**特殊要求**

1. 堆焊管板要求。

① 整个堆焊层表面应平整，平面度允差≤1mm。堆焊层厚度应均匀，最厚与最薄之差 1mm。堆焊的过渡层和表层（包括密封表层）硬度分别不少于 3mm。

② 基层材料的堆焊面和加工后（钻孔前）的堆焊层表面应按 JB/T 4730.4 或 JB/T 4730.5 进行渗透或磁粉探伤，探伤结果不允许有任何裂纹和分层存在。

2. 锻制管板按 NB/T 47008《承压设备用碳素钢和低合金钢锻件》填写。

3. 拼接管板的焊缝必须采用全焊透结构,并应进行100％射线或超声波探伤,按 JB/T 4730.2 的 Ⅱ 级或 JB/T 4730.3 的 Ⅰ 级为合格,除不锈钢外,还应作消除应力的热处理。

## 四、折流板、支持板技术要求

1. 折流板（或支持板）应平整,平面度允差 3mm。

2. 相邻两管的孔中心距离偏差为 ±0.3mm,允许有 4％ 的相邻两孔中心距离偏差为 ±0.5mm,任意两管孔中心距偏差为 ±1mm〔说明:本条所列偏差数值适用于管子外径≤38mm。当管子外径为 57mm 时,则上面的数值将相应改为 ±0.50；±0.70；±1.20〕。

3. 钻孔后应除去管孔周边的毛刺。

## 五、板式塔装配图技术要求

1. 根据要求按"容器要求"第 1. 条填写。

2. 焊接及无损探伤等要求按"容器要求"的有关条填写。

3. 塔体直线度允差为 _____ mm,塔体安装垂直度允差为 _____。

4. 裙座（或支座）螺栓孔中心圆直径允差以及相邻两孔和任意两孔弦长允差均为 2mm。

5. 塔盘的制造、安装按 JB/T 1205《塔盘技术条件》进行。

6. 压力和致密性等试验要求,按"容器要求"第 5. 条有关规定填写。

7. 管口及支座方位,按"容器要求"第 6. 条填写。

**特殊要求**

1. 对于直径＜800mm 的塔,塔盘制成整体或装配成整体后再装入塔内的塔体要求。

① 塔体在同一断面上的最大直径与最小直径之差≤0.5％ $D_i$,且不大于 25mm。

② 筒体内表面焊缝应修平,接管与塔体焊接时,不能伸入塔体内。

③ 塔节两端法兰与塔体焊后一起加工,法兰密封面与筒体轴线应垂直,其允差为 1mm。

2. 根据不同材料、压力、温度等按"容器要求"中有关特殊要求填写。

3. 壳体与裙座连接焊缝应作磁粉或渗透探伤检验,不允许有任何裂纹和分层存在。

4. 塔的裙座螺栓采用地脚螺栓模板定位,一次灌浇基础。

5. 当保温圈与塔体上的附件（如接管、人手孔等）相碰时,应将保温圈移开或断开；当加强圈与有关附件相碰时,则应将加强圈适当移开。

## 六、填料塔装配图技术要求

1. 本条同"板式塔装配图技术要求"中的第 1. 条。

2. 本条同"板式塔装配图技术要求"中第 2. 条。

3. 塔体直线允差 _____ mm。塔体安装垂直度允差为 _____ mm。

4. 本条同"板式塔装配图技术要求"第 4. 条。

5. 栅板应平整,安装后的平面度允差 2mm。

6. 本条同"板式塔装配图技术要求"第 6. 条。

7. 本条同"板式塔装配图技术要求"第 7. 条。

8. 喷淋装置安装时平面度允差 3mm,标高允差 ±3mm,其中心线与塔体中心线同轴度允差 3mm。

对于波纹填料塔在第 2 条后面增加下列内容：

① 塔体在同一断面上的最大直径与最小直径之差≤0.5％$D_i$；

② 接管、人孔、视镜等与筒体焊接时，不能突出于塔体内壁；

③ 塔体内表面焊缝应修平，焊疤、焊渣应清除干净；

④ 塔节两端法兰与塔体焊后一起加工，其法兰密封面与筒体轴线应垂直，其允差为 1mm。

## 附录二　手弧焊和气保焊常用坡口形式和基本尺寸

| 母材厚度 $t$/mm | 名称 | 符号 | 坡口形式 | 角度 $\alpha/(°)$或 $\beta/(°)$ | 坡口尺寸/mm 间隙 $b$ | 钝边 $c$ | 深度 $h$ | 标注方法 | 备注 |
|---|---|---|---|---|---|---|---|---|---|
| 5～40 | 带钝边 V 形坡口 | Y | | ≈60 | 1～4 | 2～4 | — | | 单面对接焊 |
| >16 | 陡边坡口 | V | | 5～20 | 5～15 | — | — | | 单面对接焊 筒体内径<600mm，但允许衬垫板全焊透 |
| >12 | U 形坡口 | U | | 8～12 | ≤4 | ≤3 | — | | 单面对接焊 厚壁筒体的环焊缝 |
| >10 | 带钝边双 V 形坡口 | X | | 40～60 | 1～4 | 2～6 | $h_1=h_2$ $=\dfrac{t-c}{2}$ | | 双面对接焊 拼接，筒体纵焊缝 |
| ≥30 | 双 U 形坡口 | | | 8～12 | ≤3 | ≈3 | ≈$\dfrac{t-c}{2}$ | | 双面对接焊 筒体的纵、环焊缝 |
| 4～10 | 单边 V 形坡口 | V | | 35～60 | 2～4 | 1～2 | — | | 单面焊 用于常压、低压的角接、对接 |
| >10 | K 形坡口 | K | | 35～60 | 1～4 | ≤2 | ≈$\dfrac{t}{2}$ 或 ≈$\dfrac{t}{3}$ | | 双面焊 壁厚较厚的接管与较厚的壳体焊接，可用于疲劳载荷，内部腐蚀等工况，适合 Cr—Mo 钢 |

# 附录三 埋弧焊常用坡口形式和基本尺寸

| 母材厚度 $t$/mm | 名称 | 符号 | 坡口形式 | 角度 $\alpha$/° 或 $\beta$/° | 坡口尺寸/mm 间隙 $b$ | 钝边 $c$ | 深度 $h$ | 标注方法 | 备注 |
|---|---|---|---|---|---|---|---|---|---|
| 10~20 | V形坡口 | ∨ | | 30~50 | 4~8 | ≤2 | — | | 单面对接焊 |
| ≥30 | U形坡口 | ⋃ | | 4~10 | 1~4 R5~10 | 2~3 | — | | 单面对接焊 衬垫厚度至少 5mm，或 $0.5t$ |
| 10~35 | 带钝边V形坡口 | ⋎ | | 30~60 | ≤4 | 4~10 | — | | 双面对接焊 |
| ≥16 | 带钝边双V形坡口 | ⋈ | | 30~70 | ≤4 | 4~10 | $h_1 = h_2$ | | 双面对接焊 |
| ≥50 | 双U形坡口 | | | 5~10 | ≤4 R5~10 | 4~10 | $=\dfrac{t-c}{2}$ | | 双面对接焊 |
| ≥16 | J形坡口 | ⊔ | | 4~10 | 2~4 R5~10 | 2~3 | — | | 单面焊 衬垫厚度至少 5mm，或 $0.5t$ |
| ≥30 | 双面J形坡口 | | | 5~10 | ≤4 R5~10 | 2~7 | — | | 双面焊 允许采用对称坡口，必要时可进行打底焊 |

# 附录四　管　法　兰

**附录四表1** 密封面尺寸（突面、凹面/凸面、榫面/槽面）（摘自 HG/T 20592—2009）　单位：mm

| 公称直径 DN | $d$ | | | | | | $f_1$ | $f_2$ | $f_3$ | $W$ | $X$ | $Y$ | $Z$ |
| --- | --- | --- | --- | --- | --- | --- | --- | --- | --- | --- | --- | --- | --- |
| | $PN$/MPa | | | | | | | | | | | | |
| | 0.2 | 0.6 | 1.0 | 1.6 | 2.5 | ≥4.0 | | | | | | | |
| 10 | 35 | 35 | 40 | 40 | 40 | 40 | | | | 24 | 34 | 35 | 23 |
| 15 | 40 | 40 | 45 | 45 | 45 | 45 | | | | 29 | 39 | 40 | 28 |
| 20 | 50 | 50 | 58 | 58 | 58 | 58 | | | | 36 | 50 | 51 | 35 |
| 25 | 60 | 60 | 68 | 68 | 68 | 68 | | | | 43 | 57 | 58 | 42 |
| 32 | 70 | 70 | 78 | 78 | 78 | 78 | | 4.5 | 4 | 51 | 65 | 66 | 50 |
| 40 | 80 | 80 | 88 | 88 | 88 | 88 | | | | 61 | 75 | 76 | 60 |
| 50 | 90 | 90 | 102 | 102 | 102 | 102 | | | | 73 | 87 | 88 | 72 |
| 65 | 110 | 110 | 122 | 122 | 122 | 122 | | | | 95 | 109 | 110 | 94 |
| 80 | 128 | 128 | 138 | 138 | 138 | 138 | | | | 106 | 120 | 121 | 105 |
| 100 | 148 | 148 | 158 | 158 | 162 | 162 | 2 | | | 129 | 149 | 150 | 128 |
| 125 | 178 | 178 | 188 | 188 | 188 | 188 | | | | 155 | 175 | 176 | 154 |
| 150 | 202 | 202 | 212 | 212 | 218 | 218 | | | | 183 | 203 | 204 | 182 |
| 200 | 258 | 258 | 268 | 268 | 278 | 285 | | 5.0 | 4.5 | 239 | 259 | 260 | 238 |
| 250 | 312 | 312 | 320 | 320 | 335 | 345 | | | | 292 | 312 | 313 | 291 |
| 300 | 365 | 365 | 370 | 378 | 395 | 410 | | | | 343 | 363 | 364 | 342 |
| 350 | 415 | 415 | 430 | 428 | 450 | 465 | | | | 395 | 421 | 422 | 394 |
| 400 | 465 | 365 | 482 | 490 | 505 | 535 | | 5.5 | 5.0 | 447 | 473 | 474 | 446 |
| 450 | 520 | 520 | 532 | 550 | 555 | 560 | | | | 497 | 523 | 524 | 496 |
| 500 | 570 | 570 | 585 | 610 | 615 | 615 | | | | 549 | 575 | 576 | 548 |

注：凹凸面和榫槽面适用于 $PN$1.0～$PN$16.0MPa 的法兰，表中尺寸见附录图4-1 。

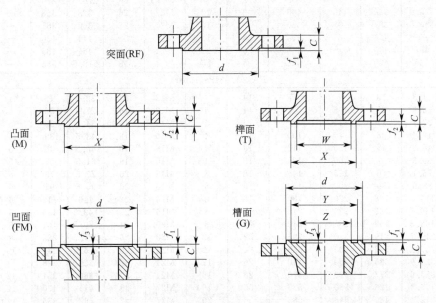

**附录四图1**　突面（RF）、凹面/凸面（MFM）、榫面/槽面（TG）的密封面尺寸

附录四表 2　板式平焊钢制管法兰（摘自 HG/T 20592—2009）　　　单位：mm

| 公称直径 DN | 管子直径 $A_1$ | | 连接尺寸 | | | | | 法兰厚度 C | 法兰内径 $B_1$ | | 坡口宽度 b | 法兰理论重量 /kg |
| --- | --- | --- | --- | --- | --- | --- | --- | --- | --- | --- | --- | --- |
| | | | 法兰外径 D | 螺栓孔中心圆直径 K | 螺栓孔直径 L | 螺栓孔数量 n | 螺纹 $T_h$ | | | | | |
| | A | B | | | | | | | A | B | | |
| *PN* 0.6MPa(6bar) | | | | | | | | | | | | |
| 15 | 21.3 | 18 | 80 | 55 | 11 | 4 | M10 | 12 | 22.5 | 19 | — | 0.5 |
| 20 | 26.9 | 25 | 90 | 65 | 11 | 4 | M10 | 14 | 27.5 | 26 | — | 0.5 |
| 25 | 33.7 | 32 | 100 | 75 | 11 | 4 | M10 | 14 | 34.5 | 33 | — | 0.5 |
| 32 | 42.4 | 38 | 120 | 90 | 14 | 4 | M12 | 16 | 43.5 | 39 | — | 1.0 |
| 40 | 48.3 | 45 | 130 | 100 | 14 | 4 | M12 | 16 | 49.5 | 46 | — | 1.5 |
| 50 | 60.3 | 57 | 140 | 110 | 14 | 4 | M12 | 16 | 61.5 | 59 | — | 1.5 |
| 65 | 76.1 | 76 | 160 | 130 | 14 | 4 | M12 | 16 | 77.5 | 78 | — | 2.0 |
| 80 | 88.9 | 89 | 190 | 150 | 18 | 4 | M16 | 18 | 90.5 | 91 | — | 3.0 |
| 100 | 114.3 | 108 | 210 | 170 | 18 | 4 | M16 | 18 | 116 | 110 | — | 3.5 |
| 125 | 139.7 | 133 | 240 | 200 | 18 | 8 | M16 | 20 | 143.5 | 135 | — | 4.5 |
| 150 | 168.3 | 159 | 265 | 225 | 18 | 8 | M16 | 20 | 170.5 | 161 | — | 5.0 |
| 200 | 219.1 | 219 | 320 | 280 | 18 | 8 | M16 | 22 | 221.5 | 222 | — | 7.0 |
| 250 | 273 | 273 | 375 | 335 | 18 | 12 | M16 | 24 | 276.5 | 276 | — | 9.0 |
| 300 | 323.9 | 325 | 440 | 395 | 22 | 12 | M20 | 24 | 328 | 328 | — | 12.0 |
| 350 | 355.6 | 377 | 490 | 445 | 22 | 12 | M20 | 26 | 360 | 381 | — | 17.0 |
| 400 | 406.4 | 426 | 540 | 495 | 22 | 16 | M20 | 28 | 411 | 430 | — | 20.0 |
| 450 | 457 | 480 | 595 | 550 | 22 | 16 | M20 | 30 | 462 | 485 | — | 24.5 |
| 500 | 508 | 530 | 645 | 600 | 22 | 20 | M20 | 30 | 513.5 | 535 | — | 26.5 |
| *PN* 1.0MPa(10bar) | | | | | | | | | | | | |
| 15 | 21.3 | 18 | 95 | 65 | 14 | 4 | M12 | 14 | 22.5 | 19 | — | 0.5 |
| 20 | 26.9 | 25 | 105 | 75 | 14 | 4 | M12 | 16 | 27.5 | 26 | — | 1.0 |
| 25 | 33.7 | 32 | 115 | 85 | 14 | 4 | M12 | 16 | 34.5 | 33 | — | 1.0 |
| 32 | 42.4 | 38 | 140 | 100 | 18 | 4 | M16 | 18 | 43.5 | 39 | — | 2.0 |
| 40 | 48.3 | 45 | 150 | 110 | 18 | 4 | M16 | 18 | 49.5 | 46 | — | 2.0 |
| 50 | 60.3 | 57 | 165 | 125 | 18 | 4 | M16 | 19 | 61.5 | 59 | — | 2.5 |
| 65 | 76.1 | 76 | 185 | 145 | 18 | 4 | M16 | 20 | 77.5 | 78 | — | 3.0 |
| 80 | 88.9 | 89 | 200 | 160 | 18 | 8 | M16 | 20 | 90.5 | 91 | — | 3.5 |
| 100 | 114.3 | 108 | 220 | 180 | 18 | 8 | M16 | 22 | 116 | 110 | — | 4.5 |
| 125 | 139.7 | 133 | 250 | 210 | 18 | 8 | M16 | 22 | 143.5 | 135 | — | 5.5 |
| 150 | 168.3 | 159 | 285 | 240 | 22 | 8 | M20 | 24 | 170.5 | 161 | — | 7.0 |
| 200 | 219.1 | 219 | 340 | 295 | 22 | 8 | M20 | 24 | 221.5 | 222 | — | 9.5 |
| 250 | 273 | 273 | 395 | 350 | 22 | 12 | M20 | 26 | 276.5 | 276 | — | 12.0 |
| 300 | 323.9 | 325 | 445 | 400 | 22 | 12 | M20 | 26 | 328 | 328 | — | 13.5 |
| 350 | 355.6 | 377 | 505 | 460 | 22 | 16 | M20 | 28 | 360 | 381 | — | 20.5 |
| 400 | 406.4 | 426 | 565 | 515 | 26 | 16 | M24 | 32 | 411 | 430 | — | 27.5 |
| 450 | 457 | 480 | 615 | 565 | 26 | 20 | M24 | 36 | 462 | 485 | — | 33.5 |
| 500 | 508 | 530 | 670 | 620 | 26 | 20 | M24 | 38 | 513.5 | 535 | — | 40.0 |
| *PN* 1.6MPa(16bar) | | | | | | | | | | | | |
| 15 | 21.3 | 18 | 95 | 65 | 14 | 4 | M12 | 14 | 22.5 | 19 | 4 | 0.5 |
| 20 | 26.9 | 25 | 105 | 75 | 14 | 4 | M12 | 16 | 27.5 | 26 | 4 | 1.0 |
| 25 | 33.7 | 32 | 115 | 85 | 14 | 4 | M12 | 16 | 34.5 | 33 | 5 | 1.0 |
| 32 | 42.4 | 38 | 140 | 100 | 18 | 4 | M16 | 18 | 43.5 | 39 | 5 | 2.0 |
| 40 | 48.3 | 45 | 150 | 110 | 18 | 4 | M16 | 18 | 49.5 | 46 | 5 | 2.0 |
| 50 | 60.3 | 57 | 165 | 125 | 18 | 4 | M16 | 19 | 61.5 | 59 | 5 | 2.5 |
| 65 | 76.1 | 76 | 185 | 145 | 18 | 8 | M16 | 20 | 77.5 | 78 | 6 | 3.0 |
| 80 | 88.9 | 89 | 200 | 160 | 18 | 8 | M16 | 20 | 90.5 | 91 | 6 | 3.5 |
| 100 | 114.3 | 108 | 220 | 180 | 18 | 8 | M16 | 22 | 116 | 110 | 6 | 4.5 |
| 125 | 139.7 | 133 | 250 | 210 | 18 | 8 | M16 | 22 | 143.5 | 135 | 6 | 5.5 |
| 150 | 168.3 | 159 | 285 | 240 | 22 | 8 | M20 | 24 | 170.5 | 161 | 6 | 7.0 |
| 200 | 219.1 | 219 | 340 | 295 | 22 | 12 | M20 | 26 | 221.5 | 222 | 6 | 9.5 |
| 250 | 273 | 273 | 405 | 355 | 26 | 12 | M24 | 29 | 276.5 | 276 | 10 | 14.0 |
| 300 | 323.9 | 325 | 460 | 410 | 26 | 12 | M24 | 32 | 328 | 328 | 11 | 19.0 |
| 350 | 355.6 | 377 | 520 | 470 | 26 | 16 | M24 | 35 | 360 | 381 | 12 | 28.0 |
| 400 | 406.4 | 426 | 580 | 525 | 30 | 16 | M27 | 38 | 411 | 430 | 12 | 36.0 |
| 450 | 457 | 480 | 640 | 585 | 30 | 20 | M27 | 42 | 462 | 485 | 12 | 46.0 |
| 500 | 508 | 530 | 715 | 650 | 33 | 20 | M30 | 46 | 513.5 | 535 | 12 | 64.0 |

续表

| 公称直径 DN | 管子直径 $A_1$ | | 连接尺寸 | | | | | 法兰厚度 C | 法兰内径 $B_1$ | | 坡口宽度 b | 法兰理论重量 /kg |
|---|---|---|---|---|---|---|---|---|---|---|---|---|
| | A | B | 法兰外径 D | 螺栓孔中心圆直径 K | 螺栓孔直径 L | 螺栓孔数量 n | 螺纹 $T_h$ | | A | B | | |
| **PN 2.5MPa(25bar)** | | | | | | | | | | | | |
| 15 | 21.3 | 18 | 95 | 65 | 14 | 4 | M12 | 14 | 22.5 | 19 | 4 | 0.5 |
| 20 | 26.9 | 25 | 105 | 75 | 14 | 4 | M12 | 16 | 27.5 | 26 | 4 | 1.0 |
| 25 | 33.7 | 32 | 115 | 85 | 14 | 4 | M12 | 16 | 34.5 | 33 | 5 | 1.0 |
| 32 | 42.4 | 38 | 140 | 100 | 18 | 4 | M16 | 18 | 43.5 | 39 | 5 | 2.0 |
| 40 | 48.3 | 45 | 150 | 110 | 18 | 4 | M16 | 18 | 49.5 | 46 | 5 | 2.0 |
| 50 | 60.3 | 57 | 165 | 125 | 18 | 4 | M16 | 20 | 61.5 | 59 | 5 | 2.5 |
| 65 | 76.1 | 76 | 185 | 145 | 18 | 8 | M16 | 22 | 77.5 | 78 | 6 | 3.5 |
| 80 | 88.9 | 89 | 200 | 160 | 18 | 8 | M16 | 24 | 90.5 | 91 | 6 | 4.5 |
| 100 | 114.3 | 108 | 235 | 190 | 22 | 8 | M20 | 26 | 116 | 110 | 6 | 6.0 |
| 125 | 139.7 | 133 | 270 | 220 | 26 | 8 | M24 | 28 | 143.5 | 135 | 6 | 8.0 |
| 150 | 168.3 | 159 | 300 | 250 | 26 | 8 | M24 | 30 | 170.5 | 161 | 6 | 10.5 |
| 200 | 219.1 | 219 | 360 | 310 | 26 | 12 | M24 | 32 | 221.5 | 222 | 8 | 14.5 |
| 250 | 273 | 273 | 425 | 370 | 30 | 12 | M27 | 35 | 276.5 | 276 | 10 | 20.0 |
| 300 | 323.9 | 325 | 485 | 430 | 30 | 16 | M27 | 38 | 328 | 328 | 11 | 26.5 |
| 350 | 355.6 | 377 | 555 | 490 | 33 | 16 | M30 | 42 | 360 | 381 | 12 | 42.0 |
| 400 | 406.4 | 426 | 620 | 550 | 36 | 16 | M33 | 46 | 411 | 430 | 12 | 55.0 |
| 450 | 457 | 480 | 670 | 600 | 36 | 20 | M33 | 50 | 462 | 485 | 12 | 64.5 |
| 500 | 508 | 530 | 730 | 660 | 36 | 20 | M33 | 56 | 513.5 | 535 | 12 | 84.0 |

注：表中 A—表示英制管；B—表示公制管。

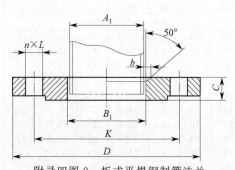

附录四图 2　板式平焊钢制管法兰

### 附录四表 3　带颈平焊钢制管法兰（摘自 HG/T 20592—2009）　单位：mm

| 公称直径 DN | 钢管外径 $A_1$ | | 连接尺寸 | | | | | 法兰厚度 C | 法兰内径 $B_1$ | | 法兰颈 N | | | 法兰高度 H | 坡口宽度 b | 法兰理论重量 /kg |
|---|---|---|---|---|---|---|---|---|---|---|---|---|---|---|---|---|
| | A | B | 法兰外径 D | 螺栓孔中心圆直径 K | 螺栓孔直径 L | 螺栓孔数量 n | 螺纹 $T_h$ | | A | B | A | B | R | | | |
| **PN 1.0MPa(10bar)** | | | | | | | | | | | | | | | | |
| 15 | 21.3 | 18 | 95 | 65 | 14 | 4 | M12 | 16 | 22.5 | 19 | 35 | 35 | 4 | 22 | | 0.5 |
| 20 | 26.9 | 25 | 105 | 75 | 14 | 4 | M12 | 18 | 27.5 | 26 | 45 | 45 | 4 | 26 | | 1.0 |
| 25 | 33.7 | 32 | 115 | 85 | 14 | 4 | M12 | 18 | 34.5 | 33 | 52 | 52 | 4 | 28 | | 1.5 |
| 32 | 42.4 | 38 | 140 | 100 | 18 | 4 | M16 | 18 | 43.5 | 39 | 60 | 60 | 6 | 30 | | 2.0 |
| 40 | 48.3 | 45 | 150 | 110 | 18 | 4 | M16 | 18 | 49.5 | 46 | 70 | 70 | 6 | 32 | | 2.0 |
| 50 | 60.3 | 57 | 165 | 125 | 18 | 4 | M16 | 18 | 61.5 | 59 | 84 | 84 | 5 | 28 | | 2.5 |
| 65 | 76.1 | 76 | 185 | 145 | 18 | 8 | M16 | 18 | 77.5 | 78 | 104 | 104 | 6 | 32 | | 3.0 |
| 80 | 88.9 | 89 | 200 | 160 | 18 | 8 | M16 | 20 | 90.5 | 91 | 118 | 118 | 6 | 34 | | 4.0 |
| 100 | 114.3 | 108 | 220 | 180 | 18 | 8 | M16 | 20 | 116 | 110 | 140 | 140 | 8 | 40 | | 4.5 |
| 125 | 139.7 | 133 | 250 | 210 | 18 | 8 | M16 | 22 | 143.5 | 135 | 168 | 168 | 8 | 44 | | 6.5 |
| 150 | 168.3 | 159 | 285 | 240 | 22 | 8 | M20 | 22 | 170.5 | 161 | 195 | 195 | 10 | 44 | | 7.5 |
| 200 | 219.1 | 219 | 340 | 295 | 22 | 8 | M20 | 24 | 221.5 | 222 | 246 | 246 | 10 | 44 | | 10.5 |
| 250 | 273 | 273 | 395 | 350 | 22 | 12 | M20 | 26 | 276.5 | 276 | 298 | 298 | 12 | 46 | | 13.0 |
| 300 | 323.9 | 325 | 445 | 400 | 22 | 12 | M20 | 26 | 328 | 328 | 350 | 350 | 12 | 46 | | 15.0 |
| 350 | 355.6 | 377 | 505 | 460 | 22 | 16 | M20 | 26 | 360 | 381 | 400 | 412 | 12 | 53 | | 23.5 |
| 400 | 406.4 | 426 | 565 | 515 | 26 | 16 | M24 | 26 | 411 | 430 | 456 | 475 | 12 | 57 | | 29.0 |

续表

| 公称直径 DN | 钢管外径 A₁ | | 连 接 尺 寸 | | | | | 法兰厚度 | 法兰内径 B₁ | | 法兰颈 N | | | 法兰高度 | 坡口宽度 | 法兰理论重量 |
|---|---|---|---|---|---|---|---|---|---|---|---|---|---|---|---|---|
| | A | B | 法兰外径 D | 螺栓孔中心圆直径 K | 螺栓孔直径 L | 螺栓孔数量 n | 螺纹 Tₕ | C | A | B | A | B | R | H | b | /kg |
| | | | | | | *PN* 1.6MPa(16bar) | | | | | | | | | | |
| 15 | 21.3 | 18 | 95 | 65 | 14 | 4 | M12 | 16 | 22.5 | 19 | 35 | 35 | 4 | 22 | 4 | 0.5 |
| 20 | 26.9 | 25 | 105 | 75 | 14 | 4 | M12 | 18 | 27.5 | 26 | 45 | 45 | 4 | 26 | 4 | 1.0 |
| 25 | 33.7 | 32 | 115 | 85 | 14 | 4 | M12 | 18 | 34.5 | 33 | 52 | 52 | 4 | 28 | 5 | 1.5 |
| 32 | 42.4 | 38 | 140 | 100 | 18 | 4 | M16 | 18 | 43.5 | 39 | 60 | 60 | 6 | 30 | 5 | 2.0 |
| 40 | 48.3 | 45 | 150 | 110 | 18 | 4 | M16 | 18 | 49.5 | 46 | 70 | 70 | 6 | 32 | 5 | 2.0 |
| 50 | 60.3 | 57 | 165 | 125 | 18 | 4 | M16 | 18 | 61.5 | 59 | 84 | 84 | 6 | 28 | 5 | 2.5 |
| 65 | 76.1 | 76 | 185 | 145 | 18 | 4 | M16 | 18 | 77.5 | 78 | 104 | 104 | 6 | 32 | 6 | 3.0 |
| 80 | 88.9 | 89 | 200 | 160 | 18 | 8 | M16 | 20 | 90.5 | 91 | 118 | 118 | 6 | 34 | 6 | 4.0 |
| 100 | 114.3 | 108 | 220 | 180 | 18 | 8 | M16 | 20 | 116 | 110 | 140 | 140 | 8 | 40 | 6 | 4.5 |
| 125 | 139.7 | 133 | 250 | 210 | 18 | 8 | M16 | 22 | 143.5 | 135 | 168 | 168 | 8 | 44 | 6 | 6.5 |
| 150 | 168.3 | 159 | 285 | 240 | 22 | 8 | M20 | 22 | 170.5 | 161 | 195 | 195 | 10 | 44 | 6 | 7.5 |
| 200 | 219.1 | 219 | 340 | 295 | 22 | 12 | M20 | 24 | 221.5 | 222 | 246 | 246 | 10 | 44 | 8 | 10.0 |
| 250 | 273 | 273 | 405 | 355 | 26 | 12 | M24 | 26 | 276.5 | 276 | 298 | 298 | 12 | 46 | 10 | 14.0 |
| 300 | 323.9 | 325 | 460 | 410 | 26 | 12 | M24 | 28 | 328 | 328 | 350 | 350 | 12 | 46 | 11 | 18.0 |
| 350 | 355.6 | 377 | 520 | 470 | 26 | 16 | M24 | 30 | 360 | 381 | 400 | 412 | 12 | 57 | 12 | 28.5 |
| 400 | 406.4 | 426 | 580 | 525 | 30 | 16 | M27 | 32 | 411 | 430 | 456 | 475 | 12 | 63 | 12 | 36.5 |
| | | | | | | *PN* 2.5MPa(25bar) | | | | | | | | | | |
| 15 | 21.3 | 18 | 95 | 65 | 14 | 4 | M12 | 16 | 22.5 | 19 | 35 | 35 | 4 | 22 | 4 | 0.5 |
| 20 | 26.9 | 25 | 105 | 75 | 14 | 4 | M12 | 18 | 27.5 | 26 | 45 | 45 | 4 | 26 | 4 | 1.0 |
| 25 | 33.7 | 32 | 115 | 85 | 14 | 4 | M12 | 18 | 34.5 | 33 | 52 | 52 | 4 | 28 | 5 | 1.5 |
| 32 | 42.4 | 38 | 140 | 100 | 18 | 4 | M16 | 18 | 43.5 | 39 | 60 | 60 | 6 | 30 | 5 | 2.0 |
| 40 | 48.3 | 45 | 150 | 110 | 18 | 4 | M16 | 18 | 49.5 | 46 | 70 | 70 | 6 | 32 | 5 | 2.0 |
| 50 | 60.3 | 57 | 165 | 125 | 18 | 4 | M16 | 20 | 61.5 | 59 | 84 | 84 | 6 | 34 | 5 | 3.0 |
| 65 | 76.1 | 76 | 185 | 145 | 18 | 8 | M16 | 22 | 77.5 | 78 | 104 | 104 | 6 | 38 | 6 | 4.0 |
| 80 | 88.9 | 89 | 200 | 160 | 18 | 8 | M16 | 24 | 90.5 | 91 | 118 | 118 | 8 | 40 | 6 | 4.5 |
| 100 | 114.3 | 108 | 235 | 190 | 22 | 8 | M20 | 24 | 116 | 110 | 145 | 145 | 8 | 44 | 6 | 6.5 |
| 125 | 139.7 | 133 | 270 | 220 | 26 | 8 | M24 | 26 | 143.5 | 135 | 170 | 170 | 8 | 48 | 6 | 8.5 |
| 150 | 168.3 | 159 | 300 | 250 | 26 | 8 | M24 | 28 | 170.5 | 161 | 200 | 200 | 10 | 52 | 6 | 11.0 |
| 200 | 219.1 | 219 | 360 | 310 | 26 | 12 | M24 | 30 | 221.5 | 222 | 256 | 256 | 10 | 52 | 8 | 15.0 |
| 250 | 273 | 273 | 425 | 370 | 30 | 12 | M27 | 32 | 276.5 | 276 | 310 | 310 | 12 | 60 | 10 | 21.0 |
| 300 | 323.9 | 325 | 485 | 430 | 30 | 16 | M27 | 34 | 328 | 328 | 364 | 364 | 12 | 67 | 11 | 28.0 |
| 350 | 355.6 | 377 | 555 | 490 | 33 | 16 | M 30 | 38 | 360 | 381 | 418 | 430 | 12 | 72 | 12 | 46.5 |
| 400 | 406.4 | 426 | 620 | 550 | 36 | 16 | M 33 | 40 | 411 | 430 | 472 | 492 | 12 | 78 | 12 | 59.5 |
| | | | | | | *PN* 4.0MPa(40bar) | | | | | | | | | | |
| 15 | 21.3 | 18 | 95 | 65 | 14 | 4 | M12 | 16 | 22.5 | 19 | 35 | 35 | 4 | 22 | 4 | 0.5 |
| 20 | 26.9 | 25 | 105 | 75 | 14 | 4 | M12 | 18 | 27.5 | 26 | 45 | 45 | 4 | 26 | 4 | 1.0 |
| 25 | 33.7 | 32 | 115 | 85 | 14 | 4 | M12 | 18 | 34.5 | 33 | 52 | 52 | 4 | 28 | 5 | 1.5 |
| 32 | 42.4 | 38 | 140 | 100 | 18 | 4 | M16 | 18 | 43.5 | 39 | 60 | 60 | 6 | 30 | 5 | 2.0 |
| 40 | 48.3 | 45 | 150 | 110 | 18 | 4 | M16 | 18 | 49.5 | 46 | 70 | 70 | 6 | 32 | 5 | 2.0 |
| 50 | 60.3 | 57 | 165 | 125 | 18 | 4 | M16 | 20 | 61.5 | 59 | 84 | 84 | 6 | 34 | 5 | 3.0 |
| 65 | 76.1 | 76 | 185 | 145 | 18 | 8 | M16 | 22 | 77.5 | 78 | 104 | 104 | 6 | 38 | 6 | 4.0 |
| 80 | 88.9 | 89 | 200 | 160 | 18 | 8 | M16 | 24 | 90.5 | 91 | 118 | 118 | 8 | 40 | 6 | 4.5 |
| 100 | 114.3 | 108 | 235 | 190 | 22 | 8 | M20 | 24 | 116 | 110 | 145 | 145 | 8 | 44 | 6 | 6.5 |
| 125 | 139.7 | 133 | 270 | 220 | 26 | 8 | M24 | 26 | 143.5 | 135 | 170 | 170 | 8 | 48 | 7 | 8.5 |
| 150 | 168.3 | 159 | 300 | 250 | 26 | 8 | M24 | 28 | 170.5 | 161 | 200 | 200 | 10 | 52 | 8 | 11.0 |
| 200 | 219.1 | 219 | 375 | 320 | 30 | 12 | M27 | 34 | 221.5 | 222 | 260 | 260 | 10 | 52 | 10 | 18.5 |
| 250 | 273 | 273 | 450 | 385 | 33 | 12 | M 30 | 38 | 276.5 | 276 | 312 | 312 | 12 | 60 | 11 | 28.5 |
| 300 | 323.9 | 325 | 515 | 450 | 33 | 16 | M 30 | 42 | 328 | 328 | 380 | 380 | 12 | 67 | 12 | 41.5 |

注：表中 *A*—表示英制管；*B*—表示公制管

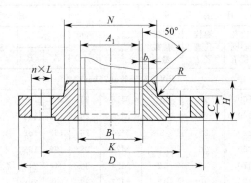

附录四图 3　带颈平焊钢制管法兰

**附录四表 4　带颈对焊钢制管法兰（摘自 HG/T 20592—2009）**　　单位：mm

| 公称直径 DN | 钢管外径 $A_1$ | | 连　接　尺　寸 | | | | | 法兰厚度 C | 法 兰 颈 | | | | | 法兰高度 H | 法兰理论重量/kg |
|---|---|---|---|---|---|---|---|---|---|---|---|---|---|---|---|
| | | | 法兰外径 D | 螺栓孔中心圆直径 K | 螺栓孔直径 L | 螺栓孔数量 n | 螺纹 $T_h$ | | N | | S | $H_1$ (≈) | R | | |
| | A | B | | | | | | | A | B | | | | | |
| PN 1.6MPa(16bar) | | | | | | | | | | | | | | | |
| 15 | 21.3 | 18 | 95 | 65 | 14 | 4 | M12 | 16 | 32 | 32 | 2.0 | 6 | 4 | 38 | 1.0 |
| 20 | 26.9 | 25 | 105 | 75 | 14 | 4 | M12 | 18 | 40 | 40 | 2.3 | 6 | 4 | 40 | 1.0 |
| 25 | 33.7 | 32 | 115 | 85 | 14 | 4 | M12 | 18 | 46 | 46 | 2.6 | 6 | 4 | 40 | 1.0 |
| 32 | 42.4 | 38 | 140 | 100 | 18 | 4 | M16 | 18 | 56 | 56 | 2.6 | 6 | 6 | 42 | 2.0 |
| 40 | 48.3 | 45 | 150 | 110 | 18 | 4 | M16 | 18 | 64 | 64 | 2.6 | 7 | 6 | 45 | 2.0 |
| 50 | 60.3 | 57 | 165 | 125 | 18 | 4 | M16 | 18 | 74 | 74 | 2.9 | 8 | 6 | 45 | 2.5 |
| 65 | 76.1 | 76 | 185 | 145 | 18 | 8 | M16 | 18 | 92 | 92 | 2.9 | 10 | 6 | 45 | 3.0 |
| 80 | 88..9 | 89 | 200 | 160 | 18 | 8 | M16 | 20 | 105 | 105 | 3.2 | 10 | 6 | 50 | 4.0 |
| 100 | 114.3 | 108 | 220 | 180 | 18. | 8 | M16 | 20 | 131 | 131 | 3.6 | 12 | 8 | 52 | 4.5 |
| 125 | 139.7 | 133 | 250 | 210 | 18 | 8 | M16 | 22 | 156 | 156 | 4.0 | 12 | 8 | 55 | 6.5 |
| 150 | 168.3 | 159 | 285 | 240 | 22 | 8 | M20 | 22 | 184 | 184 | 4.5 | 12 | 10 | 55 | 7.5 |
| 200 | 219.1 | 219 | 340 | 295 | 22 | 12 | M20 | 24 | 235 | 235 | 6.3 | 16 | 10 | 62 | 11.0 |
| 250 | 273 | 273 | 405 | 355 | 26 | 12 | M24 | 26 | 292 | 292 | 6.3 | 16 | 12 | 70 | 16.5 |
| 300 | 323.9 | 325 | 460 | 410 | 26 | 12 | M24 | 28 | 344 | 344 | 7.1 | 16 | 12 | 78 | 22.0 |
| 350 | 355.6 | 377 | 520 | 470 | 26 | 16 | M24 | 30 | 390 | 410 | 8.0 | 16 | 12 | 82 | 32.0 |
| 400 | 406.4 | 426 | 580 | 525 | 30 | 16 | M27 | 32 | 445 | 464 | 8.0 | 16 | 12 | 85 | 40.0 |
| 450 | 457 | 480 | 640 | 585 | 30 | 20 | M27 | 40 | 490 | 512 | 8.0 | 16 | 12 | 87 | 54.5 |
| PN 2.5MPa(25bar) | | | | | | | | | | | | | | | |
| 15 | 21.3 | 18 | 95 | 65 | 14 | 4 | M12 | 16 | 32 | 32 | 2.0 | 6 | 4 | 38 | 1.0 |
| 20 | 26.9 | 25 | 105 | 75 | 14 | 4 | M12 | 18 | 40 | 40 | 2.3 | 6 | 4 | 40 | 1.0 |
| 25 | 33.7 | 32 | 115 | 85 | 14 | 4 | M12 | 18 | 46 | 46 | 2.6 | 6 | 4 | 40 | 1.0 |
| 32 | 42.4 | 38 | 140 | 100 | 18 | 4 | M16 | 18 | 56 | 56 | 2.6 | 6 | 6 | 42 | 2.0 |
| 40 | 48.3 | 45 | 150 | 110 | 18 | 4 | M16 | 18 | 64 | 64 | 2.6 | 7 | 6 | 45 | 2.0 |
| 50 | 60.3 | 57 | 165 | 125 | 18 | 4 | M16 | 20 | 75 | 75 | 2.9 | 8 | 6 | 48 | 3.0 |
| 65 | 76.1 | 76 | 185 | 145 | 18 | 8 | M16 | 22 | 90 | 90 | 2.9 | 10 | 6 | 52 | 4.0 |

续表

| 公称直径 DN | 钢管外径 A₁ | | 连接尺寸 | | | | | 法兰厚度 C | 法兰颈 | | | | | 法兰高度 H | 法兰理论重量/kg |
|---|---|---|---|---|---|---|---|---|---|---|---|---|---|---|---|
| | A | B | 法兰外径 D | 螺栓孔中心圆直径 K | 螺栓孔直径 L | 螺栓孔数量 n | 螺纹 $T_h$ | C | N A | N B | S | $H_1$ (≈) | R | H | |
| | | | | | | | $PN$ 2.5MPa(25bar) | | | | | | | | |
| 80 | 88..9 | 89 | 200 | 160 | 18 | 8 | M16 | 24 | 105 | 105 | 3.2 | 12 | 8 | 58 | 5.0 |
| 100 | 114.3 | 108 | 235 | 190 | 22 | 8 | M20 | 24 | 134 | 134 | 3.6 | 12 | 8 | 65 | 6.5 |
| 125 | 139.7 | 133 | 270 | 220 | 26 | 8 | M24 | 26 | 162 | 162 | 4.0 | 12 | 8 | 68 | 9.0 |
| 150 | 168.3 | 159 | 300 | 250 | 26 | 8 | M24 | 28 | 192 | 192 | 4.5 | 12 | 10 | 75 | 11.5 |
| 200 | 219.1 | 219 | 360 | 310 | 26 | 12 | M24 | 30 | 244 | 244 | 6.3 | 16 | 10 | 80 | 17.0 |
| 250 | 273 | 273 | 425 | 370 | 30 | 12 | M27 | 32 | 298 | 298 | 7.1 | 18 | 12 | 88 | 24.0 |
| 300 | 323.9 | 325 | 485 | 430 | 30 | 16 | M27 | 34 | 352 | 352 | 8.0 | 18 | 12 | 92 | 31.5 |
| 350 | 355.6 | 377 | 555 | 490 | 33 | 16 | M 30 | 38 | 398 | 420 | 8.0 | 20 | 12 | 100 | 48.0 |
| 400 | 406.4 | 426 | 620 | 550 | 36 | 16 | M 33 | 40 | 452 | 472 | 8.8 | 20 | 12 | 110 | 63.0 |
| 450 | 457 | 480 | 670 | 600 | 36 | 20 | M 33 | 46 | 500 | 522 | 8.8 | 20 | 12 | 110 | 75.5 |
| | | | | | | | $PN$ 4.0MPa(40bar) | | | | | | | | |
| 15 | 21.3 | 18 | 95 | 65 | 14 | 4 | M12 | 16 | 32 | 32 | 2.0 | 6 | 4 | 38 | 1.0 |
| 20 | 26.9 | 25 | 105 | 75 | 14 | 4 | M12 | 18 | 40 | 40 | 2.3 | 6 | 4 | 40 | 1.0 |
| 25 | 33.7 | 32 | 115 | 85 | 14 | 4 | M12 | 18 | 46 | 46 | 2.6 | 6 | 4 | 40 | 1.0 |
| 32 | 42.4 | 38 | 140 | 100 | 18 | 4 | M16 | 18 | 56 | 56 | 2.6 | 6 | 6 | 42 | 2.0 |
| 40 | 48.3 | 45 | 150 | 110 | 18 | 4 | M16 | 18 | 64 | 64 | 2.6 | 7 | 6 | 45 | 2.0 |
| 50 | 60.3 | 57 | 165 | 125 | 18 | 4 | M16 | 20 | 75 | 75 | 2.9 | 8 | 6 | 48 | 3.0 |
| 65 | 76.1 | 76 | 185 | 145 | 18 | 8 | M16 | 22 | 90 | 90 | 2.9 | 10 | 6 | 52 | 4.0 |
| 80 | 88..9 | 89 | 200 | 160 | 18 | 8 | M16 | 24 | 105 | 105 | 3.2 | 12 | 8 | 58 | 5.0 |
| 100 | 114.3 | 108 | 235 | 190 | 22 | 8 | M20 | 24 | 134 | 134 | 3.6 | 12 | 8 | 65 | 6.5 |
| 125 | 139.7 | 133 | 270 | 220 | 26 | 8 | M24 | 26 | 162 | 162 | 4.0 | 12 | 8 | 68 | 9.0 |
| 150 | 168.3 | 159 | 300 | 250 | 26 | 8 | M24 | 28 | 192 | 192 | 4.5 | 12 | 10 | 75 | 11.5 |
| 200 | 219.1 | 219 | 375 | 320 | 30 | 12 | M27 | 34 | 244 | 244 | 6.3 | 16 | 10 | 88 | 21.0 |
| 250 | 273 | 273 | 450 | 385 | 33 | 12 | M 30 | 38 | 306 | 306 | 7.1 | 18 | 12 | 105 | 34.0 |
| 300 | 323.9 | 325 | 515 | 450 | 33 | 16 | M 30 | 42 | 362 | 362 | 8.0 | 18 | 12 | 115 | 47.5 |
| 350 | 355.6 | 377 | 580 | 510 | 36 | 16 | M 33 | 46 | 408 | 430 | 8.8 | 20 | 12 | 125 | 69.0 |
| 400 | 406.4 | 426 | 660 | 585 | 39 | 16 | M36×3 | 50 | 462 | 482 | 11.0 | 20 | 12 | 135 | 98.0 |
| 450 | 457 | 480 | 685 | 610 | 39 | 20 | M36×3 | 57 | 500 | 522 | 12.5 | 20 | 12 | 135 | 105.1 |
| | | | | | | | $PN$ 6.3MPa(63bar) | | | | | | | | |
| 15 | 21.3 | 18 | 105 | 75 | 14 | 4 | M12 | 20 | 34 | 34 | 2.0 | 6 | 4 | 45 | 1.0 |
| 20 | 26.9 | 25 | 130 | 90 | 18 | 4 | M16 | 22 | 42 | 42 | 2.6 | 8 | 4 | 48 | 2.0 |
| 25 | 33.7 | 32 | 140 | 100 | 18 | 4 | M16 | 24 | 52 | 52 | 2.6 | 8 | 4 | 58 | 2.5 |
| 32 | 42.4 | 38 | 155 | 110 | 22 | 4 | M20 | 24 | 62 | 62 | 2.9 | 10 | 6 | 60 | 3.0 |
| 40 | 48.3 | 45 | 170 | 125 | 22 | 4 | M20 | 26 | 70 | 70 | 2.9 | 10 | 6 | 62 | 4.0 |
| 50 | 60.3 | 57 | 180 | 135 | 22 | 4 | M20 | 26 | 82 | 82 | 2.9 | 10 | 6 | 62 | 4.5 |
| 65 | 76.1 | 76 | 205 | 160 | 22 | 8 | M20 | 26 | 98 | 98 | 3.2 | 12 | 6 | 68 | 5.5 |
| 80 | 88.9 | 89 | 215 | 170 | 22 | 8 | M20 | 28 | 112 | 112 | 3.6 | 12 | 8 | 72 | 6.6 |
| 100 | 114.3 | 108 | 250 | 200 | 26 | 8 | M24 | 30 | 138 | 138 | 4.0 | 12 | 8 | 78 | 9.5 |
| 125 | 139.7 | 133 | 295 | 240 | 30 | 8 | M27 | 34 | 168 | 168 | 4.5 | 12 | 8 | 88 | 14.5 |
| 150 | 168.3 | 159 | 345 | 280 | 33 | 8 | M30 | 36 | 202 | 202 | 5.6 | 12 | 10 | 95 | 21.5 |
| 200 | 219.1 | 219 | 415 | 345 | 36 | 12 | M33 | 42 | 256 | 256 | 7.1 | 16 | 10 | 110 | 34.0 |
| 250 | 273 | 273 | 470 | 400 | 36 | 12 | M33 | 46 | 316 | 316 | 8.8 | 18 | 12 | 125 | 48.0 |
| 300 | 323.9 | 325 | 530 | 460 | 36 | 16 | M33 | 52 | 372 | 372 | 11.0 | 18 | 12 | 140 | 67.5 |
| 350 | 355.6 | 377 | 600 | 525 | 39 | 16 | M36×3 | 56 | 420 | 442 | 12.5 | 20 | 12 | 150 | 97.5 |

注：表中 A—表示英制管；B—表示公制管

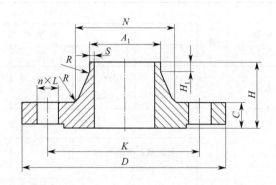

附录四图 4　带颈对焊钢制管法兰

# 附录五　人　孔

**附录五表 1　回转盖带颈对焊法兰人孔尺寸（摘自 HG/T 21518—2005）　单位：mm**

| 密封面形式 | 公称压力/MPa | 公称直径 $DN$ | $d_w \times S$ | $d$ | $D$ | $D_1$ | $H_1$ | $H_2$ | $b$ | $b_1$ | $b_2$ | $A$ | $B$ | $L$ | $d_0$ | 螺柱数量 | 螺柱 直径×长度 | 总质量/kg |
|---|---|---|---|---|---|---|---|---|---|---|---|---|---|---|---|---|---|---|
| 凸面 | 2.5 | 450 | 480×12 | 456 | 670 | 600 | 250 | 126 | 42 | 44 | 46 | 375 | 175 | 250 | 24 | 20 | M33×2×175 | 246 |
| | | 500 | 530×12 | 506 | 730 | 660 | 280 | 128 | 44 | 46 | 48 | 405 | 200 | 300 | 30 | 20 | M33×2×170 | 303 |
| | 4.0 | 450 | 480×14 | 451.6 | 685 | 610 | 270 | 137 | 57 | 55 | 57 | 390 | 175 | 250 | 30 | 20 | M36×3×205 | 324 |
| | | 500 | 530×14 | 498 | 755 | 670 | 290 | 137 | 57 | 55 | 57 | 430 | 225 | 300 | 30 | 20 | M39×3×225 | 400 |
| 凹凸面 | 2.5 | 450 | 480×12 | 456 | 670 | 600 | 250 | 121 | 42 | 41 | 46 | 375 | 175 | 250 | 24 | 20 | M33×2×165 | 245 |
| | | 500 | 530×12 | 506 | 730 | 660 | 280 | 123 | 44 | 43 | 48 | 405 | 200 | 300 | 30 | 20 | M33×2×170 | 302 |
| | 4.0 | 450 | 480×14 | 451.6 | 685 | 610 | 270 | 132 | 57 | 52 | 57 | 390 | 175 | 250 | 30 | 20 | M36×3×200 | 323 |
| | | 500 | 530×14 | 498 | 755 | 670 | 290 | 132 | 57 | 52 | 57 | 430 | 225 | 300 | 30 | 20 | M39×3×205 | 399 |
| | 6.3 | 400 | 426×18 | 386 | 670 | 585 | 280 | 135 | 60 | 55 | 60 | 385 | 175 | 250 | 30 | 16 | M39×3×210 | 366 |
| 榫/槽面 | 4.0 | (450) | 480×14 | 451.6 | 685 | 610 | 270 | 132 | 57 | 52 | 57 | 390 | 175 | 250 | 30 | 20 | M36×3×200 | 323 |
| | | (500) | 530×14 | 498 | 755 | 670 | 290 | 132 | 57 | 52 | 57 | 430 | 225 | 300 | 30 | 20 | M39×3×205 | 399 |
| | 6.3 | (400) | 426×18 | 386 | 670 | 585 | 280 | 135 | 60 | 55 | 60 | 385 | 175 | 250 | 30 | 16 | M39×3×210 | 366 |
| 环连接面 | 6.3 | 400 | 426×18 | 386 | 670 | 585 | 280 | 148 | 68 | 60 | 60 | 385 | 175 | 250 | 30 | 16 | M39×3×235 | 370 |

注：1. 对部分不推荐采用的尺寸未摘进表中（如 $DN400$，$DN600$），若需采用可查取标准原文。

　　2. 尺寸符号含义参考附录五图 1。

**附录五表 2　回转盖带颈对焊法兰人孔明细（摘自 HG/T 21518—2005）**

| 件号 | 标准号 | 名称 | 数量 | 材料 类别代号 | | | | |
|---|---|---|---|---|---|---|---|---|
| | | | | Ⅱ | Ⅲ | Ⅳ | Ⅴ | Ⅵ |
| 1 | | 筒节 | 1 | 20R | 16MnR | 15CrMoR | 16MnDR | 09MnNiDR |
| 2 | G 20613 | 等长双头螺柱 | 见尺寸表 | 8.8 级 35CrMoA | | 35CrMoA | | |
| | | 全螺纹螺柱 | | 35CrMoA | | | | |
| 3 | | 螺母 | 见尺寸表 | 8 级 30CrMo | | 30CrMo | | |

续表

| 件号 | 标准号 | 名称 | 数量 | 材料 | | | | |
|---|---|---|---|---|---|---|---|---|
| | | | | 类别代号 | | | | |
| | | | | Ⅱ | Ⅲ | Ⅳ | Ⅴ | Ⅵ |
| 4 | HG 20595 | 法兰 | 1 | 20 Ⅱ （锻） | 16Mn Ⅱ （锻） | 15CrMo Ⅱ （锻） | 16MnD Ⅲ （锻） | 09MnNiD Ⅲ （锻） |
| 5 | HG/T 20606 | 垫片 | 1 | 非金属平垫 | | | | |
| | HG/T 20607 | | | 聚四氟乙烯包覆垫 | | — | 聚四氟乙烯包覆垫 | |
| | HG/T 20608 | | | 柔性石墨复合垫 | | | | |
| | HG/T 20609 | | | 金属包覆垫 | | | | |
| | HG/T 20610 | | | 缠绕式垫 | | | | |
| | HG/T 20612 | | | 金属环垫 | | | | |
| 6 | HG 20601 | 法兰盖 | 1 | 20R | 16Mn | 15 CrMoR | 16MnDR | 09MnNiDR |
| 7 | | 把手 | 1 | Q235—A.F | | | | |
| 8 | | 轴销 | 1 | Q235—A.F | | | | |
| 9 | GB/T 91 | 销 | 2 | Q215 | | | | |
| 10 | GB/T 95 | 垫圈 | 2 | 100HV | | | | |
| 11 | | 盖轴耳 1 | 1 | Q235—A.F | | | | |
| 12 | | 法兰轴耳 1 | 1 | Q235—A.F | | | | |
| 13 | | 法兰轴耳 2 | 1 | Q235—A.F | | | | |
| 14 | | 盖轴耳 2 | 1 | Q235—A.F | | | | |

注：件号名称见附录五图 1。

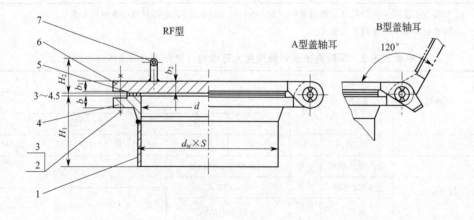

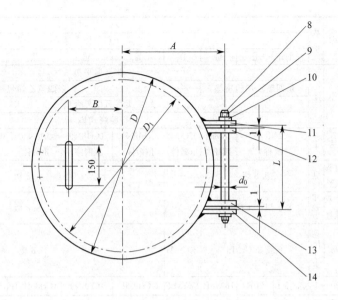

MFM型　　　　　　TG型　　　　　　RJ型

附录五图 1　回转盖带颈对焊法兰人孔

### 附录五表 3　垂直吊盖带颈平焊法兰人孔尺寸（摘自 HG/T 21520—2005）　单位：mm

| 密封面形式 | 公称压力/MPa | 公称直径 DN | $d_w \times S$ | D | $D_1$ | A | B | $H_1$ | $H_2$ | $H_3$ | b | $b_1$ | $b_2$ | $d_0$ | 螺柱数量 | 螺柱 直径×长度 | 总质量/kg |
|---|---|---|---|---|---|---|---|---|---|---|---|---|---|---|---|---|---|
| 突面 | 1.0 | 450 | 480×8 | 615 | 565 | 360 | 250 | 230 | 108 | 478 | 28 | 26 | 28 | 36 | 20 | M24×125 | 137 |
| | | 500 | 530×8 | 670 | 620 | 385 | 300 | 250 | 108 | 505 | 28 | 26 | 28 | 36 | 20 | M24×125 | 161 |
| | 1.6 | 450 | 480×10 | 640 | 585 | 370 | 300 | 240 | 116 | 490 | 34 | 34 | 36 | 36 | 20 | M27×145 | 183 |
| | | 500 | 530×10 | 715 | 650 | 410 | 300 | 260 | 116 | 528 | 34 | 34 | 36 | 36 | 20 | M30×2×145 | 229 |
| 凹凸面 | 1.0 | 450 | 480×8 | 615 | 565 | 360 | 250 | 230 | 103 | 478 | 28 | 23 | 28 | 36 | 20 | M24×120 | 136 |
| | | 500 | 530×8 | 670 | 620 | 385 | 300 | 250 | 103 | 505 | 28 | 23 | 28 | 36 | 20 | M24×120 | 160 |
| | 1.6 | 450 | 480×10 | 640 | 585 | 370 | 300 | 240 | 111 | 490 | 34 | 31 | 36 | 36 | 20 | M27×140 | 182 |
| | | 500 | 530×10 | 715 | 650 | 410 | 300 | 260 | 111 | 528 | 34 | 31 | 36 | 36 | 20 | M30×2×140 | 228 |

注：1. 对部分不推荐采用的尺寸未摘进表中（如 DN400，DN600），若需采用可查取标准原文。

　　2. 尺寸符号含义参考附录五图 2。

### 附录五表 4　垂直吊盖带颈平焊法兰人孔明细

| 件号 | 标准号 | 名称 | 数量 | 材　料　类　别　代　号 | | | | | | | | |
|---|---|---|---|---|---|---|---|---|---|---|---|---|
| | | | | Ⅰ | Ⅱ | Ⅲ | Ⅳ | Ⅵ | Ⅷ | Ⅸ | Ⅹ | Ⅺ |
| 1 | HG 20601 | 法兰盖 | 1 | Q235-B | 20R | 16MnR | 15CrMoR | 00Cr19Ni10 | 0Cr18Ni9 | 0Cr18Ni10Ti | 00Cr17Ni14Mo2 | 0Cr17Ni12Mo2 |

材料 类别代号

| 件号 | 标准号 | 名称 | 数量 | I | II | III | IV | VII | VIII | IX | X | XI |
|---|---|---|---|---|---|---|---|---|---|---|---|---|
| 2 | HG 20606 | 垫片 | 1 | 非金属平垫 | | | | | | | | |
| | HG 20607 | | | 聚四氟乙烯包覆垫 | | | | — | 聚四氟乙烯包覆垫 | | | |
| | HG 20608 | | | 柔性石墨复合垫 | | | | | | | | |
| | HG 20610 | | | 缠绕式垫 | | | | | | | | |
| 3 | HG 20594 | 法兰 | 1 | 20 II（锻件） | | 16Mn II（锻件） | 15CrMo II（锻件） | 00Cr19Ni10 II（锻件） | 0Cr18Ni9 II（锻件） | 0Cr18Ni10Ti II（锻件） | 00Cr17Ni14Mo2 II（锻件） | 0Cr17Ni12Mo2 II（锻件） |
| 4 | HG 20613 | 六角头螺栓 | 见尺寸表 | 8.8级 | | | | — | 8.8级 | | | |
| | | 等长双头螺柱 | | 8.8级 35CrMoA | | | 35CrMoA | 8.8级 | | | | |
| 5 | | 螺母 | 见尺寸表 | 8级 30CrMo | | | 30CrMo | 8级 | | | | |
| 6 | | 筒节 | 1 | Q235-B | 20R | 16MnR | 15CrMoR | 00Cr19Ni10 | 0Cr18Ni9 | 0Cr18Ni10Ti | 00Cr17Ni14Mo2 | 0Cr17Ni12Mo2 |
| 7 | | 把手 | 2 | Q235—A.F | | | | | | | | |
| 8 | | 吊环 | 1 | Q235—A.F | | | | | | | | |
| 9 | | 吊钩 | 1 | Q235—A.F | | | | | | | | |
| 10 | GB/T 41 | 螺母 | 2 | 4级 | | | | | | | | |
| 11 | GB/T 95 | 垫圈 | 1 | 100HV | | | | | | | | |
| 12 | | 转臂 | 1 | Q235—A.F | | | | | | | | |
| 13 | | 环 | 1 | Q235—A.F | | | | | | | | |
| 14 | | 无缝钢管 | 1 | 20 | | | | | | | | |
| 15 | | 支撑板 | 1 | Q235—A.F | | | | | | | | |

注：件号名称见附录五图 2。

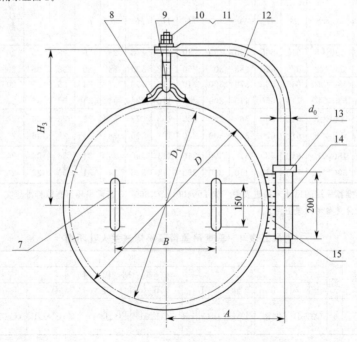

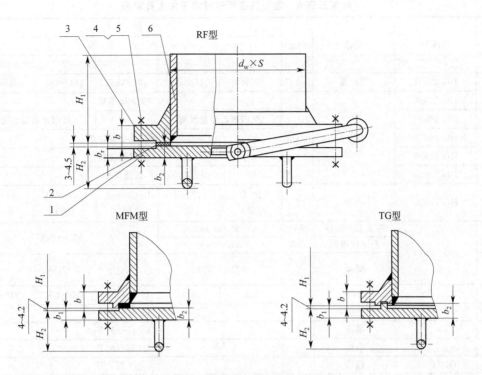

附录五图 2　垂直吊盖带颈平焊法兰人孔

**附录五表 5　垂直吊盖带颈对焊法兰人孔尺寸**（摘自 HG/T 21521—2005）单位：mm

| 密封面型式 | 公称压力/MPa | 公称直径 DN | $d_w \times S$ | $d$ | $D$ | $D_1$ | $A$ | $B$ | $H_1$ | $H_2$ | $H_3$ | $b$ | $b_1$ | $b_2$ | $d_0$ | 螺柱数量 | 螺柱 | 总质量/kg |
|---|---|---|---|---|---|---|---|---|---|---|---|---|---|---|---|---|---|---|
| 凸面 | 2.5 | 450 | 480×12 | 456 | 670 | 600 | 385 | 300 | 250 | 126 | 505 | 42 | 44 | 46 | 36 | 20 | M33×2×175 | 252 |
| | | 500 | 530×12 | 506 | 730 | 660 | 420 | 300 | 280 | 128 | 535 | 44 | 46 | 48 | 48 | 20 | M33×2×175 | 314 |
| | 4.0 | 450 | 480×14 | 451.6 | 685 | 610 | 400 | 300 | 270 | 137 | 513 | 57 | 55 | 57 | 48 | 20 | M36×3×205 | 334 |
| | | 500 | 530×14 | 498 | 755 | 670 | 435 | 400 | 290 | 137 | 548 | 57 | 55 | 57 | 48 | 20 | M39×3×210 | 410 |
| 凹凸面 | 2.5 | 450 | 480×12 | 456 | 670 | 600 | 385 | 300 | 250 | 121 | 505 | 42 | 41 | 46 | 36 | 20 | M33×2×165 | 251 |
| | | 500 | 530×12 | 506 | 730 | 660 | 420 | 300 | 270 | 123 | 535 | 44 | 43 | 48 | 48 | 20 | M33×2×170 | 314 |
| | 4.0 | 450 | 480×14 | 451.6 | 685 | 610 | 400 | 300 | 270 | 132 | 513 | 57 | 52 | 57 | 48 | 20 | M36×3×200 | 334 |
| | | 500 | 530×14 | 498 | 755 | 670 | 435 | 400 | 290 | 132 | 548 | 57 | 52 | 57 | 48 | 20 | M39×3×205 | 409 |
| 榫槽面 | 2.5 | 450 | 480×12 | 456 | 670 | 600 | 385 | 300 | 250 | 121 | 505 | 42 | 41 | 46 | 36 | 20 | M33×2×165 | 251 |
| | | 500 | 530×12 | 506 | 730 | 660 | 420 | 300 | 280 | 123 | 535 | 44 | 43 | 48 | 48 | 20 | M33×2×170 | 314 |
| | 4.0 | 450 | 480×14 | 451.6 | 685 | 610 | 400 | 300 | 270 | 132 | 513 | 57 | 52 | 57 | 48 | 20 | M36×3×200 | 334 |
| | | 500 | 530×14 | 498 | 755 | 670 | 435 | 400 | 290 | 132 | 548 | 57 | 52 | 57 | 48 | 20 | M39×3×205 | 409 |

注：1. 对部分不推荐采用的尺寸未摘进表中（如 DN400，DN600），若需采用可查取标准原文。

　　2. 尺寸符号含义参考附录五图 3。

### 附录五表 6   垂直吊盖带颈对焊法兰人孔明细

| 件号 | 标准号 | 名称 | 数量 | 材料 | | | | |
|---|---|---|---|---|---|---|---|---|
| | | | | 类 别 代 号 | | | | |
| | | | | Ⅱ | Ⅲ | Ⅳ | Ⅴ | Ⅵ |
| 1 | HG 20601 | 法兰盖 | 1 | 20R | 16MnR | 15CrMoR | 16MnDR | 09MnNiDR |
| 2 | HG 20606 | 垫片 | 1 | 非金属平垫 | | | | |
| | HG 20607 | | | 聚四氟乙烯包覆垫 | | — | | 聚四氟乙烯包覆垫 |
| | HG 20608 | | | 柔性石墨复合垫 | | | | |
| | HG 20609 | | | 金属包覆垫 | | | | |
| | HG 20610 | | | 缠绕式垫 | | | | |
| 3 | HG 20595 | 法兰 | 1 | 20 Ⅱ（锻） | 16Mn Ⅱ（锻） | 15 CrMo Ⅱ（锻） | 16MnD Ⅲ（锻） | 09MnNiD Ⅲ（锻） |
| 4 | HG 20613 | 等长双头螺柱 | 见尺寸表 | 8.8 级 35CrMoA | | 35CrMoA | | |
| | | 全螺纹螺纹 | | 35CrMoA | | | | |
| 5 | | 螺母 | 见尺寸表 | 8 级 30CrMo | | 30CrMo | | |
| 6 | | 筒节 | 1 | 20R | 16Mn | 15 CrMoR | 16MnDR | 09MnNiDR |
| 7 | | 把手 | 2 | Q235—A. F | | | | |
| 8 | | 吊环 | 1 | Q235—A. F | | | | |
| 9 | | 吊钩 | 1 | Q235—A. F | | | | |
| 10 | GB/T 41 | 螺母 | 2 | 4 级 | | | | |
| 11 | GB/T 95 | 垫圈 | 1 | 100HV | | | | |
| 12 | | 转臂 | 1 | Q235—A. F | | | | |
| 13 | | 环 | 1 | Q235—A. F | | | | |
| 14 | | 无缝钢管 | 1 | 20 | | | | |
| 15 | | 支撑板 | 1 | Q235—A. F | | | | |

注：件号名称见附录五图 3。

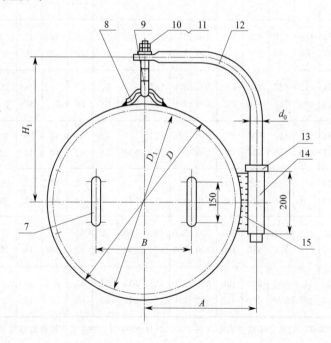

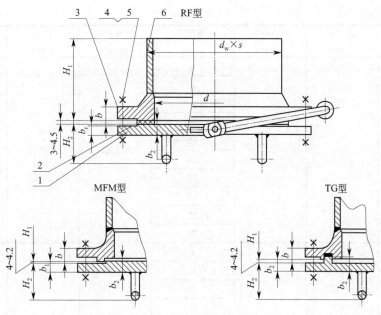

附录五图 3　垂直吊盖带颈对焊法兰人孔

# 附录六　椭圆形封头（摘自 GB/T 25198—2012）

| 公称直径 DN/mm | 总高度 H/mm | 直边高度 h/mm | 厚度 δ /mm | 内表面积 A/m² | 容积 V/m³ | 质量 m/kg |
|---|---|---|---|---|---|---|
| 500 | 150 | 25 | 4 | 0.3103 | 0.0213 | 9.6 |
| | | | 6 | | | 14.6 |
| | | | 8 | | | 19.6 |
| | | | 10 | | | 24.7 |
| | | | 12 | | | 30.0 |
| | | | 14 | | | 35.3 |
| | | | 16 | | | 40.7 |
| 600 | 175 | 25 | 4 | 0.4374 | 0.0353 | 13.5 |
| | | | 6 | | | 20.4 |
| | | | 8 | | | 27.5 |
| | | | 10 | | | 34.6 |
| | | | 12 | | | 41.8 |
| | | | 14 | | | 49.2 |
| | | | 16 | | | 56.7 |
| 650 | 188 | 25 | 4 | 0.5090 | 0.0442 | 15.7 |
| | | | 6 | | | 23.8 |
| | | | 8 | | | 31.9 |
| | | | 10 | | | 40.2 |
| | | | 12 | | | 48.5 |
| | | | 14 | | | 57.0 |
| | | | 16 | | | 65.6 |
| | | | 18 | | | 74.4 |
| | | | 20 | | | 83.2 |
| | | | 22 | | | 92.2 |

| 公称直径 DN/mm | 总高度 H/mm | 直边高度 h/mm | 厚度 δ /mm | 内表面积 A/m² | 容积 V/m³ | 质量 m/kg |
|---|---|---|---|---|---|---|
| 700 | 200 | 25 | 4 | 0.5861 | 0.0545 | 18.1 |
| | | | 6 | | | 27.3 |
| | | | 8 | | | 36.6 |
| | | | 10 | | | 46.1 |
| | | | 12 | | | 55.7 |
| | | | 14 | | | 65.4 |
| | | | 16 | | | 75.3 |
| | | | 18 | | | 85.2 |
| | | | 20 | | | 95.3 |
| | | | 22 | | | 105.5 |
| 800 | 225 | 25 | 4 | 0.7566 | 0.0796 | 23.3 |
| | | | 6 | | | 35.1 |
| | | | 8 | | | 47.1 |
| | | | 10 | | | 59.3 |
| | | | 12 | | | 71.5 |
| | | | 14 | | | 83.9 |
| | | | 16 | | | 96.5 |
| | | | 18 | | | 109.2 |
| | | | 20 | | | 122.0 |
| | | | 22 | | | 135.0 |
| | | | 24 | | | 148.2 |
| 900 | 250 | 25 | 4 | 0.9487 | 0.1113 | 29.2 |
| | | | 6 | | | 44.0 |
| | | | 8 | | | 58.9 |
| | | | 10 | | | 74.1 |
| | | | 12 | | | 89.3 |
| | | | 14 | | | 104.8 |
| | | | 16 | | | 120.4 |
| | | | 18 | | | 136.1 |
| | | | 20 | | | 152.0 |
| | | | 22 | | | 168.1 |
| | | | 24 | | | 184.4 |
| 1000 | 275 | 25 | 4 | 1.1625 | 0.1505 | 35.7 |
| | | | 6 | | | 53.8 |
| | | | 8 | | | 72.1 |
| | | | 10 | | | 90.5 |
| | | | 12 | | | 109.1 |
| | | | 14 | | | 127.9 |
| | | | 16 | | | 146.9 |
| | | | 18 | | | 166.0 |
| | | | 20 | | | 185.3 |
| | | | 22 | | | 204.8 |
| | | | 24 | | | 224.5 |
| | | | 26 | | | 244.4 |

| 公称直径<br>DN/mm | 总高度<br>H/mm | 直边高度<br>h/mm | 厚度δ<br>/mm | 内表面积<br>A/m² | 容积<br>V/m³ | 质量<br>m/kg |
|---|---|---|---|---|---|---|
| 1200 | 325 | 25 | 4 | 1.6552 | 0.2545 | 50.7 |
| | | | 6 | | | 76.4 |
| | | | 8 | | | 102.2 |
| | | | 10 | | | 128.3 |
| | | | 12 | | | 154.6 |
| | | | 14 | | | 181.1 |
| | | | 16 | | | 207.8 |
| | | | 18 | | | 234.7 |
| | | | 20 | | | 261.8 |
| | | | 22 | | | 289.1 |
| | | | 24 | | | 314.6 |
| | | | 26 | | | 344.4 |
| 1400 | 375 | 25 | 6 | 2.2346 | 0.3977 | 102.9 |
| | | | 8 | | | 137.7 |
| | | | 10 | | | 172.7 |
| | | | 12 | | | 208.0 |
| | | | 14 | | | 243.5 |
| | | | 16 | | | 279.2 |
| | | | 18 | | | 315.2 |
| | | | 20 | | | 351.4 |
| | | | 22 | | | 387.9 |
| | | | 24 | | | 424.6 |
| | | | 26 | | | 461.5 |
| 1600 | 425 | 25 | 6 | 2.9007 | 0.5864 | 133.4 |
| | | | 8 | | | 178.4 |
| | | | 10 | | | 223.7 |
| | | | 12 | | | 269.2 |
| | | | 14 | | | 315.0 |
| | | | 16 | | | 361.1 |
| | | | 18 | | | 407.5 |
| | | | 20 | | | 454.1 |
| | | | 22 | | | 501.1 |
| | | | 24 | | | 548.3 |
| | | | 26 | | | 595.7 |
| 1800 | 475 | 25 | 8 | 3.6535 | 0.8270 | 220.4 |
| | | | 10 | | | 281.2 |
| | | | 12 | | | 338.4 |
| | | | 14 | | | 395.8 |
| | | | 16 | | | 453.6 |
| | | | 18 | | | 511.7 |
| | | | 20 | | | 570.1 |
| | | | 22 | | | 628.7 |
| | | | 24 | | | 687.8 |
| | | | 26 | | | 747.1 |

| 公称直径<br>DN/mm | 总高度<br>H/mm | 直边高度<br>h/mm | 厚度δ<br>/mm | 内表面积<br>A/m² | 容积<br>V/m³ | 质量<br>m/kg |
|---|---|---|---|---|---|---|
| 2000 | 525 | 25 | 8 | 4.4930 | 1.1257 | 275.6 |
| | | | 10 | | | 345.3 |
| | | | 12 | | | 415.4 |
| | | | 14 | | | 485.8 |
| | | | 16 | | | 556.6 |
| | | | 18 | | | 627.7 |
| | | | 20 | | | 699.1 |
| | | | 22 | | | 770.9 |
| | | | 24 | | | 843.0 |
| | | | 26 | | | 915.5 |
| | | | 28 | | | 988.3 |
| 2200 | 590 | 40 | 8 | 5.5229 | 1.5459 | 338.6 |
| | | | 10 | | | 424.2 |
| | | | 12 | | | 510.2 |
| | | | 14 | | | 596.5 |
| | | | 16 | | | 683.2 |
| | | | 18 | | | 770.3 |
| | | | 20 | | | 857.8 |
| | | | 22 | | | 945.6 |
| | | | 24 | | | 1033.8 |
| | | | 26 | | | 1122.4 |
| | | | 28 | | | 1211.4 |
| | | | 30 | | | 1300.7 |
| 2500 | 665 | 40 | 10 | 7.0891 | 2.2417 | 543.7 |
| | | | 12 | | | 653.3 |
| | | | 14 | | | 764.1 |
| | | | 16 | | | 875.0 |
| | | | 18 | | | 986.3 |
| | | | 20 | | | 1098.0 |
| | | | 22 | | | 1210.1 |
| | | | 24 | | | 1322.7 |
| | | | 26 | | | 1435.6 |
| | | | 30 | | | 1549.1 |
| 2800 | 740 | 40 | 12 | 8.8503 | 3.1198 | 815.0 |
| | | | 14 | | | 952.5 |
| | | | 16 | | | 1090.4 |
| | | | 18 | | | 1228.9 |
| | | | 20 | | | 1367.8 |
| | | | 22 | | | 1507.1 |
| | | | 24 | | | 1647.0 |
| | | | 26 | | | 1787.3 |
| | | | 28 | | | 1989.2 |
| | | | 30 | | | 2069.4 |

## 附录七　输送流体用无缝钢管常用规格品种

（摘自 GB/T 17395—2008）

| 公称直径 DN/mm | 外径/mm | 壁　厚/mm 钢　管　理　论　重　量/(kg/m) | | | | | | | | | | | | | | |
|---|---|---|---|---|---|---|---|---|---|---|---|---|---|---|---|---|
| | | 1.0 | 2.0 | 2.5 | 3.0 | 3.5 | 4.0 | 4.5 | 5.0 | 6.0 | 8.0 | 10 | 12 | 15 | 18 | 20 |
| | 10 | 0.222 | 0.395 | 0.462 | 0.518 | 0.561 | — | — | — | — | — | — | — | — | — | — |
| 10 | 14 | 0.321 | 0.592 | 0.709 | 0.814 | 0.906 | 0.986 | — | — | — | — | — | — | — | — | — |
| 15 | 18 | 0.419 | 0.789 | 0.956 | 1.11 | 1.25 | 1.38 | 1.50 | 1.60 | — | — | — | — | — | — | — |
| | 19 | 0.444 | 0.838 | 1.02 | 1.18 | 1.34 | 1.48 | 1.61 | 1.73 | 1.92 | — | — | — | — | — | — |
| | 20 | 0.469 | 0.888 | 1.08 | 1.26 | 1.42 | 1.58 | 1.72 | 1.97 | 2.07 | — | — | — | — | — | — |
| 20 | 25 | 0.592 | 1.13 | 1.39 | 1.63 | 1.86 | 2.07 | 2.28 | 2.47 | 2.81 | — | — | — | — | — | — |
| 25 | 32 | 0.715 | 1.48 | 1.82 | 2.15 | 2.46 | 2.76 | 3.05 | 3.33 | 3.85 | 4.74 | — | — | — | — | — |
| 32 | 38 | 0.912 | 1.78 | 2.19 | 2.59 | 2.98 | 3.35 | 3.72 | 4.07 | 4.74 | 5.92 | — | — | — | — | — |
| | 42 | 1.01 | 1.97 | 2.44 | 2.89 | 3.32 | 3.75 | 4.16 | 4.56 | 5.33 | 6.71 | — | — | — | — | — |
| 40 | 45 | 1.09 | 2.12 | 2.62 | 3.11 | 3.58 | 4.04 | 4.49 | 4.93 | 5.77 | 7.30 | 8.63 | — | — | — | — |
| | 50 | — | — | 2.93 | 3.48 | 4.01 | 4.54 | 5.05 | 5.55 | 6.51 | 8.29 | 9.86 | — | — | — | — |
| 50 | 57 | — | — | 3.36 | 4.00 | 4.62 | 5.23 | 5.82 | 6.41 | 7.55 | 9.67 | 11.59 | 13.32 | — | — | — |
| | 70 | — | — | — | 4.96 | 5.74 | 6.51 | 7.27 | 8.01 | 9.47 | 12.23 | 14.82 | 17.16 | 20.35 | — | — |
| 65 | 76 | — | — | — | 5.40 | 6.26 | 7.10 | 7.93 | 8.75 | 10.36 | 13.42 | 16.28 | 18.94 | 22.57 | 25.75 | — |
| 80 | 89 | — | — | — | 6.36 | 7.38 | 8.38 | 9.38 | 10.36 | 12.28 | 15.98 | 19.48 | 22.79 | 27.37 | 31.52 | 34.03 |
| 100 | 108 | — | — | — | 7.77 | 9.02 | 10.26 | 11.49 | 12.70 | 15.09 | 19.73 | 24.17 | 28.41 | 34.40 | 39.95 | 43.40 |
| | 127 | — | — | — | — | — | 12.13 | 13.59 | 15.04 | 17.09 | 23.48 | 28.85 | 34.03 | 41.43 | 48.39 | 52.78 |
| 125 | 133 | — | — | — | 9.62 | 11.18 | 12.73 | 14.26 | 15.78 | 18.79 | 24.66 | 30.33 | 35.81 | 43.65 | 51.05 | 55.73 |
| 150 | 159 | — | — | — | — | 13.51 | 15.39 | 17.15 | 18.99 | 22.64 | 29.79 | 36.75 | 43.50 | 53.27 | 62.59 | 68.56 |
| 175 | 194 | — | — | — | — | — | — | — | 23.31 | 27.82 | 36.70 | 45.38 | 53.86 | 66.22 | 78.13 | 85.28 |
| 200 | 219 | — | — | — | — | — | — | — | — | 31.52 | 41.63 | 51.54 | 61.26 | 75.46 | 89.23 | 98.15 |
| 225 | 245 | — | — | — | — | — | — | — | — | — | 46.76 | 57.95 | 68.95 | 83.08 | 100.8 | 111.0 |
| 250 | 273 | — | — | — | — | — | — | — | — | — | 52.28 | 64.86 | 77.24 | 95.44 | 113.2 | 124.8 |
| 300 | 325 | — | — | — | — | — | — | — | — | — | 62.54 | 77.68 | 92.63 | 114.7 | 136.3 | 150.4 |
| 350 | 377 | — | — | — | — | — | — | — | — | — | — | 90.51 | 108.02 | 133.9 | 159.4 | 176.1 |
| 400 | 426 | — | — | — | — | — | — | — | — | — | — | 102.6 | 112.5 | 152.1 | 181.1 | 200.3 |
| | 450 | — | — | — | — | — | — | — | — | — | — | 108.5 | 130.6 | 160.9 | 191.8 | 212.1 |
| 450 | 480 | — | — | — | — | — | — | — | — | — | — | 115.9 | 139.5 | 172.0 | 205.1 | 226.9 |
| | 500 | — | — | — | — | — | — | — | — | — | — | 120.8 | 145.4 | 179.4 | 214.0 | 236.7 |
| 500 | 530 | — | — | — | — | — | — | — | — | — | — | 128.2 | 154.3 | 190.5 | 227.3 | 251.5 |

# 附录八  列管式换热器基本参数

（摘自 JB/T 4714—92，JB/T 4715—92）

## 一、固定管板式

### 1. 换热管为 $\phi 19mm$ 的换热器基本参数（管心距 25mm）

| 公称直径 DN/mm | 公称压力 pN/MPa | 管程数 N | 管子根数 n | 中心排管数 | 管程流通面积/m² | 计算换热面积/m² 换热管长度 L/mm | | | | | |
|---|---|---|---|---|---|---|---|---|---|---|---|
| | | | | | | 1500 | 2000 | 3000 | 4500 | 6000 | 9000 |
| 159 | | 1 | 15 | 5 | 0.0027 | 1.3 | 1.7 | 2.6 | — | — | — |
| 219 | 1.60 | | 33 | 7 | 0.0058 | 2.8 | 3.7 | 5.7 | — | — | — |
| 273 | | 1 | 65 | 9 | 0.0115 | 5.4 | 7.4 | 11.3 | 17.1 | 22.9 | — |
| | 2.50 | 2 | 56 | 8 | 0.0049 | 4.7 | 6.4 | 9.7 | 14.7 | 19.7 | — |
| | 4.00 | 1 | 99 | 11 | 0.0175 | 8.3 | 11.2 | 17.1 | 26.0 | 34.9 | — |
| 325 | 6.40 | 2 | 88 | 10 | 0.0078 | 7.4 | 10.0 | 15.2 | 23.1 | 31.0 | — |
| | | 4 | 68 | 11 | 0.0030 | 5.7 | 7.7 | 11.8 | 17.9 | 23.9 | — |
| | | 1 | 174 | 14 | 0.0307 | 14.5 | 19.7 | 30.1 | 45.7 | 61.3 | — |
| 400 | 0.60 | 2 | 164 | 15 | 0.0145 | 13.7 | 18.6 | 28.4 | 43.1 | 57.8 | — |
| | | 4 | 146 | 14 | 0.0065 | 12.2 | 16.6 | 25.3 | 38.3 | 51.4 | — |
| | | 1 | 237 | 17 | 0.0419 | 19.8 | 26.9 | 41.0 | 62.2 | 83.5 | — |
| 450 | 1.00 | 2 | 220 | 16 | 0.0194 | 18.4 | 25.0 | 38.1 | 57.8 | 77.5 | — |
| | | 4 | 200 | 16 | 0.0088 | 16.7 | 22.7 | 34.6 | 52.5 | 70.4 | — |
| | | 1 | 275 | 19 | 0.0486 | — | 31.2 | 47.6 | 72.2 | 96.8 | — |
| 500 | 1.60 | 2 | 256 | 18 | 0.0226 | — | 29.0 | 44.3 | 67.2 | 90.2 | — |
| | | 4 | 222 | 18 | 0.0098 | — | 25.2 | 38.4 | 58.3 | 78.2 | — |
| | | 1 | 430 | 22 | 0.0760 | — | 48.8 | 74.4 | 112.9 | 151.4 | — |
| 600 | 2.50 | 2 | 416 | 23 | 0.0368 | — | 47.2 | 72.0 | 109.3 | 146.5 | — |
| | | 4 | 370 | 22 | 0.0163 | — | 42.0 | 64.0 | 97.2 | 130.3 | — |
| | | 6 | 360 | 20 | 0.0106 | — | 40.8 | 62.3 | 94.5 | 126.8 | — |
| | | 1 | 607 | 27 | 0.1073 | — | — | 105.1 | 159.4 | 213.8 | — |
| 700 | 4.00 | 2 | 574 | 27 | 0.0507 | — | — | 99.4 | 150.8 | 202.1 | — |
| | | 4 | 542 | 27 | 0.0239 | — | — | 93.8 | 142.3 | 190.9 | — |
| | | 6 | 518 | 24 | 0.0153 | — | — | 89.7 | 136.0 | 182.4 | — |
| | 0.60 | 1 | 797 | 31 | 0.1408 | — | — | 138.0 | 209.3 | 280.7 | — |
| | 1.00 | 2 | 776 | 31 | 0.0686 | — | — | 134.3 | 203.8 | 273.3 | — |
| 800 | 1.60 | 4 | 722 | 31 | 0.0319 | — | — | 125.0 | 189.8 | 254.3 | — |
| | 2.50 | | | | | | | | | | |
| | 4.00 | 6 | 710 | 30 | 0.0209 | — | — | 122.9 | 186.5 | 250.0 | — |
| | 0.60 | 1 | 1009 | 35 | 0.1783 | — | — | 174.7 | 265.0 | 355.3 | 536.0 |
| | | 2 | 988 | 35 | 0.0873 | — | — | 171.0 | 259.5 | 347.9 | 524.9 |
| 900 | 1.00 | 4 | 938 | 35 | 0.0414 | — | — | 162.4 | 246.4 | 330.3 | 498.3 |
| | | 6 | 914 | 34 | 0.0269 | — | — | 158.2 | 240.0 | 321.9 | 485.6 |
| | 1.60 | 1 | 1267 | 39 | 0.2239 | — | — | 219.3 | 332.8 | 446.2 | 673.1 |
| | | 2 | 1234 | 39 | 0.1090 | — | — | 213.6 | 324.1 | 434.6 | 655.6 |
| 1000 | | 4 | 1186 | 39 | 0.0524 | — | — | 205.3 | 311.5 | 417.7 | 630.1 |
| | 2.50 | 6 | 1148 | 38 | 0.0338 | — | — | 198.7 | 301.5 | 404.3 | 609.9 |
| | | 1 | 1501 | 43 | 0.2652 | — | — | — | 394.2 | 528.6 | 797.4 |
| (1000) | | 2 | 1470 | 43 | 0.1299 | — | — | — | 386.1 | 517.7 | 780.9 |
| | 4.00 | 4 | 1450 | 43 | 0.0641 | — | — | — | 380.8 | 510.6 | 770.3 |
| | | 6 | 1380 | 42 | 0.0406 | — | — | — | 362.4 | 486.0 | 733.1 |

注：1. 表中的管程流通面积为各程平均值。

　　2. 括号内公称直径不推荐使用。

　　3. 管子为正三角形排列。

## 2. 换热管为 φ25mm 的换热器基本参数（管心距 32mm）

| 公称直径 DN /mm | 公称压力 pN /MPa | 管程数 N | 管子根数 n | 中心排管数 | 管程流通面积/m² φ25×2 | φ25×2.5 | 计算换热面积/m² 换热管长度 L/mm 1500 | 2000 | 3000 | 4500 | 6000 | 9000 |
|---|---|---|---|---|---|---|---|---|---|---|---|---|
| 159 | 1.60 | 1 | 11 | 3 | 0.0038 | 0.0035 | 1.2 | 1.6 | 2.5 | — | — | — |
| 219 | | | 25 | 5 | 0.0087 | 0.0079 | 2.7 | 3.7 | 5.7 | — | — | — |
| 273 | 2.50 | 1 | 38 | 6 | 0.0132 | 0.0119 | 4.2 | 5.7 | 8.7 | 13.1 | 17.6 | — |
| | | 2 | 32 | 7 | 0.0055 | 0.0050 | 3.5 | 4.8 | 7.3 | 11.1 | 14.8 | — |
| 325 | 4.00 | 1 | 57 | 9 | 0.0197 | 0.0179 | 6.3 | 8.5 | 13.0 | 19.7 | 26.4 | — |
| | | 2 | 56 | 9 | 0.0097 | 0.0088 | 6.2 | 8.4 | 12.7 | 19.3 | 25.9 | — |
| | 6.40 | 4 | 40 | 9 | 0.0035 | 0.0031 | 4.4 | 6.0 | 9.1 | 13.8 | 18.5 | — |
| 400 | 0.60 | 1 | 98 | 12 | 0.0339 | 0.0308 | 10.8 | 14.6 | 22.3 | 33.8 | 45.4 | — |
| | 1.00 | 2 | 94 | 11 | 0.0163 | 0.0148 | 10.3 | 14.0 | 21.4 | 32.5 | 43.5 | — |
| | 1.60 | 4 | 76 | 11 | 0.0066 | 0.0060 | 8.4 | 11.3 | 17.3 | 26.3 | 35.2 | — |
| 450 | 2.50 | 1 | 135 | 13 | 0.0468 | 0.0424 | 14.8 | 20.1 | 30.7 | 46.6 | 62.5 | — |
| | | 2 | 126 | 12 | 0.0218 | 0.0198 | 13.9 | 18.8 | 28.7 | 43.5 | 58.4 | — |
| | 4.00 | 4 | 106 | 13 | 0.0092 | 0.0083 | 11.7 | 15.8 | 24.1 | 36.6 | 49.1 | — |
| 500 | 0.60 | 1 | 174 | 14 | 0.0603 | 0.0546 | — | 26.0 | 39.6 | 60.1 | 80.6 | — |
| | | 2 | 164 | 15 | 0.0284 | 0.0257 | — | 24.5 | 37.3 | 56.6 | 76.0 | — |
| | 1.00 | 4 | 144 | 15 | 0.0125 | 0.0113 | — | 21.4 | 32.8 | 49.7 | 66.7 | — |
| 600 | 1.60 | 1 | 245 | 17 | 0.0849 | 0.0769 | — | 36.5 | 55.8 | 84.6 | 113.5 | — |
| | | 2 | 232 | 16 | 0.0402 | 0.0364 | — | 34.6 | 52.8 | 80.1 | 107.5 | — |
| | | 4 | 222 | 17 | 0.0192 | 0.0174 | — | 33.1 | 50.5 | 76.7 | 102.8 | — |
| | 2.50 | 6 | 216 | 16 | 0.0125 | 0.0113 | — | 32.2 | 49.2 | 74.6 | 100.0 | — |
| 700 | | 1 | 355 | 21 | 0.1230 | 0.1115 | — | — | 80.0 | 122.6 | 164.4 | — |
| | | 2 | 342 | 21 | 0.0592 | 0.0537 | — | — | 77.9 | 118.1 | 158.4 | — |
| | 4.00 | 4 | 322 | 21 | 0.0279 | 0.0253 | — | — | 73.3 | 111.2 | 149.1 | — |
| | | 6 | 304 | 20 | 0.0175 | 0.0159 | — | — | 69.2 | 105.0 | 140.8 | — |
| 800 | | 1 | 467 | 23 | 0.1618 | 0.1466 | — | — | 106.3 | 161.3 | 216.3 | — |
| | | 2 | 450 | 23 | 0.0779 | 0.0707 | — | — | 102.4 | 155.4 | 208.5 | — |
| | | 4 | 442 | 23 | 0.0383 | 0.0347 | — | — | 100.6 | 152.7 | 204.7 | — |
| | | 6 | 430 | 24 | 0.0248 | 0.0225 | — | — | 97.9 | 148.5 | 119.2 | — |
| 900 | 0.60 | 1 | 605 | 27 | 0.2095 | 0.1900 | — | — | 137.8 | 209.0 | 280.2 | 422.7 |
| | | 2 | 588 | 27 | 0.1018 | 0.0923 | — | — | 133.9 | 203.1 | 272.3 | 410.8 |
| | | 4 | 554 | 27 | 0.0480 | 0.0435 | — | — | 126.1 | 191.4 | 256.6 | 387.1 |
| | 1.60 | 6 | 538 | 26 | 0.0311 | 0.0282 | — | — | 122.5 | 185.8 | 249.2 | 375.9 |
| 1000 | | 1 | 749 | 30 | 0.2594 | 0.2352 | — | — | 170.5 | 258.7 | 346.9 | 523.3 |
| | | 2 | 742 | 29 | 0.1285 | 0.1165 | — | — | 168.9 | 256.3 | 343.7 | 518.4 |
| | 2.50 | 4 | 710 | 29 | 0.0615 | 0.0557 | — | — | 161.6 | 245.2 | 328.8 | 496.0 |
| | | 6 | 698 | 30 | 0.0403 | 0.0365 | — | — | 158.9 | 241.1 | 323.3 | 487.7 |
| (1100) | 4.00 | 1 | 931 | 33 | 0.3225 | 0.2923 | — | — | — | 321.6 | 431.2 | 650.4 |
| | | 2 | 894 | 33 | 0.1548 | 0.1404 | — | — | — | 308.8 | 414.1 | 624.6 |
| | | 4 | 848 | 33 | 0.0734 | 0.0666 | — | — | — | 292.9 | 392.8 | 592.5 |
| | | 6 | 830 | 32 | 0.0479 | 0.0434 | — | — | — | 286.7 | 384.4 | 579.9 |

注：1. 表中的管程流通面积为各程平均值。

2. 括号内公称直径不推荐使用。

3. 管子为正三角形排列。

## 二、浮头式（内导流）

| DN | N | $n^①$ | | 中心排管数 | | 管程流通面积/m² | | | $A^②$/m² | | | | | | | | |
|---|---|---|---|---|---|---|---|---|---|---|---|---|---|---|---|---|
| | | $d$ | | | | $d \times \delta_r$ | | | $L=3m$ | | $L=4.5m$ | | $L=6m$ | | $L=9m$ | | |
| | | 19 | 25 | 19 | 25 | 19×2 | 25×2 | 25×2.5 | 19 | 25 | 19 | 25 | 19 | 25 | 19 | 25 | |
| 325 | 2 | 60 | 32 | 7 | 5 | 0.0053 | 0.0055 | 0.0050 | 10.5 | 7.4 | 15.8 | 11.1 | — | — | — | — |
| | 4 | 52 | 28 | 6 | 4 | 0.0023 | 0.0024 | 0.0022 | 9.1 | 6.4 | 13.7 | 9.7 | — | — | — | — |
| 426 | 2 | 120 | 74 | 8 | 7 | 0.0106 | 0.0126 | 0.0116 | 20.9 | 16.9 | 31.6 | 25.6 | 42.3 | 34.4 | — | — |
| 400 | 4 | 108 | 68 | 9 | 6 | 0.0048 | 0.0059 | 0.0053 | 18.8 | 15.6 | 28.4 | 23.6 | 38.1 | 31.6 | — | — |
| 500 | 2 | 206 | 124 | 11 | 8 | 0.0182 | 0.0215 | 0.0194 | 35.7 | 28.3 | 54.1 | 42.8 | 72.5 | 57.4 | — | — |
| | 4 | 192 | 116 | 10 | 9 | 0.0085 | 0.0100 | 0.0091 | 33.2 | 26.4 | 50.4 | 40.1 | 67.6 | 53.7 | — | — |
| 600 | 2 | 324 | 198 | 14 | 11 | 0.0286 | 0.0343 | 0.0311 | 55.8 | 44.9 | 84.8 | 68.2 | 113.9 | 91.5 | — | — |
| | 4 | 308 | 188 | 14 | 10 | 0.0136 | 0.0163 | 0.0148 | 53.1 | 42.6 | 80.7 | 64.8 | 108.2 | 86.9 | — | — |
| | 6 | 284 | 158 | 14 | 10 | 0.0083 | 0.0091 | 0.0083 | 48.9 | 35.8 | 74.4 | 54.4 | 99.8 | 73.1 | — | — |
| 700 | 2 | 468 | 268 | 16 | 13 | 0.0414 | 0.0464 | 0.0421 | 80.4 | 60.6 | 122.2 | 92.1 | 164.1 | 123.7 | — | — |
| | 4 | 448 | 256 | 17 | 12 | 0.0198 | 0.0222 | 0.0201 | 76.9 | 57.8 | 117.0 | 87.9 | 157.1 | 118.1 | — | — |
| | 6 | 382 | 224 | 15 | 10 | 0.0112 | 0.0129 | 0.0116 | 65.6 | 50.6 | 99.8 | 76.9 | 133.9 | 103.4 | — | — |
| 800 | 2 | 610 | 366 | 19 | 15 | 0.0539 | 0.0634 | 0.0575 | — | — | 158.9 | 125.4 | 213.5 | 168.5 | — | — |
| | 4 | 588 | 352 | 18 | 14 | 0.0260 | 0.0305 | 0.0276 | — | — | 153.2 | 120.6 | 205.8 | 162.1 | — | — |
| | 6 | 518 | 316 | 16 | 14 | 0.0152 | 0.0182 | 0.0165 | — | — | 134.9 | 108.3 | 181.3 | 145.5 | — | — |
| 900 | 2 | 800 | 472 | 22 | 17 | 0.0707 | 0.0817 | 0.0741 | — | — | 207.6 | 161.2 | 279.2 | 216.8 | — | — |
| | 4 | 776 | 456 | 21 | 16 | 0.0343 | 0.0395 | 0.0353 | — | — | 201.4 | 155.7 | 270.8 | 209.4 | — | — |
| | 6 | 720 | 426 | 21 | 16 | 0.0212 | 0.0246 | 0.0223 | — | — | 186.9 | 145.5 | 251.3 | 195.6 | — | — |
| 1000 | 2 | 1006 | 606 | 24 | 19 | 0.0890 | 0.105 | 0.0952 | — | — | 260.6 | 206.6 | 350.6 | 277.9 | — | — |
| | 4 | 980 | 588 | 23 | 18 | 0.0433 | 0.0509 | 0.0462 | — | — | 253.9 | 200.4 | 341.6 | 269.7 | — | — |
| | 6 | 892 | 564 | 21 | 18 | 0.0262 | 0.0326 | 0.0295 | — | — | 231.1 | 192.2 | 311.0 | 258.7 | — | — |
| 1100 | 2 | 1240 | 736 | 27 | 21 | 0.1100 | 0.1270 | 0.1160 | — | — | 320.3 | 250.2 | 431.3 | 336.8 | — | — |
| | 4 | 1212 | 716 | 26 | 20 | 0.0536 | 0.0620 | 0.0562 | — | — | 313.1 | 243.4 | 421.6 | 327.7 | — | — |
| | 6 | 1120 | 692 | 24 | 20 | 0.0329 | 0.0399 | 0.0362 | — | — | 289.3 | 235.2 | 389.6 | 316.7 | — | — |
| 1200 | 2 | 1452 | 880 | 28 | 22 | 0.1290 | 0.1520 | 0.1380 | — | — | 374.4 | 298.6 | 504.3 | 402.2 | 764.2 | 609.4 |
| | 4 | 1424 | 860 | 28 | 22 | 0.0629 | 0.0745 | 0.0675 | — | — | 367.2 | 291.8 | 494.6 | 393.1 | 749.5 | 595.6 |
| | 6 | 1348 | 828 | 27 | 21 | 0.0396 | 0.0478 | 0.0434 | — | — | 347.6 | 280.9 | 468.2 | 378.4 | 709.5 | 573.4 |
| 1300 | 4 | 1700 | 1024 | 31 | 24 | 0.0751 | 0.0887 | 0.0804 | — | — | — | — | 589.3 | 467.1 | — | — |
| | 6 | 1616 | 972 | 29 | 24 | 0.0476 | 0.0560 | 0.0509 | — | — | — | — | 560.2 | 443.3 | — | — |

注：1. 排管数按正方形旋转45°排列计算。

2. 计算换热面积按光管及公称压力2.5MPa的管板厚度确定。

# 附录九  烃类的 *p-T-K* 图

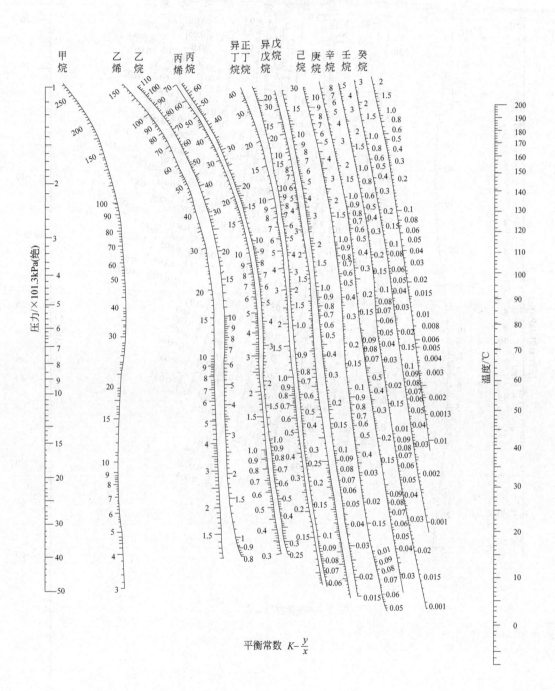

附录九图 1  烃类的 *p-T-K* 图（0～+200℃）

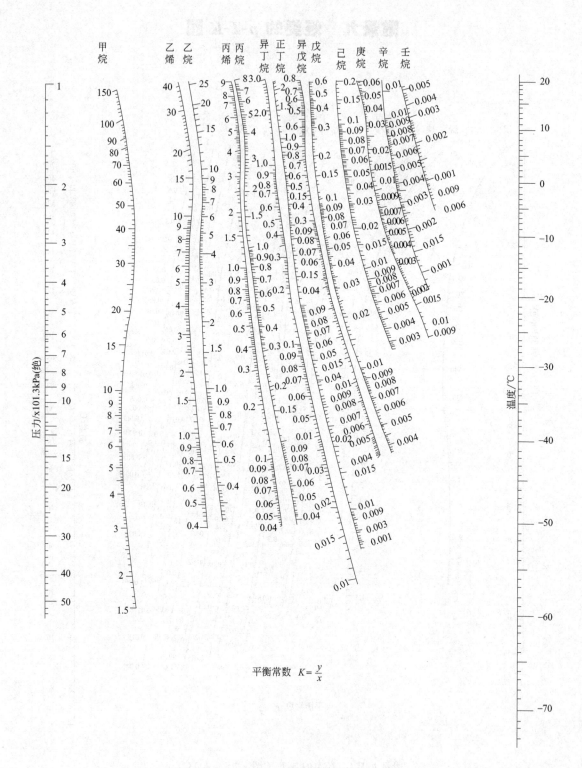

平衡常数 $K = \dfrac{y}{x}$

附录九图 2  烃类的 $p$-$T$-$K$ 图（$-70\sim+20$℃）